电子工程与计算机科学系列 **EECS**

# 电路理论基础（第二版）

田社平　王润新　◎编著

上海交通大学出版社
SHANGHAI JIAO TONG UNIVERSITY PRESS

**内容提要**

　　本书围绕电路分析方法,全面介绍了电路分析的基本概念、基本原理和基本方法。主要内容为电路的基本概念及基本规律、电路的一般分析方法、电路的端口分析、电路定理、电路的图论分析、非线性电阻电路、一阶电路与二阶电路的时域分析、正弦稳态电路、三相电路、非正弦周期稳态电路、动态电路的复频域分析。书后附有部分习题答案。全书每一节均配有丰富的例题、思考与练习题,每一章后面配有丰富的习题。

　　本书可作为高等学校电类各专业"电路理论""电路分析""电路"课程教材使用,也可供研究生、工程技术人员和电路爱好者参考。

**图书在版编目(CIP)数据**

电路理论基础/田社平,王润新编著. —2版. —
上海:上海交通大学出版社,2020
ISBN 978 - 7 - 313 - 22849 - 9

Ⅰ.①电… Ⅱ.①田… ②王… Ⅲ.①电路理论-高
等学校-教材 Ⅳ.①TM13

中国版本图书馆 CIP 数据核字(2020)第 017962 号

**电路理论基础(第二版)**

DIANLU LILUN JICHU(DI ER BAN)

| | | | | |
|---|---|---|---|---|
| 编　　著: | 田社平　王润新 | | | |
| 出版发行: | 上海交通大学出版社 | 地　　址: | 上海市番禺路 951 号 |
| 邮政编码: | 200030 | 电　　话: | 021 - 64071208 |
| 印　　制: | 常熟市文化印刷有限公司 | 经　　销: | 全国新华书店 |
| 开　　本: | 787mm×1092mm　1/16 | 印　　张: | 24.75 |
| 字　　数: | 632 千字 | | |
| 版　　次: | 2016 年 9 月第 1 版　2020 年 4 月第 2 版 | 印　　次: | 2020 年 4 月第 2 次印刷 |
| 书　　号: | ISBN 978 - 7 - 313 - 22849 - 9 | | |
| 定　　价: | 58.00 元 | | |

# 前　　言

本教材是 2016 年第一版《电路基础理论》的第二版,自第一版出版以来,得到了读者的关注,陆续有读者对教材内容提出了一些中肯的意见和建议。此外,随着教学实践的深入,作者也意识到书中部分内容有待完善,有必要将最新的成果和认识写入教材。这些因素促使我们对第一版《电路理论基础》做进一步的修订工作。

本次修订在结构上依然保持初版既注重分析方法又注重电路系统的特色,主要根据电路系统来展开对电路理论原理和电路分析方法的介绍,着重进行了以下几个方面的工作。

(1) 突出教学适用性。力求在叙述上更加精炼,以便于读者阅读。对一些基本概念,参考国家或国际标准,同时结合作者的教学研究,尽量表达得更合理、更准确。比如,线性系统具有齐次性和可加性的性质,在线性电路中就表达为齐次定理和叠加定理,它们是两个独立的电路定理,本书从线性代数方程性质的角度进行了阐述。又如,在现行教材中,大量存在直接以反正切函数表达复数辐角,进而在特定情况下导致计算错误的问题,修订中对此做法予以了更正。

(2) 内容上进行适当调整。为突出重点、适应教学要求,在内容上主要做了以下调整:① 删去"3.3.4　含等电位节点/零电流支路电路的等效变换""5.6.4　矩阵方法的计算机编程";删去 8.4 节中状态方程的求解方法;将电源转移的内容移入第 4 章。② 删除一些较为复杂的例子,如例 4.3.5、例 7.4.3、例 7.4.4 等。③ 补充了一些新的适于对基本概念、基本方法理解的例子。

(3) 加强工程应用性。在电路理论教学中加强工程应用能力的培养始终是教学改革和教材建设的重点之一。本次修订对书中的电路应用实例予以调整、补充,使得电路应用实例超过 120 例。考虑到篇幅,这些新增的实例大多充实到习题之中。认真思考、解答这些习题,对理解电路理论的工程应用非常重要。

(4) 提高习题编排的完整性和合理性。习题对学生掌握电路理论的基本概念是不可或缺的重要内容。本次修订新补充 60 余道习题,全书习题共计 470 余道。

本书的修订工作由田社平、王润新共同完成,最后的统稿由田社平负责。修订工作在第一版出版后一直在进行,尽管如此,由于作者水平所限,缺点和不足之处在所难免,欢迎

广大读者批评指正。意见或建议请发至作者的 Email 信箱：sptian@sjtu. edu. cn，rxwang
@shmtu. edu. cn。

作　者

2019 年 9 月

本书配套思考与练习、教师用授课 PPT 等电子资料可搜索下述 QQ 群号或扫描 QQ 群二维码
获得。

群名称：电路理论基础-田社平
群　号：575725786

# 第一版前言

电路理论课程是电类专业的一门重要的专业基础课程。通过本课程的学习，可使读者掌握电路的基本理论、基本分析方法和进行电路实验、仿真的初步技能，并为后续课程准备必要的电路理论知识和分析方法。

当前，电气、电子信息科学技术的迅猛发展，对电类专业创新人才的培养、课程体系的改革、课程内容的更新提出了更高的要求。本书在作者多年从事电路理论教学的基础上编写而成，内容符合教育部高等学校电子信息科学与电气信息类基础课程教学指导分委员会颁布的"电路理论基础教学基本要求"，术语和符号符合国家标准 GB/T 2900.74—2008《电工术语　电路理论》和国家标准 GB/T 4728—2005《电气简图用图形符号》的规范。在编写过程中，着重考虑了以下问题：

（1）在内容叙述上以电路的分析方法为主线，以电路系统为副线，先介绍电路的一般分析方法（1～6章），再介绍电路的时域分析方法、相量分析方法，最后以电路的复频域分析方法作结；先以电阻电路介绍电路的分析方法，再讨论动态电路、稳态电路的分析方法。叙述尽可能简明，有较强可读性。

（2）充分注意电路分析的理论性和应用性的结合。电路是一门理论性和工程性都非常强的学科，其应用涉及工程领域和日常生活的各个方面。为此，本书有针对性地选择了80余例电路应用例子，以正文、例题、习题的形式均匀分布在本书的内容之中，这些应用实例要么是工程领域中常见的，要么是有明确的实际应用背景的，其分析方法涉及电路理论中各类分析方法。因此，认真理解、研习这些例子对读者掌握电路理论的内容和培养工程应用意识大有助益。

（3）除通过选取与配置合适的例题以帮助读者更好地掌握电路理论的基本方法之外，每节配置了丰富的思考与练习题，通过这些思考与练习题，读者可进一步巩固和掌握电路的基本知识和基本分析方法（思考与练习题以随书电子版形式提供）。每章配有类型众多的习题，以进一步锻炼读者的电路分析能力。考虑到读者进一步深造的需求，在习题中编入了部分有一定难度的分析和设计题。

（4）为辅助教学，本书配有《电路理论基础教学指导》一书，其中提供所有习题的解答以及各类拓展专题，如电路理论简史、概论及学习方法、计算机辅助电路分析、电路应用实例列表等。此外,本书还配有教学课件。

(5) 考虑到不同高校在电路课程教学中对知识点的不同需求,以及不同的教学学时数,本教材对部分较难、较深的内容标以"※"号,在教学中略去这部分内容,并不影响授课的连续性与系统性。

本书承蒙清华大学陆文娟教授、浙江大学倪光正教授、孙盾副教授仔细审阅,并提出了许多宝贵的修改意见。这些意见大部分都被采纳。作者在此致以衷心的感谢。

感谢上海交通大学教学发展中心对作者在电路课程教改项目的持续支持,项目成果在书中得到体现。

上海交通大学电子信息与电气工程学院陈洪亮教授与张峰教授对作者在教学上总是给予大力支持和帮助;作者所在的电路课程组老师和作者所教的学生对本书的编写亦有帮助,同时本书的编写参考了国内外许多优秀的教材和文献,在此一并表示感谢。

承蒙上海交通大学出版社的大力支持,使得本书得以顺利出版,特别是与徐建梅编辑的合作,使得本书的写作成为一次愉快的经历。在此深表谢意。

受编写时间及作者水平所限,书中存在的缺点与不足之处,敬请读者批评指正。意见或建议请发至作者的 Email 信箱:sptian@sjtu.edu.cn。

作 者

2015 年 12 月

# 目　　录

# 1 电路的基本概念及基本规律

本章介绍电路的基本概念及基尔霍夫定律。电路理论是研究电路普遍规律的一门学科,它通过把种类繁多、功能各异的实际电路的本质特征抽象出来建立理想化的电路模型,通过研究电路模型的规律指导实际电路的分析与设计。本书重点研究的是集中参数电路模型,简称电路,它由各种具有单一电磁特性的理想化的电路元件组成。这些理想化的电路元件可以代表实际电路器件、装置和设备的主要电磁特性。描述电路元件的常用变量为电压和电流。电路中的电压和电流分别满足基尔霍夫电压定律和基尔霍夫电流定律。基尔霍夫定律是电路理论的基石。

电路元件可分为二端元件和二端口元件。基本的二端元件包括电阻元件、独立源、电容元件及电感元件等;基本的二端口电路元件包括受控源、理想变压器及耦合电感元件等。电路元件可以用确定的电压-电流关系(VCR)加以描述。如果电路元件的 VCR 是代数方程,则称该元件为电阻性元件;如果电路元件的 VCR 是微分方程,则称该元件为动态元件。

## 1.1 电路与电路图

### 1.1.1 实际电路与电路模型

**电路**(electric circuit)是由电气器件互连而成的电的通路。电路是电应用的重要形式之一。各种实际电路都是由电阻器、电容器、电感器等**部件**(component)和晶体管、运算放大器等**器件**(device)组成,以实现人们所需要的功能。随着微电子技术的发展,已可将若干部件、器件制作在一块硅片上,在电气上相互连接,在结构上形成一个整体,即所谓的**集成电路**(integrated circuit)。可以认为,实际电路是指由若干电气器件按照特定目的互相连接而成的总体,在这个总体中具有电流赖以流通的路径。

日常生活和工程实际中使用的实际电路随处可见,如手电筒电路、照明电路、电子手表电路、数码照相机电路以及计算机电路等。这些电路的功能各异,结构的复杂程度也千差万别。图 1.1.1(a)是一个非常简单的照明电路,而大型电网、彩色电视机、计算机中的电路,其结构就相当复杂。从电路的尺寸来看,大的电路可以跨越几个城市,甚至国界、洲际;小的电路可以局限在几个平方毫米内,在不大于手指甲的集成电路芯片上,可能有数千、数万甚至数十万个晶体管集成为一个复杂的电路或系统。

人们设计和使用电路,是为了满足一定的功能要求。输电电路将电厂发电机生产的电能,通过变压器、传输线等设备传输、分配到用电单位,这是为了使用电的能量为我们服务,其中主要涉及的是电的能量形式;信号处理电路的作用是对电信号进行变换和处理,得到所需要的有用信号,这是利用了电具备携带信息的特性,其中主要涉及的是电的信号形式。电的能量形式和信号形式是电的应用的两种基本形式。

为了研究的方便,我们往往将实际电路中的部件、器件用电气图形符号来表示。表 1.1.1 列举了一些我国国家标准中的电气图形符号。发电机、电动机、变压器、变阻器、线圈、电容器、二极管、运算放大器等就是这些电气器件的实物。采用这些符号可以简便地绘出实际电路的连接关系,称为**电气图**(electric diagram)。例如,图 1.1.1(a)中实际电路的电气图如图 1.1.1(b)所示。

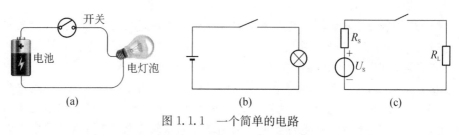

(a)            (b)            (c)

图 1.1.1 一个简单的电路

(a) 实际电路    (b) 电气图    (c) 电路图(电路模型)

表 1.1.1 部分电气图形符号

| 名称 | 符号 | 名称 | 符号 | 名称 | 符号 |
|---|---|---|---|---|---|
| 导线 | | 电流表 | Ⓐ | 电阻器 | |
| 连接的导线 | | 传声器 | | 扬声器 | 可变电阻器 | |
| 接地 | | 扬声器 | | 电容器 | |
| 接机壳 | | 二极管 | | 电感器、绕组 | |
| 开关 | | 稳压二极管 | | 变压器 | |
| 熔断器 | | 隧道二极管 | | 铁心变压器 | |
| 灯 | ⊗ | 晶体管 | | 直流发电机 | Ⓖ |
| 电压表 | Ⓥ | 电池 | | 直流电动机 | Ⓜ |

实际电路在通电后,其用作电气连接的外伸端子和电路内部都会出现各种电磁过程,其表现也相当复杂。这是因为实际电路中的电阻器、电容器、电感线圈、晶体管、变压器、运算放大器和电源设备等,在实际电流、电压和环境条件下的性能复杂多变。比如电阻器中电流变化时,周围就伴随着电磁场的变化;电容器中不但储存电场能量,还要消耗能量;器件内部经常伴有热效应、化学效应和机械效应等。要在数学上精确描述上述这些现象相当困难。

一个实际器件在电流或电压作用下都包含有能量的消耗、电场能量的储存和磁场能量的储存这三种基本效应,这些基本效应互相交织使实际电气器件呈现很复杂的性状。然而,上述三种基本效应在某个电气器件上的表现又是不均衡的,在一定的条件下,其中的某一种效应可能表现较强,处于主导地位,而别的效应可能表现较弱,处于次要地位,即使将其忽略,也不致使理论分析结果与实际情况有本质的差异。为了研究实际电路的普遍规律,将组成实际电路的电气器件在一定条件下按其主要电磁性质加以理想化,用一个足以表征其主要性能的**模型**(model)来表示,从而得到一系列理想化元件,如电阻元件、电容元件和电感元件等。

由于没有任何一种特殊的实际器件只呈现一种电磁性质,而能把其他电磁性质排除在外,所以具有单一电磁性质的电路元件是理想化的,是实际中不存在的。通常把呈现主导的单一电磁性质的电路元件称为**理想电路元件**(ideal circuit element)。这些理想元件称为实际器件的模型,它们都可以用严格的数学关系加以定义。这样,就可以通过电路模型间接而较准确地分析实际电路的主要电气性能。通常所说的**电路分析**(circuit analysis),就是对由理想元件组成的电路模型的分析。虽然分析结果仅是实际电路的近似值,但它是判断实际电路电气性能和指导电路设计的重要依据。

一般情况下,实际的电路或器件要用多个理想元件的组合才能较好地表达其特性。例如,图 1.1.1(a)所示电路中干电池模型可以用理想电压源元件与电阻元件(反映电池的内阻)的串联来表示,如图 1.1.1(c)所示。电路模型常常简称为电路。

### 1.1.2　集中参数电路与分布参数电路

根据实际电路的特性,可以建立两种类型的电路模型:集中参数电路和分布参数电路。当实际电路的尺寸远小于其工作时最高工作**频率**(frequency)所对应的**波长**(wavelength)时,电磁波沿电路传播的时间几乎为零。在这种情况下,可以定义**集中参数元件**(lumped parameter element),用来构成实际电路的模型。例如,上面提到的电阻元件、电容元件和电感元件等都是集中参数元件。每一种集中参数元件只表示单一的电磁特性。例如,用电阻元件表示消耗电能;用电容元件和电感元件分别表示电场储能和磁场储能。由集中参数元件组成的电路,称为实际电路的集中参数电路模型或简称为**集中参数电路**(lumped parameter circuit)。对集中参数电路而言,电路中的电磁量,如电压和电流等,只是时间的函数,因而描述电路的方程一般是代数方程或微分方程。图 1.1.1(c)所示的电路就是一个集中参数电路。如果电路中的电磁量是时间和空间的函数,使得描述电路的方程是以时间和空间为自变量的代数方程或偏微分方程,则这样的电路模型称为**分布参数电路**(distributed parameter circuit)。

一般认为,当电路的尺寸小于其使用时最高工作频率所对应波长的 1/10 时,该电路为集中参数电路。例如,我国电力用电的频率是 50 Hz,则该频率对应的波长为 $\lambda = c/f = (3 \times 10^8/50)$ m = 6 000 km。显而易见,对以此为工作频率的实验室设备来说,其尺寸远小于这一波长,它能满足集中化条件;而对于数量级为 $10^3$ km 的远距离输电线来说,则不满足集中化条件,不能按集中参数电路处理。又如,一个中波段收音机电路,假设其工作信号的最高频率为 1 600 kHz,对应的波长为 $\lambda = c/f = [3 \times 10^8/(1.6 \times 10^6)]$ m = 187.5 m。中波收音机电路的实际尺寸远远小于此波长,收音机电路能满足集中化条件,可按集中参数电路进行分析。

本书主要讨论集中参数电路的分析问题。如果不做另外说明,本书将集中参数电路一概简称为电路。

## 1.2　电路变量

分析电路首先要对电路进行数学描述,这种描述是用电路的一些物理量来表示的。描述电路的基本变量有 4 个:电流、电荷、电压、磁通量。在这 4 个基本变量中,电压和电流是电路中比较容易观察到的两个物理量,同时电路的基本定律大多叙述一个电路中的电压或电流之间的关系,因此电压和电流是电路中最常用到的两个变量。由电压和电流可导出功率的概念,它也是电路中经常要用到的一个变量。

### 1.2.1 电流、电压及其参考方向

1) 电流

电荷的有规则运动或移动即形成电流(电荷流)。电子和质子都是带电的粒子,电子带负电荷,质子带正电荷。将所带电荷的多少称为电量,在国际单位制(SI)中,电量的单位是库仑(符号为 C)。电量用符号 $q$ 或 $Q$ 表示。

单位时间内通过导体横截面的电量定义为电流强度,用以衡量电荷流的大小。电流强度常简称为**电流**(current),用 $i$ 表示,即

$$i = \frac{\mathrm{d}q}{\mathrm{d}t} \tag{1.2.1}$$

电流的 SI 单位名称为安[培](A)。借助国际单位制(SI)词头可以得到更大或更小的电流单位,电流的单位还常用千安(kA)、毫安(mA)和微安($\mu$A)等。

一段电路中的电流可以有两个不同的方向。习惯上把正电荷运动的方向规定为电流的实

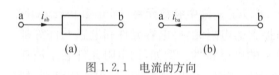

图 1.2.1　电流的方向

际方向。电流的方向既可用箭标"→"表示,也可用双下标表示,并规定由前一个字母指向后一个字母。例如,图 1.2.1 中电流可从 a 流向 b 或者相反,则可用 $i_{ab}$ 或 $i_{ba}$ 表示,该图中的方框表示一个元件或若干元件的组合。

如果电流的大小和方向不随时间变化,则这种电流称为恒定电流或**直流电流**(direct current)[①],简写为 dc 或 DC,可用符号 $I$ 表示;否则称为**时变**(time varying)电流,可用符号 $i$ 表示。若时变电流对时间做周期性变化而其直流分量为零(或者可以忽略),则称为**交流电流**(alternating current),简写为 ac 或 AC。

在分析简单的直流电路(支路电流为直流电流)时,可以确定电流的实际方向。但在分析复杂的电路时,对于某条支路电流的实际方向往往事先难以判断,即使是简单的交流电路(支路电流为交变电流),其交变电流的方向也是随时间变化的,其实际方向也很难确定。为此,在分析电流时可以先设定一个方向,称之为**参考方向**(reference direction)。电流的参考方向通常用带有箭标的线段表示,箭标所指方向表示电流的流动方向。当电流的实际方向与参考方向一致时,电流的数值就为正值(即 $i > 0$),如图 1.2.2(a)所示。图中带箭标的实线段为电流

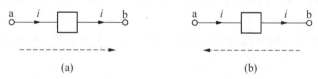

图 1.2.2　电流的实际方向与参考方向的关系

(a) 实际方向与参考方向一致　(b) 实际方向与参考方向相反

---

① 广义理解为以直流分量为主的周期电流。其简称直流(DC)也用来泛指任何恒定的电量,如直流电流、直流电压、直流磁通等。

的参考方向,虚线段为电流的实际方向(下同)。反之,当电流的实际方向与参考方向相反时,则电流的数值为负值(即 $i < 0$),如图 1.2.2(b)所示。由此可知,在参考方向设定之后,电流就有了正值和负值之分,电流值的正负符号反映了电流的实际方向。在未标示电流参考方向的情况下,电流的正负是没有意义的。

对于集中参数元件,通过其中的电流仅仅是时间的函数,因此,在任一时刻流入二端元件任一端子的电流等于从另一端子流出的电流,如图 1.2.2 所示。为了方便起见,电流的参考方向只需标示于元件的一侧即可。

2)电压

库仑电场力移动单位正电荷由电场中的 a 点到 b 点所做的功称为 a、b 两点间的**电压**(voltage),用 $u$ 表示。设在电场力作用下,电量为 $dq$ 的电荷由 a 点移动到 b 点时,电场力所做的功为 $dw$,则 a、b 两点间的电压为

$$u = \frac{dw}{dq} \tag{1.2.2}$$

式中,$dq$ 的单位为库仑(C);$dw$ 表示转移过程中电荷 $dq$ 所获得或失去的能量,单位为焦耳(J);电压的单位为伏[特](V)。这些单位都是 SI 单位。同样,借助国际单位制(SI)词头可以得到更大或更小的单位,如千伏(kV)、毫伏(mV)和微伏($\mu V$)等。

由电压的定义式(1.2.2)可知,如果正电荷由 a 移动到 b 获得能量,即有 $dw < 0$,$dq > 0$,则 $u < 0$,因此 a 点为低电位,即负极,b 点为高电位,即正极。相反,如果正电荷由 a 转移到 b 失去能量,则 a 点为高电位,即正极,b 点为低电压,即负极。正电荷在电路中转移时电能的得或失表现为电位的升或降,即电压升或电压降。习惯上规定电压的实际方向为正极指向负极。

如果电压的大小和极性不随时间变化,则这种电压称为**直流电压**(direct voltage)或恒定电压,可用符号 $U$ 表示;否则称为时变电压,可用符号 $u$ 表示。如果时变电压对时间做周期性变化而其直流分量为零(或者可以忽略),则称为**交流电压**(alternating voltage)。

为了便于分析和计算,也为电压设定参考方向。电压的参考方向可以任意设定,通常采用"+""−"极性符号表示,也可以采用双下标字母表示,并规定由前一个字母指向后一个字母,如图 1.2.3 所示。若电压参考方向设定由 b 点指向 a 点,则电压应写成 $u_{ba}$,且 $u_{ab} = -u_{ba}$。显然,在未标识参考方向的情况下,电压的正负也是毫无意义的。

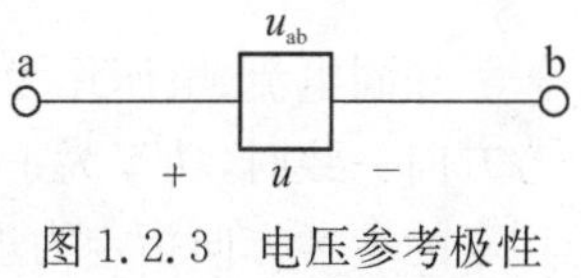

图 1.2.3 电压参考极性的表示方法

对于集中参数元件,其两端的电压仅仅是时间的函数,因此,在任一时刻任一元件两端的电压为确定值,两个端子上对选定的**参考节点**(reference point)(或称基准点,其电位规定为零)的电位均为确定值。

综上所述,在分析电路时,既要为通过元件的电流设定参考方向,也要为元件两端的电压设定参考方向,它们彼此可以独立无关地任意设定。但为了方便起见,常常采用**关联**(associated)参考方向,即电流参考方向与电压"+"极到"−"极的参考方向一致,如图 1.2.4(a)所示。这样一来,在电路图上只需标出电压参考方向或电流参考方向即可,如图 1.2.4(b)和(c)所示。关联参考方向也常称为**一致**(consistent)参考方向。

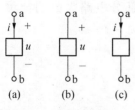

(a)   (b)   (c)

图 1.2.4 关联参考方向

必须强调的是,在分析电路时对电路中电压、电流设定参考方向是必需的。不设电压、电流的参考方向,电路中基本定律就无法应

用,电路的分析计算就无法进行。习惯上凡是一看便知电压、电流实际方向的,可设参考方向与实际方向一致。对于不易看出实际方向的,也不必花费时间去判别,只需在这些支路上任意设定一个参考方向。为简洁表示和方便使用电路图,常常把元件上电压、电流参考方向设成关联参考方向,一个元件只需设定电压或电流一个量的参考方向。

### 1.2.2 功率与能量

电路中存在能量的流动。某一段电路提供或吸收的能量,以及提供或吸收能量的速率即功率,也是电路分析中两个重要的电路变量。

电路中的**功率**(power)是指某一段电路吸收或提供能量的速率,用符号 $p$ 表示,其表达式为

$$p = \frac{\mathrm{d}w}{\mathrm{d}t} \tag{1.2.3}$$

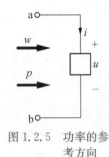

图 1.2.5 功率的参考方向

式中,$\mathrm{d}w$ 为 $\mathrm{d}t$ 时间内电场力所做的功,功率的单位名称为瓦[特](W)。

下面以图 1.2.5 所示电路为例来讨论功率的计算。图中矩形框代表任意一段电路,其内可以是电阻、电源,也可以是若干电路元件的组合。电压的参考方向设定为 a 点为"+"极,b 点为"−"极,电流的参考方向设定为从 a 点流向 b 点,即取关联参考方向。设在 $\mathrm{d}t$ 时间内由 a 点转移到 b 点的正电荷量为 $\mathrm{d}q$,则电压 $u$ 意味着单位正电荷从 a 移至 b 电场力所做的功。显然移动 $\mathrm{d}q$ 正电荷电场力做的功为 $\mathrm{d}w = u\mathrm{d}q$。电场力做功说明电能损耗,损耗的这部分电能被 ab 这段电路所吸收。

由式(1.2.2)可知正电荷量为 $\mathrm{d}q$ 的电荷在转移过程中失去的能量为 $\mathrm{d}w = u\mathrm{d}q$,再由式(1.2.1)可知 $\mathrm{d}q = i\mathrm{d}t$,因此由式(1.2.3)可知,当任意一个二端电路元件的电压和电流取关联参考方向时,其吸收(即外界输入)的功率为

$$p = ui \tag{1.2.4}$$

如同电流、电压作为代数量处理一样,也可为功率设定参考方向,当功率的实际方向与参考方向一致时,功率为正,否则,功率为负。一段电路在电压、电流取关联参考方向的情况下,功率的参考方向指定为进入该电路,三者之间的关系如图 1.2.5 所示。在电路分析中,常常仅标识电流、电压的参考方向,此时如果电流、电压的参考方向为关联参考方向,则电路所吸收的功率为该段电路两端电压、电流之乘积。此时若 $p$ 为正值,该段电路吸收正功率;若 $p$ 为负值,该段电路吸收负功率,即该段电路向外输出功率,或者说发出功率。例如,算得 ab 这段电路吸收功率为 −5 W,那么说 ab 段电路发出 5 W 的功率也是正确的。如果遇到电路中电压、电流取非关联参考方向的情况,在计算吸收功率的公式中应冠以负号,即

$$p = -ui \tag{1.2.5}$$

在如图 1.2.5 所示的关联参考方向下,在 $t_0$ 到 $t$ 的时间内该部分电路吸收的**能量**(energy)为

$$w(t_0, t) = \int_{t_0}^{t} p(\tau)\mathrm{d}\tau = \int_{t_0}^{t} u(\tau)i(\tau)\mathrm{d}\tau \tag{1.2.6}$$

能量的 SI 单位名称为焦[耳](J)。

从本质上讲,电荷的概念是描述一切电现象的基础,即所有电效应都与电荷有关。一般来

说,电荷的测量非常困难,而电荷的运动或移动会产生电流,运动或移动过程中如果对电荷做功,则还会产生电压,电流和电压都易测得,因此在进行电路分析时采用电压和电流作为常用的电路变量。电路的基本规律和电路元件的特性都可借助这两个变量加以描述,其他变量如功率和能量等也可由这两个变量计算而得。

**例 1.2.1**　已知在图 1.2.5 中,测得 $u_{ba} = -5e^{-t}$ V, $i = -e^{-t}$ A($0 \leqslant t \leqslant 1$ s),试求 $t = 0.5$ s 时刻该段电路吸收或发出的功率以及在 $0 \leqslant t \leqslant 1$ s 时间内吸收或发出的能量。

**解**　图 1.2.5 所示的一段电路取关联参考方向。由电压参考方向的定义知

$$u = -u_{ba} = 5e^{-t} \text{ V}$$

当 $t = 0.5$ s 时,由式(1.2.4)可得

$$p(0.5) = 5e^{-0.5} \times (-e^{-0.5}) \text{ W} = -1.84 \text{ W} < 0$$

因此该段电路在 $t = 0.5$ s 时刻发出功率 $1.84$ W。

在 $0 \leqslant t \leqslant 1$ s 时间内该段电路吸收的能量为

$$w(0,1) = \int_0^1 5e^{-\tau} \times (-e^{-\tau}) \mathrm{d}\tau = -2.16 \text{ J} < 0$$

因此该段电路在 $0 \leqslant t \leqslant 1$ s 时间内发出的能量为 $2.16$ J。

## 1.3　基尔霍夫定律

集中参数电路中的电压、电流变量间的关系受到两方面的约束:**拓扑约束**(topological constraint)和**元件约束**(element constraint),它们是分析、研究集中参数电路的基本依据。拓扑约束是指由电路的结构,即电路连接方式所决定的约束关系,体现这种约束关系的是 1845 年德国物理学家**基尔霍夫**(Kirchhoff)提出的基尔霍夫定律,它包括**基尔霍夫电流定律**(Kirchhoff's current law,KCL)和**基尔霍夫电压定律**(Kirchhoff's voltage law,KVL)。基尔霍夫定律是集中参数电路的基本法则,其物理基础是电荷守恒定律和能量守恒定律。为了表述基尔霍夫定律,先介绍与电路拓扑结构有关的几个名词。

### 1.3.1　电路的拓扑结构

电路由电路元件通过端子互相连接而成,图 1.3.1 为电路拓扑结构的一个示例。电路的拓扑结构用支路、节点、路径、回路、网孔、割集等名词来描述。

将构成电路的每一个二端元件称为一条**支路**(branch),两条或两条以上支路的连接点称为**节点**(node)。图 1.3.1 包含 7 条支路和 5 个节点。不要误认为图 1.3.1 中的 a 点和 b 点为两个节点,这是因为 a 和 b 之间用理想导线连接,不存在电路元件,它们是相同的端点。为了电路分析的方便,也可将由若干支路构成的一段电路当作一条支路处理,称为复合支路。例如,图 1.3.1 中将支路 5 和支路 6 作为一条支路,则连接点⑤就不能作为节点看待了。

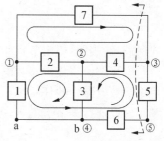

图 1.3.1　电路拓扑结构

如果电路中两个节点(称为始端节点和终端节点)间存在由不同支路和不同节点依次连接而成的一条通路,则称这条通路为连接该两节点的**路径**(path)。路径可以用支路集合表示。

例如,图 1.3.1 中支路集合{2,4}表示始端节点①和终端节点③之间的路径。两个节点之间可以存在多条路径,例如,支路集合{1,3,4}也表示始端节点①和终端节点③之间的路径。电路中任一闭合的路径称为**回路**(loop)。例如,图 1.3.1 中支路集合{1,2,3}、{3,4,5,6}、{1,2,4,5,6}和{2,4,7}都是回路。可以为回路设定方向(顺时针或逆时针),一般用箭标或集合中元素的顺序表示回路的方向。

如果将电路画在平面上,可以做到任意两条支路都不相交的情况,那么称该电路为**平面电路**(planar circuit)。平面电路中的单孔回路(即在回路内部或外部不另含支路)称为**网孔**(mesh)。内部不含任何支路的网孔称为内网孔,外部不含任何支路的网孔称为外网孔。在图 1.3.1 中,支路集合{1,2,3}和{3,4,5,6}表示两个内网孔,而支路集{1,7,5,6}表示外网孔。如无特别说明,网孔均指内网孔。

电路的结构还可以用**割集**(cut set)的概念来描述。割集的确切定义:割集是具有下述性质的支路的集合,如果把集合的所有支路切割或移去,电路将成为两个分离的部分;然而只要少移去这集合中的任一支路,电路仍然是连通的。例如,在图 1.3.1 中移去支路集合{4,6,7},则电路成为两个分离的部分,一部分由支路集合{1,2,3}和节点集合{①,②,④}构成,另一部分由支路 5 和节点集合{③,⑤}构成。但是,只要少移去支路集合{4,6,7}中的任一支路,这两部分又是连通的。因此支路集合{4,6,7}满足割集的定义,是一个割集。割集的取法可以用切割线(见图 1.3.1 中的虚线)将电路分割成两部分,切割线所切到的支路集合即为割集。可以为割集规定方向:从一个分离的部分指向另一个分离的部分,或者相反。图1.3.1 中割集{4,6,7}的方向为从右至左。

### 1.3.2 KCL

KCL(基尔霍夫电流定律)的物理背景是电荷守恒定律。所谓电荷守恒是指电荷既不能创造也不能消失。将电荷守恒定律应用于集中参数电路就可以得到 KCL。例如,对于图 1.3.2 节的节点②,流出该节点电荷的速率为

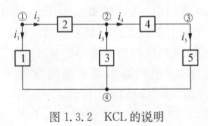

图 1.3.2　KCL 的说明

$$\mathrm{d}q/\mathrm{d}t = \mathrm{d}(-q_2 + q_3 + q_4)/\mathrm{d}t = -i_2 + i_3 + i_4 \tag{1.3.1}$$

式中,$q$ 为流出节点②处的电荷。由于节点只是理想导体的汇合点,不可能积累电荷,即对电路中的任一节点,在任一时间间隔内,有多少电荷流入该节点,必定有多少电荷流出该节点,因此 $\mathrm{d}q/\mathrm{d}t = 0$,从而得到

$$-i_2 + i_3 + i_4 = 0 \tag{1.3.2}$$

式(1.3.2)表明:流出节点所有电流的代数和为零。

上述结论对集中参数电路中的任意节点都是成立的。由此可将 KCL 表述如下:对于任一集中参数电路中的任一节点,在任一时刻,流出(或流入)该节点的所有支路电流的代数和等于零。假设连接某节点的 $K$ 条支路中第 $k$ 条支路电流用 $i_k$ 表示,则 KCL 可表示为

$$\sum_{k=1}^{K} i_k = 0 \tag{1.3.3}$$

对节点应用 KCL 建立电路方程时,根据各支路电流的参考方向,既可规定流出节点的电流为正,也可规定流入节点的电流为正,两种取法任选一种。

对如图 1.3.2 所示电路应用 KCL,取离开节点的电流为正,可得

节点①
节点②
节点③
节点④

$$\begin{cases} i_1 + i_2 = 0 \\ -i_2 + i_3 + i_4 = 0 \\ -i_4 + i_5 = 0 \\ -i_1 - i_3 - i_5 = 0 \end{cases} \tag{1.3.4}$$

上述方程称为 KCL 方程或节点电流方程。

KCL 适用于任何集中参数电路,它与元件的性质无关。由 KCL 所得到的电路方程是各支路电流前系数仅取 $+1$,$-1$ 或 $0$ 的线性齐次方程,它表明了电路中与节点相连接的各支路电流所受的线性约束。

KCL 方程并非都是独立的。例如,把式(1.3.4)所示的四个方程相加,可以发现所有支路电流都出现两次,一次是正的,一次是负的。于是所得方程为 $0 \equiv 0$。此结果表明,四个方程中,其中任意一个可由其余三个推导求出。对任一具有 $n$ 个节点,$b$ 条支路的电路所列写的 $n$ 个 KCL 方程是不独立的,可以证明独立方程只有 $n-1$ 个。

为了得到独立的 KCL 方程,一般先选定参考节点,然后对除去参考节点外的其他 $n-1$ 个节点列写 KCL 方程。

在运用 KCL 时,应先标出所有电流的参考方向,对于未知电流,其参考方向可任意假定。解出的未知电流若为负值,则说明实际电流方向与设定的参考方向相反。

KCL 既适用于节点,也适用于任一割集或闭合面。对于任一集中参数电路中的任一割集或闭合面,在任一时刻,流出(或流入)该割集或闭合面的所有支路电流的代数和等于零。

例如,图 1.3.3 所示电路中的割集 I 包含支路集 $\{1,3,4,7\}$,其支路电流分别为 $i_1$、$i_3$、$i_4$ 和 $i_7$,取电流的方向与割集方向一致时为正,则该割集的 KCL 方程为

$$-i_1 - i_3 - i_4 + i_7 = 0$$

而闭合面Ⅱ包含支路集 $\{1,2,4,5,6,7\}$,其支路电流分别为 $i_1$、$i_2$、$i_4$、$i_5$、$i_6$ 和 $i_7$,取流入该闭合面的电流为正,则该闭合面Ⅱ的 KCL 方程为

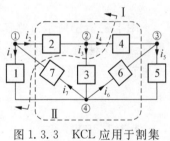

图 1.3.3　KCL 应用于割集和闭合面

$$i_1 + i_2 - i_4 + i_5 - i_6 - i_7 = 0$$

**例 1.3.1**　已知电路如图 1.3.4(a)所示,试由电路中已知的支路电流求出其他支路电流。

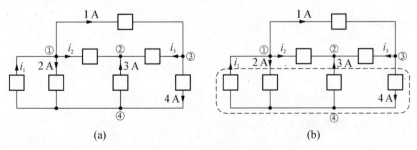

(a)

(b)

图 1.3.4　例 1.3.1 用图

**解** 对图 1.3.4(a)所示电路的节点列写 KCL 方程,并求解得

节点③        $i_3 + 4\,\mathrm{A} - 1\,\mathrm{A} = 0$                      解得 $i_3 = -3\,\mathrm{A}$

节点②        $-i_2 - 3\,\mathrm{A} - i_3 = 0$    代入 $i_3$            解得 $i_2 = 0\,\mathrm{A}$

节点①        $-i_1 + i_2 + 2\,\mathrm{A} + 1\,\mathrm{A} = 0$    代入 $i_2$      解得 $i_1 = 3\,\mathrm{A}$

也可列写一个 KCL 方程直接求得 $i_1$。如图 1.3.4(b)所示,对闭合面列写 KCL 方程,得

$$i_1 - 2\,\mathrm{A} + 3\,\mathrm{A} - 4\,\mathrm{A} = 0 \qquad\qquad 解得\ i_1 = 3\,\mathrm{A}$$

**例 1.3.2** 试运用 KCL 列写图 1.3.5 所示电路中 $i_1$、$i_2$、$i_3$ 及 $i_4$ 所满足的节点电流方程。

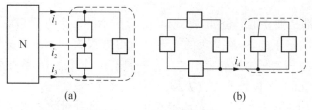

图 1.3.5 例 1.3.2 用图

**解** 图 1.3.5(a)所示电路中的 N 表示由若干电路元件构成的电路,它对外具有三个端子,称为三端电路。显然,对图 1.3.5(a)所示的闭合面 KCL 成立,因此可得到如下节点电流方程

$$i_1 + i_2 + i_3 = 0$$

图 1.3.5(b)所示电路具有特殊的结构,即构成电路的左右两部分通过一根导线相连,这根导线可保证两部分电路与该导线的连接点具有相同的电位。由对图 1.3.5(b)所示的闭合面可看出,$i_4$ 满足

$$i_4 = 0$$

### 1.3.3 KVL

KVL(基尔霍夫电压定律)的物理背景是能量守恒定律。能量守恒是指能量既不能创造,也不能消灭。对于任一独立的电路,在任一时刻,电路从外界获得的能量或功率为零。对于图 1.3.6,采用关联参考方向,电路在任一时刻的总功率为

$$\sum_{k=1}^{6} u_k i_k = 0 \tag{1.3.5}$$

对节点①、②和③列写 KCL 方程得

$$\begin{cases} i_1 = -i_2 - i_3 \\ i_4 = i_2 - i_5 \\ i_6 = i_3 + i_5 \end{cases} \tag{1.3.6}$$

将上式代入式(1.3.5),整理得

$$(-u_1 + u_2 + u_4)i_2 + (-u_1 + u_3 + u_6)i_3 + (-u_4 + u_5 + u_6)i_5 = 0 \tag{1.3.7}$$

注意到 $i_2$、$i_3$ 和 $i_5$ 并不满足 KCL，它们是线性无关的，因此 $i_2$、$i_3$ 和 $i_5$ 前的系数必为零，即

$$\begin{cases} -u_1+u_2+u_4=0 \\ -u_1+u_3+u_6=0 \\ -u_4+u_5+u_6=0 \end{cases} \tag{1.3.8}$$

又由图 1.3.6 可知，元件 1、2 和 4 构成一个回路，元件 1、3 和 6 构成一个回路，元件 4、5 和 6 也构成一个回路。因此，式(1.3.8)表明沿这三个回路的支路电压的代数和为零。

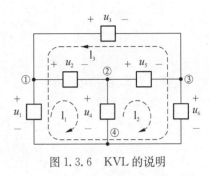

图 1.3.6　KVL 的说明

　　上述结论对集中参数电路中的任意回路都是成立的。由此可将 KVL 表述如下：对于任一集中参数电路中的任一回路，在任一时刻，沿该回路所有支路电压的代数和等于零。假设某一回路上的 $l$ 条支路中第 $k$ 条支路电压用 $u_k$ 表示，则 KVL 可表示为

$$\sum_{k=1}^{l} u_k = 0 \tag{1.3.9}$$

　　应用 KVL 时，应指定回路的绕行方向。绕行方向可任意选取，可取顺时针方向，也可取逆时针方向。当支路电压的参考方向与回路的绕行方向一致时，该支路电压取正号，反之取负号。

　　例如，对图 1.3.6 中的回路 $l_3$ 按所取绕行方向应用 KVL 可得方程

$$u_1-u_3-u_6=0 \tag{1.3.10}$$

比较式(1.3.10)与式(1.3.8)中的第二式，只是各电压前的符号相反，两者是一致的。式(1.3.8)和式(1.3.10)都称为 KVL 方程或回路电压方程。

　　KVL 适用于任何集中参数电路，它与元件的性质无关。由 KVL 所得到的电路方程是各支路电流前系数仅取 $+1$，$-1$ 或 $0$ 的线性齐次方程，它表明了构成回路的各支路电压所受的线性约束。

　　对任一具有 $n$ 个节点，$b$ 条支路的电路列写 KVL 方程，其独立方程数等于独立回路数。独立的 KVL 方程数为 $b-(n-1)$。

　　在求出各支路电压后，就可以求解任意节点间的电压。对于集中参数电路中的任意节点 $j$ 和 $k$，在任一时刻，这两个节点之间的电压 $u_{jk}$ 等于节点 $j$ 和 $k$ 相对于任意所选参考节点 $n$ 的电位 $u_{jn}$ 和 $u_{kn}$ 之差，即

$$u_{jk}=u_{jn}-u_{kn} \tag{1.3.11}$$

值得指出的是，上述两节点之间在电路中应至少有一条支路连通，否则无法利用式(1.3.11)求出 $u_{jk}$。

　　在运用 KVL 时，应先标出所有电压的参考方向，对于未知电压，其参考方向可任意设定。解出的未知电压若为负值，则说明实际电压方向与设定的参考方向相反。

　　**例 1.3.3**　已知电路如图 1.3.7(a)所示，试由电路中已知的支路电压求出其他支路电压。

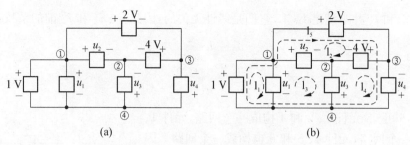

图 1.3.7　例 1.3.3 用图

**解**　先选定 4 个回路 $l_1$、$l_2$、$l_3$ 和 $l_4$，并规定各回路的绕向，如图 1.3.7(b)所示，然后列写 KVL 方程，并求解

| 回路 $l_1$ | $u_1 - 1\,\text{V} = 0$ | | 解得 $u_1 = 1\,\text{V}$ |
|---|---|---|---|
| 回路 $l_2$ | $2\,\text{V} + 4\,\text{V} - u_2 = 0$ | | 解得 $u_2 = 6\,\text{V}$ |
| 回路 $l_3$ | $-u_1 + u_2 - u_3 = 0$ | 代入已求得的 $u_1$ 和 $u_2$ | 解得 $u_3 = 5\,\text{V}$ |
| 回路 $l_4$ | $-4\,\text{V} + u_3 - u_4 = 0$ | 代入已求得的 $u_3$ | 解得 $u_4 = 1\,\text{V}$ |

如果只求解电路中的电压 $u_4$，则可仅对回路 $l_5$ 列写 KVL 方程，得

$$-1\,\text{V} + 2\,\text{V} - u_4 = 0 \qquad 解得\ u_4' = 1\,\text{V}$$

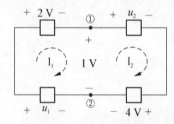

图 1.3.8　例 1.3.4 用图

**例 1.3.4**　已知电路如图 1.3.8 所示，试由电路中已知电压求出支路电压 $u_1$ 及 $u_2$。

**解**　图 1.3.8 中的节点①和②间不存在由一个元件构成的实际支路，但可假想两节点间存在一条假想支路，1 V 电压可看作假想的支路电压，运用 KVL 列写电路方程时所选回路可包含假想支路。对图 1.3.8 所示回路 $l_1$ 和回路 $l_2$，分别列写 KVL 方程，并求解

| 回路 $l_1$ | $-u_1 + 2\,\text{V} + 1\,\text{V} = 0$ | 解得 $u_1 = 3\,\text{V}$ |
|---|---|---|
| 回路 $l_2$ | $u_2 + 4\,\text{V} - 1\,\text{V} = 0$ | 解得 $u_2 = -3\,\text{V}$ |

## 1.4　二端电路元件

### 1.4.1　电路元件的科学抽象

在基本电路变量电压 $u$、电流 $i$、电荷 $q$ 和磁链 $\psi$ 中，如果任取两个变量建立关系，则可得到六种关系式，其中电流 $i$ 和电荷 $q$ 之间的关系给出电流的定义，即 $i = \mathrm{d}q/\mathrm{d}t$；而电压 $u$ 和磁链 $\psi$ 之间的关系满足法拉第电磁感应定律，即 $u = \mathrm{d}\psi/\mathrm{d}t$。由剩余的四种关系式则可以定义出四种基本的二端电路元件：电阻元件、电容元件、电感元件和忆阻元件[①]，如图 1.4.1 所示。它们也是对实际的电阻器、电容器、电感器、忆阻器的一种科学抽象。

---

① 忆阻元件的概念由 L. O. Chua 于 1971 年首次提出。参见：L. O. Chua. Memristor — the missing circuit element [J]. IEEE trans. Circuit theory, 1971,18:507–519。直到 2008 年 5 月，惠普实验室的 D. B. Strukov 等人组成的研究小组宣布用纳米技术在实验室制作出忆阻元件。参见：D. B. Strukov, G. S. Snider, D. R. Stewart, et al. The missing memristor found [J]. Nature, 2008,453:80–83。

除此之外,在实际电路中还存在各种各样的器件,也可以对它们经过科学抽象而得到对应的数学模型即电路元件。

对于一个电路元件,如果在任一时间 $t$,从一个端子流入的电流等于从另一个端子流出的电流,则称这两个端子构成一个**端口**(port)。对一个二端电路元件,其两个端子自然地构成一个端口。对一个多端电路元件,如果它的端子能两两组成端口,则称为多端口元件。每一种电路元件都有明确的数学定义,这种定义用元件端口的**电压-电流关系**(voltage-current relationship,简称 VCR)来加以表达。

本节介绍二端电路元件的 VCR,第 1.5 节将介绍二端口电路元件的 VCR。

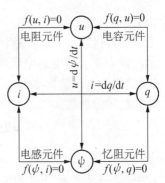

图 1.4.1 电路元件的科学抽象

### 1.4.2 独立源

凡是处于工作状态的电路,总要有电源来作为**激励**(exciation)式输入,在电路的各支路上产生电压、电流,它们被称为**响应**(response)。常见的电源有各种电池、稳压电源、稳流电源等。**独立源**(independent source)就是这些实际电源的理想化电路元件模型,包括**理想电压源**(ideal voltage source)和**理想电流源**(ideal current source)两种。

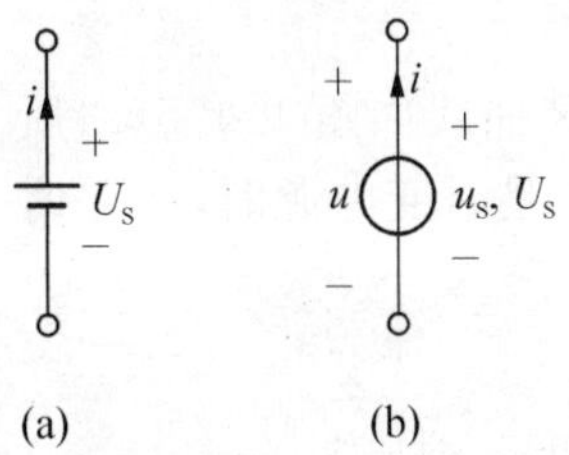

图 1.4.2 理想电压源符号

(a)    (b)

在电路模型中,用理想电压源元件来近似表示电池或稳压电源的电磁特性。理想电压源的电路符号如图 1.4.2 所示,其中图 1.4.2(a)为直流电压源的符号,图 1.4.2(b)为一般电压源的符号。理想电压源的 VCR 为

$$u = u_S \tag{1.4.1}$$

式中,$u_S$ 是给定的时间函数,称为理想电压源的**源电压**(source voltage)。式(1.4.1)中不含电流 $i$,表示源电压与通过的电流无关,因此流过理想电压源的电流可以是任意量值。对于含理想电压源的电路,流经理想电压源的电流由该具体电路来确定。

当理想电压源是直流电压源时,$u_S$ 为常数,其 VCR 曲线如图 1.4.3(a)所示。直流电压源的电压常用 $U_S$ 表示。当理想电压源是时变电源时,$u_S$ 是时间 $t$ 的函数,其 VCR 曲线如图 1.4.3(b)所示。

由图 1.4.3 可见,理想电压源的特性曲线在 $u_S \neq 0$ 时是 $i\text{-}u$ 平面上的一条或一族不经过原点、与 $i$ 轴平行的直线。

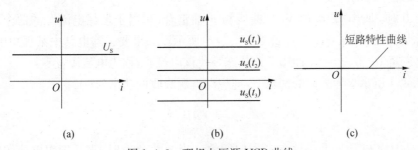

图 1.4.3 理想电压源 VCR 曲线

(a) $u_S$ 是常数　(b) $u_S$ 是 $t$ 的函数　(c) 短路特性曲线

当一个理想电压源的源电压 $u_S=0$ 时,其 VCR 曲线与 $i$ 轴重合,相当于理想电压源的两个端子直接接在一起,端口电压等于零。这种状态称为**短路**(short circuit),如图 1.4.3(c)所示。如果要去除电路中某理想电压源的作用,则可以使其源电压 $u_S=0$,即用短路线替代该电压源,称为电压源置零。必须特别注意,对实际电压源,是不允许将其两个端子短接的,否则会造成电压源烧毁。

在图 1.4.2 所示参考方向的情况下,理想电压源吸收的功率为

$$p = -u_S i \tag{1.4.2}$$

式中,负号是由 $u_S$ 和 $i$ 取非关联参考方向所致。当 $p$ 为负值时,说明在理想电压源内部电流从低电位流向高电位,表示理想电压源输出功率,理想电压源处于供电状态;当 $p$ 为正值时,表示理想电压源吸收功率,理想电压源处于受电状态。

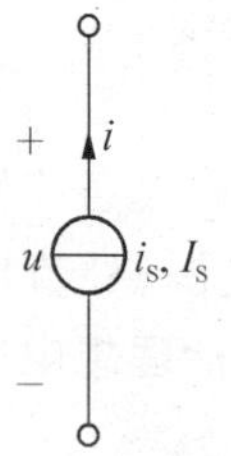

在电路模型中,用理想电流源元件来近似表示稳流电源的电磁特性。理想电流源的电路符号如图 1.4.4 所示。理想电流源的 VCR 为

$$i = i_S \tag{1.4.3}$$

式中,$i_S$ 是给定的时间函数,称为理想电流源的**源电流**(source current)。式(1.4.3)中不含电压 $u$,表示源电流与电流源端子间电压无关,因此理想电流源两端的电压可以是任意量值。

图 1.4.4　理想电流源电路符号

当理想电流源是直流电源时,$i_S$ 为常数,其 VCR 曲线如图 1.4.5(a)所示。直流电流源的电流常用 $I_S$ 表示。当理想电流源是时变电源时,$i_S$ 是时间 $t$ 的函数,其 VCR 曲线如图 1.4.5(b)所示。

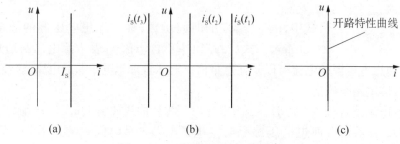

图 1.4.5　理想电流源 VCR 曲线

由图 1.4.5 可见,理想电流源的特性曲线在 $i_S \neq 0$ 时是 $i$-$u$ 平面上的一条或一族不经过原点,且与 $u$ 轴平行的直线。

当 $i_S=0$ 时,理想电流源的 VCR 曲线与 $u$ 轴重合,相当于理想电流源的两个端子断开。这种状态称为**开路**(open circuit),如图 1.4.5(c)所示。如果要去除电路中某理想电流源的作用,则可以使其源电流 $i_S=0$,即用开路状态替代该电流源,称为电流源置零。

在图 1.4.4 所示参考方向的情况下,理想电流源吸收的功率为

$$p = -u i_S \tag{1.4.4}$$

式中,负号是由 $u$ 和 $i_S$ 取非关联参考方向所致。当 $p$ 为负值时,表示理想电流源输出功率,理想电流源处于供电状态;当 $p$ 为正值时,表示理想电流源吸收功率,理想电流源处于受电

状态。

最后,对元件的耗能性质进行讨论。根据能量守恒定律,在一个电路中存在提供能量的元件,也必存在消耗能量的元件。这意味着电路元件还可以按照所谓的"无源性"来加以分类。如果一个电路元件对任意的 $t \geqslant -\infty$,有

$$w(-\infty, t) \geqslant 0 \qquad (1.4.5)$$

则称此元件为**无源**(passive)元件。如果电路元件不是无源的,则此元件称为**有源**(active)元件。显然,上面介绍的理想电压源和理想电流源为有源元件。后面将要介绍的电阻、电容、电感等元件则是无源元件。

### 1.4.3 电阻元件

一个二端元件,其端子间(端口)的电压 $u$ 和通过其中的电流 $i$ 之间的关系可以用代数方程

$$f(u, i) = 0 \qquad (1.4.6)$$

来描述,即这一方程可由 $i$-$u$ 平面(或 $u$-$i$ 平面)上的一条曲线所确定,则此二端元件称为电阻元件,简称**电阻**(resistor)。$i$-$u$ 平面(或 $u$-$i$ 平面)上的这条曲线称为电阻的 VCR 曲线或伏安特性曲线。式(1.4.6)就是电阻的 VCR,也称为电阻的特性方程。

电阻按照它的 VCR 是**线性**(linear)还是**非线性**(nonlinear)的,可以分为线性电阻和非线性电阻;根据它的 VCR 中参数与时间的关系,还可以分为**时变**(time-varying)电阻和**非时变**(time-invariant)电阻。

如果一个电阻的 VCR 曲线是一条不随时间变化且通过原点的直线,则称为线性非时变电阻。线性非时变电阻的电路符号及其 VCR 曲线如图 1.4.6 所示。其 VCR 为

$$u = Ri \ 或 \ i = Gu \qquad (1.4.7)$$

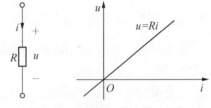

图 1.4.6　线性非时变电阻的电路符号及其 VCR 曲线

式中,电压 $u$ 和电流 $i$ 取关联参考方向;$R$ 称为**电阻**[**值**](resistance),单位名称是欧姆($\Omega$),它的大小也就是电阻伏安特性曲线的斜率;$G$ 称为**电导**[**值**](conductance),单位名称是西门子(S)。式(1.4.7)是**欧姆定律**(Ohm's law)的数学表达式。因此,线性非时变电阻是一种满足欧姆定律的电阻。

电阻 $R$ 和电导 $G$ 是互为倒数的常数,即 $G = 1/R$,它们都反映了电阻元件阻碍电流通过的作用。电阻元件的电阻值越大,则阻碍电流通过的作用越强;相反,电阻元件的电导值越大,则阻碍电流通过的作用越弱。电阻 $R$ 和电导 $G$ 都是描述电阻元件的基本参数。

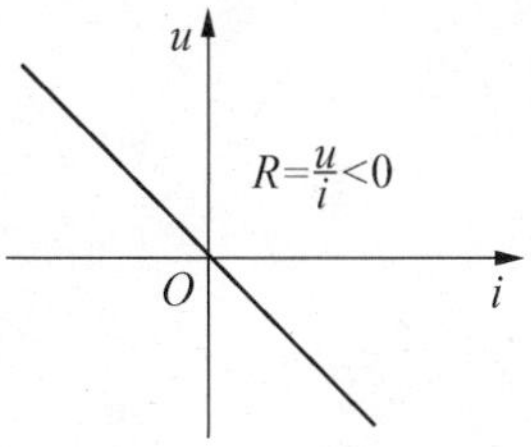

电阻 $R$ 和电导 $G$ 也可以取负值,此时电阻的 VCR 曲线是一条位于 $i$-$u$ 平面的第二、四象限内过原点的直线,如图 1.4.7 所示。把 $R$ 或 $G$ 为负值的电阻称为**负电阻**(negative resistor),而把 $R$ 或 $G$ 取正值的电阻称为**正电阻**(positive resistor)。如果对所有时间 $t$ 电阻的 VCR 曲线位于 $i$-$u$ 平面的第一、三象限内,则这个电阻必

图 1.4.7　负电阻的 VCR 曲线

然为正电阻;如果对所有时间 $t$ 电阻的 VCR 曲线位于 $i-u$ 平面的第二、四象限内,则这个电阻必然为负电阻。工程实际中可以通过其他电路器件构成的电路来实现负电阻特性。

当 $R=0$ 时,由式(1.4.7)可知,不论流经电阻的电流为多大,其两端的电压恒等于零,此时电阻相当于短路。当 $G=0$ 时,由式(1.4.7)可知,不论施加电阻两端的电压为多大,流经电阻的电流恒等于零,此时电阻相当于开路。

在电路理论中,"电阻"一词往往作为电阻元件或电阻值的简称,但在习惯上,"电阻"也指实际的电阻器,如"线绕电阻器"也称为"线绕电阻"。对"电导"一词亦是如此。在以后介绍的电容元件、电感元件以及耦合电感元件等也存在类似的情况。

若一个电阻的 VCR 曲线是随时间变化、通过原点的直线,则称为线性时变电阻。线性时变电阻的电路符号及其 VCR 曲线如图 1.4.8 所示。其特性方程为

$$u=R(t)i \quad \text{或} \quad i=G(t)u \tag{1.4.8}$$

式中,$R(t)=1/G(t)$,$R(t)$ 和 $G(t)$ 分别是电阻在时刻 $t$ 的电阻和电导。

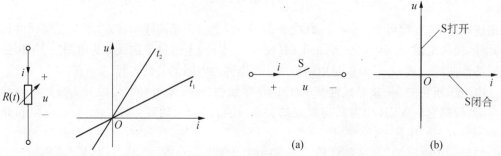

图 1.4.8　线性时变电阻的电路符号及其 VCR 曲线　　图 1.4.9　理想开关及其 VCR 曲线

作为线性时变电阻的例子,**理想开关**(ideal switch)是一种典型的线性时变电阻。理想开关在电路图中的符号如图 1.4.9(a)所示。当理想开关 S 打开时,不管其两端电压为多少,流经理想开关的电流恒为零,即处于开路状态;而当 S 合上后,此时不管流经电流是多少,电压恒为零,即处于短路状态。一个理想开关总是处于电阻 $R=\infty$ 或 $R=0$ 的状态。理想开关的 VCR 曲线如图 1.4.9(b)所示。

线性电阻的 VCR 曲线以原点为对称,称为**双向电阻**(two-way resistor)。对线性电阻而言,如果点 $(u,i)$ 在 VCR 曲线上,则点 $(-u,-i)$ 也在 VCR 曲线上。所以在实际应用中,那些可用线性电阻来模拟的实际电阻器的两个端子不需要用标记加以区别,它们可以任意地接到电路中去。

以上介绍的是线性电阻。如果电阻的 VCR 不是线性的,就称为**非线性电阻**(nonlinear resistor)。非线性电阻的电路符号如图 1.4.10 所示。

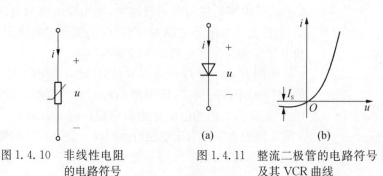

图 1.4.10　非线性电阻　　图 1.4.11　整流二极管的电路符号
　　的电路符号　　　　　　　　　及其 VCR 曲线

整流二极管是非线性电阻的一个最典型的原型。其电路符号及 VCR 曲线分别如图 1.4.11(a) 和图 1.4.11(b) 所示。整流二极管的 VCR 可表示为

$$i = I_S(\mathrm{e}^{qu/kT} - 1) \tag{1.4.9}$$

式中，$I_S$ 为反向饱和电流，即二极管反偏压（具有负值 $u$）较大时的二极管电流；$q$ 为一个电子的电荷量；$k$ 为玻耳兹曼常数；$T$ 为元件的绝对温度。在 27℃ 下 $kT/q$ 接近于 0.026 V。

整流二极管的应用十分广泛，有时简称为二极管。为了方便起见，可以对二极管的模型做进一步的近似，得到理想二极管的模型。其电路符号及 VCR 曲线分别如图 1.4.12(a) 和图 1.4.12(b) 所示。理想二极管的 VCR 可表示为

$$\begin{cases} i = 0, & u \leqslant 0 \\ u = 0, & i \geqslant 0 \end{cases} \tag{1.4.10}$$

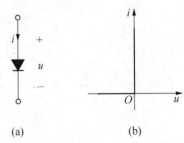

(a)　　　　(b)

图 1.4.12　理想二极管的电路符号及其 VCR 曲线

下面讨论电阻元件吸收的功率。电阻吸收的瞬时功率 $p = ui$。因为电阻的 VCR 是用 $i$-$u$ 平面上的曲线来表征的，所以当其在 VCR 曲线上的工作点 $(i, u)$ 确定之后，电阻在时间 $t$ 时的瞬时功率也随之确定。对于线性非时变电阻，由式 (1.2.4) 和式 (1.4.7) 可得

$$p = ui = Ri^2 = Gu^2 \tag{1.4.11}$$

显然，如果 $R$ 和 $G$ 为正值，则 $p$ 为非负，电阻吸收电功率。因此 $R$ 和 $G$ 为正值的电阻属于**耗能元件**（dissipative element）。

电阻吸收的（电）能量由式 (1.2.6) 给出。对任一时刻 $t_0$，线性非时变电阻从时刻 $t_0$ 到时刻 $t$ 所吸收的（电）能量为

$$w(t_0, t) = R\int_{t_0}^{t} i^2(\tau)\mathrm{d}\tau = G\int_{t_0}^{t} u^2(\tau)\mathrm{d}\tau \tag{1.4.12}$$

显然，当 $R$ 和 $G$ 为正值时，$w(t_0, t)$ 为非负，表明电阻只吸收电能而不发出电能。因此，正电阻是无源元件，其吸收的能量转化为热能等非电能量形式向周围空间散失。负电阻则是有源元件，它对外发出电能。

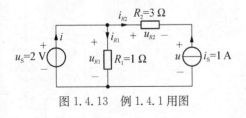

图 1.4.13　例 1.4.1 用图

**例 1.4.1**　试计算如图 1.4.13 所示电路中每个电阻消耗的功率，并通过计算理想电压源和理想电流源所提供的功率，确定电阻消耗功率的来源。

**解**　如图 1.4.14 所示电路中，电阻 $R_1$ 消耗的功率

$$P_{R1} = u_{R1}i_{R1} = \frac{u_{R1}^2}{R_1} = \frac{u_S^2}{R_1} = \frac{2^2}{1}\ \mathrm{W} = 4\ \mathrm{W}$$

电阻 $R_2$ 消耗的功率

$$P_{R2} = u_{R2}i_{R2} = i_{R2}^2 R_2 = (-i_S)^2 R_2 = (-1)^2 \times 3\ \mathrm{W} = 3\ \mathrm{W}$$

理想电压源输出的功率

$$P_{uS} = u_S i = u_S(i_{R1} + i_{R2}) = u_S\left(\frac{u_S}{R_1} - i_S\right) = 2\left(\frac{2}{1} - 1\right) \text{ W} = 2 \text{ W}$$

理想电流源输出的功率

$$P_{iS} = u i_S = (u_S - u_{R2})i_S = [u_S - (-i_S R_2)]i_S = (2 + 1 \times 3) \times 1 \text{ W} = 5 \text{ W}$$

可见,两个电阻所消耗的功率是由理想电压源和理想电流源共同提供的。

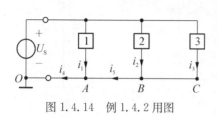

图 1.4.14　例 1.4.2 用图

**例 1.4.2　实际电路的参考地**　实际电路在工作时必须具有一个稳定的参考点,即所谓的"地",一般规定"地"的电位为零。如图 1.4.14 所示电路,直流电压源 $U_S$ 为三个电路模块供电,作为电路模型,可认为点 $O$、$A$、$B$ 和 $C$ 的电位均为参考地的零电位。但对实际电路而言,导线是由物理材质(铜、铝、铁等)构成,其电阻率不为零,因此导线电阻将对电路产生影响。假设 $OA$、$AB$ 和 $BC$ 段的电阻均为 $10 \text{ m}\Omega$,$i_1 = i_2 = 10 \text{ mA}$,$i_3 = 20 \text{ mA}$,试求点 $A$、$B$ 和 $C$ 对地的电压 $u_A$、$u_B$ 和 $u_C$。

**解**　由 KCL,可得

$$i_4 = i_1 + i_2 + i_3 = 40 \text{ mA}, \quad i_5 = i_2 + i_3 = 30 \text{ mA}$$

因此,由欧姆定律可得

$$u_{AO} = R_{AO}i_4 = 10 \text{ m}\Omega \times 40 \text{ mA} = 400 \text{ }\mu\text{V}, \quad u_{BA} = R_{BA}i_5 = 300 \text{ }\mu\text{V}, \quad u_{CB} = R_{CB}i_3 = 200 \text{ }\mu\text{V}$$

再由 KVL,得到点 $A$、$B$ 和 $C$ 对地的电压分别为

$$u_A = u_{AO} = 400 \text{ }\mu\text{V}, \quad u_B = u_{BA} + u_A = 700 \text{ }\mu\text{V}, \quad u_C = u_{CB} + u_B = 900 \text{ }\mu\text{V}$$

可见,由于导线电阻的存在,实际电路中不同位置点对地的电压是不一样的。上述点 $A$、$B$ 和 $C$ 对地的电压在量值上比较小,如果认为对实际电路是可忽略的,则仍然可认为点 $A$、$B$ 和 $C$ 为参考点。

**例 1.4.3　测量电压的电位计电路**　如图 1.4.15 所示为测量电压的电位计电路,已知 $R_1 + R_2 = 50 \text{ }\Omega$,$R_3 = 40 \text{ }\Omega$,$U = 6 \text{ V}$。调节滑动触头使 $R_2 = 30 \text{ }\Omega$ 时,毫安表中无电流流过,试求被测电压 $u$ 的值。

**解**　由题意可知 $i_1 = 0$,因此得到 $i_2 = 0$。又由 KCL,可得 $I_2 = I_1 + i_2 = I_1$。列写 KVL 方程:

$$U - (R_3 + R_1 + R_2)I_2 = 0$$

解得

$$I_2 = \frac{U}{R_3 + R_1 + R_2} = \frac{6}{40 + 50} \text{ A} = \frac{1}{15} \text{ A}$$

再由 KVL 可得

$$u = R_2 I_2 = 2 \text{ V}$$

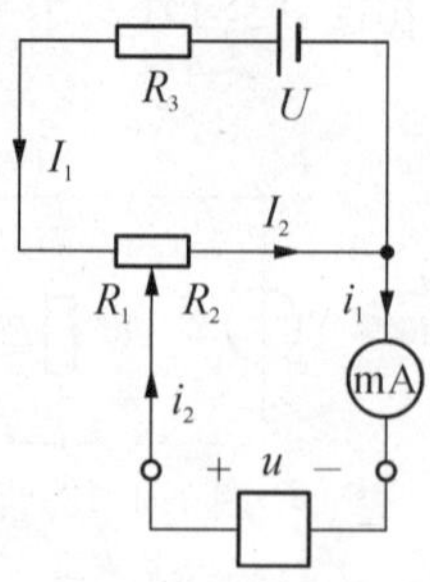

图 1.4.15　例 1.4.3 用图

### 1.4.4　电容元件

**电容元件**(capacitor)是从实际**电容器**(condenser)抽象出来的理想化模型。电容器在电气、电子、通信、计算机、测量、控制等系统中广泛使用。尽管电容器的种类繁多,但就其构成原理来说,都是由两块用不同介质隔开的金属极板组成。由于理想介质是不导电的,如果在两块

极板接以电源,则在两块极板上分别存储等量的正、负电荷,并在介质中建立电场而具有电场能量。将外电源移去后,电荷可继续聚集在极板上,电场仍然存在。在电路理论中,用电容元件表示实际电容器的这种电磁特性,即电荷与电压的关系。

一个二端元件,如果在任一时刻 $t$,它所储存的电荷 $q$ 和它的端电压 $u$ 之间的关系是由 $u$-$q$ 平面(或 $q$-$u$ 平面)上的一条曲线所确定,则此二端元件称为电容元件。这条曲线称为 $q$-$u$ 关系曲线。与电阻元件类似,根据 $q$-$u$ 关系曲线是否为过原点的直线,电容元件可分为线性电容元件和非线性电容元件。电容元件也有时变电容元件和非时变电容元件之分。这里主要讨论线性非时变电容元件。

如果电容元件的 $q$-$u$ 关系曲线是一条与时间变化无关的过原点的直线,那么该电容元件称为线性非时变电容元件。电容元件在电路图中的符号如图 1.4.16 所示。其 $q$-$u$ 关系为

$$q(t) = Cu(t) \tag{1.4.13}$$

式中,电容元件端电压 $u$ 和电荷 $q$ 的参考方向如图 1.4.16 所示。端电压 $u$ 和电荷 $q$ 的单位分别为伏特和库仑。$C$ 是与电荷和电压无关的参数,称为电容元件的**电容**(capacitance),其 SI 单位名称为法拉(F)。习惯上电容元件也常简称为电容,如不加特别说明,电容系指线性非时变电容。

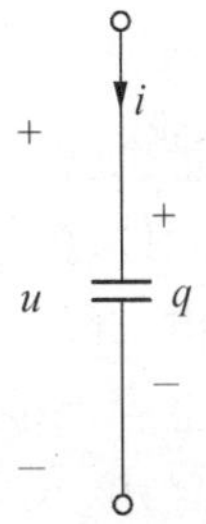

如果电容电流 $i$ 和电容电压 $u$ 取关联参考方向,由式(1.2.1)可知电容中的电流 $i$ 和其端电压 $u$ 之间的关系为

$$i(t) = \frac{\mathrm{d}q(t)}{\mathrm{d}t} = C\frac{\mathrm{d}u(t)}{\mathrm{d}t} \tag{1.4.14}$$

图 1.4.16 电容的符号

上式就是电容的 VCR。如果一个元件的 VCR 由微分或积分方程表示,则称该元件为动态元件。因此,电容属于动态元件。

电容的电压 $u$ 和电流 $i$ 之间的关系也可用积分形式表示:

$$u(t) = \frac{1}{C}\int_{-\infty}^{t} i(\tau)\mathrm{d}\tau = \frac{1}{C}\int_{-\infty}^{t_0} i(\tau)\mathrm{d}\tau + \frac{1}{C}\int_{t_0}^{t} i(\tau)\mathrm{d}\tau = u(t_0) + \frac{1}{C}\int_{t_0}^{t} i(\tau)\mathrm{d}\tau \quad t \geqslant t_0 \tag{1.4.15}$$

上式表明,电容在 $t$ 时刻的电压值取决于从 $-\infty$ 到 $t$ 时刻的电流值。就是说,电容电压 $u$ 与电容元件的电流历史有关,可通过电容电流在时刻 $t$ 以前的全部历程来反映。这就是电容"记忆"电流的性质,因此电容是一种**记忆元件**(memory element)。

式(1.4.15)中 $u(t_0)$ 表示电容元件的**初始电压**(initial voltage)。一个电容只有在 $C$ 和 $u(t_0)$ 都给定时,才是一个完全确定的元件。

特别地,当 $t_0 = 0$ 时,式(1.4.15)可写成

$$u(t) = u(0) + \frac{1}{C}\int_{0}^{t} i(\tau)\mathrm{d}\tau \tag{1.4.16}$$

式(1.4.15)还反映了电容的另一个重要的性质——电容电压的连续性。如果电容电流在闭区间 $[t_1, t_2]$ 内是有界的,那么电容电压在开区间 $(t_1, t_2)$ 内是连续的。也就是,对任何时刻 $t \in (t_1, t_2)$,有

$$u(t_-) = u(t_+) \qquad (1.4.17)$$

电容的电压连续性质在分析动态电路时非常有用。

电容在时刻 $t$ 吸收的功率为

$$p(t) = u(t)i(t) = Cu(t)\frac{\mathrm{d}u(t)}{\mathrm{d}t} \qquad (1.4.18)$$

根据功率和能量的关系,在时间间隔 $[t_0,\ t]$ 内,电容吸收的能量为

$$w_C(t_0,\ t) = \int_{t_0}^{t} p(\tau)\mathrm{d}\tau = \int_{t_0}^{t}\left(Cu(\tau)\frac{\mathrm{d}u(\tau)}{\mathrm{d}\tau}\right)\mathrm{d}\tau = C\int_{u(t_0)}^{u(t)}u\,\mathrm{d}u = \frac{1}{2}Cu^2(t) - \frac{1}{2}Cu^2(t_0)$$

$$(1.4.19)$$

令 $t_0 = -\infty$ 时电容没有**充电**(charge),即 $u(-\infty) = 0$,则可得到电容吸收的总能量为

$$w_C(t) = \frac{1}{2}Cu^2(t) \qquad (1.4.20)$$

该能量也就是电容储存的电场能量。由上式并根据无源元件的定义式(1.4.5)可知,电容属于无源元件。

由式(1.4.20)可知,当电压一定时,电容储存的电场能与电容 $C$ 成正比,电容 $C$ 的大小反映了电容储能的能力;电容储能的大小只取决于电容端电压的瞬时值,与电压的建立过程无关,也与电容中的电流无关,即使流过电容的电流为零,电容中的电场能仍然存在。当电压消失时电容中的电场能也消失而转变成其他形式的能量。

在使用实际的电容器时,不仅要关注其电容值的大小,还要注意它的额定电压。电容器两端的电压如果超过额定电压,电容器就有可能因介质被击穿而损坏。因此,使用电容器时不应超过其额定电压。

**例 1.4.4** 如图 1.4.17(a)所示电路中电容与理想电压源连接,已知理想电压源电压按图 1.4.17(b)所示曲线变化,试求电容电流及电容的储能。

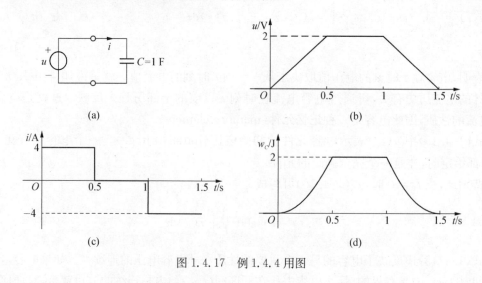

(a)

(b)

(c)

(d)

图 1.4.17 例 1.4.4 用图

**解** 由图 1.4.17(b)所示曲线,可求得电压的表达式为

$$u = \begin{cases} 4t \text{ V}, & 0 \leqslant t < 0.5 \text{ s} \\ 2 \text{ V}, & 0.5 \text{ s} \leqslant t < 1 \text{ s} \\ (-4t + 6) \text{ V}, & 1 \text{ s} \leqslant t < 1.5 \text{ s} \end{cases}$$

由式(1.4.14)求得电容电流为

$$i = C \frac{\mathrm{d}u}{\mathrm{d}t} = \begin{cases} 4 \text{ A}, & 0 \leqslant t < 0.5 \text{ s} \\ 0, & 0.5 \text{ s} \leqslant t < 1 \text{ s} \\ -4 \text{ A}, & 1 \text{ s} \leqslant t < 1.5 \text{ s} \end{cases}$$

电容电流随时间变化的曲线如图1.4.17(c)所示。

由式(1.4.20)求得电容的储能为

$$w_C = \frac{1}{2}Cu^2 = \begin{cases} 8t^2 \text{ W}, & 0 \leqslant t < 0.5 \text{ s} \\ 2 \text{ W}, & 0.5 \text{ s} \leqslant t < 1 \text{ s} \\ (8t^2 - 24t + 18) \text{ W}, & 1 \text{ s} \leqslant t < 1.5 \text{ s} \end{cases}$$

电容储能随时间变化的曲线如图1.4.17(d)所示。

**例1.4.5**　如图1.4.18(a)所示电路中电容与理想电流源连接,已知理想电流源电流按图1.4.18(b)所示曲线变化,试求电容电压及电容吸收的功率。设$u(0) = 0$。

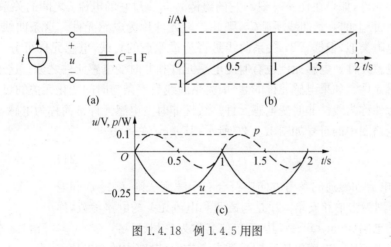

(a)　　　　　　(b)

(c)

图1.4.18　例1.4.5用图

**解**　如图1.4.18(b)所示曲线,可求得电流的表达式为

$$i = \begin{cases} (2t - 1) \text{ A}, & 0 \leqslant t < 1 \text{ s} \\ (2t - 3) \text{ A}, & 1 \leqslant t < 2 \text{ s} \end{cases}$$

由式(1.4.15)计算电容电压。当$0 \leqslant t < 1$ s时

$$u = u(0) + \frac{1}{C} \int_0^t i(\tau)\mathrm{d}\tau = \int_0^t (2\tau - 1)\mathrm{d}\tau = (t^2 - t) \text{ V}$$

当$1 \text{ s} \leqslant t < 2$ s时

$$u = u(1) + \frac{1}{C} \int_1^t i(\tau)\mathrm{d}\tau = 0 + \int_1^t (2\tau - 3)\mathrm{d}\tau = (t^2 - 3t + 2) \text{ V}$$

电容电压随时间变化的曲线如图 1.4.18(c)中实线所示。

电容吸收的功率为

$$p = ui = \begin{cases} (t^2 - t) \times (2t - 1) = (2t^3 - 3t^2 + t) \text{ A}, & 0 \leqslant t < 1 \text{ s} \\ (t^2 - 3t + 2) \times (2t - 3) = (2t^3 - 9t^2 + 13t - 6) \text{ A}, & 1 \leqslant t < 2 \text{ s} \end{cases}$$

电容吸收的功率随时间变化的曲线如图 1.4.18(c)中虚线所示。

### 1.4.5 电感元件

**电感元件**(inductor)是从实际**电感器**(induction coil)抽象出来的理想化模型。电感器在电气、电子、通信、计算机和控制系统中同样已广泛使用。例如,日光灯的镇流电路,收音机的谐振电路等。当导线通以电流,其周围即建立磁场。通常将导线绕成线圈的形状以增强线圈内部的磁场,因此电感器常称为电感**线圈**(coil)。实际的电感器形状各异,但就其工作原理来说,都是在线圈中通以电流,在其周围激发磁场,从而在线圈中形成与电流相交链的**磁通**(flux)$\Phi$,两者的方向符合右手螺旋定则,如图 1.4.19 所示。与每匝线圈相交链的磁通之和,称为该线圈的磁链 $\psi$。在电路理论中,用电感元件表示实际电感器的这种电磁特性,即磁链与电流的关系。

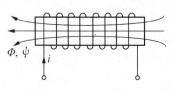

图 1.4.19  电感器原理

一个二端元件,如果在任一时刻 $t$,它的磁链 $\psi$ 与流过它的电流 $i$ 之间的关系是由 $\psi$-$i$ 平面(或 $i$-$\psi$ 平面)上的一条曲线所确定,则此二端元件称为电感元件。这条曲线称为 $\psi$-$i$ 关系曲线。与电阻类似,根据 $\psi$-$i$ 关系曲线是否为过原点的直线,电感元件可分为线性电感元件和非线性电感元件。电感元件也有时变电感元件和非时变电感元件之分。这里主要讨论线性非时变电感元件。如果电感元件的 $\psi$-$i$ 关系曲线是一条与时间变化无关的过原点的直线,那么该电感元件称为线性非时变电感元件。线性非时变电感元件常简称为电感。

电感在电路图中的符号如图 1.4.20 所示,其 $\psi$-$i$ 关系为

$$\psi(t) = Li(t) \tag{1.4.21}$$

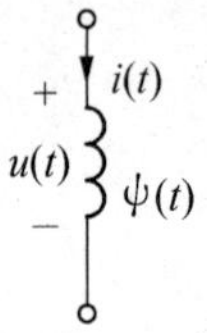

式中,电感的电流和磁通的参考方向应符合右手螺旋法则,磁链 $\psi$ 和电流 $i$ 的单位分别为韦伯和安培。$L$ 是与磁通和电流无关的电路参数,称为电感元件的**电感**(inductance),其 SI 单位名称为亨利(H)。

图 1.4.20  电感的符号

如果电感电流 $i$ 和电感电压 $u$ 取一致参考方向,电感中的端电压 $u$ 和流经其电流 $i$ 之间的关系为

$$u(t) = \frac{\mathrm{d}\psi(t)}{\mathrm{d}t} = L\frac{\mathrm{d}i(t)}{\mathrm{d}t} \tag{1.4.22}$$

上式就是电感的 VCR。与电容类似,电感的 VCR 表明 $t$ 时刻的电感电压 $u$ 取决于该时刻电感电流 $i$ 的变化率,而并不取决于该时刻的电感电流值,因此,电感属于动态元件。

电感的电压 $u$ 和电流 $i$ 之间的关系也可用积分形式表示:

$$i(t) = \frac{1}{L}\int_{-\infty}^{t} u(\tau)\mathrm{d}\tau = \frac{1}{L}\int_{-\infty}^{t_0} u(\tau)\mathrm{d}\tau + \frac{1}{L}\int_{t_0}^{t} u(\tau)\mathrm{d}\tau = i(t_0) + \frac{1}{L}\int_{t_0}^{t} u(\tau)\mathrm{d}\tau$$

$$\tag{1.4.23}$$

上式表明,电感在 $t$ 时刻的电流值取决于从 $-\infty$ 到 $t$ 时刻的电压值。就是说,电感电流 $i$ 与电感的电压历史有关,可通过电感电压在时刻 $t$ 以前的全部历程来反映。电感具有"记忆"电压的性质,也是一种记忆元件。

式(1.4.23)中 $i(t_0)$ 表示电感的**初始电流**(initial current)。一个电感元件只有在 $L$ 和 $i(t_0)$ 都给定时,才是一个完全确定的元件。

特别地,当 $t_0=0$ 时,式(1.4.23)可写成

$$i(t)=i(0)+\frac{1}{L}\int_0^t u(\tau)\mathrm{d}\tau \tag{1.4.24}$$

式(1.4.23)还反映了电感的另一个重要的性质——电感电流的连续性。如果电感电压在闭区间 $[t_1,t_2]$ 内是有界的,那么电感电流在开区间 $(t_1,t_2)$ 内是连续的。电感电流的连续性质在分析动态电路时也是非常有用的。

电感在时刻 $t$ 吸收的功率为

$$p=ui=Li\frac{\mathrm{d}i}{\mathrm{d}t} \tag{1.4.25}$$

根据功率和能量的关系,在时间间隔 $[t_0,t]$ 内,电感吸收的能量为

$$w_L(t_0,t)=\int_{t_0}^t p(\tau)\mathrm{d}\tau=\int_{t_0}^t\left(Li(\tau)\frac{\mathrm{d}i(\tau)}{\mathrm{d}\tau}\right)\mathrm{d}\tau=L\int_{i(t_0)}^{i(t)}i\,\mathrm{d}i=\frac{1}{2}Li^2(t)-\frac{1}{2}Li^2(t_0) \tag{1.4.26}$$

令 $t_0=-\infty$ 时电感电流为零,即 $i(-\infty)=0$,则可得到电感吸收的总能量为

$$w_L(t)=\frac{1}{2}Li^2(t) \tag{1.4.27}$$

该能量也就是电感储存的磁场能量。电感属于无源元件。

由式(1.4.27)可知,当电流一定时,电感储存的磁场能与电感 $L$ 成正比,电感 $L$ 的大小反映了电感储能的能力;电感储能的大小只取决于电感电流的瞬时值,与电流的建立过程无关,也与电感的电压无关,即使电感两端的电压为零,电感中的磁场能仍然存在。当电流消失时电感中的磁场能也消失而转变成其他形式的能量。

在使用实际的电感器时,不仅要关注其电感值的大小,还要注意它的额定电流。流过电感器的电流如果超过额定电流,电感器就有可能发生线圈过热或线圈受到过大的电磁力的作用而发生机械形变甚至烧毁等情况。

## 1.5 二端口电路元件

上一节讨论的电路元件均为二端元件,它们对外只有一个端口。在电路理论中,还存在另外一类元件,它们对外有两个端口,称为二端口电路元件,如图 1.5.1 所示。与二端元件不同,二端口元件的特性由两个方程来描述。例如,二端口电阻元件的 VCR 由如下两个代数方程定义:

图 1.5.1 二端口元件

$$\begin{cases} f_1(u_1, i_1, u_2, i_2)=0 \\ f_2(u_1, i_1, u_2, i_2)=0 \end{cases} \tag{1.5.1}$$

式中,$f_1(\cdot)$、$f_2(\cdot)$的形式由二端口元件的特性决定。

### 1.5.1 受控源

**受控源**(controlled source)是为了建立电子电路的电路模型而从电子器件中科学抽象出来的一种二端口元件。

与独立源不同,受控源的输出特性受到电路中其他支路的电压或电流控制,因此受控源也称为**非独立源**(dependent source)。受控源和其他电路元件的组合可以用来表示实际电子器件(如集成运算放大器、三极管)的模型。

受控源可分为四类,它们的电路符号分别如图 1.5.2 所示。按图 1.5.2(a)~图 1.5.2(d)的顺序,其名称分别为电压控制型电流源(VCCS)、电流控制型电流源(CCCS)、电压控制型电压源(VCVS)和电流控制型电压源(CCVS)。图 1.5.2 中左边的支路 1 为控制支路,右边的支路 2 为受控源支路。图 1.5.2(a)和(b)中右边支路 2 中的菱形符号表示电流源,其电流大小分别受到图 1.5.2(a)和(b)中左边支路 1 的电压、电流的控制。而图 1.5.2(c)和(d)中右边支路 2 中的菱形符号表示电压源,其电压大小分别受到图 1.5.2(c)和(d)中左边支路 1 的电压、电流的控制。

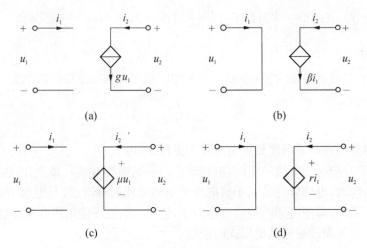

图 1.5.2　受控源的四种类型

(a) VCCS　(b) CCCS　(c) VCVS　(d) CCVS

VCCS 也简称压控电流源,其 VCR 可表示为

$$\begin{cases} i_1=0 \\ i_2=g u_1 \end{cases} \tag{1.5.2}$$

式中,$g=i_2/u_1$,称为转移电导。这里,"转移"一词是指控制电压 $u_1$ 与被控电流 $i_2$ 不在电路的同一端口。

CCCS 也简称流控电流源,其 VCR 可表示为

$$\begin{cases} u_1=0 \\ i_2=\beta i_1 \end{cases} \tag{1.5.3}$$

式中，$\beta = i_2/i_1$，称为转移电流比。

VCVS 也简称压控电压源，其 VCR 可表示为

$$\begin{cases} i_1 = 0 \\ u_2 = \mu u_1 \end{cases} \tag{1.5.4}$$

式中，$\mu = u_2/u_1$，称为转移电压比。

CCVS 也简称流控电压源，其 VCR 可表示为

$$\begin{cases} u_1 = 0 \\ u_2 = r i_1 \end{cases} \tag{1.5.5}$$

式中，$r = u_2/i_1$，称为转移电阻。

受控源的控制量或是开路电压或是短路电流，为方便起见，在电路图中的受控源一般只在受控源的符号旁边标明控制关系，而不专门画出控制端口。

受控源可以是线性非时变的、时变的，也可以是非线性非时变的、时变的。以下讨论受控源吸收的功率。对图 1.5.2 所示的四种受控源，根据图中标示的电压、电流参考方向，受控源吸收的功率为

$$p = u_1 i_1 + u_2 i_2 \tag{1.5.6}$$

由于控制支路不是开路（$i_1 = 0$）就是短路（$u_1 = 0$），因此上式可写成

$$p = u_2 i_2 \tag{1.5.7}$$

以 VCVS 为例来计算受控源吸收的功率，如图 1.5.3 所示。VCVS 的支路 1 与理想电压源 $u_S$ 相连，支路 2 与线性电阻 $R_L$ 相连。此时由于 $i_2 = -u_2/R_L$，式（1.5.6）可以写成

$$p = -\frac{u_2^2}{R_L} \tag{1.5.8}$$

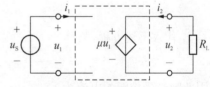

图 1.5.3　受控源可以向外界供能量的电路

式中，$u_2 = \mu u_1$。式（1.5.8）表明，受控源吸收的功率为负值，即受控源向负载 $R_L$ 提供功率。因此受控源是一种有源元件。

受控源是一种常用的电路元件，在电路中常用来模拟电子器件中所发生的物理现象。例如，NPN 型晶体三极管的集电极的电流 $i_2$ 与基极电流 $i_1$ 之间关系为

$$i_2 = \beta i_1 \tag{1.5.9}$$

式中，$\beta$ 为电流放大倍数，其范围为 $50 \sim 1\,000$。因此 NPN 型晶体三极管［见图 1.5.4(a)］工作于线性区时的电路模型可以用电流控制电流源表示[1]。图 1.5.4(b) 和 (c) 分别给出了两种可能的等效模型，它们分别应用于直流大信号分析和交流小信号分析之中，其中 $U_{on}$ 表示在直流大信号工作状态下晶体三极管基极与发射极之间的电压，$r_{be}$ 表示在交流小信号工作状态下晶体三极管基极与发射极之间的电阻。晶体三极管模型的应用请参见习题 1.40。

---

[1] 为分析的方便，往往需对实际电子电路中的器件建立相应的模型。根据电子器件的工作状态和建模精度，对电子器件可建立不同的模型。

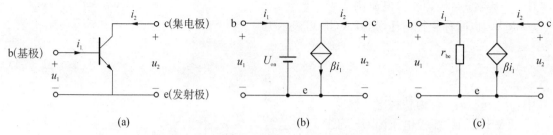

图 1.5.4　晶体三极管用受控源表示的模型

(a) NPN 型晶体三极管　(b) 图(a)用于直流大信号分析的等效模型

(c) 图(a)用于交流小信号分析的等效模型

受控源与独立源都是有源元件,都能对外提供能量,但两者是完全不同的电路元件。独立源是电路的激励,它是产生电路响应(电压、电流)的必要条件。若电路中只包含受控源而不包含独立源,则整个电路中的电压、电流将始终保持为零。因此,受控源的受控电压或受控电流不能称为激励。

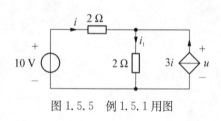

图 1.5.5　例 1.5.1 用图

**例 1.5.1**　含有 CCCS 的电路如图 1.5.5 所示,试求流经受控源的电流及其两端的电压。

**解**　对图 1.5.5 所示电路,可列写 KCL 方程

$$i + 3i - i_1 = 0$$

即

$$i_1 = 4i$$

再列写 KVL 方程

$$10 - 2i - 2i_1 = 0$$

将 $i_1$ 代入上述方程,解得

$$i = 1\ \text{A}$$

因此流经受控源的电流为

$$3i = 3\ \text{A}$$

受控源两端的电压为

$$u = (2\ \Omega)i_1 = 2 \times 4 \times 1\ \text{V} = 8\ \text{V}$$

### 1.5.2　耦合电感

1.4.5 节介绍了电感元件,电感元件也称为自感元件。如果两个或两个以上的线圈中每个线圈所产生的磁通都与另一个线圈相交链,则称这些线圈有**磁耦合**(magnetic coupling)或者说具有**互感**(mutual induction)。如果忽略线圈中的电阻和匝间的分布电容,具有磁耦合的诸线圈就可表示为理想化的**耦合电感元件**(coupled inductor),简称耦合电感。本节主要讨论线性二端口耦合电感。

如图 1.5.6 所示,在两个彼此靠近的线圈分别通以电流 $i_1$ 和 $i_2$,根据两个线圈的绕向、电流的参考方向及两线圈的相对位置,按照右手螺旋定则可以确定

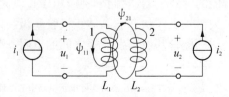

图 1.5.6　两个线圈的磁耦合

电流产生的磁链的方向和彼此交链的情况。假设线圈 1 中的电流 $i_1$ 产生的磁通为 $\Phi_{11}$，该磁通在穿越线圈 1 时产生的磁链为 $\psi_{11}$，它等于 $\Phi_{11}$ 与线圈 1 匝数之积，称为自感磁链；同时 $\Phi_{11}$ 中还有部分磁通与线圈 2 交链而形成线圈 1 对线圈 2 的磁链 $\psi_{21}$，它等于 $\Phi_{11}$ 中交链到线圈 2 的磁通与线圈 2 匝数之积，称为互感磁链。同样，线圈 2 中的电流 $i_2$ 也产生自感磁链 $\psi_{22}$ 和互感磁链 $\psi_{12}$（图 1.5.6 中未标出）。线圈中的磁链等于自感磁链和互感磁链的代数和，即线圈 1 和线圈 2 中的总磁链 $\psi_1$ 和 $\psi_2$ 为

$$\begin{cases} \psi_1 = \psi_{11} \pm \psi_{12} = L_1 i_1 \pm M_{12} i_2 \\ \psi_2 = \pm \psi_{21} + \psi_{22} = \pm M_{21} i_1 + L_2 i_2 \end{cases} \tag{1.5.10}$$

式中，$L_1$ 和 $L_2$ 分别为线圈 1 和线圈 2 的**自感**（self inductance）；$M_{12}$ 和 $M_{21}$ 为线圈 1 和线圈 2 之间的**互感**（mutual inductance），当自感磁链和互感磁链相互增强，则 $M_{12}$ 和 $M_{21}$ 前取"＋"号，否则取"－"号。自感和互感的 SI 单位都是亨（H）。

可以证明 $M_{12} = M_{21}$。 因此，以后将不加区别地用 $M$ 表示耦合电感元件的互感，则式（1.5.10）可表示为

$$\begin{cases} \psi_1 = L_1 i_1 \pm M i_2 \\ \psi_2 = \pm M i_1 + L_2 i_2 \end{cases} \tag{1.5.11}$$

耦合电感的电路符号如图 1.5.7 所示，为了表示出两个线圈的相对绕向，确定耦合电感的自感磁链和互感磁链是互相加强还是互相减弱，亦即确定式中 $M$ 前的正、负号，约定耦合电感元件的端子用符号"·"或"＊"作为标记，有标记的两个端子称为**同名端**（corresponding terminals），当电流从同名端的两个端子流入（或流出）两个线圈时，两个线圈产生的自感磁链和互感磁链的方向相同，亦即两者互相加强。显然，未做标记的两个端子亦称同名端。将一个电感元件有标记的端子与另一个电感元件无标记的端子称为异名端。

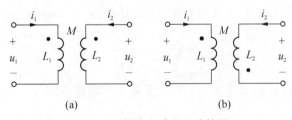

(a)                    (b)

图 1.5.7　耦合电感的电路符号

根据电磁感应定律和式（1.5.11），耦合电感端口电压、电流取一致参考方向时的 VCR 为

$$\begin{cases} u_1 = \dfrac{d\psi_1}{dt} = L_1 \dfrac{di_1}{dt} \pm M \dfrac{di_2}{dt} \\ u_2 = \dfrac{d\psi_2}{dt} = \pm M \dfrac{di_1}{dt} + L_2 \dfrac{di_2}{dt} \end{cases} \tag{1.5.12}$$

式中，若 $u_1$ 与 $u_2$（或 $i_1$ 与 $i_2$）的参考方向相对同名端是相同的，则相应的 $M$ 前取正号；反之，相应的 $M$ 前取负号。例如，对图 1.5.7(a)，式（1.5.12）中 $M$ 前取正号；对图 1.5.7(b)，式（1.5.12）中 $M$ 前取负号。

如果耦合电感两个端口的电压、电流都取关联参考方向，则耦合电感吸收的总功率为

$$p = u_1 i_1 + u_2 i_2 \tag{1.5.13}$$

假设在 $t = -\infty$ 时耦合电感元件没有能量储存,即 $i_1$ 和 $i_2$ 都为零,则在任意时刻 $t$ 耦合电感所储存的能量为

$$w_M = \int_{-\infty}^{t} p(\tau) d\tau = \int_{-\infty}^{t} \left[ u_1(\tau) i_1(\tau) + u_2(\tau) i_2(\tau) \right] d\tau \tag{1.5.14}$$

将式(1.5.12)代入式(1.5.14),得

$$
\begin{aligned}
w_M &= \int_{-\infty}^{t} \left[ L_1 i_1 \frac{di_1}{d\tau} \pm M \left( i_1 \frac{di_2}{d\tau} + i_2 \frac{di_1}{d\tau} \right) + L_2 i_2 \frac{di_2}{d\tau} \right] d\tau \\
&= \int_{-\infty}^{i_1} L_1 i_1 di_1 \pm \int_{-\infty}^{i_1 i_2} M d(i_1 i_2) + \int_{-\infty}^{i_2} L_2 i_2 di_2 \\
&= \frac{1}{2} L_1 i_1^2 + \frac{1}{2} L_2 i_2^2 \pm M i_1 i_2
\end{aligned}
\tag{1.5.15}
$$

该能量也就是耦合电感储存的磁场能量。从式(1.5.15)可知,当 $M=0$ 时,磁能就是两个自感元件的储能之和;当存在磁耦合时,磁能要增加一项 $\pm M i_1 i_2$,其中的正、负号取决于互感的作用是使磁场增强还是减弱。

由式(1.5.15)还可以进一步推导互感 $M$ 的取值范围。由于耦合电感储存的磁能恒为非负,即 $w_M \geqslant 0$,因此由式(1.5.15)得

$$w_M = \left( \sqrt{\frac{L_1}{2}} i_1 - \sqrt{\frac{L_2}{2}} i_2 \right)^2 + \left( \sqrt{L_1 L_2} \pm M \right) i_1 i_2 \geqslant 0 \tag{1.5.16}$$

上式恒成立的条件为

$$M \leqslant \sqrt{L_1 L_2} \tag{1.5.17}$$

为了反映互感耦合的程度,定义**耦合系数**(coefficient of coupling)为

$$k = \frac{M}{\sqrt{L_1 L_2}} \tag{1.5.18}$$

由式(1.5.18)以及互感 $M \geqslant 0$ 不难得出耦合系数 $k$ 的取值范围为

$$0 \leqslant k \leqslant 1 \tag{1.5.19}$$

当 $k=1$ 时,互感达最大值,$M = \sqrt{L_1 L_2}$,表明一个电感元件中电流所产生的磁通全部与另一电感元件交链,这种情况为**全耦合**(perfectly coupled);当 $k$ 接近 1 时,称为紧耦合;当两个电感元件在空间相隔较远,亦即 $k$ 值较小时,称为松耦合;当两电感元件的磁通完全没有交链时,两线圈无磁耦合,这时 $k=0$。

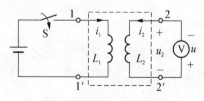

图 1.5.8　例 1.5.2 用图

与上面讨论类似,可以得到多个线性耦合电感元件的电压-电流关系。请读者自行推导。参见习题 1.37。

**例 1.5.2**　图 1.5.8 为确定耦合电感同名端的电路。已知开关 S 快速闭合的瞬间,电压表的指针正向偏转,试确定耦合电感的同名端。

**解**　对耦合电感,如果不标明同名端,就无法写出端

口的电压-电流关系。为此,不妨假设端子1和端子2为同名端,由式(1.5.12)可写出端口22′的电压为

$$u_2 = M\frac{\mathrm{d}i_1}{\mathrm{d}t} + L_2\frac{\mathrm{d}i_2}{\mathrm{d}t}$$

由于端口22′接电压表,可认为其内阻为无穷大,因此 $i_2=0$,从而 $\mathrm{d}i_2/\mathrm{d}t=0$。从电压表的接法可知,$u=-u_2$。于是得出电压表的电压 $u$ 为

$$u = -M\frac{\mathrm{d}i_1}{\mathrm{d}t}$$

开关 S 快速闭合的瞬间,电流 $i_1$ 从零增大,因此 $\mathrm{d}i_1/\mathrm{d}t>0$。由上式可知 $u<0$,与电压表正向偏转矛盾。说明"端子1和端子2为同名端"的假设错误,正确的结论为端子1和端子2′为同名端。

### 1.5.3  理想变压器

**理想变压器**(ideal transformer)是一种二端口元件,它是对实际铁芯变压器的科学抽象。它的电路符号如图1.5.9所示,与耦合电感相同。图中标有符号"·"的两个端子称为**同名端**(corresponding terminals),$n$ 称为理想变压器的**变比**(transformation ratio),是理想变压器的唯一参数。

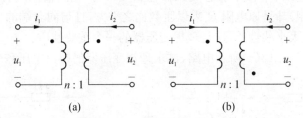

图 1.5.9  理想变压器的符号

图1.5.9(a)所示理想变压器的 VCR 为

$$\begin{cases} u_1 = nu_2 \\ i_1 = -\dfrac{1}{n}i_2 \end{cases} \tag{1.5.20}$$

图1.5.9(b)所示理想变压器的 VCR 为

$$\begin{cases} u_1 = -nu_2 \\ i_1 = \dfrac{1}{n}i_2 \end{cases} \tag{1.5.21}$$

可见,如果改变图1.5.9中同名端的位置,其 VCR 也应做相应的改变。

理想变压器可用受控源组成的模型来表示。对图1.5.9(a),根据式(1.5.20),其模型如图1.5.10所示。

不论是由式(1.5.20),还是由式(1.5.21),都可知理想变压器在任意时刻 $t$,有

$$p = u_1i_1 + u_2i_2 = (nu_2)\left(-\frac{1}{n}i_2\right) + u_2i_2 = 0 \tag{1.5.22}$$

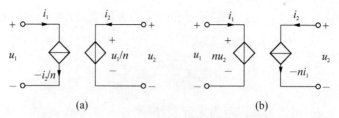

图 1.5.10　理想变压器用受控源表示的模型

由上式可见,理想变压器是无源元件。由于它既不储存能量又不消耗能量,故它能把输入端口流入的能量全部由输出端口传送出去,反之亦然。

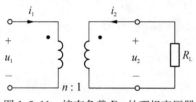

图 1.5.11　接有负载 $R_L$ 的理想变压器

如果在理想变压器的输出端口接上一个电阻 $R_L$,如图 1.5.11 所示,由于

$$u_2 = -R_L i_2 \tag{1.5.23}$$

又由式(1.5.20),有

$$u_1 = nu_2 = -nR_L i_2 = -nR_L(-ni_1) = (n^2 R_L)i_1 \tag{1.5.24}$$

式(1.5.24)表明,当电阻 $R_L$ 接于理想变压器输出端口时,在其输入端看进去仍是一个电阻,但其电阻(称输入电阻)却是原电阻 $R$ 乘以匝数比之平方,且与同名端的位置无关。因此理想变压器具有变换电阻大小的性质,这是理想变压器的一个重要性质。

**例 1.5.3**　如图 1.5.12(a)所示电路,试求理想变压器的端口电压和电流。

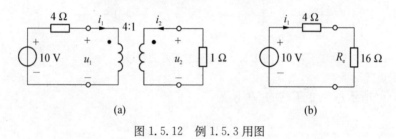

(a)　　　　　　　　　　　　　　(b)

图 1.5.12　例 1.5.3 用图

**解**　对图 1.5.12(a)电路中的两个网孔(顺时针方向)列写 KVL 方程,可得

$$\begin{cases} -10 + 4 \times i_1 + u_1 = 0 \\ -u_2 - 1 \times i_2 = 0 \end{cases}$$

又由理想变压器的 VCR,可得

$$\begin{cases} u_1 = 4u_2 \\ i_1 = \dfrac{-i_2}{4} \end{cases}$$

联立求解上述四个方程,解得

$$\begin{cases} u_1 = 8 \text{ V} \\ i_1 = 0.5 \text{ A} \end{cases} \qquad \begin{cases} u_2 = 2 \text{ V} \\ i_2 = -2 \text{ A} \end{cases}$$

本例电路也可采用理想变压器的变换电阻性质来分析。从图 1.5.12(a) 电路中理想变压器输入端向右看去的输入电阻为 $R_e = 4^2 \times 1\ \Omega = 16\ \Omega$，这样图 1.5.12(a) 电路可简化为图 1.5.12(b) 电路，对图 1.5.12(b) 电路中的回路列写 KVL，得

$$-10 + 4i_1 + 16i_1 = 0$$

解得 $\qquad\qquad\qquad\qquad i_1 = 0.5\ \text{A}$

由式(1.5.20)第二式得 $\qquad\qquad i_2 = -4i_1 = -2\ \text{A}$

对图 1.5.12(a) 电路中 $1\ \Omega$ 应用欧姆定律，得

$$u_2 = -1 \times i_2 = -1 \times (-2) = 2\ \text{V}$$

最后，由式(1.5.20)第一式得 $\qquad u_1 = 4u_2 = 8\ \text{V}$

**理想变压器的实现** 理想变压器的定义中对电压、电流并没有限制，既可以取交流，也可以取直流。如果限制电压、电流为交流，则理想变压器可看成是满足一定条件的耦合电感。该条件如下：(1)自感 $L_1$ 和 $L_2$ 无限大，且 $\sqrt{L_1/L_2} = n$；(2)耦合系数 $k = 1$。

对图 1.5.7(a)，由式(1.5.12)得

$$\begin{cases} u_1 = L_1 \dfrac{\mathrm{d}i_1}{\mathrm{d}t} + M \dfrac{\mathrm{d}i_2}{\mathrm{d}t} \\[2mm] u_2 = M \dfrac{\mathrm{d}i_1}{\mathrm{d}t} + L_2 \dfrac{\mathrm{d}i_2}{\mathrm{d}t} \end{cases} \tag{1.5.25}$$

当 $k = 1$，即全耦合时，$M = \sqrt{L_1 L_2}$，代入上式，得

$$\begin{cases} u_1 = L_1 \dfrac{\mathrm{d}i_1}{\mathrm{d}t} + \sqrt{L_1 L_2} \dfrac{\mathrm{d}i_2}{\mathrm{d}t} \\[2mm] u_2 = \sqrt{L_1 L_2} \dfrac{\mathrm{d}i_1}{\mathrm{d}t} + L_2 \dfrac{\mathrm{d}i_2}{\mathrm{d}t} \end{cases} \tag{1.5.26}$$

由上式得

$$\frac{u_1}{u_2} = \frac{L_1 \dfrac{\mathrm{d}i_1}{\mathrm{d}t} + \sqrt{L_1 L_2} \dfrac{\mathrm{d}i_2}{\mathrm{d}t}}{\sqrt{L_1 L_2} \dfrac{\mathrm{d}i_1}{\mathrm{d}t} + L_2 \dfrac{\mathrm{d}i_2}{\mathrm{d}t}} = \frac{\sqrt{L_1}\left(\sqrt{L_1} \dfrac{\mathrm{d}i_1}{\mathrm{d}t} + \sqrt{L_2} \dfrac{\mathrm{d}i_2}{\mathrm{d}t}\right)}{\sqrt{L_2}\left(\sqrt{L_1} \dfrac{\mathrm{d}i_1}{\mathrm{d}t} + \sqrt{L_2} \dfrac{\mathrm{d}i_2}{\mathrm{d}t}\right)} = \sqrt{\frac{L_1}{L_2}} \tag{1.5.27}$$

即

$$\frac{u_1}{u_2} = \sqrt{\frac{L_1}{L_2}} = n \tag{1.5.28}$$

又由式(1.5.26)中的第一式，利用 $L_1 \to \infty$，$u_1/L_1 = 0$，可得出

$$\frac{\mathrm{d}i_1}{\mathrm{d}t} = \frac{u_1}{L_1} - \sqrt{\frac{L_2}{L_1}} \frac{\mathrm{d}i_2}{\mathrm{d}t} = -\frac{1}{n} \frac{\mathrm{d}i_2}{\mathrm{d}t} \tag{1.5.29}$$

积分后可得

$$i_1 = -\frac{1}{n} i_2 + K \tag{1.5.30}$$

式中,$K$ 为积分常数。如果略去两线圈中电流的直流部分,则有

$$i_1 = -\frac{1}{n}i_2 \tag{1.5.31}$$

式(1.5.28)与式(1.5.31)就是理想变压器的电压-电流关系。

## 习题 1

### 电路与电路图

**1.1** 中央处理单元(CPU)是计算机系统的核心部件。随着微电子工艺的发展,CPU 芯片的尺寸越来越小,工作的时钟频率越来越高。早期 CPU 的尺寸一般为 1～2 cm,时钟频率为数十兆赫至数百兆赫,而现代某 CPU 的尺寸约为 1 cm,时钟频率为 3.8 GHz。试问 CPU 中的电路能否用集中参数模型来表示?

**1.2** 试问一调频接收机用一根 2 m 长的馈线和它的天线连接,如果接收机调到 200 MHz 时,天线端出现的瞬时电流为 $i = I_0 \sin(4\pi \times 10^8 t)$ A,试问接收机输入端的瞬时电流是否与天线端相等?该馈线能否用集中参数模型来表示?为什么?

### 电路变量

**1.3** 题图 1.3(a)为一段电路支路,假设流经该支路的正电荷量 $q$ 随时间 $t$ 的变化规律如题图 1.3(b)所示,试画出 $t > 0$ 时电流 $i$ 的波形,并指出 $t = 0.5$ s 和 $t = 2$ s 时电流 $i$ 的实际方向。

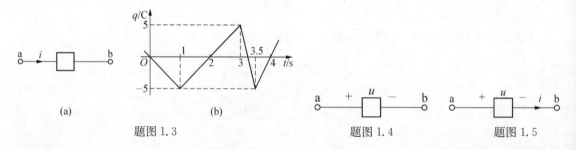

题图 1.3          题图 1.4          题图 1.5

**1.4** 题图 1.4 为一段电路支路,假设移动 2 C 的正电荷从某参考点到 a 点,电场能增加了 10 J;移动 2 C 的负电荷从某参考点到 b 点,电场能增加了 20 J,试求电压 $u$ 的大小。

**1.5** 题图 1.5 为一段电路支路,已知该支路两端电压为 $u = \begin{cases} 200\cos 2\pi t \text{ V}, & t \geqslant 0 \\ 0, & t < 0 \end{cases}$,流经该支路的电流为 $i = \begin{cases} 20\cos 2\pi t \text{ A}, & t \geqslant 0 \\ 0, & t < 0 \end{cases}$,试计算该支路吸收的功率和能量,画出 $0 \leqslant t \leqslant 3$ 内功率和能量关于 $t$ 的函数图形。

**1.6** 试按如题图 1.6 所示的参考方向和数值,指出各元件中电压和电流的实际方向。计算各元件中的功率,并说明元件是吸收功率还是发出功率。

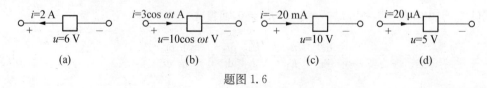

题图 1.6

**1.7** 有一 42 V 蓄电池用来驱动 60 W 的电动机,若该蓄电池的额定值为 100 A·h,试求蓄电池存储的能量。

**基尔霍夫定律**

**1.8** 电路如题图1.8所示,试求电流 $I$。

**1.9** 电路如题图1.9所示,试求电流 $i_1$ 和 $i_2$。

**1.10** 在题图1.10所示电路中,已知 $u_1 = 1\,\text{V}$, $u_2 = 2\text{e}^{-t}\,\text{V}$, $u_3 = 4\sin t\,\text{V}$,试求电压 $u_4$。

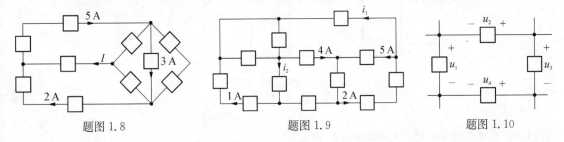

题图1.8　　　　题图1.9　　　　题图1.10

**1.11** 如题图1.11(a)所示为汽车照明电路简化模型,有3个并联的灯泡A、B和C。灯泡A点亮时的功率为36 W,B点亮时的功率为24 W,C点亮时的功率为14.4 W。试求:(1)流过每个灯泡的电流;(2)电源输出电流 $I$;(3)电源输出的功率及所有元件吸收的总功率;(4)使题图1.11(b)中15 A的保险丝熔断的A灯泡的最少个数。

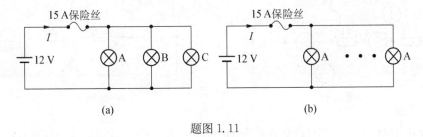

(a)　　　　　　　　(b)

题图1.11

**1.12** 如题图1.12所示电路中,部分支路电压已经标出。试尽可能多地确定未标出电压的大小。

**1.13** 如题图1.13所示电路中,已标示部分支路电流。试尽可能多地确定未标出电流的大小。

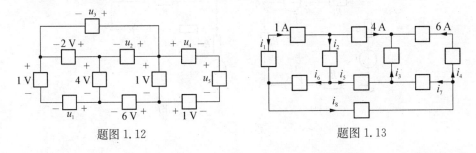

题图1.12　　　　　　　题图1.13

**1.14** 如题图1.14所示电路中,已标出部分支路电压和电流。试确定未标出的电压和电流的大小,并计算所有支路吸收的功率之和。

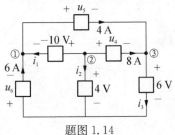

题图1.14

**二端电路元件**

**1.15** 已知如题图 1.15(a)、(b)所示元件的伏安特性曲线如题图 1.15(c)所示,试确定元件 1 和元件 2 是什么元件。

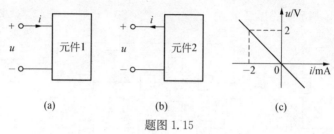

题图 1.15

**1.16** 试求如题图 1.16 所示电路中的 $I_1$ 和 $I_2$。

**1.17** 试求如题图 1.17 所示电路中的 $i_1$ 和 $i_3$。

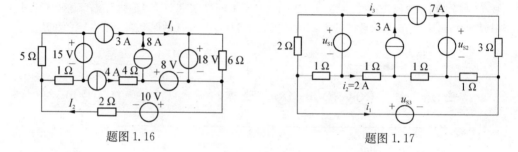

题图 1.16                    题图 1.17

**1.18** 试求如题图 1.18 所示电路中 A 点的电位,并计算各电阻所消耗的功率。题图 1.18(a)中 $R_1 = R_3 = 1\ \Omega$, $R_2 = 6\ \Omega$, $R_4 = 2\ \Omega$, $U_{S1} = U_{S3} = 6\ V$, $U_{S2} = 24\ V$。题图 1.18(b)中 $R_1 = 4\ \Omega$, $R_2 = 2\ \Omega$, $R_3 = 1\ \Omega$, $U_{S1} = 6\ V$, $U_{S2} = 3\ V$。

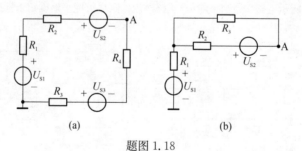

(a)                    (b)

题图 1.18

**1.19** 电路如题图 1.19 所示,试求电流 $i_{cd}$ 和两理想电压源的功率。

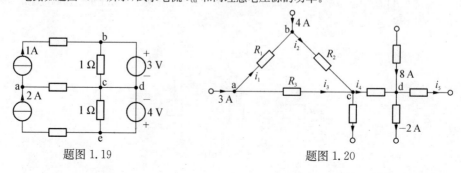

题图 1.19                    题图 1.20

**1.20** 如题图 1.20 所示的电路,在以下两种情况下,试尽可能多地确定其他各电阻中的未知电流。
(1) $R_1$、$R_2$、$R_3$ 不定;(2) $R_1 = R_2 = R_3$。

**1.21** 题图 1.21(a)、(b)、(c)中的端口电压 $u$ 分别如题图 1.21(d)所示,试求每种情况下 $i$ 的波形(设电容、电感的初始储能为零)。

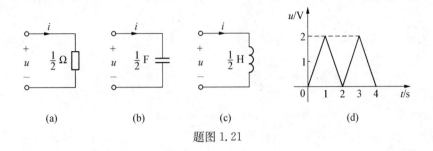

(a)　　　　　　　(b)　　　　　　　(c)　　　　　　　(d)

题图 1.21

**1.22** 试求题图 1.22 所示电路中的电流 $i$。

**1.23** 如题图 1.23 所示电路,已知 $i_C = 100\mathrm{e}^{-100t}$ A,试求电流 $i$。

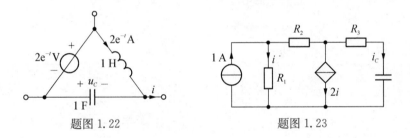

题图 1.22　　　　　　　　　　　　题图 1.23

**二端口电路元件**

**1.24** 试求如题图 1.24 所示电路中的 $I_2$。

**1.25** 试求题图 1.25 中受控源提供的功率。

**1.26** 试求题图 1.26 中的电流 $i$。已知 $i_1 = 2$ A。

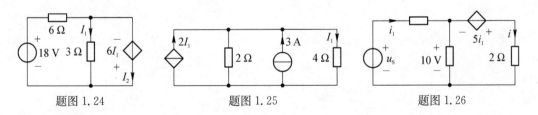

题图 1.24　　　　　　　　题图 1.25　　　　　　　　题图 1.26

**1.27** 电路如题图 1.27 所示,试求电流 $i$ 和 $i_1$。

**1.28** 电路如题图 1.28 所示,试求输出电压 $U_0$ 和输出电流 $I_0$。

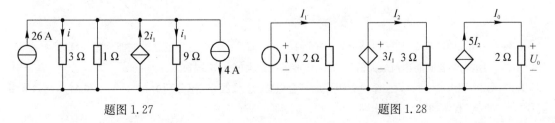

题图 1.27　　　　　　　　　　　　题图 1.28

**1.29** 如题图 1.29 所示电路,试求电压 $u_1$ 和 $u_2$。

**1.30** 如题图 1.30 所示电路中,已知 $i_S = 0.6e^{-10t}$ A, $u_S = 10te^{-20t}$ V, $L_1 = 0.2$ H, $L_2 = 0.1$ H, $M = 0.08$ H。求电压 $u_1$。

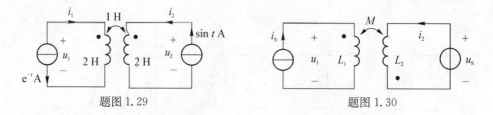

题图 1.29          题图 1.30

**1.31** 如题图 1.31 所示电路中,已知 $i_S = e^{-t}\sin t$ A, $L_1 = 2$ H, $L_2 = 1$ H, $M = 1$ H。试求电压 $u_1$ 和 $u_2$。

**1.32** 如题图 1.32 所示电路中, $R_1 = 4\ \Omega$, $R_2 = 16\ \Omega$,电压 $u_1$ 和 $u_2$ 的关系为 $u_2 = \dfrac{4}{5}u_1$,试求理想变压器的变比 $n$。

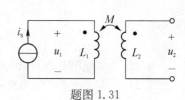

题图 1.31

**1.33** 试求如题图 1.33 所示电路中的电流 $i_1$ 和 $i_2$。已知 $R_1 = 20\ \Omega$, $R_2 = 5\ \Omega$, $U_S = 80$ V。

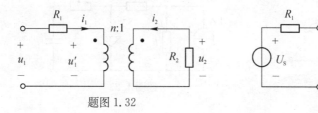

题图 1.32          题图 1.33

**综合**

**1.34** 试求如题图 1.34 所示电路中的电压 $U$。

**1.35** 已知如题图 1.35 所示电路中 2 Ω 电阻所消耗的功率是 4 Ω 电阻所消耗的功率的 2 倍,试求理想电压源 $U$ 的值。

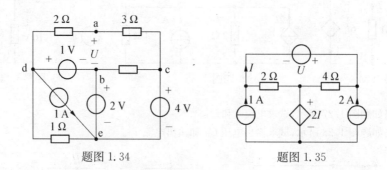

题图 1.34          题图 1.35

**1.36** 已知如题图 1.36 所示电路中 $i(t) = (1-t)e^{-t}$ A, $t \geqslant 0$,电容的初始储能为零。(1)试求 $u_C(t)$ 及 $u_L(t)$;(2)试求电容储能达到最大值的时刻,电容储能最大值是多少?

**1.37** 如题图 1.37 所示为三个电感组成的耦合电感,它们之间互感分别为 $M_{12}$、$M_{23}$ 和 $M_{31}$,同名端用符号"＊、•和♯"标示如图。试写出端口 VCR。

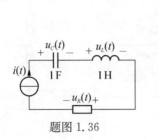

题图 1.36

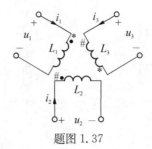

题图 1.37

**1.38**　如题图 1.38(a)所示耦合电感为全耦合。试证明如题图 1.38(b)所示电路的端口 VCR 与题图 1.38(a)电路的端口 VCR 相同。图中 $n = \sqrt{L_1/L_2}$。

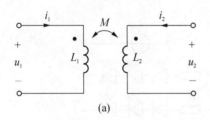

(a)

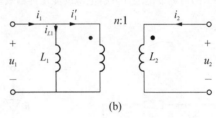

(b)

题图 1.38

**1.39**　**电阻测量电路**　为了测量电阻 $R$ 的电阻值,可采用如题图 1.39 所示的电路,其中 $R_0$ 为标准电阻,已知;$R$ 为待测电阻,未知;$U_S$ 为直流电源。测量过程如下:先用普通万用表测量 $R_0$ 两端的电压 $u_0$,再用同一只万用表测量 $R$ 两端的电压 $u$。假设万用表的内阻为 $R_V$,试求电阻 $R$ 的表达式。

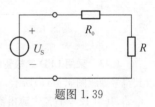

题图 1.39

**1.40**　**晶体三极管放大电路的静态工作点**　在晶体三极管放大电路中,为了使三极管在正常工作时对输入信号进行正确的放大,电路必须建立合适的静态工作点(指当输入信号为零时,晶体管基极电流 $I_B$、集电极电流 $I_C$、b-e 间电压 $U_{BE}$、c-e 间电压 $U_{CE}$)。如题图 1.40(a)所示为一晶体三极管放大电路,其中晶体三极管的等效模型如题图 1.40(b)所示,$U_{on} = 0.7$ V,$\beta = 80$。试求电路的静态工作点。

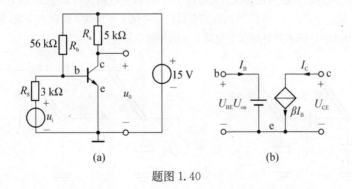

(a)　　　(b)

题图 1.40

**1.41**　**直流电桥电路**　电桥电路是一种广泛应用的测量电路,在实际应用中,可以将产生电阻变化的支路(如各类电阻传感器)接入电桥中的单臂(称为单臂电桥)、双臂(称为半桥)或四臂(称为全桥),分别如题图 1.41 所示。试求输出电压 $U_o$ 的表达式。

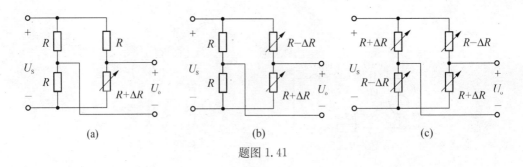

题图 1.41

**1.42 采用电热元件的电加热器电路** 一种采用电热元件的电加热器电路如题图 1.42 所示,其中电热元件的电阻为 $R_H = 1\,\Omega$。为使加热器具有温度调节功能,电热元件吸收的功率范围为 $100\sim400\,W$。试求调节电阻 $R_A$ 的可调节范围并分析电源的能量传输效率。

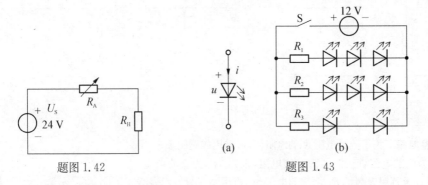

题图 1.42          题图 1.43

**1.43 采用 LED 二极管的轿车顶灯电路** LED 发光二极管是一种广泛应用于指示或照明的电子器件,其符号如题图 1.43(a)所示。某轿车驾驶室顶灯照明采用如题图 1.43(b)所示的 8 个某型号 LED 二极管的电路,其中 12 V 直流电源由蓄电池供给。查阅该型号 LED 二极管的参数,当 $u$ 为 3.1~3.4 V 时,LED 二极管正常发光,此时 $i$ 为 17~20 mA。试设计电路中各电阻的参数值。

**1.44 集成电路互连线串扰模型** 集成电路中的元件经过导线互连,由于布线的空间很小,因此两条信号线之间会发生耦合。如题图 1.44(a)所示为两根信号线间发生串扰的一种电路模型,其中导线之间存在寄生电容 $C_{12}$。为了减少串扰,可在两根导线之间布设一根地线,其电路模型如题图 1.44(b)所示。假设 $C_1 = C_2 = C_{12} = C_{1G} = C_{2G} = C$,$C_{21} = C/2$(地线的布设使得导线 1 和导线 2 间距离变宽,导致寄生电容变小),导线 1 上的信号电压为 $u_1$,试求两种情况下导线 2 上的串扰电压 $u_2$。

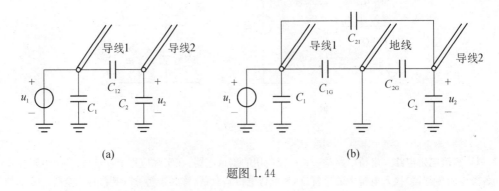

题图 1.44

**1.45 动态随机存取存储器(DRAM)电路模型** 动态随机存取存储器常用作计算机内存。现代 DRAM

电路采用一个电容来存储 1 位逻辑信息:用大的电容电压表示逻辑"1",用小的电容电压表示逻辑"0"。题图 1.45(a)所示为 1 位 DRAM 的电路原理图,其工作原理可采用题图 1.45(b)电路进行分析,其中 $I_{leak}$ 表示用 $C_M$ 保存"1"信息时的漏电流,$C_{OUT}$ 表示电路的寄生电容。当存储信息"1"(假定用 3 V 电压表示)或"0"(假定用 0 V 电压表示)时,由电路使 $u_{I/O}$ 为 3 V 或 0,并使开关 S 闭合,对电容 $C_M$ 充电或放电,然后断开 S,信息得以保存。但由于 $I_{leak}$ 的存在,大的电压 $u_M$ 会随着时间逐渐降低,因此还需"刷新"电路对保存的信息予以定时更新。当读取存储的信息时,首先使 $u_{I/O}$ 达到"高"电压的一半即 1.5 V,开关 S 闭合,读取 $u_{I/O}$ 并根据其大小来判断所读信息为"1"或"0"。假设 $C_M = 50$ pF,$C_{leak} = 450$ pF,$I_{leak} = 5$ pA,试求:(1)存储信息"1"后 $u_M$ 下降到 1.5 V 所需的时间;(2)读取信息"1"和"0"时测得的 $u_{I/O}$ 的大小。

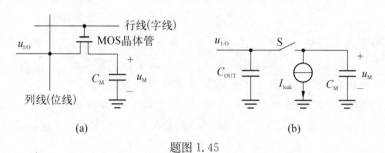

(a)　　　　　　　　　　(b)

题图 1.45

# $\mathcal{2}$　电路的一般分析方法

確定电路中的各支路电压和支路电流是电路分析的典型问题。本章主要介绍电路的一般分析方法,包括以支路电流或支路电压为未知变量的支路分析法、以回路电流为未知变量的回路分析法、以节点电压为未知变量的节点分析法。电路分析的一般方法是电路分析普遍适用的方法,特别适合分析复杂电路,也是计算机辅助电路分析的基础。

　　本章最后介绍了运算放大器的理想化模型、含运算放大器的电阻电路及其各种应用,并讨论了节点分析法在含运算放大器电阻电路中的应用。

## 2.1　电路的分类

　　电路按所含元件的性质,可以划分为不同的类型。一个电路,如果构成电路的元件均为电阻元件,则列出的电路方程为代数方程,该电路称为电阻电路;如果构成电路的元件包含一个或几个动态元件,则列出的电路方程为微分方程或积分方程,该电路称为动态电路。

　　一个电路,如果根据电路定律和元件约束列出描述电路的方程(可能是代数方程、微分方程或积分方程)为线性方程,则称该电路为线性电路;如果列出的电路方程为非线性方程,则称该电路为非线性电路。

　　一个电路,如果其所包含的元件均为非时变元件,则列出的电路方程中的参数不随时间变化,这样的电路称为非时变电路;如果所含元件有一个、几个或全部是时变元件,则列出的电路方程中至少有一个参数是随时间变化的,这样的电路称为时变电路。

　　根据电路的动态性质、线性性质以及时变性质,可以将电路分为电阻电路和动态电路、线性电路和非线性电路、时变电路和非时变电路。电路还有其他的分类方法。如按工作频率来分,有高频电路、中频电路和低频电路等;按功能来分,有放大电路、整流电路、检波电路等。

　　分析电路的主要任务之一就是列写电路满足的方程,然后进行求解。对不同的电路,应采用不同的分析方法。例如,对线性非时变电阻电路,电路方程是线性非时变的代数方程组,因此可用线性代数方程组的求解方法来求解电路方程。对线性非时变动态电路,电路方程是常系数线性微分方程(组),因此可用线性常系数微分方程的求解方法来加以分析。

## 2.2　支路分析法

　　电路分析的主要目的之一就是求出电路中的支路电压和/或支路电流,而这些支路电压、电流就是在独立源激励下电路的响应。要求出支路电压和支路电流,首先需要列出包含这些变量的方程,称为电路方程。列出电路方程的依据是:①基尔霍夫定律;②电路元件和独立源的 VCR 或支路方程。由第一章讨论可知,KCL 和 KVL 方程都是线性的代数方程。而支路方程则与元件的性质有关。

如果所分析的电路具有 $b$ 条支路和 $n$ 个节点,则共有 $2b$ 个待求解的支路电压和支路电流变量。根据基尔霍夫定律可以列出 $n-1$ 个独立的 KCL 方程和 $b-(n-1)$ 个独立的 KVL 方程。根据元件的 VCR 又可列出 $b$ 个方程。三组方程合起来的方程数为 $(n-1)+(b-n+1)+b=2b$,正好等于所要求的支路电压、电流数。因此,求解三组方程便可求得所有支路的电压和电流。这种方法称为 $2b$ 法。在 $b$ 条支路中,如果独立源支路的总数为 $b_S$,应用 $2b$ 法分析电路,则未知电压、电流变量数为 $2b-b_S$,这是因为电源给定,则电压(流)源支路的电压(流)就是已知量。

为了减少求解的方程数,可以利用元件的 VCR 将支路电压用支路电流表示,再代入 KVL 方程,或者将支路电流用支路电压表示,再代入 KCL 方程,这样都将得到 $b$ 个电路方程。这种以支路电流或支路电压为变量列写电路方程来求解电路的方法分别称为**支路电流法**(branch current analysis)或**支路电压法**(branch voltage analysis)。支路电流法和支路电压法统称为支路分析法(简称支路法)。采用支路电流法分析电路时,如果电路含有理想电流源,则理想电流源两端的电压为未知量,在 KVL 方程中将出现相应的电压未知项,在求解支路电流时应一并求出。采用支路电压法分析电路时,如果电路含有理想电压源,则流经理想电压源的电流为未知量,在 KCL 方程中将出现相应的电流未知项,在求解支路电压时应一并求出。

**例 2.2.1**　试求图 2.2.1 所示电路的支路电流。

**解**　将图 2.2.1 的电路中电压源与电阻的串联看作一条复合支路,则该电路包含 1 个独立节点和 2 个独立回路。对节点①列写 KCL 方程,可得

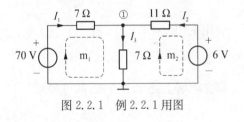

图 2.2.1　例 2.2.1 用图

$$-I_1-I_2+I_3=0$$

对独立网孔 $m_1$ 和 $m_2$ 列写 KVL 方程得

$$\begin{cases} -70+7I_1+7I_3=0 \\ -7I_3-11I_2+6=0 \end{cases}$$

联立求解上面三个方程,解得

$$I_1=6\,\text{A},\ I_2=-2\,\text{A},\ I_3=4\,\text{A}$$

**例 2.2.2　安全用电**(electrical safety)　电作为一种能量形式,在特定的情况下可能导致电击伤害。人体对电流的生理反应如表 2.2.1 所示。图 2.2.2(a)表示了一个简化的人体电路模型,其中 $R_1 \sim R_4$ 分别表示头颈部、臂部、胸腹部和腿部的电阻,它们各有典型的电阻值。图 2.2.2(b)表示了一种可能的触电连接方式:单只手臂和双脚接触电气设备电源的两端而遭到电击,其中 $R_{P1}$ 和 $R_{P2}$ 分别为手部和脚部的皮肤电阻。假定电力公司安装了一些电气设备,可能使人遭到 200 V 的电击。有关的电阻值和电压值如图 2.2.2(c)所示。试分析该情况下流过人体的电流是否足够危险。

**表 2.2.1　人体对电流的生理反应**

| 电流 | 生 理 反 应 |
|------|------------|
| 8～10 mA | 手摆脱电极已感到困难,有剧痛感(手指关节) |
| 20～25 mA | 手迅速麻痹,不能自动摆脱,呼吸困难 |
| 50～80 mA | 呼吸困难,心房开始震颤 |
| 90～100 mA | 呼吸麻痹,3秒钟后心脏开始麻痹,停止跳动 |

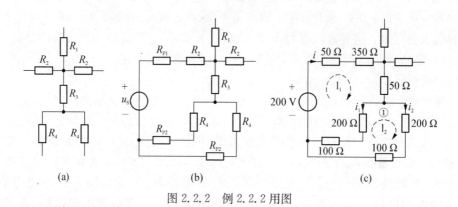

(a)　　　　　　　　(b)　　　　　　　　(c)

图 2.2.2　例 2.2.2 用图

**解**　图 2.2.2(c)的电路标出了支路电流。应用 KVL,对回路 $l_1$ 和 $l_2$,有

$$-200+(50+350+50)\times i+(200+100)\times i_1=0$$
$$-(200+100)\times i_1+(200+100)\times i_2=0$$

应用 KCL,对节点①,有

$$i-i_1-i_2=0$$

联立求解上述三个方程,即可得到

$$i=333 \text{ mA}, \; i_1=i_2=167 \text{ mA}$$

可见,流经人体的电流已远远超过安全电流值,如果触电将导致电击伤害事故。

## 2.3　回路分析法

### 2.3.1　回路电流

　　当对电路的电压、电流变量不给予任何约束时,电路的独立变量有 $2b$ 个,必须列写 $2b$ 个方程,$2b$ 法解决了方程列写问题;如果以支路电流或支路电压为独立变量,变量个数为 $b$ 个,需要列写 $b$ 个方程,$1b$ 法也解决了方程列写问题。$2b$ 法和 $1b$ 法尽管可以通过列写电路方程求出电路中的各支路电压和支路电流,但求解的联立方程数分别为 $2b$ 和 $b$ 个。由此可见,通过列写电压变量或电流变量的电路方程来分析电路时,涉及如何选择电压变量或电流变量以及如何建立求解这些变量所需的联立方程的问题。

　　电路中的 $b$ 个支路电流受 KCL 制约,独立的 KCL 方程为 $n-1$ 个,因此 $b$ 个支路电流中只有 $b-(n-1)$ 电流变量是独立的。可以由 $b$ 个支路电流选择或构造 $b-(n-1)$ 电流变量作为独立电流变量,其余的电流变量可由 $n-1$ 个 KCL 求出。

如图 2.3.1 所示为一具有 4 个节点、6 条支路的电路,独立 KCL 方程数为 $(4-1)=3$ 个,独立电流变量数为 $6-(4-1)=3$ 个。对节点①、②和③列写 KCL 方程得

节点①:
节点②:
节点③:
$$\begin{cases} i_1 + i_3 - i_5 = 0 \\ i_2 - i_3 + i_6 = 0 \\ -i_4 + i_5 - i_6 = 0 \end{cases} \tag{2.3.1}$$

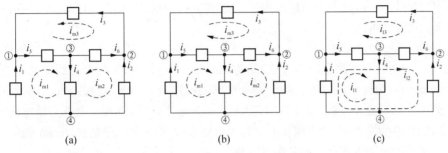

$$
\begin{array}{ccc}
\text{(a)} & \text{(b)} & \text{(c)}
\end{array}
$$

图 2.3.1 独立电流变量的选择

如图 2.3.1(a)所示,选择支路电流中的三个电流变量

$$i_{m1} = i_1, \quad i_{m2} = i_2, \quad i_{m3} = i_3 \tag{2.3.2}$$

作为独立电流变量,则非独立电流变量 $i_4$、$i_5$ 和 $i_6$ 可由式(2.3.1)求出为

$$i_4 = i_{m1} + i_{m2}, \quad i_5 = i_{m1} + i_{m3}, \quad i_6 = -i_{m2} + i_{m3} \tag{2.3.3}$$

从式(2.3.2)和式(2.3.3)可以看出:如果将独立电流变量 $i_{m1}$、$i_{m2}$ 和 $i_{m3}$ 看作分别沿网孔 $m_1$、网孔 $m_2$ 和网孔 $m_3$ 边界流动的闭合电流,则非独立电流变量 $i_4$、$i_5$ 和 $i_6$ 就等于独立电流变量 $i_{m1}$、$i_{m2}$ 和 $i_{m3}$ 的代数和。称这种沿着每个网孔边界构成的闭合路径自行流动的电流为**网孔电流**(mesh current),它是一组为便于分析而人为设定的电流。由内网孔电流构成的一组电流变量是一组独立变量,可用来对电路列写方程进行分析。网孔电流在实际电路中并不存在。

图 2.3.1(b)给出了网孔电流的另一种取法,其中网孔电流 $i_{m3}$ 的流动方向与图 2.3.1(a)相反。显然,此时的独立电流变量为

$$i_{m1} = i_1, \quad i_{m2} = i_2, \quad i_{m3} = -i_3 \tag{2.3.4}$$

各支路电流是网孔电流的线性组合,可直接写出为

$$i_1 = i_{m1}, \quad i_2 = i_{m2}, \quad i_3 = -i_{m3}, \quad i_4 = i_{m1} + i_{m2}, \quad i_5 = i_{m1} - i_{m3}, \quad i_6 = -i_{m2} - i_{m3} \tag{2.3.5}$$

独立电流变量的选择可以有多种形式。如图 2.3.1(c)所示,构造三个独立电流变量

$$i_{l1} = i_4, \quad i_{l2} = -i_2, \quad i_{l3} = -i_3 \tag{2.3.6}$$

同样可直接写出所有支路电流变量为

$$i_1 = i_{l1} + i_{l2}, \quad i_2 = -i_{l2}, \quad i_3 = -i_{l3}, \quad i_4 = i_{l1}, \quad i_5 = i_{l1} + i_{l2} - i_{l3}, \quad i_6 = i_{l2} - i_{l3} \tag{2.3.7}$$

由图 2.3.1(c)可以看到,独立电流变量 $i_{l1}$、$i_{l2}$ 和 $i_{l3}$ 沿着选定的回路 $l_1$、回路 $l_2$ 和回路 $l_3$ 边界构成的闭合路径自行流动,称为**回路电流**(loop current)。显然,网孔电流可看作回路电流的特例。

由于回路电流本身是连续的,若以回路电流为独立电流变量,便等价地应用了 KCL。例如将图 2.3.1(c)中节点①的 KCL 方程用回路电流表示有

$$(i_{l1}+i_{l2})+(-i_{l3})-(i_{l1}+i_{l2}-i_{l3})=0 \tag{2.3.8}$$

上式为等于零的恒等式,这说明以回路电流为独立电流变量,则不必列写 KCL 方程。

### 2.3.2　回路分析法

**回路分析法**(loop analysis)是以独立回路电流作为未知变量来列写方程并求解回路电流,进而求取各支路电流和支路电压的方法,简称回路法。所列写的方程称为**回路电流方程**(loop current equation),简称回路方程。由于一个电路的回路数总小于支路数,所以,回路法可以减少求解电路所需的联立方程数。从回路方程求得回路电流以后,便能求出各支路电压和支路电流。当所取的回路为网孔时,则以网孔电流列写电路方程,称为**网孔分析法**(mesh analysis),简称网孔法。其相应的电路方程称为**网孔电流方程**(mesh current equation),简称网孔方程。

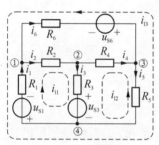

图 2.3.2　回路分析法

下面以图 2.3.2 所示的电路为例讨论回路方程的列写方法。图 2.3.2 所示电路的独立回路数为 $b-(n-1)=6-(4-1)=3$。取 3 个独立回路如图所示,图中已规定了各支路电流和回路电流 $i_{l1}$、$i_{l2}$ 和 $i_{l3}$ 的参考方向,支路电压和支路电流取一致参考方向。

为列写以 $i_{l1}$、$i_{l2}$ 和 $i_{l3}$ 为未知量的三个独立电路方程,首先由三个回路列出三个独立的 KVL 方程

$$\begin{cases} R_1 i_1 + R_2 i_2 + R_3 i_3 + u_{S1} + u_{S3} = 0 \\ + R_3 i_3 - R_4 i_4 - R_5 i_5 + u_{S3} = 0 \\ -R_1 i_1 - R_5 i_5 - R_6 i_6 - u_{S1} + u_{S6} = 0 \end{cases} \tag{2.3.9}$$

式(2.3.9)中的各支路电流可用 $i_{l1}$、$i_{l2}$ 和 $i_{l3}$ 来表示,即

$$i_1 = i_{l1} - i_{l3},\ i_2 = i_{l1},\ i_3 = i_{l1} + i_{l2},\ i_4 = -i_{l2},\ i_5 = -i_{l2} - i_{l3},\ i_6 = -i_{l3} \tag{2.3.10}$$

将式(2.3.10)代入式(2.3.9),整理后可得

$$\begin{cases} (R_1 + R_2 + R_3)i_{l1} + R_3 i_{l2} - R_1 i_{l3} = -u_{S1} - u_{S3} \\ R_3 i_{l1} + (R_3 + R_4 + R_5)i_{l2} + R_5 i_{l3} = -u_{S3} \\ -R_1 i_{l1} + R_5 i_{l2} + (R_1 + R_5 + R_6)i_{l3} = u_{S1} - u_{S6} \end{cases} \tag{2.3.11}$$

上式表示成矩阵形式为

$$\begin{bmatrix} R_1 + R_2 + R_3 & R_3 & -R_1 \\ R_3 & R_3 + R_4 + R_5 & R_5 \\ -R_1 & R_5 & R_1 + R_5 + R_6 \end{bmatrix} \begin{bmatrix} i_{l1} \\ i_{l2} \\ i_{l3} \end{bmatrix} = \begin{bmatrix} -u_{S1} - u_{S3} \\ -u_{S3} \\ u_{S1} - u_{S6} \end{bmatrix} \tag{2.3.12}$$

式(2.3.11)、式(2.3.12)即为如图 2.3.2 所示电路的回路方程。

现将式(2.3.12)简写成

$$
\begin{bmatrix} R_{11} & R_{12} & R_{13} \\ R_{21} & R_{22} & R_{23} \\ R_{31} & R_{32} & R_{33} \end{bmatrix} \begin{bmatrix} i_{l1} \\ i_{l2} \\ i_{l3} \end{bmatrix} = \begin{bmatrix} u_{S11} \\ u_{S22} \\ u_{S33} \end{bmatrix} \tag{2.3.13}
$$

式中,$R_{11}$ 为回路 1 中所有电阻的总和,称为回路 1 的自电阻;$R_{22}$ 为回路 2 中所有电阻的总和,称为回路 2 的自电阻;$R_{33}$ 为回路 3 的自电阻;$R_{12}=R_{21}$,为回路 1 和回路 2 公共支路的电阻之和,称为回路 1 和回路 2 的互电阻。应该注意,自电阻总是正的,而互电阻可能为正,也可能为负。回路电流 $i_{l1}$ 与 $i_{l2}$ 在公共支路上的方向相同,互电阻 $R_{12}=R_3$,取正号;回路电流 $i_{l1}$ 与 $i_{l3}$ 在公共支路上的方向相反,互电阻 $R_{13}=-R_1$,取负号。对网孔电流,若其方向全取顺时针方向或全取逆时针方向,则互电阻的值总是负值。$u_{S11}$ 表示回路 1 中所有的理想电压源电压升的代数和,其余类推。

根据以上表述,通过观察很容易将回路方程的列写推广到一般情况,具有 $l$ 个独立回路的线性电阻电路,其回路方程的形式可写成

$$
\begin{bmatrix} R_{11} & R_{12} & \cdots & R_{1l} \\ R_{21} & R_{22} & \cdots & R_{2l} \\ \vdots & \vdots & \ddots & \vdots \\ R_{l1} & R_{l2} & \cdots & R_{ll} \end{bmatrix} \begin{bmatrix} i_{l1} \\ i_{l2} \\ \vdots \\ i_{ll} \end{bmatrix} = \begin{bmatrix} u_{S11} \\ u_{S22} \\ \vdots \\ u_{Sll} \end{bmatrix} \tag{2.3.14}
$$

可以将回路方程(2.3.14)简记为

$$
\boldsymbol{R}\boldsymbol{I} = \boldsymbol{U}_{S} \tag{2.3.15}
$$

式中,$\boldsymbol{I}$ 为回路电流列向量,$\boldsymbol{U}_S$ 为回路所含电压源电压升代数和列向量,系数矩阵 $\boldsymbol{R}$ 为回路电阻矩阵。回路电阻矩阵 $\boldsymbol{R}$ 中的主对角线元素 $R_{ii}(i=1,2,\cdots,l)$ 为第 $i$ 个回路的自电阻,非主对角线元素 $R_{ij}(i=1,2,\cdots,l;j=1,2,\cdots,l;i\neq j)$ 是第 $i$ 个回路与第 $j$ 个回路的互电阻,其值可正可负。对不含受控源的线性电阻电路来说,$R_{ij}=R_{ji}$,即回路电阻矩阵具有对称性。

当 $\det\boldsymbol{R}\neq 0$ 时,式(2.3.15)的解为

$$
\boldsymbol{I} = \boldsymbol{R}^{-1}\boldsymbol{U}_{S} \tag{2.3.16}
$$

当求出回路电流之后,就可以进一步求出电路中的所有支路电压和支路电流。

最后指出,由于只在平面电路中才有网孔的概念,因此网孔分析法只适用于平面电路。

**例 2.3.1** 试用回路分析法求如图 2.3.3 所示电路中 8 Ω 电阻两端的电压 $u$。

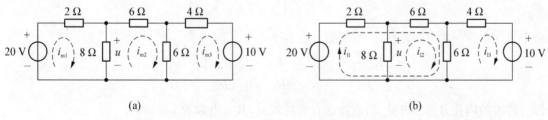

|(a)|(b)|

图 2.3.3 例 2.3.1 用图

**解 1** 取独立回路为三个网孔。设三个网孔电流分别为 $i_{m1}$、$i_{m2}$ 及 $i_{m3}$,如图 2.3.3(a)所示。可写出网孔方程如下:

$$\begin{bmatrix} 8+2 & -8 & 0 \\ -8 & 8+6+6 & -6 \\ 0 & -6 & 6+4 \end{bmatrix} \begin{bmatrix} i_{m1} \\ i_{m2} \\ i_{m3} \end{bmatrix} = \begin{bmatrix} 20 \\ 0 \\ -10 \end{bmatrix}$$

解此方程组得

$$i_{m1} = 2.8\,A, \quad i_{m2} = 1\,A, \quad i_{m3} = -0.4\,A$$

于是,8 Ω 电阻两端的电压 $u$ 为

$$u = 8 \times (i_{m1} - i_{m2})\,V = 8 \times 1.8\,V = 14.4\,V$$

**解 2** 如图 2.3.3(b)所示,设三个独立回路电流分别为 $i_{l1}$、$i_{l2}$ 及 $i_{l3}$。可写出回路方程为

$$\begin{bmatrix} 2+6+6 & 6+6 & -6 \\ 6+6 & 8+6+6 & -6 \\ -6 & -6 & 6+4 \end{bmatrix} \begin{bmatrix} i_{l1} \\ i_{l2} \\ i_{l3} \end{bmatrix} = \begin{bmatrix} 20 \\ 0 \\ -10 \end{bmatrix}$$

解此方程得

$$i_{l1} = 2.8\,A, \quad i_{l2} = -1.8\,A, \quad i_{l3} = -0.4\,A$$

于是,8 Ω 两端的电压 $u$ 为

$$u = -8 \times i_{l2} = 8 \times 1.8\,V = 14.4\,V$$

列写电路的回路方程应首先对电路的回路进行编号,然后通过观察直接写出回路电阻矩阵 $\boldsymbol{R}$ 和回路电压源电压升代数和列向量 $\boldsymbol{U}_S$,进而得到电路的回路方程。列写回路电阻矩阵 $\boldsymbol{R}$ 需注意自电阻和互电阻的含义,其中自电阻恒为正,互电阻可正可负;列写回路电压源列向量 $\boldsymbol{U}_S$ 时,其中的元素为相应回路所有的理想电压源电压升的代数和。

**例 2.3.2** 试列出图 2.3.4 所示电路的网孔方程。

**解** 首先将受控源当作独立源来处理,应用观察法写出电路方程为

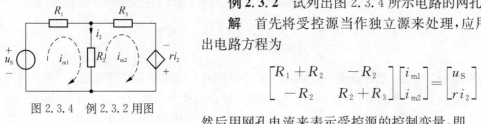

图 2.3.4 例 2.3.2 用图

$$\begin{bmatrix} R_1+R_2 & -R_2 \\ -R_2 & R_2+R_3 \end{bmatrix} \begin{bmatrix} i_{m1} \\ i_{m2} \end{bmatrix} = \begin{bmatrix} u_S \\ r i_2 \end{bmatrix}$$

然后用网孔电流来表示受控源的控制变量,即

$$i_2 = i_{m1} - i_{m2}$$

将上式代入前一式电路方程,经整理得

$$\begin{bmatrix} R_1+R_2 & -R_2 \\ -R_2-r & R_2+R_3+r \end{bmatrix} \begin{bmatrix} i_{m1} \\ i_{m2} \end{bmatrix} = \begin{bmatrix} u_S \\ 0 \end{bmatrix}$$

即为待求的网孔方程。可见,当电路含有受控源时,其互电阻 $R_{12} \neq R_{21}$。

由上例可知,应用回路法对含受控源电路进行分析时,可先将受控源当作独立源来处理,列写出电路方程,然后用回路电流表示受控源中的控制变量,最后得到仅含回路电流的电路方程。

**例 2.3.3** 试列出如图 2.3.5(a)所示电路的回路方程。

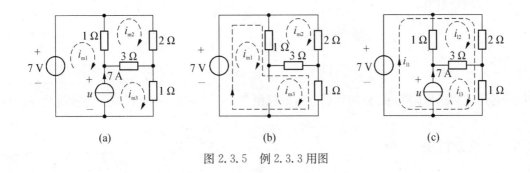

图 2.3.5  例 2.3.3 用图

**解 1**  采用网孔分析法列网孔方程。当电路中含有无伴电流源时,可设理想电流源两端的电压为 $u$。设三个网孔电流分别为 $i_{m1}$、$i_{m2}$ 及 $i_{m3}$,如图 2.3.5(a)所示。列出网孔方程和约束方程为

$$\begin{cases} i_{m1} - i_{m2} = -u + 7 \\ -i_{m1} + 6i_{m2} - 3i_{m3} = 0 \\ -3i_{m2} + 4i_{m3} = u \\ i_{m3} - i_{m1} = 7 \end{cases}$$

**解 2**  如图 2.3.5(a)所示,$u$ 是未知量,因此需增列 $i_{m3} - i_{m1} = 7$ 这一方程,使求解方程的数量增加了一个。注意到网孔方程实质上就是 KVL 方程,可将网孔 1 和网孔 3 组合成为一个大的网孔(去掉公共的理想电流源),称为**广义网孔**(generalized mesh),对该广义网孔同样可以列出网孔方程。如图 2.3.5(b)所示,广义网孔左边的网孔电流为 $i_{m1}$,右边的网孔电流为 $i_{m3}$,其网孔方程为

$$i_{m1} - 4i_{m2} + 4i_{m3} = 7$$

该方程就是广义网孔的 KVL 方程。它也是解 1 中网孔方程的第一、三式消去 $u$ 后得到的方程。

对广义网孔,还需补充网孔电流 $i_{m1}$ 和 $i_{m3}$ 之间的约束条件。完整的广义网孔方程为

$$\begin{cases} i_{m1} - 4i_{m2} + 4i_{m3} = 7 \\ -i_{m1} + 6i_{m2} - 3i_{m3} = 0 \\ i_{m3} - i_{m1} = 7 \end{cases}$$

可见,对于含有无伴电流源的电路可采用上面介绍的广义网孔法进行分析,以减少联立网孔方程的数目。

**解 3**  适当选取独立回路,使理想电流源仅包含在一个回路中,如图 2.3.5(c)所示。这样回路 $l_3$ 的回路电流 $i_{l3}$ 就等于理想电流源电流 7 A,从而减少了一个待求的回路电流。对图 2.3.5(c)所示的三个回路列写回路方程得

$$\begin{cases} 3i_{l1} + 2i_{l2} + i_{l3} = 7 \\ 2i_{l1} + 6i_{l2} - 3i_{l3} = 0 \\ i_{l1} - 3i_{l2} + 4i_{l3} = u \end{cases}$$

理想电流源端电压只出现在上式第三个回路方程中,若无须求电压 $u$,该方程便可不列。这

样,完整的回路方程为

$$\begin{cases} i_{l3} = 7 \\ 3i_{l1} + 2i_{l2} + i_{l3} = 7 \\ 2i_{l1} + 6i_{l2} - 3i_{l3} = 0 \end{cases}$$

可见,通过适当选取独立回路,使理想电流源仅包含在一个回路中,可以减少待求量及方程数。

## 2.4 节点分析法

电路中的 $b$ 个支路电压是受 KVL 制约的,独立的 KVL 方程为 $b-(n-1)$ 个,因此 $b$ 个支路电压中只有 $(n-1)$ 个电压变量是独立的。可以利用 $b$ 个支路电压选择或构造 $(n-1)$ 个电压变量作为独立电压变量,其余的电压变量可由 $b-(n-1)$ 个 KVL 求出。

对于一个具有 $n$ 个节点的电路,可以任选其中的一个节点作为参考节点,参考节点一旦选定,其他 $(n-1)$ 个节点的电压也就得以确定。由于参考节点的电位恒取为零,所以这 $(n-1)$ 个节点的电位就是它们与参考节点之间的电压,称为**节点电压**(node voltage)。

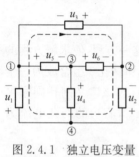

图 2.4.1 独立电压变量的选择

节点电压是一组独立的电压变量。如图 2.4.1 所示,选择节点④为参考节点,用 $u_{n1}$、$u_{n2}$ 和 $u_{n3}$ 分别表示节点①、②和③的节点电压,则所有支路电压用节点电压表示为

$$u_1 = -u_{n1}, \ u_2 = -u_{n2}, \ u_3 = u_{n2} - u_{n1}, \ u_4 = u_{n3},$$
$$u_5 = u_{n1} - u_{n3}, \ u_6 = -u_{n2} + u_{n3}$$

$$(2.4.1)$$

对如图 2.4.1 所示回路应用 KVL 得

$$u_1 - u_3 - u_2 = -u_{n1} - (u_{n2} - u_{n1}) - (-u_{n2}) = 0$$

$$(2.4.2)$$

上式为等于零的恒等式,这说明以节点电压为独立电压变量,则不必列写 KVL 方程。

**节点分析法**(node analysis)是以电路中各节点电压作为未知变量来列写方程,从而求解节点电压,进而求取支路电压和支路电流的方法,简称节点法。符号 $u_{n1}$,$u_{n2}$,$\cdots$,$u_{n(n-1)}$ 表示 $(n-1)$ 个独立节点电压。为了求出各节点电压,应该先列出以节点电压为未知量的 $(n-1)$ 个独立方程,称为**节点电压方程**(node voltage equation),简称节点方程。

如图 2.4.2 所示电路中,已标出各支路电压的参考方向。该电路共有四个节点,现选取节点④为参考节点。

为列写以 $u_{n1}$、$u_{n2}$ 和 $u_{n3}$ 为未知量的三个独立电路方程,首先对如图 2.4.2 所示电路中的节点①、②和③分别列写 KCL 方程

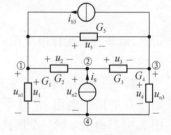

图 2.4.2 节点分析法

$$\begin{cases} G_1 u_1 + G_2 u_2 + G_5 u_5 - i_{S5} = 0 \\ -G_2 u_2 + G_3 u_3 - i_S = 0 \\ -G_3 u_3 + G_4 u_4 - G_5 u_5 + i_{S5} = 0 \end{cases}$$

$$(2.4.3)$$

式(2.4.3)中各支路电压可用 $u_{n1}$、$u_{n2}$ 和 $u_{n3}$ 表示为

$$u_1 = u_{n1}, \quad u_2 = u_{n1} - u_{n2}, \quad u_3 = u_{n2} - u_{n3}, \quad u_4 = u_{n3}, \quad u_5 = u_{n1} - u_{n3} \tag{2.4.4}$$

将式(2.4.4)代入式(2.4.3),并整理得

$$\begin{cases} (G_1 + G_2 + G_5)u_{n1} - G_2 u_{n2} - G_5 u_{n3} = i_{S5} \\ -G_2 u_{n1} + (G_2 + G_3)u_{n2} - G_3 u_{n3} = i_S \\ -G_5 u_{n1} - G_3 u_{n2} + (G_3 + G_4 + G_5)u_{n3} = -i_{S5} \end{cases} \tag{2.4.5}$$

表示成矩阵形式为

$$\begin{bmatrix} G_1 + G_2 + G_5 & -G_2 & -G_5 \\ -G_2 & G_2 + G_3 & -G_3 \\ -G_5 & -G_3 & G_3 + G_4 + G_5 \end{bmatrix} \begin{bmatrix} u_{n1} \\ u_{n2} \\ u_{n3} \end{bmatrix} = \begin{bmatrix} i_{S5} \\ i_S \\ -i_{S5} \end{bmatrix} \tag{2.4.6}$$

式(2.4.5)和式(2.4.6)即为图2.4.2所示电路的节点方程。将式(2.4.6)简写为

$$\begin{bmatrix} G_{11} & G_{12} & G_{13} \\ G_{21} & G_{22} & G_{23} \\ G_{31} & G_{32} & G_{33} \end{bmatrix} \begin{bmatrix} u_{n1} \\ u_{n2} \\ u_{n3} \end{bmatrix} = \begin{bmatrix} i_{S11} \\ i_{S22} \\ i_{S33} \end{bmatrix} \tag{2.4.7}$$

式中,$G_{11}$、$G_{22}$ 和 $G_{33}$ 分别为与节点①、②和③相关联支路的电导的总和,称为自电导;$G_{12} = G_{21}$,为连接于节点①和②之间的各支路电导总和的负值,称为节点①与节点②之间的互电导,$G_{13} = G_{31}$,$G_{23} = G_{32}$,也是互电导;应当注意自电导总是为正,而互电导总是为负。$i_{S11}$、$i_{S22}$ 和 $i_{S33}$ 分别是流入节点①、②和③的所有理想电流源电流的代数和,其中流入节点的电流取正号,流出节点的电流取负号。

根据以上表述,通过观察很容易将节点方程的列写推广到一般情况。具有 $(n-1)$ 个独立节点的线性电阻电路的节点方程的形式可写为

$$\begin{bmatrix} G_{11} & G_{12} & \cdots & G_{1(n-1)} \\ G_{21} & G_{22} & \cdots & G_{2(n-1)} \\ \vdots & \vdots & \ddots & \vdots \\ G_{(n-1)1} & G_{(n-1)2} & \cdots & G_{(n-1)(n-1)} \end{bmatrix} \begin{bmatrix} u_{n1} \\ u_{n2} \\ \vdots \\ u_{n(n-1)} \end{bmatrix} = \begin{bmatrix} i_{S11} \\ i_{S22} \\ \vdots \\ i_{S(n-1)(n-1)} \end{bmatrix} \tag{2.4.8}$$

可以将式(2.4.8)简写为

$$\boldsymbol{GU} = \boldsymbol{I}_S \tag{2.4.9}$$

式中,$\boldsymbol{U}$ 为节点电压列向量;$\boldsymbol{I}_S$ 为流入节点电流源电流代数和列向量;系数矩阵 $\boldsymbol{G}$ 为节点电导矩阵。节点电导矩阵 $\boldsymbol{G}$ 中的主对角线元素 $G_{ii}(i=1,2,\cdots,n-1)$ 为第 $i$ 个节点的自电导,非主对角线元素 $G_{ij}(i=1,2,\cdots,n-1;\ j=1,2,\cdots,n-1;\ i \neq j)$ 是第 $i$ 个节点与第 $j$ 个节点的互电导。对不含受控源的线性电阻电路来说 $G_{ij} = G_{ji}$,即节点电导矩阵 $\boldsymbol{G}$ 为对称矩阵。

当 $\det \boldsymbol{G} \neq 0$ 时,式(2.4.9)的解式为

$$\boldsymbol{U} = \boldsymbol{G}^{-1} \boldsymbol{I}_S \tag{2.4.10}$$

当求出节点电压之后,就可以进一步求出电路中所有的支路电压和支路电流。

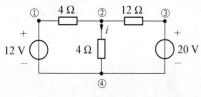

图 2.4.3 例 2.4.1 用图

**例 2.4.1** 试用节点分析法求图 2.4.3 所示电路中的电流 $i$。

**解** 对图 2.4.3 所示电路的节点编号,取节点④为参考节点,设节点①、②和③的节点电压分别为 $u_{n1}$、$u_{n2}$ 和 $u_{n3}$。显然节点电压 $u_{n1}$ 和 $u_{n3}$ 是已知的,因此只需列出节点②的 KCL 方程,即

$$\left(\frac{1}{4}+\frac{1}{4}+\frac{1}{12}\right)u_{n1}-\frac{1}{4}u_{n2}-\frac{1}{12}u_{n3}=0$$

将 $u_{n1}=12\text{ V}$,$u_{n3}=20\text{ V}$ 代入上式,解得 $u_{n2}=8\text{ V}$。因此 $i$ 为

$$i=\frac{u_{n2}}{4}=2\text{ A}$$

**例 2.4.2** 试列出图 2.4.4 所示电路的节点方程。

**解** 图 2.4.4 所示电路含有受控源,通过观察列写节点方程时,可首先将受控源当作独立源处理,然后用节点电压来表示该受控源的控制量,从而得出含有受控源电路的节点方程。图 2.4.4 电路包含两个独立节点,节点电压分别为 $u_{n1}$ 和 $u_{n2}$。列出电路节点方程为

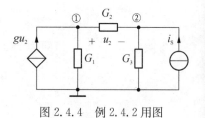

图 2.4.4 例 2.4.2 用图

$$\begin{cases}(G_1+G_2)u_{n1}-G_2u_{n2}=gu_2 \\ -G_2u_{n1}+(G_2+G_3)u_{n2}=i_S\end{cases}$$

然后用节点电压表示受控源的控制变量,即

$$u_2=u_{n1}-u_{n2}$$

将上式代入电路方程,并经过整理后得节点方程为

$$\begin{bmatrix}G_1+G_2-g & -G_2+g \\ -G_2 & G_2+G_3\end{bmatrix}\begin{bmatrix}u_{n1} \\ u_{n2}\end{bmatrix}=\begin{bmatrix}0 \\ i_S\end{bmatrix}$$

对于含有受控源的电路,节点电导矩阵 $\boldsymbol{G}$ 一般为非对称矩阵。

**例 2.4.3** 电路如图 2.4.5(a)所示,试列出该电路的节点方程。

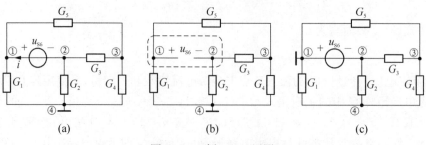

(a)　　　　　　　　　(b)　　　　　　　　　(c)

图 2.4.5 例 2.4.3 用图

**解 1** 取电路的独立节点和参考节点如图 2.4.5(a)所示,设各节点电压分别为 $u_{n1}$、$u_{n2}$ 和 $u_{n3}$。注意到节点①和②之间存在一个仅含理想电压源的支路(无伴电压源),需将其通过的

电流 $i$ 设为待求变量。列出节点方程为

$$\begin{cases}(G_1+G_5)u_{n1}-G_5u_{n3}=i\\(G_2+G_3)u_{n2}-G_3u_{n3}=-i\\-G_5u_{n1}-G_3u_{n2}+(G_3+G_4+G_5)u_{n3}=0\end{cases}$$

由于增设了未知电流 $i$，还需补充一个约束方程

$$u_{n1}-u_{n2}=u_{S6}$$

**解 2**　注意到节点方程实质上就是 KCL 方程，可将节点①和②组合成为一个大的节点（去掉共有的理想电压源），称为**广义节点**(generalized node)。对该广义节点同样可以列出节点方程，如图 2.4.5(b)所示，广义节点左端的节点电压为 $u_{n1}$，右端的节点电压为 $u_{n2}$，其节点方程为

$$(G_1+G_5)u_{n1}+(G_2+G_3)u_{n2}-(G_3+G_5)u_{n3}=0$$

观察上述方程可知，该方程就是图 2.4.5(b)中的闭合面（广义节点）所列写的 KCL 方程。对广义节点，还需补充节点①和②之间的电压约束方程，即

$$u_{n1}-u_{n2}=u_{S6}$$

对于含有无伴电压源的电路可以采用例题中介绍的广义节点法进行分析，以减少节点方程的数目。

**解 3**　由于电路中存在一个无伴电压源，如果选择此理想电压源的一端为参考节点，则另一端的节点电压便是已知的，因此问题可以得到简化。如图 2.4.5(c)所示，取节点①为参考节点，则节点②的电压为 $u_{n2}=-u_{S6}$，此时只需列写节点③和④的节点方程

$$\begin{cases}-G_3u_{S6}+(G_3+G_4+G_5)u_{n3}-G_4u_{n4}=0\\-G_2u_{S6}-G_4u_{n3}+(G_1+G_2+G_4)u_{n4}=0\end{cases}$$

## 2.5　含运算放大器的电阻电路分析

**运算放大器**(operational amplifier)简称运放，是一种多端电子器件，有着十分广泛的用途。运放最早于 1940 年开始应用，主要用于模拟计算机，由于可以模拟加法、减法、积分等运算而得名。1960 年后，随着集成电路技术的发展，运放逐步集成化，大大降低了成本，获得了越来越广泛的应用。虽然运放有多种型号，其内部结构也各不相同，但其端子上的 VCR 却是简单的。

### 2.5.1　运算放大器的理想化模型

运放的符号及其输入-输出特性曲线如图 2.5.1 所示，其中图 2.5.1(a)为电路图形符号，图中标注 $+U$ 和 $-U$ 字样的两个端子是供接入直流工作电源的。$u_-$、$u_+$ 及 $u_o$ 分别是运放相应端子对参考节点的电压（电位）。电压 $u_i=u_+-u_-$ 为差动输入电压，$u_o$ 为输出电压。"$u_-$"对应"一"端子，当输入电压 $u_-$ 单独加于该端子时，输出电压 $u_o$ 与输入电压 $u_-$ 反相，故称它为**反相输入端**(inverting input)。$u_+$ 对应"＋"端子，当输入电压 $u_+$ 单独由该端加入时，输出电压 $u_o$ 与输入电压 $u_+$ 同相，故称它为**同相输入端**(non-inverting input)。必须注意，这里的"一"和"＋"并非指电压的参考极性，而是用以区分两种不同性质输入端的标志。在分析含运放的电路时，可以不考虑工作电源，采用图 2.5.1(b)所示的电路符号。

运放的输入-输出特性如图 2.5.1(c)所示。如果运放工作于图中的线性区，其特性曲线

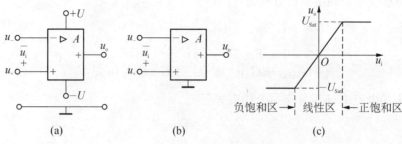

(a)　　　　　　　　(b)　　　　　　　　(c)

图 2.5.1　运放的符号及其输入-输出特性

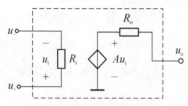

图 2.5.2　工作于线性区的运放的电路模型

的斜率称为运放的**开环增益**(open loop gain),此时运放的输出为

$$u_o = A u_i = A(u_+ - u_-) \qquad (2.5.1)$$

由式(2.5.1)可以看出,工作于线性区的运放可以用电压控制电压源来建立电路模型,如图 2.5.2 所示,其中 $R_i$ 和 $R_o$ 分别为运放的输入电阻和输出电阻。

对实际的运放,上述模型中的三个参数的典型数据如表 2.5.1 所示。

表 2.5.1　运放的典型参数值

| 参数 | 名称 | 典型数值 | 理想值 |
|---|---|---|---|
| $A$ | 开环增益 | $10^5 \sim 10^8$ | $\infty$ |
| $R_i$ | 输入电阻 | $10^6 \sim 10^{13}\ \Omega$ | $\infty$ |
| $R_o$ | 输出电阻 | $10 \sim 100\ \Omega$ | 0 |

运放的线性区范围是非常小的,例如,当 $A = 10^8$,$U_{Sat} = 13$ V 时,输入电压 $u_i$ 的范围为 $\pm 0.13\ \mu$V。因此,如果运放在使用时不采取措施,当运放的差动输入电压 $u_i$ 稍有变化就很容易使运放超出线性区范围而进入饱和区。在实际应用中采用负反馈[①]的方式使运放稳定地工作在线性区。所谓负反馈,是指将一部分输出引到运放的反相输入端。如果将一部分输出引到运放的同相输入端,则称为正反馈。采用正反馈连接方式的运放一般工作在饱和区。运放在很多应用场合都采用正或负反馈的连接方式。

在电路分析中常用**理想运算放大器**(ideal operational amplifier)模型。所谓理想运放是指符合表 2.5.1 中参数理想值的运放。当理想运放工作在线性区时具有两个重要特性,即

(1) **虚短**(virtual short circuit)　由于 $A \rightarrow \infty$ 而输出电压 $u_o$ 为有限值,所以由式(2.5.1)可知

---

[①] 负反馈放大器是由哈罗德・史蒂芬・布莱克(Harold Stephen Black)在 1927 年 8 月 2 日前往贝尔实验室的工作途中发明的,当时他在《纽约时报》的空白处记录下了他的灵感以及一些推导的方程,20 分钟后到达实验室。那一时期他正在研究降低电话通信中中继放大器信号失真的解决办法。布莱克在 1928 年 8 月 8 日向美国专利局提交了他的发明,之后耗费了 8 年时间才正式发表了这一专利。

$$u_i = u_o/A = 0 \tag{2.5.2}$$

式(2.5.2)意味着 $u_+ = u_-$，即反相输入端的电压与同相输入端的电压相等,此时两个输入端之间可看作短路(简称为**虚短**),而在同相输入端接地的情况下,反相输入端与地同电位(简称为**虚地**)。

(2) **虚断**(virtual open circuit)　由于 $R_i \rightarrow \infty$,所以输入电流等于零。此时,输入端可看作断路,简称为虚断。

利用"虚短"和"虚断"的概念,可以极大地简化含运放电路的分析。当然,理想运放实际上是不存在的。一个实际的运放一般都能很好地利用理想运放来建模。理想运放的符号如图 2.5.3 所示。图中三角形所指的 $\infty$ 表示运放的开环增益 $A$ 为无穷大。对于含有理想运放的电路,可以应用"虚短"(或虚地)和"虚断"的概念来分析。

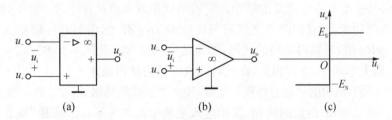

图 2.5.3　理想运放的符号及输入-输出特性

(a) 国家标准符号　(b) 国际标准符号　(c) 输入-输出特性

### 2.5.2　含理想运算放大器电路的分析

下面讨论含运放电阻电路的分析,其中运放在电路中的接法均采用负反馈方式,且工作在线性区。如图 2.5.4(a) 所示为由运放和电阻构成的电路,称为**反相放大器**(inverting amplifier)。图中运放的输出电压通过电阻 $R_f$ 反馈到运放的反相输入端,从而构成负反馈连接方式,电路能够稳定地工作在线性区。下面采用节点法分析输出电压 $u_o$ 与输入电压 $u_S$ 之间的关系。

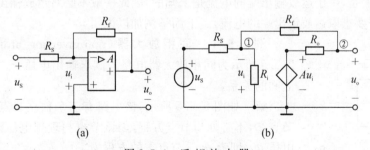

图 2.5.4　反相放大器

参照图 2.5.2 所示运放的电路模型,图 2.5.4(a)电路可表示为图 2.5.4(b)所示电路。列写节点①和②的节点方程,得到

$$\begin{cases} -G_S u_S + (G_S + G_i + G_f)u_{n1} - G_f u_{n2} = 0 \\ -G_f u_{n1} + (G_o + G_f)u_{n2} - G_o A u_i = 0 \end{cases} \tag{2.5.3}$$

上式中采用电导符号代替电阻符号。由于 $u_{n1} = -u_i$, $u_{n2} = u_o$,式(2.5.3)可重新改写为

$$\begin{cases} (G_S + G_i + G_f)u_i + G_f u_o = -G_S u_s \\ (G_f - G_o A)u_i + (G_o + G_f)u_o = 0 \end{cases} \qquad (2.5.4)$$

联立求解上述方程组,解得

$$u_o = -\frac{(G_o A - G_f)G_S}{G_f G_o A + G_f(G_i + G_S) + G_o(G_f + G_S + G_i)}u_s \qquad (2.5.5)$$

根据运放的特点,$A$ 很大,$G_i$ 很小($R_i$ 很大),$G_o$ 很大($R_o$ 很小),如果选取合适的 $R_S$ 和 $R_f$,保证 $G_o A \gg G_f$,$G_o A \gg G_i + G_S$,$G_f A \gg G_f + G_S + G_i$,则式(2.5.5)可简化为

$$u_o = -\frac{G_S}{G_f}u_s = -\frac{R_f}{R_S}u_s \qquad (2.5.6)$$

式(2.5.6)是一个非常有意义的结论。它表明反相放大器具有使两个电压(输入电压和输出电压)成比例的功能,并且使两者之比只与比值 $R_f/R_S$ 有关,而与开环增益无关。所以,选择不同的 $R_f$ 和 $R_S$ 值,可获得不同的比例(即增益)。特别地,当 $R_S = R_f$ 时,$u_o = -u_s$,即输出电压与输入电压大小相等,方向相反,称此时的放大器为反相器。

如果将图 2.5.4(a)中的运放看作理想运放,则可更直接地得出式(2.5.6)。根据图 2.5.4(a)电路,由"虚断"概念可知,运放的同相、反相输入端的电流均为零;由"虚地"概念可知,反相输入端电压为零。因此,有

$$\frac{u_S - 0}{R_S} = \frac{0 - u_o}{R_f}$$

即

$$u_o = -\frac{R_f}{R_S}u_s$$

由上面分析可知,对工作在线性区的运放,将其看作理想运放,可以极大地简化电路的分析,而分析结果也具有足够的准确性。

对含理想运放电路的分析,一般应利用"虚短"和"虚断"的概念,并结合节点分析法来进行。值得指出的是,由于运放输出端的电流是未知的,因此一般不必对运放输出端节点列写节点方程(除非需求取运放输出端的电流)。下面举例加以说明。

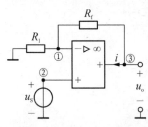

图 2.5.5 例 2.5.1 用图

**例 2.5.1　同相放大器**(non-inverting amplifier)　如图 2.5.5 所示为同相放大器电路。试求输出电压 $u_o$ 与输入电压 $u_S$ 之间的关系。

**解**　如图 2.5.5 所示,该电路有三个独立节点①、②和③,对节点②,不必列写节点方程,因该节点与理想电压源相连,其节点电压 $u_{n2}$ 即为 $u_S$。节点①的方程为

$$(G_1 + G_f)u_{n1} - G_f u_{n3} = 0$$

注意,列写上述方程时利用了理想运放的"虚断"特性。又由理想运放的"虚短"特性知,$u_{n1} = u_{n2} = u_S$,而 $u_{n3} = u_o$,因此,得

$$u_o = \frac{(G_1 + G_f)}{G_f}u_S = \left(1 + \frac{R_f}{R_1}\right)u_S$$

对节点③也可列写节点方程,得

$$-G_f u_{n1} + G_f u_{n3} = -i$$

由于上述方程包含一个未知的电流 $i$，因此该方程不必列写，除非需要求出此电流 $i$。

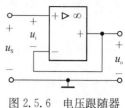

图 2.5.6  电压跟随器

如果令图 2.5.5 中的 $R_1 = \infty$，$R_f = 0$，则可构成如图 2.5.6 所示的**电压跟随器**（voltage follower）。其输入-输出电压关系为

$$u_o = u_S$$

即输出电压与输入电压完全相同。

由于运放的输入电流为零，当电压跟随器接入两电路之间，可起隔离作用。图 2.5.7(a) 为由电阻 $R_1$ 和 $R_2$ 构成的分压电路，如果将负载 $R_L$ 接到此分压器，则 $R_L$ 的接入形成与电阻 $R_2$ 的并联将会引起 $u_2$ 的改变。但是，如果通过电压跟随器将负载 $R_L$ 接入电路，如图 2.5.7(b) 所示，则电阻 $R_L$ 的接入不会改变分压电路的特性，即不会影响 $u_2$ 大小。

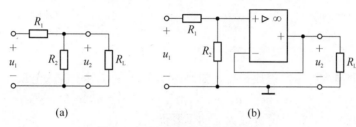

(a)　　　　　　　　　(b)

图 2.5.7  电压跟随器的隔离作用

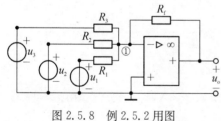

图 2.5.8  例 2.5.2 用图

**例 2.5.2　加法器**（summing amplifier）
图 2.5.8 所示电路构成加法器电路。试求输出电压 $u_o$ 与三个输入电压 $u_1$、$u_2$ 和 $u_3$ 之间的关系。

**解**　如图 2.5.8 所示，该电路有 5 个独立节点。只需对节点① 列写方程，得到

$$-G_1 u_1 - G_2 u_2 - G_3 u_3 + (G_f + G_1 + G_2 + G_3) u_{n1}$$
$$- G_f u_o = 0$$

由"虚短"的概念得，$u_{n1} = 0$，代入上式，解得

$$u_o = -\frac{G_1}{G_f} u_1 - \frac{G_2}{G_f} u_2 - \frac{G_3}{G_f} u_3 = -\frac{R_f}{R_1} u_1 - \frac{R_f}{R_2} u_2 - \frac{R_f}{R_3} u_3$$

上式表明，输出电压是各输入电压的线性组合，称为加权和，各系数称为加权系数。这也是加法器名称的由来。加法器在许多场合都有应用，其在将数字信号变换为模拟信号的**数字-模拟转换器**（digital-analog convertor，DAC）中的应用参见习题 2.24。

**例 2.5.3　差分放大器**（differential amplifier）　如图 2.5.9 所示为差分放大器电路。试求输出电压 $u_o$ 与输入电压 $u_1$ 和 $u_2$ 之间的关系。

**解**　如图 2.5.9 所示，该电路有五个独立节点。只需对节点

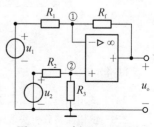

图 2.5.9  例 2.5.3 用图

①和②列写方程,得到

$$\begin{cases} -G_1 u_1 + (G_1 + G_f)u_{n1} - G_f u_o = 0 \\ -G_2 u_2 + (G_2 + G_3)u_{n2} = 0 \end{cases}$$

由"虚短"的概念得,$u_{n1} = u_{n2}$,代入上式,解得

$$u_o = -\frac{G_1}{G_f}u_1 + \frac{G_1 + G_f}{G_f} \times \frac{G_2}{G_2 + G_3}u_2 = -\frac{R_f}{R_1}u_1 + \left(1 + \frac{R_f}{R_1}\right)\frac{R_3}{R_2 + R_3}u_2$$

上式表明,输出电压是两个输入电压的加权差,这也是差分放大器名称的由来。如果电阻满足

$$\frac{R_f}{R_1} = \frac{R_3}{R_2} = A_d$$

则输出电压满足

$$u_o = A_d(u_2 - u_1)$$

即输出电压与两个输入电压之差成正比。如果由于干扰导致两个输入电压受到相同的扰动,使输入电压变为 $u_1' = u_1 + \Delta u$,$u_2' = u_2 + \Delta u$,由于 $u_2' - u_1' = u_2 + \Delta u - (u_1 + \Delta u) = u_2 - u_1$,输出电压并不受到影响。这是差分放大器的重要优点。

利用差分放大器可以设计出更加实用的仪表放大器(参见习题2.32)。

## 习题2

### 支路分析法

**2.1** 如题图2.1所示电路,已知:$R_1 = R_2 = 1\,\Omega$,$R_3 = 2\,\Omega$,$u_{S4} = 8\,V$,$u_{S5} = 7\,V$,试用支路电流法求各支路中的电流和电压。

**2.2** 用支路电压法求解习题2.1。

**2.3** 试用支路电流法求题图2.3所示电路中的电流 $i_1$、$i_2$ 和 $i_3$。

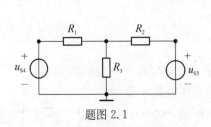

题图2.1

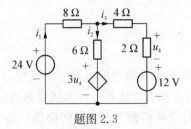

题图2.3

### 回路分析法

**2.4** 试用回路分析法求题图2.4电路中的 $u_1$ 和 $u_2$。

**2.5** 试用回路分析法求题图2.5电路中的 $u_{ab}$ 和 $4\,\Omega$ 电阻中的电流 $i$。

**2.6** 试列出题图2.6所示电路的网孔方程。

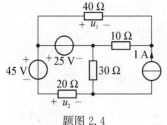

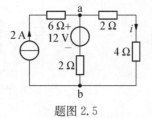

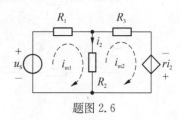

题图 2.4 题图 2.5 题图 2.6

**2.7** 如题图 2.7 所示电路中,试求使 $i = -1\text{ A}$ 的 $r$。

**2.8** 试用回路分析法求题图 2.8 所示电路中的 $u_2$。

**2.9** 试用回路分析法求题图 2.9 所示电路中支路电流 $i_1$、$i_2$ 和 $i_3$。

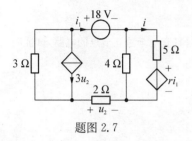

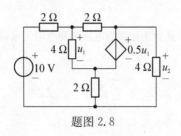

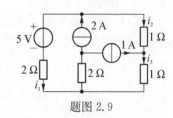

题图 2.7 题图 2.8 题图 2.9

**2.10** 在一个有三个网孔的电路中,若网孔电流 $i_1$ 可由下式求得,试求该电路的一种可能的形式。

$$i_1 = \frac{\begin{vmatrix} 2 & 0 & -1 \\ -1 & 5 & -3 \\ 0 & -3 & 4 \end{vmatrix}}{\begin{vmatrix} 5 & 0 & -1 \\ 0 & 5 & -3 \\ -1 & -3 & 4 \end{vmatrix}}$$

## 节点分析法

**2.11** 在题图 2.11 所示电路中,以节点④为参考节点时,各节点电压为 $u_{n1} = 8\text{ V}$,$u_{n2} = 5\text{ V}$,$u_{n3} = 1\text{ V}$。试求以节点①为参考节点时的各节点电压。

**2.12** 试用节点分析法求题图 2.12 电路中的 $i_1$、$i_2$ 和 $i_3$。已知 $R_1 = 3\ \Omega$,$R_2 = R_3 = 2\ \Omega$,$i_{S1} = 4\text{ A}$,$i_{S2} = 1\text{ A}$。

**2.13** 试列出题图 2.13 所示电路的节点方程。

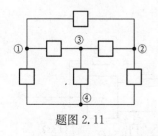

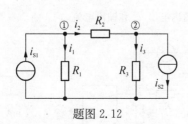

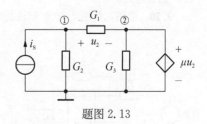

题图 2.11 题图 2.12 题图 2.13

**2.14** 题图 2.14 所示电路中,已知 $G_1 G_2 = G^2$,试用节点分析法求:(1) $u_2/u_1$;(2) $R_{ab} = u_1/i_1$。

**2.15** 试用节点分析法求题图 2.15 所示电路的各支路电流。

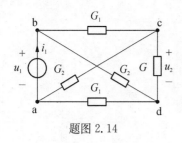

题图 2.14

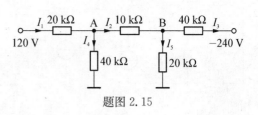

题图 2.15

**2.16** 已知电路的节点方程为

$$\begin{cases} 1.75u_{n1} - u_{n2} - 0.25u_{n3} = 0.5 \\ -u_{n1} + 2.5u_{n2} - u_{n3} = 0 \\ -0.25u_{n1} - u_{n2} - 2.25u_{n3} = 0 \end{cases}$$

试画出一种可能的电路。

**2.17** (**弥尔曼定理**)题图 2.17 所示为由理想电压源和电阻组成的只具有一个独立节点的电路,试证明节点①的电压为

$$u_{n1} = \sum_{k=1}^{n} G_k u_{Sk} \Big/ \sum_{k=1}^{n} G_k$$

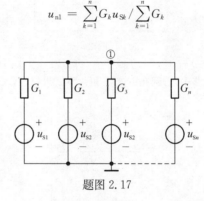

题图 2.17

**含运算放大器的电阻电路分析**

**2.18** 电路如题图 2.18 所示,试求输出电压 $u_o$ 和电流增益 $i_L/i_1$。

**2.19** **在线电阻测量电路** 一个孤立的电阻,可通过万用表直接测量其电阻值。当电阻接入电路(如焊接在电路板上),如果希望测量其电阻值,则可将其从电路板上焊下来,然后用万用表进行测量。但这样可能会破坏电路板。如题图 2.19 所示电路提供了一种不用焊下电阻的在线测量电阻值的方法,假设待测电阻 $R$ 与 $R_1$ 和 $R_2$ 相连在电路板上,测量时只需将连接节点 a、b 和 c 引出按图示接线,测量输出电压 $U_o$。试求电阻 $R$ 的表达式。

**2.20** 电路如题图 2.20 所示,试求输出电压 $u_o$ 和输出电流 $i_L$。

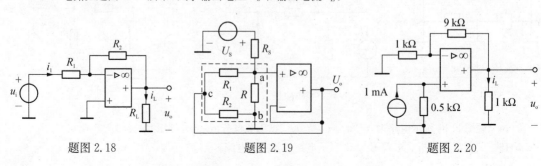

题图 2.18                    题图 2.19                    题图 2.20

**2.21** 试求题图 2.21 所示电路的输出电压与输入电压之比 $u_o/u_S$。

**2.22** 试求题图 2.22 所示电路的输出电压 $u_o$ 与输入电压 $u_{S1}$ 和 $u_{S2}$ 之间的关系。

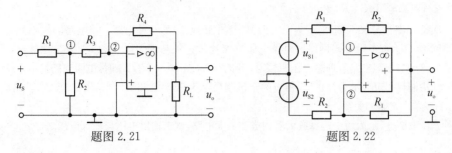

题图 2.21 　　　　　　　　　　　题图 2.22

**2.23** **电流‑电压转换电路** 如题图 2.23 所示为将电流输入转换为电压输出的电路。试求输出电压 $u_o$。

**2.24** **高灵敏度的电流‑电压转换电路** 对高灵敏度的电流‑电压转换,可能会需要不现实的大电阻。例如,要实现 $0.1\,V/nA$ 的电流‑电压转换,采用如题图 2.23 所示的电路,则 $R = 100\,M\Omega$,这是一个不切实际的大电阻。如题图 2.24 所示为高灵敏度的电流‑电压转换电路,已知 $R = 1\,M\Omega$,$R_1 = 1\,k\Omega$,$R_2 = 100\,k\Omega$,试求输出电压 $u_o$ 与输入电流 $i_S$ 的关系。

**2.25** **电流放大器** 在实际应用中,有时需要将电流放大或缩小一定的倍数,这可由电流放大器来实现。如题图 2.25 所示为具有浮动负载的电流放大器。试求输出电流 $i_o$ 与输入电流 $i_S$ 之间的关系。

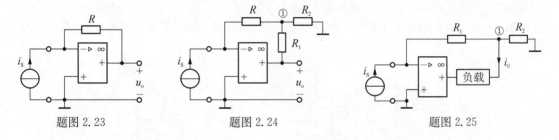

题图 2.23 　　　　　　题图 2.24 　　　　　　题图 2.25

## 综合

**2.26** **万用表量程切换电路** "万用表"是万用电表的简称,它是当前电子、电工、仪器、仪表和测量领域大量使用的一种基本测量工具。如题图 2.26 所示为用于测量直流电压的量程切换电路,其中 $U_i$ 为被测直流电压,根据直流电压的大小,开关 S 可在触点 a、b、c、d 和 e 之间切换,得到输出电压 $U_o$,该电压接入后级电路进行进一步处理。为便于后级电路处理,一般要求 $U_o$ 不大于某一量值,这里假定 $|U_o| \leqslant 0.2\,V$。取 $R_1 = 1\,k\Omega$,试求 $R_2 \sim R_5$ 的大小。

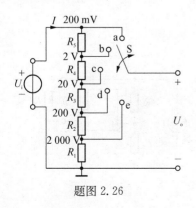

题图 2.26

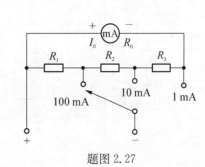

题图 2.27

**2.27　万用表直流电流挡切换电路**　如题图 2.27 所示为用于测量直流电流的量程切换电路,已知毫安表的满量程电流为 $I_0 = 0.6$ mA,内阻为 $R_0 = 100\ \Omega$。现欲使电流测量量程扩大为 1 mA、10 mA 和 100 mA,试求分流器电阻 $R_1$、$R_2$ 和 $R_3$ 的大小。

**2.28　DAC 电路**　题图 2.28 所示为实现 DAC(数模转换器)的一种电路。该电路的核心为接入运算放大器的电阻网络,称为权电阻解码网络。每条电阻支路通过开关与理想电压源 $U_S$ 或与地接通,当 $d_i = 1$ ($i = 0, 1, 2, 3$)时,电阻支路与理想电压源接通;当 $d_i = 0$($i = 0, 1, 2, 3$)时,电阻支路接地。图中开关的接法对应的二进制代码可表示为"1101",相应的十进制数字为 13。已知 $R_1 = 8R/U_S$,试求输出电压 $u_o$ 与 $d_i$($i = 0, 1, 2, 3$)之间的关系。

**2.29**　题图 2.29 所示为两个运算放大器构成的放大电路,试求输出电压与输入电压之比 $u_o/u_S$。

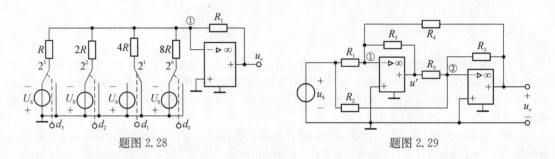

题图 2.28　　　　　　　　　　　　　　　　题图 2.29

**2.30**　试求题图 2.30 所示电路的输出电压与输入电压之比 $u_o/u_1$。

**2.31**　题图 2.31 所示电路,若满足 $R_1R_4 = R_2R_3$,试证明电流 $i_L$ 仅决定于 $u_1$ 而与负载电阻 $R_L$ 无关。

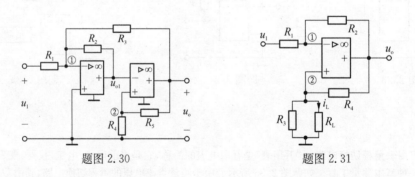

题图 2.30　　　　　　　　　　　　　　　　题图 2.31

**2.32　仪表放大器**　在测量控制系统中,用来放大传感器输出的微弱电压、电流或电荷信号的放大电路称为测量放大电路,亦称仪表放大器。典型的三运放仪表放大器的基本电路形式如题图 2.32 所示。试求输出电压 $u_o$ 与输入电压 $u_1$ 和 $u_2$ 之间的关系。

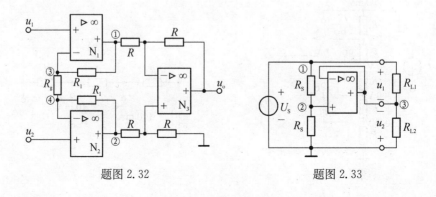

题图 2.32　　　　　　　　　　　　　　　　题图 2.33

**2.33　虚地发生器**　手持式设备一般采用一组电池(源)供电工作,但有时需要双电源为设备中的器件供电。题图 2.33 所示电路可以由单电源产生双电源为负载 $R_{L1}$ 和 $R_{L2}$ 提供能量,其中 $R_S \gg R_{L1}$ 以及 $R_S \gg R_{L2}$。试说明 $u_1 = U_S/2$, $u_2 = -U_S/2$。

**2.34　模数转换器输入电阻网络**　模数转换器(ADC)是一种将模拟信号转变为数字信号的电子器件。ADC 内部转换电路的输入电压 $u_A$ 的范围一般是固定的,而被转换的模拟信号 $u_i$ 的电压变化范围、电压极性表现出多种情形,因此 $u_i$ 往往通过输入电阻网络再接到 ADC 转换电路。如题图 2.34(a)所示为 0~10 V 模拟电压信号 $u_i$ 接入某 ADC 芯片的电路原理图,试求按题图 2.34(b)接线方式时 $u_i$ 的合理变化范围。

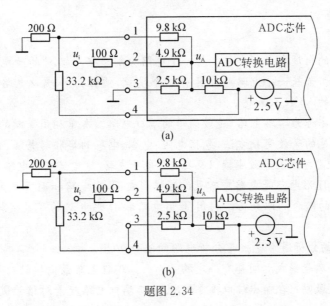

题图 2.34

# 3 电路的端口分析

本章从端口的角度来分析电路。将一个电路分解成若干"小"的子电路,子电路之间通过端口相连接。如果一个电路对外具有 $n$ 个端口,便称为 $n$ 端口电路,它对外的电路特性可以用端口的 VCR 来表达。

一端口电路亦称为二端电路,是最简单的端口电路。本章利用等效的概念,讨论了一端口电路几种常见的等效变换方法,包括电阻、电容、电感的串联与并联、含独立源电路的等效变换、含受控源电路的等效变换以及具有零电压支路/零电流支路电路的等效变换等。

T 形电路和 Π 形电路是电路中常见的连接形式,T 形电路和 Π 形电路之间的等效变换可以利用端口的概念加以分析。利用 T 形电路和 Π 形电路的等效变换往往可以简化电路的分析。

二端口电路的分析通常也就是分析电路的端口 VCR。描述一个二端口电路可以有 6 种参数形式,这些参数形式之间具有一定的关系。二端口电路最简单的应用方式就是在输入端口接信号源(激励),在输出端口接负载,此时二端口电路起着对信号进行处理的作用。一个复杂的二端口电路可以看作多个简单的二端口电路的互连,其中每个二端口电路完成特定的功能;多个二端口电路也可以通过互连构成完成规定功能的大的二端口电路。

## 3.1 端口电路及其等效的概念

对电路进行分析时,可以将其作为一个整体来对待,分析其中的各支路电压和支路电流。在有些情况下,当电路比较复杂或仅需对电路中的某一支路或某些支路电压、电流感兴趣时,将电路当作一个整体来分析就不一定合适了。这时的解决办法之一就是把复杂的"大"电路拆分成"小"电路,对这些"小"电路逐一求解从而得出所需结果。一种最简单的拆分方法,就是将原电路 N 看成是由通过两根导线相连的两部分电路组成的,如图 3.1.1(a)所示。两部分电路拆分后就得到了如图 3.1.1(b)所示的两个对外只有一个端口的电路 $N_1$ 和 $N_2$。一个电路如果对外只有两个端子,从一个端子流入的电流等于从另一个端子流出的电流,则两个端子构成一个端口,该电路称为**一端口电路**(one-port circuit)。一端口电路也称为二端电路。

对电路进行分解可以有多种拆分方法。如图 3.1.2(a)所示,"大"电路根据需要也可以拆分成一端口电路 $N_1$、$N_2$ 和 $N_3$。这样,对电路 $N_1$、$N_2$ 和 $N_3$ 就可单独进行分析,如图 3.1.2(b)所示。电路 $N_3$ 对外有四个端子,其中与 $N_1$ 相接的两个端子构成一个端口,与 $N_2$ 相接的两个端子构成另一个端口,因此 $N_3$ 对外有两个端口。一个电路如果对外有两个端口,则该电路称为**二端口电路**(two-port circuit)。显然 $N_3$ 就是一个二端口电路。如果一个电路

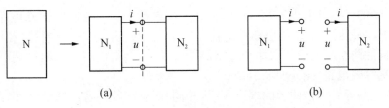

图 3.1.1　电路由两个一端口电路组成

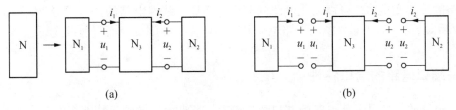

图 3.1.2　电路由两个一端口电路和一个二端口组成

对外有 $n$ 个端口,则该电路称为 **$n$ 端口电路**($n$ - port circuit)。

　　一个电路如果对外有 $n$ 个端子,则该电路称为 $n$ 端电路。$n$ 端电路对外电路的特性也可以利用端口的概念来进行分析。如图 3.1.3(a)所示为一个三端电路,如果将端子 3 作为公共端子,它与端子 1 和 2 分别构成端口,如图 3.1.3(b)所示。这样,一个三端电路就构成了一个二端口电路,可以采用端口的概念来进行分析。

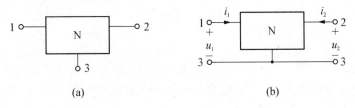

图 3.1.3　三 端 电 路

　　对一端口电路、二端口电路的分析通常就是分析电路的端口特性即电路端口的 VCR。在电路内部结构未知的情况下,对电路的端口进行端特性分析既有实际意义,又有可操作性。

　　在对电路进行分析时,为了简便起见,有时可以把电路的一部分进行简化,即用一个较为简单的电路来替换该部分。如图 3.1.4(a)所示,电路由两个互连的一端口电路 N 和 $N_1$ 构成,其中 $N_1$ 又由若干电阻连接构成。从本章下面的讨论内容可知,可以用一个等效电阻 $R_{eq}$ 来替换 $N_1$ 在电路中的作用,如图 3.1.4(b)中 $N_2$ 所示。如果替换前后电路 N 中所有电压和电流都保持不变,则称这种替换为**等效变换**(equivalent transformation)。显然,等效变换的条件是 $N_1$ 和 $N_2$ 的 VCR 必须相同。

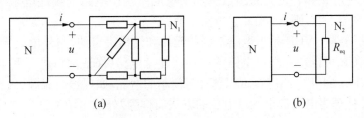

图 3.1.4　电路等效的概念

由等效变换的概念可引出等效电路的概念。如果端子——对应的 $n$ 端电路 $N_1$ 和 $N_2$ 具有相同的 VCR,即相同的两组端电压分别代入两个电路的端口 VCR 会得出相同的两组端电流,或者将相同的两组端电流代入两个电路的端口 VCR 会得出相同的两组端电压,则两者互相等效,并互称**等效电路**(equivalent circuit)。

由于两个电路等效是指两者的端口 VCR 相同,而不涉及两者的内部特性,所以两个等效电路的内部可以有很大的不同。例如,两者的连接方式可以完全不同,一个是非常复杂的电路,而另一个却是很简单的电路。

电路的等效变换往往可以简化电路的分析。当任一线性电路的任一部分 $N_1$ 等效变换成电路 $N_2$ 后,电路的不变部分中的支路电压和支路电流并不因变换而有所改变。

## 3.2  一端口电路的端口特性

研究电路的特性可以从电路的端口特性着手。所谓电路的端口特性指的是构成端口的端子上的电压与电流之间的关系,这种关系通常称为**端口特性**(outer characteristic)或端口 VCR。对图 3.2.1(a)所示的一端口电路,端口电压、电流取一致参考方向,其端口特性就是端口的 VCR,可表示为

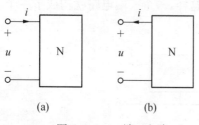

$$f(u,\ i)=0 \qquad\qquad (3.2.1)$$

式中,$u$ 和 $i$ 分别为端口电压和端口电流。如果端口电压、电流取非关联参考方向,如图 3.2.1(b)所示,则端口 VCR 可表示为

$$f(u,\ -i)=0 \qquad\qquad (3.2.2)$$

如果一端口电路全部由线性电阻性元件构成,不包括独立源,则 VCR 又可表示为

图 3.2.1  一端口电路

$$u=R_e i \quad 或 \quad i=G_e u \qquad\qquad (3.2.3)$$

式中,$R_e$ 和 $G_e$ 为与 $u$ 和 $i$ 无关的函数,且 $G_e=1/R_e$。 如果组成一端口电路的线性电阻性元件为非时变的,则 $R_e$ 为实常数。$R_e$ 称为一端口电路的**等效电阻**(equivalent resistance),也称为**输入电阻**(input resistance)。$G_e$ 称为一端口电路的**等效电导**(equivalent conductance),也称为**输入电导**(input conductance)。

如果一端口电路全由线性电阻性元件(可包含受控源)构成,并且包括独立源,则其端口 VCR 可表示为

$$u=R_e i + u_{OC} \qquad\qquad (3.2.4)$$

式中,$R_e$ 和 $u_{OC}$ 为与 $u$ 和 $i$ 无关的函数。如果组成一端口电路的线性电阻性元件为非时变的,且独立源为直流电源,则 $R_e$ 和 $u_{OC}$ 为实常数。

一端口电路的端口 VCR 是由电路本身的元件和结构决定的,与外电路无关。因此,一端口电路的端口 VCR 可以在一端口电路的端口接任意电路(保证端口电压和电流分别为 $u$ 和 $i$)的情况下来求取。外接电路完全可以选择最简单的情况,如理想电流源、理想电压源等。在端口电路两端外接理想电流源求端口电压的方法简称为"外加电流源法",在端口电路两端外接理想电压源求端口电流的方法简称为"外加电压源法",它们也是用实验方法确定端口特性

的依据。下面举例加以说明。

**例3.2.1** 试求图3.2.2(a)所示一端口电路的端口VCR。

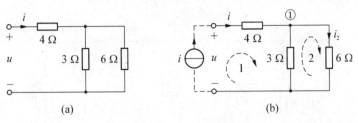

图3.2.2 例3.2.1用图

**解** 图3.2.2(a)所示电路仅含电阻。外加电流源$i$,如图3.2.2(b)中虚线部分所示,对网孔1和2列写网孔方程,得

$$\begin{cases}(4+3)i-3i_2=u\\-3i+(3+6)i_2=0\end{cases}$$

消去电流$i_2$,即可得到电路的端口VCR为

$$u=6i \quad 或 \quad i=(1/6)u$$

**例3.2.2** 试求图3.2.3(a)所示一端口电路的端口等效电阻$R_{ab}$。

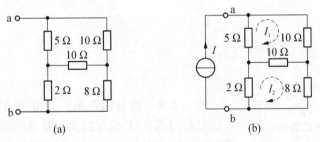

图3.2.3 例3.2.2用图

**解** 采用节点分析法或网孔分析法求解。为简化求解,在端口加电流源$I$,如图3.2.3(b)所示,则可列写网孔方程为

$$\begin{cases}-5I+(5+10+10)I_1-10I_2=0\\-2I-10I_1+(2+10+8)I_2=0\end{cases}$$

解得

$$I_1=\frac{3}{10}I, \ I_2=\frac{1}{4}I$$

由KVL可得 $$U_{ab}=10I_1+8I_2=5I$$

因此 $$R_{ab}=U_{ab}/I=5 \ \Omega$$

如果采用节点分析法求解,宜在输入端加电流源,且选择节点a或b为参考节点。图

3.2.3(a)所示电路形式是工程中一种常用的电路形式,称为桥式电路。本书后面还将通过此电路来说明电路的分析方法。

**例 3.2.3** 试求图 3.2.4(a)所示一端口电路的端口 VCR。

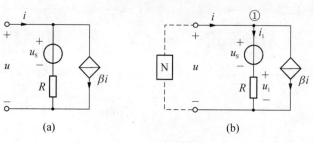

图 3.2.4 例 3.2.3 用图

**解** 求一端口电路的 VCR 还可以在端口接任意电路 N,只需保证其端口电压、电流分别为 $u$ 和 $i$ 即可。如图 3.2.4(b)中虚线部分所示,对节点①列写 KCL 方程得

$$i - i_1 - \beta i = 0$$

解得 $i_1$ 为

$$i_1 = i - \beta i$$

对图 3.2.4(b)左边网孔列写 KVL 方程,得

$$u - Ri_1 - u_\mathrm{S} = 0$$

将 $i_1$ 代入上式即可得到电路的 VCR 为

$$u = (1 - \beta)Ri + u_\mathrm{S}$$

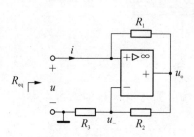

图 3.2.5 例 3.2.4 用图

**例 3.2.4 负电阻电路** 负电阻电路可由正电阻和运算放大器构成,一种常见的实现负电阻的电路如图 3.2.5 所示。假定运放工作在线性区,试求端口等效电阻 $R_\mathrm{eq}$。

**解** 由运放"虚短""虚断"特性及分压关系有

$$u_- = u = \frac{R_3}{R_2 + R_3} u_\mathrm{o}$$

对运放同相端,由"虚断"特性有

$$i = \frac{u - u_\mathrm{o}}{R_1}$$

由上面两式可得

$$u = \frac{R_3}{R_2 + R_3}(u - R_1 i)$$

经整理,得到从输入端看进去的等效电阻为

$$R_\mathrm{eq} = \frac{u}{i} = -\frac{R_3}{R_2} R_1$$

显然,由于 $R_1$、$R_2$ 和 $R_3$ 都是正电阻,因此 $R_{eq}$ 小于零,为一负电阻。负电阻电路还有其他的实现形式,请参见习题 3.6。

## 3.3 一端口电路的等效变换

### 3.3.1 电阻、电容、电感的串联与并联

1) 电阻的串联与并联

线性非时变电阻在电路中最简单的连接形式是**串联**(series connection)和**并联**(parallel connection)。

将电阻依次连接,从而流过各电阻的电流相同,则称这些电阻的连接为串联。如图 3.3.1 所示,如果 $R = R_1 + R_2$,则两个电路的端口 VCR 相同,即

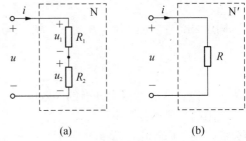

$$u = (R_1 + R_2)i = Ri \qquad (3.3.1)$$

因此当 $R = R_1 + R_2$ 时,N 和 N′ 必然互为等效。电阻 $R$ 称为电阻 $R_1$ 与 $R_2$ 串联的等效电阻。

图 3.3.1 电阻的串联等效

类似地,由 $n$ 个电阻 $R_1$,$R_2$,$\cdots$,$R_n$ 串联而成的一端口电路 N 与仅含一个电阻 $R$ 的一端口电路 N′,当

$$R = \sum_{k=1}^{n} R_k \qquad (3.3.2)$$

时,N 和 N′ 必然互为等效。$R$ 称为 $n$ 个线性非时变电阻串联的等效电阻。

电阻的串联连接常用于分压,其中每个串联电阻所承受的电压为总电压的一部分。对图 3.3.1(a),由式(3.3.1)可得电流为

$$i = \frac{u}{R_1 + R_2} \qquad (3.3.3)$$

于是可求出各电阻上的电压为

$$u_1 = R_1 i = \frac{R_1}{R_1 + R_2} u, \ u_2 = R_2 i = \frac{R_2}{R_1 + R_2} u \qquad (3.3.4)$$

式 3.3.4 就是两个电阻串联时的**分压公式**(voltage-divider equation)。$n$ 个电阻串联后总电压在第 $k$ 个电阻上的分压为

$$u_k = \frac{R_k}{R} u = \frac{R_k}{\sum\limits_{i=1}^{n} R_i} u \qquad (3.3.5)$$

式中,$u$ 表示 $n$ 个电阻串联电路的端口电压;$u_k$ 表示电阻 $R_k$ 两端的电压。

将电阻都连接到同一对节点之间,从而各电阻两端的电压相同,则称这些电阻的连接为并联。如图 3.3.2 所示,两个电阻并联也是一个内部结构为已知的一端口电路。与两个电阻的串联等效变换类似,可以得出如图 3.3.2 所示的 N 和 N′ 等效的条件为

$$R = \frac{R_1 R_2}{R_1 + R_2} \quad \text{或} \quad G = G_1 + G_2 \tag{3.3.6}$$

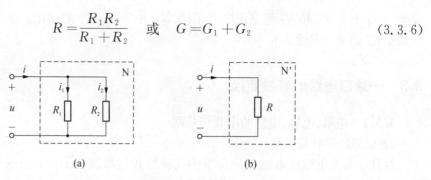

图 3.3.2 电阻的并联等效

同理,由 $n$ 个电阻 $R_1$, $R_2$, $\cdots$, $R_n$ 并联而成的一端口电路 N,其电导值为

$$G = \sum_{k=1}^{n} G_k \tag{3.3.7}$$

即为 $n$ 个线性非时变电阻并联的等效电导。

电阻的并联连接常用于分流,其中每个并联电阻所承受的电流为总电流的一部分。下述**分流公式**(current-divider equation)表达了 $n$ 个电阻并联后总电流在第 $k$ 个电阻中的分配比例

$$i_k = \frac{G_k}{\sum_{i=1}^{n} G_i} i \tag{3.3.8}$$

式中,$i$ 表示 $n$ 个电阻并联电路的端口电流;$i_k$ 表示流经电阻 $R_k$ 的电流。

一个电路常常既有电阻的串联,又有电阻的并联。对这种电阻混联的电路,可以采用对电路的串联部分和并联部分单独进行等效简化的方法来进行分析。

**例 3.3.1** 图 3.3.3(a)所示为电阻混联的电路。试求电路的等效电阻 $R_i$。

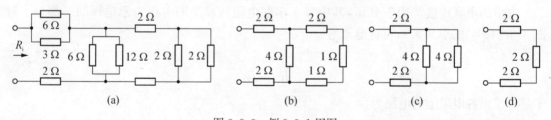

图 3.3.3 例 3.3.1 用图

**解** 可以从最简单的串联或并联电阻的等效变换入手。对图 3.3.3(a)所示的电路,先将并联的 $3\,\Omega$ 和 $6\,\Omega$ 电阻等效为 $2\,\Omega$,并联的 $6\,\Omega$ 和 $12\,\Omega$ 电阻等效为 $4\,\Omega$,并联的 $2\,\Omega$ 和 $2\,\Omega$ 电阻等效为 $1\,\Omega$,得到图 3.3.3(b)所示的电路,再将三个串联的电阻等效为 $4\,\Omega$,得到图 3.3.3(c)所示的电路,再进一步等效得到图 3.3.3(d)所示的电路,最后得到输入电阻为 $R_i = 6\,\Omega$。

**例 3.3.2** 图 3.3.4(a)所示为一无限电阻电路。其中所有电阻的阻值都为 $2\,\Omega$。试求电路的等效电阻 $R_i$。

**解** 图 3.3.4(a)所示电路是由无限多个如图 3.3.4(b)所示的电阻电路级联而成。由于电路是无限的,所以从左端切除一节如图 3.3.4(b)所示的电阻电路,剩下的仍然是一个和原电路相同的无限电阻电路,而且这个电路的等效电阻仍可认为是 $R_i$。所以,原电路可看成是一个如图 3.3.4(b)所示的电阻电路级联了一个电阻值为 $R_i$ 的线性非时变电阻,如图 3.3.4(c)

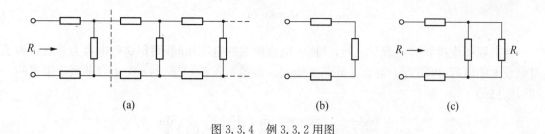

图 3.3.4 例 3.3.2 用图

所示。根据图 3.3.4(c)的电路可以写出

$$R_i = 2 + \frac{2 \times R_i}{2 + R_i} + 2$$

由此式求得

$$R_i = (2 \pm 2\sqrt{5})\ \Omega$$

由于输入电阻应为正值,因此 $R_i = (2 + 2\sqrt{5}) = 6.47\ \Omega$。

2) 电容的串联与并联

将电容依次连接,从而流过各电容的电流相同,则称这些电容的连接为串联。如图 3.3.5(a)所示,各串联电容为 $C_k(k = 1, 2, \cdots, n)$,设串联前电容的初始电压分别为 $u_k(0)(k = 1, 2, \cdots, n)$,根据 KVL 和电容的电压、电流关系可以得到 $n$ 个电容串联后的 VCR 为

$$u = \sum_{k=1}^{n} u_k = \sum_{k=1}^{n}\left(u_k(0) + \frac{1}{C_k}\int_0^t i(\tau)\mathrm{d}\tau\right) = \sum_{k=1}^{n} u_k(0) + \left(\sum_{k=1}^{n}\frac{1}{C_k}\right)\int_0^t i(\tau)\mathrm{d}\tau \quad (3.3.9)$$

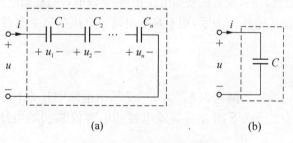

图 3.3.5 电容的串联等效

比较式(3.3.9)和式(1.4.16)可知,图 3.3.5(a)所示的串联电容可等效为一个电容 $C$ 组成的一端口电路,如图 3.3.5(b)所示。该电容的初始电压为

$$u(0) = \sum_{k=1}^{n} u_k(0) \qquad (3.3.10)$$

串联等效电容 $C$ 的大小满足

$$\frac{1}{C} = \sum_{k=1}^{n}\frac{1}{C_k} \qquad (3.3.11)$$

如果串联电容的初始电压均为零,不难推导出端口电压在每个电容上的分配比例,即

$$u_k = \frac{C}{C_k} u \qquad (3.3.12)$$

将电容都连接到同一节点之间,从而各电容两端的电压相同,则称这些电容为并联。为了得到较大的电容,可将若干电容并联起来使用。如图 3.3.6(a)所示,$n$ 个电容并联后组成的一端口电路的 VCR 为

$$i = \sum_{k=1}^{n} i_k = \sum_{k=1}^{n} \left( C_k \frac{\mathrm{d}u_k}{\mathrm{d}t} \right) = \left( \sum_{k=1}^{n} C_k \right) \frac{\mathrm{d}u}{\mathrm{d}t} \qquad (3.3.13)$$

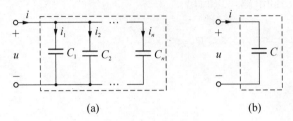

(a)      (b)

图 3.3.6 电容的并联等效

比较式(3.3.13)和式(1.4.14)可知,图 3.3.6(a)所示一端口电路可等效为图 3.3.6(b)所示的由一个电容 $C$ 组成的一端口电路,并联等效电容 $C$ 满足

$$C = \sum_{k=1}^{n} C_k \qquad (3.3.14)$$

值得指出的是:电容并联时并未考虑各并联电容的初始电压,如各电容的初始电压相等,则并联等效电容的初始电压与各电容的初始电压相同;如各电容的 $u_k(0)$ 不等,则在并联的瞬间,各电容上的电荷将重新分配,使各电容的初始电压相等,等效电容的初始电压即为该初始电压。

如果并联电容的初始电压均为零,则不难推出端口电流在每个电容上的分配比例,即

$$i_k = \frac{C_k}{C} i \qquad (3.3.15)$$

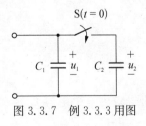

图 3.3.7 例 3.3.3 用图

**例 3.3.3** 图 3.3.7 所示电路中开关 S 在 $t = 0$ 时刻闭合,试求开关 S 闭合后等效电容的电容值和初始电压。已知 $u_1(0) = u_{10}$,$u_2(0) = u_{20}$。

**解** 开关 S 闭合后两个电容并联,等效电容值为 $C = C_1 + C_2$。等效电容的初始电压 $u_0$ 可通过电荷守恒定律来求得。开关闭合前,电容的电荷量为

$$q_{C1} + q_{C2} = C_1 u_{10} + C_2 u_{20}$$

开关闭合后,由 KVL 可知,两电容上的电荷将重新分配,使两个电容两端的电压相等(满足KVL),其大小为等效电容的初始电压 $u_0$。此时电容的电荷量为

$$q'_{C1} + q'_{C2} = C_1 u_0 + C_2 u_0$$

由电荷守恒定律可知

$$C_1 u_{10} + C_2 u_{20} = C_1 u_0 + C_2 u_0$$

求得等效电容的初始电压 $u_0$ 为

$$u_0 = \frac{C_1 u_{10} + C_2 u_{20}}{C_1 + C_2}$$

**例 3.3.4 权电容网络 DAC** 在集成电路中,制造电容比制造电阻更节省芯片面积,更容易保证精度和工作性能,因此由电容构成的数模转换电路得到了日益广泛的应用。如图 3.3.8(a)所示为权电容网络 DAC 的原理图。电路工作之前,所有开关接地,以消除电容中的电荷。工作时,开关 S 打开,每条电容支路通过开关与理想电压源 $U_S$ 或与地接通,当 $d_i = 1(i=0, 1, 2, 3)$ 时,电容支路与理想电压源接通;当 $d_i = 0(i=0, 1, 2, 3)$ 时,电容支路接地。试求输出电压 $u_o$ 与 $d_i(i=0, 1, 2, 3)$ 之间的关系。

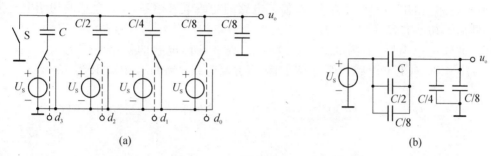

图 3.3.8 例 3.3.4 用图

**解** 电路工作之前,所有开关接地,因此输出电压 $u_o=0$。电路工作时,根据 $d_i$ 的取值,电路中的电容形成串、并联的连接关系。以图 3.3.8(a)所示 $d_i$ 的取值为例,有 $d_3 d_2 d_1 d_0 = 1101$(对应十进制数为 13),其电路可改画为图 3.3.8(b)所示电路,输出电压 $u_o$ 为

$$u_o = \frac{C + C/2 + C/8}{(C + C/2 + C/8) + (C/4 + C/8)} U_S = \frac{13}{16} U_S$$

$$= \frac{1 \times 2^4 + 1 \times 2^3 + 0 \times 2^2 + 1 \times 2^0}{2^4} U_S$$

对其他的 $d_3 d_2 d_1 d_0$ 输入组合可做类似分析,输出电压 $u_o$ 的一般表达式为

$$u_o = \frac{d_3 \times 2^4 + d_2 \times 2^3 + d_1 \times 2^2 + d_0 \times 2^0}{2^4} U_S = \frac{U_S}{2^4} \sum_{i=0}^{3} d_i \times 2^i$$

可见,图 3.3.8(a)所示权电容网络可将数字量 $d_3 d_2 d_1 d_0$ 转换对应的模拟量输出电压 $u_o$。

3) 电感的串联与并联

可参照电容串联和电容并联的分析方法来分析电感串联和并联。

如图 3.3.9(a)所示,$n$ 个电感串联后,其端口的 VCR 为

$$u = \sum_{k=1}^{n} u_k = \sum_{k=1}^{n} \left( L_k \frac{di_k}{dt} \right) = \left( \sum_{k=1}^{n} L_k \right) \frac{di}{dt} \tag{3.3.16}$$

由上式可知,串联等效电感[见图 3.3.9(b)]等于串联电感之和,即

$$L = \sum_{k=1}^{n} L_k \tag{3.3.17}$$

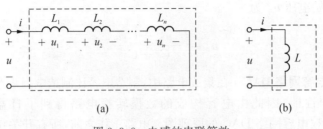

图 3.3.9 电感的串联等效

与电容并联类似,电感串联时并未考虑各串联电感的初始电流,如各电感的初始电流相等,则串联等效电感的初始电流与各电感的初始电流相同;如各电感的 $i_k(0)$ 不等,则在串联的瞬间,各电感上的磁通链将重新分配,使各电感的初始电流相等,等效电感的初始电流为各电感串联后的初始电流。

对于并联电感电路,如图 3.3.10(a) 所示,设并联前电感的初始电流为 $i_k(0)(k=1, 2, \cdots, n)$,根据 KCL 和电感元件的 VCR,可得并联电感电路的端口 VCR 为

$$i = \sum_{k=1}^{n} i_k = \sum_{k=1}^{n} \left( i_k(0) + \frac{1}{L_k} \int_0^t u_k(\tau) \mathrm{d}\tau \right) = \sum_{k=1}^{n} i_k(0) + \left( \sum_{k=1}^{n} \frac{1}{L_k} \right) \int_0^t u(\tau) \mathrm{d}\tau$$

$$(3.3.18)$$

由上式可知,并联等效电感[见图 3.3.10(b)]的初始电流等于各电感的初始电流之和,即

$$i(0) = \sum_{k=1}^{n} i_k(0) \qquad (3.3.19)$$

并联等效电感的倒数等于各并联电感倒数之和,即

$$\frac{1}{L} = \frac{1}{L_1} + \frac{1}{L_2} + \cdots + \frac{1}{L_n} \qquad (3.3.20)$$

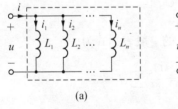

(a)　　　　　　(b)

图 3.3.10 电感的并联等效

及耦合电感的 VCR 可得

**4) 耦合电感的串联与并联**

耦合电感的两个线圈可以串联连接构成一个电感,如图 3.3.11 所示。耦合线圈的自感和互感分别为 $L_1$、$L_2$ 和 $M$。图 3.3.11(a) 是异名端相连接,称为顺接;图 3.3.11(b) 是同名端相连接,称为反接。

对图 3.3.11(a) 和(b) 所示电路,由 KVL

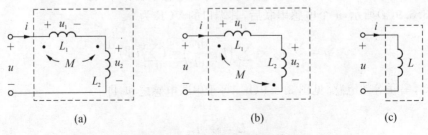

(a)　　　　　　　(b)　　　　　　(c)

图 3.3.11 耦合电感的串联等效

$$u = u_1 + u_2 = \left(L_1 \frac{\mathrm{d}i}{\mathrm{d}t} \pm M \frac{\mathrm{d}i}{\mathrm{d}t}\right) + \left(\pm M \frac{\mathrm{d}i}{\mathrm{d}t} + L_2 \frac{\mathrm{d}i}{\mathrm{d}t}\right) = (L_1 + L_2 \pm 2M) \frac{\mathrm{d}i}{\mathrm{d}t}$$

$$(3.3.21)$$

比较式(3.3.21)和电感的 VCR 可知,耦合电感的串联可用一个电感来等效,如图 3.3.11(c)所示,其等效电感为

$$L = L_1 + L_2 \pm 2M \qquad\qquad (3.3.22)$$

由上式可知,对图 3.3.11(a)所示电路,电流 $i$ 从两个线圈的同名端流入两线圈(顺接),互感磁通和自感磁通互相加强,式(3.3.22)中 $2M$ 前取"＋"号,等效电感大于两自感之和;对图 3.3.11(b)所示电路,电流 $i$ 从两个线圈的异名端流入两线圈(反接),互感磁通和自感磁通互相减弱,式(3.3.22)中 $2M$ 前取"－"号,等效电感小于两自感之和,但不会成为负值。

耦合电感的并联也可用等效电感替代,如图 3.3.12 所示。图 3.3.12(a)是两个线圈的同名端连接在一起,图 3.3.12(b)是两个线圈的异名端连接在一起。假设耦合电感的初始电流为零,即 $i_1(0) = i_2(0) = 0$。对图 3.3.12(a)和(b)所示电路,由耦合电感的 VCR 可得

$$\begin{cases} i_1 = \dfrac{L_2}{L_1 L_2 - M^2} \displaystyle\int_0^t u_1 \mathrm{d}\tau - \dfrac{\pm M}{L_1 L_2 - M^2} \displaystyle\int_0^t u_2 \mathrm{d}\tau \\[3mm] i_2 = -\dfrac{\pm M}{L_1 L_2 - M^2} \displaystyle\int_0^t u_1 \mathrm{d}\tau + \dfrac{L_1}{L_1 L_2 - M^2} \displaystyle\int_0^t u_2 \mathrm{d}\tau \end{cases} \qquad (3.3.23)$$

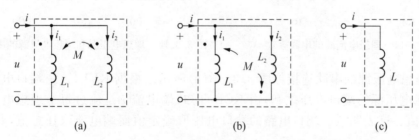

图 3.3.12　耦合电感的并联等效

根据 KCL,有

$$i = i_1 + i_2 = \left(\frac{L_2}{L_1 L_2 - M^2} \int_0^t u_1 \mathrm{d}\tau - \frac{\pm M}{L_1 L_2 - M^2} \int_0^t u_2 \mathrm{d}\tau\right)$$

$$+ \left(-\frac{\pm M}{L_1 L_2 - M^2} \int_0^t u_1 \mathrm{d}\tau + \frac{L_1}{L_1 L_2 - M^2} \int_0^t u_2 \mathrm{d}\tau\right) = \frac{L_1 + L_2 \mp 2M}{L_1 L_2 - M^2} \int_0^t u \mathrm{d}\tau \qquad (3.3.24)$$

比较式(3.3.24)和电感的 VCR 可知,耦合电感的并联可用一个电感来等效,如图 3.3.12(c)所示,其等效电感为

$$L = \frac{L_1 L_2 - M^2}{L_1 + L_2 \mp 2M} \qquad\qquad (3.3.25)$$

当耦合电感的并联采用图 3.3.12(a)时,上式分母中的 $2M$ 前取"－"号;当耦合电感的并联采用图 3.3.12(b)时,上式分母中的 $2M$ 前取"＋"号。

### 3.3.2　含独立源电路的等效变换

1) 独立源的串联与并联

（1）独立源的串联。

独立源的串联连接有三种方式:理想电压源的串联、理想电流源的串联以及理想电压源与理想电流源的串联,分别如图 3.3.13～图 3.3.15 所示。

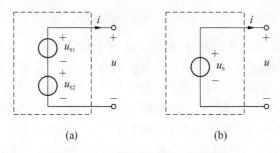

图 3.3.13　理想电压源的串联等效

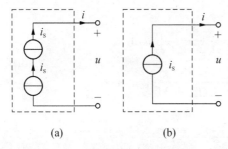

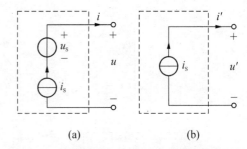

图 3.3.14　理想电流源的串联等效　　　　图 3.3.15　理想电压源和理想电流源的串联等效

　　两个理想电压源的串联连接如图 3.3.13(a)所示。根据 KVL,该一端口电路的端口电压为理想电压源的端口电压之和;由 KCL 可知,端电流 $i$ 是流过每个理想电压源的电流,为任意值。这表明该一端口电路的端口电压取确定值而端电流取任意值,其 VCR 可表示为

$$u = u_{S1} + u_{S2} \tag{3.3.26}$$

因此,图 3.3.13(a)电路可等效为图 3.3.13(b)所示仅含一个理想电压源的一端口电路,理想电压源的电压满足 $u_S = u_{S1} + u_{S2}$。由此可以得出下述结论:两个电压分别为 $u_{S1}$ 和 $u_{S2}$ 的理想电压源的串联组合等效于一个电压为 $u_S = u_{S1} + u_{S2}$ 的理想电压源;一个电压为 $u_S$ 的理想电压源可以分解为两个理想电压源的串联,两个理想电压源的电压满足 $u_S = u_{S1} + u_{S2}$。对多个理想电压源的串联,可以得到类似的结论。

　　两个电流大小相等且方向一致的理想电流源可以串联在一起形成一个一端口电路,如图 3.3.14(a)所示。注意:具有不同电流或方向相反的理想电流源是不允许串联连接的,因为这种情况不满足 KCL。

　　对图 3.3.14(a)所示的一端口电路,其 VCR 为

$$i = i_S \tag{3.3.27}$$

与图 3.3.14(b)所示的一端口电路的 VCR 相同。因此,可得出下述结论:两个电流同为 $i_S$ 的

理想电流源的串联等效于一个电流为$i_S$的单一理想电流源;一个电流为$i_S$的单一理想电流源可分解为两个电流同为$i_S$的理想电流源的串联组合。对多个电流相同的理想电流源的串联,可以得到类似的结论。

　　理想电压源和理想电流源可以串联连接,如图 3.3.15(a)所示。由 KCL 可知,其端电流等于理想电流源的端电流;由 KVL 可知,端口电压 $u$ 可取任意值。因此该一端口电路的端口特性方程为

$$i = i_S \tag{3.3.28}$$

显然,该电路可以用图 3.3.15(b)所示的单个理想电流源来等效,理想电流源的电流为$i_S$。对多个理想电压源和多个电流大小相等且方向相同的理想电流源的串联,可以得到同样的结论。

　　(2) 独立源的并联。

　　独立源的并联连接也有三种方式:理想电压源的并联、理想电流源的并联以及理想电压源与理想电流源的并联,分别如图 3.3.16～图 3.3.18 所示。

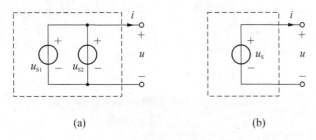

图 3.3.16　理想电压源的并联等效

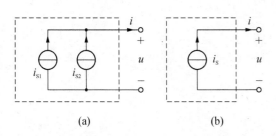

图 3.3.17　理想电流源的并联等效

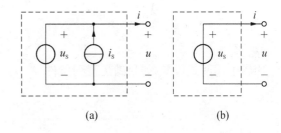

图 3.3.18　理想电压源与理想电流源的并联等效

　　只有端口电压大小相等且方向相同的两个理想电压源才可并联在一起形成一个一端口电路,如图 3.3.16(a)所示。注意:具有不同电压或方向相反的理想电压源是不允许并联连接的,因为这种情况不满足 KVL。

　　与上面的讨论类似,可以得出如下结论:图 3.3.16(a)所示的一端口电路可用如图 3.3.16(b)所示的一个电压为$u_S$的理想电压源来等效。与之相反,一个电压为$u_S$的理想电压源可以分解为两个电压为$u_S$的理想电压源的并联组合。对多个端口电压大小相等且方向相同的理想电压源的并联,可以得到类似的结论。

　　两个电流分别为$i_{S1}$和$i_{S2}$的理想电流源并联而成的一端口电路如图 3.3.17(a)所示。与上面的讨论类似,可以得出如下结论:图 3.3.17(a)所示的一端口电路可用一个电流为$i_S = i_{S1} + i_{S2}$的理想电流源来等效,如图 3.3.17(b)所示。与之对应,一个电流为$i_S$的理想电流源可以分解为两个理想电流源的并联,只要这两个理想电流源的电流满足$i_S = i_{S1} + i_{S2}$。对多个

理想电流源的并联,可以得到类似结论。

一个理想电压源与一个理想电流源并联而成的一端口电路如图 3.3.18(a)所示,其等效电路如图 3.3.18(b)所示。因此,一个理想电压源与一个理想电流源相并联可用一个单一的理想电压源来等效,只需该理想电压源的电压为 $u_S$。对多个电压大小相等且方向相同的理想电压源和多个理想电流源的并联,可以得到类似结论。

2) 独立源和电阻的串联与并联

图 3.3.19 所示是两种典型的由电源与电阻连接的电路,其中图 3.3.19(a)为一个理想电压源与一个线性非时变电阻串联,称为**戴维南电路**(Thevinin's circuit);图 3.3.19(b)为一个理想电流源与一个线性非时变电阻并联,称为**诺顿电路**(Norton's circuit)。

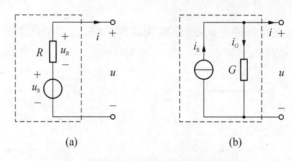

图 3.3.19  戴维南电路和诺顿电路的等效

图 3.3.19 所示电路的端口 VCR 可表示为

$$u = u_S - Ri \tag{3.3.29}$$

$$i = i_S - Gu \tag{3.3.30}$$

比较上述两式可知,如果满足下列条件

$$\begin{cases} u_S = R i_S \\ \dfrac{1}{G} = R \end{cases} \tag{3.3.31}$$

则式(3.3.29)和式(3.3.30)完全相同,也就是戴维南电路和诺顿电路互为等效。

戴维南电路和诺顿电路常用作实际电源的电路模型。实际稳压电源工作时,其端口电压随端口电流的变化而略有变化,可用戴维南电路来等效,其中 $u_S$ 表示稳压电源空载(开路)时的输出电压,$R$ 表示稳压电源的等效内电阻。实际稳流电源工作时,其端口电流随端口电压的变化而略有变化,可用诺顿电路来等效,其中 $i_S$ 表示稳流电源空载(短路)时的输出电流,$G$ 表示稳流电源的等效内电导。

**例 3.3.5**  有一稳压电源,将其两端并接一电压表(假设其内电阻为无穷大),电压表的示数为 48 V,将其两端串接一电流表(假设其内电阻为零),电流表的示数为 48 A,试画出此稳压电源的戴维南电路和诺顿电路。

**解**  只要求出图 3.3.19 中两种电路模型中的电阻 $R$,问题便可立即解决。由式(3.3.31)和已知数据得

$$R = \frac{u_S}{i_S} = \frac{48\ \text{V}}{48\ \text{A}} = 1\ \Omega$$

于是,所求的两种电路模型分别如图 3.3.20(a)和(b)所示。

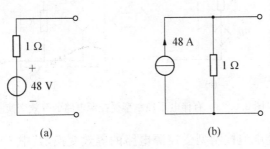

图 3.3.20　例 3.3.5 用图

一个理想电压源也可以与一个电阻并联构成一端口电路,如图 3.3.21(a)所示,按照等效电路的定义,它与图 3.3.21(b)所示的电路互为等效。

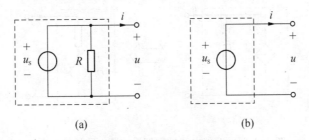

图 3.3.21　理想电压源与电阻并联

同样,一个理想电流源也可以与一个电阻串联构成一端口电路,如图 3.3.22(a)所示,它与图 3.3.22(b)所示的电路互为等效。

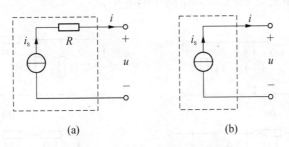

图 3.3.22　理想电流源与电阻串联

### 3.3.3　含受控源电路的等效变换

受控源和独立源有本质上的不同,但在列写电路方程和对电路进行简化时,可以把受控源作为独立源来对待。这样,前面所讲的有关独立源的处置方法对受控源就都能适用。例如,受控电压源的串联和受控电流源的并联分别可用一个受控电压源和受控电流源等效;有伴受控源电路可以互相等效变换等。

图 3.3.23 表示有伴电压控制型受控源电路的等效变换,其中 $u_k$ 为支路 $k$ 的支路电压。可以得出图 3.3.23(a)表示的受控电压源电路和图 3.3.23(b)表示的受控电流源电路的等效条件为

$$\mu = Rg \qquad\qquad (3.3.32)$$

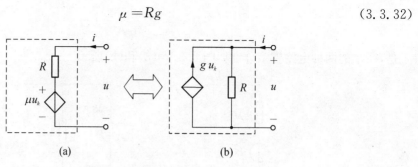

图 3.3.23　有伴电压控制型受控源电路的等效变换

图 3.3.24 表示有伴电流控制型受控源电路的等效变换,其中 $i_k$ 为支路 $k$ 的支路电流。类似地,可以得出图 3.3.24(a)表示的受控电流源电路和图 3.3.24(b)表示的受控电压源电路的等效条件为

$$r = R\beta \qquad\qquad (3.3.33)$$

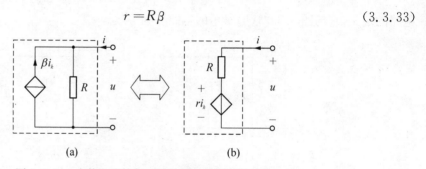

图 3.3.24　有伴电流控制型受控源电路的等效变换

在对含受控源电路进行等效变换时,应注意必须保留含控制量的支路。

下面通过例子来说明如何简化含有受控源的电路。

**例 3.3.6**　试求图 3.3.25(a)所示电路中的电压 $u$。

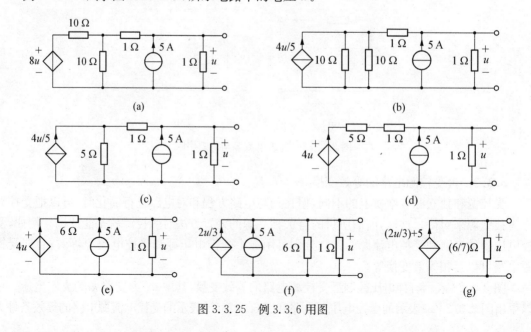

图 3.3.25　例 3.3.6 用图

**解** 此题可按图 3.3.25 所示的顺序逐步简化直到图 3.3.25(g)为止,对图 3.3.25(g)运用 KVL,得

$$\frac{6}{7} \times \left(\frac{2u}{3} + 5\right) = u$$

解得
$$u = 10 \text{ V}$$

**例 3.3.7** 试求图 3.3.26(a)所示电路的最简等效电路。

**解** 对图 3.3.26(a)电路列写 KVL 方程得

$$u = \frac{6}{7} \times \left(\frac{2u}{3} + 5 + i\right)$$

整理得
$$u = 2i + 10$$

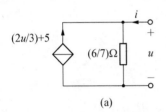 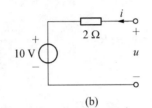 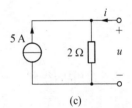

图 3.3.26 例 3.3.7 用图

或
$$i = 0.5u - 5$$

最简等效电路分别如图 3.3.26(b)和(c)所示。

## 3.4 T 形电路和 Π 形电路的等效变换

### 3.4.1 T 形和 Π 形电路的等效变换

电路元件如果连接成图 3.4.1(a)和图 3.4.1(b)的电路形式,则分别称为 **T 形电路**(T interconnection)和 **Π 形电路**(Π interconnection)。T 形电路和 Π 形电路又分别称为 **Y 形电路**(Y interconnection)和**三角形电路**(△ interconnection)。本节仅限于讨论线性非时变电阻连接的这两种电路的等效变换。

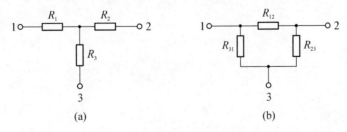

图 3.4.1 T 形电路和 Π 形电路

可以根据等效电路的定义来推导 T 形电路和 Π 形电路互为等效时电阻参数之间的关系。T 形电路和 Π 形电路均为三端电路,三端电路也可看作一个二端口电路(见图 3.1.3),因此如果 T 形电路和 Π 形电路对应端口的 VCR 相同,则两者互为等效。

这里采用一种更为直观的办法来推求 T 形电路和 Ⅱ 形电路的等效条件。它基于如下的直观结论:如果两个电路等效,那么在两个电路的某一或某几个端口连接相同的任意电路,则得到的两个新的电路也是相互等效的。利用这一结论,可以非常简便地得到 T 形电路和 Ⅱ 形电路的等效变换公式。

端口外接电路最简单的情况就是开路和短路。将图 3.4.1 中两个电路的 2、3 端分别开路,则从 1、3 端看进去的等效电阻应相等,即

$$R_3 + R_1 = R_{31} // (R_{12} + R_{23}) = \frac{R_{31}(R_{12} + R_{23})}{R_{12} + R_{23} + R_{31}} \tag{3.4.1}$$

类似地,可以得到

$$R_2 + R_3 = \frac{R_{23}(R_{31} + R_{12})}{R_{12} + R_{23} + R_{31}} \tag{3.4.2}$$

$$R_1 + R_2 = \frac{R_{12}(R_{23} + R_{31})}{R_{12} + R_{23} + R_{31}} \tag{3.4.3}$$

将上述三式相加,得到

$$R_1 + R_2 + R_3 = \frac{R_{12}R_{23} + R_{23}R_{31} + R_{31}R_{12}}{R_{12} + R_{23} + R_{31}} \tag{3.4.4}$$

式(3.4.4)两边分别减去式(3.4.1)~式(3.4.3)的两边,得到 Ⅱ 形电路到 T 形电路的等效变换公式为

$$\begin{cases} R_1 = \dfrac{R_{12}R_{31}}{R_{12} + R_{23} + R_{31}} \\[2mm] R_2 = \dfrac{R_{23}R_{12}}{R_{12} + R_{23} + R_{31}} \\[2mm] R_3 = \dfrac{R_{31}R_{23}}{R_{12} + R_{23} + R_{31}} \end{cases} \tag{3.4.5}$$

或

$$\begin{cases} G_1 = G_{31} + G_{12} + \dfrac{G_{31}G_{12}}{G_{23}} \\[2mm] G_2 = G_{12} + G_{23} + \dfrac{G_{12}G_{23}}{G_{31}} \\[2mm] G_3 = G_{23} + G_{31} + \dfrac{G_{23}G_{31}}{G_{12}} \end{cases} \tag{3.4.6}$$

由式(3.4.5)可得

$$R_1R_2 + R_2R_3 + R_3R_1 = \frac{R_{12}R_{23}R_{31}}{R_{12} + R_{23} + R_{31}} \tag{3.4.7}$$

式(3.4.7)的两边分别除以式(3.4.5)中的三个式子的两边,得到 T 形电路到 Ⅱ 形电路的等效变换公式为

$$\begin{cases} R_{12} = R_1 + R_2 + \dfrac{R_1 R_2}{R_3} \\[2mm] R_{23} = R_2 + R_3 + \dfrac{R_2 R_3}{R_1} \\[2mm] R_{31} = R_3 + R_1 + \dfrac{R_3 R_1}{R_2} \end{cases} \tag{3.4.8}$$

或

$$\begin{cases} G_{12} = \dfrac{G_1 G_2}{G_1 + G_2 + G_3} \\[2mm] G_{23} = \dfrac{G_2 G_3}{G_1 + G_2 + G_3} \\[2mm] G_{31} = \dfrac{G_3 G_1}{G_1 + G_2 + G_3} \end{cases} \tag{3.4.9}$$

式(3.4.5)、式(3.4.6)和式(3.4.8)、式(3.4.9)统称为 T 形电路和 Π 形电路的等效互换公式。

T 形电路或 Π 形电路如果其中的三个电阻的电阻值都相等,即 $R_1 = R_2 = R_3 = R_T$ 或 $R_{12} = R_{23} = R_{31} = R_\Pi$,则称为对称 T 形电路或对称 Π 形电路,两者等效时有

$$R_T = \frac{1}{3} R_\Pi \quad 或 \quad R_\Pi = 3 R_T \tag{3.4.10}$$

**例 3.4.1** 试利用 T 形电路和 Π 形电路等效变换求解例 3.2.2。

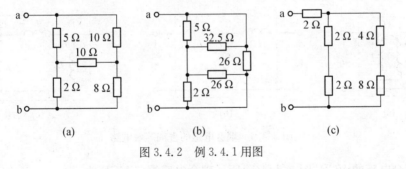

图 3.4.2 例 3.4.1 用图

**解** 将图 3.4.2(a)电路中由 10 Ω、10 Ω 和 8 Ω 电阻构成的 T 形电路等效变换为 Π 形电路,得到图 3.4.2(b)电路,则由电阻的串、并联等效得

$$R_{ab} = 26 // (5 // 32.5 + 2 // 26) = 5 \ \Omega$$

也可将图 3.4.2(a)电路中由 5 Ω、10 Ω 和 10 Ω 电阻构成的 Π 形电路等效变换为 T 形电路,得到图 3.4.2(c)电路,则有

$$R_{ab} = 2 + (2 + 2) // (4 + 8) = 5 \ \Omega$$

**例 3.4.2  含 T 形反馈网络的反相放大器** 如图 3.4.3(a)所示为含 T 形反馈网络的反相放大器,其特点是能够利用较小的电阻实现较大的放大倍数。试求电压增益 $u_o / u_i$。

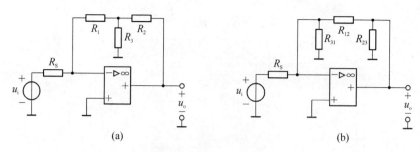

图 3.4.3 例 3.4.2 用图

**解** 将图 3.4.3(a)中的 T 形电路等效变换成 Π 形电路,如图 3.4.3(b)所示。显然等效电阻 $R_{31}$ 和 $R_{23}$ 并不影响电路的电压放大倍数。不难写出电压增益为

$$\frac{u_o}{u_i} = -\frac{R_{12}}{R_S} = -\frac{R_1 + R_2 + R_1 R_2 / R_3}{R_S}$$

为说明含 T 形反馈网络的反相放大器的应用,假定要求电压增益为 $-100$,取 $R_S = 1\,\mathrm{M\Omega}$,如果采用图 2.5.4 所示的电路形式,则反馈电阻为 $R_f = 100\,\mathrm{M\Omega}$,这是一个大得不切实际的电阻值。如果采用图 3.4.3(a) 所示的电路形式,则可取 $R_1 = R_2 = 1\,\mathrm{M\Omega}$,$R_3 = 10.2\,\mathrm{k\Omega}$,同样得到 $-100$ 的电压增益,而电阻的取值也十分合理。

### 3.4.2 耦合电感的 T 形和 Π 形去耦等效电路

如图 3.4.4(a)所示,当耦合电感互相联结于一个公共端子时,在保持端口电压、电流不变的情况下,既可用三个相互间无互感的电感组成的 T 形电路等效,如图 3.4.4(b)所示,也可用三个相互间无互感的电感组成的 Π 形电路等效,如图 3.4.4(c)所示。下面推导它们之间的等效关系。

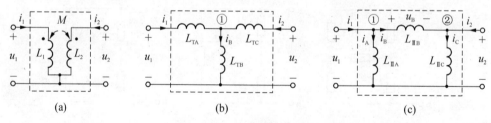

图 3.4.4 耦合电感的去耦等效电路

根据耦合电感的 VCR,图 3.4.4(a)所示耦合电感端口 VCR 为

$$\begin{cases} u_1 = L_1 \dfrac{\mathrm{d}i_1}{\mathrm{d}t} + M \dfrac{\mathrm{d}i_2}{\mathrm{d}t} \\[2mm] u_2 = M \dfrac{\mathrm{d}i_1}{\mathrm{d}t} + L_2 \dfrac{\mathrm{d}i_2}{\mathrm{d}t} \end{cases} \tag{3.4.11}$$

上式也可表示为

$$\begin{cases} \dfrac{\mathrm{d}i_1}{\mathrm{d}t} = \dfrac{L_2}{L_1 L_2 - M^2} u_1 - \dfrac{M}{L_1 L_2 - M^2} u_2 \\[3mm] \dfrac{\mathrm{d}i_2}{\mathrm{d}t} = -\dfrac{M}{L_1 L_2 - M^2} u_1 + \dfrac{L_1}{L_1 L_2 - M^2} u_2 \end{cases} \tag{3.4.12}$$

对图 3.4.4(b)所示 T 形等效电感电路,由节点①的 KCL 方程可得

$$i_B = i_1 + i_2 \tag{3.4.13}$$

列写输入端口和输出端口的 KVL 方程并利用电感的 VCR,得

$$\begin{cases} u_1 = L_{TA} \dfrac{di_1}{dt} + L_{TB} \dfrac{di_B}{dt} \\[3mm] u_2 = L_{TC} \dfrac{di_2}{dt} + L_{TB} \dfrac{di_B}{dt} \end{cases} \tag{3.4.14}$$

将式(3.4.13)代入式(3.4.14)并整理得

$$\begin{cases} u_1 = (L_{TA} + L_{TB}) \dfrac{di_1}{dt} + L_{TB} \dfrac{di_2}{dt} \\[3mm] u_2 = L_{TB} \dfrac{di_1}{dt} + (L_{TB} + L_{TC}) \dfrac{di_2}{dt} \end{cases} \tag{3.4.15}$$

比较式(3.4.15)和式(3.4.11),则可求出 T 形等效电路的各电感值为

$$\begin{cases} L_{TA} = L_1 - M \\ L_{TB} = M \\ L_{TC} = L_2 - M \end{cases} \tag{3.4.16}$$

如果改变图 3.4.4(a)所示电路中两电感同名端连接为异名端连接,则上式中 $M$ 的符号应改号,即用 $-M$ 代替式中的 $M$。

对图 3.4.4(c)所示的 Π 形等效电感电路,由 KVL 可得

$$u_B = u_1 - u_2 \tag{3.4.17}$$

列写节点①和②的 KCL 方程并利用电感的 VCR,得

$$\begin{cases} i_1 = i_A + i_B = \dfrac{1}{L_{ΠA}} \displaystyle\int_{-\infty}^{t} u_1 d\tau + \dfrac{1}{L_{ΠB}} \int_{-\infty}^{t} u_B d\tau \\[4mm] i_2 = i_C - i_B = \dfrac{1}{L_{ΠC}} \displaystyle\int_{-\infty}^{t} u_2 d\tau - \dfrac{1}{L_{ΠB}} \int_{-\infty}^{t} u_B d\tau \end{cases} \tag{3.4.18}$$

将式(3.4.17)代入上式并整理得

$$\begin{cases} i_1 = \left( \dfrac{1}{L_{ΠA}} + \dfrac{1}{L_{ΠB}} \right) \displaystyle\int_{-\infty}^{t} u_1 d\tau - \dfrac{1}{L_{ΠB}} \int_{-\infty}^{t} u_2 d\tau \\[4mm] i_2 = - \dfrac{1}{L_{ΠB}} \displaystyle\int_{-\infty}^{t} u_1 d\tau + \left( \dfrac{1}{L_{ΠB}} + \dfrac{1}{L_{ΠC}} \right) \int_{-\infty}^{t} u_2 d\tau \end{cases} \tag{3.4.19}$$

对上式两边求导,得

$$\begin{cases} \dfrac{di_1}{dt} = \left( \dfrac{1}{L_{ΠA}} + \dfrac{1}{L_{ΠB}} \right) u_1 - \dfrac{1}{L_{ΠB}} u_2 \\[4mm] \dfrac{di_2}{dt} = - \dfrac{1}{L_{ΠB}} u_1 + \left( \dfrac{1}{L_{ΠB}} + \dfrac{1}{L_{ΠC}} \right) u_2 \end{cases} \tag{3.4.20}$$

比较式(3.4.20)和式(3.4.12),则可求出 Π 形等效电路的各电感值为

$$\begin{cases} L_{\mathrm{ⅡA}} = \dfrac{L_1 L_2 - M^2}{L_2 - M} \\[2mm] L_{\mathrm{ⅡB}} = \dfrac{L_1 L_2 - M^2}{M} \\[2mm] L_{\mathrm{ⅡC}} = \dfrac{L_1 L_2 - M^2}{L_1 - M} \end{cases} \tag{3.4.21}$$

同样,如果改变图3.4.4(a)所示的电路中两电感同名端连接为异名端连接,则上式中$M$的符号应改号。

上述 T 形等效电路和 Ⅱ 形等效电路中的三个电感之间不存在耦合关系,所以称为去耦等效电路。在分析含耦合电感元件的电路时,去耦等效方法有时会使计算变得方便。

## 3.5 二端口电路的端口特性

### 3.5.1 二端口电路的 VCR

二端口电路可用图3.5.1所示的图形来表示。端子 1 和 1′ 构成的端口通常称为输入端

图 3.5.1 二端口电路

口;端子 2 和 2′ 构成的端口通常称为输出端口。端口上的电压和电流的参考方向习惯上总是取如图3.5.1所示的参考方向。

与一端口电路类似,二端口电路的 VCR 也是由端口电压、端口电流来表达的。二端口电路的端口上共有四个变量,即 $u_1$、$u_2$、$i_1$ 和 $i_2$。它的 VCR 就是由存在于这四个变量之间的约束关系来描述的。每个端口对电路提供一个约束,因此四个变量间的约束关系有两个。这两个约束关系在形式上可表示为

$$\begin{cases} f_1(u_1, u_2, i_1, i_2) = 0 \\ f_2(u_1, u_2, i_1, i_2) = 0 \end{cases} \tag{3.5.1}$$

式中,$f_1(\cdot)$ 和 $f_2(\cdot)$ 的函数形式由具体电路决定。

对于仅由电阻性元件构成的线性二端口电路,上述两个约束关系可具体化为两个线性方程。可以从四个端口变量中任选两个作为自变量,另两个作为因变量来描述二端口电路的 VCR。从四个端口变量中任选两个作为自变量共有 $C_4^2 = 6$ 种选法。对每一种选法,均能得到一种由两个因变量与自变量之间关系的显式方程,于是能得出 6 种如表3.5.1所示的二端口参数。

表 3.5.1 二端口参数的变量组合

| 序　号 | 因变量 | 自变量 | 二端口参数矩阵 |
| --- | --- | --- | --- |
| 1 | $u_1, u_2$ | $i_1, i_2$ | $\boldsymbol{R}$ |
| 2 | $i_1, i_2$ | $u_1, u_2$ | $\boldsymbol{G}$ |
| 3 | $u_1, i_2$ | $i_1, u_2$ | $\boldsymbol{H}$ |
| 4 | $i_1, u_2$ | $u_1, i_2$ | $\boldsymbol{H}'$ |
| 5 | $u_1, i_1$ | $u_2, -i_2$ | $\boldsymbol{A}$ |
| 6 | $u_2, i_2$ | $u_1, -i_1$ | $\boldsymbol{A}'$ |

下面根据表 3.5.1 来讨论这 6 种方程,并导出表征二端口电路的各种参数。

1) 开路电阻参数——$R$ 参数

选择端口电流 $i_1$ 和 $i_2$ 为自变量,这相当于二端口电路受到两个理想电流源 $i_1$ 和 $i_2$ 的共同激励,响应为端口电压 $u_1$ 和 $u_2$,如图 3.5.2 所示。此时 $u_1$ 和 $u_2$ 可表示为

$$\begin{cases} u_1 = r_{11}i_1 + r_{12}i_2 \\ u_2 = r_{21}i_1 + r_{22}i_2 \end{cases} \quad (3.5.2)$$

或

$$\boldsymbol{u} = \boldsymbol{R}\boldsymbol{i} \quad (3.5.3)$$

式中

图 3.5.2 受到理想电流源激励的二端口电路

$$\boldsymbol{u} = \begin{bmatrix} u_1 & u_2 \end{bmatrix}^{\mathrm{T}}, \ \boldsymbol{i} = \begin{bmatrix} i_1 & i_2 \end{bmatrix}^{\mathrm{T}}, \ \boldsymbol{R} = \begin{bmatrix} r_{11} & r_{12} \\ r_{21} & r_{22} \end{bmatrix}$$

由式(3.5.2)可得

$$r_{11} = \frac{u_1}{i_1}\Big|_{i_2=0}, \ r_{12} = \frac{u_1}{i_2}\Big|_{i_1=0}, \ r_{21} = \frac{u_2}{i_1}\Big|_{i_2=0}, \ r_{22} = \frac{u_2}{i_2}\Big|_{i_1=0} \quad (3.5.4)$$

式中,$r_{11}$ 是端口 2 开路时端口 1 的策动点电阻,这里"策动点"一词指响应电压 $u_1$ 与激励电流 $i_1$ 在电路的同一端口;$r_{22}$ 是端口 1 开路时端口 2 的策动点电阻;$r_{12}$ 是端口 1 开路时的反向转移电阻,这里"转移"一词指响应电压 $u_1$ 与激励电流 $i_2$ 不在电路的同一端口;$r_{21}$ 是端口 2 开路时的正向转移电阻。由于四者均与端口开路有关,故统称为二端口电路的**开路电阻参数**(open-circuit resistance parameter)。矩阵 $\boldsymbol{R}$ 称为二端口电路的**开路电阻矩阵**(open-circuit resistance matrix),其元素称为 $r$ 参数。式(3.5.2)和式(3.5.3)称为开路电阻参数二端口 VCR。

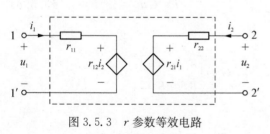

图 3.5.3 $r$ 参数等效电路

由式(3.5.2)可以得到如图 3.5.3 所示的用 $r$ 参数表示的二端口电路,称为 $r$ 参数等效电路。

**例 3.5.1** 试求图 3.5.4(a)所示的二端口电路的 $r$ 参数。

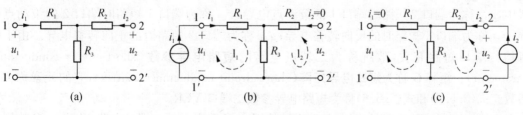

图 3.5.4 例 3.5.1 用图

**解** 先将端口 2 开路,端口 1 外接理想电流源 $i_1$,如图 3.5.4(b)所示,对回路 $l_1$ 和 $l_2$ 列写 KVL 方程得

$$\begin{cases} u_1 = (R_1 + R_3)i_1 \\ u_2 = R_3 i_1 \end{cases}$$

根据式(3.5.2)可求出

$$r_{11} = R_1 + R_3, \quad r_{21} = R_3$$

再将端口 1 开路,端口 2 外接理想电流源 $i_2$,如图 3.5.4(c)所示,对回路 $l_1$ 和 $l_2$ 列写 KVL 方程得

$$\begin{cases} u_1 = R_3 i_2 \\ u_2 = (R_2 + R_3)i_2 \end{cases}$$

根据式(3.5.2)又可求出

$$r_{12} = R_3, \quad r_{22} = R_2 + R_3$$

上面按照式(3.5.4)的定义求解 $r$ 参数。也可在图 3.5.4(a)电路的两个端口直接施加理想电流源,然后列写电路方程求解。请读者自行完成求解过程。

2) 短路电导参数——$G$ 参数

选取端口电压 $u_1$ 和 $u_2$ 为自变量,这相当于二端口电路受到两个理想电压源 $u_1$ 和 $u_2$ 的共同激励,响应为电流 $i_1$ 和 $i_2$,如图 3.5.5 所示。此时 $i_1$ 和 $i_2$ 可表示为

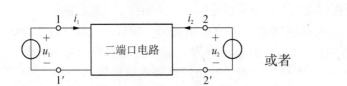

$$\begin{cases} i_1 = g_{11}u_1 + g_{12}u_2 \\ i_2 = g_{21}u_1 + g_{22}u_2 \end{cases} \tag{3.5.5}$$

或者

$$\boldsymbol{i} = \boldsymbol{G}\boldsymbol{u} \tag{3.5.6}$$

图 3.5.5 受理想电压源激励的二端口电路

式中

$$\boldsymbol{u} = \begin{bmatrix} u_1 & u_2 \end{bmatrix}^\mathrm{T}, \ \boldsymbol{i} = \begin{bmatrix} i_1 & i_2 \end{bmatrix}^\mathrm{T}, \ \boldsymbol{G} = \begin{bmatrix} g_{11} & g_{12} \\ g_{21} & g_{22} \end{bmatrix}$$

由式(3.5.5)可得

$$g_{11} = \frac{i_1}{u_1}\bigg|_{u_2=0}, \ g_{12} = \frac{i_1}{u_2}\bigg|_{u_1=0}, \ g_{21} = \frac{i_2}{u_1}\bigg|_{u_2=0}, \ g_{22} = \frac{i_2}{u_2}\bigg|_{u_1=0} \tag{3.5.7}$$

式中,$g_{11}$ 称为端口 2 短路时端口 1 的策动点电导;$g_{22}$ 称为端口 1 短路时端口 2 的策动点电导;$g_{12}$ 称为端口 1 短路时的反向转移电导;$g_{21}$ 称为端口 2 短路时的正向转移电导。由于四者均与端口短路有关,故统称为二端口电路的**短路电导参数**(short-circuit conductance parameter)。矩阵 $\boldsymbol{G}$ 称为**短路电导矩阵**(short-circuit conductance matrix),它的元素称为 $g$ 参数。式(3.5.5)和式(3.5.6)称为短路电导参数二端口 VCR。

由式(3.5.5)可以得到如图 3.5.6 所示的用 $g$ 参数表示的二端口电路,称为 $g$ 参数等效电路。

**例 3.5.2** 试求图 3.5.7 所示的 VCCS 电路的 $g$ 参数矩阵。

**解** 根据图 3.5.7,有

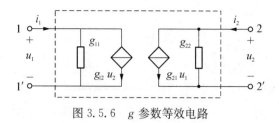

图 3.5.6　$g$ 参数等效电路

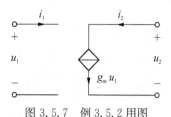

图 3.5.7　例 3.5.2 用图

$$i_1 = 0,\ i_2 = g_m u_1$$

写成矩阵形式为

$$\begin{bmatrix} i_1 \\ i_2 \end{bmatrix} = \begin{bmatrix} 0 & 0 \\ g_m & 0 \end{bmatrix} \begin{bmatrix} u_1 \\ u_2 \end{bmatrix}$$

得出 $g$ 参数矩阵为

$$\boldsymbol{G} = \begin{bmatrix} 0 & 0 \\ g_m & 0 \end{bmatrix}$$

3）混合参数——$H$ 参数和 $H'$ 参数

若选取端口电流 $i_1$ 和端口电压 $u_2$ 为自变量,此时相当于二端口电路的端口 1 受到理想电流源 $i_1$ 的激励,端口 2 受到理想电压源 $u_2$ 的激励,如图 3.5.8 所示。端口 1 的响应电压 $u_1$ 和端口 2 的响应电流 $i_2$ 可表示为

$$\begin{cases} u_1 = h_{11} i_1 + h_{12} u_2 \\ i_2 = h_{21} i_1 + h_{22} u_2 \end{cases} \tag{3.5.8}$$

或

图 3.5.8　端口 1 受理想电流源激励、端口 2 受理想电压源激励的二端口电路

$$\begin{bmatrix} u_1 \\ i_2 \end{bmatrix} = \boldsymbol{H} \begin{bmatrix} i_1 \\ u_2 \end{bmatrix} = \begin{bmatrix} h_{11} & h_{12} \\ h_{21} & h_{22} \end{bmatrix} \begin{bmatrix} i_1 \\ u_2 \end{bmatrix} \tag{3.5.9}$$

式中,$\boldsymbol{H} = \begin{bmatrix} h_{11} & h_{12} \\ h_{21} & h_{22} \end{bmatrix}$。

由式(3.5.8)可得

$$h_{11} = \frac{u_1}{i_1} \Big|_{u_2=0},\ h_{12} = \frac{u_1}{u_2} \Big|_{i_1=0},\ h_{21} = \frac{i_2}{i_1} \Big|_{u_2=0},\ h_{22} = \frac{i_2}{u_2} \Big|_{i_1=0} \tag{3.5.10}$$

式中,$h_{11}$ 是端口 2 短路时端口 1 的策动点电阻;$h_{22}$ 是端口 1 开路时,端口 2 的策动点电导;$h_{12}$ 是端口 1 开路时的反向电压传输比;$h_{21}$ 是端口 2 短路时的正向电流传输比。由于这四个元素不全是电阻或电导,所以统称为二端口电路的第一种混合参数。矩阵 $\boldsymbol{H}$ 称为第一种**混合参数矩阵**(hybrid parameter matrix),它的元素称为 $h$ 参数。式(3.5.8)和式(3.5.9)称为第一种混合参数二端口 VCR。

由式(3.5.8)可以得到如图 3.5.9 所示的用 $h$ 参数表示的二端口电路,称为 $h$ 参数等效电路。

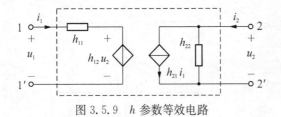

图 3.5.9　$h$ 参数等效电路

图 3.5.10　端口 1 受理想电压源激励、端口 2
受理想电流源激励的二端口电路

如果选取端口电压 $u_1$ 和端口电流 $i_2$ 为自变量,则相当于二端口电路的端口 1 受到理想电压源 $u_1$ 的激励,端口 2 受到理想电流源 $i_2$ 的激励,如图 3.5.10 所示。端口 1 的响应电流 $i_1$ 和端口 2 的响应电压 $u_2$ 可表示为

$$\begin{cases} i_1 = h'_{11}u_1 + h'_{12}i_2 \\ u_2 = h'_{21}u_1 + h'_{22}i_2 \end{cases} \tag{3.5.11}$$

或

$$\begin{bmatrix} i_1 \\ u_2 \end{bmatrix} = \boldsymbol{H}' \begin{bmatrix} u_1 \\ i_2 \end{bmatrix} = \begin{bmatrix} h'_{11} & h'_{12} \\ h'_{21} & h'_{22} \end{bmatrix} \begin{bmatrix} u_1 \\ i_2 \end{bmatrix} \tag{3.5.12}$$

式中,$\boldsymbol{H}' = \begin{bmatrix} h'_{11} & h'_{12} \\ h'_{21} & h'_{22} \end{bmatrix}$。

根据式(3.5.11),有

$$h'_{11} = \frac{i_1}{u_1}\bigg|_{i_2=0}, \quad h'_{12} = \frac{i_1}{i_2}\bigg|_{u_1=0}, \quad h'_{21} = \frac{u_2}{u_1}\bigg|_{i_2=0}, \quad h'_{22} = \frac{u_2}{i_2}\bigg|_{u_1=0} \tag{3.5.13}$$

式中,$h'_{11}$ 是端口 2 开路时端口 1 的策动点电导;$h'_{12}$ 是端口 1 短路时的反向电流传输比;$h'_{21}$ 是端口 2 开路时的正向电压传输比;$h'_{22}$ 是端口 1 短路时端口 2 的策动点电阻。这四个元素统称为二端口电路的第二种混合参数,矩阵 $\boldsymbol{H}'$ 称为第二种混合参数矩阵,它的元素称为 $h'$ 参数。式(3.5.11)和式(3.5.12)称为第二种混合参数二端口 VCR。

由式(3.5.11)可以得到二端口电路的 $h'$ 参数等效电路,请读者自行绘制。

4) 传输参数——$A$ 参数和 $A'$ 参数

上面从激励-响应的角度得到了二端口电路四种形式的 VCR,还有两种形式的 VCR,即以 $u_2$ 和 $i_2$ 为自变量的 VCR 以及以 $u_1$ 和 $i_1$ 为自变量的 VCR,前者称为传输 I 型,后者称为传输 II 型。这两种 VCR 均不能通过外施激励的方法求得。

当选择 $u_2$ 和 $i_2$ 为自变量时,$u_1$ 和 $i_1$ 可表示为

$$\begin{cases} u_1 = a_{11}u_2 + a_{12}(-i_2) \\ i_1 = a_{21}u_2 + a_{22}(-i_2) \end{cases} \tag{3.5.14}$$

或

$$\begin{bmatrix} u_1 \\ i_1 \end{bmatrix} = \boldsymbol{A} \begin{bmatrix} u_2 \\ -i_2 \end{bmatrix} = \begin{bmatrix} a_{11} & a_{12} \\ a_{21} & a_{22} \end{bmatrix} \begin{bmatrix} u_2 \\ -i_2 \end{bmatrix} \tag{3.5.15}$$

式中，$A = \begin{bmatrix} a_{11} & a_{12} \\ a_{21} & a_{22} \end{bmatrix}$。值得指出的是，上面两式中的 $i_2$ 前面均带有负号。这是因为从传输信号或能量到输出端口的角度看，输出端口的电流应假定从输出端口流出。

由式(3.5.14)可得

$$\begin{cases} a_{11} = \dfrac{u_1}{u_2}\bigg|_{i_2=0} = \dfrac{1}{h'_{21}}, \ a_{12} = \dfrac{u_1}{-i_2}\bigg|_{u_2=0} = -\dfrac{1}{g_{21}} \\[3mm] a_{21} = \dfrac{i_1}{u_2}\bigg|_{i_2=0} = \dfrac{1}{r_{21}}, \ a_{22} = \dfrac{i_1}{-i_2}\bigg|_{u_2=0} = -\dfrac{1}{h_{21}} \end{cases} \tag{3.5.16}$$

式中，$1/a_{11}$ 是端口 2 开路时的正向电压传输比；$1/a_{12}$ 是端口 2 短路时的正向转移电导的负值；$1/a_{21}$ 是端口 2 开路时的正向转移电阻；$1/a_{22}$ 是端口 2 短路时的正向电流传输比的负值。$a_{11}$、$a_{12}$、$a_{21}$ 和 $a_{22}$ 统称为第一种传输参数，矩阵 $A$ 称为第一种**传输参数矩阵**(transmission parameter matrix)，它的元素称为 $a$ 参数。式(3.5.14)和式(3.5.15)称为第一种传输参数二端口 VCR。

当选择取 $u_1$ 和 $i_1$ 为自变量时，$u_2$ 和 $i_2$ 可表示为

$$\begin{cases} u_2 = a'_{11}u_1 + a'_{12}(-i_1) \\ i_2 = a'_{21}u_1 + a'_{22}(-i_1) \end{cases} \tag{3.5.17}$$

或

$$\begin{bmatrix} u_2 \\ i_2 \end{bmatrix} = A' \begin{bmatrix} u_1 \\ -i_1 \end{bmatrix} = \begin{bmatrix} a'_{11} & a'_{12} \\ a'_{21} & a'_{22} \end{bmatrix} \begin{bmatrix} u_1 \\ -i_1 \end{bmatrix} \tag{3.5.18}$$

式中，$A' = \begin{bmatrix} a'_{11} & a'_{12} \\ a'_{21} & a'_{22} \end{bmatrix}$

由式(3.5.17)可得

$$\begin{cases} a'_{11} = \dfrac{u_2}{u_1}\bigg|_{i_1=0} = \dfrac{1}{h_{12}}, \ a'_{12} = \dfrac{u_2}{-i_1}\bigg|_{u_1=0} = -\dfrac{1}{g_{12}} \\[3mm] a'_{21} = \dfrac{i_2}{u_1}\bigg|_{i_1=0} = \dfrac{1}{r_{12}}, \ a'_{22} = \dfrac{i_2}{-i_1}\bigg|_{u_1=0} = -\dfrac{1}{h'_{12}} \end{cases} \tag{3.5.19}$$

式中，$1/a'_{11}$ 是端口 1 开路时的反向电压传输比；$1/a'_{12}$ 是端口 1 短路时的反向转移电导的负值；$1/a'_{21}$ 是端口 1 开路时的反向转移电阻；$1/a'_{22}$ 是端口 1 短路时的反向电流传输比的负值。$a'_{11}$、$a'_{12}$、$a'_{21}$ 和 $a'_{22}$ 统称为第二种传输参数，矩阵 $A'$ 称为第二种传输参数矩阵，它的元素称为 $a'$ 参数。式(3.5.17)和式(3.5.18)称为第二种传输参数二端口 VCR。

**例 3.5.3**　试求理想变压器的混合参数矩阵和传输参数矩阵。

**解**　已知理想变压器的电压-电流关系为

$$\begin{cases} u_1 = n u_2 \\ i_1 = -\dfrac{1}{n} i_2 \end{cases}$$

写成混合参数和传输参数矩阵形式为

$$\begin{bmatrix} u_1 \\ i_2 \end{bmatrix} = \begin{bmatrix} 0 & n \\ -n & 0 \end{bmatrix}\begin{bmatrix} i_1 \\ u_2 \end{bmatrix}, \quad \begin{bmatrix} i_1 \\ u_2 \end{bmatrix} = \begin{bmatrix} 0 & -1/n \\ 1/n & 0 \end{bmatrix}\begin{bmatrix} u_1 \\ i_2 \end{bmatrix}$$

$$\begin{bmatrix} u_1 \\ i_1 \end{bmatrix} = \begin{bmatrix} n & 0 \\ 0 & 1/n \end{bmatrix}\begin{bmatrix} u_2 \\ -i_2 \end{bmatrix}, \quad \begin{bmatrix} u_2 \\ i_2 \end{bmatrix} = \begin{bmatrix} 1/n & 0 \\ 0 & n \end{bmatrix}\begin{bmatrix} u_1 \\ -i_1 \end{bmatrix}$$

各参数矩阵为

$$\boldsymbol{H} = \begin{bmatrix} 0 & n \\ -n & 0 \end{bmatrix}, \quad \boldsymbol{H}' = \begin{bmatrix} 0 & -1/n \\ 1/n & 0 \end{bmatrix}, \quad \boldsymbol{A} = \begin{bmatrix} n & 0 \\ 0 & 1/n \end{bmatrix}, \quad \boldsymbol{A}' = \begin{bmatrix} 1/n & 0 \\ 0 & n \end{bmatrix}$$

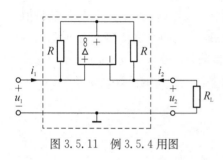

图 3.5.11　例 3.5.4 用图

**例 3.5.4　负电阻变换器**　电路如图 3.5.11 所示,虚框内为负电阻变换器电路,试求该负电阻变换器电路的传输参数矩阵。

**解**　由理想运放的"虚短"特性,得

$$u_1 = u_2$$

由理想运放的"虚断"特性,列写 KVL 方程,得

$$u_1 - R i_1 = u_2 - R i_2$$

由上面两式可得

$$i_1 = i_2$$

因此,负电阻变换器电路的传输参数矩阵为 $\boldsymbol{A} = \begin{bmatrix} 1 & 0 \\ 0 & -1 \end{bmatrix}$。

负电阻变换器可以将正电阻变换为负电阻,在图 3.2.5 所示电路(见例 3.2.4)中就是通过负电阻变换器来实现负电阻的。

### 3.5.2　二端口电路各参数间的关系

同一个二端口电路的 6 种参数之间是可以互相换算的。参数间的换算关系不难求出,现以用 $R$ 参数换算出其他参数为例,说明其换算方法。

已经知道用 $R$ 参数表达的二端口 VCR 为

$$\begin{cases} u_1 = r_{11} i_1 + r_{12} i_2 \\ u_2 = r_{21} i_1 + r_{22} i_2 \end{cases} \tag{3.5.20}$$

由上式得

$$\begin{bmatrix} i_1 \\ i_2 \end{bmatrix} = \begin{bmatrix} r_{11} & r_{12} \\ r_{21} & r_{22} \end{bmatrix}^{-1}\begin{bmatrix} u_1 \\ u_2 \end{bmatrix} = \frac{1}{\Delta_r}\begin{bmatrix} r_{22} & -r_{12} \\ -r_{21} & r_{11} \end{bmatrix}\begin{bmatrix} u_1 \\ u_2 \end{bmatrix} \tag{3.5.21}$$

式中,$\Delta_r = r_{11} r_{22} - r_{12} r_{21}$。当 $\Delta_r \neq 0$ 时,由式(3.5.21)可以得出用 $R$ 参数表示的 $G$ 参数矩阵为

$$\boldsymbol{G} = \frac{1}{\Delta_r}\begin{bmatrix} r_{22} & -r_{12} \\ -r_{21} & r_{11} \end{bmatrix} \tag{3.5.22}$$

将式(3.5.20)移项,并按次序 $u_1$、$i_2$、$i_1$ 和 $u_2$ 排列,得

$$\begin{cases} u_1 - r_{12}i_2 - r_{11}i_1 + 0 = 0 \\ 0 - r_{22}i_2 - r_{21}i_1 + u_2 = 0 \end{cases} \qquad (3.5.23)$$

写成分块矩阵形式,有

$$\begin{bmatrix} 1 & -r_{12} \\ 0 & -r_{22} \end{bmatrix} \begin{bmatrix} u_1 \\ i_2 \end{bmatrix} + \begin{bmatrix} -r_{11} & 0 \\ -r_{21} & 1 \end{bmatrix} \begin{bmatrix} i_1 \\ u_2 \end{bmatrix} = 0 \qquad (3.5.24)$$

由式(3.5.24)得

$$\begin{bmatrix} u_1 \\ i_2 \end{bmatrix} = -\begin{bmatrix} 1 & -r_{12} \\ 0 & -r_{22} \end{bmatrix}^{-1} \begin{bmatrix} -r_{11} & 0 \\ -r_{21} & 1 \end{bmatrix} \begin{bmatrix} i_1 \\ u_2 \end{bmatrix} = \frac{1}{r_{22}} \begin{bmatrix} \Delta_r & r_{12} \\ -r_{21} & 1 \end{bmatrix} \begin{bmatrix} i_1 \\ u_2 \end{bmatrix} \qquad (3.5.25)$$

由式(3.5.25)可以得出用 $R$ 参数表示的 $H$ 参数矩阵为

$$\boldsymbol{H} = \frac{1}{r_{22}} \begin{bmatrix} \Delta_r & r_{12} \\ -r_{21} & 1 \end{bmatrix} \qquad (3.5.26)$$

与上面的推导类似,不难求出用 $R$ 参数表示的 $H'$、$A$ 和 $A'$ 参数矩阵分别为

$$\boldsymbol{H}' = \frac{1}{r_{11}} \begin{bmatrix} 1 & -r_{12} \\ r_{21} & \Delta_r \end{bmatrix} \qquad (3.5.27)$$

$$\boldsymbol{A} = \frac{1}{r_{21}} \begin{bmatrix} r_{11} & \Delta_r \\ 1 & r_{22} \end{bmatrix} \qquad (3.5.28)$$

$$\boldsymbol{A}' = \frac{1}{r_{12}} \begin{bmatrix} r_{22} & \Delta_r \\ 1 & r_{11} \end{bmatrix} \qquad (3.5.29)$$

根据上述推导方法,可以求得各组参数间的互换关系如表 3.5.2 所示,可供直接查用,其中 $\Delta_r$ 表示 $R$ 参数的行列式,$\Delta_g$ 表示 $G$ 参数的行列式等。

表 3.5.2　二端口电路各组参数的互换关系

| | $R$ | $G$ | $H$ | $H'$ | $A$ | $A'$ |
|---|---|---|---|---|---|---|
| $R$ | $\begin{bmatrix} r_{11} & r_{12} \\ r_{21} & r_{22} \end{bmatrix}$ | $\begin{bmatrix} \dfrac{g_{22}}{\Delta_g} & -\dfrac{g_{12}}{\Delta_g} \\ -\dfrac{g_{21}}{\Delta_g} & \dfrac{g_{11}}{\Delta_g} \end{bmatrix}$ | $\begin{bmatrix} \dfrac{\Delta_h}{h_{22}} & \dfrac{h_{12}}{h_{22}} \\ -\dfrac{h_{21}}{h_{22}} & \dfrac{1}{h_{22}} \end{bmatrix}$ | $\begin{bmatrix} \dfrac{1}{h'_{11}} & -\dfrac{h'_{12}}{h'_{11}} \\ \dfrac{h'_{21}}{h'_{11}} & \dfrac{\Delta_{h'}}{h'_{11}} \end{bmatrix}$ | $\begin{bmatrix} \dfrac{a_{11}}{a_{21}} & \dfrac{\Delta_a}{a_{21}} \\ \dfrac{1}{a_{21}} & \dfrac{a_{22}}{a_{21}} \end{bmatrix}$ | $\begin{bmatrix} \dfrac{a'_{22}}{a'_{21}} & \dfrac{1}{a'_{21}} \\ \dfrac{\Delta_{a'}}{a'_{21}} & \dfrac{a'_{11}}{a'_{21}} \end{bmatrix}$ |
| $G$ | $\begin{bmatrix} \dfrac{r_{22}}{\Delta_r} & -\dfrac{r_{12}}{\Delta_r} \\ -\dfrac{r_{21}}{\Delta_r} & \dfrac{r_{11}}{\Delta_r} \end{bmatrix}$ | $\begin{bmatrix} g_{11} & g_{12} \\ g_{21} & g_{22} \end{bmatrix}$ | $\begin{bmatrix} \dfrac{1}{h_{11}} & -\dfrac{h_{12}}{h_{11}} \\ \dfrac{h_{21}}{h_{11}} & \dfrac{\Delta_h}{h_{11}} \end{bmatrix}$ | $\begin{bmatrix} \dfrac{\Delta_{h'}}{h'_{22}} & \dfrac{h'_{12}}{h'_{22}} \\ -\dfrac{h'_{21}}{h'_{22}} & \dfrac{1}{h'_{22}} \end{bmatrix}$ | $\begin{bmatrix} \dfrac{a_{22}}{a_{12}} & -\dfrac{\Delta_a}{a_{12}} \\ -\dfrac{1}{a_{12}} & \dfrac{a_{11}}{a_{12}} \end{bmatrix}$ | $\begin{bmatrix} \dfrac{a'_{11}}{a'_{12}} & -\dfrac{1}{a'_{12}} \\ -\dfrac{\Delta_{a'}}{a'_{12}} & \dfrac{a'_{22}}{a'_{12}} \end{bmatrix}$ |
| $H$ | $\begin{bmatrix} \dfrac{\Delta_r}{r_{22}} & \dfrac{r_{12}}{r_{22}} \\ -\dfrac{r_{21}}{r_{22}} & \dfrac{1}{r_{22}} \end{bmatrix}$ | $\begin{bmatrix} \dfrac{1}{g_{11}} & -\dfrac{g_{12}}{g_{11}} \\ \dfrac{g_{21}}{g_{11}} & \dfrac{\Delta_g}{g_{11}} \end{bmatrix}$ | $\begin{bmatrix} h_{11} & h_{12} \\ h_{21} & h_{22} \end{bmatrix}$ | $\begin{bmatrix} \dfrac{h'_{22}}{\Delta_{h'}} & -\dfrac{h'_{12}}{\Delta_{h'}} \\ -\dfrac{h'_{21}}{\Delta_{h'}} & \dfrac{h'_{11}}{\Delta_{h'}} \end{bmatrix}$ | $\begin{bmatrix} \dfrac{a_{12}}{a_{22}} & \dfrac{\Delta_a}{a_{22}} \\ -\dfrac{1}{a_{22}} & \dfrac{a_{21}}{a_{22}} \end{bmatrix}$ | $\begin{bmatrix} \dfrac{a'_{12}}{a'_{11}} & \dfrac{1}{a'_{11}} \\ -\dfrac{\Delta_{a'}}{a'_{11}} & \dfrac{a'_{21}}{a'_{11}} \end{bmatrix}$ |

（续表）

| | $R$ | $G$ | $H$ | $H'$ | $A$ | $A'$ |
|---|---|---|---|---|---|---|
| $H'$ | $\begin{bmatrix} \dfrac{1}{r_{11}} & -\dfrac{r_{12}}{r_{11}} \\ \dfrac{r_{21}}{r_{11}} & \dfrac{\Delta_r}{r_{11}} \end{bmatrix}$ | $\begin{bmatrix} \dfrac{\Delta_g}{g_{22}} & \dfrac{g_{12}}{g_{22}} \\ -\dfrac{g_{21}}{g_{22}} & \dfrac{1}{g_{22}} \end{bmatrix}$ | $\begin{bmatrix} \dfrac{h_{22}}{\Delta_h} & -\dfrac{h_{12}}{\Delta_h} \\ -\dfrac{h_{21}}{\Delta_h} & \dfrac{h_{11}}{\Delta_h} \end{bmatrix}$ | $\begin{bmatrix} h'_{11} & h'_{12} \\ h'_{21} & h'_{22} \end{bmatrix}$ | $\begin{bmatrix} \dfrac{a_{21}}{a_{11}} & -\dfrac{\Delta_a}{a_{11}} \\ \dfrac{1}{a_{11}} & \dfrac{a_{12}}{a_{11}} \end{bmatrix}$ | $\begin{bmatrix} \dfrac{a'_{21}}{a'_{22}} & -\dfrac{1}{a'_{22}} \\ \dfrac{\Delta_{a'}}{a'_{22}} & \dfrac{a'_{12}}{a'_{22}} \end{bmatrix}$ |
| $A$ | $\begin{bmatrix} \dfrac{r_{11}}{r_{21}} & \dfrac{\Delta_r}{r_{21}} \\ \dfrac{1}{r_{21}} & \dfrac{r_{22}}{r_{21}} \end{bmatrix}$ | $\begin{bmatrix} -\dfrac{g_{22}}{g_{21}} & -\dfrac{1}{g_{21}} \\ -\dfrac{\Delta_g}{g_{21}} & -\dfrac{g_{11}}{g_{21}} \end{bmatrix}$ | $\begin{bmatrix} -\dfrac{\Delta_h}{h_{21}} & -\dfrac{h_{11}}{h_{21}} \\ -\dfrac{h_{22}}{h_{21}} & -\dfrac{1}{h_{21}} \end{bmatrix}$ | $\begin{bmatrix} \dfrac{1}{h'_{21}} & \dfrac{h'_{22}}{h'_{21}} \\ \dfrac{h'_{11}}{h'_{21}} & \dfrac{\Delta_{h'}}{h'_{21}} \end{bmatrix}$ | $\begin{bmatrix} a_{11} & a_{12} \\ a_{21} & a_{22} \end{bmatrix}$ | $\begin{bmatrix} \dfrac{a'_{22}}{\Delta_{a'}} & \dfrac{a'_{12}}{\Delta_{a'}} \\ \dfrac{a'_{21}}{\Delta_{a'}} & \dfrac{a'_{11}}{\Delta_{a'}} \end{bmatrix}$ |
| $A'$ | $\begin{bmatrix} \dfrac{r_{22}}{r_{12}} & \dfrac{\Delta_r}{r_{12}} \\ \dfrac{1}{r_{12}} & \dfrac{r_{11}}{r_{12}} \end{bmatrix}$ | $\begin{bmatrix} -\dfrac{g_{11}}{g_{12}} & -\dfrac{1}{g_{12}} \\ -\dfrac{\Delta_g}{g_{12}} & -\dfrac{g_{22}}{g_{12}} \end{bmatrix}$ | $\begin{bmatrix} \dfrac{1}{h_{12}} & \dfrac{h_{11}}{h_{12}} \\ \dfrac{h_{22}}{h_{12}} & \dfrac{\Delta_h}{h_{21}} \end{bmatrix}$ | $\begin{bmatrix} -\dfrac{\Delta_{h'}}{h'_{12}} & -\dfrac{h'_{22}}{h'_{12}} \\ -\dfrac{h'_{11}}{h'_{12}} & -\dfrac{1}{h'_{12}} \end{bmatrix}$ | $\begin{bmatrix} \dfrac{a_{22}}{\Delta_a} & \dfrac{a_{12}}{\Delta_a} \\ \dfrac{a_{21}}{\Delta_a} & \dfrac{a_{11}}{\Delta_a} \end{bmatrix}$ | $\begin{bmatrix} a'_{11} & a'_{12} \\ a'_{21} & a'_{22} \end{bmatrix}$ |

**例 3.5.5** 试求图 3.5.12 所示的二端口电路的 6 种参数矩阵。

**解** 根据图 3.5.12 可写出

$$u_1 = -i_2 R + u_2, \quad i_1 = -i_2$$

改成矩阵形式,有

$$\begin{bmatrix} u_1 \\ i_1 \end{bmatrix} = \begin{bmatrix} 1 & R \\ 0 & 1 \end{bmatrix} \begin{bmatrix} u_2 \\ -i_2 \end{bmatrix}$$

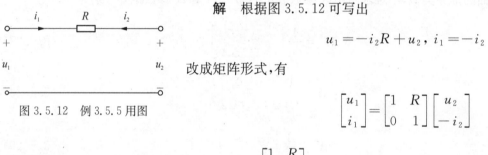

图 3.5.12 例 3.5.5 用图

由上式可知

$$A = \begin{bmatrix} 1 & R \\ 0 & 1 \end{bmatrix}$$

再根据表 3.5.2 可求出

$$G = \begin{bmatrix} \dfrac{1}{R} & -\dfrac{1}{R} \\ -\dfrac{1}{R} & \dfrac{1}{R} \end{bmatrix}, \quad H = \begin{bmatrix} R & 1 \\ -1 & 0 \end{bmatrix}, \quad H' = \begin{bmatrix} 0 & -1 \\ 1 & R \end{bmatrix}, \quad A' = \begin{bmatrix} 1 & R \\ 0 & 1 \end{bmatrix}$$

又 $a_{21} = 0$,可知 $R$ 矩阵不存在。

从上例可以看到,并非任何一个二端口电路都具有 6 种参数矩阵。一个二端口电路是否具有某一种矩阵表达形式,可根据表 3.5.2 中参数矩阵表达式中的分母项是否为零来进行判断。例如,如果 $G$ 矩阵的 $\Delta_g = 0$,或者 $H$ 矩阵的 $h_{22} = 0$,或者 $H'$ 矩阵的 $h'_{11} = 0$,或者 $A$ 矩阵的 $a_{21} = 0$,或者 $A'$ 矩阵的 $a'_{21} = 0$,则 $R$ 矩阵不存在。

## 3.6 具有端接的二端口电路

当二端口电路的输入端口和输出端口都接上一个一端口电路时(见图 3.6.1),称此二端口电路有了端接。

端接的一端口电路可以是任意的,为了讨论的方便,这里限定它们是线性非时变的,而且接在输入端口上的一端口电路设定为戴维南(或诺顿)电路(信号源),输出端口所接的一端口电路设定为一个电阻(负载),如图3.6.2所示。

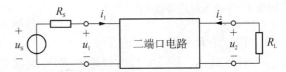

图 3.6.1　具有端接的二端口电路　　　　图 3.6.2　端接电源和负载电阻的二端口电路

上述电路待求的主要参数如下:

(1) 二端口电路输入端口的策动点(输入)电阻 $R_i = u_1/i_1$ 或策动点电导。

(2) 二端口电路输出端口的开路电压 $u_{OC}$(短路电流 $i_{SC}$)和输出电阻 $R_o$。

(3) 二端口电路端口电压比 $A_u = u_2/u_1$ 和电路转移电压比(电压增益)$H_u = u_2/u_S$。

(4) 二端口电路端口电流比 $A_i = i_2/i_1$ 和有端接电路的转移电流比(电流增益)$H_i = i_2/i_S$。

首先推导输入电阻 $R_i$。如图3.6.3所示,如果采用 $r$ 参数,则二端口电路的 VCR 可表示为

$$u_1 = r_{11}i_1 + r_{12}i_2 \tag{3.6.1}$$

$$u_2 = r_{21}i_1 + r_{22}i_2 \tag{3.6.2}$$

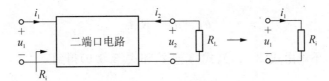

图 3.6.3　输入电阻的定义

而对负载电阻 $R_L$,有

$$u_2 = -R_L i_2 \tag{3.6.3}$$

将式(3.6.3)代入式(3.6.2),消去 $u_2$,得

$$r_{21}i_1 + (r_{22} + R_L)i_2 = 0 \tag{3.6.4}$$

由此可得

$$\frac{i_2}{i_1} = -\frac{r_{21}}{r_{22} + R_L} \tag{3.6.5}$$

又由式(3.6.1),可得

$$R_i = \frac{u_1}{i_1} = r_{11} + r_{12}\frac{i_2}{i_1} = r_{11} - \frac{r_{12}r_{21}}{r_{22} + R_L} = \frac{r_{11}R_L + \Delta_r}{r_{22} + R_L} \tag{3.6.6}$$

上式表明,输入电阻 $R_i$ 可由二端口 $r$ 参数和负载电阻表示。求出输入电阻之后,输入端

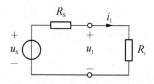

图 3.6.4　输入回路等效电路

口的电压和电流就可由图 3.6.4 所示的输入回路等效电路方便地求出，即

$$u_1 = \frac{R_i}{R_S + R_i} u_S, \quad i_1 = \frac{u_S}{R_S + R_i} \tag{3.6.7}$$

式(3.6.7)表明，输入电阻 $R_i$ 可明显地影响输入端口电压 $u_1$。显然，当 $R_i \gg R_S$ 时，$u_1 \approx u_S$。

对负载 $R_L$ 而言，二端口电路及其端接的电源可等效为戴维南电路或诺顿电路，如图 3.6.5 所示，其中输出电阻为电源置零后，由输出端向输入端看去的等效电阻与式(3.6.6)的推导类似，可求得

$$R_o = r_{22} - \frac{r_{12}r_{21}}{r_{11} + R_S} = \frac{r_{22}R_S + \Delta_r}{r_{11} + R_S} \tag{3.6.8}$$

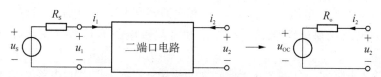

图 3.6.5　输出端口的戴维南等效电路

为求戴维南等效电压源的电压即输出端口的开路电压 $u_{OC}$，列写输入端的 KVL 方程为

$$u_1 = u_S - R_S i_1 \tag{3.6.9}$$

在 $i_2 = 0$ 的条件下，不难由式(3.6.1)、式(3.6.2)和式(3.6.9)得到

$$u_{OC} = \frac{r_{21}}{r_{11} + R_S} u_S \tag{3.6.10}$$

在求得输出端口的戴维南等效电路之后，接任意负载电阻时的输出端口电压、电流即可由下式计算而得

$$u_2 = \frac{R_L}{R_o + R_L} u_{OC}, \quad i_2 = -\frac{u_{OC}}{R_o + R_L} \tag{3.6.11}$$

由上式可知，当负载电阻变化时，输出端口电压亦随之发生变化，仅当 $R_o \ll R_L$ 时，$u_2 \approx u_{OC}$，此时输出端口电压几乎不受负载电阻的影响。

下面推导端口电压比 $A_u$ 和转移电压比 $H_u$。由式(3.6.11)可得

$$u_2 = \frac{R_L}{R_o + R_L} u_{OC} = \frac{R_L}{\dfrac{r_{22}R_S + \Delta_r}{r_{11} + R_S} + R_L} \frac{r_{21}}{r_{11} + R_S} u_S = \frac{r_{21}R_L}{r_{22}R_S + \Delta_r + r_{11}R_L + R_S R_L} u_S$$

$$\tag{3.6.12}$$

由上式可得

$$H_u = \frac{u_2}{u_S} = \frac{r_{21}R_L}{r_{22}R_S + \Delta_r + r_{11}R_L + R_S R_L} \tag{3.6.13}$$

当 $R_S = 0$ 时，$u_1 = u_S$，得

$$A_u = \frac{u_2}{u_1} = \frac{r_{21}R_L}{\Delta_r + r_{11}R_L} \tag{3.6.14}$$

由输入回路等效电路(见图 3.6.4)可知，$A_u$ 和 $H_u$ 亦满足如下关系

$$H_u = \frac{u_2}{u_1}\frac{u_1}{u_S} = A_u \frac{R_i}{R_S + R_i} \tag{3.6.15}$$

式(3.6.5)已求得端口电流比，即

$$A_i = -\frac{r_{21}}{r_{22} + R_L} \tag{3.6.16}$$

与式(3.6.15)类似，可得转移电流比 $H_i$ 为

$$H_i = \frac{i_2}{i_1}\frac{i_1}{i_S} = A_i \frac{R_S // R_i}{R_i} = A_i \frac{G_i}{G_S + G_i} \tag{3.6.17}$$

利用另外几种参数表达的二端口 VCR 也可求出用这些参数表达的 $R_i$、$u_{OC}$、$R_o$、$A_u$、$H_u$、$A_i$ 和 $H_i$ 等，如表 3.6.1 所示。

表 3.6.1　具有端接的二端口电路的参数

| | $r$ 参数 | $g$ 参数 | $h$ 参数 | $a$ 参数 |
|---|---|---|---|---|
| $R_i$ | $\dfrac{r_{11}R_L + \Delta_r}{r_{22} + R_L}$ | $\dfrac{g_{22} + G_L}{g_{11}G_L + \Delta_g}$ | $\dfrac{h_{11}G_L + \Delta_h}{h_{22} + G_L}$ | $\dfrac{a_{11}R_L + a_{12}}{a_{21}R_L + a_{22}}$ |
| $R_o$ | $\dfrac{r_{22}R_S + \Delta_r}{r_{11} + R_S}$ | $\dfrac{g_{11} + G_S}{g_{22}G_S + \Delta_g}$ | $\dfrac{h_{11} + R_S}{h_{22}R_S + \Delta_h}$ | $\dfrac{a_{22}R_S + a_{12}}{a_{21}R_S + a_{11}}$ |
| $u_{OC}$ | $\dfrac{r_{21}}{r_{11} + R_S}u_S$ | $-\dfrac{g_{21}}{g_{22} + \Delta_g R_S}u_S$ | $-\dfrac{h_{21}}{h_{22}R_S + \Delta_h}u_S$ | $\dfrac{1}{a_{11} + a_{21}R_S}u_S$ |
| $A_u$ | $\dfrac{r_{21}R_L}{r_{11}R_L + \Delta_r}$ | $-\dfrac{g_{21}}{g_{22} + G_L}$ | $-\dfrac{h_{21}R_L}{h_{11} + R_L\Delta_h}$ | $\dfrac{R_L}{a_{12} + a_{11}R_L}$ |
| $A_i$ | $-\dfrac{r_{21}}{r_{22} + R_L}$ | $\dfrac{g_{21}G_L}{g_{11}G_L + \Delta_g}$ | $\dfrac{h_{21}G_L}{h_{22} + G_L}$ | $-\dfrac{1}{a_{22} + a_{21}R_L}$ |

$$\text{转移电压比 } H_u = \frac{u_2}{u_S} = A_u\frac{R_i}{R_S + R_i} \qquad \text{转移电流比 } H_i = \frac{i_2}{i_S} = A_i\frac{G_i}{G_S + G_i}$$

**例 3.6.1**　试求如图 3.6.6 所示的二端口电路的开路电压传输比 $A_u$。

**解**　先求得二端口电路的 $\mathbf{R}$ 矩阵为

$$\mathbf{R} = \begin{bmatrix} 3 & 2 \\ 2 & 5 \end{bmatrix}$$

由表 3.6.1 可查得开路电压传输比为 ($R_L = \infty$)

$$A_u = \frac{r_{21} R_L}{r_{11} R_L + \Delta_r} = \frac{r_{21}}{r_{11}} = \frac{2}{3}$$

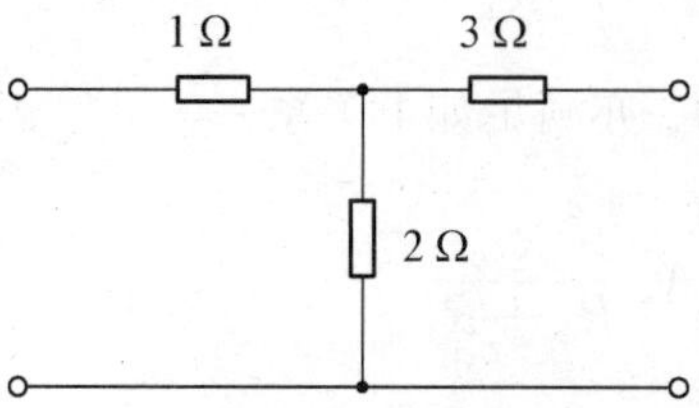

图 3.6.6   例 3.6.1 用图 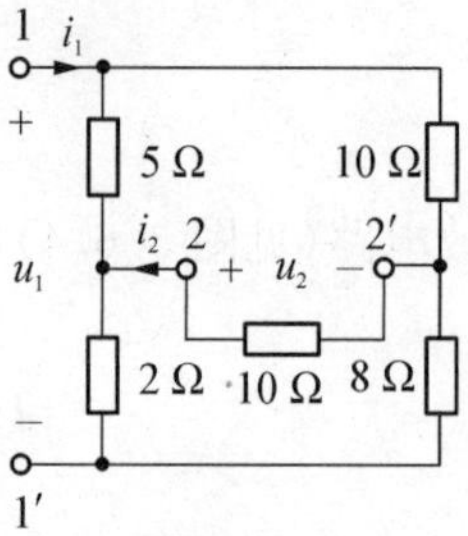          图 3.6.7   例 3.6.2 用图

**例 3.6.2**   将图 3.2.3(a)电路看作具有端接的二端口电路,求解例 3.2.2。

**解**   将非平衡桥式电路看作具有端接的二端口电路,如图 3.6.7 所示,其中对角支路的 10 Ω 为端接电阻。由图 3.6.7 可求出二端口电路的参数矩阵。以 $r$ 参数为例,有

$$\begin{cases} r_{11} = (5+2)//(10+8) = \dfrac{126}{25} \ \Omega \\[2mm] r_{22} = (5+10)//(2+8) = 6 \ \Omega \end{cases}$$

$$\begin{cases} r_{21} = \dfrac{u_2}{i_1}\Bigg|_{i_2=0} = \dfrac{10 \times \dfrac{5+2}{5+2+10+8} i_1 - 5 \times \dfrac{10+8}{5+2+10+8} i_1}{i_1} = -\dfrac{4}{5} \ \Omega \\[4mm] r_{12} = r_{21} = -\dfrac{4}{5} \ \Omega \end{cases}$$

因此

$$R_{ab} = \frac{r_{11} R_L + \Delta_r}{r_{22} + R_L} = \frac{\dfrac{126}{25} \times 10 + \left(\dfrac{126}{25} \times 6 - \dfrac{4}{5} \times \dfrac{4}{5}\right)}{6+10} = 5 \ \Omega$$

## 3.7   二端口电路的互连

一个二端口电路有时可以看成由更为简单的二端口电路互相连接而成,不同的二端口电路也可以适当地连接在一起构成一个更为复杂的二端口电路。本节主要讨论在不同的连接方式下所得到的总二端口电路的参数矩阵与子二端口电路(即组成总二端口电路的那些二端口电路)的参数矩阵之间的关系。

常见的二端口电路间的连接方式有串-串联、并-并联、串-并联、并-串联连接和级联等。

1) 串-串联连接和并-并联连接

两个二端口电路的串-串联连接如图 3.7.1 所示。经过这种连接得出的总电路仍是一个二端口电路。设二端口电路 $N_1$ 和 $N_2$ 的开路电阻矩阵分别为 $\boldsymbol{R}_1$ 和 $\boldsymbol{R}_2$,$N_1$ 和 $N_2$ 连接后仍满足端口定义,由 $N_1$ 和 $N_2$ 的端口 VCR,有

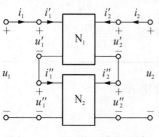

图 3.7.1   两个二端口电路的串-串联连接

$$\begin{bmatrix} u'_1 \\ u'_2 \end{bmatrix} = \boldsymbol{R}_1 \begin{bmatrix} i'_1 \\ i'_2 \end{bmatrix}, \quad \begin{bmatrix} u''_1 \\ u''_2 \end{bmatrix} = \boldsymbol{R}_2 \begin{bmatrix} i''_1 \\ i''_2 \end{bmatrix}$$

又根据图 3.7.1 所示的串-串联连接,有

$$\begin{bmatrix} i_1 \\ i_2 \end{bmatrix} = \begin{bmatrix} i'_1 \\ i'_2 \end{bmatrix} = \begin{bmatrix} i''_1 \\ i''_2 \end{bmatrix} \tag{3.7.1}$$

$$\begin{bmatrix} u_1 \\ u_2 \end{bmatrix} = \begin{bmatrix} u'_1 + u''_1 \\ u'_2 + u''_2 \end{bmatrix} = \begin{bmatrix} u'_1 \\ u'_2 \end{bmatrix} + \begin{bmatrix} u''_1 \\ u''_2 \end{bmatrix} \tag{3.7.2}$$

于是得到

$$\begin{bmatrix} u_1 \\ u_2 \end{bmatrix} = \boldsymbol{R}_1 \begin{bmatrix} i'_1 \\ i'_2 \end{bmatrix} + \boldsymbol{R}_2 \begin{bmatrix} i''_1 \\ i''_2 \end{bmatrix} = (\boldsymbol{R}_1 + \boldsymbol{R}_2) \begin{bmatrix} i_1 \\ i_2 \end{bmatrix} = \boldsymbol{R} \begin{bmatrix} i_1 \\ i_2 \end{bmatrix} \tag{3.7.3}$$

其中:

$$\boldsymbol{R} = \boldsymbol{R}_1 + \boldsymbol{R}_2 \tag{3.7.4}$$

由式(3.7.4)可见,由两个子二端口电路串-串联而成的总二端口电路,其开路电阻矩阵 $\boldsymbol{R}$ 等于两个子二端口电路的开路电阻矩阵 $\boldsymbol{R}_1$ 与 $\boldsymbol{R}_2$ 之和。

式(3.7.4)的成立是有条件的,这个条件是两个子二端口电路经串-串联后,每个子二端口电路的端口电流约束条件必须得到保证,否则便不成立。例如,设有两个相同的二端口电路 $N_1$ 和 $N_2$ 如图 3.7.2(a)所示,将它们串-串联连接,得到的总二端口电路 N 如图 3.7.2(b)所示。由图 3.7.2(b)可以看出

$$i''_1 = 0, \quad i''_2 = i_1 + i_2 \tag{3.7.5}$$

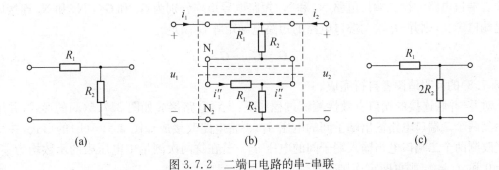

图 3.7.2 二端口电路的串-串联

(a) 二端口电路 $N_1$ 和 $N_2$ (b) 总二端口电路 N (c) 简化后的二端口电路 N

显然,此时两个子二端口电路 $N_1$ 和 $N_2$ 的端口电流约束条件均遭到破坏。不难证实,此时 N 的 $\boldsymbol{R}$ 矩阵不等于 $N_1$ 的 $\boldsymbol{R}_1$ 矩阵和 $N_2$ 的 $\boldsymbol{R}_2$ 矩阵之和。根据求 $\boldsymbol{R}$ 矩阵的方法可求得 $N_1$ 和 $N_2$ 的开路电阻矩阵

$$\boldsymbol{R}_1 = \boldsymbol{R}_2 = \begin{bmatrix} R_1 + R_2 & R_2 \\ R_2 & R_2 \end{bmatrix} \tag{3.7.6}$$

将 N 简化为图 3.7.2(c)所示的二端口电路,其 $\boldsymbol{R}$ 矩阵为

$$\boldsymbol{R} = \begin{bmatrix} R_1 + 2R_2 & 2R_2 \\ 2R_2 & 2R_2 \end{bmatrix} \tag{3.7.7}$$

将 $\boldsymbol{R}_1$ 和 $\boldsymbol{R}_2$ 相加后,再与 $\boldsymbol{R}$ 进行比较,便知 $\boldsymbol{R}_1 + \boldsymbol{R}_2 \neq \boldsymbol{R}$。

导致端口电流约束条件遭到破坏的原因很容易从图 3.7.2(b) 看出。此图表明二端口电路 $N_2$ 的电阻 $R_1$ 在连接时被短路,正是因为这种短路引起了电流分布的改变,才破坏了端口电流的约束条件。

两个二端口电路互相连接在一起后,若各自的端口电流约束条件不被破坏,则称两者的连接有效。两个二端口电路之间的连接是否有效,可通过有效性测试来判定。对串-串联连接来说,测试过程如下。

先将电路接成如图 3.7.3(a) 的形式,并用电压表测量电压 $u_1$;再将电路改接成如图 3.7.3(b) 的形式,并用电压表测量电压 $u_2$。若在这两次测量中电压表的示数均为零,即 $u_1 = 0$ 和 $u_2 = 0$,则可断定连接有效。用有效性测试检查图 3.7.2(b) 上的连接,可以发现它不符合有效性的要求。

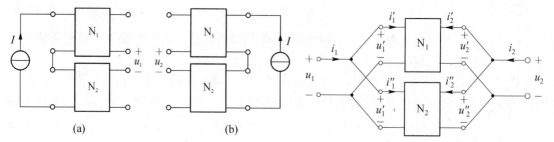

图 3.7.3　串-串联连接的有效性测试电路　　　　图 3.7.4　两个二端口电路的并-并联连接

两个二端口电路的并-并联连接如图 3.7.4 所示。显然,经过这种连接得出的总电路仍是一个二端口电路。设二端口电路 $N_1$ 和 $N_2$ 短路电导矩阵分别为 $\boldsymbol{G}_1$ 和 $\boldsymbol{G}_2$,$N_1$ 和 $N_2$ 连接后仍满足端口定义,则并-并联二端口电路的短路电导矩阵 $\boldsymbol{G}$ 满足

$$\boldsymbol{G} = \boldsymbol{G}_1 + \boldsymbol{G}_2 \tag{3.7.8}$$

式(3.7.8)的证明请读者自行完成。

对并-并联连接的端口有效性测试过程如下:先将电路接成如图 3.7.5(a) 的形式,并用电压表测两个二端口电路输出端子间的电压 $u_1$;再将电路改接成如图 3.7.5(b) 的形式,并用电压表改测两个二端口电路输入端子间的电压 $u_2$。若在这两次测量中电压表的示数均为零,即 $u_1 = 0$ 和 $u_2 = 0$,则可断定连接有效。

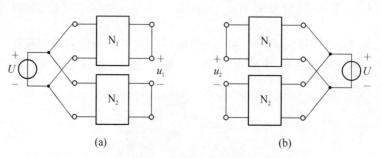

图 3.7.5　并-并联连接的有效性测试电路

2）串-并联连接和并-串联连接

两个二端口电路的串-并联连接如图 3.7.6 所示。假设二端口电路 $N_1$ 和 $N_2$ 第一种混合参数矩阵分别为 $\boldsymbol{H}_1$ 和 $\boldsymbol{H}_2$，$N_1$ 和 $N_2$ 连接后仍满足端口定义，由图 3.7.6 可得

$$\begin{bmatrix} u_1 \\ i_2 \end{bmatrix} = \boldsymbol{H}_1 \begin{bmatrix} i_1' \\ u_2' \end{bmatrix} + \boldsymbol{H}_2 \begin{bmatrix} i_1'' \\ u_2'' \end{bmatrix} = (\boldsymbol{H}_1 + \boldsymbol{H}_2) \begin{bmatrix} i_1 \\ u_2 \end{bmatrix} = \boldsymbol{H} \begin{bmatrix} i_1 \\ u_2 \end{bmatrix} \tag{3.7.9}$$

其中：

$$\boldsymbol{H} = \boldsymbol{H}_1 + \boldsymbol{H}_2 \tag{3.7.10}$$

即串-并联连接而成的总二端口电路，其第一种混合参数矩阵 $\boldsymbol{H}$ 等于两个子二端口电路的第一种混合参数矩阵 $\boldsymbol{H}_1$ 与 $\boldsymbol{H}_2$ 之和。

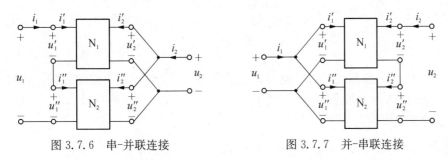

图 3.7.6　串-并联连接　　　　　　图 3.7.7　并-串联连接

两个二端口电路的并-串联连接如图 3.7.7 所示。假设二端口电路 $N_1$ 和 $N_2$ 第二种混合参数矩阵分别为 $\boldsymbol{H}_1'$ 和 $\boldsymbol{H}_2'$，$N_1$ 和 $N_2$ 连接后仍满足端口定义，则并-串联连接二端口电路的第二种混合参数矩阵 $\boldsymbol{H}$ 满足

$$\boldsymbol{H}' = \boldsymbol{H}_1' + \boldsymbol{H}_2' \tag{3.7.11}$$

式（3.7.10）和式（3.7.11）也是在连接时不破坏二端口电路 $N_1$ 和 $N_2$ 的端口电流约束条件的前提下才能成立。如何测试串-并联连接和并-串联连接的有效性，请读者自行给出测试方法。

3）级联连接

两个二端口电路的级联连接如图 3.7.8 所示。采用 $a$ 参数表示端口 VCR，可得

$$\begin{bmatrix} u_1 \\ i_1 \end{bmatrix} = \boldsymbol{A}_1 \begin{bmatrix} u_2' \\ -i_2' \end{bmatrix} = \boldsymbol{A}_1 \begin{bmatrix} u_1'' \\ i_1'' \end{bmatrix} = \boldsymbol{A}_1 \boldsymbol{A}_2 \begin{bmatrix} u_2 \\ -i_2 \end{bmatrix} = \boldsymbol{A} \begin{bmatrix} u_2 \\ -i_2 \end{bmatrix} \tag{3.7.12}$$

其中：

$$\boldsymbol{A} = \boldsymbol{A}_1 \boldsymbol{A}_2 \tag{3.7.13}$$

对 $n$ 个二端口电路的级联连接，有

$$\boldsymbol{A} = \prod_{i=1}^{n} \boldsymbol{A}_i \tag{3.7.14}$$

很明显，这种连接方式不会出现端口电流约束条件遭到破坏的情况，式（3.7.14）总是成立的，所以不需要做有效性测试。

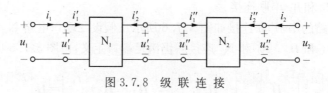

图 3.7.8 级 联 连 接

**例 3.7.1** 试求图 3.7.9(a)所示二端口电路的 $\boldsymbol{G}$ 矩阵。

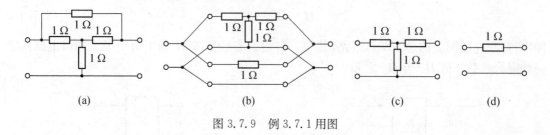

(a)        (b)        (c)        (d)

图 3.7.9 例 3.7.1 用图

**解** 图 3.7.9(a)所示二端口电路可以看成是两个简单二端口电路的并联,如图 3.7.9(b)所示。可以断定这种并联接法是有效的。构成图 3.7.9(b)的两个二端口电路分别如图 3.7.9(c)和(d)所示。

对图 3.7.9(c),可求得

$$\boldsymbol{R}_1 = \begin{bmatrix} 1+1 & 1 \\ 1 & 1+1 \end{bmatrix} \Omega = \begin{bmatrix} 2 & 1 \\ 1 & 2 \end{bmatrix} \Omega, \boldsymbol{G}_1 = \boldsymbol{R}_1^{-1} = \begin{bmatrix} 2/3 & -1/3 \\ -1/3 & 2/3 \end{bmatrix} S$$

对图 3.7.9(d),可求得端口 VCR 为

$$\begin{cases} i_1 = u_1 - u_2 \\ i_2 = u_2 - u_1 \end{cases}$$

因此

$$\boldsymbol{G}_2 = \begin{bmatrix} 1 & -1 \\ -1 & 1 \end{bmatrix} S$$

最后得到

$$\boldsymbol{G} = \boldsymbol{G}_1 + \boldsymbol{G}_2 = \begin{bmatrix} 2/3 & -1/3 \\ -1/3 & 2/3 \end{bmatrix} S + \begin{bmatrix} 1 & -1 \\ -1 & 1 \end{bmatrix} S = \begin{bmatrix} 5/3 & -4/3 \\ -4/3 & 5/3 \end{bmatrix} S$$

**例 3.7.2** 已知图 3.7.10(a)所示电路的 $\boldsymbol{A}$ 矩阵为 $\begin{bmatrix} 4 & 0 \\ 0.5\,\text{S} & 0.25 \end{bmatrix}$,试求 $n$ 和 $R$。

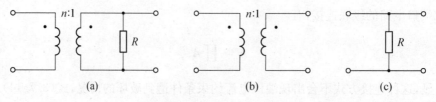

(a)        (b)        (c)

图 3.7.10 例 3.7.2 用图

**解**　给定的电路可看成图 3.7.10(b)和(c)所示的两个二端口电路的级联,因此有 $A = A_1 A_2$,即

$$\begin{bmatrix} 4 & 0 \\ 0.5 & 0.25 \end{bmatrix} = \begin{bmatrix} n & 0 \\ 0 & 1/n \end{bmatrix}\begin{bmatrix} 1 & 0 \\ 1/R & 1 \end{bmatrix} = \begin{bmatrix} n & 0 \\ 1/(nR) & 1/n \end{bmatrix}$$

由上式可得 $n = 4$,$R = 0.5\ \Omega$。

有效性测试可以判断二端口电路互连是否为有效连接,并没有给出实现有效连接的方法。在电子工程技术中常常需要对给定的两个二端口电路进行某种连接,以实现相应的功能。如果利用端口有效性测试得出连接是失效的,则必须采取措施变失效连接为有效连接。一般可采用光电隔离、变压器隔离等方法来实现有效连接。这里介绍变压器隔离法。如果两个二端口电路互连为无效连接,则可以在不满足有效连接的端口中接入一个 $n = 1$ 的理想变压器。图3.7.11 分别给出了二端口电路串-串联、并-并联连接的变压器隔离方法。值得指出的是,理想变压器可以接入两个二端口电路中的任意一个端口。

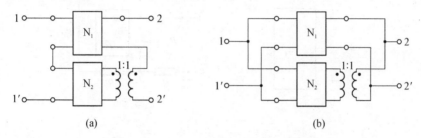

(a)　　　　　　　　　　　　(b)

图 3.7.11　二端口电路连接的变压器隔离

从上图可以看出,由于理想变压器的接入,$N_1$ 和 $N_2$ 的 VCR 没有发生变化,因此为有效连接。不难证明上述二端口电路连接完全满足端口检查的有效性测试。

## 习题 3

### 一端口电路的端口特性

**3.1**　试求题图 3.1 所示电路端口 VCR。

**3.2**　试求题图 3.2 所示电路端口 VCR。

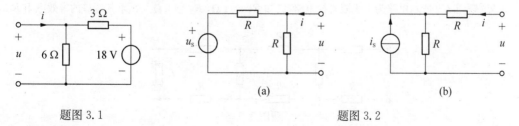

题图 3.1　　　　　　　　　　　　　　　　题图 3.2

**3.3**　试求题图 3.3 所示电路端口 VCR。

**3.4**　如题图 3.4 所示电路,试求端口 VCR。

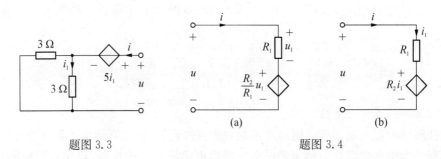

题图 3.3                                    题图 3.4

**3.5** 题图 3.5 所示一端口电路,电路 N 仅由线性非时变电阻组成,试证明端口 VCR 具有 $u = Ai$ 的形式,其中 $A$ 为常数。

**3.6 负电阻电路** 实现负电阻的电路如题图 3.6 所示,假定运放工作在线性区,试求端口等效电阻 $R_{eq}$ 并与例 3.2.4 中的实现电路进行比较。

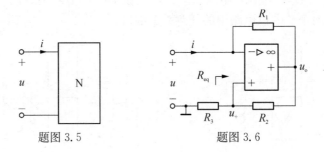

题图 3.5                          题图 3.6

**一端口电路的等效变换**

**3.7** 试求题图 3.7 所示一端口电路的等效电阻 $R_{ab}$。已知 $R_1 = 5\,\Omega$, $R_2 = 20\,\Omega$, $R_3 = 15\,\Omega$, $R_4 = 7\,\Omega$, $R_5 = R_6 = 6\,\Omega$。

**3.8** 试求题图 3.8 所示一端口电路的等效电阻 $R_{ab}$。已知 $R_1 = 12\,\Omega$, $R_2 = 6\,\Omega$, $R_3 = 4\,\Omega$。

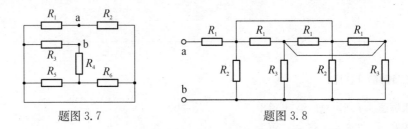

题图 3.7                          题图 3.8

**3.9** 题图 3.9 所示电路为一无限阶梯电路,已知 $R_1 = 1\,\Omega$, $R_2 = 2\,\Omega$。 试求其端口的等效电阻 $R_{ab}$。

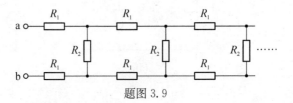

题图 3.9

**3.10** 如题图 3.10 所示电路,试用电阻串并联等效计算 a、c 两端点间的等效电阻 $R_{ac}$。使用电阻串并联等效能否计算出等效电阻 $R_{ab}$ 和 $R_{bc}$? 试说明你的理由。

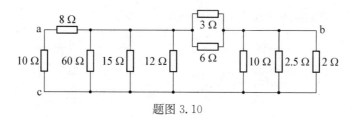

题图 3.10

**3.11** 如题图 3.11 所示电路,已知 $I_S = 7$ A,试计算电流 $I$。

**3.12** 试求题图 3.12 电路中的电压 $u$。

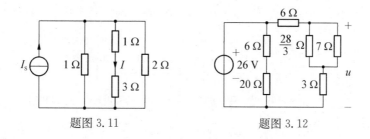

题图 3.11                    题图 3.12

**3.13** 题图 3.13 所示电路,已知 $u_S = 60$ V,$C_1 = 200\ \mu$F,$C_2 = 50\ \mu$F,$C_3 = 10\ \mu$F。试求:(1)总等效电容 $C_{eq}$;(2)每个电容上的电量及总电量;(3)每个电容两端的电压。

**3.14** 题图 3.14 所示电路,已知 $u_S = 48$ V,$C_1 = 800\ \mu$F,$C_2 = 60\ \mu$F,$C_3 = 1\ 200\ \mu$F。试求:(1)总等效电容 $C_{eq}$;(2)每个电容上的电量;(3)总电量。

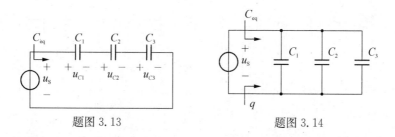

题图 3.13                    题图 3.14

**3.15 电梯呼叫按钮(电容接近开关)** 电梯呼叫按钮的外形如题图 3.15(a)所示,每一按钮由金属杯状环和金属平板构成电容的两极,电极由绝缘膜覆盖,模型如题图 3.15(b)所示。当手指轻触按钮时,由于手指比绝缘膜导电性更好,从而形成另一接地的电极,模型如题图 3.15(c)所示。呼叫按钮的原理电路如题图 3.15(d)所示,$C$ 为一固定电容。假设 $C = C_1 = C_2$,试计算手指接触按钮前后的电压 $u(t)$。电梯控制系统将根据 $u(t)$ 的变化确定运行到的楼层。

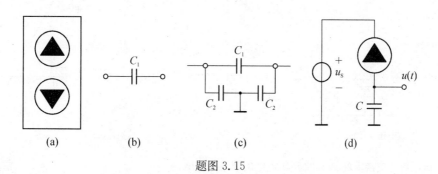

(a)          (b)          (c)          (d)

题图 3.15

**3.16**  如题图 3.16 所示电路,试求端口的等效电感 $L_{eq}$ 和等效电容 $C_{eq}$。

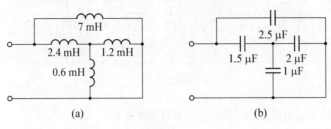

题图 3.16

**3.17**  如题图 3.17 所示电路,当 $i_S = 10\cos 2t$ mA$(t \geqslant 0)$ 时,试求从电源看进去的等效电容 $C_{eq}$ 和电压 $u$。

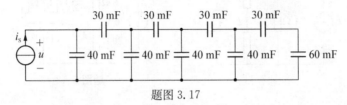

题图 3.17

**3.18**  题图 3.18 所示一端口电路,已知 $L_1 = 0.56$ H,$L_2 = 1.2$ H,$L_3 = 1.2$ H,$L_4 = 1.8$ H,试求等效电感 $L_{eq}$。

**3.19**  如题图 3.19 所示电路,已知 $i_S = \sin t$ A$(t \geqslant 0)$,试求电流 $i$ 及受控源提供的瞬时功率。

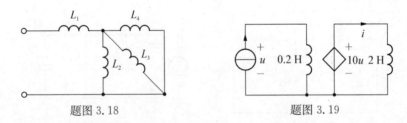

题图 3.18                    题图 3.19

**3.20**  如题图 3.20 所示电路,已知 $u_S = \sin \pi t$ V$(t \geqslant 0)$,$u(0) = 10$ V,当 $t = 0$ 时,2 F 电容的电压为 0,试求电压 $u$ 及 2 F 电容存储的能量。

**3.21**  有一实际电压源和一实际电流源的 $u$-$i$ 特性曲线分别如题图 3.21(a)和(b)所示。试求两电源的大小和其内阻。

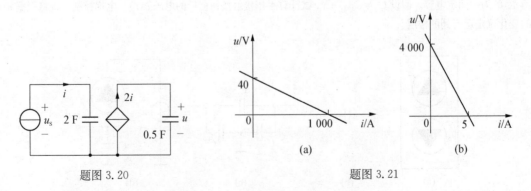

题图 3.20                    题图 3.21

**3.22**  试用等效变换求题图 3.22 所示电路的戴维南电路。

**3.23** 试用等效变换求题图 3.23 所示电路中的电流 $i$。

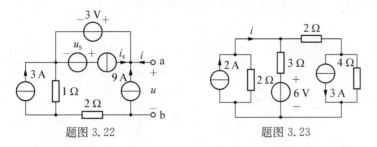

题图 3.22        题图 3.23

**3.24** 在题图 3.24 所示电路中，$R_1 = R_2 = 2\ \Omega$，$R_3 = R_4 = 1\ \Omega$，试用电路的等效变换求电压比 $u_o/u_S$。

**3.25** 试用等效变换，将题图 3.25 所示电路简化为最简形式的等效电路。已知 $R_1 = R_2 = R_3 = 2\ \Omega$，$U_S = 2\ \text{V}$。

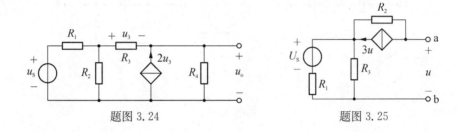

题图 3.24        题图 3.25

**3.26** 如题图 3.26 所示电路的每条支路的电导已标出，试求端口等效电导 $G_{ab}$。

**3.27** 如题图 3.27 所示电路，试求端口等效电阻 $R_{ab}$。

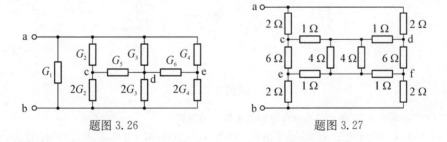

题图 3.26        题图 3.27

**3.28** 试求题图 3.28 所示电路的输入电阻 $R_{ab}$，图中未标示的电阻值均为 $1\ \Omega$。

**3.29** 如题图 3.29 所示电路，试求电压 $u$。

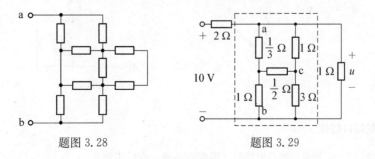

题图 3.28        题图 3.29

**3.30** 题图 3.30 所示为一个带有负载的桥——T 形电路,试求 a、b 端的输入端电阻 $R_{ab}$。

**3.31** 试求题图 3.31 所示 Ⅱ 形电路的 T 形等效电路。已知 $R_1 = 1\,\Omega$, $R_2 = 2\,\Omega$, $R_3 = 3\,\Omega$, $U_{S1} = 2\,\text{V}$, $U_{S2} = 6\,\text{V}$, $U_{S3} = 3\,\text{V}$。

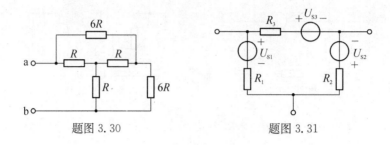

题图 3.30　　　　　　题图 3.31

**3.32** 试推导题图 3.32 所示电路的 T-Ⅱ 电容电路的等效变换公式,设电容的初始电压为零。

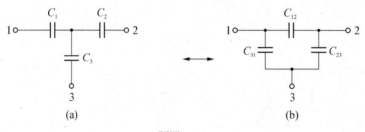

题图 3.32

**3.33** 试推导题图 3.33 所示电路的 T-Ⅱ 电感电路的等效变换公式,设电感的初始电流为零。

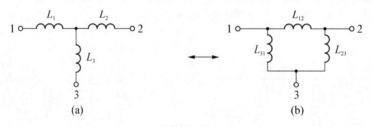

题图 3.33

**3.34** 试推导题图 3.34 所示三端耦合电感的去耦等效电路。

**3.35** 如题图 3.35 所示电路,已知耦合电感 $L_1 = 4\,\text{H}$, $L_2 = 3\,\text{H}$, $M = 2\,\text{H}$,试求从 ab 端看进去的等效电感。

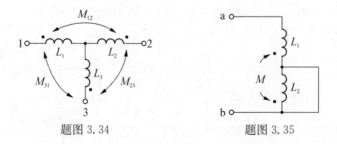

题图 3.34　　　　　　题图 3.35

**二端口电路的端口特性**

**3.36** 试求题图 3.36 所示二端口电路的 $r$ 参数矩阵和 $g$ 参数矩阵。

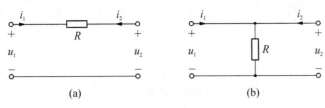

题图 3.36

**3.37** 试求题图 3.37 所示二端口的 $g$ 参数矩阵。

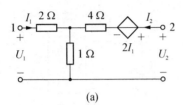
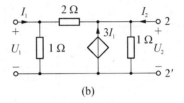

题图 3.37

**3.38　晶体三极管小信号模型**　题图 3.38(a) 所示为晶体三极管,题图 3.38(b) 所示为其小信号模型,试求该二端口电路模型的 $h$ 参数矩阵。

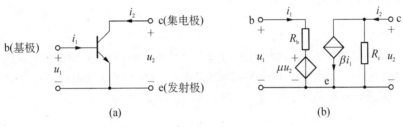

题图 3.38

**3.39** 题图 3.39 所示含理想运算放大器二端口电路,试求该二端口的电阻参数矩阵 **R**。

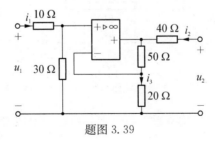

题图 3.39

**3.40** 试求题图 3.40 所示二端口电路的 $a$ 参数矩阵和 $a'$ 参数矩阵。

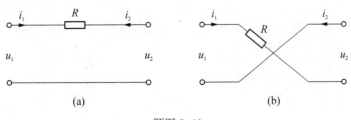

题图 3.40

**3.41** 已知二端口电路的 $r$ 参数为 $r_{11} = 40\,\Omega$，$r_{12} = 10\,\Omega$，$r_{21} = 20\,\Omega$，$r_{22} = 20\,\Omega$，试求该二端口电路的其他 5 种参数矩阵。

**具有端接的二端口电路**

**3.42** 在题图 3.42 所示电路中，已知二端口电路的 $\boldsymbol{R} = \begin{bmatrix} 10 & 15 \\ 5 & 20 \end{bmatrix}\,\Omega$，$R_S = 100\,\Omega$。试求当负载 $R_L = 25\,\Omega$ 时，输出电压与输入电压之比 $u_2/u_S$。

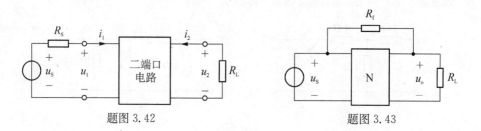

题图 3.42　　　　　　　　题图 3.43

**3.43** 如题图 3.43 所示电路中 N 为某晶体管放大器，其 $h$ 参数矩阵为 $\boldsymbol{H} = \begin{bmatrix} 10^3\,\Omega & 10^{-4} \\ 100 & 10^{-5}\,\text{S} \end{bmatrix}$，已知 $u_S = 10\,\text{mV}$，$R_f = R_L = 1\,\text{k}\Omega$，试求输出电压 $u_o$。

**二端口电路的互连**

**3.44** 题图 3.44(a)所示 T 形二端口电路可看作两个二端口电路的串联，如题图 3.44(b)所示，也可看作三个二端口电路的级联，如题图 3.44(c)所示，试用题图 3.44(b)和(c)求题图 3.44(a)所示 T 形二端口电路的 $\boldsymbol{R}$ 矩阵和 $\boldsymbol{A}$ 矩阵。已知 $R_1 = 1\,\Omega$，$R_2 = 3\,\Omega$，$R_3 = 2\,\Omega$。

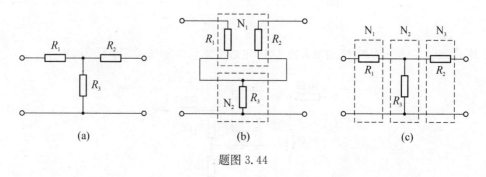

(a)　　　　　　　(b)　　　　　　　(c)

题图 3.44

**3.45** 题图 3.45(a)所示电路可看作题图 3.45(b)所示两个二端口电路的并联，试用题图 3.45(b)求题图 3.45(a)所示电路的 $\boldsymbol{G}$ 矩阵。

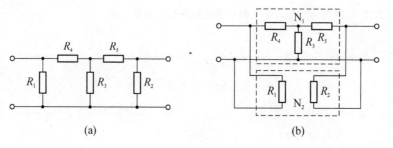

(a)　　　　　　　　　　(b)

题图 3.45

**3.46** 试求题图 3.46 所示二端口电路的传输矩阵 **A** 的各个参数。

**3.47** 题图 3.47 所示二端口电路由两个子二端口电路串联而成,试求总二端口电路的 $r$ 参数矩阵。

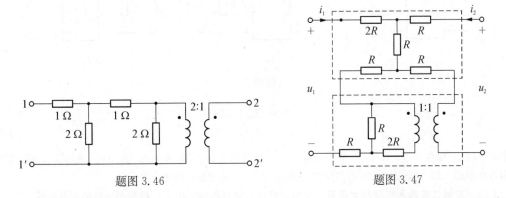

题图 3.46　　　　　　　　　　题图 3.47

**3.48** **负反馈放大电路**　通过二端口电路的互连可构成所谓的负反馈放大电路,即将输出的一部分反馈到输入端。题图 3.48 所示为采用串-并联连接方式的负反馈放大电路的原理图,其中 $N_1$ 为前向通路,$N_2$ 为反馈通路。试求电路的电压增益 $u_o/u_S$。

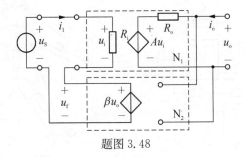

题图 3.48

**综合**

**3.49** 由 $n$ 个线性正电阻任意连接组成的一端口电路,其端口的等效电阻为 $R$,试证明:

$$R_p \leqslant R \leqslant R_s$$

式中,$R_p$ 为 $n$ 个正电阻并联时的等效电阻;$R_s$ 为 $n$ 个正电阻串联时的等效电阻。(提示:可利用功率守恒性质)

**3.50** 试求题图 3.50 所示电路的戴维南电路和诺顿电路,并绘出伏安特性曲线。

**3.51** 题图 3.51 所示电路中所有电阻均为 1 Ω,试计算 2 V 电压源的功率。

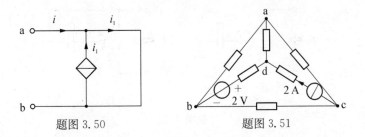

题图 3.50　　　　　　　　　　题图 3.51

**3.52** 题图 3.52(a)所示线性电阻无源二端口电路 $N_R$,其传输方程为

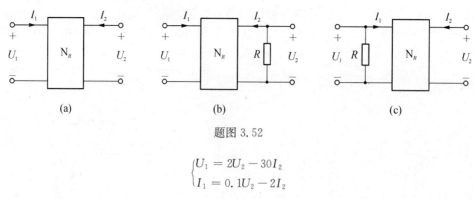

题图 3.52

$$\begin{cases} U_1 = 2U_2 - 30I_2 \\ I_1 = 0.1U_2 - 2I_2 \end{cases}$$

式中,$U_1$ 和 $U_2$ 单位为 V,$I_1$ 和 $I_2$ 单位为 A。电阻 $R$ 并联在输出端[见题图 3.52(b)]时的输入电阻等于该电阻并联在输入端[见题图 3.52(c)]时的输入电阻的 6 倍,试求该电阻 $R$。

**3.53 自举式高输入电阻放大电路** 反相运算放大电路的输入电阻一般远小于运放的开环输入电阻(为什么?)。为了提高输入电阻,可采用如题图 3.53 所示的自举式放大电路。试求电路的输入电阻 $R_i$。

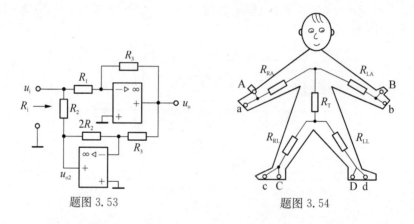

题图 3.53　　　　　　　　　题图 3.54

**3.54 人体生物电阻测量电路** 为了测量人体不同部位的生物电阻,建立如题图 3.54 所示的人体电阻模型,将人体分为左上肢、右上肢、躯干、左下肢和右下肢共 5 段,其中 a、b、c 和 d 为电流激励电极,A、B、C 和 D 为电压测量电极。通过在不同的激励电极之间通入电流形成回路,并通过不同的测量电极进行测量,从而获取各段的生物电阻。例如,在 a 和 c 之间通入激励电流 $I_S$,电流流经 $R_{RA}$、$R_T$ 和 $R_{RL}$ 形成回路,在 A 和 B 之间测量所得电压 $U$ 为 $R_{RA}$ 两端电压,则右上臂阻抗 $R_{RA} = U/I_S$。试讨论生物电阻的测量方案。

**3.55 开关电容电路** 开关电容电路是由受时钟信号控制的开关和电容器组成的电路,它利用电荷的存储和转移来实现对信号的各种处理功能,在集成电路技术中具有广泛的应用。如题图 3.55 所示为两种常见的开关电容电路,已知控制开关 S 在 1 端和 2 端周期性切换的时钟信号频率为 $f_c$,试求端口等效电阻 $R_e$。

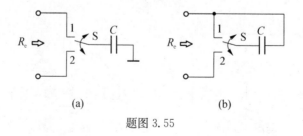

(a)　　　　　　　　　(b)

题图 3.55

# 4 电路定理

本章讨论电路理论中的一些重要定理,包括叠加定理和齐次定理、替代定理、戴维南定理和诺顿定理、最大功率传输定理、特勒根定理、互易定理以及对偶原理等。线性电路满足齐次性和可加性,叠加定理和齐次定理所表达的就是线性电路的这一基本性质,这种基本性质在线性电阻电路中表现为电路的激励和电路的响应之间具有线性关系。替代定理对任何有唯一解的电路均成立,它是一个应用范围非常广泛的定理,替代定理允许用一个经适当选择的独立源来替代电路中一条特定的支路,而不会引起电路中其他支路上的电压和电流的改变。戴维南定理和诺顿定理又称为等效电源定理,对于一个含独立源的线性电阻性(可含受控源)一端口电路,可等效为理想电压源与电阻的串联(戴维南电路)或理想电流源与电导的并联(诺顿电路)。最大功率传输定理与等效电源定理密切相关,它阐明了负载从信号源获取最大功率的条件。特勒根定理是电路理论中的重要定理,它适用于任何集中参数电路。特勒根定理仅通过基尔霍夫定律导出,与基尔霍夫定律一样,它反映了电路的互连性质,与电路元件的性质无关。互易定理概括了具有互易性质的电路的特性,它具有三种表现形式,由于并非任何电路都是互易电路,因此互易定理的适用范围较狭窄。最后,对偶原理描述了电路的一种普遍现象——对偶的性质。

利用电路定理可以简化电路的分析。在掌握这些电路定理内容的同时,还必须注意它们的适用范围和限制条件。

## 4.1 齐次定理和叠加定理

第 2 章主要介绍了以独立电压/电流变量列写电路方程的分析线性电阻电路的一般方法,这些电路方程均是线性代数方程,其中独立源电压和/或电流均作为方程的非齐次项出现在方程的右边,而支路电压/电流、回路电流、节点电压等变量以线性组合的形式出现在方程的左边。线性代数方程的重要性质就是齐次性和可加性,这些性质反映在电路理论中就是齐次定理和叠加定理。

### 4.1.1 齐次定理

如图 4.1.1 所示,电路只有一个激励(理想电流源)$i_S$,现在要求解电路中电流 $i_1$(响应)。由 KCL 和 KVL 可列出如下电路方程:

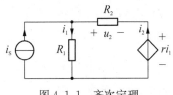

图 4.1.1 齐次定理

$$\begin{cases} i_1 = i_S + i_2 \\ R_1 i_1 - R_2 i_2 - r i_1 = 0 \end{cases} \tag{4.1.1}$$

求解上述方程可得到响应 $i_1$ 为

$$i_1 = \frac{R_2}{R_2 - R_1 + r} i_S \tag{4.1.2}$$

由于 $R_1$、$R_2$ 和 $r$ 为常数,响应 $i_1$ 和激励 $i_S$ 之间是一个比例关系,如果 $i_S$ 变为原来的 $a$ 倍,则 $i_1$ 也随之变为原来的 $a$ 倍,这种性质称为**齐次性**(homogeneity)。该电路中其他任何响应(电压或电流)对激励 $i_S$ 均存在类似的线性关系。例如,不难得出 $u_2$ 与 $i_S$ 之间的关系为

$$u_2 = \frac{R_2(R_1 - r)}{R_2 - R_1 + r} i_S \tag{4.1.3}$$

正是由于描述线性电阻电路的方程是线性代数方程,因此当电路方程的两边同时乘以实数 $a$ 时,激励 $x$ 和响应 $y$ 都同时乘以 $a$,激励 $ax$ 所对应的响应必为 $ay$。

上述结论在线性电路中具有普遍性,概括为**齐次定理**(homogeneity theorem):在只有一个激励(理想电压源和理想电流源)的线性电路中,取电路中任意支路电流或支路电压为响应,当激励变为原来的 $a$ 倍($a$ 为实数)时,响应也将同样变为原来的 $a$ 倍。

齐次定理还可等价地表述如下:在只有一个激励(理想电压源和理想电流源)的线性电阻电路中,任一响应 $y$(电压或电流)都是激励 $x$ 的比例函数,即

$$y = Hx \tag{4.1.4}$$

式中,$H$ 为一实数,称为**网络函数**(network function)。

在应用齐次定理时,应注意激励是指独立源,并且必须在电路具有唯一解的条件下齐次定理才成立。

**例4.1.1** 如图 4.1.2(a)所示电路,已知 $u_S = 64$ V,试求 1 Ω 电阻两端的电压 $u$。

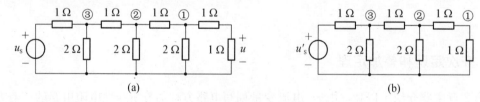

(a)　　　　　　(b)

图 4.1.2 例 4.1.1 用图

**解** 应用齐次定理求解。设 $u = 1$ V,由图 4.1.2(a)所示电路可得节点①的电压为

$$u_{n1} = 2u = 2 \text{ V}$$

利用电阻的串联与并联将图 4.1.2(a)所示电路等效变换为 4.1.2(b)所示电路,可知节点②的电压为

$$u_{n2} = 2u_{n1} = 4u = 4 \text{ V}$$

同理,节点③的电压为

$$u_{n3} = 2u_{n2} = 8u = 8 \text{ V}$$

于是理想电压源电压 $u'_S$ 为

$$u'_S = 2u_{n3} = 16u = 16 \text{ V}$$

由此可见,响应 $u$ 和激励 $u_S$ 的关系可以写成式(4.1.4)的形式

$$u = \frac{1}{16}u_S$$

因此,当 $u_S = 64 \text{ V}$ 时,$u = \frac{1}{16} \times 64 \text{ V} = 4 \text{ V}$。

图 4.1.2(a)电路是由 $R/2R$ 梯形网络构成的,从理想电压源正端开始,到节点③、②、①和输出端,各节点的电压依次衰减一半,如果合理设计梯形网络,则可构成任意等比例步进量的衰减电路。请参见习题 4.50。

含有多个激励的线性电阻电路同样满足齐次性。此时齐次定理可表述如下:在含有多个激励的线性电阻电路中,当所有激励(理想电压源和理想电流源)都同时变为原来的 $a$ 倍($a$ 为实数)时,响应(电压和电流)也将同样变为原来的 $a$ 倍。

**例 4.1.2** 如图 4.1.3 所示电路,已知 $i_S = 6 \text{ A}$,$u_S = 3 \text{ V}$,试求支路电流 $i_1$。如果 $i_S = 12 \text{ A}$,$u_S = 6 \text{ V}$,再求该支路电流。

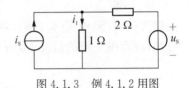

图 4.1.3 例 4.1.2 用图

**解** 由 KCL 和 KVL 可列出电路方程

$$u_S = 1 \times i_1 + 2 \times (i_1 - i_S)$$

将 $i_S = 6 \text{ A}$,$u_S = 3 \text{ V}$ 代入,求得

$$i_1 = 5 \text{ A}$$

如果 $i_S = 12 \text{ A}$,$u_S = 6 \text{ V}$,则激励是原来的 2 倍,因此 $i_1$ 将变为 10 A。

### 4.1.2 叠加定理

当电路中含有多个激励,则电路的响应是这多个激励共同作用的结果。当电路是线性的,电路的响应与每个激励单独作用下的响应有什么关系呢?下面以图 4.1.4 所示三个线性电路为例加以说明。

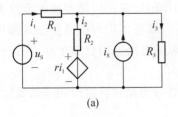
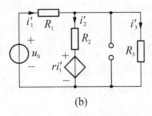
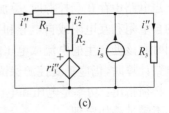

| (a) | (b) | (c) |

图 4.1.4 叠加定理示例

图 4.1.4(a)所示电路含有两个独立源,由 KCL 和 KVL 可列出如下电路方程

$$\begin{cases} i_1 - i_2 - i_3 = -i_S \\ (R_1 + r)i_1 + R_2 i_2 = u_S \\ R_1 i_1 + R_3 i_3 = u_S \end{cases} \tag{4.1.5}$$

图 4.1.4(b)电路是在图 4.1.4(a)电路基础上让理想电流源不起作用,即将理想电流源置零,其两端用开路代替。同样,可列出如下电路方程

$$\begin{cases} i'_1 - i'_2 - i'_3 = 0 \\ (R_1 + r)i'_1 + R_2 i'_2 = u_S \\ R_1 i'_1 + R_3 i'_3 = u_S \end{cases} \tag{4.1.6}$$

图 4.1.4(c)电路是在图 4.1.4(a)电路基础上让理想电压源不起作用,即将理想电压源置零,其两端用短路代替。同样,可列出如下电路方程

$$\begin{cases} i''_1 - i''_2 + i_S - i''_3 = 0 \\ (R_1 + r)i''_1 + R_2 i''_2 = 0 \\ R_1 i''_1 + R_3 i''_3 = 0 \end{cases} \tag{4.1.7}$$

将式(4.1.6)、式(4.1.7)的对应项相加得

$$\begin{cases} (i'_1 + i''_1) - (i'_2 + i''_2) + i_S - (i'_3 + i''_3) = 0 \\ (R_1 + r)(i'_1 + i''_1) + R_2(i'_2 + i''_2) = u_S \\ R_1(i'_1 + i''_1) + R_3(i'_3 + i''_3) = u_S \end{cases} \tag{4.1.8}$$

比较式(4.1.5)和式(4.1.8),两者的系数和方程右端的非齐次项都是相同的,由线性代数原理可知,在有唯一解的情况下,两者的解答也是相同的,即

$$\begin{cases} i_1 = i'_1 + i''_1 \\ i_2 = i'_2 + i''_2 \\ i_3 = i'_3 + i''_3 \end{cases} \tag{4.1.9}$$

上述结论在线性电路中具有普遍性,概括为**叠加定理**(superposition theorem):在有唯一解的线性电路中,任一电压或电流都是电路中各个独立源单独作用时,在该处产生的电压或电流的叠加。

叠加定理说明了线性电路的可加性这一性质,它在线性电路的分析中起着重要的作用。线性电路中很多定理都与叠加定理有关。直接应用叠加定理计算和分析电路时,有时可将电源分成几组,按组计算以后再叠加,以便简化计算。

当电路中存在受控源时,叠加定理仍然适用。受控源的作用反映在回路方程或节点方程中的自电阻和互电阻或自电导和互电导中,所以任一处的电流或电压仍可按照各独立源单独作用时在该处产生的电流或电压的叠加计算。对含有受控源的电路应用叠加定理,在进行各分电路计算时,仍应把受控源保留在各分电路之中。

必须指出:功率是电压和电流的乘积,总功率不等于按各分电路计算所得功率的叠加,即功率不满足叠加定理。

齐次定理和叠加定理是线性函数齐次性和可加性的基本性质在线性电路中的具体体现。可以将这些性质等价地概括如下:设线性电路中有 $n$ 个独立源 $x_i (i = 1, 2, \cdots, n)$,取电路中任意支路电流或支路电压为响应 $y$,则有

$$y = \sum_{i=1}^{n} H_i x_i \tag{4.1.10}$$

即响应等于激励的线性组合。式中，$H_i$ 为网络函数，其表达式为

$$H_i = \frac{y_i}{x_i}\bigg|_{x_j=0\,(j=1,\,2,\,\cdots,\,i-1,\,i+1,\,\cdots,\,n)} \tag{4.1.11}$$

$y_i$ 为 $y$ 的一个分量。对给定的线性电阻电路，$H_i$ 为实数。式(4.1.10)等号右端的每一项代表的是只有一个电源单独作用时电路的响应。

最后还需说明的是，齐次定理和叠加定理是在讨论线性电阻电路的基础上得出的，它们也容易推广到本书后续章节介绍的线性动态电路、正弦稳态电路中。

**例 4.1.3** 如图 4.1.5(a)所示电路，已知 $U = 5\text{ V}$，试求 $U_\text{S}$。

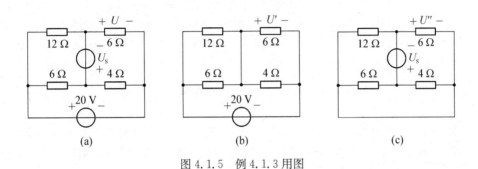

(a)　　　　　　(b)　　　　　　(c)

图 4.1.5　例 4.1.3 用图

**解**　应用叠加定理求解。画出独立源单独作用时的分电路如图 4.1.5(b)和(c)所示。对图 4.1.5(b)，应用分压公式有

$$U' = \frac{6//4}{12//6 + 6//4} \times 20\text{ V} = \frac{2.4}{4 + 2.4} \times 20\text{ V} = 7.5\text{ V}$$

同理，对图 4.1.5(c)有

$$U'' = \frac{12//6}{12//6 + 4//6} \times (-U_\text{S}) = -0.625\,U_\text{S}$$

由叠加定理可得

$$U = U' + U'' = 7.5 - 0.625U_\text{S}$$

令 $U = 5\text{ V}$，求得

$$U_\text{S} = 4\text{ V}$$

**例 4.1.4　电平平移电路**　如图 4.1.6 所示电路为电平平移电路，其作用是将信号的基线(或称"零点")抬高或降低一定幅值，它在单一电源(如 5 V)工作的电路具有广泛的应用。已知 $U_\text{S} = 5\text{ V}$，$u_\text{i} = 5\sin\omega t$，试求输出电压 $u_\text{o}$。

**解**　利用叠加定理求解。当 $u_\text{i}$ 单独作用时，有 $u_\text{o1} = \dfrac{R}{R+R}u_\text{i} = \dfrac{1}{2}u_\text{i}$；当 $U_\text{S}$ 单独作用时，有 $u_\text{o2} = \dfrac{1}{2}U_\text{S}$，根据叠加定理有

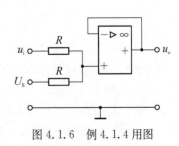

图 4.1.6　例 4.1.4 用图

$$u_o = u_{o1} + u_{o2} = \frac{1}{2}u_i + \frac{1}{2}U_S = (2.5 + 2.5\sin\omega t)\,\text{V}$$

由上例可知,如果电路的工作电源为 5 V,上述电路可以将输入电压的幅值变换到 0~5 V 之内,而波形不变。其他形式的电平转换电路参见习题 4.15。

**例 4.1.5** 试应用叠加定理求解例 3.2.2。

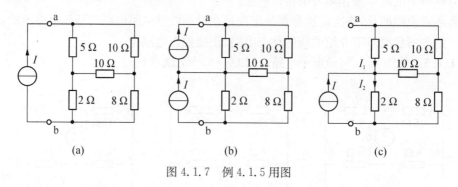

图 4.1.7 例 4.1.5 用图

**解** 如图 4.1.7(a)所示,在 ab 端加电流源 $I$,求 $U_{ab}$。利用无伴电流源转移等效变换,得到图 4.1.7(b)所示电路。根据叠加定理,与 2 Ω 电阻并联的电流源单独作用时的电路如图 4.1.7(c)所示。由分流公式可得

$$I_1 = \frac{(10+5)//10+8}{2+(10+5)//10+8} \times I = \frac{7}{8}I, \quad I_2 = \frac{10}{10+5+10} \times (I_1 - I) = -\frac{1}{20}I$$

因此
$$U_{ab}^{(1)} = 5 \times I_2 + 2 \times I_1 = 1.5I$$

同理,可求得图 4.1.7(b)中与 5 Ω 电阻并联的电流源单独作用时 ab 两端的电压 $U_{ab}^{(2)} = 3.5I$。

由叠加定理,可得图 4.1.7(a)中 ab 两端的电压为

$$U_{ab} = U_{ab}^{(1)} + U_{ab}^{(2)} = 5I$$

因此
$$R_{ab} = U_{ab}/I = 5\,\Omega$$

类似地,也可在图 4.1.7(a)电路的 ab 两端加电压源,采用无伴电压源转移等效变换来求解,得到的结果相同。

## 4.2 替代定理

第 3.1 节指出,一个复杂的"大"电路可以拆分成"小"电路(见图 3.1.1 和图 3.1.2),成为对外具有端口的电路。为了保证端口电路内部的各支路电压、电流不至于因拆分而发生变化,则应在拆分的端口处接以合适的电路。替代定理告诉我们,这合适的电路可以是理想电压源,也可以是理想电流源。

**替代定理**(substitution theorem)可表述如下:设一个具有唯一解的任意电路 N,若已知第 $k$ 条支路的电压和电流为 $u_k$ 和 $i_k$,则不论该支路是由什么元件组成的,总可以用电压为 $u_S = u_k$ 的理想电压源或电流为 $i_S = i_k$ 的理想电流源替代,而不影响电路未替代部分各支路电压和

支路电流。

图 4.2.1 是替代定理的示意图。图 4.2.1(a) 的第 $k$ 条支路用电压为 $u_S = u_k$ 的理想电压源或电流为 $i_S = i_k$ 的理想电流源替代后如图 4.2.1(b) 和 (c) 所示,三个电路在唯一解的条件下有相同解。

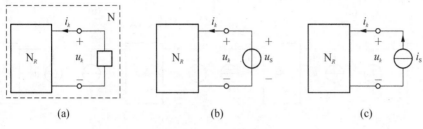

图 4.2.1  替 代 定 理

替代定理的正确性可以用图 4.2.2 进行直观性说明。如果第 $k$ 条支路用电压为 $u_S = u_k$ 的理想电压源替代,其特性是一条平行于 $i$ 轴的直线;如果第 $k$ 条支路用电流为 $i_S = i_k$ 的理想电流源替代,其特性是一条平行于 $u$ 轴的直线。在 $i$-$u$ 平面上,这两条特性曲线都经过 $(i_k, u_k)$ 这一点,而第 $k$ 条支路的特性曲线也必将通过这一点。因此,对特性曲线上这一特定的点,电路替代后图 4.2.1 中 $N_R$ 内部的各支路电压、电流不会发生变化。

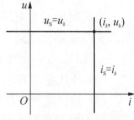

图 4.2.2  替代定理的直观性说明

可以用电路等效变换的概念来给出替代定理的简单而直观的证明。在图 4.2.3(a) 所示电路支路 $k$ 上取三个节点 a、b 和 c,由于 $u_{bc} = 0$,因此 b 和 c 两点间嵌接两个电压为 $u_k$ 的理想电压源,其方向如图 4.2.3(b) 所示。显然,这是一种等效变换,因为在图 4.2.3(b) 中,$u_{bc} = -u_k + u_k = 0$。又在图 4.2.3(b) 中,$u_{ad} = u_{ab} + u_{bd} = u_k - u_k = 0$,因此 a 和 d 两点间可用导线短接,图 4.2.3(b) 所示电路等效变换为如图 4.2.3(c) 所示。可见图 4.2.3(a) 电路中的支路 $k$ 可用电压为 $u_S = u_k$ 的理想电压源来替代,电路的工作状态不受影响。

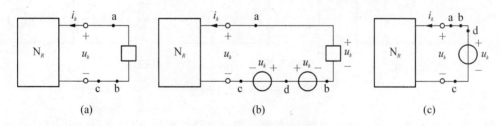

图 4.2.3  替代定理的证明

支路 $k$ 用理想电流源 $i_S$ 来替代的情况可以类似地给出证明。

应用替代定理可以把一个较复杂的电路经替代后变成一些较简单的电路,然后再进行分析。设有一个由电路 $N_1$、$N_2$ 和 $N_3$ 组成的线性电阻性电路 $N$ 如图 4.2.4(a) 所示。如果要对电路中的 $N_1$ 部分进行分析,根据替代定理,可以得到如图 4.2.4(b) 所示的两个相对较简单的电路。同样,如果要对电路中的 $N_2$ 部分进行分析,根据替代定理,可以得到如图 4.2.4(c) 所示的四个相对较简单的电路。因此,利用替代定理可以简化电路的分析。

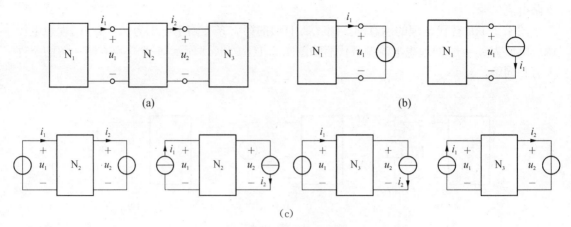

图 4.2.4　原电路及其替代

替代定理是对电路进行等效变换的一种形式,通过理想电压源或理想电流源来等效替代某条支路或部分电路,替代前后电路中各支路电压、电流不发生变化。替代定理的应用较为广泛,它不仅适用于线性电路,也适用于非线性电路。在应用替代定理时,应注意以下几点:

(1) 替代定理要求替代前后的电路必须有唯一解。

(2) 替代定理中所指的被替代支路,应与被替代支路以外的电路不存在耦合关系。例如,受控源支路和控制支路不应分属于被替代支路和被替代支路以外的电路。

(3) 替代定理对线性和非线性电路均成立。被替代支路可以是单一元件的支路,也可以是由复杂电路构成的一端口电路。

(4) 除被替代的部分发生变化外,电路的其余部分在替代前后必须保持完全相同。

**例 4.2.1**　如图 4.2.5(a)所示电路,已知电路 N 的 VCR 为 $u=i+11.6\,\text{V}$,试用替代定理求解电路中支路电流 $i_1$ 和 $i_2$。

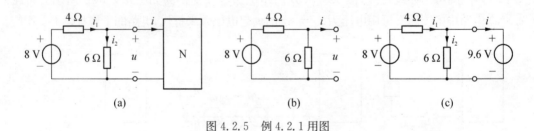

图 4.2.5　例 4.2.1 用图

**解**　先求出图 4.2.5(a)所示电路 N 左侧一端口电路的电压-电流关系,如图 4.2.5(b)所示,列出端口的 VCR 为

$$\left(\frac{1}{4}+\frac{1}{6}\right)u=\frac{1}{4}\times 8-i$$

即

$$u=4.8-2.4i$$

联立 N 的 VCR,即 $u=i+11.6$,解得

$$u=9.6\,\text{V},\ i=-2\,\text{A}$$

以 9.6 V 的理想电压源替代电路 N,如图 4.2.5(c)所示,可求得支路电流 $i_1$ 和 $i_2$ 分别为

$$i_1 = \frac{8 - 9.6}{4} \text{ A} = -0.4 \text{ A}, \quad i_2 = \frac{9.6}{6} \text{ A} = 1.6 \text{ A}$$

**例 4.2.2** 如图 4.2.6(a)所示电路,已知 $i = 4$ A,试求电阻 $R$。

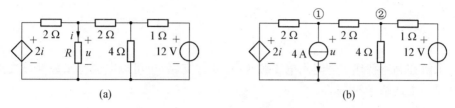

图 4.2.6　例 4.2.2 用图

**解** 应用替代定理,将电阻 $R$ 支路用 $i = 4$ A 理想电流源代替,电路如图 4.2.6(b)所示。对电路节点①和②列节点电压方程得

$$\begin{cases} \left(\dfrac{1}{2} + \dfrac{1}{2}\right)u - \dfrac{1}{2}u_2 = \dfrac{2i}{2} - 4 \\ -\dfrac{1}{2}u + \left(1 + \dfrac{1}{2} + \dfrac{1}{4}\right)u_2 = \dfrac{12}{1} \end{cases}$$

将 $i = 4$ A 代入解得

$$u = 4 \text{ V}$$

用欧姆定律求得

$$R = u/i = 1 \text{ Ω}$$

**例 4.2.3** 试应用替代定理求解例 3.2.2。

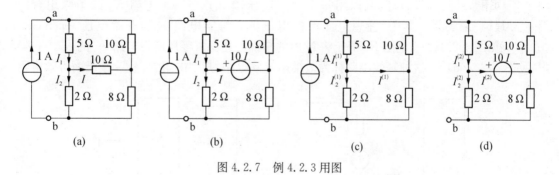

图 4.2.7　例 4.2.3 用图

**解** 如图 4.2.7(a)所示,在 ab 端加 1 A 电流源,求 $U_{ab}$。由替代定理,图 4.2.7(a)电路可等效为图 4.2.7(b)电路。由叠加定理,1 A 电流源单独作用时的电路如图 4.2.7(c)所示,$10I$ 电压源单独作用时的电路如图 4.2.7(d)所示。由图 4.2.7(c),有

$$I_1^{(1)} = \frac{10}{5 + 10} \times 1 \text{ A} = \frac{2}{3} \text{ A}, \quad I_2^{(1)} = \frac{8}{2 + 8} \times 1 \text{ A} = \frac{4}{5} \text{ A}, \quad I^{(1)} = I_1^{(1)} - I_2^{(1)} = -\frac{2}{15} \text{ A}$$

类似地,由图 4.2.7(d)可得

$$I_1^{(2)} = -\frac{2}{3}I, \quad I_2^{(2)} = I, \quad I^{(2)} = I_1^{(2)} - I_2^{(2)} = -\frac{5}{3}I$$

由叠加定理,有

$$I = I^{(1)} + I^{(2)} = -\frac{2}{15} - \frac{5}{3}I \Rightarrow I = -\frac{1}{20}\ \mathrm{A}$$

$$I_1 = I_1^{(1)} + I_1^{(2)} = \frac{2}{3} - \frac{2}{3}I = \frac{7}{10}\ \mathrm{A},\ I_2 = I_2^{(1)} + I_2^{(2)} = \frac{4}{5} + I = \frac{3}{4}\ \mathrm{A}$$

由 KVL,得 $\qquad\qquad U_{ab} = 5I_1 + 2I_2 = 5\ \mathrm{V}$

因此 $\qquad\qquad R_{ab} = U_{ab}/1\ \mathrm{A} = 5\ \Omega$

上述求解在利用替代定理时用电压源替换 10 Ω 支路,也可以电流源来替换该支路,最后求得的结果与上述结果相同。

## 4.3 戴维南定理和诺顿定理

在分析一个复杂的电路时,有时并不一定要求出电路中所有支路电压(电流),而是仅对某一部分电路中的电压(电流)感兴趣,此时可以将这某一部分电路以外的剩余电路进行等效变换,使电路得以化简。通过第 3.2 节的讨论,已经知道,如果一端口电路全部由线性电阻性元件(可以包含受控源)构成,则其端口对外可等效为一个电阻;如果一端口电路中还包含独立源,其端口对外可等效为戴维南电路或诺顿电路[见式(3.2.4)]。上述结论体现在本节将要介绍的戴维南定理和诺顿定理之中。这两个定理还给出了戴维南支路和诺顿支路的求取方法。

戴维南定理和诺顿定理统称为等效电源定理,是简化含独立源一端口电路的重要定理。

### 4.3.1 戴维南定理

**戴维南定理**(Thevenin's theorem)可表述如下:线性含独立源一端口电阻电路 N[见图 4.3.1(a)],就其端口而言,可以用一个理想电压源 $u_{OC}$ 与一个电阻 $R_o$ 的串联组合[见图 4.3.1(b)]来等效。其中,理想电压源的电压 $u_{OC}$ 等于电路 N 的**开路电压**(open-circuit voltage)[见图 4.3.1(c)];电阻 $R_o$ 等于将 N 内的全部独立源置零后所得电路 $N_0$ 的入端等效电阻[见图 4.3.1(d)]。这种等效电路称为戴维南等效电路,其中电阻 $R_o$ 称为戴维南等效电阻。

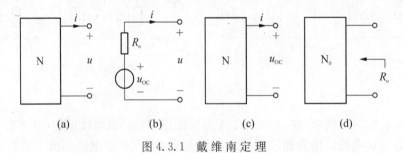

图 4.3.1　戴　维　南　定　理

戴维南定理可以由叠加定理导出。下面给出该定理的证明。图 4.3.1(b)所示一端口电路的 VCR 为

$$u = u_{OC} - R_o i \qquad\qquad (4.3.1)$$

只需证明图 4.3.1(a)所示一端口电路 N 的 VCR 满足式(4.3.1)。

为了求出一端口电路 N 的 VCR,在 N 的端口接入电流为 $i$ 的理想电流源,如图 4.3.2(a)

所示,现在求理想电流源两端的电压 $u$。

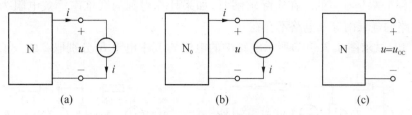

(a)　　　　　　　　(b)　　　　　　　　(c)

图 4.3.2　戴维南定理的证明

设 N 内部含有 $n$ 个独立源 $w_k(k=1, 2, \cdots, n)$,由叠加定理可得

$$u=u\Big|_{i\neq 0,\ w_k=0(k=1, 2, \cdots, n)} + u\Big|_{i=0,\ w_k\neq 0(k=1, 2, \cdots, n)} = Hi + \sum_{k=1}^{n} H_k w_k \qquad (4.3.2)$$

式中, $H$ 和 $H_k(k=1, 2, \cdots, n)$ 为网络函数,即

$$H=\frac{u}{i}\Big|_{w_k=0(k=1, 2, \cdots, n)} \qquad (4.3.3)$$

$$H_k=\frac{u_k}{i_k}\Big|_{i=0,\ w_m=0(m=1, 2, \cdots, n;\ m\neq k)} \qquad (4.3.4)$$

令图 4.3.2(a)中 $w_k=0(k=1, 2, \cdots, n)$,则得到图 4.3.2(b)所示电路,其中 $N_0$ 是 N 所含的独立源都被置零后得出的电路,因此是一不含独立源电路。若设其等效电阻为 $R_o$,则可得图 4.3.2(b)一端口电路的 VCR 为

$$u=-R_o i \qquad (4.3.5)$$

比较式(4.3.5)和式(4.3.3),可以看出

$$H=-R_o \qquad (4.3.6)$$

令图 4.3.2(a)中 $i=0$,则得到图 4.3.2(c)所示电路,设端口的开路电压为 $u_{OC}$,则可得

$$\sum_{k=1}^{n} H_k w_k = u_{OC} \qquad (4.3.7)$$

将式(4.3.6)和式(4.3.7)代入式(4.3.2),得出一端口电路 N 的 VCR 为 $u=u_{OC}-R_o i$,与式(4.3.1)完全一致。至此戴维南定理得证。

戴维南定理体现了线性一端口电路的基本性质,它还可以利用线性代数方程解的性质来加以证明。请读者自行分析。

在式(4.3.1)中如果令 $u=0$,则端口被短路,此时电流 $i$ 称为端口**短路电流**(short-circuit current) $i_{SC}$,于是可得

$$R_o=\frac{u_{OC}}{i_{SC}} \qquad (4.3.8)$$

式(4.3.8)表明,如果求出电路 N 的开路电压 $u_{OC}$ 和电路 N 的端口被短路后的短路电流 $i_{SC}$,就可以求出等效电阻 $R_o$。

并非任何含独立源的线性一端口电路都存在戴维南等效电路。例如,仅由一个理想电流源构成的一端口电路就不存在戴维南等效电路。含独立源的线性一端口电路存在戴维南等效

电路的条件：①该一端口电路应存在确定的端口 VCR；②在该一端口电路端口端接任意理想电流源 $i$，电路的解是唯一的。在实际求解时，如果计算得到的戴维南等效电阻为无穷大，则该一端口电路的戴维南等效电路不存在。

**例 4.3.1**　试求图 4.3.3(a) 所示电路中的电流 $i$，其中电阻 $R$ 分别取 $2\,\Omega$、$8\,\Omega$ 和 $24\,\Omega$。

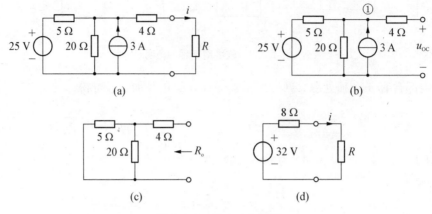

图 4.3.3　例 4.3.1 用图

**解**　(1) 求电阻 $R$ 左边电路的戴维南等效电路。首先求开路电压 $u_{OC}$。这里采用节点分析法来求解，如图 4.3.3(b) 所示，取端口的下端为参考节点，节点①的电压即为开路电压 $u_{OC}$，列出节点①的 KCL 方程为

$$\left(\frac{1}{5}+\frac{1}{20}\right)u_{OC}=3+\frac{25}{5}$$

求解上述方程组，得开路电压为

$$u_{OC}=32\text{ V}$$

然后求等效电阻 $R_{\circ}$。将电路中的独立源置零，如图 4.3.3(c) 所示，用电阻的串、并联等效变换，可得等效电阻 $R_{\circ}$ 为

$$R_{\circ}=(4+5//20)\ \Omega=8\ \Omega$$

(2) 求电流 $i$。图 4.3.3(a) 可等效为图 4.3.3(d) 所示电路，由该电路直接可得

$$i=\frac{32}{8+R}$$

分别将 $R=2\,\Omega$、$8\,\Omega$、$24\,\Omega$ 代入，可得 $i=3.2\text{ A}$、$2\text{ A}$、$1\text{ A}$。

**例 4.3.2**　试求图 4.3.4(a) 所示电路的戴维南等效电路。

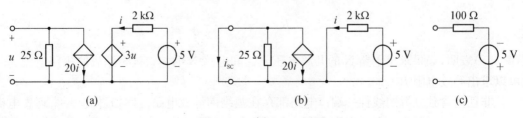

图 4.3.4　例 4.3.2 用图

**解** 首先求开路电压 $u_{OC}$。对图 4.3.4(a)电路,$u_{OC}$ 即为 25 Ω 电阻两端的电压 $u$,流经 25 Ω 电阻的电流为 $20i$(从下端流入),由欧姆定律得到

$$u_{OC} = u = 25 \times (-20i) = -500i$$

其中电流 $i$ 满足

$$i = \frac{5 - 3u}{2\,000} = \frac{5 - 3u_{OC}}{2\,000}$$

联立求解上述两个方程得

$$u_{OC} = -5 \text{ V}$$

用式(4.3.8)求等效电阻 $R_o$。为求短路电流 $i_{SC}$,将端口两端短路,如图 4.3.4(b)所示,此时由于端口电压 $u$ 为零,因此受控电压源 $3u$ 用短路替代。对图 4.3.4(b)左侧电路,由 KCL 可知

$$i_{SC} = -20i$$

对图 4.3.4(b)电路右侧电路,由 KVL 可知

$$i = \frac{5}{2\,000} \text{ A} = 2.5 \times 10^{-3} \text{ A}$$

求得短路电流 $i_{SC}$ 为

$$i_{SC} = -20 \times 2.5 \times 10^{-3} \text{ A} = -5 \times 10^{-2} \text{ A}$$

由式(4.3.8)求得等效电阻 $R_o$ 为

$$R_o = \frac{u_{OC}}{i_{SC}} = \frac{-5}{-5 \times 10^{-2}} \text{ Ω} = 100 \text{ Ω}$$

得到戴维南电路如图 4.3.4(c)所示。

**例 4.3.3** 试利用戴维南定理求解例 3.2.2。

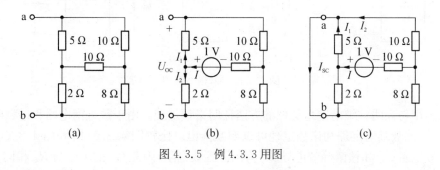

图 4.3.5 例 4.3.3 用图

**解** 图 4.3.5(a)电路的端口特性可表示为 $u = R_{ab}i$,如果在电路的任意电阻支路上串联任意的电压源或并联任意的电流源,则由戴维南定理可知端口特性可表示为 $u = U_{OC} + R_{ab}i$。为方便起见,如图 4.3.5(b)所示,在 10 Ω 支路上串联 1 V 的电压源,则只需求出端口 ab 的开路电压和短路电流就可求出所要求的 $R_{ab}$。由图 4.3.5(b)可得

$$I = \frac{1}{10 + (5+10)//(2+8)} = \frac{1}{16} \text{ A}, \quad I_1 = \frac{2+8}{2+8+5+10} I = \frac{1}{40} \text{ A},$$

$$I_2 = \frac{5+10}{2+8+5+10} I = \frac{3}{80} \text{ A}$$

因此 
$$U_{OC} = -5I_1 + 2I_2 = -\frac{1}{20} \text{ V}$$

由图 4.3.5(c)可得

$$I = \frac{1}{10 + 5//2 + 10//8} = \frac{63}{1000} \text{ A}, \quad I_1 = \frac{2}{5+2} I = \frac{9}{500} \text{ A}, \quad I_2 = -\frac{8}{10+8} I = -\frac{14}{500} \text{ A}$$

因此 
$$I_{SC} = I_1 + I_2 = -\frac{1}{100} \text{ A}$$

最后得到 
$$R_{ab} = U_{OC}/I_{SC} = 5 \ \Omega$$

上述求解过程中在 10 Ω 支路上串联电压源,也可在其他电阻支路上串联电压源来求解。所解得的结果相同。

### 4.3.2 诺顿定理

第 3.3 节已经指出,戴维南电路和诺顿电路可以互为等效,因此由戴维南定理可得到另外一个对偶的定理——诺顿定理。

**诺顿定理**(Norton's theorem)可表述如下:任何线性含独立源一端口电阻电路 N[见图 4.3.6(a)],就其端口而言,可以用一个理想电流源 $i_{SC}$ 与一个电导 $G_o$ 的并联组合(诺顿电路)[见图 4.3.6(b)]来等效。其中,理想电流源的电流 $i_{SC}$ 等于原电路 N 的短路电流[见图 4.3.6(c)];电导 $G_o$ 等于将 N 内的全部独立源置零后所得电路 $N_0$ 的等效电导[见图 4.3.6(d)]。这种等效电路称为诺顿等效电路,其中电导 $G_o$ 称为顿诺等效电导。

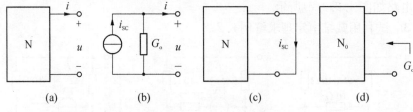

图 4.3.6 顿诺定理

可以采用与证明戴维南定理类似的方法证明诺顿定理。由于戴维南电路和诺顿电路互为等效电路,因此戴维南定理和诺顿定理可以相互推出。比较图 4.3.1(b)和图 4.3.6(b)可知,戴维南等效电阻 $R_o$ 和顿诺等效电导 $G_o$ 为同一等效电阻,因此 $G_o$ 的求法与 $R_o$ 相同。

同样,并非任何含独立源的线性一端口电路都存在诺顿等效电路。例如,仅由一个理想电压源构成的一端口电路就不存在诺顿等效电路。含独立源的线性一端口电路存在诺顿等效电路的条件:①该一端口电路应存在确定的端口 VCR;②在该一端口电路端口端接任意理想电压源 $u$,电路的解是唯一的。在实际求解时,如果计算得到的诺顿等效电导为无穷大,则该一端口电路的诺顿等效电路不存在。

**例 4.3.4** 试用诺顿定理求图 4.3.7(a)所示电路的电流 $i$,其中 $R$ 分别取 $7.5\ \Omega$、$15\ \Omega$ 及 $30\ \Omega$。

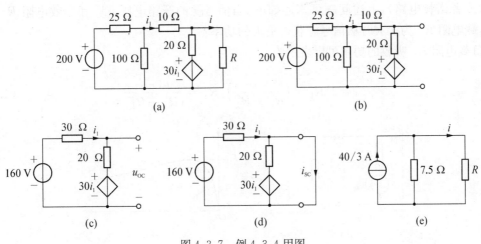

图 4.3.7 例 4.3.4 用图

**解** 先求 $R$ 左侧电路的诺顿电路,如图 4.3.7(b)所示。将图 4.3.7(b)进行等效变换为图 4.3.7(c),由图 4.3.7(c)求开路电压 $u_{\mathrm{OC}}$。由 KVL 可得

$$i_1 = \frac{160 - 30i_1}{50}$$

求得

$$i_1 = 2\ \mathrm{A}$$

因此有

$$u_{\mathrm{OC}} = 20i_1 + 30i_1 = 50i_1 = 100\ \mathrm{V}$$

由图 4.3.7(d)求短路电流 $i_{\mathrm{SC}}$。列写网孔方程为

$$\begin{cases} (20+30)i_1 - 20i_{\mathrm{SC}} = 160 - 30i_1 \\ -20i_1 + 20i_{\mathrm{SC}} = 30i_1 \end{cases}$$

求得

$$i_{\mathrm{SC}} = 40/3\ \mathrm{A}$$

由式(4.3.8)求得等效电阻 $R_{\mathrm{o}}$ 为

$$R_{\mathrm{o}} = \frac{u_{\mathrm{OC}}}{i_{\mathrm{SC}}} = \frac{100}{40/3}\ \Omega = 7.5\ \Omega$$

得到诺顿电路如图 4.3.7(e)所示。

由诺顿电路可得到计算电流 $i$ 的公式为

$$i = \frac{R_{\mathrm{o}}}{R_{\mathrm{o}} + R} i_{\mathrm{SC}} = \frac{7.5}{7.5 + R} \times \frac{40}{3}$$

当 $R$ 取 $7.5\ \Omega$、$15\ \Omega$ 及 $30\ \Omega$ 时,算得相应的电流分别为 $20/3\ \mathrm{A}$、$40/9\ \mathrm{A}$ 及 $8/3\ \mathrm{A}$。

## 4.4 最大功率传输定理

在信号传输和处理电路中,有时要求负载能够从信号源获取最大的功率。给定一含独立

源的一端口电路 $N_1$，接在它两端的负载电阻不同，负载所吸收的功率也不同。在什么条件下，负载能够得到最大的功率呢？如图 4.4.1(a)所示，含独立源一端口电路 $N_1$ 可等效为戴维南电路(或者诺顿电路)，上述问题可陈述如下：当信号源的开路电压 $u_{OC}$ 和等效电阻 $R_o$ 一定时，负载电阻 $R_L$ 为多大时从信号源获得最大的功率？

负载电阻 $R_L$ 吸收的功率可以表示为

$$p_L = i^2 R_L = \left(\frac{u_{OC}}{R_o + R_L}\right)^2 R_L = \frac{u_{OC}^2 R_L}{(R_o + R_L)^2} \tag{4.4.1}$$

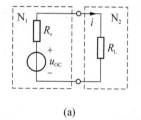
(a)

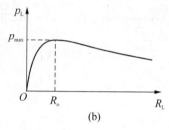
(b)

图 4.4.1　最大传输功率的推导

功率 $p_L$ 随电阻 $R_L$ 变化的情况如图 4.4.1(b)所示，可以看出，$p_L$ 存在极大值，也是最大值。为求功率的最大值，令

$$\frac{dp_L}{dR_L} = \frac{(R_o + R_L)^2 - 2R_L(R_o + R_L)}{(R_o + R_L)^4} \times u_{OC}^2 = 0 \tag{4.4.2}$$

由此解得

$$R_L = R_o \tag{4.4.3}$$

可见，当负载电阻与戴维南等效电阻相等时，负载可以获得最大功率。满足 $R_L = R_o$ 时，称为最大功率匹配或负载与信号源匹配。此时，负载获得的最大功率为

$$p_{max} = \left.\frac{u_{OC}^2 R_L}{(R_o + R_L)^2}\right|_{R_L = R_o} = \frac{u_{OC}^2}{4R_o} \tag{4.4.4}$$

上述结论就是**最大功率传输定理**(maximum power transfer theorem)：对于给定的线性含独立源一端口电路，其负载获得最大功率的条件是负载电阻等于含独立源一端口电路的等效电阻。

如采用诺顿等效电路，则最大功率可表示为

$$p_{max} = \frac{i_{SC}^2}{4G_o} \tag{4.4.5}$$

根据上述定理，如果负载功率来自一个具有内阻为 $R_o$ 的电压源时，其获得最大功率时电源传输功率的效率为

$$\eta = \frac{u_{OC}^2/(4R_o)}{u_{OC}^2/(2R_o)} \times 100\% = 50\% \tag{4.4.6}$$

式(4.4.6)表明负载获得最大功率时电路的传输效率很低。对电力系统来说如此低的传

输效率是不允许的；至于在电子系统和一些测量系统中，由于大多数是微弱信号，因此负载取得最大功率相当重要，而效率的高低却不是关键所在。

**例 4.4.1** 如图 4.4.2 所示电路，当 $R_L$ 获得最大功率时，试求：(1)$R_L$；(2)$R_L$ 获得的最大功率；(3)$R_L$ 获得的功率占理想电压源提供功率的百分比。

**解** (1) 先求 $N_1$ 的戴维南等效电阻：

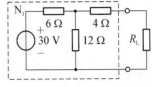

图 4.4.2　例 4.4.1 用图

$$R_o = (4 + 6//12) \ \Omega = 8 \ \Omega$$

因此，当 $R_L = R_o = 8 \ \Omega$ 时，$R_L$ 获得最大功率。

(2) $R_L$ 获得的最大功率为

$$p_{\max} = \frac{u_{\mathrm{OC}}^2}{4R_o} = \frac{\left( \frac{12}{12+6} \times 30 \right)^2}{4 \times 8} \ \mathrm{W} = 12.5 \ \mathrm{W}$$

(3) 当 $R_L = 8 \ \Omega$ 时，理想电压源流出的电流为

$$i = \frac{30}{6 + 12//(4+8)} \ \mathrm{A} = 2.5 \ \mathrm{A}$$

理想电流源提供的功率为

$$p_s = 30 \times 2.5 \ \mathrm{W} = 75 \ \mathrm{W}$$

负载所得功率的百分数为

$$\frac{p_{\max}}{p_s} = \frac{12.5}{75} \times 100\% = 16.67\%$$

## 4.5　特勒根定理

**特勒根定理**（Tellegen's theorem）是电路理论中一个重要的定理，它可由基尔霍夫定律导出，同样适用于任何集中参数电路，且与电路元件的性质无关。特勒根定理有两种形式，分别称特勒根第一定理和特勒根第二定理。它们在电路理论、电路的灵敏度分析以及计算机辅助设计中有着广泛的应用。

**特勒根第一定理**　对一个具有 $n$ 个节点和 $b$ 条支路的集中参数电路，若其支路电压向量和支路电流向量分别用 $\boldsymbol{u}_b$ 和 $\boldsymbol{i}_b$ 表示，即 $\boldsymbol{u}_b = [u_1, u_2, \cdots, u_b]^{\mathrm{T}}$，$\boldsymbol{i}_b = [i_1, i_2, \cdots, i_b]^{\mathrm{T}}$，且各支路电压与电流采取一致参考方向，则有

$$\boldsymbol{u}_b^{\mathrm{T}} \boldsymbol{i}_b = \sum_{k=1}^{b} u_k i_k = 0 \tag{4.5.1}$$

特勒根第一定理的物理意义表明，一条支路的电压与电流的乘积就是该支路所吸收或提供的功率，那么在任一时刻，任一集中参数电路的各支路所吸收或提供功率之和等于零。所以，特勒根第一定理所表达的是功率守恒，故又有特勒根功率定理之称。

如果在求功率之和时，把电路中的电源与其他支路区分开来，则特勒根第一定理又表明，电路中独立源所提供功率的总和等于电路中其他元件所吸收功率的总和。

**特勒根第二定理**　对于具有 $n$ 个节点和 $b$ 条支路的两个拓扑结构相同的集中参数电路，若两者对应的支路电压向量和支路电流向量分别用 $\boldsymbol{u}_b = [u_1, u_2, \cdots, u_b]^T$、$\boldsymbol{i}_b = [i_1, i_2, \cdots, i_b]^T$ 及 $\hat{\boldsymbol{u}}_b = [\hat{u}_1, \hat{u}_2, \cdots, \hat{u}_b]^T$、$\hat{\boldsymbol{i}}_b = [\hat{i}_1, \hat{i}_2, \cdots, \hat{i}_b]^T$ 表示，支路电压、电流取一致参考方向，则有

$$\boldsymbol{u}_b^T \hat{\boldsymbol{i}}_b = \sum_{k=1}^{b} u_k \hat{i}_k = 0 \tag{4.5.2}$$

和

$$\hat{\boldsymbol{u}}_b^T \boldsymbol{i}_b = \sum_{k=1}^{b} \hat{u}_k i_k = 0 \tag{4.5.3}$$

特勒根第二定理的物理意义不同于第一定理，所表达的并非功率守恒。因为此时是一个电路的支路电压与另一个电路的支路电流相乘，其积虽具有功率的量纲，却未形成真实的功率。所以说此定理所表达的只是一个电路的支路电压与另一个电路的支路电流之间的一个数学关系。由于上述诸式中的乘积项具有功率的量纲，故此定理又称特勒根似功率定理。

特勒根定理可直接由基尔霍夫定律导出。具体的证明将在第 5 章中给出。

**例 4.5.1**　设有某电路，支路电压、电流取一致参考方向。表 4.5.1 列出了该电路在不同时刻的支路电压和支路电流值，试求未知的支路电压。

表 4.5.1　例 4.5.1

| 支　路 | 1 | 2 | 3 | 4 | 5 | 6 |
|---|---|---|---|---|---|---|
| $i_k / \text{A}$ | 1 | 2 | $-3$ | $-5$ | 7 | 4 |
| $\hat{u}_k / \text{V}$ | 10 | 4 | 15 | — | 11 | $-5$ |

**解**　由特勒根第二定理得

$$\sum_{k=1}^{6} \hat{u}_k i_k = 10 \times 1 + 4 \times 2 + 15 \times (-3) + \hat{u}_4 \times (-5) + 11 \times 7 - 5 \times 4 = 0$$

求解得 $\hat{u}_4 = 6\ \text{V}$。

## 4.6　互易定理

对于一个仅含线性电阻的电路，在单一电源激励下，激励和响应互易后，电路的某些特性不变。**互易定理**（reciprocity theorem）表达了这种不变的特性。互易定理可分三种形式进行描述。

**互易定理（形式一）**　对一个仅含线性电阻的电路 N，任取两个端口 $11'$ 和 $22'$，如果在端口 $11'$ 施加输入电压 $u_S$，在端口 $22'$ 得到输出电流 $i_2$，如图 4.6.1(a) 所示。反之，对端口 $22'$ 施加输入电压 $\hat{u}_S$，在端口 $11'$ 得到输出电流 $\hat{i}_1$，如图 4.6.1(b) 所示。则有

$$\frac{\hat{i}_1}{\hat{u}_S} = \frac{i_2}{u_S} \tag{4.6.1}$$

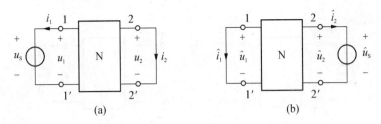

图 4.6.1 互易定理(形式一)

如果 $\hat{u}_S = u_S$,则 $\hat{i}_1 = i_2$。

可以用特勒根定理证明上述结论。

设图 4.6.1(a)所示仅含线性电阻的电路 N 中有 $b$ 条支路,连接于 N 的两个端口 $11'$ 和 $22'$ 的支路电压和支路电流分别为 $u_1$、$i_1$ 和 $u_2$、$i_2$,N 内部的支路电压和支路电流分别为 $u_k$、$i_k$ $(k = 3, 4, \cdots, b+2)$,且所有支路电压和支路电流均取一致参考方向。同样,设图 4.6.1(b)中连接于 N 的两个端口的支路电压和支路电流分别为 $\hat{u}_1$、$\hat{i}_1$ 和 $\hat{u}_2$、$\hat{i}_2$,N 内部的支路电压和支路电流分别为 $\hat{u}_k$、$\hat{i}_k (k = 3, 4, \cdots, b+2)$,支路电压和支路电流也取一致参考方向。按图中标定的参考方向,由特勒根定理可知

$$u_1 \hat{i}_1 + u_2 \hat{i}_2 + \sum_{k=3}^{b+2} u_k \hat{i}_k = 0 \tag{4.6.2}$$

和

$$\hat{u}_1 i_1 + \hat{u}_2 i_2 + \sum_{k=3}^{b+2} \hat{u}_k i_k = 0 \tag{4.6.3}$$

由于图 4.6.1(a)中的电路 N 和图 4.6.1(b)中的电路 N 是由线性电阻组成的同一电路,$u_k = R_k i_k (k = 3, 4, \cdots, b+2)$,$\hat{u}_k = R_k \hat{i}_k (k = 3, 4, \cdots, b+2)$,因此式(4.6.2)可表示为

$$u_1 \hat{i}_1 + u_2 \hat{i}_2 = -\sum_{k=3}^{b+2} R_k \hat{i}_k i_k \tag{4.6.4}$$

式(4.6.3)可表示为

$$\hat{u}_1 i_1 + \hat{u}_2 i_2 = -\sum_{k=3}^{b+2} R_k \hat{i}_k i_k \tag{4.6.5}$$

式(4.6.4)和式(4.6.5)的右边相等,有

$$u_1 \hat{i}_1 + u_2 \hat{i}_2 = \hat{u}_1 i_1 + \hat{u}_2 i_2 \tag{4.6.6}$$

又图 4.6.1(a)中 $u_1 = u_S$,$u_2 = 0$,图 4.6.1(b)中 $\hat{u}_1 = 0$,$\hat{u}_2 = \hat{u}_S$,代入式(4.6.6)得

$$u_S \hat{i}_1 = \hat{u}_S i_2 \tag{4.6.7}$$

上式即为式(4.6.1)。证毕。

**互易定理(形式二)** 对一个仅含线性电阻的电路 N,任取两个端口 $11'$ 和 $22'$,如果在端口 $11'$ 施加输入电流 $i_S$,在端口 $22'$ 可得输出电压 $u_2$,如图 4.6.2(a)所示。反之,对端口 $22'$ 施加输入电流 $\hat{i}_S$,可在端口 $11'$ 得到输出电压 $\hat{u}_1$,如图 4.6.2(b)所示。则有

$$\frac{\hat{u}_1}{\hat{i}_S} = \frac{u_2}{i_S} \tag{4.6.8}$$

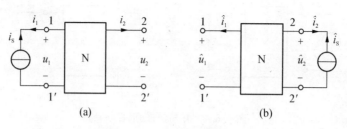

图 4.6.2 互易定理(形式二)

如果 $\hat{i}_S = i_S$，则 $\hat{u}_1 = u_2$。

**互易定理(形式三)** 对一个仅含线性电阻的电路 N，任取两个端口 11′ 和 22′，如果在端口 11′ 施加输入电流 $i_S$，在端口 22′ 可得输出短路电流 $i_2$，如图 4.6.3(a) 所示。反之，对端口 22′ 施加输入电压 $\hat{u}_S$，可在端口 11′ 得到输出开路电压 $\hat{u}_1$，如图 4.6.3(b) 所示。则有

$$\frac{\hat{u}_1}{\hat{u}_S} = \frac{i_2}{i_S} \tag{4.6.9}$$

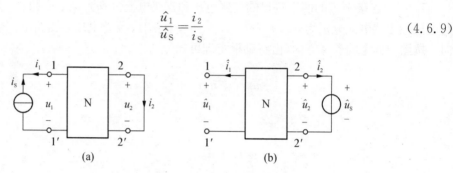

图 4.6.3 互易定理(形式三)

互易定理的形式二和形式三也可以用特勒根定理来证明，请读者自行完成证明过程。

应用互易定理进行电路分析时，不仅要注意变量的数值大小，还要注意它们的方向。

对上面互易定理的三种不同形式，尽管因激励和响应可能是电压或电流而有所不同，但在它们互换位置前后，如果把理想电压源和理想电流源置零，则电路保持不变。注意这一共性，有利于正确应用互易定理。

互易定理的适用范围是比较窄的，如果电路中有电源(独立的或非独立的)、非线性元件、时变元件等，一般来说都不能应用互易定理。

满足互易定理的二端口电路称为互易二端口电路。互易二端口电路的参数矩阵的元素满足

$$r_{12} = r_{21} \tag{4.6.10}$$

$$g_{12} = g_{21} \tag{4.6.11}$$

$$h_{21} = -h_{12} \tag{4.6.12}$$

$$h'_{21} = -h'_{12} \tag{4.6.13}$$

$$\Delta_a = a_{11}a_{22} - a_{12}a_{21} = 1 \tag{4.6.14}$$

$$\Delta_{a'} = a'_{11}a'_{22} - a'_{12}a'_{21} = 1 \tag{4.6.15}$$

上述结论可由互易定理导出。这里以 $r$ 参数和 $a$ 参数为例来加以说明。如图 4.6.4 所

示,二端口电路的 VCR 以 $r$ 参数表示为

$$\begin{bmatrix} u_1 \\ u_2 \end{bmatrix} = \begin{bmatrix} r_{11} & r_{12} \\ r_{21} & r_{22} \end{bmatrix} \begin{bmatrix} i_1 \\ i_2 \end{bmatrix} \quad (4.6.16)$$

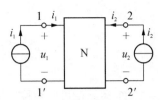

图 4.6.4　采用 $r$ 参数的互易二端口电路

应用叠加定理,当只有 $i_2$ 作用而 $i_1$ 置零(即端口 $11'$ 开路)时,有 $u_1' = r_{12}i_2$;当只有 $i_1$ 作用而 $i_2$ 置零(即端口 $22'$ 开路)时,有 $u_2'' = r_{21}i_1$。如果令 $i_1 = i_2$,要求二端口电路 N 符合互易定理,则由互易定理形式二可知应有 $u_1' = u_2''$,于是得到 $r_{12} = r_{21}$。

当二端口电路用 $a$ 参数表征时,此时有

$$\begin{cases} u_1 = a_{11}u_2 + a_{12}(-i_2) \\ i_1 = a_{21}u_2 + a_{22}(-i_2) \end{cases} \quad (4.6.17)$$

如果此二端口电路满足互易定理,则电路应具有图 4.6.5 所示性质。将式(4.6.17)应用于图 4.6.5(a)得

$$u_1 = a_{12}(-i_2) = a_{12}i \quad (4.6.18)$$

将式(4.6.17)应用于图 4.6.5(b)得

$$\begin{cases} 0 = a_{11}u_1 + a_{12}(-i_2') \\ i_1' = -i = a_{21}u_1 + a_{22}(-i_2') \end{cases} \quad (4.6.19)$$

式(4.6.19)中消去 $i_2'$ 得

$$a_{12}i = (a_{11}a_{22} - a_{12}a_{21})u_1 \quad (4.6.20)$$

将式(4.6.18)代入式(4.6.20),得

$$u_1 = (a_{11}a_{22} - a_{12}a_{21})u_1 \quad (4.6.21)$$

由于 $u_1$ 不恒等于零,因此 $\Delta_a = a_{11}a_{22} - a_{12}a_{21} = 1$。

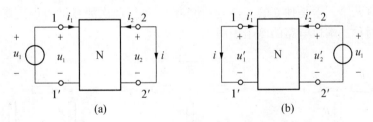

图 4.6.5　采用 $a$ 参数的互易二端口电路

由式(4.6.10)~式(4.6.15)可知,表征互易二端口电路的任一参数矩阵中只有三个元素是独立的。进一步,如果互易二端口电路的两个端口可以交换而端口的电压、电流的数值不变,则称该二端口电路是对称的。对称二端口电路的参数矩阵的元素除满足式(4.6.10)~式(4.6.15)之外,还满足如下附加关系:

$$r_{11} = r_{22} \quad (4.6.22)$$

$$g_{11} = g_{22} \quad (4.6.23)$$

$$\Delta_h = h_{11}h_{22} - h_{12}h_{21} = 1 \quad (4.6.24)$$

$$\Delta_{h'} = h'_{11}h'_{22} - h'_{12}h'_{21} = 1 \tag{4.6.25}$$

$$a_{11} = a_{22} \tag{4.6.26}$$

$$a'_{11} = a'_{22} \tag{4.6.27}$$

上述结论可由对称二端口电路的定义导出。这里仅以 $h$ 参数为例来加以说明。二端口电路的电压-电流关系以 $h$ 参数表示为

$$\begin{bmatrix} u_1 \\ i_2 \end{bmatrix} = \begin{bmatrix} h_{11} & h_{12} \\ h_{21} & h_{22} \end{bmatrix} \begin{bmatrix} i_1 \\ u_2 \end{bmatrix} \tag{4.6.28}$$

如果二端口电路是对称的,则 $u_1$ 与 $u_2$、$i_1$ 与 $i_2$ 交换而上述表达式不变,即

$$\begin{bmatrix} u_2 \\ i_1 \end{bmatrix} = \begin{bmatrix} h_{11} & h_{12} \\ h_{21} & h_{22} \end{bmatrix} \begin{bmatrix} i_2 \\ u_1 \end{bmatrix} \tag{4.6.29}$$

上式可改写为

$$\begin{bmatrix} i_1 \\ u_2 \end{bmatrix} = \begin{bmatrix} h_{22} & h_{21} \\ h_{12} & h_{11} \end{bmatrix} \begin{bmatrix} u_1 \\ i_2 \end{bmatrix} \tag{4.6.30}$$

将式(4.6.28)代入式(4.6.30)得

$$\begin{bmatrix} i_1 \\ u_2 \end{bmatrix} = \begin{bmatrix} h_{22} & h_{21} \\ h_{12} & h_{11} \end{bmatrix} \begin{bmatrix} h_{11} & h_{12} \\ h_{21} & h_{22} \end{bmatrix} \begin{bmatrix} i_1 \\ u_2 \end{bmatrix} \tag{4.6.31}$$

由上式得

$$\begin{bmatrix} h_{22} & h_{21} \\ h_{12} & h_{11} \end{bmatrix} \begin{bmatrix} h_{11} & h_{12} \\ h_{21} & h_{22} \end{bmatrix} = \begin{bmatrix} 1 & 0 \\ 0 & 1 \end{bmatrix} \tag{4.6.32}$$

可得出 $h_{21} = -h_{12}$ 和 $\Delta_h = h_{11}h_{22} - h_{12}h_{21} = 1$,它们分别为式(4.6.12)和式(4.6.24)。

由上面的推导可知,对称二端口电路必是互易的,反之不然。表征对称二端口电路的任一参数矩阵中只有两个元素是独立的。这就是说,只需进行两次测量即可确定参数矩阵中的四个元素。常见对称二端口电路的例子如图4.6.6所示。

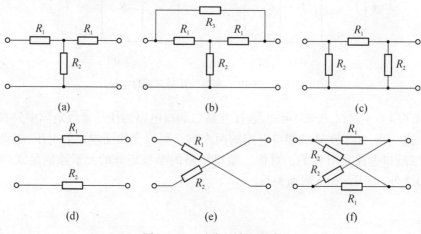

图 4.6.6  对称二端口电路

(a) 对称 T 形　(b) 对称桥 T 形　(c) 对称 Ⅱ 形　(d) 平行线形　(e) 交叉线形　(f) 对称格形

**例 4.6.1** 试用互易定理求图 4.6.7(a)所示电路中电流 $i$ 与理想电压源电压 $u_1$、$u_2$ 和 $u_3$ 之间的关系。

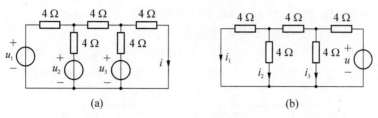

图 4.6.7 例 4.6.1 用图

**解** 由叠加定理可知,电流 $i$ 是各理想电压源的线性组合,可表示为

$$i = k_1 u_1 + k_2 u_2 + k_3 u_3$$

为求各系数,令 $u_1 = u_2 = u_3 = 1\,V$,则各独立源单独作用时产生的电流 $i$ 的量值就是相应的比例系数。根据互易定理,计算各理想电压源单独作用时的电流 $i$ 值等效于计算图 4.6.7(b) 中电路只有一个 $u = 1\,V$ 理想电压源作用时的各支路电流值 $i_1$、$i_2$ 和 $i_3$。由图 4.6.7(b)可知

$$\begin{cases} i_2 = i_1 \\ i_3 = [4(i_1 + i_2) + 4i_2]/4 = 3i_1 \\ u = 4(i_1 + i_2 + i_3) + 4i_3 = 32i_1 = 1\,V \end{cases}$$

由最后一式解得
$$i_1 = \frac{1}{32}\,A$$

从而
$$k_1 = k_2 = \frac{1}{32}\,S,\ k_3 = \frac{3}{32}\,S$$

因此电流 $i$ 与理想电压源电压 $u_1$、$u_2$ 和 $u_3$ 之间的关系为

$$i = \frac{1}{32} \times u_1 + \frac{1}{32} \times u_2 + \frac{3}{32} \times u_3$$

**例 4.6.2** 试判断如图 4.6.8 所示的二端口电路是否为互易电路。

**解 1** 应用互易定理形式二进行判断。在端口 $11'$ 施加理想电流源 $i_S$,则端口 $22'$ 的电压为

$$u_2 = 5 \times 0 - 2 \times i_S + 1 \times i_S = -i_S$$

在端口 $22'$ 施加理想电流源 $i_S$,则端口 $11'$ 的电压为

$$u_1 = 4 \times 0 - 2 \times i_S + 1 \times i_S = -i_S$$

说明图 4.6.8 电路满足互易定理,为互易电路。

**解 2** 求解二端口 $r$ 参数矩阵进行判断。列写图 4.6.8 电路的 KVL 方程,有

图 4.6.8 例 4.6.2 用图

$$\begin{cases} u_1 = 4i_1 - 2i_2 + 1 \times (i_1 + i_2) = 5i_1 - i_2 \\ u_2 = 5i_2 - 2i_1 + 1 \times (i_1 + i_2) = -i_1 + 6i_2 \end{cases}$$

可见，$r_{12} = r_{21} = -1\ \Omega$，因此，图 4.6.8 电路为互易电路。

本题的电路尽管含有受控源，却是互易电路。

**例 4.6.3** 在图 4.6.9 中已知 $N_0$ 为线性不含独立源电阻电路。在图 4.6.9(a)中，当 $u_S = 24\ V$ 时，$i_1 = 8\ A$，$i_2 = 6\ A$。试求在图 4.6.9(b)中，当 $u'_S = 12\ V$ 时的 $i'_1$。

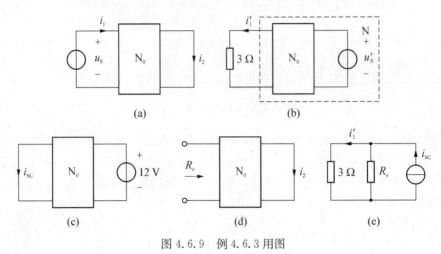

图 4.6.9  例 4.6.3 用图

**解** 对图 4.6.9(b)应用诺顿定理求流过 $3\ \Omega$ 的电流。

当将 $3\ \Omega$ 支路短接求短路电流 $i_{SC}$ 时，如图 4.6.9(c)所示，由互易定理形式一和例题已知条件得到

$$\frac{i_2}{u_S} = \frac{i_{SC}}{u'_S}$$

因此

$$i_{SC} = \frac{6}{24} \times 12\ A = 3\ A$$

当求图 4.6.9(b)中从 $3\ \Omega$ 电阻两端向右看去的诺顿电路的等效电阻时，如图 4.6.9(d)所示，根据图 4.6.9(a)电路，可得

$$R_o = \frac{u_S}{i_1} = \frac{24}{8}\ \Omega = 3\ \Omega$$

得到诺顿电路如图 4.6.9(e)所示，于是求得

$$i'_1 = \frac{3}{3+3} \times 3\ A = 1.5\ A$$

## 4.7  对偶原理

本节中，将讨论电路的**对偶性**(duality)。所谓对偶，是指相对应的两件事或物。在电路理

论中许多电路问题都是以对偶的形式表现的,电路的结构、连接方式、定律、元件、参数、名词、变量及其关系等都存在互相对偶性。这些互相对偶的"内容"称为对偶因素。表 4.7.1 列出了电路中部分的对偶关系。在以后的讨论中还会出现其他对偶关系。

表 4.7.1　电路的对偶关系

| 对偶因素 | | 对偶因素 | |
|---|---|---|---|
| 电压 | 电流 | 参考节点 | 外网孔 |
| KCL | KVL | 串联 | 并联 |
| 电阻 | 电导 | 电容 | 电感 |
| 电荷 | 磁通 | 割集 | 回路 |
| 理想电流源 | 理想电压源 | T 形连接 | Π 形连接 |
| 开路 | 短路 | 自电阻 | 自电导 |
| VCCS | CCVS | 互电阻 | 互电导 |
| VCVS | CCCS | 戴维南定理 | 诺顿定理 |
| 节点 | 网孔 | 互易定理 1 | 互易定理 2 |

对偶性是电路中普遍存在的一种规律。如果电路中某一关系(定理、方程等)的表述是成立的,则将表述中的概念(变量、参数、元件、结构等)用其对偶因素转换后所得的对偶表述也一定是成立的。这就是**对偶原理**(duality principle)。

利用对偶原理可以加深对电路理论的理解。例如,电阻串联时的等效电阻等于各电阻之和,与之对偶可以得出,电阻并联时的等效电导等于各电导之和。又如 T 形电路和 Π 形电路的等效变换公式之间互为对偶,如图 4.7.1 所示。

$$
\begin{cases}
R_{12} = R_1 + R_2 + \dfrac{R_1 R_2}{R_3} \\[2mm]
R_{23} = R_2 + R_3 + \dfrac{R_2 R_3}{R_1} \\[2mm]
R_{31} = R_3 + R_1 + \dfrac{R_3 R_1}{R_2}
\end{cases}
\quad
\left(\begin{array}{c}\text{下标 1、2、3} \leftrightarrow \text{下标 23、31、12} \\ R \leftrightarrow G\end{array}\right)
\quad
\begin{cases}
G_1 = G_{31} + G_{12} + \dfrac{G_{31} G_{12}}{G_{23}} \\[2mm]
G_2 = G_{12} + G_{23} + \dfrac{G_{12} G_{23}}{G_{31}} \\[2mm]
G_3 = G_{23} + G_{31} + \dfrac{G_{23} G_{31}}{G_{12}}
\end{cases}
$$

$$
\begin{cases}
G_{12} = \dfrac{G_1 G_2}{G_1 + G_2 + G_3} \\[2mm]
G_{23} = \dfrac{G_2 G_3}{G_1 + G_2 + G_3} \\[2mm]
G_{31} = \dfrac{G_3 G_1}{G_1 + G_2 + G_3}
\end{cases}
\quad
\begin{array}{c}\Rightarrow \\ \text{T 形电路} \leftrightarrow \text{Π 形电路}\end{array}
\quad
\begin{cases}
R_1 = \dfrac{R_{12} R_{31}}{R_{12} + R_{23} + R_{31}} \\[2mm]
R_2 = \dfrac{R_{23} R_{12}}{R_{12} + R_{23} + R_{31}} \\[2mm]
R_3 = \dfrac{R_{31} R_{23}}{R_{12} + R_{23} + R_{31}}
\end{cases}
$$

图 4.7.1　T 形电路和 Π 形电路等效变换公式的对偶

对偶原理还可以用于对偶电路的设计。为了便于说明,先讨论图 4.7.2 中的两个电路。由网孔法可得图 4.7.2(a)所示电路的网孔方程为

$$
\begin{bmatrix}
R_1 + R_2 + R_6 & -R_6 & -R_2 \\
-R_6 & R_3 + R_4 + R_6 & -R_4 \\
-R_2 & -R_4 & R_2 + R_4 + R_5
\end{bmatrix}
\begin{bmatrix}
i_{m1} \\
i_{m2} \\
i_{m3}
\end{bmatrix}
=
\begin{bmatrix}
-R_6 i_{S6} \\
R_6 i_{S6} \\
u_{S5}
\end{bmatrix}
\tag{4.7.1}
$$

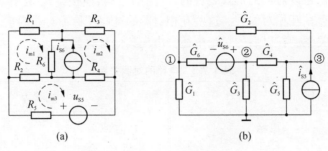

图 4.7.2　两个互为对偶的电路

由节点法可得图 4.7.2(b)所示电路的节点方程为

$$\begin{bmatrix} \hat{G}_1+\hat{G}_2+\hat{G}_6 & -\hat{G}_6 & -\hat{G}_2 \\ -\hat{G}_6 & \hat{G}_3+\hat{G}_4+\hat{G}_6 & -\hat{G}_4 \\ -\hat{G}_2 & -\hat{G}_4 & \hat{G}_2+\hat{G}_4+\hat{G}_5 \end{bmatrix}\begin{bmatrix} \hat{u}_{n1} \\ \hat{u}_{n2} \\ \hat{u}_{n3} \end{bmatrix} = \begin{bmatrix} -\hat{G}_6\hat{u}_{S6} \\ \hat{G}_6\hat{u}_{S6} \\ \hat{i}_{S5} \end{bmatrix} \tag{4.7.2}$$

如果两个电路的元件值具有下列关系

$$\hat{G}_1=R_1,\ \hat{G}_2=R_2,\ \hat{G}_3=R_3,\ \hat{G}_4=R_4,\ \hat{G}_5=R_5,\ \hat{G}_6=R_6$$

以及电源值具有下列关系

$$\hat{i}_{S5}=u_{S5},\ i_{S6}=\hat{u}_{S6}$$

则式(4.7.1)的解与式(4.7.2)的解相同,即

$$\hat{u}_{n1}=i_{m1},\ \hat{u}_{n2}=i_{m2},\ \hat{u}_{n3}=i_{m3}$$

从上面的讨论可知,如果电路 $\hat{N}$ 的节点方程与电路 N 的网孔方程不仅形式相同,而且各项系数以及激励的数值相同,那么电路方程的解也对应相等,称这样的两个电路互为**对偶电路**(dual circuit)。

利用对偶性就能从一种分析方法推出另一种分析方法,而且用其中的一种方法求解了一个电路,就等于求解了该电路的对偶电路。由此可见,掌握了对偶原理会取得事半功倍的效果。在工程上,利用对偶电路可以简化电路的设计。

**对偶电路的作图法**　可以由平面电路直接画出一个电路的对偶电路,如图 4.7.3 所示。具体步骤如下:

(1) 取电路中的内网孔均为顺时针方向。在电路的每一个网孔中标出一个节点,作为其对偶电路的独立节点(对偶节点)。如图 4.7.3(a)中的节点①和②。

(2) 在电路的外网孔标出非独立节点即参考节点。如图 4.7.3(a)中的节点③。

(3) 用虚线连接相邻网孔中的节点,每一个元件对于一条虚线。虚线代表对偶电路的支路。规定电路中当网孔方向与支路方向一致时,则对偶支路的方向为离开对偶节点的方向。

按照上述步骤就可得到图 4.7.3(b)所示的对偶电路。如果在电路中含有理想电压源(理想电流源),在画对偶电路时必须注意对偶理想电流源(理想电压源)的方向。如果理想电压源电压升(理想电流源电流流出)的方向在电路中与对应支路的方向一致(或相反),则对偶理想电流源电流流出(理想电压源电压升)的方向在对偶电路中与对应对偶支路的方向相反(或一致)。

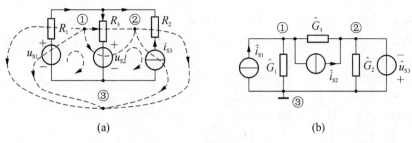

图 4.7.3 对偶电路

# 习题 4

### 齐次定理和叠加定理

**4.1** 如题图 4.1 所示电路,电阻的阻值均为 $1\,\Omega$。若 $u_i = 68\,\text{V}$,试求电压 $u_o$。

**4.2** 如题图 4.2 所示电路,试求输出电压 $u_o$。若要使输出电压 $u_o$ 的值达到 $u_S$ 的值,则激励电压源 $u_S$ 的电压又应为多少?

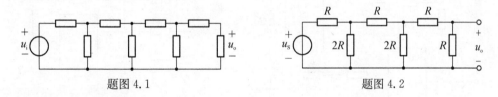

题图 4.1                               题图 4.2

**4.3** 如题图 4.3 所示电路,试求网络函数 $i/u_S$。若 $u_S = 8\,\text{V}$,试求电流 $i$。

**4.4** 如题图 4.4 所示电路,试运用叠加定理求电压 $u_o$。

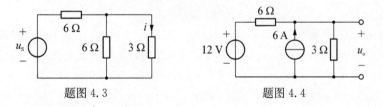

题图 4.3                               题图 4.4

**4.5** 如题图 4.5 所示电路,试运用叠加定理求电流 $I$。

**4.6** 如题图 4.6 所示电路,当 $I_S = 0$ 时,$I_1 = 2\,\text{A}$。当 $I_S = 8\,\text{A}$ 时,试求理想电流源供给的功率。

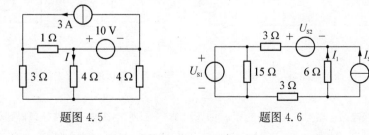

题图 4.5                               题图 4.6

**4.7**  试求题图 4.7 所示电路中的电流 $I$。

**4.8**  如题图 4.8 所示电路,试运用叠加定理求电压 $u_o$。

**4.9**  试用叠加定理求解如题图 4.9 所示差分放大器的输出电压 $u_o$。注意与例 2.5.3 比较。

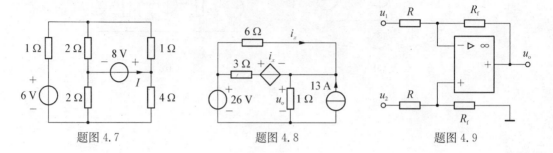

题图 4.7          题图 4.8          题图 4.9

**4.10**  试用叠加定理求题图 4.10 所示仪表放大器的输出电压 $u_o$。注意与习题 2.28 比较。

**4.11**  如题图 4.11 所示电路,试求输出电压 $u_o$ 与输入电压 $u_1$、$u_2$ 和 $u_3$ 的关系。

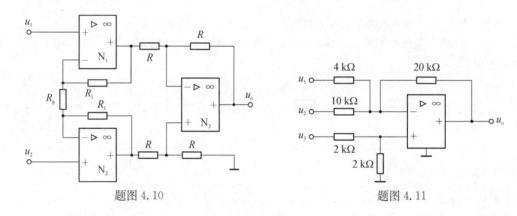

题图 4.10          题图 4.11

**4.12**  如题图 4.12 所示电路中,$u_{S1} = 20\,\text{V}$, $u_{S2} = 30\,\text{V}$,当开关 S 在位置 1 时,电流 $i = 4\,\text{A}$;当开关 S 合向位置 2 时,电流 $i = -6\,\text{A}$。试求开关 S 合向 3 时的电流 $i$。

**4.13**  如题图 4.13 所示电路中,当 $u_{S1} = u_{S2} = 0$ 时,$i = -10\,\text{A}$。若将 N 中电源置零后,当 $u_{S1} = 2\,\text{V}$, $u_{S2} = 3\,\text{V}$ 时,$i = 20\,\text{A}$;当 $u_{S1} = -2\,\text{V}$, $u_{S2} = 1\,\text{V}$ 时,$i = 0$。试求当 $u_{S1} = u_{S2} = 5\,\text{V}$ 时的电流 $i$。

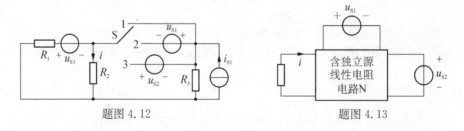

题图 4.12          题图 4.13

**4.14**  如题图 4.14 所示电路,设方格电阻电路四周均伸向无穷远接地,所有未标识的电阻均为 $1\,\Omega$,试求电流 $i$。

**4.15**  **电平转换电路**  已知输入电压信号 $u_i$ 如题图 4.15(a) 所示,现要求对其处理得到如题图 4.15(b) 所示的输出信号 $u_o$。采用如题图 4.15(c) 所示的电路可以达到这一目的,试求电阻 $R_1$ 和 $R_2$ 的值。

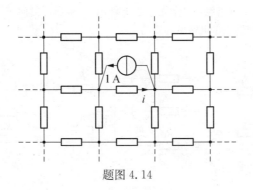

题图 4.14

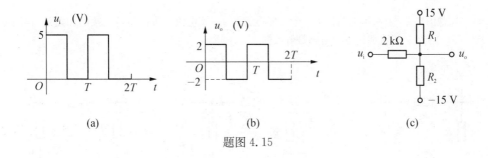

| (a) | (b) | (c) |

题图 4.15

**替代定理**

**4.16** 在题图 4.16 所示电路中,已知 $I_x = 0.5$ A,试用替代定理求 $R_x$。已知 $R_1 = 6\ \Omega$, $R_2 = 3\ \Omega$, $R_3 = R_4 = 2\ \Omega$, $R_5 = 3\ \Omega$, $U_S = 5$ V。

**4.17** 如题图 4.17 所示电路,已知 $R_1 = 1\ \Omega$, $R_2 = 2\ \Omega$, $R_3 = 3\ \Omega$, $U_S = 5$ V,一端口电路 N 的电压-电流关系为 $u = 2i + 18$。试用替代定理求电路中各支路电流。

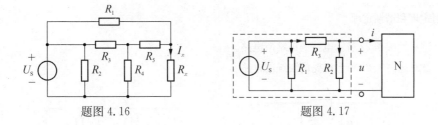

题图 4.16                     题图 4.17

**4.18** 根据题图 4.18(a) 和 (b) 的数据,试用替代定理求题图 4.18(c) 中的电压 $u$。

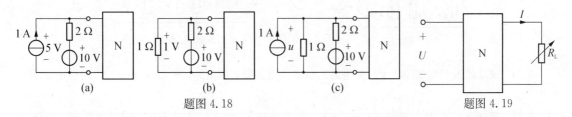

| (a) | (b) | (c) |

题图 4.18                                        题图 4.19

**4.19** 含独立源的线性电阻电路 N 如题图 4.19 所示。当改变 N 外电阻 $R_L$ 时,电路中各处电压和电流都将随之改变,当 $I = 1$ A, $U = 8$ V;当 $I = 2$ A, $U = 10$ V。试求 $U = 18$ V 时的 $I$。

**4.20** 如题图 4.20(a)所示电路包含一个无伴电压源 $u_S$,该电压源可向与其连接的支路进行转移,如题图 4.20(b)和(c)所示。试证明这三个电路是等效的。

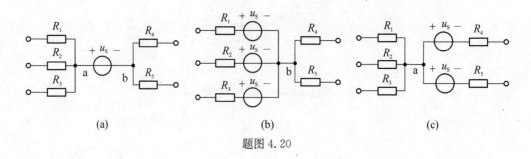

题图 4.20

**4.21** 如题图 4.21(a)所示电路包含一个无伴电流源 $i_S$,该电流源可向与其连接的回路进行转移,如题图 4.21(b)和(c)所示。试证明这三个电路是等效的。

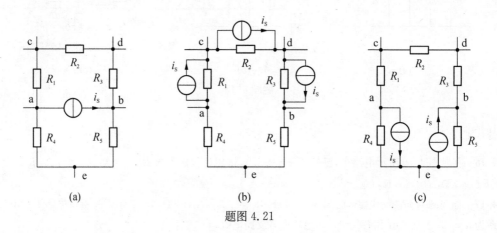

题图 4.21

### 戴维南定理和诺顿定理

**4.22** 试求题图 4.22 所示电路的戴维南电路。

**4.23** 试求题图 4.23 所示电路的戴维南电路。

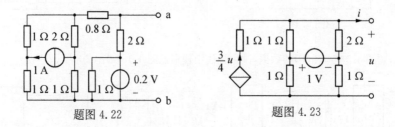

题图 4.22

题图 4.23

**4.24** 试求题图 4.24 所示含受控源电路的戴维南电路和诺顿电路。图中 $u_S = 12\text{ V}$,转移电导 $g = 0.2$。

**4.25** 如题图 4.25 所示电路,$U_1 = 10\text{ V}$,$R_1 = 5\ \Omega$,$i_S = 3\text{ A}$,N 为有源一端口电路,$R_2$ 未知,当 S 打开时,测得 $U_{ab} = 18.75\text{ V}$;现将 $i_S$ 反向,测得 $U_{ab} = 7.5\text{ V}$。试求当 S 合上时(且 $i_S$ 方向仍向上)$U_{ab}$ 的大小。

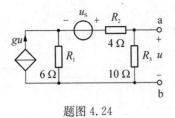

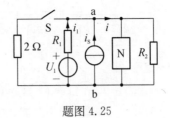

题图 4.24       题图 4.25

**4.26** 如题图 4.26(a)所示,当可变电阻 $R$ 处于某一位置时测得 $u=5\,\text{V}$, $i=0.1\,\text{A}$;当可变电阻 $R$ 处于另一位置时测得 $u=4\,\text{V}$, $i=0.2\,\text{A}$。现将 N 接入题图 4.26(b) 电路中,试求电压 $u$。

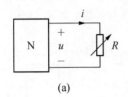

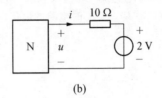

(a)         (b)

题图 4.26

**4.27** 如题图 4.27 所示电路的伏安关系为 $U=2\,000I+10$,其中 $U$ 的单位为 V, $I$ 的单位为 A, $I_S=2\,\text{mA}$。试求一端口含源网络 N 的戴维南电路。

**4.28** 如题图 4.28(a)所示电路中,线性非时变电路 $N_1$ 和 $N_2$ 级联后与 $R$ 相连,测得当 $R=0$ 时,$i=0.2\,\text{A}$;当 $R=50\,\Omega$ 时,$i=0.1\,\text{A}$。又将 $R$ 换成题图 4.28(b) 所示一端口电路,试求电压 $u_{ab}$。

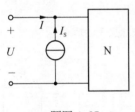

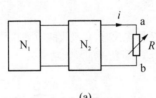

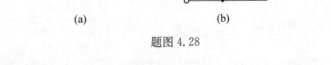

题图 4.27         (a)      (b)

题图 4.28

**4.29** 如题图 4.29 所示,N 为含源线性电阻电路,已知当 $R=1\,\Omega$ 时,$i_1=0.5\,\text{A}$, $i_2=4\,\text{A}$;当 $R=2\,\Omega$ 时,$i_1=1\,\text{A}$, $i_2=3\,\text{A}$。试问当 $R=5\,\Omega$ 时,测得 $i_1=1.5\,\text{A}$, $i_2$ 为多少?

**4.30** 试求题图 4.30 所示同相放大器输出端口的戴维南和诺顿等效电路。

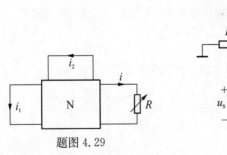

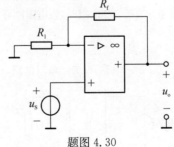

题图 4.29        题图 4.30

**4.31 采用梯形电阻电路的 DAC 电路** 在习题 2.28 中介绍了利用权电阻解码网络构成的 DAC 电路,如题图 4.31 所示电路则采用梯形电阻网络构成 DAC 电路。试求输出电压 $u_o$ 与 $d_i\,(i=0,1,2,3)$ 之间的关系。

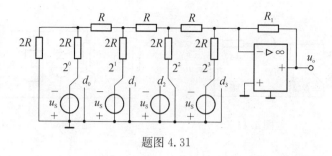

题图 4.31

**4.32** 试求题图 4.32 所示电路的诺顿电路。

**4.33 改进的 Howland 电流泵** 如题图 4.33 所示为一种适用于接地负载的电压-电流转换电路。试证明当 $R_4/R_3 = (R_{2A} + R_{2B})/R_1$ 时电路的输出电流 $i_o$ 与负载电阻 $R_L$ 无关。

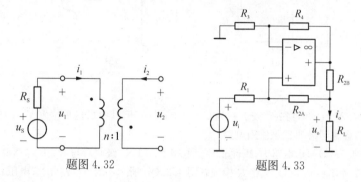

题图 4.32　　　　　　　题图 4.33

**最大功率传输定理**

**4.34** 如题图 4.34 所示电路中,$R$ 为多大时,它吸收的功率最大? 试求此最大的功率。

**4.35** 试求题图 4.35 所示电路中 $R_L$ 所获得的最大功率。

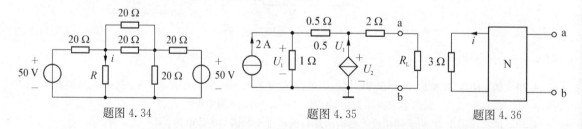

题图 4.34　　　　　　题图 4.35　　　　　　题图 4.36

**4.36** 如题图 4.36 所示电路,N 为含独立源电阻电路,当 a 端和 b 端开路时,$i = 3$ A;当 a 端和 b 端短路时,$i = 5$ A;当 a 端和 b 端接 2 Ω 电阻时,该电阻刚好获得最大功率,试求此时的电流 $i$。

**特勒根定理**

**4.37** 如题图 4.37 所示电路,N 为纯电阻电路,试利用特勒根定理求电流 $i$。

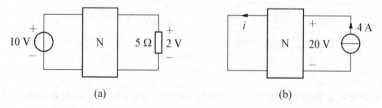

(a)　　　　　　　　(b)

题图 4.37

**4.38** 如题图 4.38 所示，N 仅由电阻组成，已知题图 4.38(a)中 $u_1 = 1\,\text{V}$，$i_2 = 0.5\,\text{A}$，试求题图 4.38(b)中的 $\hat{i}_1$。

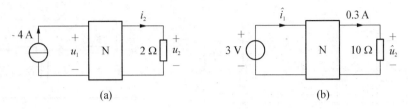

题图 4.38

**4.39** 如题图 4.39 所示电路，$N_0$ 为无源电阻电路，已知：当 $u_{S1} = 5\,\text{V}$，$u_{S2} = 0$ 时，$i_1 = 1\,\text{A}$，$i_2 = 0.5\,\text{A}$；当 $u_{S1} = 0$，$u_{S2} = 20\,\text{V}$ 时，$i_2 = -2\,\text{A}$。试求 $u_{S1}$ 和 $u_{S2}$ 共同作用时各电源发出的功率。

**4.40** 如题图 4.40 所示电路，$N_R$ 为电阻电路，已知 $R_1 = 1\,\Omega$，$R_2 = 2\,\Omega$，$R_3 = 3\,\Omega$，$u_{S1} = 18\,\text{V}$，当 $u_{S1}$ 作用，$u_{S2} = 0$ 时，测得 $u_1 = 9\,\text{V}$，$u_2 = 4\,\text{V}$；又当 $u_{S1}$ 和 $u_{S2}$ 共同作用时，测得 $u_3 = -30\,\text{V}$，试求 $u_{S2}$。

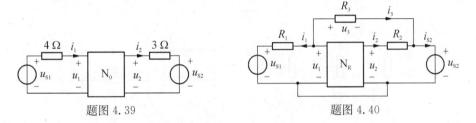

题图 4.39          题图 4.40

**互易定理**

**4.41** 如题图 4.41 所示电路，N 为互易二端口电路，试根据图示条件求电压 $\hat{U}_S$。

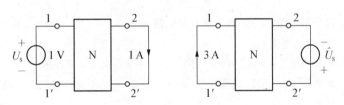

题图 4.41

**4.42** 如题图 4.42 所示电路，N 为互易性（满足互易定理）电路。试根据图中已知条件计算电阻 $R$。

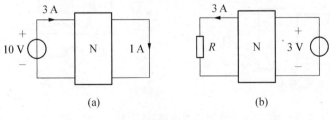

题图 4.42

**4.43** 电路如题图 4.43 所示，N 仅由二端线性电阻组成，$R = 2\,\Omega$。当 $I_1 = 6\,\text{A}$，$I_2 = 0$ 时，$I = 2\,\text{A}$。求当 $I_1 = 0$，$I_2 = 18\,\text{A}$ 时的电压 $U_1$。

**4.44** 如题图 4.44 所示的电路,已知 $R_1 = R_2 = R_3 = 1\,\Omega$,试问 $\beta$ 与 $\gamma$ 取何种关系时此电路是互易电路。

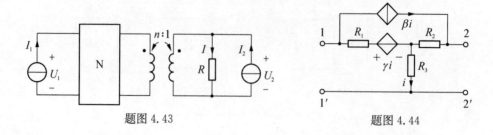

题图 4.43 题图 4.44

**对偶原理**

**4.45** 试画出题图 4.45 所示电路的对偶电路,比较该电路的节点方程和对偶电路的网孔方程。

**4.46** 试画出题图 4.46 所示电路的对偶电路,并列出该对偶电路的节点方程。已知 $R = 1\,\Omega$, $U_S = 12\,\text{V}$。

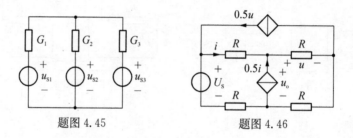

题图 4.45 题图 4.46

**综合**

**4.47** 如题图 4.47 所示电路,N 为线性含独立源电路,已知 $u_S = 0$ 时,$i = 2\,\text{mA}$,当 $u_S = 20\,\text{V}$ 时,$i = -2\,\text{mA}$,求 $u_S = -10\,\text{V}$ 时的电流 $i$。

**4.48** 如题图 4.48 所示电路,当 $i_{S1}$ 和 $u_{S1}$ 反向时($u_{S2}$ 不变),电压 $u$ 是原来的 0.5 倍;当 $i_{S1}$ 和 $u_{S2}$ 反向时($u_{S1}$ 不变),电压 $u$ 是原来的 0.3 倍。试求当 $i_{S1}$ 反向($u_{S1}$ 和 $u_{S2}$ 均不变)时,电压 $u$ 应为原来的多少倍?

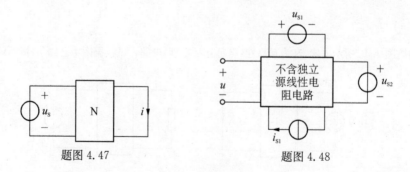

题图 4.47 题图 4.48

**4.49** 如题图 4.49 所示电路,N 为含源二端口电路,已知 $R_1 = R_2 = 10\,\Omega$, $R_3 = 6\,\Omega$, $R_4 = 3\,\Omega$, $U = U_0/24$,试求 $R$。

**4.50** 题图 4.50 所示电路,已知当 $R_x = 0$ 时,$I_x = 8\,\text{A}$, $U = 12\,\text{V}$;当 $R_x \to \infty$ 时,$U_x = 36\,\text{V}$, $U = 6\,\text{V}$,试求当 $R_x = 9\,\Omega$ 时的 $U_x$ 和 $U$。

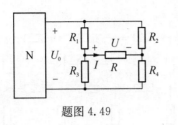

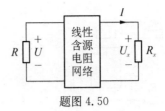

题图 4.49　　　　　　　　　　　题图 4.50

**4.51**　已知题图 4.51 所示电路中 N 为互易电路,如果在端口 11′施加理想电压源激励或理想电流源激励,在端口 22′得到电压响应或电流响应,分别如题图 4.51(a)~(d)所示。试证明在电路具有唯一解的情况下,有

$$\frac{u_{S1}}{u_2'} \cdot \frac{i_{S1}}{i_2'} - \frac{u_{S1}'}{i_2'} \cdot \frac{i_{S1}'}{u_2'} = 1$$

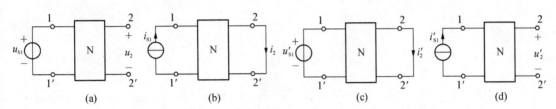

(a)　　　　　　　　(b)　　　　　　　　(c)　　　　　　　　(d)

题图 4.51

**4.52　等比例步进衰减电路**　如题图 4.52 所示电路可实现对输入信号进行任意等比例步进衰减。现要求从理想电压源 $u_S$ 两端看的等效电阻为 $R_i = 500\ \Omega$,步进衰减比例为 $k = 1/3$,试求电阻 $R_1$、$R_2$ 和 $R_3$。

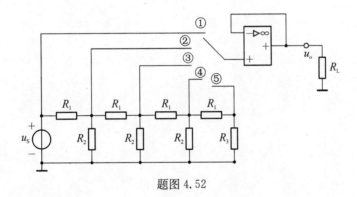

题图 4.52

**4.53　同轴电缆衰减器电路**　同轴电缆是一种内外由相互绝缘的同轴心导体构成的电缆,常用于传送多路电话和电视信号。如题图 4.53 所示虚线框中的电路是在高频领域常用的一种衰减器电路,现要求电路实现负载 $R_L$ 的最大功率匹配,且 $u_o/u_S = 1/10$,试设计电阻 $R_1$ 和 $R_2$ 的参数值。

**4.54　电压-电流转换电路(Howland 电流泵)**　如题图 4.54 所示为一种适用于接地负载的电压-电流转换电路,广泛应用于负载需要电流供电的场合。试证明:当 $R_4/R_3 = R_2/R_1$ 时电路的输出电流 $i_o$ 与负载电阻 $R_L$ 无关。

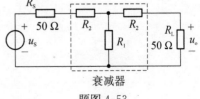

题图 4.53

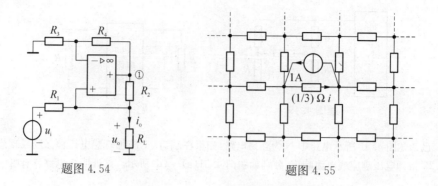

题图 4.54                    题图 4.55

**4.55**  如题图 4.55 所示电路,方格电阻电路四周均伸向无穷远接地,所有未标识的电阻均为 1 Ω,试求流经(1/3) Ω 电阻的电流 $i$。

# 5 电路的图论分析

电路可以抽象成图，利用图论理论来加以研究。图论是拓扑学的一个分支，它通过点和线构成的图，模拟物理系统的数学模型。将图论应用于电路，对电路进行分析、研究的方法称为电路拓扑法，也称电路图论或网络图论。

本章介绍图论的基础知识及其在电路分析中的应用。首先讨论电路的图、树、基本回路、基本割集等概念，并利用这些概念讨论列写独立的 KCL 和 KVL 方程的方法以及如何选择独立的支路电压和支路电流；其次通过引入降阶关联矩阵、基本回路矩阵和基本割集矩阵的概念，将 KCL 和 KVL 方程表示成上述三种矩阵形式；最后在上述矩阵方程的基础上导出节点电压方程、基本回路电流方程以及基本割集电压方程的矩阵形式。利用矩阵的形式表达电路方程具有形式简洁、便于计算机编程等特点。

## 5.1 图论的基本概念

### 5.1.1 电路的图

对于一个给定拓扑结构的电路，KCL 和 KVL 分别给出了电路结构对支路电流、电压的约束方程，它们与组成电路的元件性质无关。为列写 KCL 和 KVL 方程，只需对电路的拓扑结构进行数学描述。因此，可将电路抽象为"线段"（支路）和"点"（节点）组成的图（graph），利用图论的概念和方法来研究电路的图。将图论应用于电路，对电路进行分析、研究的方法称为电路拓扑法，也称电路图论或网络图论。

在电路图论中，图是一组节点和一组支路的集合，且每条支路的两端必须终止在两个节点上。通常用符号 G 来表示图。电路模型和电路的图都是对实际电路的抽象，只是电路的图仅表示电路的结构特征。例如，图 5.1.1(a) 所示电路，不管其中连接的是何种性质的元件，对应的图如图 5.1.1(b) 所示，它含有支路集{1, 2, 3, 4, 5, 6}和节点集{①，②，③，④}；

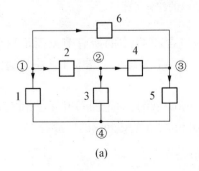

(a)

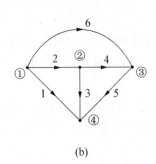

(b)

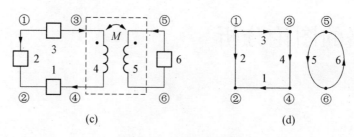

图 5.1.1　电路及其图

图 5.1.1(c)所示电路对应的图如图 5.1.1(d)所示,此图含有支路集{1,2,3,4,5,6}和节点集{①,②,③,④,⑤,⑥}。

下面介绍图论中的术语。沿着图中的支路从一个节点到达另外一个节点,途中的节点最多经过一次,这组支路集合称为这两节点间的**路径**(path)。如果始节点和终节点重合,则称为闭合路径,亦即**回路**(loop)。图 5.1.1(b)中的支路集合{1}、{2,3}、{2,4,5}和{5,6}都是节点①和④之间的路径,其中支路集合{1,2,4,5}是一个回路。

如果一个图中任意两个节点之间至少存在一条路径,则称该图为**连通图**(connected graph),否则称为非连通图。图 5.1.1(b)表示了原电路元件间的连通性,为连通图。图 5.1.1(c)中元件 4 和 5 之间存在互感 M,反映了它们之间的电磁特性,并不属于拓扑关系,由于有耦合关系的两个线圈在物理上没有连接,描述它们的拓扑图也就不连通,因此图 5.1.1(d)是非连通图。

各支路都标有参考方向(用箭标表示)的图称为**有向图**(directed graph),否则称为无向图。图 5.1.1(b)和(d)均为有向图,图中支路的方向用于表示对应电路的支路电压和电流的关联参考方向。

给定图 G 和 $G_i$,如果 $G_i$ 的每个节点都是图 G 中的节点,每条支路都是图 G 中的支路,则称图 $G_i$ 是图 G 的**子图**(subgraph)。例如,图 5.1.2 中的 $G_1$、$G_2$ 及 $G_3$ 都是图 G 的子图。

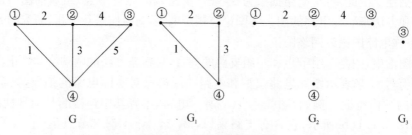

图 5.1.2　图 G 的部分子图

给定连通图 G 的一个子图 $G_t$,如果 $G_t$ 是包含图 G 中的所有节点而不形成回路的连通图,则称子图 $G_t$ 为连通图 G 的一个**树**(tree)。图 5.1.3 画出了图 5.1.2 中连通图 G 的所有可能的树,共 8 个。

通常把图 G 中构成树的支路称为**树支**(tree branch),而把图 G 中除去树支以外的支路称为**连支**(link branch)。显然,一个图的支路是由树支和连支组成的。故有

$$b = b_t + b_l \tag{5.1.1}$$

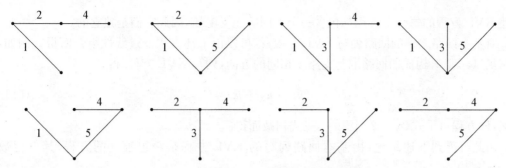

图 5.1.3　图 5.1.2 中连通图 G 的所有树

式中,$b$ 是支路数;$b_t$ 是树支数;$b_l$ 是连支数。

根据树的定义,树 $G_t$ 连接了 G 的所有节点。如果把 $G_t$ 中只与一条树支相关联的节点称为 $G_t$ 的端节点,则由于 $G_t$ 是一个不包含回路的连通子图,所以它至少具有两个端节点。现在,从树上移掉一个端节点以及同该端节点相关联的树支,余下的子图必然仍旧至少具有两个端节点。继续移掉端节点及与其相关联的树支,直到只留下一条树支为止。这条最后的树支显然仍具有两个端节点。于是,除了与两个节点相连接的最后的那条树支外,在移掉每一个节点时相应地移掉了一条树支。如果 $G_t$ 有 $n$ 个节点,那么树支数必然为 $n-1$ 个。又由于树支数和连支数的总和等于支路数 $b$,所以连支数为 $b-(n-1)$ 个。

### 5.1.2　基本回路和基本割集

1) 基本回路

对任意一个连通图 G,任意选定一个树,如果在这个树上每添接上一条连支,就会有一个回路出现,且只需添接该条连支即可。这种由一条连支和若干条树支构成的回路称为**基本回路**(fundamental loop)。由于基本回路具有一条为自己所独有的连支(是其他回路未曾用过的连支),也称为单连支回路。由于连支数等于 $b-(n-1)$,因此基本回路数也等于 $b-(n-1)$。显然,基本回路之间相互独立,其方向一般取与连支的方向一致。

如图 5.1.4 所示,图中包含 4 个节点和 6 条支路。如果选定一个树,其树支集为 $\{4,5,6\}$,则连支集为 $\{1,2,3\}$,连支集中的任一连支和若干树支构成一个基本回路。图中共有 3 条连支,因此对选定的树,可以得到 3 个基本回路 $l_1$、$l_2$ 和 $l_3$,如图 5.1.4 中虚线回路所示。

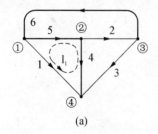
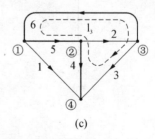

(a)　　　　　　　　(b)　　　　　　　　(c)

图 5.1.4　基　本　回　路

列写基本回路的 KVL 方程,得

回路 $l_1$:
回路 $l_2$:
回路 $l_3$:

$$\begin{cases} u_1 - u_4 - u_5 = 0 \\ u_2 + u_5 + u_6 = 0 \\ u_3 - u_4 - u_5 - u_6 = 0 \end{cases}$$

(5.1.2)

上述 KVL 方程的每一个方程都包含一个不同的连支电压,因此它们是独立的。

对基本回路之外的回路列写 KVL 方程,都可以由上述方程通过线性组合而得。例如,对支路集$\{1,3,6\}$构成的回路取与支路 1 相同的方向,列写 KVL 方程,得

$$u_1 - u_3 + u_6 = 0 \tag{5.1.3}$$

显然,该方程可由式(5.1.2)中第一、三式相减而得。

由此可得到下述结论:由基本回路列写的 KVL 方程是一组独立的方程,其方程数为$b-(n-1)$。

由式(5.1.2)还可以看出,所有的连支电压都可以用树支电压的线性组合来求得。例如,由式(5.1.2)得到各连支电压为

$$\begin{cases} u_1 = u_4 + u_5 \\ u_2 = -u_5 - u_6 \\ u_3 = u_4 + u_5 + u_6 \end{cases} \tag{5.1.4}$$

可见,树支电压是一组完备的电压变量。又因为树不构成回路,因此树支电压之间是相互独立的。由此可得出如下结论:在全部支路电压中,树支电压是一组完备的独立电压变量。

2) 基本割集

由 1.3.1 节中割集的定义可知,对于任意一个连通图 G,选定一个树,每条树支总能和若干条连支构成一个割集,这种仅包含一条树支的割集称为**基本割集**(fundamental cut set)。由于基本割集具有一条为自己所独有的树支(是其他割集未曾用过的支路),也称为单树支割集。由于树支数等于$n-1$,因此基本割集数也等于$n-1$。 显然,基本割集间相互独立,其方向一般取与树支的方向一致。

以图 5.1.5 为例研究基本割集的性质。选定树支集为$\{4,5,6\}$构成一个树,则连支集为$\{1,2,3\}$,树支集中的任一树支和若干连支构成一个基本割集。图中共有 3 条树支,因此对选定的树,可以得到 3 个基本割集$c_1$、$c_2$ 和$c_3$,如图 5.1.5 所示。

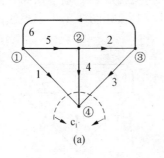 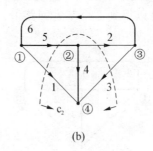 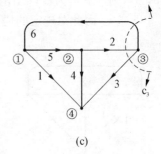

(a)                    (b)                    (c)

图 5.1.5　基　本　割　集

列写基本割集的 KCL 方程,得

割集 $c_1$:
割集 $c_2$:
割集 $c_3$:

$$\begin{cases} i_1 + i_3 + i_4 = 0 \\ i_1 - i_2 + i_3 + i_5 = 0 \\ -i_2 + i_3 + i_6 = 0 \end{cases} \tag{5.1.5}$$

上述 KCL 方程的每一个方程都包含一个不同的树支电流,因此它们是独立的。

对基本割集之外的割集列写的 KCL 方程,都可以由上述方程通过线性组合而得。例如,对支路集 $\{1,5,6\}$ 构成的割集列写 KCL 方程,得

$$-i_1 - i_5 + i_6 = 0 \tag{5.1.6}$$

显然,该方程由式(5.1.5)中第二式减去第三式而得。

由此可得到下述结论:由基本割集列写的 KCL 方程是一组独立的方程,其方程数为 $n-1$。

从式(5.1.5)还可以看出,所有的树支电流都可以用连支电流的线性组合来求得。例如,由式(5.1.5)得到各树支电流为

$$\begin{cases} i_4 = -i_1 - i_3 \\ i_5 = -i_1 + i_2 - i_3 \\ i_6 = i_2 - i_3 \end{cases} \tag{5.1.7}$$

可见,连支电流是一组完备的电流变量。又因为仅由连支不能构成割集,因此连支电流之间是相互独立的。由此可得出如下结论:在全部支路电流中,连支电流是一组完备的独立电流变量。

## 5.2 关联矩阵与基尔霍夫定律

### 5.2.1 关联矩阵

电路的图反映了其对应电路的互连方式,所以它能提供有关节点与支路之间连接关系的全部信息。因此,可以用矩阵来表示电路的节点与支路之间连接关系。

对于一个具有 $n$ 个节点、$b$ 条支路的有向图,定义一个矩阵 $\boldsymbol{A}_a = [a_{ik}]_{n \times b}$,其中行号对应节点,列号对应支路,矩阵的第 $(i,k)$ 个元素 $a_{ik}$ 定义为

$$a_{ik} = \begin{cases} 1 & \text{支路 } k \text{ 与节点 } i \text{ 相关联,且其方向离开节点 } i \\ -1 & \text{支路 } k \text{ 与节点 } i \text{ 相关联,且其方向指向节点 } i \\ 0 & \text{支路 } k \text{ 与节点 } i \text{ 无关联} \end{cases} \tag{5.2.1}$$

则此矩阵称为电路的节点 - 支路关联矩阵,简称为**关联矩阵**(incidence matrix)。

例如,对图 5.2.1 所示电路的图,其关联矩阵为

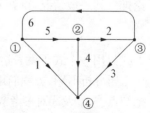

图 5.2.1 电路的图的关联矩阵

$$\boldsymbol{A}_a = \begin{array}{c} \\ ① \\ ② \\ ③ \\ ④ \end{array} \begin{array}{cccccc} 1 & 2 & 3 & 4 & 5 & 6 \\ \begin{bmatrix} 1 & 0 & 0 & 0 & 1 & -1 \\ 0 & 1 & 0 & 1 & -1 & 0 \\ 0 & -1 & 1 & 0 & 0 & 1 \\ -1 & 0 & -1 & -1 & 0 & 0 \end{bmatrix} \end{array} \tag{5.2.2}$$

若把 $\boldsymbol{A}_a$ 的行看成是向量,则节点数为 $n$ 的有向图的关联矩阵 $\boldsymbol{A}_a$ 共有 $n$ 个行向量。如果将这 $n$ 个行向量相加,便得到一个零向量,即矩阵 $\boldsymbol{A}_a$ 不是满秩矩阵。可以证明,一个连通图的 $\boldsymbol{A}_a$ 的秩为 $n-1$,即 $\boldsymbol{A}_a$ 中的任意一行都可由其他的 $n-1$ 行来确定。因此,可以把 $\boldsymbol{A}_a$ 中的任意一行删去,便得到一个具有 $n-1$ 行和 $b$ 列的矩阵,其秩为 $n-1$,称为**降阶关联矩阵**(reduced-order incidence matrix),通常记为 $\boldsymbol{A}$,为了方便起见,常常省略"降阶"二字。一般将 $\boldsymbol{A}_a$ 中参考节点所对应的行删去得到 $\boldsymbol{A}$。$\boldsymbol{A}$ 中元素 $a_{ik}$($i=1,2,\cdots,n-1$; $k=1,2,\cdots,b$)

的确定方法与 $\boldsymbol{A}_a$ 完全相同。例如,对图 5.2.1 所示的有向图,选定节点④为参考节点,除去节点④所对应的行,就得到降阶关联矩阵 $\boldsymbol{A}$ 为

$$\boldsymbol{A} = \begin{matrix} ① \\ ② \\ ③ \end{matrix} \begin{bmatrix} 1 & 0 & 0 & 0 & 1 & -1 \\ 0 & 1 & 0 & 1 & -1 & 0 \\ 0 & -1 & 1 & 0 & 0 & 1 \end{bmatrix} \qquad (5.2.3)$$

关联矩阵作为电路图的一种数学表示,可以直接参与运算。由于利用 $\boldsymbol{A}$ 进行电路分析可以得到独立的电路方程,因此在以后的分析计算中用到的是 $\boldsymbol{A}$ 而不是 $\boldsymbol{A}_a$。

从上面的讨论可知,只要给定一个有向图,就能按式(5.2.1)的定义求得关联矩阵 $\boldsymbol{A}_a$ 或降阶关联矩阵 $\boldsymbol{A}$;反之,对任意一个给定的关联矩阵 $\boldsymbol{A}_a$ 或降阶关联矩阵 $\boldsymbol{A}$,也能画出相对应的有向图。参见习题 5.7 和习题 5.8。

### 5.2.2 基尔霍夫定律的关联矩阵形式

有向图是对电路拓扑结构的抽象,可以通过有向图来列写电路 KCL 方程和 KVL 方程。关联矩阵的行代表了相应节点与支路的关联关系,即离开、指向或无关联,这正好用以表达 KCL。

对图 5.2.1 所示有向图的节点①、②和③列写 KCL 方程,并写成矩阵形式为

$$\begin{bmatrix} 1 & 0 & 0 & 0 & 1 & -1 \\ 0 & 1 & 0 & 1 & -1 & 0 \\ 0 & -1 & 1 & 0 & 0 & 1 \end{bmatrix} \begin{bmatrix} i_1 \\ i_2 \\ i_3 \\ i_4 \\ i_5 \\ i_6 \end{bmatrix} = \begin{bmatrix} 0 \\ 0 \\ 0 \end{bmatrix} \qquad (5.2.4)$$

式(5.2.4)的系数矩阵就是图 5.2.1 的关联矩阵 $\boldsymbol{A}$,即式(5.2.3)。

如果引入**支路电流向量**(branch current vector) $\boldsymbol{i}_b = [i_1, i_2, \cdots, i_b]^{\mathrm{T}}$,则可以将上述结论推广到一般情况,得到 KCL 方程的关联矩阵,矩阵形式为

$$\boldsymbol{A} \boldsymbol{i}_b = \boldsymbol{0} \qquad (5.2.5)$$

上式只用一个式子就表达了全部独立节点的 KCL 方程。

再分析 KVL 方程的矩阵形式。对于图 5.2.1 所示有向图,如果取节点④作为参考节点,并把节点①、②及③对参考节点的电压分别用 $u_{n1}$、$u_{n2}$ 及 $u_{n3}$ 表示,各支路电压用 $u_1, u_2, \cdots, u_6$ 表示,支路电流与支路电压取一致参考方向,则可得其 KVL 方程为

$$\begin{cases} u_1 = u_{n1} \\ u_2 = u_{n2} - u_{n3} \\ u_3 = u_{n3} \\ u_4 = u_{n2} \\ u_5 = u_{n1} - u_{n2} \\ u_6 = u_{n3} - u_{n1} \end{cases} \qquad (5.2.6)$$

将此方程组写成矩阵形式,有

$$\begin{bmatrix} u_1 \\ u_2 \\ u_3 \\ u_4 \\ u_5 \\ u_6 \end{bmatrix} = \begin{bmatrix} 1 & 0 & 0 \\ 0 & 1 & -1 \\ 0 & 0 & 1 \\ 0 & 1 & 0 \\ 1 & -1 & 0 \\ -1 & 0 & 1 \end{bmatrix} \begin{bmatrix} u_{n1} \\ u_{n2} \\ u_{n3} \end{bmatrix} \tag{5.2.7}$$

不难看出,式(5.2.7)右端的系数矩阵就是图 5.2.1 的关联矩阵 $\boldsymbol{A}$ 的转置 $\boldsymbol{A}^{\mathrm{T}}$。如果引入**支路电压向量**(branch voltage vector)$\boldsymbol{u}_b = [u_1, u_2, \cdots, u_b]^{\mathrm{T}}$ 和节点电压向量 $\boldsymbol{u}_n = [u_{n1}, u_{n2}, \cdots, u_{n(n-1)}]^{\mathrm{T}}$,则可以将上述结论推广到一般情况,得到 KVL 方程的关联矩阵形式为

$$\boldsymbol{u}_b = \boldsymbol{A}^{\mathrm{T}} \boldsymbol{u}_n \tag{5.2.8}$$

同样,上式只用一个式子就表达了全部回路的 KVL 方程。从形式上看,式(5.2.8)似乎与 KVL 方程式(1.3.9):$\sum_{k=1}^{l} u_k = 0$ 不同,如果注意到节点电压是一组自动满足 KVL 的独立电压变量,就容易理解式(5.2.8)确实表达了 KVL 方程。

下面以特勒根定理的证明为例来说明基尔霍夫定律关联矩阵形式的应用。

特勒根第二定理重述如下:对于具有 $n$ 个节点和 $b$ 条支路的两个拓扑结构相同的集中参数电路 N 和 $\hat{\text{N}}$,若两者对应的支路电压向量和支路电流向量分别用 $\boldsymbol{u}_b = [u_1, u_2, \cdots, u_b]^{\mathrm{T}}$、$\boldsymbol{i}_b = [i_1, i_2, \cdots, i_b]^{\mathrm{T}}$ 及 $\hat{\boldsymbol{u}}_b = [\hat{u}_1, \hat{u}_2, \cdots, \hat{u}_b]^{\mathrm{T}}$、$\hat{\boldsymbol{i}}_b = [\hat{i}_1, \hat{i}_2, \cdots, \hat{i}_b]^{\mathrm{T}}$ 表示,支路电压、电流取一致参考方向,则有

$$\boldsymbol{u}_b^{\mathrm{T}} \hat{\boldsymbol{i}}_b = \sum_{k=1}^{b} u_k \hat{i}_k = 0 \tag{5.2.9}$$

和

$$\hat{\boldsymbol{u}}_b^{\mathrm{T}} \boldsymbol{i}_b = \sum_{k=1}^{b} \hat{u}_k i_k = 0 \tag{5.2.10}$$

**证明** 由于电路 N 和 $\hat{\text{N}}$ 的拓扑结构相同,因此可假设它们的关联矩阵均为 $\boldsymbol{A}$。对电路 N,有 KVL 方程

$$\boldsymbol{u}_b = \boldsymbol{A}^{\mathrm{T}} \boldsymbol{u}_n \tag{5.2.11}$$

上式两边取转置得

$$\boldsymbol{u}_b^{\mathrm{T}} = \boldsymbol{u}_n^{\mathrm{T}} \boldsymbol{A} \tag{5.2.12}$$

将上式两边右乘 $\hat{\boldsymbol{i}}_b$,得

$$\boldsymbol{u}_b^{\mathrm{T}} \hat{\boldsymbol{i}}_b = \boldsymbol{u}_n^{\mathrm{T}} \boldsymbol{A} \hat{\boldsymbol{i}}_b \tag{5.2.13}$$

对电路 $\hat{\text{N}}$,有 KCL 方程

$$\boldsymbol{A} \hat{\boldsymbol{i}}_b = \boldsymbol{0} \tag{5.2.14}$$

于是,由式(5.2.13)和式(5.2.14)可得

$$u_b^T \hat{i}_b = 0 \qquad (5.2.15)$$

上式即式(5.2.9)。仿照上面的推导过程,同样可以证明式(5.2.10)。

## 5.3 基本回路矩阵与基尔霍夫定律

### 5.3.1 基本回路矩阵

如同可用关联矩阵来描述连通图的节点和支路的关系一样,也可用回路矩阵来描述连通图的回路和支路的关系。为便于电路分析,一般选择一组独立、完备的回路进行讨论。基本回路是一组独立、完备的回路,故可以用**基本回路矩阵**(fundamental loop matrix)来描述基本回路和支路的关系。

对于一个具有 $b$ 条支路、$l$ 个基本回路的连通图,定义基本回路矩阵 $\boldsymbol{B} = [b_{ik}]_{l \times b}$,其中行号对应基本回路,列号对应支路,$\boldsymbol{B}$ 的第 $(i, k)$ 个元素 $b_{ik}$ 定义为

$$b_{ik} = \begin{cases} 1 & \text{当支路 } k \text{ 与基本回路 } i \text{ 相关联,且它们的方向一致} \\ -1 & \text{当支路 } k \text{ 与基本回路 } i \text{ 相关联,且它们的方向相反} \\ 0 & \text{当支路 } k \text{ 与基本回路 } i \text{ 无关联} \end{cases} \qquad (5.3.1)$$

对图 5.3.1(a)所示的有向图,选支路 4、5 和 6 构成一个树,得到基本回路为 $l_1$、$l_2$ 和 $l_3$,如图 5.3.1(b)所示,写出基本回路矩阵为

$$\boldsymbol{B} = \begin{matrix} & \begin{matrix} 1 & 2 & 3 & 4 & 5 & 6 \end{matrix} \\ \begin{matrix} l_1 \\ l_2 \\ l_3 \end{matrix} & \begin{bmatrix} 1 & 0 & 0 & -1 & -1 & 0 \\ 0 & 1 & 0 & 0 & 1 & 1 \\ 0 & 0 & 1 & -1 & -1 & -1 \end{bmatrix} \end{matrix} \qquad (5.3.2)$$

$\boldsymbol{B}$ 表示了各个基本回路与支路之间的关联关系。在按先连支、后树支编号的情况下,$\boldsymbol{B}$ 具有下列形式

$$\boldsymbol{B} = \begin{bmatrix} \underset{l \text{条连支}}{\boldsymbol{1}_l} & | & \underset{n-1 \text{条树支}}{\boldsymbol{B}_t} \end{bmatrix} \qquad (5.3.3)$$

式中,$\boldsymbol{1}_l$ 表示一个 $l$ 阶的单位矩阵;$\boldsymbol{B}_t$ 表示一个 $l$ 行和 $n-1$ 列的矩阵。由于 $\boldsymbol{B}$ 包含单位矩阵 $\boldsymbol{1}_l$ 且只有 $l$ 行,因此 $\boldsymbol{B}$ 的秩是 $l = b - n + 1$。

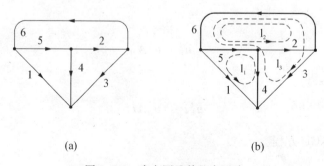

(a)                    (b)

图 5.3.1　有向图及其基本回路

### 5.3.2 基尔霍夫定律的基本回路矩阵形式

基本回路是一组独立的回路,对其列写的 KVL 方程是一组独立方程。对图 5.3.1(b)所示基本回路列写 KVL 方程,并写成矩阵形式,得

$$
\begin{bmatrix} 1 & 0 & 0 & -1 & -1 & 0 \\ 0 & 1 & 0 & 0 & 1 & 1 \\ 0 & 0 & 1 & -1 & -1 & -1 \end{bmatrix}
\begin{bmatrix} u_1 \\ u_2 \\ u_3 \\ u_4 \\ u_5 \\ u_6 \end{bmatrix}
= \begin{bmatrix} 0 \\ 0 \\ 0 \end{bmatrix}
\tag{5.3.4}
$$

上述方程的系数矩阵就是图 5.3.1(b)的基本回路矩阵,即式(5.3.2)。推广到一般情况,假设 $u_b$ 表示支路电压向量,基尔霍夫电压定律的基本回路矩阵形式为

$$
\boldsymbol{B} \boldsymbol{u}_b = \boldsymbol{0}
\tag{5.3.5}
$$

如果将支路电压按照连支电压和树支电压进行分块,则上式可以写成

$$
\boldsymbol{B} \boldsymbol{u}_b = \begin{bmatrix} \boldsymbol{1}_l & | & \boldsymbol{B}_t \end{bmatrix} \begin{bmatrix} \boldsymbol{u}_l \\ \boldsymbol{u}_t \end{bmatrix} = \boldsymbol{u}_l + \boldsymbol{B}_t \boldsymbol{u}_t = \boldsymbol{0}
\tag{5.3.6}
$$

从而得到连支电压向量和树支电压向量之间的关系为

$$
\boldsymbol{u}_l = -\boldsymbol{B}_t \boldsymbol{u}_t
\tag{5.3.7}
$$

现在讨论各支路电流和基本回路电流(即连支电流)间的关系。连支电流是一组独立变量,可以用来表达全部支路电流。通过对基本割集列写 KCL 方程,能够将树支电流表达成连支电流的代数和。如果选支路 4、5 和 6 构成一个树,应用 KCL,有

$$
\begin{cases} i_4 = -i_{l1} - i_{l3} \\ i_5 = -i_{l1} + i_{l2} - i_{l3} \\ i_6 = i_{l2} - i_{l3} \end{cases}
\tag{5.3.8}
$$

式中,$i_{l1} = i_1$,$i_{l2} = i_2$,$i_{l3} = i_3$ 分别为连支 1、2 和 3 的电流。

用连支电流表示所有的支路电流,并写成矩阵形式为

$$
\begin{bmatrix} i_1 \\ i_2 \\ i_3 \\ i_4 \\ i_5 \\ i_6 \end{bmatrix}
= \begin{bmatrix} 1 & 0 & 0 \\ 0 & 1 & 0 \\ 0 & 0 & 1 \\ -1 & 0 & -1 \\ -1 & 1 & -1 \\ 0 & 1 & -1 \end{bmatrix}
\begin{bmatrix} i_{l1} \\ i_{l2} \\ i_{l3} \end{bmatrix}
\tag{5.3.9}
$$

可以看出,式(5.3.9)中的系数矩阵即为基本回路矩阵 $\boldsymbol{B}$ 的转置 $\boldsymbol{B}^{\mathrm{T}}$。推广到一般情况,假设 $\boldsymbol{i}_l = [i_{l1}, i_{l2}, \cdots, i_{ll}]^{\mathrm{T}}$ 表示基本回路电流向量,$\boldsymbol{i}_b = [i_1, i_2, \cdots, i_b]^{\mathrm{T}}$ 表示支路电流向量,基

尔霍夫电流定律的基本回路矩阵形式为

$$i_b = B^T i_1 \qquad (5.3.10)$$

## 5.4 基本割集矩阵与基尔霍夫定律

### 5.4.1 基本割集矩阵

一个电路的连通图的拓扑关系也可以用该连通图的割集加以描述。同样,为便于电路分析,选择基本割集进行讨论,并通过**基本割集矩阵**(fundamental cut-set matrix)来表达基本割集和支路的关系。

对一个支路数为 $b$、割集数为 $c$ 的连通图,定义一个基本割集矩阵 $Q = [q_{ik}]_{c \times b}$,其中行号对应割集,列号对应支路,$Q$ 的第 $(i, k)$ 个元素 $q_{ik}$ 定义为

$$q_{ik} = \begin{cases} 1 & \text{当支路 } k \text{ 与基本割集 } i \text{ 相关联,且它们的方向一致} \\ -1 & \text{当支路 } k \text{ 与基本割集 } i \text{ 相关联,且它们的方向相反} \\ 0 & \text{当支路 } k \text{ 与基本割集 } i \text{ 无关联} \end{cases} \qquad (5.4.1)$$

对图 5.3.1(a) 所示的有向图,如果选支路 4、5 和 6 构成一个树,则得到基本割集为 $c_1$、$c_2$ 和 $c_3$,如图 5.4.1 所示,写出基本割集矩阵为

$$Q = \begin{matrix} & \begin{matrix} 1 & 2 & 3 & 4 & 5 & 6 \end{matrix} \\ \begin{matrix} c_1 \\ c_2 \\ c_3 \end{matrix} & \begin{bmatrix} 1 & 0 & 1 & 1 & 0 & 0 \\ 1 & -1 & 1 & 0 & 1 & 0 \\ 0 & -1 & 1 & 0 & 0 & 1 \end{bmatrix} \end{matrix} \qquad (5.4.2)$$

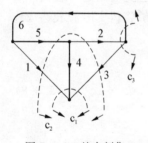

图 5.4.1 基本割集

$Q$ 表示了各个基本割集与支路之间的关联关系。在按先连支、后树支编号的情况下,$Q$ 具有下列形式:

$$Q = \begin{bmatrix} \underset{l\text{条连支}}{Q_1} & \Big| & \underset{n-1\text{条树支}}{1_t} \end{bmatrix} \qquad (5.4.3)$$

式中,$Q_1$ 是一个具有 1、$-1$ 和 0 元素的 $(n-1) \times l$ 矩阵;$1_t$ 为 $n-1$ 阶的单位矩阵。显然,由于 $Q$ 包含单位矩阵 $1_t$,且只有 $n-1$ 行,所以 $Q$ 的秩为 $n-1$。

### 5.4.2 基尔霍夫定律的基本割集矩阵形式

对图 5.4.1 所示的基本割集列写 KCL 方程,并写成矩阵形式,得到

$$\begin{bmatrix} 1 & 0 & 1 & 1 & 0 & 0 \\ 1 & -1 & 1 & 0 & 1 & 0 \\ 0 & -1 & 1 & 0 & 0 & 1 \end{bmatrix} \begin{bmatrix} i_1 \\ i_2 \\ i_3 \\ i_4 \\ i_5 \\ i_6 \end{bmatrix} = \begin{bmatrix} 0 \\ 0 \\ 0 \end{bmatrix} \qquad (5.4.4)$$

上述方程的系数矩阵就是图 5.4.1 的基本割集矩阵,即式(5.4.2)。推广到一般情况,假设 $i_b$

表示支路电流向量,KCL 的基本割集矩阵形式为

$$Qi_b = 0 \tag{5.4.5}$$

如果将支路电流按照连支电流和树支电流进行分块,则上式可以写成

$$Qi_b = [Q_1 \mid 1_t]\begin{bmatrix} i_1 \\ i_t \end{bmatrix} = Q_1 i_1 + i_t = 0 \tag{5.4.6}$$

从而得到用连支电流向量表达树支电流向量的关系

$$i_t = -Q_1 i_1 \tag{5.4.7}$$

下面讨论 KVL,即各支路电压和基本割集电压(即树支电压)间的关系。树支电压是一组独立变量,可以用来表达全部支路电压。对基本回路列写 KVL 方程,能够将连支电压表达成树支电压的代数和。对图 5.3.1(b)所示的基本回路应用 KVL,有

$$\begin{cases} u_1 = u_{t4} + u_{t5} \\ u_2 = -u_{t5} - u_{t6} \\ u_3 = u_{t4} + u_{t5} + u_{t6} \end{cases} \tag{5.4.8}$$

式中,$u_{t4} = u_4$,$u_{t5} = u_5$,$u_{t6} = u_6$ 分别为树支 4、5 和 6 的电压。

用树支电压表示所有的支路电压,并写成矩阵形式为

$$\begin{bmatrix} u_1 \\ u_2 \\ u_3 \\ u_4 \\ u_5 \\ u_6 \end{bmatrix} = \begin{bmatrix} 1 & 1 & 0 \\ 0 & -1 & -1 \\ 1 & 1 & 1 \\ 1 & 0 & 0 \\ 0 & 1 & 0 \\ 0 & 0 & 1 \end{bmatrix} \begin{bmatrix} u_{t4} \\ u_{t5} \\ u_{t6} \end{bmatrix} \tag{5.4.9}$$

可以看出,上式中的系数矩阵即为基本割集矩阵 $Q$ 的转置 $Q^T$。推广到一般情况,假设 $u_t = [u_{t1}, u_{t2}, \cdots, u_{t(n-1)}]^T$ 表示基本割集电压向量,$u_b$ 表示支路电压向量,基尔霍夫电压定律的基本割集矩阵形式为

$$u_b = Q^T u_t \tag{5.4.10}$$

## 5.5 $A$、$B$、$Q$ 矩阵之间的关系

前面几节介绍了如何用矩阵来表示电路的结构,即用关联矩阵表达节点与支路的关系,用基本回路矩阵表达回路与支路的关系,用基本割集矩阵表达割集与支路的关系。显然,对同一图的同一树,这三种矩阵之间必定存在一定的关系。下面借助 KCL 和 KVL 的矩阵形式来推导这种关系。

1) $A$ 和 $B$ 之间的关系

对于一个电路的图任取一树,在支路排列顺序相同(一般先连支、后树支)时,写出关联矩

阵 $A$ 和基本回路矩阵 $B$,再将式(5.3.10)代入式(5.2.5),得

$$Ai_b = AB^T i_1 = 0 \tag{5.5.1}$$

由于回路电流 $i_1$ 是一组独立的电流变量,可取任意值,因此由上式可得

$$AB^T = 0 \tag{5.5.2}$$

对上式进行转置,得

$$BA^T = 0 \tag{5.5.3}$$

如果按照连支、树支对矩阵进行分块,由式(5.5.3)得

$$\begin{bmatrix} A_1 & A_t \end{bmatrix} \begin{bmatrix} \mathbf{1}_1 \\ B_t^T \end{bmatrix} = 0 \tag{5.5.4}$$

即

$$A_1 + A_t B_t^T = 0 \tag{5.5.5}$$

解得 $B_t$ 为

$$B_t = -(A_t^{-1} A_1)^T \tag{5.5.6}$$

2) $B$ 和 $Q$ 之间的关系

对于一个电路的图任取一树,在支路排列顺序相同(一般先连支、后树支)时,写出基本回路矩阵 $B$ 和基本割集矩阵 $Q$,再将式(5.4.10)代入式(5.3.5),得

$$Bu_b = BQ^T u_t = 0 \tag{5.5.7}$$

上式对任意的树支电压 $u_t$ 都成立,因此可得

$$BQ^T = 0 \tag{5.5.8}$$

或

$$QB^T = 0 \tag{5.5.9}$$

如果按照连支、树支对矩阵进行分块,由式(5.5.8)得

$$\begin{bmatrix} \mathbf{1}_1 & B_t \end{bmatrix} \begin{bmatrix} Q_1^T \\ \mathbf{1}_t \end{bmatrix} = 0 \tag{5.5.10}$$

解得 $B_t$ 为

$$B_t = -Q_1^T \tag{5.5.11}$$

3) $A$ 和 $Q$ 之间的关系

$A$ 和 $Q$ 之间的关系可以直接由 $A$ 和 $B$ 之间的关系以及 $B$ 和 $Q$ 之间的关系来求得。由式(5.5.6)和式(5.5.11)可得

$$Q_1 = A_t^{-1} A_1 \tag{5.5.12}$$

**KCL、KVL 与特勒根定理之间的关系**　对一个具有 $n$ 个节点和 $b$ 条支路的集中参数电路,其支路电压向

量和支路电流向量分别用 $\boldsymbol{u}_\mathrm{b}$ 和 $\boldsymbol{i}_\mathrm{b}$ 表示，即 $\boldsymbol{u}_\mathrm{b}=[u_1,\,u_2,\,\cdots,\,u_b]^\mathrm{T}$，$\boldsymbol{i}_\mathrm{b}=[i_1,\,i_2,\,\cdots,\,i_b]^\mathrm{T}$，且各支路电压与电流采取一致参考方向。选定该电路图的一个树，得到电路的基本回路矩阵和基本割集矩阵分别为 $\boldsymbol{B}$ 和 $\boldsymbol{Q}$，这两个矩阵的列所对应的支路按照先连支、后树支的次序进行排列。树支电压向量为 $\boldsymbol{u}_\mathrm{t}=[u_\mathrm{t1},\,u_\mathrm{t2},\,\cdots,\,u_{\mathrm{t}(n-1)}]^\mathrm{T}$，连支电流向量为 $\boldsymbol{i}_\mathrm{l}=[i_\mathrm{l1},\,i_\mathrm{l2},\,\cdots,\,i_{\mathrm{l}(b-n+1)}]^\mathrm{T}$。在上述假定条件下，有下述基本结论：

$$\boldsymbol{u}_\mathrm{t}^\mathrm{T}\boldsymbol{Q}\boldsymbol{i}_\mathrm{b}+\boldsymbol{i}_\mathrm{l}^\mathrm{T}\boldsymbol{B}\boldsymbol{u}_\mathrm{b}=\boldsymbol{u}_\mathrm{b}^\mathrm{T}\boldsymbol{i}_\mathrm{b} \tag{5.5.13}$$

**证明：**

$$
\begin{aligned}
\boldsymbol{u}_\mathrm{t}^\mathrm{T}\boldsymbol{Q}\boldsymbol{i}_\mathrm{b}+\boldsymbol{i}_\mathrm{l}^\mathrm{T}\boldsymbol{B}\boldsymbol{u}_\mathrm{b} &= \boldsymbol{u}_\mathrm{t}^\mathrm{T}[\boldsymbol{Q}_\mathrm{l} \quad \boldsymbol{1}_\mathrm{t}]\begin{bmatrix}\boldsymbol{i}_\mathrm{l}\\ \boldsymbol{i}_\mathrm{t}\end{bmatrix}+\boldsymbol{i}_\mathrm{l}^\mathrm{T}[\boldsymbol{1}_\mathrm{l} \quad \boldsymbol{B}_\mathrm{t}]\begin{bmatrix}\boldsymbol{u}_\mathrm{l}\\ \boldsymbol{u}_\mathrm{t}\end{bmatrix}\\
&= \boldsymbol{u}_\mathrm{t}^\mathrm{T}\boldsymbol{Q}_\mathrm{l}\boldsymbol{i}_\mathrm{l}+\boldsymbol{u}_\mathrm{t}^\mathrm{T}\boldsymbol{i}_\mathrm{t}+\boldsymbol{i}_\mathrm{l}^\mathrm{T}\boldsymbol{u}_\mathrm{l}+\boldsymbol{i}_\mathrm{l}^\mathrm{T}\boldsymbol{B}_\mathrm{t}\boldsymbol{u}_\mathrm{t}\\
&= \boldsymbol{u}_\mathrm{t}^\mathrm{T}\boldsymbol{Q}_\mathrm{l}\boldsymbol{i}_\mathrm{l}+\boldsymbol{u}_\mathrm{t}^\mathrm{T}\boldsymbol{i}_\mathrm{t}+\boldsymbol{i}_\mathrm{l}^\mathrm{T}\boldsymbol{u}_\mathrm{l}-\boldsymbol{i}_\mathrm{l}^\mathrm{T}\boldsymbol{Q}_\mathrm{l}^\mathrm{T}\boldsymbol{u}_\mathrm{t}\\
&= \boldsymbol{u}_\mathrm{t}^\mathrm{T}\boldsymbol{i}_\mathrm{t}+\boldsymbol{i}_\mathrm{l}^\mathrm{T}\boldsymbol{u}_\mathrm{l}=\boldsymbol{u}_\mathrm{b}^\mathrm{T}\boldsymbol{i}_\mathrm{b}
\end{aligned}
$$

证毕。

式(5.5.13)是关于 KCL、KVL 与特勒根第一定理之间相互关系的一个非常简洁的表达式。由式(5.5.13)可知：如果 KCL、KVL 和功率守恒定理中任意之一成立，则式(5.5.13)中的对应项为零，其中式(5.5.13)左边第一项对应 KCL，左边第二项对应 KVL，右边项对应特勒根第一定理。因此 KCL、KVL 和功率守恒定理这三者中任意两者成立，则必然得出第三者也成立。参见习题 5.27。

## 5.6 广义支路及其 VCR 的矩阵形式

为了建立矩阵形式的电路方程，除了建立矩阵形式的 KCL 和 KVL 方程外，还必须建立矩阵形式的支路特性方程。为此，引入图 5.6.1(a)所示的**广义支路**（generalized branch），图中 $u_k$ 和 $i_k$ 分别表示支路 $k$ 的支路电压和支路电流。广义支路也称为标准支路或一般支路，其中包括电阻、理想电压源和理想电流源。一条广义支路在图中对应一条支路，如图 5.6.1(b)所示。

设电路具有 $b$ 条支路、$n$ 个节点，根据基尔霍夫定律和欧姆定律可得支路 $k$ 的 VCR 为

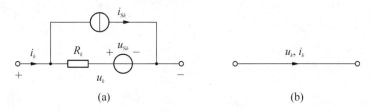

图 5.6.1 广义支路及其图

$$u_k=R_k(i_k-i_{\mathrm{S}k})+u_{\mathrm{S}k}=R_ki_k-R_ki_{\mathrm{S}k}+u_{\mathrm{S}k} \tag{5.6.1}$$

如果用 $G_k$ 表示支路 $k$ 中电阻元件的电导，则有

$$i_k=G_k(u_k-u_{\mathrm{S}k})+i_{\mathrm{S}k}=G_ku_k-G_ku_{\mathrm{S}k}+i_{\mathrm{S}k} \tag{5.6.2}$$

令 $k=1,\,2,\,\cdots,\,b$，便可得出所有支路的特性方程，将全部方程合写成矩阵形式，有

$$\boldsymbol{u}_\mathrm{b}=\boldsymbol{R}_\mathrm{b}\boldsymbol{i}_\mathrm{b}-\boldsymbol{R}_\mathrm{b}\boldsymbol{i}_\mathrm{S}+\boldsymbol{u}_\mathrm{S} \tag{5.6.3}$$

或

$$i_b = G_b u_b - G_b u_S + i_S \tag{5.6.4}$$

式(5.6.3)、式(5.6.4)称为广义支路VCR的矩阵形式。在此两式中,$i_b=[i_1,i_2,\cdots,i_b]^T$和$u_b=[u_1,u_2,\cdots,u_b]^T$分别为支路电流向量和支路电压向量;$u_S=[u_{S1},u_{S2},\cdots,u_{Sb}]^T$和$i_S=[i_{S1},i_{S2},\cdots,i_{Sb}]^T$分别为电压源向量和电流源向量,矩阵$R_b=\mathrm{diag}[R_1,R_2,\cdots,R_b]$为支路电阻矩阵,矩阵$G_b=\mathrm{diag}[G_1,G_2,\cdots,G_b]$为支路电导矩阵。支路电阻矩阵和支路电导矩阵都是一个$b$阶的对角线矩阵,并互为逆矩阵,即$G_b=R_b^{-1}$或$R_b=G_b^{-1}$。

值得指出的是,如果广义支路含有受控源,支路电阻矩阵和支路电导矩阵一般不再具有对角性质。

**例5.6.1** 试列写图5.6.2(a)所示电路的广义支路特性方程的矩阵形式。

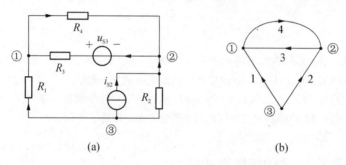

(a)　　　　　　　　　　(b)

图5.6.2　例5.6.1用图

**解** 作出电路的图如图5.6.2(b)所示,分别写出支路电阻矩阵、电压源向量和电流源向量为

$$R_b = \mathrm{diag}[R_1, R_2, R_3, R_4]$$
$$u_S = [0, 0, -u_{S3}, 0]^T$$
$$i_S = [0, i_{S2}, 0, 0]^T$$

列写广义支路特性方程为

$$\begin{bmatrix} u_1 \\ u_2 \\ u_3 \\ u_4 \end{bmatrix} = \begin{bmatrix} R_1 & 0 & 0 & 0 \\ 0 & R_2 & 0 & 0 \\ 0 & 0 & R_3 & 0 \\ 0 & 0 & 0 & R_4 \end{bmatrix} \begin{bmatrix} i_1 \\ i_2 \\ i_3 \\ i_4 \end{bmatrix} - \begin{bmatrix} R_1 & 0 & 0 & 0 \\ 0 & R_2 & 0 & 0 \\ 0 & 0 & R_3 & 0 \\ 0 & 0 & 0 & R_4 \end{bmatrix} \begin{bmatrix} 0 \\ i_{S2} \\ 0 \\ 0 \end{bmatrix} + \begin{bmatrix} 0 \\ 0 \\ -u_{S3} \\ 0 \end{bmatrix}$$

**例5.6.2** 试写出图5.6.3(a)所示电路的广义支路特性方程的矩阵形式。

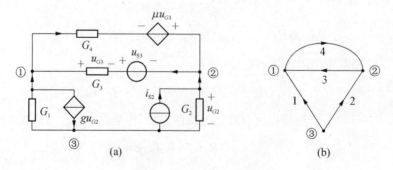

(a)　　　　　　　　　　(b)

图5.6.3　例5.6.2用图

**解** 图 5.6.3(a)所示电路包含电压控制型受控源,列写广义支路特性方程时,可将受控源先当作独立源处理。作出电路的图如图 5.6.3(b)所示,分别写出支路电导矩阵、电压源向量和电流源向量为

$$\boldsymbol{G}_\mathrm{b} = \mathrm{diag}[G_1, G_2, G_3, G_4]$$
$$\boldsymbol{u}_\mathrm{S} = [0, 0, -u_{S3}, -\mu u_{G3}]^\mathrm{T}$$
$$\boldsymbol{i}_\mathrm{S} = [-g u_{G2}, i_{S2}, 0, 0]^\mathrm{T}$$

写出含受控源的一般支路特性方程为

$$
\begin{bmatrix} i_1 \\ i_2 \\ i_3 \\ i_4 \end{bmatrix} =
\begin{bmatrix} G_1 & 0 & 0 & 0 \\ 0 & G_2 & 0 & 0 \\ 0 & 0 & G_3 & 0 \\ 0 & 0 & 0 & G_4 \end{bmatrix}
\begin{bmatrix} u_1 \\ u_2 \\ u_3 \\ u_4 \end{bmatrix} -
\begin{bmatrix} G_1 & 0 & 0 & 0 \\ 0 & G_2 & 0 & 0 \\ 0 & 0 & G_3 & 0 \\ 0 & 0 & 0 & G_4 \end{bmatrix}
\begin{bmatrix} 0 \\ 0 \\ -u_{S3} \\ -\mu u_{G3} \end{bmatrix} +
\begin{bmatrix} -g u_{G2} \\ i_{S2} \\ 0 \\ 0 \end{bmatrix}
$$

受控源控制电压可用支路电压表示为

$$u_{G2} = -u_2, \quad u_{G3} = -u_3 - u_{S3}$$

将上式代入一般支路特性方程,并整理得

$$
\begin{bmatrix} i_1 \\ i_2 \\ i_3 \\ i_4 \end{bmatrix} =
\begin{bmatrix} G_1 & g & 0 & 0 \\ 0 & G_2 & 0 & 0 \\ 0 & 0 & G_3 & 0 \\ 0 & 0 & \mu G_4 & G_4 \end{bmatrix}
\begin{bmatrix} u_1 \\ u_2 \\ u_3 \\ u_4 \end{bmatrix} -
\begin{bmatrix} G_1 & g & 0 & 0 \\ 0 & G_2 & 0 & 0 \\ 0 & 0 & G_3 & 0 \\ 0 & 0 & \mu G_4 & G_4 \end{bmatrix}
\begin{bmatrix} 0 \\ 0 \\ -u_{S3} \\ \mu u_{S3} \end{bmatrix} +
\begin{bmatrix} 0 \\ i_{S2} \\ 0 \\ 0 \end{bmatrix}
$$

可见,支路电导矩阵不再是对角矩阵。

## 5.7 电路分析的矩阵方法

借助矩阵这一数学工具来建立基尔霍夫定律及支路方程,具有明晰、规范的特点,其简单、清晰的规则更适合于编写计算机程序。利用矩阵运算也非常便于从数学上推导电路方程并研究其性质。

### 5.7.1 节点分析的矩阵方法

首先讨论借助矩阵运算建立节点电压方程。将支路方程式(5.6.4)代入 KCL 的关联矩阵形式,即式(5.2.5),得

$$\boldsymbol{A}\boldsymbol{i}_\mathrm{b} = \boldsymbol{A}(\boldsymbol{G}_\mathrm{b}\boldsymbol{u}_\mathrm{b} - \boldsymbol{G}_\mathrm{b}\boldsymbol{u}_\mathrm{S} + \boldsymbol{i}_\mathrm{S}) = \boldsymbol{0} \tag{5.7.1}$$

再将 KVL 的关联矩阵形式,即式(5.2.8)代入上式,并经移项得

$$\boldsymbol{A}\boldsymbol{G}_\mathrm{b}\boldsymbol{A}^\mathrm{T}\boldsymbol{u}_\mathrm{n} = \boldsymbol{A}\boldsymbol{G}_\mathrm{b}\boldsymbol{u}_\mathrm{S} - \boldsymbol{A}\boldsymbol{i}_\mathrm{S} \tag{5.7.2}$$

上式即为节点方程的矩阵形式。令

$$\boldsymbol{G}_\mathrm{n} = \boldsymbol{A}\boldsymbol{G}_\mathrm{b}\boldsymbol{A}^\mathrm{T} \tag{5.7.3}$$

$$\boldsymbol{i}_\mathrm{Sn} = \boldsymbol{A}\boldsymbol{G}_\mathrm{b}\boldsymbol{u}_\mathrm{S} - \boldsymbol{A}\boldsymbol{i}_\mathrm{S} \tag{5.7.4}$$

式(5.7.2)可简写为

$$G_n u_n = i_{Sn} \tag{5.7.5}$$

式中,$G_n$ 称为节点电导矩阵;$i_{Sn}$ 称为节点电流源向量。必须注意,式(5.7.5)只有在 $\det G_n \neq 0$ 的条件下才具有唯一解。对于复杂的电路,一般可用计算机编程来求取上述方程的解。

**例 5.7.1** 试用矩阵方法列写图 5.7.1(a)所示电路的节点电压矩阵方程,并求广义支路的电压和电流。

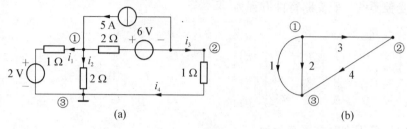

图 5.7.1 例 5.7.1 用图

**解** 可按下述步骤列写电路的节点矩阵方程:

(1) 按照一般支路的定义,作出与电路对应的有向图,如图 5.7.1(b)所示。

(2) 根据有向图写出关联矩阵

$$A = \begin{bmatrix} 1 & 1 & 1 & 0 \\ 0 & 0 & -1 & 1 \end{bmatrix}$$

(3) 由电路及电路的图写出

支路电导矩阵 $\qquad G_b = \mathrm{diag}[1, 0.5, 0.5, 1]$ S

电压源向量 $\qquad u_S = [2, 0, 6, 0]^T$ V

电流源向量 $\qquad i_S = [0, 0, -5, 0]^T$ A

(4) 由式(5.7.3)计算节点电导矩阵

$$G_n = A G_b A^T = \begin{bmatrix} 2 & -0.5 \\ -0.5 & 1.5 \end{bmatrix} \text{ S}$$

(5) 由式(5.7.4)计算节点电流源向量

$$i_{Sn} = A G_b u_S - A i_S = [10 \quad -8]^T \text{ A}$$

(6) 由式(5.7.5)列出节点矩阵方程

$$\begin{bmatrix} 2 & -0.5 \\ -0.5 & 1.5 \end{bmatrix} \begin{bmatrix} u_{n1} \\ u_{n2} \end{bmatrix} = \begin{bmatrix} 10 \\ -8 \end{bmatrix}$$

(7) 由上述方程解得节点电压向量

$$\begin{bmatrix} u_{n1} \\ u_{n2} \end{bmatrix} = \begin{bmatrix} 4 \\ -4 \end{bmatrix} \text{ V}$$

(8) 由式(5.2.8)求取一般支路电压向量,由式(5.6.4)求取支路电流向量

$$u_b = [u_1, u_2, u_3, u_4]^T = A^T u_n = [4, 4, 8, -4]^T \text{ V}$$

$$i_b = [i_1, i_2, i_3, i_4]^T = G_b u_b - G_b u_S + i_S = [2, 2, -4, -4]^T \text{ A}$$

### 5.7.2  基本回路分析的矩阵方法

采用上一节类似的推导方法,不难建立回路方程的矩阵形式。将支路方程式(5.6.3)代入 KVL 的基本回路矩阵形式,即式(5.3.5),得

$$Bu_b = B(R_b i_b - R_b i_S + u_S) = 0 \tag{5.7.6}$$

再将 KCL 的基本回路矩阵形式,即式(5.3.10)代入上式,并经移项得

$$BR_b B^T i_1 = BR_b i_S - Bu_S \tag{5.7.7}$$

上式即为基本回路方程的矩阵形式。令

$$R_1 = BR_b B^T \tag{5.7.8}$$

$$u_{Sl} = BR_b i_S - Bu_S \tag{5.7.9}$$

式(5.7.7)可简写为

$$R_1 i_1 = u_{Sl} \tag{5.7.10}$$

式中,$R_1$ 称为基本回路电阻矩阵;$u_{Sl}$ 称为基本回路电压源向量。式(5.7.10)只有在 det $R_1 \neq 0$ 的条件下才具有唯一解。

**例 5.7.2**  试列写图 5.7.2(a)所示电路的基本回路矩阵方程。

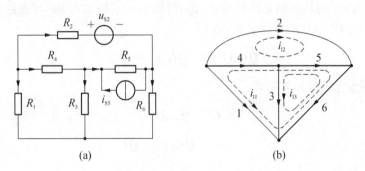

图 5.7.2  例 5.7.2 用图

**解**  可按下述步骤进行求解。

(1) 画出图 5.7.2(a)所示电路的有向图。选树 $G_t$:{4,5,6},并按先连支、后树支的次序对支路进行编号。作出基本回路,其方向与连支方向相一致,如图 5.7.2(b)所示。

(2) 写出基本回路矩阵 $B$、支路电阻矩阵 $R_b$、电压源向量 $u_S$ 及电流源向量 $i_S$:

$$B = \begin{bmatrix} 1 & 0 & 0 & -1 & -1 & -1 \\ 0 & 1 & 0 & -1 & -1 & 0 \\ 0 & 0 & 1 & 0 & -1 & -1 \end{bmatrix}$$

$$R_b = \text{diag}[R_1, R_2, R_3, R_4, R_5, R_6]$$

$$u_S = [0, u_{S2}, 0, 0, 0, 0]^T$$

$$i_S = [0, 0, 0, 0, -i_{S5}, 0]^T$$

(3) 计算基本回路电阻矩阵 $R_1$:

$$\boldsymbol{R}_1 = \boldsymbol{B}\boldsymbol{R}_b\boldsymbol{B}^T = \begin{bmatrix} R_1+R_4+R_5+R_6 & R_4+R_5 & R_5+R_6 \\ R_4+R_5 & R_2+R_4+R_5 & R_5 \\ R_5+R_6 & R_5 & R_3+R_5+R_6 \end{bmatrix}$$

（4）求基本回路电压源向量 $\boldsymbol{u}_{Sl}$：

$$\boldsymbol{u}_{Sl} = \boldsymbol{B}\boldsymbol{R}_b\boldsymbol{i}_S - \boldsymbol{B}\boldsymbol{u}_S = \begin{bmatrix} R_5 i_{S5} \\ R_5 i_{S5} \\ R_5 i_{S5} \end{bmatrix} - \begin{bmatrix} 0 \\ u_{S2} \\ 0 \end{bmatrix} = \begin{bmatrix} R_5 i_{S5} \\ R_5 i_{S5} - u_{S2} \\ R_5 i_{S5} \end{bmatrix}$$

最后得到以基本回路电流向量 $\boldsymbol{i}_1 = [i_{l1}, i_{l2}, i_{l3}]^T$ 为变量的基本回路矩阵方程为

$$\begin{bmatrix} R_1+R_4+R_5+R_6 & R_4+R_5 & R_5+R_6 \\ R_4+R_5 & R_2+R_4+R_5 & R_5 \\ R_5+R_6 & R_5 & R_3+R_5+R_6 \end{bmatrix} \begin{bmatrix} i_{l1} \\ i_{l2} \\ i_{l3} \end{bmatrix} = \begin{bmatrix} R_5 i_{S5} \\ R_5 i_{S5} - u_{S2} \\ R_5 i_{S5} \end{bmatrix}$$

### ※5.7.3　基本割集分析的矩阵方法

**割集分析法**（cut-set analysis）是以基本**割集电压**（cut-set voltage）（也称树支电压）为独立变量来列写电路方程的电路分析方法。割集可看作节点的广义形式，因此割集分析法可以理解为节点分析法的推广。

将 KCL 和 KVL 的基本割集矩阵形式，即式（5.4.5）、式（5.4.10）与支路方程式（5.6.4）联立，简化为只含割集电压的矩阵方程，得到

$$\boldsymbol{Q}\boldsymbol{G}_b\boldsymbol{Q}^T\boldsymbol{u}_t = \boldsymbol{Q}\boldsymbol{G}_b\boldsymbol{u}_S - \boldsymbol{Q}\boldsymbol{i}_S \tag{5.7.11}$$

上式即为基本割集方程的矩阵形式。令

$$\boldsymbol{G}_t = \boldsymbol{Q}\boldsymbol{G}_b\boldsymbol{Q}^T \tag{5.7.12}$$

$$\boldsymbol{i}_{St} = \boldsymbol{Q}\boldsymbol{G}_b\boldsymbol{u}_S - \boldsymbol{Q}\boldsymbol{i}_S \tag{5.7.13}$$

式（5.7.11）可简写为

$$\boldsymbol{G}_t\boldsymbol{u}_t = \boldsymbol{i}_{St} \tag{5.7.14}$$

式中，$\boldsymbol{G}_t$ 称为基本割集电导矩阵；$\boldsymbol{i}_{St}$ 称为基本割集电流源向量。式（5.7.14）只有在 $\det \boldsymbol{G}_t \neq 0$ 的条件下才具有唯一解。

**例5.7.3**　试列写出图 5.7.3(a)所示电路的基本割集矩阵方程。

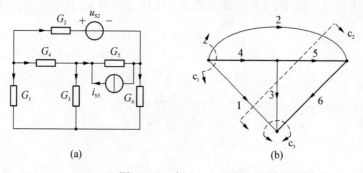

图 5.7.3　例 5.7.3 用图

**解** 可按下述步骤进行分析。

(1) 画出图 5.7.3(a)所示电路的有向图。选树 $G_t$ 为 $\{4,5,6\}$，并按先连支后树支的次序进行支路编号。再找出基本割集 $c_1$、$c_2$ 及 $c_3$ 并使基本割集的方向与该基本割集中的树支方向相一致，如图 5.7.3(b)所示。

(2) 写出基本割集矩阵 $Q$、支路电导矩阵 $G_b$、电流源向量 $i_S$ 及电压源向量 $u_S$：

$$Q = \begin{bmatrix} 1 & 1 & 0 & 1 & 0 & 0 \\ 1 & 1 & 1 & 0 & 1 & 0 \\ 1 & 0 & 1 & 0 & 0 & 1 \end{bmatrix}$$

$$G_b = \mathrm{diag}[G_1, G_2, G_3, G_4, G_5, G_6]$$

$$u_S = [0, u_{S2}, 0, 0, 0, 0]^T$$

$$i_S = [0, 0, 0, 0, -i_{S5}, 0]^T$$

(3) 求基本割集电导矩阵 $G_t$：

$$G_t = QG_bQ^T = \begin{bmatrix} G_1+G_2+G_4 & G_1+G_2 & G_1 \\ G_1+G_2 & G_1+G_2+G_3+G_5 & G_1+G_3 \\ G_1 & G_1+G_3 & G_1+G_3+G_6 \end{bmatrix}$$

(4) 求基本割集电流源向量 $i_{St}$：

$$i_{St} = QG_bu_S - Qi_S = \begin{bmatrix} G_2u_{S2} \\ G_2u_{S2} \\ 0 \end{bmatrix} - \begin{bmatrix} 0 \\ -i_{S5} \\ 0 \end{bmatrix} = \begin{bmatrix} G_2u_{S2} \\ G_2u_{S2}+i_{S5} \\ 0 \end{bmatrix}$$

最后得到以基本割集电压向量 $u_t = [u_{t4}, u_{t5}, u_{t6}]^T$ 为变量的基本割集矩阵方程为

$$\begin{bmatrix} G_1+G_2+G_4 & G_1+G_2 & G_1 \\ G_1+G_2 & G_1+G_2+G_3+G_5 & G_1+G_3 \\ G_1 & G_1+G_3 & G_1+G_3+G_6 \end{bmatrix} \begin{bmatrix} u_{t4} \\ u_{t5} \\ u_{t6} \end{bmatrix} = \begin{bmatrix} G_2u_{S2} \\ G_2u_{S2}+i_{S5} \\ 0 \end{bmatrix}$$

上面讨论的节点分析、基本回路分析和基本割集分析的矩阵方法这三种方法通常称为电路的矩阵分析法。对一个简单的电路，采用矩阵分析方法往往不如观察法来得方便，但对一个大型、复杂的电路列写电路方程时，采用矩阵形式更方便，同时矩阵方法也非常适合用计算机来求解电路。三种矩阵分析方法之间的比较如表 5.7.1 所示。

表 5.7.1 三种矩阵分析方法的比较

| 方法 | 节点分析 | 回路分析 | 割集分析 |
|---|---|---|---|
| 变量 | $u_n$ | $i_l$ | $u_t$ |
| KCL | $Ai_b = 0$ | $i_b = B^Ti_l$ | $Qi_b = 0$ |
| KVL | $u_b = A^Tu_n$ | $Bu_b = 0$ | $u_b = Q^Tu_t$ |
| VCR | $i_b = G_bu_b - G_bu_S + i_S$ | $u_b = R_bi_b - R_bi_S + u_S$ | $i_b = G_bu_b - G_bu_S + i_S$ |
| | $G_nu_n = i_{Sn}$ | $R_li_l = u_{Sl}$ | $G_tu_t = i_{St}$ |

| 方法 | 节点分析 | 回路分析 | 割集分析 |
|---|---|---|---|
| 方程 | 式中:$G_n = AG_bA^T$ <br> $i_{Sn} = AG_bu_S - Ai_S$ | 式中:$R_1 = BR_bB^T$ <br> $u_{Sl} = BR_bi_S - Bu_S$ | 式中:$G_t = QG_bQ^T$ <br> $i_{St} = QG_bu_S - Qi_S$ |
| 求解步骤 | (1) 画有向图,对支路进行编号;选参考节点,对各节点编号 <br> (2) 写出 $A$、$G_b$、$u_S$ 及 $i_S$ <br> (3) 求 $G_n = AG_bA^T$ <br> (4) 求 $i_{Sn} = AG_bu_S - Ai_S$ <br> (5) 求 $u_n = G_n^{-1}i_{Sn}$ <br> (6) 求 $u_b = A^Tu_n$ <br> (7) 求 $i_b = G_bu_b - G_bu_S + i_S$ | (1) 画有向图,选树并对支路进行编号;确定基本回路 <br> (2) 写出 $B$、$R_b$、$u_S$ 及 $i_S$ <br> (3) 求 $R_1 = BR_bB^T$ <br> (4) 求 $u_{Sl} = BR_bi_S - Bu_S$ <br> (5) 求 $i_1 = R_1^{-1}u_{Sl}$ <br> (6) 求 $i_b = B^Ti_1$ <br> (7) 求 $u_b = R_bi_b - R_bi_S + u_S$ | (1) 画有向图,选树并对支路进行编号;确定基本割集 <br> (2) 写出 $Q$、$G_b$、$u_S$ 及 $i_S$ <br> (3) 求 $G_t = QG_bQ^T$ <br> (4) 求 $i_{St} = QG_bu_S - Qi_S$ <br> (5) 求 $u_t = G_t^{-1}i_{St}$ <br> (6) 求 $u_b = Q^Tu_t$ <br> (7) 求 $i_b = G_bu_b - G_bu_S + i_S$ |

# 习题 5

## 图论的基本概念

**5.1** 对题图 5.1 所示的图,试问下列支路集哪些是树? 哪些不是树? 哪些是割集? 哪些不是割集? 为什么?
$\{b_1, b_3, b_5, b_6\}$  $\{b_1, b_2, b_3, b_8\}$  $\{b_2, b_3, b_5, b_6, b_8\}$  $\{b_4, b_5, b_6, b_8\}$

**5.2** 有向图如题图 5.2 所示,选定树支集 $\{4, 5, 6\}$,试确定基本回路和基本割集。

**5.3** 有向图如题图 5.3 所示,选定树支集 $\{5, 6, 7\}$,试确定基本回路和基本割集。

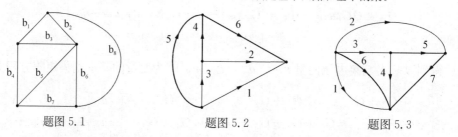

题图 5.1      题图 5.2      题图 5.3

**5.4** 在题图 5.4 所示电路中,已知 $u_2 = 3\,\text{V}$, $u_4 = 1\,\text{V}$, $u_5 = 2\,\text{V}$, $u_6 = -3\,\text{V}$, $u_7 = 4\,\text{V}$, $u_9 = -1\,\text{V}$, $u_{10} = 2\,\text{V}$, $u_{13} = -2\,\text{V}$. 试问能否确定其他电压的大小? 如能,试确定它们;如不能,说明原因。

**5.5** 在题图 5.5 所示电路中,已标示部分支路电流。试问能否确定其他电流的大小? 如能,试确定它们;如不能,说明原因。

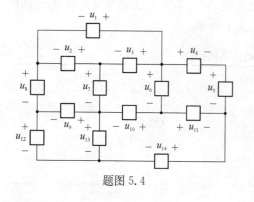

题图 5.4

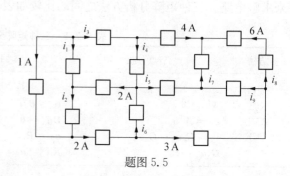

题图 5.5

**关联矩阵与基尔霍夫定律**

**5.6** 有向图如题图 5.6 所示,试以节点⑤为参考节点,写出该有向图的关联矩阵 $\boldsymbol{A}$。

**5.7** 已知降阶关联矩阵 $\boldsymbol{A}_a$ 为如下表达式,试画出其对应的有向图。

题图 5.6

$$
\boldsymbol{A}_a = \begin{array}{c}
\phantom{①}\\①\\②\\③\\④\\⑤
\end{array}
\begin{array}{cccccccc}
1 & 2 & 3 & 4 & 5 & 6 & 7 \\
\left[\begin{array}{ccccccc}
1 & 1 & 0 & 1 & 0 & 0 & 0 \\
0 & -1 & 1 & 0 & 1 & 0 & 0 \\
-1 & 0 & -1 & 0 & 0 & 1 & 0 \\
0 & 0 & 0 & -1 & -1 & 0 & -1 \\
0 & 0 & 0 & 0 & 0 & -1 & 1
\end{array}\right]
\end{array}
$$

**5.8** 已知关联矩阵为

$$
\boldsymbol{A} = \begin{bmatrix}
1 & 1 & -1 & 0 & 0 & 0 & 0 & 0 & 0 & 0 & 0 \\
0 & 0 & 0 & 0 & -1 & -1 & 1 & 0 & 0 & 0 & 0 \\
-1 & 0 & 0 & 0 & 0 & 0 & 0 & 0 & -1 & 1 & 0 & 0 \\
0 & 0 & 1 & 1 & 1 & 0 & 0 & 0 & 0 & 0 & 0 \\
0 & 0 & 0 & 0 & 0 & 0 & -1 & 1 & 0 & 0 & 0 & -1 \\
0 & -1 & 0 & -1 & 0 & 1 & 0 & -1 & 1 & 0 & 1 & 0
\end{bmatrix}
$$

试画出其对应的有向图。

**5.9** 已知某电路包含 6 条支路,降阶关联矩阵为 $\boldsymbol{A} = \begin{bmatrix} 1 & 1 & 0 & 0 & 0 & 1 \\ 0 & -1 & 1 & 1 & 0 & 0 \\ 0 & 0 & -1 & 0 & 1 & -1 \end{bmatrix}$,矩阵中的列按序编号,已知节点电压向量为 $[10, 4, 7]^{\mathrm{T}}$ V。支路 1、2、3 为电阻支路,其电阻分别为 $2\,\Omega$、$6\,\Omega$、$3\,\Omega$。试求各支路电压及支路 1、2、3 的电流。

**基本回路矩阵与基尔霍夫定律**

**5.10** 对题图 5.6 所示的有向图,取支路{1,2,8,9}为树,试求其基本回路。

**5.11** 已知一个有向图的基本回路矩阵为 $\boldsymbol{B} = \begin{bmatrix} 1 & 0 & 0 & -1 & 0 & 1 \\ 0 & 1 & 0 & -1 & -1 & 0 \\ 0 & 0 & 1 & 0 & 1 & 1 \end{bmatrix}$,试画出相应的有向图及其树。

**5.12** 已知某电路包含 6 条支路,基本回路矩阵为 $\boldsymbol{B} = \begin{bmatrix} 1 & 0 & 0 & 1 & 0 & 1 \\ 0 & 1 & 0 & -1 & -1 & -1 \\ 0 & 0 & 1 & 0 & -1 & -1 \end{bmatrix}$,支路 1、2、3 为电阻支路,其电阻分别为 $20\,\Omega$、$5\,\Omega$、$10\,\Omega$;支路 4、5、6 的电压分别为 $4\,\mathrm{V}$、$6\,\mathrm{V}$、$-24\,\mathrm{V}$。试求该电路的支路电流向量。

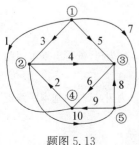

题图 5.13

**基本割集矩阵与基尔霍夫定律**

**5.13** 如题图 5.13 所示的定向图,试求:(1)选出一树,使树支编号最小;(2)在所选树的基础上,写出相应的基本回路矩阵和基本割集矩阵。

**5.14** 已知一个有向图的基本割集矩阵为 $\boldsymbol{Q} = \begin{bmatrix} -1 & 0 & -1 & 1 & 1 & 0 & 0 \\ -1 & -1 & 0 & 0 & 0 & 1 & 0 \\ 0 & -1 & 1 & 0 & 0 & 1 \end{bmatrix}$,

试画出相应的有向图及其树。

**5.15** 已知某电路包含6条支路,基本割集矩阵为 $Q = \begin{bmatrix} 1 & 0 & 1 & 1 & 0 & 0 \\ 1 & -1 & 1 & 0 & 1 & 0 \\ 0 & -1 & 1 & 0 & 0 & 1 \end{bmatrix}$,支路1、2、3的电

流分别为1 A、2 A、−2 A;支路4、5、6为电阻支路,其电阻分别为2 Ω、5 Ω、10 Ω。试求该电路的各支路电压。

**5.16** 对某有向图 G 进行先连支后树支编号,得到该图的基本割集矩阵为

$$Q = \begin{bmatrix} -1 & 0 & 1 & 1 & 0 & 0 \\ 0 & 1 & -1 & 0 & 1 & 0 \\ 1 & -1 & 0 & 0 & 0 & 1 \end{bmatrix}$$

试确定该有向图 G 对于同一个树的基本回路矩阵 $B$。

**5.17** 对某有向图 G 进行先连支后树支编号,得到该图的基本回路矩阵为

$$B = \begin{bmatrix} 1 & 0 & 0 & -1 & 1 & -1 \\ 0 & 1 & 0 & 1 & -1 & 0 \\ 0 & 0 & 1 & 0 & 1 & -1 \end{bmatrix}$$

试确定该有向图 G 对于同一个树的基本割集矩阵 $Q$。

**5.18** 已知电路的图的关联矩阵为 $A = \begin{bmatrix} 1 & 0 & 0 & -1 & -1 & 0 \\ 0 & 0 & -1 & 0 & 1 & 1 \\ 0 & -1 & 1 & 1 & 0 & 0 \end{bmatrix}$,已知支路编号次序为先连支后

树支,试求基本回路矩阵和基本割集矩阵。

**广义支路及其 VCR 的矩阵形式**

**5.19** 试列写题图 5.19 所示电路的广义支路方程。

**电路分析的矩阵方法**

**5.20** 试用矩阵方法列写题图 5.20 所示电路的节点矩阵方程。

**5.21** 试用矩阵方法列写题图 5.21 所示电路的节点矩阵方程。

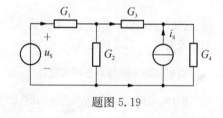

题图 5.19

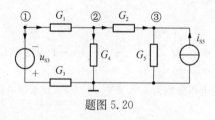

题图 5.20

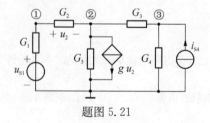

题图 5.21

**5.22** 试用矩阵方法列写题图 5.22 所示电路的节点矩阵方程。

**5.23** 如题图 5.23(a)所示电路,其有向图如题图 5.23(b)所示,选支路集{3,4}为树,试写出基本回路矩阵方程,并求各广义支路的电压和电流。

**5.24** 如题图 5.24(a)所示电路,其有向图如题图 5.24(b)所示,选{1, 2, 6, 7}为树,试写出基本回路矩阵方程。

**5.25** 如题图 5.24(a)所示电路,选{1, 2, 6, 7}为树,试写出基本割集矩阵方程。

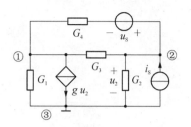

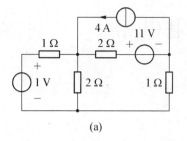

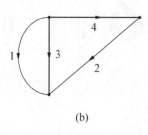

题图 5.22                    题图 5.23

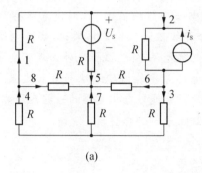

题图 5.24

**综合**

**5.26** 已知电路的图如题图 5.26 所示,试根据给定的树(树支集{4, 5, 6})列写独立的 KCL 和 KVL 矩阵方程。

**5.27** 对于具有 $n$ 个节点和 $b$ 条支路的两个集中参数电路 N 和 $\hat{N}$,它们可以由不同的元件构成,但却有相同的有向图。若两者的支路电压向量和支路电流向量分别用 $\boldsymbol{u}_b = [u_1, u_2, \cdots, u_b]^T$、$\boldsymbol{i}_b = [i_1, i_2, \cdots, i_b]^T$ 及 $\hat{\boldsymbol{u}}_b = [\hat{u}_1, \hat{u}_2, \cdots, \hat{u}_b]^T$、$\hat{\boldsymbol{i}}_b = [\hat{i}_1, \hat{i}_2, \cdots, \hat{i}_b]^T$ 表示,支路电压、电流取一致参考方向,选定电路的图的一个树,得到基本回路矩阵和基本割集矩阵分别为 $\boldsymbol{B}$ 和 $\boldsymbol{Q}$,两个电路的树支电压向量分别为 $\boldsymbol{u}_t = [u_{t1}, u_{t2}, \cdots, u_{t(n-1)}]^T$,$\hat{\boldsymbol{u}}_t = [\hat{u}_{t1}, \hat{u}_{t2}, \cdots, \hat{u}_{t(n-1)}]^T$,连支电流向量分别为 $\boldsymbol{i}_l = [i_{l1}, i_{l2}, \cdots, i_{l(b-n+1)}]^T$,$\hat{\boldsymbol{i}}_l = [\hat{i}_{l1}, \hat{i}_{l2}, \cdots, \hat{i}_{l(b-n+1)}]^T$。试证明

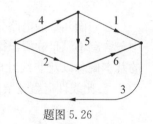

题图 5.26

$$\boldsymbol{u}_t^T \boldsymbol{Q} \hat{\boldsymbol{i}}_b + \hat{\boldsymbol{i}}_c^T \boldsymbol{B} \boldsymbol{u}_b = \boldsymbol{u}_t^T \hat{\boldsymbol{i}}_b$$
$$\hat{\boldsymbol{u}}_t^T \boldsymbol{Q} \boldsymbol{i}_b + \boldsymbol{i}_c^T \boldsymbol{B} \hat{\boldsymbol{u}}_b = \hat{\boldsymbol{u}}_b^T \boldsymbol{i}_b$$

# **6** 非线性电阻电路

　　一个电路的电路方程中如果包含至少一个非线性方程,则该电路称为**非线性电路**(nonlinear circuit)。非线性电路中必包含非线性元件。严格来说,实际电路都是非线性的,只不过对于那些非线性程度比较弱的电路元件,作为线性元件处理不会带来很大的差异。当非线性元件的非线性不容忽略时,电路必须作为非线性电路来处理。本章介绍非线性电阻电路方程的建立方法,同时介绍分析非线性电阻电路的一些常用方法,包括图解分析法、小信号分析法、分段线性化方法、数值分析法等。

## 6.1 非线性电阻电路的方程

　　在前面几章的电路分析中,均认为电路中的电阻为满足欧姆定律的线性电阻。如果电路中包含有不满足欧姆定律的非线性电阻,则电路就是非线性电路。第 1 章介绍了非线性电阻的基本概念以及非线性电阻元件二极管、理想二极管的 VCR。从直观上看,非线性电阻的VCR 要比线性电阻复杂得多。

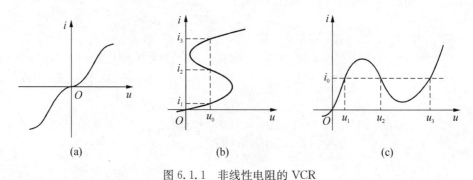

图 6.1.1　非线性电阻的 VCR

　　图 6.1.1(a)所示的非线性电阻的 VCR 既可表示为

$$u = f(i) \tag{6.1.1}$$

的形式,又可以表示为

$$i = g(u) \tag{6.1.2}$$

的形式,称这样的非线性电阻为单调型非线性电阻。例如,第 1 章介绍的二极管就是一种单调型非线性电阻。

并非所有的非线性电阻特性方程都是单调的。图 6.1.1(b) 所示的非线性电阻的 VCR 中,对应于每一个电流值 $i$,有一个且只有一个电压值;而对应于某一个电压值 $u$,可能存在几个不同的电流值。因此,如果要把这样的非线性电阻 VCR 表示为单值函数,只能取电流 $i$ 作为控制变量,表示为式 (6.1.1) 的形式。把 VCR 只能表示成式 (6.1.1) 的电阻称为**流控型非线性电阻**(current controlled nonlinear resistor)。与之对应,**压控型非线性电阻**(voltage controlled nonlinear resistor)的 VCR 只能取电压 $u$ 作为控制变量,表示为式 (6.1.2) 的形式,如图 6.1.1(c) 所示。

第 1 章介绍的理想二极管的 VCR 既不能表示为流控型函数,又不能表示为压控型函数,因此理想二极管属于既非压控又非流控型非线性电阻。

与线性电阻不同,非线性电阻一般不是双向电阻。因此非线性电阻元件的符号在其两端的标示是不同的。实际的非线性器件如二极管,必须明确地用标记将其两个端子区别开来,在使用时必须按标记正确接到电路中。

分析非线性电阻电路的依据仍然是基尔霍夫电流定律(KCL)、基尔霍夫电压定律(KVL)和组成电路的电源及电阻的 VCR。只要电路中各个非线性电阻元件的特性可用确定的数学函数来表示,就可以参照前面讨论的电路分析方法如网孔法(回路法)、节点法(割集法)等将非线性电阻电路的方程列写出来。由于非线性电阻元件的 VCR 不是线性的,所以得到的方程是非线性的。下面举例加以说明。

**例 6.1.1**  在如图 6.1.2 所示电路中,非线性电阻均为压控型元件,即 $i_1 = f_1(u_1)$, $i_2 = f_2(u_2)$。 试列写其电路方程。

**解**  非线性电阻均为压控型元件,可将它们看作电压控制电流源,取非线性电阻电流 $i_1$ 和 $i_2$ 为未知量,采用节点分析法列写电路方程。对节点①和②列节点方程,有

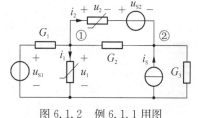

图 6.1.2  例 6.1.1 用图

$$\begin{cases} (G_1 + G_2)u_{n1} - G_2 u_{n2} = G_1 u_{S1} - i_1 - i_2 \\ -G_2 u_{n1} + (G_2 + G_3)u_{n2} = i_S + i_2 \end{cases}$$

用节点电压表示 $i_1$ 和 $i_2$,有

$$i_1 = f_1(u_1) = f_1(u_{n1}), \quad i_2 = f_2(u_2) = f_2(u_{n1} - u_{n2} - u_{S2})$$

代入节点方程,整理后得

$$\begin{cases} (G_1 + G_2)u_{n1} - G_2 u_{n2} + f_1(u_{n1}) + f_2(u_{n1} - u_{n2} - u_{S2}) = G_1 u_{S1} \\ -G_2 u_{n1} + (G_2 + G_3)u_{n2} - f_2(u_{n1} - u_{n2} - u_{S2}) = i_S \end{cases}$$

由上面的分析可知,建立非线性电阻电路方程时,非线性电阻的处理与受控源的处理类似,只是非线性电阻的控制量是电阻本身所在支路上的变量(电压或电流)而已。对压控型非线性电阻,采用节点法或割集法进行分析比较简单,因为用电压变量(节点电压或割集电压)容易表示电压控制型非线性电阻上的电流。而对流控型非线性电阻,采用网孔法或回路法进行分析比较简单,因为用电流变量(网孔电流或回路电流)容易表示电流控制型非线性电阻上的电压。

## 6.2  图解分析法

为了更直观地反映非线性电阻电路方程的特性,求解非线性电阻电路可采用图解的方法。

图解分析法在非线性电路的分析中占有非常重要的地位,多用于定性分析,具有直观、清晰、简洁的特点,但不易得到准确的定量分析结果。每个电路方程代表一条特性曲线,图解分析方法就是用作图的方法找到这些曲线的交点,即**静态工作点**(quiescent operating point)。用图解分析法求解非线性代数方程,可以排除丢失解的可能,找到非线性电阻电路的全部可能的工作点。图解分析法最适合二元电路方程组的求解。

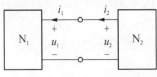

图 6.2.1　图解分析法的原理

图解分析法的基本原理如下:将非线性电路拆分为两个一端口电路 $N_1$ 和 $N_2$,如图 6.2.1 所示。一般将电路拆分成线性电路部分和非线性电路部分,也可以拆分成两个非线性电路部分。假设 $N_1$ 和 $N_2$ 的端口电压、电流参考方向如图 6.2.1 所示,其端口 VCR 分别为

$$\begin{cases} f_1(u_1,\ i_1)=0 \\ f_2(u_2,\ i_2)=0 \end{cases} \tag{6.2.1}$$

根据 KVL 和 KCL,有

$$u_1=u_2,\ i_1=i_2 \tag{6.2.2}$$

由式(6.2.1)和式(6.2.2),得到

$$\begin{cases} f_1(u_1,\ i_1)=0 \\ f_2(u_1,\ i_1)=0 \end{cases} \tag{6.2.3}$$

在同一坐标系中画出式(6.2.3)中两个方程的特性曲线,其交点为电路方程的解。下面举例加以说明。

**例 6.2.1**　如图 6.2.2(a)所示,设非线性电阻 $R$ 的 VCR 曲线如图 6.2.2(c)中曲线①所示,试求非线性电阻 $R$ 的静态工作点。

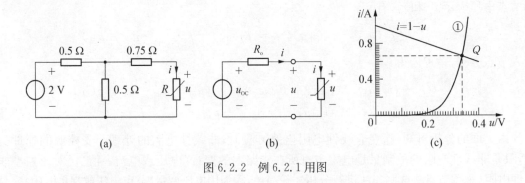

图 6.2.2　例 6.2.1 用图

**解**　将非线性电阻 $R$ 左边的线性电路部分用戴维南电路替代,如图 6.2.2(b)所示,其中理想电压源电压为

$$u_{OC}=\frac{0.5}{0.5+0.5}\times 2\ V=1\ V$$

等效电阻 $R_o$ 为

$$R_o = \frac{0.5 \times 0.5}{0.5 + 0.5} + 0.75 \ \Omega = 1 \ \Omega$$

于是可写出线性电路部分的端口 VCR 为

$$i = 1 - u$$

在同一坐标系中作出 $i = 1 - u$ 曲线,如图 6.2.2(c)所示,其交点为 $Q$,即为非线性电阻 $R$ 的静态工作点,对应的坐标约为

$$u = 0.33 \ \text{V}, \quad i = 0.66 \ \text{A}$$

**例 6.2.2　运算放大器的正、负反馈解法**　如图 6.2.3(a)和(b)所示为含运放电路,其中图 6.2.3(a)为负反馈接法,图 6.2.3(b)为正反馈接法,设运放的输入-输出特性曲线如图 6.2.3(c)所示。已知 $R_S = R_f = 1 \ \text{k}\Omega$,$u_S = 6 \ \text{V}$,试求输出电压 $u_o$。

**解**　对图 6.2.3(a)电路,运算放大器输入端满足"虚断"特性(输入电阻为无穷大),列写反相端 KCL 方程,得

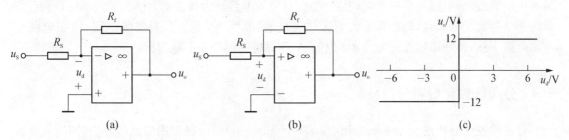

图 6.2.3　例 6.2.2 用图

$$(u_S + u_d)/R_S + (u_o + u_d)/R_f = 0$$

由上式可得到 $u_d$-$u_o$ 关系为

$$u_o = -\left(1 + \frac{R_f}{R_S}\right)u_d - \frac{R_f}{R_S}u_S$$

代入具体参数,得

$$u_o = -2u_d - u_S$$

将上式所表达的直线绘于图 6.2.3(c)中,如图 6.2.4(a)所示,它与运算放大器的输入-输出特性曲线的唯一交点 $A$ 即为图 6.2.3(a)电路的解。由图 6.2.4(a)可知,$u_o = -6 \ \text{V}$。

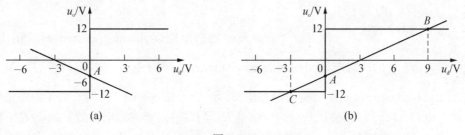

图 6.2.4

对图 6.2.3(b)电路的解可做类似分析。列写图 6.2.3(b)电路运算放大器同相端的 KCL 方程,得

$$(u_S - u_d)/R_S + (u_o - u_d)/R_f = 0$$

由上式可得到 $u_d - u_o$ 关系为

$$u_o = \left(1 + \frac{R_f}{R_S}\right) u_d - \frac{R_f}{R_S} u_S$$

代入具体参数,得

$$u_o = 2u_d - u_S$$

将上式所表达的直线绘于图 6.2.3(c)中,如图 6.2.4(b)所示,它与运算放大器的输入-输出特性曲线分别交于点 A、B 和 C,因此,图 6.2.3(b)电路包括三个解,分别为 $u_o = -6$ V、$u_o = 12$ V 和 $u_o = -12$ V。

图 6.2.3(a)电路为负反馈接法,电路具有唯一解,因此该解必定是稳定的;图 6.2.3(b)电路为正反馈接法,电路可有三个解,其中 A 点对应的电路解为线性解,此时,$u_d = 0$。 B 和 C 点对应的电路解为非线性解,运算放大器工作在饱和(非线性)状态。对实际电路,由于电路存在噪声或干扰,往往不能保证 $u_d = 0$,因此 A 点对应的解是一不稳定解。

## 6.3 分段线性化分析法

**分段线性化分析法**(piece-wise linearization analysis)是一种实用的近似方法,即用一条折线来分段逼近特性曲线,所以有时也称为**折线法**(polygon method)。

分段线性化方法的特点是将非线性电路元件的特性曲线进行分段线性处理后,将非线性电路的求解过程分成若干个线性区段来进行。对每一个线性区段,确定对应的等效电路,然后就可应用线性电路的分析方法求解,从而求得非线性电路的近似解。

图 6.3.1 所示为流控型非线性电阻的特性曲线,可以将非线性电阻的特性曲线分作三段,分别用 $Oa$、$ab$ 和 $bc$ 三段线段来逼近它。直线方程如果以电流 $i$ 为自变量,则电压 $u$ 可表示为

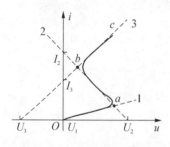

图 6.3.1 非线性特性曲线的分段线性逼近

$$u = U_k + R_{dk}i \qquad (6.3.1)$$

式中,$U_k$ 是第 $k$ 段直线与 $u$ 轴交点的坐标。显然,图 6.3.1 中的 $U_1 = 0$,$U_2 > 0$,$U_3 < 0$。 $R_{dk}$ 等于第 $k$ 段直线的斜率,即

$$R_{dk} = \frac{du}{di}\bigg|_k \qquad (6.3.2)$$

称 $R_{dk}$ 为第 $k$ 段的**动态电阻**(dynamic resistance)。相应地,称 $G_{dk} = \dfrac{di}{du}\bigg|_k$ 为第 $k$ 段的**动态电导**(dynamic conductance)。与上述定义对应,也称 $R = u/i$ 为**静态电阻**(static resistance),$G = i/u$ 为**静态电导**(static conductance)。图 6.3.1 中三条线段对应三个动态电阻。$Oa$ 段是通过原点的直线,故 $R_{d1}$ 与该段的静态电阻一致。$ab$ 段是下降的直线段,$R_{d2} < 0$,动态电阻是负值,该段的静态电阻为正,不过它并不是一个常量,其随着电流增

大而减小。$bc$ 段的 $R_{d3}$ 为正,与静态电阻也不相等。

由式(6.3.1)可知,第 $k$ 段非线性电阻 $R_k$ 的 VCR[见图 6.3.2(a)]可以用理想电压源串联线性电阻来等效,如图 6.3.2(b)所示,称为分段戴维南电路。

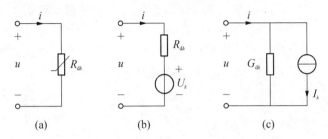

图 6.3.2　非线性电阻及其线性化等效电路

直线方程也可以电压 $u$ 为自变量,则电流 $i$ 可表示为

$$i = I_k + G_{dk} u \tag{6.3.3}$$

式中,$I_k$ 是第 $k$ 段直线与 $i$ 轴交点的坐标。显然,图 6.3.1 中的 $I_1 = 0$,$I_2 > 0$,$I_3 > 0$。$G_{dk}$ 为动态电导,等于第 $k$ 段直线的斜率倒数,即

$$G_{dk} = \frac{\mathrm{d}i}{\mathrm{d}u}\bigg|_k \tag{6.3.4}$$

同样,由式(6.3.3)可知,第 $k$ 段非线性电阻 $R_k$ 的特性也可以用理想电流源并联电导来等效[见图 6.3.2(c)],称为分段诺顿电路。

必须注意在所分析的不同线性区段,等效电路中 $U_k$、$R_{dk}$ 与 $I_k$、$G_{dk}$ 将取不同的量值。分段线性分析法的实质是把一个非线性电阻电路的计算分解成若干线性段,每段的计算则是处理一个线性电路。但是,对每次计算得到的解,都要检查一下该解是否位于相应的线性区段。如果是,说明该电压和电流是该非线性电阻元件的工作点;否则便是虚假工作点,应予以舍弃。

**例 6.3.1**　试用分段线性化分析法求解图 6.3.3(a)所示电路,其中非线性电阻的 VCR 曲线如图 6.3.3(b)所示。

**解**　图 6.3.3(a)所示非线性电阻的 VCR 曲线是单调上升的,既可看作压控型电阻,也可看作流控型电阻。现在按电流分为两段,分别用 $Oa$($0 < i < 1\,\mathrm{A}$)、$ab$($i > 1\,\mathrm{A}$)两条直线分段逼近。取 $i$ 为自变量,直线方程是

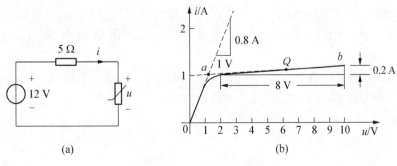

图 6.3.3　例 6.3.1 用图

$$u = U_k + R_{dk} i$$

式中, $R_{dk} = \dfrac{du}{di}\Big|_k$ 为动态电阻。

对 $Oa$ 段, $U_1 = 0$ V, $R_{d1} = 1$ V/0.8 A$= 1.25\ \Omega$,这一数值可从图 6.3.3(b) 计算得出。对

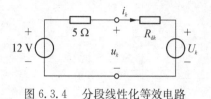

$ab$ 段, $I_2 = 1.0$ A, $R_{d2} = 8$ V/0.2 A$= 40\ \Omega$,从而得出 $U_2 = -R_{d2} I_2 = -40$ V。分段戴维南电路如图 6.3.4 所示。流经非线性电阻的电流 $i_k$ 为

图 6.3.4　分段线性化等效电路

$$i_k = \frac{12 - U_k}{5 + R_{dk}}$$

对应 $Oa$ 段:

$$i_1 = \frac{12 - U_1}{5 + R_{d1}} = \frac{12 - 0}{5 + 1.25}\ \text{A} = 1.92\ \text{A}$$

$i_1 > 1$ A,显然与 $Oa$ 段给定条件相矛盾,这是一个虚假解,应该舍弃。

对应 $ab$ 段:

$$i_2 = \frac{12 - U_2}{5 + R_{d2}} = \frac{12 - (-40)}{5 + 40}\ \text{A} = 1.156\ \text{A}$$

此解正好在 $ab$ 段的范围内,代入直线方程得到

$$u_2 = U_2 + R_{d2} i_2 = (-40 + 40 \times 1.156)\ \text{V} = 6.24\ \text{V}$$

上述解($u_2$, $i_2$)示于图 6.3.3(b)上的 $Q$ 点。

如果解落在 $a$ 点附近,折线与非线性电阻伏安特性有较大差别,用分段线性分析法就带来较大误差。此时应增加折线区段数,使折线更逼近原曲线。如果电路中有多个非线性电阻元件,可以分别求出它们的分段线性等效电路,但是需要计算多个线性电路。只有计算出的结果都在各个元件线性化的适用范围内时,才是真正的解,只要有一个超出范围,便是虚假解。此时计算起来比较麻烦,可借助计算机完成。

## 6.4　小信号分析法

在电子电路中遇到的非线性电路,不仅有作为偏置电压的直流电压源 $U_S$ 作用,同时还有随时间变化的信号电压源 $u_S(t)$ 作用。如在任意时刻 $t$ 都有 $U_S \gg |u_S(t)|$,则 $u_S(t)$ 相对于 $U_S$ 来说是一个小信号。分析这类电路,可以采用**小信号分析法**(small-signal analysis)。

在图 6.4.1(a)所示电路中,直流电压源为 $U_S$,电阻 $R_S$ 为线性电阻,非线性电阻 $R$ 是电压控制型的,其伏安特性 $i = f(u)$,其 VCR 曲线如图 6.4.1(b) 所示。小信号时变电压为 $u_S(t)$,且在任意时刻 $t$ 满足 $U_S \gg |u_S(t)|$。

首先由 KVL 列出电路方程

$$U_S + u_S(t) = R_S i + u \tag{6.4.1}$$

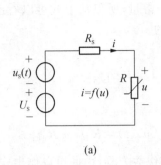 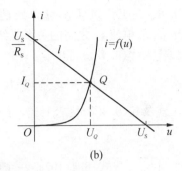

(a)　　　　　　　(b)

图 6.4.1　小信号分析法

在上述方程中,当 $u_S(t)=0$ 时,即只有直流电压源单独作用时,非线性电阻 $R$ 左边电路部分的 VCR 可用图 6.4.1(b) 中的直线 $l$ 表示,它与 $R$ 的特性曲线相交于点 $Q(U_Q,I_Q)$,即静态工作点。静态工作点 $(U_Q,I_Q)$ 满足

$$\begin{cases} U_S = R_S I_Q + U_Q \\ I_Q = f(U_Q) \end{cases} \tag{6.4.2}$$

当直流电压源 $U_S$ 和随时间变化的信号电压源 $u_S(t)$ 共同作用时,由条件 $U_S \gg |u_S(t)|$ 可知,电路的解 $u$ 和 $i$ 必在工作点 $(U_Q,I_Q)$ 附近,所以可以近似地写为

$$\begin{cases} u = U_Q + u_1 \\ i = I_Q + i_1 \end{cases} \tag{6.4.3}$$

式中,$u_1$ 和 $i_1$ 是由于小信号 $u_S(t)$ 的作用而引起的响应电压、电流。在任何时刻 $t$,$u_1$ 和 $i_1$ 相对 $(U_Q,I_Q)$ 都是很小的量。

由于 $i=f(u)$,由式 (6.4.3) 得

$$I_Q + i_1 = f(U_Q + u_1) \tag{6.4.4}$$

由于 $u_1$ 很小,可以将上式右边在 $U_Q$ 点附近用泰勒级数展开,取级数前面两项而略去一次项以上的高次项,得到

$$I_Q + i_1 \approx f(U_Q) + \left.\frac{\mathrm{d}f}{\mathrm{d}u}\right|_{U_Q} \cdot u_1 \tag{6.4.5}$$

由式 (6.4.2),将 $I_Q = f(U_Q)$ 代入上式,可得

$$i_1 \approx \left.\frac{\mathrm{d}f}{\mathrm{d}u}\right|_{U_Q} \cdot u_1 \tag{6.4.6}$$

从而有

$$\frac{i_1}{u_1} \approx \left.\frac{\mathrm{d}f}{\mathrm{d}u}\right|_{U_Q} = G_d = \frac{1}{R_d} \tag{6.4.7}$$

称 $G_d$ 为非线性电阻在工作点 $(U_Q,I_Q)$ 处的动态电导,$R_d$ 为相应的动态电阻。式 (6.4.7) 又可以表示为

$$i_1 = G_d u_1 \quad \text{或} \quad u_1 = R_d i_1 \tag{6.4.8}$$

177

由于 $G_d = 1/R_d$ 在工作点 $(U_Q, I_Q)$ 处是一个常量，所以从上式可以看出，小信号电压 $u_S(t)$ 产生的电压 $u_1$ 和电流 $i_1$ 之间的关系是线性的。

将式(6.4.3)代入式(6.4.1)，得

$$U_S + u_S(t) = R_S(I_Q + i_1) + U_Q + u_1 \qquad (6.4.9)$$

将式(6.4.2)第一式及式(6.4.8)代入上式，得

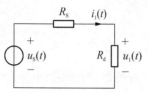

图 6.4.2　非线性电阻电路小信号模型

$$u_S(t) = R_S i_1 + R_d i_1 \qquad (6.4.10)$$

式(6.4.10)是一个线性代数方程，由此可以作出非线性电阻在工作点 $(U_Q, I_Q)$ 处的小信号等效电路，如图 6.4.2 所示。不难得出

$$\begin{cases} i_1 = \dfrac{u_S(t)}{R_S + R_d} \\[2mm] u_1 = \dfrac{R_d u_S(t)}{R_S + R_d} \end{cases} \qquad (6.4.11)$$

**例 6.4.1**　在如图 6.4.3(a)所示非线性电阻电路中，非线性电阻的伏安特性为 $u = 2i + i^5$。如果 $u_S = 0.1\cos\omega t$ V 时，试用小信号分析法求回路中的电流 $i$。

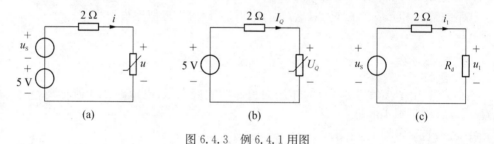

图 6.4.3　例 6.4.1 用图

**解**　(1) 求静态工作点。如图 6.4.3(b)所示，可列如下方程：

$$\begin{cases} 2I_Q + U_Q = 5 \\ U_Q = 2I_Q + I_Q^5 \end{cases}$$

应用图解法或解析法，可解得真实解为

$$\begin{cases} I_Q = 1 \text{ A} \\ U_Q = 3 \text{ V} \end{cases}$$

(2) 工作点处的动态电阻为

$$R_d = \frac{\mathrm{d}u}{\mathrm{d}i}\bigg|_{i=I_Q} = 2 + 5i^4\big|_{i=1} = 7 \text{ }\Omega$$

作出小信号等效电路图 6.4.3(c)，则

$$i_1 = \frac{u_S}{2 + R_d} = \frac{0.1\cos\omega t}{2 + 7} \text{ A} = 1.11 \times 10^{-2}\cos\omega t \text{ A}$$

(3) 电流 $i$ 为

$$i = I_Q + i_1 = (1 + 1.11 \times 10^{-2} \cos \omega t) \text{ A}$$

## ※6.5 数值分析法

对非线性电路方程，通常难以求得解析解，需借助计算机用**数值分析法**（numerical analysis）求解。所谓数值分析法，就是使用计算方法（算法）编写计算机程序，计算出电路方程的数值解答而非解析表达式。一般采用逼近的方法，使迭代的点序列逐步逼近非线性方程的解。逼近的方法有牛顿法、共轭梯度法等。本节主要介绍牛顿法。

含有一个非线性电阻电路的方程，最终可归结为一个一元非线性方程，假设电路方程的形式为

$$f(x) = 0 \tag{6.5.1}$$

式中，$x$ 为待求的电路变量，一般为电压或电流。

求解非线性方程的牛顿法，是基于围绕某一近似解 $x^{(k)}$ 对函数 $f(x)$ 进行泰勒展开给出的，即

$$f(x) = f(x^{(k)}) + \frac{\mathrm{d}f}{\mathrm{d}x}\bigg|_{x=x^{(k)}}(x - x^{(k)}) + \frac{1}{2}\frac{\mathrm{d}^2 f}{\mathrm{d}x^2}\bigg|_{x=x^{(k)}}(x - x^{(k)})^2 + \cdots \tag{6.5.2}$$

如果 $x - x^{(k)}$ 很小，则可取一阶近似，忽略高阶量，得

$$f(x) = 0 \approx f(x^{(k)}) + \frac{\mathrm{d}f}{\mathrm{d}x}\bigg|_{x=x^{(k)}}(x - x^{(k)}) \tag{6.5.3}$$

这是一个线性方程，记其解为 $x^{(k+1)}$，则有

$$x^{(k+1)} = x^{(k)} - f(x^{(k)}) \bigg/ \frac{\mathrm{d}f}{\mathrm{d}x}\bigg|_{x=x^{(k)}} \tag{6.5.4}$$

式(6.5.4)就是牛顿法的迭代公式。牛顿法具有明确的几何解释。式(6.5.1)的解 $x^*$ 可解释为曲线 $y = f(x)$ 与 $x$ 轴的交点的横坐标，如图 6.5.1 所示。设 $x^{(k)}$ 是 $x^*$ 的某个近似值，过曲线 $y = f(x)$ 上横坐标为 $x^{(k)}$ 的点$(x^{(k)}, f(x^{(k)}))$ 作切线，并将该切线与 $x$ 轴的交点的横坐标 $x^{(k+1)}$ 作为 $x^*$ 的新的近似值。注意到切线方程为

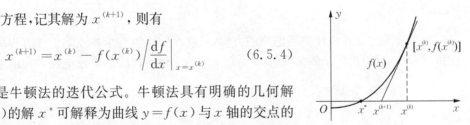

图 6.5.1 牛顿法的几何解释

$$y = f(x^{(k)}) + \frac{\mathrm{d}f}{\mathrm{d}x}\bigg|_{x=x^{(k)}}(x - x^{(k)}) \tag{6.5.5}$$

这样求得的值 $x^{(k+1)}$ 必然满足式(6.5.4)。由于这种几何背景，牛顿法也称为切线法。

实际进行计算时，可选取合适的初始值 $x^{(0)}$，由式(6.5.4)计算得到 $x^{(1)}$，依此反复迭代，直至 $|x^{(k+1)} - x^{(k)}| \leqslant \varepsilon$，$\varepsilon$ 称为收敛精度，是一个非常小的正实数。此时 $x^{(k+1)}$ 可以作为非线性方程的解。

**例 6.5.1** 用牛顿法求解图 6.5.2 所示电路的电压 $u_2$ 和电流 $i_2$，其中 $i_S = 0.8$ A，二极管的 VCR 为 $i_2 = 0.1(\mathrm{e}^{40u_2} - 1)$ A。

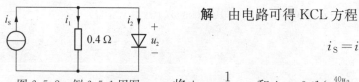

图 6.5.2 例 6.5.1 用图

**解** 由电路可得 KCL 方程

$$i_S = i_1 + i_2$$

将 $i_1 = \dfrac{1}{0.4}u_2$ 和 $i_2 = 0.1(e^{40u_2} - 1)$ 代入上式并整理,得到以 $u_2$ 为变量的非线性电路方程

$$f(u_2) = 0.1(e^{40u_2} - 1) + \frac{1}{0.4}u_2 - 0.8 = 0$$

对 $f(u_2)$ 求导,得

$$\frac{\mathrm{d}f(u_2)}{\mathrm{d}u_2} = 4e^{40u_2} + 2.5$$

因此,牛顿法的迭代公式为

$$u_2^{(k+1)} = u_2^{(k)} - \frac{0.1(e^{40u_2^{(k)}} - 1) + 2.5u_2^{(k)} - 0.8}{4e^{40u_2^{(k)}} + 2.5}$$

其中上标表示迭代次数。取 $u_2$ 初始值为 0 时的迭代结果为

$$u_2 = 0.051 \text{ V}$$

将 $u_2$ 的数值代入式 $i_2 = 0.1(e^{40u_2} - 1)$ A,可得

$$i_2 = 0.67 \text{ A}$$

对于含有多个非线性电阻电路的方程,最终可归结为一个多元非线性方程组,将一元牛顿法进行推广,可以得到求解多元非线性方程组的牛顿迭代法。假设电路方程的形式为

$$\begin{cases} f_1(\boldsymbol{x}) = 0 \\ f_2(\boldsymbol{x}) = 0 \\ \vdots \\ f_n(\boldsymbol{x}) = 0 \end{cases} \tag{6.5.6}$$

式中,$\boldsymbol{x} = [x_1, x_2, \cdots, x_n]^{\mathrm{T}}$ 为待求的电路变量,一般为电压或电流。

与求解一元非线性方程类似,设 $\boldsymbol{x}^{(k)} = [x_1^{(k)}, x_2^{(k)}, \cdots, x_n^{(k)}]^{\mathrm{T}}$ 是第 $k$ 次迭代值,将式 (6.5.6) 在近似解 $\boldsymbol{x}^{(k)}$ 处进行泰勒展开,并只取一阶近似,得到

$$f_i(\boldsymbol{x}) = 0 \approx f_i(\boldsymbol{x}^{(k)}) + \frac{\partial f_i}{\partial x_1}\bigg|_{\boldsymbol{x}=\boldsymbol{x}^{(k)}}(x_1 - x_1^{(k)}) + \frac{\partial f_i}{\partial x_2}\bigg|_{\boldsymbol{x}=\boldsymbol{x}^{(k)}}(x_2 - x_2^{(k)}) +$$

$$\cdots + \frac{\partial f_i}{\partial x_n}\bigg|_{\boldsymbol{x}=\boldsymbol{x}^{(k)}}(x_n - x_n^{(k)}) \ (i = 1, 2, \cdots, n)$$

$$\tag{6.5.7}$$

这是一个线性方程组,写成矩阵形式有

$$\begin{bmatrix} \dfrac{\partial f_1}{\partial x_1} & \dfrac{\partial f_1}{\partial x_2} & \cdots & \dfrac{\partial f_1}{\partial x_n} \\[2mm] \dfrac{\partial f_2}{\partial x_1} & \dfrac{\partial f_2}{\partial x_2} & \cdots & \dfrac{\partial f_2}{\partial x_n} \\[1mm] \vdots & \vdots & \cdots & \vdots \\[1mm] \dfrac{\partial f_n}{\partial x_1} & \dfrac{\partial f_n}{\partial x_2} & \cdots & \dfrac{\partial f_n}{\partial x_n} \end{bmatrix}_{\boldsymbol{x}=\boldsymbol{x}^{(k)}} (\boldsymbol{x}^{(k+1)}-\boldsymbol{x}^{(k)}) = -\begin{bmatrix} f_1(\boldsymbol{x}^{(k)}) \\ f_2(\boldsymbol{x}^{(k)}) \\ \vdots \\ f_n(\boldsymbol{x}^{(k)}) \end{bmatrix} \qquad (6.5.8)$$

简写成

$$\boldsymbol{f}'(\boldsymbol{x}^{(k)})(\boldsymbol{x}^{(k+1)}-\boldsymbol{x}^{(k)}) = -\boldsymbol{f}(\boldsymbol{x}^{(k)}) \qquad (6.5.9)$$

式中,系数矩阵 $\boldsymbol{f}'(\boldsymbol{x}^{(k)})$ 称为**雅可比矩阵**(Jacobian matrix);$\boldsymbol{f}(\boldsymbol{x}^{(k)})$ 为非线性方程组在 $\boldsymbol{x}^{(k)}$ 处的函数值向量。如果雅可比矩阵 $\boldsymbol{f}'(\boldsymbol{x}^{(k)})$ 是非奇异的,由式(6.5.9)解出 $\boldsymbol{x}^{(k+1)}$ 得

$$\boldsymbol{x}^{(k+1)} = \boldsymbol{x}^{(k)} - [\boldsymbol{f}'(\boldsymbol{x}^{(k)})]^{-1}\boldsymbol{f}(\boldsymbol{x}^{(k)}) \qquad (6.5.10)$$

式(6.5.10)可看成牛顿法的迭代公式(6.5.4)的直接推广。

同样,实际进行计算时,可选取合适的初始值 $\boldsymbol{x}^{(0)}$,由式(6.5.10)计算得到 $\boldsymbol{x}^{(1)}$,依次反复迭代,直至 $|\boldsymbol{x}^{(k+1)}-\boldsymbol{x}^{(k)}| \leqslant \boldsymbol{\varepsilon}$,$\boldsymbol{\varepsilon}$ 为收敛精度向量,其元素是非常小的正实数。此时 $\boldsymbol{x}^{(k+1)}$ 可以作为非线性方程的解。这一迭代过程比一元方程时的迭代要复杂得多,每次迭代都需要解一次 $n$ 元线性代数方程组。

**例 6.5.2**　用牛顿法求解图 6.5.3 所示电路各支路电流。电路中两个非线性电阻的 VCR 分别为 $i_1=u_1^3$,$i_3=u_3^{3/2}$。

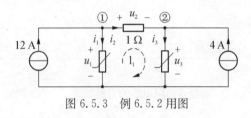

图 6.5.3　例 6.5.2 用图

**解**　列节点①和②的 KCL 方程得

$$i_1 + i_2 = 12$$
$$i_2 + 4 = i_3$$

代入各电阻的 VCR,得到

$$u_1^3 + u_2 = 12$$
$$u_2 + 4 = u_3^{3/2}$$

列出回路 $l_1$ 的 KVL 方程得

$$u_2 = u_1 - u_3$$

将上式代入前面两式中,得到

$$\begin{cases} u_1^3 + u_1 - u_3 = 12 \\ u_1 - u_3 + 4 = u_3^{3/2} \end{cases}$$

由上式得到关于 $u_1$ 和 $u_3$ 的非线性电路方程组

$$\boldsymbol{f}(\boldsymbol{x}) = \begin{bmatrix} f_1(u_1, u_3) \\ f_2(u_1, u_3) \end{bmatrix} = \begin{bmatrix} u_1^3 + u_1 - u_3 - 12 \\ u_1 - u_3 - u_3^{3/2} + 4 \end{bmatrix}$$

其雅可比矩阵为

$$f'(x) = \begin{bmatrix} \dfrac{\partial f_1}{\partial u_1} & \dfrac{\partial f_1}{\partial u_3} \\ \dfrac{\partial f_2}{\partial u_1} & \dfrac{\partial f_2}{\partial u_3} \end{bmatrix} = \begin{bmatrix} 3u_1^2 + 1 & -1 \\ 1 & -3u_3^{1/2}/2 - 1 \end{bmatrix}$$

由式(6.5.10)得到迭代公式为

$$\begin{bmatrix} u_1^{(k+1)} \\ u_3^{(k+1)} \end{bmatrix} = \begin{bmatrix} u_1^{(k)} \\ u_3^{(k)} \end{bmatrix} - \begin{bmatrix} 3u_1^2 + 1 & -1 \\ 1 & -3u_3^{1/2}/2 - 1 \end{bmatrix}^{-1}_{\substack{u_1=u_1^{(k)} \\ u_3=u_3^{(k)}}} \times \begin{bmatrix} u_1^3 + u_1 - u_3 - 12 \\ u_1 - u_3 - u_3^{3/2} + 4 \end{bmatrix}_{\substack{u_1=u_1^{(k)} \\ u_1=u_3^{(k)}}}$$

对非线性方程组,可能会出现多组解的情况,必须取不同的初始值进行迭代试运算。通过不同初始值的迭代运算,得到一组解为

$$\begin{bmatrix} u_1 \\ u_3 \end{bmatrix} = \begin{bmatrix} 2.299 \\ 2.454 \end{bmatrix} \text{V}$$

经过验算,它们是电路方程的解。由上述解,得到 $u_2 = u_1 - u_3 = -0.155$ V,从而各支路电流为

$$i_1 = u_1^3 = 12.2 \text{ A}, \quad i_2 = -0.155 \text{ A}, \quad i_3 = u_3^{3/2} = 3.85 \text{ A}$$

## 习题 6

### 非线性电阻电路的方程

**6.1** 若非线性电阻的 VCR 为 $u = 50i^3$,试计算当 $i = 0.01\cos\omega t$ A 时的电压 $u(t)$,并说明电压中包含哪些频率成分。

**6.2** 已知非线性电阻的 VCR 为 $u = 10i^2 - 6$(电压和电流单位分别是 V 和 A),电压和电流取一致参考方向,试求 $i = 1$ A 时的静态电阻和动态电阻值。

**6.3** 某非线性电阻的 VCR 曲线如题图 6.3 所示,电压和电流取一致参考方向。试求以下两种工作点处的静态电阻和动态电阻。(1)工作点电压 $u_1 = 0.2$ V;(2) 工作点电压 $u_2 = 0.5$ V。

**6.4** 如题图 6.4 所示为一非线性电阻电路,其中 $R_1$ 和 $R_2$ 为线性电阻,$R_3$ 为非线性电阻,其 VCR 为 $u_3 = 50\sqrt{i_3}$。试列写其电路方程。

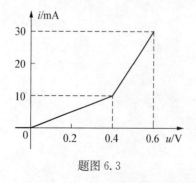

题图 6.3

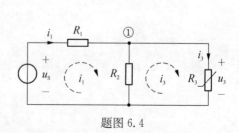

题图 6.4

**6.5**　在题图 6.5 所示电路中,非线性电阻均为流控型元件,即 $u_1 = f_1(i_1)$,$u_2 = f_2(i_2)$。试列写回路方程。

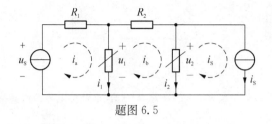

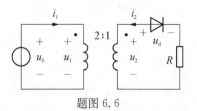

题图 6.5　　　　　　　　题图 6.6

**6.6**　如题图 6.6 所示电路,已知 $u_S = 10\sin t$ V, $R = 2\ \Omega$,二极管的 $u$-$i$ 关系为 $i_d = I_S(e^{u_d/U_T} - 1)$(其中 $I_S$ 和 $U_T$ 为已知常数),试列出求解 $u_d$ 的方程。

**6.7**　试判断题图 6.7 所示电路中两个理想二极管是否导通。

**图解分析法**

**6.8**　试用图解法求题图 6.8 所示含理想二极管电路的端口 VCR。

**6.9**　试用图解法求题图 6.9 所示含理想二极管电路的端口 VCR。

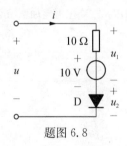

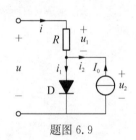

题图 6.8　　　　　　　　题图 6.9

**6.10**　如题图 6.10(a) 所示电路, $R_1 = R_2 = 2\ \Omega$,非线性一端口电路 N 的特性如题图 6.10(b) 所示。(1) 电源电压 $u_S = 10$ V 时,试求工作点 $u$ 和 $i$,以及 $i_1$ 和 $i_2$;(2) 若电源电压 $u_S$ 在 0 V 到 12 V 的范围内变化,再求工作点的电压和电流的变化范围。

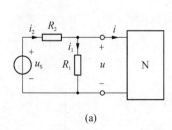

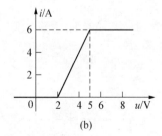

(a)　　　　　　　　　(b)

题图 6.10

**6.11**　如题图 6.11 所示电路,已知 $u_S = 2$ V, $i_S = 2$ A, $R_1 = R_2 = 0.5\ \Omega$, $i = 0.25u^2 + 2$(电压和电流单位分别是 V 和 A),试求电流 $i$。

**6.12**　如题图 6.12 所示电路,已知 $u_S = 20$ V, $i_S = 5$ A, $R_1 = 0.4\ \Omega$, $R_2 = 0.6\ \Omega$, $u = i^2 + i + 3$(电压和电流单位分别是 V 和 A)。试求电压 $u$。

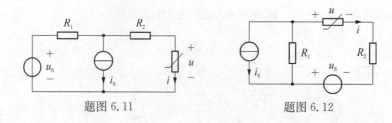

题图 6.11                                题图 6.12

**6.13** 如题图 6.13(a)所示电路，$i_S = 6\,\text{A}$，$R_1 = 3\,\Omega$，$R_2 = 2\,\Omega$，$R_3 = 1\,\Omega$，非线性电阻的伏安特性曲线如题图 6.13(b)所示。试求电压 $U_1$ 和电流 $I_1$。

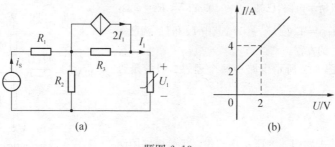

(a)                                    (b)

题图 6.13

### 分段线性化分析法

**6.14 稳压电路**　稳压电路的作用是获取稳定不变的电压。某稳压电路如题图 6.14(a)所示，稳压管的分段线性化 VCR 曲线如题图 6.14(b)所示。试求稳压管 VCR 曲线 cd 段的等效电路以及输出电压 $u_o$。

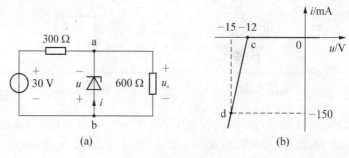

(a)                                    (b)

题图 6.14

**6.15 整流电路**　整流电路的作用是将交流电压或电流调整为单边变化(或正或负)的电压或电流。如题图 6.15(a)所示整流电路，已知 $u_i = 2\sin\omega t\,\text{V}$，假设(1)二极管为理想二极管；(2)二极管的分段线性模型如题图 6.15(b)所示。试画出输出电压 $u_o$ 的波形。

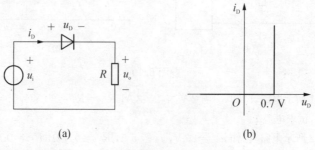

(a)                                    (b)

题图 6.15

**6.16 限幅电路** 限幅电路的作用是将信号限制在一定的范围之内。如题图 6.16 所示限幅电路,已知 $u_i \doteq 10\sin\omega t$ V,$U = 5$ V。试画出输出电压 $u_o$ 的波形。

**6.17 箝位电路** 箝位电路的作用是将电路中某一节点的电压限制在一定的范围之内。如题图 6.17(a) 所示箝位电路,已知 $U_1 = -15$ V,$U_2 = 15$ V,$D_1$ 为理想二极管,$D_2$ 的 VCR 曲线如题图 6.17(b) 所示。试求电压 $u_o$ 的变化范围。

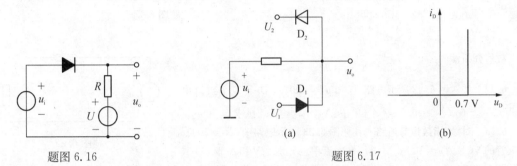

题图 6.16        题图 6.17

**6.18 隧道二极管** 隧道二极管是以隧道效应电流为主要电流分量的晶体二极管,一般应用于某些开关电路或高频振荡等电路中。如题图 6.18(a) 所示电路中隧道二极管的分段线性化 VCR 曲线如题图 6.18(b) 所示。试求电路的静态工作点。

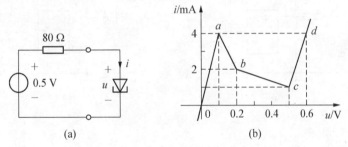

题图 6.18

**6.19 恒流二极管电路** 恒流二极管是一种可用来产生稳定电流的电子器件。如题图 6.19(a) 所示电路,要求为负载电阻 $R_L = 1$ kΩ 提供稳定的电流。已知恒流二极管的 VCR 曲线如题图 6.19(b) 所示,其输出稳定电流时的电压 $u_D \geqslant 10$ V,额定功率 $P_{D\max} = 500$ mW。试求电压源 $U$ 的变化范围。

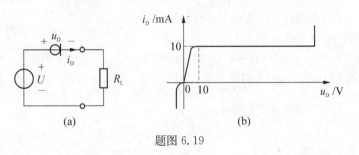

题图 6.19

**小信号分析法**

**6.20** 如题图 6.20 所示非线性电阻电路,非线性电阻的伏安特性为 $u = i + i^2$,$u_S = 0.5\sin\omega t$ V,试求回路中的电流 $i$。

**6.21** 如题图 6.21 所示电路,非线性电阻的伏安特性为 $i = 2u^2 (u > 0)$,其中 $i$ 和 $u$ 的单位分别为 A 和 V,$i_S = \cos t$ A,试求 $u$ 和 $i$。

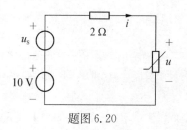

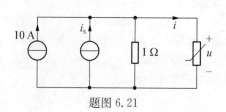

题图 6.20

题图 6.21

### 数值分析法

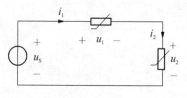

**6.22** 如题图 6.22 所示电路,已知 $u_S = 20\text{ V}$, $u_1 = 0.1\sqrt{i_1}$(单位:V)($i_1 \geqslant 0$), $i_2 = 0.05\sqrt{u_2}$(单位:A)($u_2 \geqslant 0$)。试求 $i_2$ 和 $u_2$。

**6.23 对数、指数运算电路** 在题图 6.23 所示电路中, $R = 10\text{ }\Omega$, 二极管的 VCR 为 $i = 10^{-5}\text{ e}^{40u}$(电压和电流单位分别是 V 和 A)。(1)试求题图 6.23(a)中 $u_1$ 和 $u_2$ 的关系;(2)电阻与二极管交换位置如题图 6.23(b)所示,再求 $u_1$ 和 $u_2$ 的关系。

题图 6.22

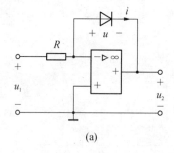

(a)

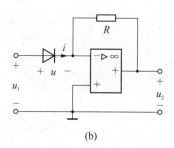

(b)

题图 6.23

**6.24** 试用牛顿法求解题图 6.24 所示电路各支路电流。电路中各非线性电阻的电压-电流关系分别为 $i_1 = u_1^3$, $i_2 = u_2^2$, $i_3 = u_3^{3/2}$。

### 综合

**6.25** 如题图 6.25 所示电路, $u_S = 3\text{ V}$, $R = 1\text{ }\Omega$,虚线框所示的一端口电路 N 内非线性电阻 $i_R = f(u_R) = -3u_R + 1$(电压和电流单位分别是 V 和 A)。试求:(1)一端口电路 N 的 VCR;(2)工作点的 $u$ 和 $i$ 值。

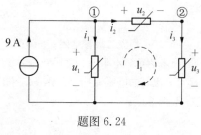

题图 6.24

**6.26** 非线性电阻电路与非线性电阻的 VCR 分别如题图 6.26(a)和(b)所示,已知二端口电路 N 的开路阻抗矩阵为 $\boldsymbol{Z} = \begin{bmatrix} 7 & 3 \\ 3 & 4 \end{bmatrix}\text{ }\Omega$,试求电流 $I$ 和 $I_1$。

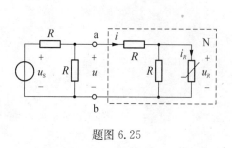

题图 6.25

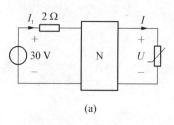

(a)

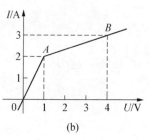

(b)

题图 6.26

**6.27** 如题图 6.27(a)所示电路,运放的 $u_i$-$u_o$ 特性曲线如题图 6.27(b)所示,已知 $R = 5\ \Omega$, $R_L = 15\ \Omega$, $u_S = 5\ V$,试求负载电阻 $R_L$ 中的电流 $i$。

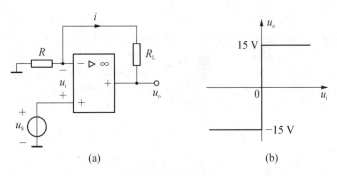

题图 6.27

**6.28  超二极管**  如题图 6.28(a)虚框内的电路称为超二极管,它具有理想二极管的特性,应用于精密整流场合。已知二极管的 VCR 曲线如题图 6.28(b)所示,运放的 VCR 曲线如题图 6.28(c)所示,试分析该二极管电路的输入输出特性。

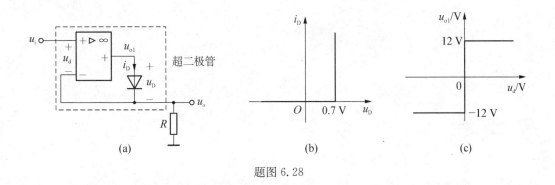

题图 6.28

**6.29  单二极管全波整流电路**  如题图 6.29 所示电路为包含一个二极管的全波整流电路。已知 $R_2 R_3 = 2R_1 R_4$,试求输出电压 $u_o$ 的表达式。

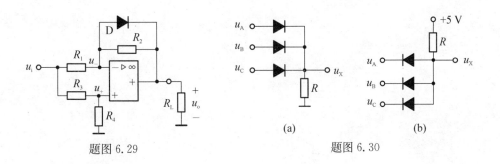

题图 6.29　　　　　　　　　　　题图 6.30

**6.30  二极管逻辑门电路**  二极管与电阻一起可实现数字逻辑函数。如题图 6.30 所示电路的两种二极管逻辑门。考虑一个正逻辑系统,其中电压值接近于 0 V 对应于逻辑 0(低),而电压值接近于 +5 V 对应于逻辑 1(高),试求题图 6.30 电路所表达的逻辑关系。

**6.31 多倍压整流电路** 在一些需用高电压、小电流的地方,常常使用倍压整流电路。倍压整流可以用较低的交流电压,得到出一个较高的直流电压。如题图 6.31 所示电路为一倍压整流电路,已知 $u_S = U_m \sin \omega t$,试求:(1) 充电结束后各电容的电压;(2) 可输出的最大电压为多少?

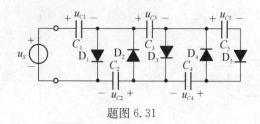

题图 6.31

# 7 一阶电路的时域分析

本章主要采用求解微分方程的经典法来分析一阶电路响应随时间变化的规律。由于整个分析过程都是在时间域进行,故称其为时域分析。

前面各章讨论的内容主要局限于电阻电路。实际上,大量实际电路并不能只用电阻和受控源来构建它们的模型,还包含有电容元件和电感元件等动态元件。电容和电感元件的 VCR 要用微分方程描述,含有动态元件的电路称为**动态电路**(dynamic circuit)。动态电路是用微分方程来描述的,对这种电路的分析要涉及对微分方程的求解。

动态电路发生换路,一般会引起电压、电流的变化,使电路的工作状态发生改变。由于电路中存在储能元件,这种改变通常不可能在瞬间完成,需要一段时间历程。这一时间历程称为动态电路的**瞬态过程**(transient process),在工程上也称**过渡**过程(transition)。通常瞬态过程是极为短暂的,但对控制系统、计算机系统和通信系统关系重大。

本章在分析中还将介绍零输入响应、零状态响应、全响应以及阶跃响应、冲激响应等重要概念。

## 7.1 动态电路的方程及其初始条件

### 7.1.1 瞬态过程与换路

动态电路的分析是与瞬态过程密切联系的。一个变化的物理过程在每一时刻都处于一种不同的状况、形态或姿态,可统称为**状态**(state)。事物的变化或运动状态一般可区分为"稳定状态"和"瞬态状态"这两种不同的状态。电路也有稳定状态和瞬态状态这两种工作状态,如果各支路的电压和电流是恒定不变的(包括等于零的情况),则电路就处于一种稳定状态,称为直流稳态。如果各支路的电压和电流随时间按一定的规律周期性地变化着,则电路也处于一种稳定状态,称为周期稳态。电路的工作状态要么处于稳态,要么处于从一种稳态进入另一种稳态的状态。电路从一种稳态进入另一种稳态,往往需要一个时间过程,这就是电路的瞬态过程,亦称为过渡过程。

在图 7.1.1(a)所示的简单的 $RC$ 电路中,开关 S 合上前($t<0$),电容未充电,$u_C(0)=0$,$i=0$,电路处于一种稳态。开关合上后($t\geqslant 0$),直流电压源 $U_S$ 通过电阻 $R$ 向电容 $C$ 充电,电容电压由 0 逐渐上升,直到等于电源的电压 $U_S$ 为止,这时电流又有 $i=0$,电路进入一个新的稳态。电容电压由 0 上升到 $U_S$ 的过程就是电路的瞬态过程。

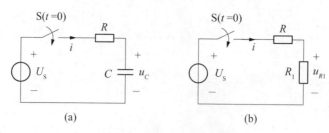

图 7.1.1　电路的瞬态过程

电路的瞬态过程是由电路的工作状态变动引起的。在电路理论中,将开关的接通和断开、线路的短接或开断、元件参数值的改变等引起电路工作状态变动的情况统称为**换路**(commutation)。一般认为换路是瞬间完成的,并将换路发生的时刻作为对电路瞬态过程进行分析计算的开始时间。

换路是引起动态电路瞬态过程的外因,而电路中的储能元件(电容和/或电感)则是产生瞬态过程的内因。在动态电路中,当电容两端的电压为 $u$ 时则有 $Cu^2/2$ 的电场能量;当电感流经的电流为 $i$ 时则有 $Li^2/2$ 的磁场能量。这些能量都不能发生跃变,只能渐变。如果能量发生跃变,则有 $p=\mathrm{d}w/\mathrm{d}t\to\infty$,这在实际上是不可能的。图 7.1.1(a) 电路在换路时电容电压保持连续,它不能从 0 立刻跃变为稳态值 $U_S$,而必须经历一个瞬态过程,逐渐上升为 $U_S$。如果用电阻替代电容,如图 7.1.1(b) 所示,那么当开关 S 合上后,电阻 $R_1$ 上电压立刻从 0 跃变为 $u_{R1}=R_1U_S/(R+R_1)$,亦即换路后电路立即进入新的稳态,没有瞬态过程。这是因为电阻是无记忆元件,电路不具备产生瞬态过程的内因,此时电路的响应与激励是一种即时关系。

正因为电容电压和电感电流决定了电路的储能状态,因此称它们为电路的**状态变量**(state variable)。在电路和系统理论中,状态变量是指一组最少的变量集合,如果已知它们在 $t_0$ 时刻的值以及所有 $t\geqslant t_0$ 的输入(激励),就能确定 $t\geqslant t_0$ 任意时刻电路中的任何电路变量。状态变量在任何时刻的值形成了该时刻电路的状态。

为了分析的方便,常取 $t_0=0$,即电路在 $t=0$ 时发生换路,并将换路前的最后时刻表示为 $t=0_-$,换路后的最先时刻表示为 $t=0_+$。当 $t=0_-$ 时,电路处于原来的旧稳态,此时 $u_C(0_-)$ 和 / 或 $i_L(0_-)$ 构成了电路的原始状态,它们的值称为状态变量的原始值。原始值为零的动态元件称为**零状态**(zero state) 元件,若电路中所有动态元件均为零状态,则电路称为零状态电路。当 $t=0_+$ 时,$u_C(0_+)$ 和 / 或 $i_L(0_+)$ 构成了电路的初始状态,它们的值反映了电路的初始储能,称为状态变量的**初始值**(initial value)。电路从 $t=0_+$ 开始经历瞬态过程最终达到新的稳态。

### 7.1.2　动态电路方程

建立动态电路方程的依据是 KCL、KVL 和元件的 VCR。下面以图 7.1.1(a)电路为例说明电路方程的建立过程。

当开关 S 在 $t=0$ 时闭合,电路发生换路。换路后 $t\geqslant0_+$ 时,列写 KVL 方程,得

$$u_R(t)+u_C(t)=u_S(t)\,(t\geqslant0_+) \tag{7.1.1}$$

如果选择 $u_C(t)$ 为响应变量,将元件 VCR

$$u_R(t)=Ri(t)\,,\;i(t)=C\frac{\mathrm{d}u_C(t)}{\mathrm{d}t} \tag{7.1.2}$$

代入式(7.1.1),得到

$$RC\frac{du_C(t)}{dt}+u_C(t)=u_S(t) \tag{7.1.3}$$

式(7.1.3)是一个是以电容电压 $u_C$ 为输出,以理想电压源 $u_S$ 为输入列出的电路方程,它是一阶常系数微分方程,这是因为电路中仅包含一个动态元件,因此该电路也称为**一阶电路**(first order circuit)。如果列写的动态电路方程是 $n$ 阶微分方程,则相应的电路称为 **$n$ 阶电路**($n$th order circuit)。

在电路分析时,待求电路变量可以是支路电压、支路电流,或者是支路电压和支路电流的线性组合,也可以是电容中的电荷,或者是电感中的磁通。这些待求的变量称为电路的响应(或输出),而独立源称为激励(或输入)。电路的响应可以是由独立源引起的,或者是由电路中储能元件的原始状态引起的,也可以是由独立源和储能元件的原始状态共同引起的。由于用状态变量作为响应变量建立的动态电路方程,其初始条件容易确定,一旦求得其解,可由它们求得电路中的其他变量,因此一般取电容电压或电感电流为响应变量。

为了求解式(7.1.3),除了需给定 $u_S(t)$ 之外,还必须确定初始值 $u_C(0_+)$。

### 7.1.3 初始条件的确定

在对动态电路进行瞬态分析时,往往已知 $t=0_-$ 时的电路条件及原有的旧稳态,由此可确定电路的原始状态,亦即原始值 $u_C(0_-)$ 和／或 $i_L(0_-)$,然后再根据**换路定律**(commutation law)就可确定独立的初始条件 $u_C(0_+)$ 和／或 $i_L(0_+)$。所谓换路定律,是指:当电容电流、电感电压为有限值时,由于电容电压、电感电流的连续性,电路的初始值和原始值相等,即

$$u_C(0_+)=u_C(0_-) \tag{7.1.4}$$
$$i_L(0_+)=i_L(0_-) \tag{7.1.5}$$

求得 $u_C(0_+)$ 和／或 $i_L(0_+)$ 之后,就可着手求解其他非状态变量的初始值。在 $t=0_+$ 时刻,由替代定理,电容可用电压为 $u_C(0_+)$ 的理想电压源替代,电感可用电流为 $i_L(0_+)$ 的理想电流源替代,独立源取 $t=0_+$ 时的值。这样,$t=0_+$ 时的电路就变成一个直流电阻电路,由电阻电路的分析方法就可方便地求出 $t=0_+$ 时各非状态变量的初始值。显然,这些初始值是由电路的外加激励在 $t=0_+$ 时刻的值和动态元件的初始值共同作用产生的。

**例7.1.1** 图 7.1.2(a)所示电路,开关 S 在 $t=0$ 时动作,试求初始值 $i(0_+)$ 和 $u(0_+)$。

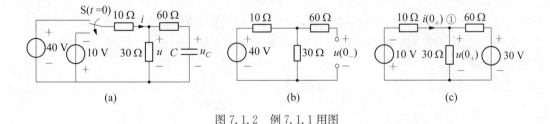

图 7.1.2　例 7.1.1 用图

**解** (1) 先根据 $t=0_-$ 时刻的电路状态计算 $u_C(0_-)$。由于开关动作前电路已经稳定,电容电压为恒定值,因此 $i_C(0_-)=C\dfrac{du_C(t)}{dt}\bigg|_{t=0_-}=0$,电容支路相当于开路。作出 $t=0_-$ 时刻的电路如图 7.1.2(b)所示,由分压公式可得

$$u_C(0_-) = \frac{30}{10+30} \times 40 \text{ V} = 30 \text{ V}$$

(2) 根据换路定律，$u_C(0_+) = u_C(0_-) = 30$ V。作出 $t=0_+$ 时刻的电路如图 7.1.2(c)所示，其中电容支路用 30 V 理想电压源替代。

(3) 计算初始值。对图 7.1.2(c)电路的节点①列写节点方程，得

$$(1/10 + 1/60 + 1/30)u(0_+) = 30/60 - 10/10$$

解得 $u(0_+) = -(10/3)$ V。求得 $i(0_+)$ 为

$$i(0_+) = -\frac{10 \text{ V} + u(0_+)}{10 \text{ }\Omega} = -\frac{10 - 10/3}{10} \text{ A} = -\frac{2}{3} \text{ A}$$

## 7.2 零输入响应

一阶动态电路微分方程的解，即电路的响应是由独立源和/或电路中储能元件的原始状态引起的。仅由电路中储能元件的原始状态引起的响应称为**零输入响应**（zero-input response）；仅由独立源引起的响应称为**零状态响应**（zero-state response）；由独立源和储能元件的原始状态共同引起的响应称为**全响应**（complete response）。本节讨论零输入响应。

图 7.2.1(a)所示为典型的一阶 $RC$ 电路，开关 S 闭合前，电容 $C$ 已充电到 $U_0$，即 $u_C(0_-) = U_0$。这构成电路的原始状态反映出电容的原始储能为 $W_C(0_-) = CU_0^2/2$。在 $t=0$ 时刻，开关闭合，电路发生换路，根据换路定律，电容电压 $u_C(0_+) = u_C(0_-) = U_0$，构成电路的初始状态，反映出电容的初始储能为 $W_C(0_+) = CU_0^2/2$。由图 7.2.1(b)所示 $t \geq 0_+$ 时的电路，可知在 $t=0_+$ 时刻，有

$$i(0_+) = u_C(0_+)/R = U_0/R \tag{7.2.1}$$

$$\left.\frac{\mathrm{d}u_C(t)}{\mathrm{d}t}\right|_{t=0_+} = -\frac{i(0_+)}{C} = -\frac{U_0}{RC} < 0 \tag{7.2.2}$$

式(7.2.2)说明换路后电容电压 $u_C$ 要下降，即电容 $C$ 通过电阻 $R$ 放电，$u_C$ 从 $U_0$ 逐渐减小，最后降为零。放电电流 $i$ 也相应地从 $U_0/R$ 逐渐减小，最后也为零。在放电过程中，电容中的电场能通过电阻转化成热能而不断损耗。放电结束，电路进入新的稳态。因此，$t \geq 0_+$ 时的电路虽无外施激励，但在电容初始储能的作用下，电路仍有电压、电流响应存在，它们构成了电路的零输入响应。

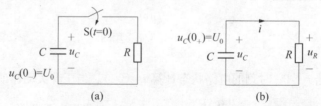

图 7.2.1　一阶 $RC$ 电路的零输入响应

(a) 原始电路　(b) $t \geq 0_+$ 时的电路

为定量分析电路的零输入响应,可首先建立电路方程。按图 7.2.1(b)中标示的电压、电流参考方向,根据 KCL、KVL 以及元件的 VCR 不难列出以 $u_C$ 为响应变量的电路方程为

$$\begin{cases} RC\dfrac{\mathrm{d}u_C}{\mathrm{d}t}+u_C=0(t\geqslant 0_+) \\ u_C(0_+)=U_0 \end{cases} \tag{7.2.3}$$

这是一阶线性常系数齐次微分方程,其特征根为

$$s=-\frac{1}{RC} \tag{7.2.4}$$

方程的解为

$$u_C(t)=K\mathrm{e}^{st} \tag{7.2.5}$$

解中的待定系数 $K$ 由电路的初始条件确定。将初始值 $u_C(0_+)=U_0$ 代入上式,得到

$$u_C(0_+)=K=U_0 \tag{7.2.6}$$

从而求得电容电压的零输入响应为

$$u_C(t)=U_0\mathrm{e}^{-\frac{t}{RC}}(t\geqslant 0_+) \tag{7.2.7}$$

在求得电容电压 $u_C(t)$ 后,电路中的其他电压、电流可根据 $t\geqslant 0_+$ 时的电路直接求得,不必再列写电路的微分方程来求解。例如,回路电流 $i(t)$ 为

$$i(t)=\frac{u_C(t)}{R}=\frac{U_0}{R}\mathrm{e}^{-\frac{t}{RC}}(t\geqslant 0_+) \tag{7.2.8}$$

$u_C(t)$ 和 $i(t)$ 随时间变化的曲线如图 7.2.2 所示。从图中可以看出,电压 $u_C(t)$ 在换路前后是连续的,而电流 $i(t)$ 在换路时发生了跃变。随着时间的增大,零输入响应都是随时间衰减的指数函数,衰减的快慢取决于电路参数 $C$ 和 $R$ 的乘积常数,它具有时间的量纲(欧·法=欧·库/伏=欧·安·秒/伏=秒),称之为一阶 $RC$ 电路的**时间常数**(time constant),用 $\tau$ 表示。由式(7.2.4)有 $s=-1/(RC)=-1/\tau$,具有频率的量纲,以弧度每秒(rad/s)来度量,称 $s$ 为 $RC$ 电路的**固有频率**(natural frequency)。对一阶 $RC$ 电路而言,其固有频率是负数,表明一阶 $RC$ 电路的零输入响应总是按指数规律衰减。

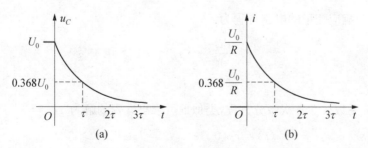

图 7.2.2　$u_C(t)$ 和 $i(t)$ 的零输入响应曲线

根据式(7.2.7),有

$$u_C(\tau)=U_0\mathrm{e}^{-\tau/(RC)}=U_0\mathrm{e}^{-1}\approx 0.368U_0 \tag{7.2.9}$$

说明 $RC$ 放电电路从 $t=0$ 时开始放电,经过时间 $\tau$,电容电压值已近似降到初始值的 $36.8\%$,所以时间常数 $\tau$ 也是电容电压 $u_C$ 衰减到初始值 $36.8\%$ 所需的时间。在表 7.2.1 中,列出了 $t=\tau$,$2\tau$,$3\tau$,… 时刻电容电压 $u_C(t)/u_C(0)$ 的比值。

**表 7.2.1 不同 $t$ 时刻电容电压 $u_C(t)/u_C(0)$ 的比值**

| $t$ | $\tau$ | $2\tau$ | $3\tau$ | $4\tau$ | $5\tau$ | $6\tau$ | $7\tau$ |
|---|---|---|---|---|---|---|---|
| $u_C(t)/u_C(0)$ | $36.8\%$ | $13.5\%$ | $4.98\%$ | $1.83\%$ | $0.674\%$ | $0.248\%$ | $0.0912\%$ |

由表 7.2.1 可以看出,$RC$ 放电电路,从 $t=0$ 时开始,经过 $4\tau \sim 5\tau$ 时间后,$u_C$ 已衰减到初始值的 $0.674\% \sim 1.83\%$,工程上认为放电过程已基本结束。

从能量的角度看,虽然电路在换路后没有外来电源作用,但在 $t=0_-$ 时电容元件已储存有电场能量。就是这种能量在 $t \geqslant 0_+$ 时激励电路,使电路中有电流流通。由于电流通过电阻元件后要消耗能量,使得电容中储存的电场能量逐渐衰减,最后消失。在整个过程中,电阻元件所消耗的能量

$$w = \int_0^\infty \frac{u_C^2}{R} \mathrm{d}t = \int_0^\infty \frac{U_0^2}{R} \mathrm{e}^{-\frac{2t}{RC}} \mathrm{d}t = \frac{1}{2} C U_0^2 \tag{7.2.10}$$

它等于电容元件在 $t=0_-$ 时储存的电场能量。

另一典型的一阶电路是 $RL$ 电路。图 7.2.3(a)所示 $RL$ 电路在 $t=0$ 时发生换路,换路前电路处于稳定状态,电感电流原始值为 $i_L(0_-)=I_0$,换路后的瞬间 $t=0_+$,根据换路定律,电感电流初始值 $i_L(0_+)=i_L(0_-)=I_0$。随即电感电流从它的初始值 $I_0$ 开始,沿 $RL$ 回路流动,储存在电感中的磁场能量将逐渐转换成电阻中的热能而不断损耗。

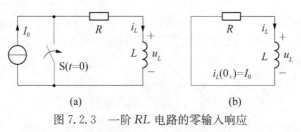

**图 7.2.3 一阶 $RL$ 电路的零输入响应**

(a) 原始电路 (b) $t \geqslant 0_+$ 时的电路

列写以 $i_L$ 为响应变量的电路方程为

$$\begin{cases} L \dfrac{\mathrm{d}i_L}{\mathrm{d}t} + R i_L = 0 \, (t \geqslant 0_+) \\ i_L(0_+) = I_0 \end{cases} \tag{7.2.11}$$

上式也是一阶常系数线性齐次微分方程,类似地可求出方程的解为

$$i_L(t) = i_L(0_+) \mathrm{e}^{-(R/L)t} = I_0 \mathrm{e}^{-t/\tau} \, (t \geqslant 0_+) \tag{7.2.12}$$

式中,$\tau = L/R$ 称为一阶 $RL$ 电路的时间常数。

由电感电流可求得电感电压的零输入响应为

$$u_L(t) = L \frac{\mathrm{d}i_L}{\mathrm{d}t} = -R I_0 \mathrm{e}^{-t/\tau} \, (t \geqslant 0_+) \tag{7.2.13}$$

$i_L(t)$ 和 $u_L(t)$ 随时间变化的曲线如图 7.2.4 所示。由图可知,电流 $i_L(t)$ 在换路前后是连续的,电压 $u_L(t)$ 在换路时发生了跃变。换路后,一阶 $RL$ 电路的零输入响应均由各自的初始值开始按同样的指数规律衰减到零,结束瞬态过程,进入新的稳态。

电流 $i_L(t)$ 流经电阻 $R$ 的整个过程中消耗的能量

$$w = \int_0^\infty p\,\mathrm{d}t = \int_0^\infty R i_L^2\,\mathrm{d}t = \int_0^\infty R I_0^2 \mathrm{e}^{-(2R/L)t}\,\mathrm{d}t = \frac{1}{2}LI_0^2$$

(7.2.14)

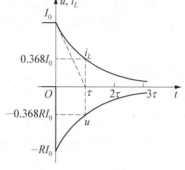

图 7.2.4 一阶 $RL$ 电路零输入响应波形

这表明 $RL$ 电路的物理过程,实质上就是电感中储存的磁场能量转化为电阻中所消耗的热量的过程。

由式(7.2.7)、式(7.2.8)以及式(7.2.12)、式(7.2.13)可知,如果初始状态 $[u_C(0_+)=U_0$ 或 $i_L(0_+)=I_0]$ 变为原来的 $a$ 倍,则电路的零输入响应也随之变为原来的 $a$ 倍,这表明一阶电路的零输入响应与初始状态满足齐次性(比例性),这是线性动态电路响应与激励呈线性关系的体现,初始状态可看作电路的内部激励。

上面分析了两个典型的一阶电路的零输入响应。如果用 $y_{zi}(t)$[1] 表示电路的零输入响应,其初始值为 $y_{zi}(0_+)$,则一阶电路的零输入响应可统一表示为

$$y_{zi}(t) = y_{zi}(0_+)\mathrm{e}^{-t/\tau} \quad (t \geqslant 0_+)$$

(7.2.15)

式中,$\tau = RC$ 或 $L/R$ 为一阶电路的时间常数。

对一般的一阶零输入响应电路,可先应用戴维南定理或诺顿定理将电路简化为上面的 $RC$ 电路或 $RL$ 电路,在求出状态变量 $u_C$ 或 $i_L$ 的零输入响应后,再利用替代定理,用理想电压源 $u_C$ 替代电容或用理想电流源 $i_L$ 替代电感,使电路变换成一个电阻电路,从而可求解任意支路电压或电流。

**例 7.2.1** 如图 7.2.5(a)所示,开关 S 在 $t=0$ 时断开。试求 $t \geqslant 0_+$ 时的 $u_C$、$u_1$ 和 $i_1$。

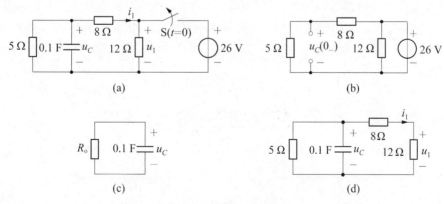

图 7.2.5 例 7.2.1 用图

---

[1] 下标 zi 为英文 zero input 的缩写。本章中部分下标的含义:h—homogeneous, p—particular, zs—zero state。

**解** 求解一阶 $RC$ 电路零输入响应的关键是求出初始值 $u_C(0_+)$ 和时间常数。先作出 $t=0_-$ 时刻的电路如图 7.2.5(b)所示,电容相当于开路,根据分压公式,得

$$u_C(0_-)=\frac{5}{5+8}\times 26 \text{ V}=10 \text{ V}$$

由换路定律,得
$$u_C(0_+)=u_C(0_-)=10 \text{ V}$$

为求时间常数,需求出从电容两端看出去的戴维南电路的等效电阻,如图 7.2.5(c)所示。作出 $t\geqslant 0_+$ 时的电路如图 7.2.5(d)所示,得到

$$R_{\text{o}}=\frac{5\times(8+12)}{5+8+12}\ \Omega=4\ \Omega$$

时间常数为
$$\tau=R_{\text{o}}C=4\times 0.1 \text{ s}=0.4 \text{ s}$$

因此
$$u_C=u_C(0_+)\mathrm{e}^{-t/\tau}=10\mathrm{e}^{-t/0.4} \text{ V}(t\geqslant 0_+)$$

求出 $u_C$ 后,由图 7.2.5(d)所示的 $t\geqslant 0_+$ 时的电路,可求其他电路变量的零输入响应。由分压公式,有

$$u_1=\frac{12}{12+8}u_C=6\mathrm{e}^{-t/0.4} \text{ V}(t\geqslant 0_+)$$

最后
$$i_1=\frac{u_1}{12}=0.5\mathrm{e}^{-t/0.4} \text{ A}(t\geqslant 0_+)$$

## 7.3 零状态响应

零状态响应是指电路在零原始状态下,仅由换路后外加激励产生的响应。本节讨论直流激励下,一阶电路的零状态响应。

图 7.3.1(a)所示电路为 $RC$ 充电电路。开关 S 在 $t=0$ 时闭合,电路发生换路。换路前电路处于稳定状态,即零状态。换路后,根据换路定律,电容电压初始值 $u_C(0_+)=u_C(0_-)=0$,直流电压源 $U_S$ 接到 $RC$ 电路上,对电容进行充电。由于 $u_C(0_+)=0$,电容支路等效为短路,其充电电流 $i(0_+)=u_S/R$。随时间 $t$ 的增加,电容中电荷增加,电容电压升高。当 $t\to\infty$ 时, $u_C(\infty)=u_S$,充电电流 $i(\infty)=0$,电容中的电荷与电压不再变化,电容支路等效为开路,充电停止,电路进入新的直流稳态。

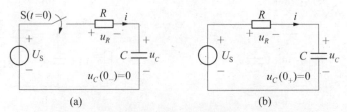

图 7.3.1 一阶 $RC$ 电路在直流电源激励下的零状态响应

(a) 原始电路 (b) $t\geqslant 0_+$ 时的电路

为定量分析电路的零状态响应,可建立以电容电压 $u_C$ 为响应的电路方程。根据

图 7.3.1(b)所示的 $t \geqslant 0_+$ 时的电路,按图中标定的电压、电流参考方向,由 KCL、KVL 以及元件的 VCR 可得到如下微分方程:

$$\begin{cases} RC\dfrac{\mathrm{d}u_C}{\mathrm{d}t} + u_C = U_S(t \geqslant 0_+) \\ u_C(0_+) = 0 \end{cases} \tag{7.3.1}$$

上式为一阶常系数线性非齐次微分方程。采用微分方程的经典解法,其解为

$$u_C = u_{Ch} + u_{Cp} \tag{7.3.2}$$

式中,$u_{Ch}$ 为齐次微分方程的通解;$u_{Cp}$ 为非齐次微分方程的特解。

齐次微分方程的通解(齐次解)为

$$u_{Ch} = K\mathrm{e}^{st} = K\mathrm{e}^{-t/(RC)} = K\mathrm{e}^{-t/\tau} \tag{7.3.3}$$

式中,$\tau = RC$ 为 RC 电路的时间常数,仍与零输入响应相同。

特解 $u_{Cp}$ 的形式与输入激励的形式有关,当激励是直流时,特解就是电路的直流稳态响应,即

$$u_{Cp} = u_C(\infty) = U_S \tag{7.3.4}$$

于是,式(7.3.1)的解为

$$u_C = u_{Ch} + u_{Cp} = K\mathrm{e}^{-t/\tau} + U_S \tag{7.3.5}$$

将初始条件 $u_C(0_+) = 0$ 代入上式,有

$$u_C(0_+) = K\mathrm{e}^{-0_+/\tau} + U_S = K + U_S = 0 \tag{7.3.6}$$

求得待定系数为

$$K = -U_S \tag{7.3.7}$$

因此

$$u_C = -U_S\mathrm{e}^{-t/\tau} + U_S = U_S(1 - \mathrm{e}^{-t/\tau}) \; (t \geqslant 0_+) \tag{7.3.8}$$

由 $u_C$ 可以求得电路中其他电路变量的零状态响应

$$i = C\dfrac{\mathrm{d}u_C}{\mathrm{d}t} = \dfrac{U_S}{R}\mathrm{e}^{-t/\tau} \; (t \geqslant 0_+) \tag{7.3.9}$$

$$u_R = Ri = U_S\mathrm{e}^{-t/\tau} \; (t \geqslant 0_+) \tag{7.3.10}$$

$u_C$ 的变化曲线如图 7.3.2 所示。由图 7.3.2 和式(7.3.8)可以看出,电容电压 $u_C$ 的零状态响应可以分解为齐次解 $u_{Ch}$ 和特解 $u_{Cp}$ 之和。齐次解在换路后经过 $4\tau \sim 5\tau$ 时间,可以认为已衰减结束,所以称为**瞬态(或暂态)分量**(transient component)。瞬态分量逐渐衰减的过程,就是电路逐渐趋于稳定的过程;瞬态分量的大小与外加激励以及时间常数有关,但在随时间变化的规律上讲,齐次解只取决于时间常数 $\tau$,而时间常数仅由电路结构和元件参数决定,与激励无关,

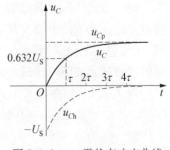

图 7.3.2　$u_C$ 零状态响应曲线

因此也称为自由分量。特解是电路的稳态响应,称为**稳态分量**(steady state component);或认为是激励强迫其电压达到的规定值,所以也称为**强制分量**(forced component)。

从能量的角度看,电容电压被充电到 $u_C = U_S$ 时,其储能为

$$w_C = \frac{1}{2}Cu_C^2 = \frac{1}{2}CU_S^2 \tag{7.3.11}$$

在充电过程中电阻消耗的总能量为

$$w_R = \int_0^\infty Ri^2\,\mathrm{d}t = \int_0^\infty \frac{U_S^2}{R}\mathrm{e}^{-\frac{2t}{RC}}\,\mathrm{d}t = \frac{U_S^2}{R}\left(-\frac{RC}{2}\right)\mathrm{e}^{-\frac{2t}{RC}}\Big|_0^\infty = \frac{1}{2}CU_S^2 \tag{7.3.12}$$

所以,在充电过程中电阻消耗的总能量与电容最后所存储的能量是相等的,充电效率为 $50\%$。电源在充电过程中提供的总能量为

$$w_S = w_C + w_R = CU^2 \tag{7.3.13}$$

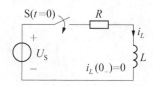

图 7.3.3　一阶 $RL$ 电路在直流电源激励下的零状态响应

对图 7.3.3 所示 $RL$ 电路,其电流的零状态响应可做类似分析。开关 S 在 $t=0$ 时闭合,电路发生换路。换路前电路处于稳定状态,即零状态。换路后,$i_L(0_+) = i_L(0_-) = 0$,电感支路等效为开路,其两端电压即为理想电压源电压 $U_S$,这样电流的变化率必须满足 $L\dfrac{\mathrm{d}i_L}{\mathrm{d}t} = U_S$,亦即 $\dfrac{\mathrm{d}i_L}{\mathrm{d}t} = \dfrac{U_S}{L}$,说明电流要上升。随着电流的逐步上升,电阻电压也逐渐增大,因而由 KVL 知电感电压要逐步减小。电感电压的减小意味着电流变化率的减小,因此电流的上升将越来越缓慢,直到稳定值,电感如同短路,电路也就进入新的直流稳态。

类似 $RC$ 电路零状态响应的分析步骤可求得

$$i_L(t) = \frac{U_S}{R}(1 - \mathrm{e}^{-tR/L}) = \frac{U_S}{R}(1 - \mathrm{e}^{-t/\tau}) \quad (t \geqslant 0_+) \tag{7.3.14}$$

这一响应是由零值开始按指数规律上升趋向于稳态值 $U_S/R$ 的。其变化规律与 $RC$ 电路零状态响应 $u_C$ 相似。

由式(7.3.8)~式(7.3.10)以及式(7.3.14)还可以看出,若外施激励变为原来的 $a$ 倍,则电路的零状态响应也变为原来的 $a$ 倍,这表明一阶电路的零状态响应与外施激励满足齐次性(比例性),这也是线性动态电路响应与激励呈线性关系的体现。如果有多个独立源共同作用于电路,则可以应用叠加定理来求解电路的零状态响应。

对一般的一阶零状态响应电路,与求解零输入响应类似,可先应用戴维南定理或诺顿定理将电路简化为 $RC$ 电路或 $RL$ 电路,在求出状态变量 $u_C$ 或 $i_L$ 的零状态响应后,再利用替代定理,用理想电压源 $u_C$ 替代电容或用理想电流源 $i_L$ 替代电感,使电路变换成一个电阻电路,从而可求解任意支路电压或电流。

**例 7.3.1**　如图 7.3.4(a)所示电路中 $R_1 = 40\ \mathrm{k\Omega}$,$R_2 = 60\ \mathrm{k\Omega}$,$C = 20\ \mathrm{\mu F}$,$u_C(0_-) = 0$,$U_S = 10\ \mathrm{V}$,开关 S 在 $t=0$ 时刻闭合。求各支路电流。

**解**　因为 $u_C(0_-) = 0$,电路的响应为零状态响应。换路后,可将图 7.3.4(a)虚框内的电路等效为戴维南电路,如图 7.3.4(b)所示,其中

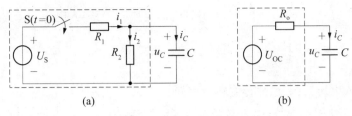

(a)                                    (b)

图 7.3.4　例 7.3.1 用图

$$\begin{cases} U_{OC} = \dfrac{R_2}{R_1 + R_2} U_s = \dfrac{60}{40 + 60} \times 10 \text{ V} = 6 \text{ V} \\[3mm] R_o = \dfrac{R_1 R_2}{R_1 + R_2} = \dfrac{40 \times 60}{40 + 60} \text{ k}\Omega = 24 \text{ k}\Omega \end{cases}$$

由此可得电路的时间常数为 $\tau = R_o C = 24 \times 10^3 \times 20 \times 10^{-6} = 0.48 \text{ s}$，$u_C$ 和 $i_C$ 的零状态响应为

$$u_C = U_{OC}(1 - e^{-t/\tau}) = 6(1 - e^{-t/0.48}) \text{ V} \quad (t \geqslant 0_+)$$

$$i_C = C \frac{\mathrm{d}u_C}{\mathrm{d}t} = 0.25 e^{-t/0.48} \text{ mA} (t \geqslant 0_+)$$

再回到图 7.3.4(a)，有

$$i_2 = \frac{u_C}{R_2} = 0.1(1 - e^{-t/0.48}) \text{ mA} (t \geqslant 0_+)$$

$$i_1 = i_2 + i_C = (0.1 + 0.15 e^{-t/0.48}) \text{ mA} (t \geqslant 0_+)$$

**例 7.3.2　理想积分电路**　如图 7.3.5(a)所示电路，称为积分电路。已知输入电压 $u_i$ 的波形如图 7.3.5(b)所示，且 $u_C(0_-) = 0 \text{ V}$，试求输出电压 $u_o$ 的波形。

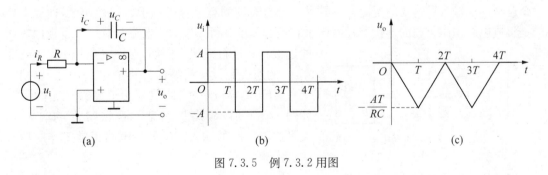

(a)                        (b)                        (c)

图 7.3.5　例 7.3.2 用图

**解**　对图 7.3.5(a)所示电路，根据运算放大器的"虚短"和"虚断"的概念，有

$$i_R = i_C = \frac{u_i}{R}, \quad u_o = -u_C$$

又由电容的 VCR

$$u_C = \frac{1}{C} \int_{-\infty}^{t} i_C \mathrm{d}t$$

和换路定律，$u_C(0_+)=u_C(0_-)=0$ V，可得到输出电压 $u_o$ 与输入电压 $u_i$ 之间的关系为

$$u_o=-\frac{1}{C}\int_{-\infty}^{t}i_C\mathrm{d}t=-\left[u_C(0_+)+\frac{1}{C}\int_{0_+}^{t}i_C\mathrm{d}t\right]=-\frac{1}{RC}\int_{0_+}^{t}u_i\mathrm{d}t$$

即输出电压为输入电压的积分，故称为积分电路。

图 7.3.5(b)所示输入电压 $u_i$ 的波形为脉冲函数，当 $0_+\leqslant t\leqslant T$ 时，由上式得

$$u_o=-\frac{A}{RC}t$$

当 $T<t\leqslant 2T$ 时，可求出输出电压 $u_o$ 为

$$u_o=-\frac{1}{RC}\int_{T}^{t}u_i\mathrm{d}t+u_o(T)=\frac{A}{RC}(t-T)+\left(-\frac{A}{RC}T\right)=\frac{A}{RC}(t-2T)$$

依此类推，可得出输出电压 $u_o$ 的波形如图 7.3.5(c)所示。

与积分电路对偶的是微分电路，由运放构成的理想微分电路参见习题 7.19。积分电路和微分电路在自动控制系统中常用作调节环节，它们还广泛应用于波形的产生和变换以及仪器仪表之中。

**例 7.3.3 数字集成电路的频率极限** 现代数字集成电路，例如可编程逻辑阵列(PAL)和微处理器，都由称为门的晶体管电路连接而成的。数字信号用由 1 和 0 组成的符号来表示，这些信号可以是数据或者指令(如"加"和"减")。在电气上逻辑 1 用"高"电平来表示，而逻辑 0 则用"低"电平来表示。高电平和低电平都是一个电压范围。例如，对于 7400 系列的 TTL 逻辑集成电路，2~5 V 之间的任何电压均表示逻辑 1，而 0~0.8 V 之间的任何电压均表示逻辑 0，0.8~2 V 之间的电压不表示任何逻辑状态。

数字电路的一个关键参数是其工作速度。这里的"速度"是指将一个逻辑门从一个逻辑态切换到另一个逻辑态(从逻辑 0 到逻辑 1，或者相反)的速度，以及将一个逻辑门的输出传到另一个逻辑门的输入所需要的延时。尽管晶体管含有的固有电容影响了其切换速度，但更重要的是集成电路中门与门的连接路径限制了它们的速度。可以用 $RC$ 电路来对两个逻辑门之间的连接路径进行模拟。例如，考虑一条长 200 μm、宽 2 μm 的连接路径在典型的硅集成电路中，可以用一个 0.5 pF 电容与一个 100 Ω 电阻组成的电路来模拟，如图 7.3.6 所示，其中 $u_o$ 表示逻辑门 A 的输出，$u_i$ 表示逻辑门 B 的输入。试分析电路正常工作时信号的极限频率。

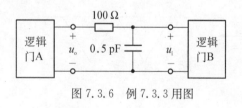

图 7.3.6 例 7.3.3 用图

**解** 假定电容的初始状态为零，$u_o$ 正从逻辑 0 态(设电压为零)转到逻辑 1 态[设电压为 $u_o(0)$]，可求得 $u_i$ 为

$$u_i(t)=u_o(0)(1-\mathrm{e}^{-t/\tau})$$

式中，$\tau=RC=50$ ps。

分析上式可以看到，$u_i$ 将在 $5\tau$ 即 250 ps 后达到 $u_o(0)$。如果在该瞬态过程结束之前 $u_o$ 再次发生改变，那么电容没有足够的时间来充电。在这种情况下，$u_i$ 将小于 $u_o(0)$。例如，假定 $u_o(0)$ 等于逻辑 1 的最低电压，那么这意味着 $u_i$ 将不会随之变为逻辑 1。如果 $u_o$ 突然变为

0(逻辑 0),这时电容将开始放电,这使得 $u_i$ 进一步减小。因此,如果逻辑状态切换太快,将不能够使信息从一个门传到另一个门,即电路工作不正常。

因此,逻辑态最快的切换时间为 $5\tau$,它可以用最大工作频率表示为

$$f_{max} = \frac{1}{2 \times (5\tau)} = 2\,\text{GHz}$$

值得注意的是,上面的讨论中忽略了一些细节。首先,假定了 $u_o$ 在 $t=0$ 时刻"变化",同时假定 $u_o$ 的上升时间为 0。在实际中,它仅需达到 2 V 就等于逻辑 1,只是最后它会逐渐增长到 5 V。再次,如上所述,$u_i$ 不必精确达到 $u_o$ 才能表示相同的逻辑态。

## 7.4 全响应

### 7.4.1 全响应的分解

动态电路在非零原始状态的情况下,由外施激励和原始状态共同引起的响应称为全响应。由上面两节讨论可知,无论是外施激励,还是电路的初始状态(电容的非零初始电压、电感的非零初始电流),它们都是对电路的激励,因此对线性动态电路而言,全响应为零输入响应和零状态响应之和。

如图 7.4.1(a)所示电路中,电路原始状态 $u_C(0_-)=U_0$,由理想电压源 $U_S$ 和电路原始状态 $u_C(0_-)$ 共同引起的响应(如 $u_C$ 和 $i$)就是电路的全响应。

以电容电压响应 $u_C$ 为例加以讨论。图 7.4.1(a)电路中 $u_C$ 满足的电路方程为

$$RC\frac{\mathrm{d}u_C}{\mathrm{d}t} + u_C = U_S \tag{7.4.1}$$

假设图 7.4.1(a)电路中无理想电压源的作用,则仅由电路原始状态 $u_C(0_-)=U_0$ 引起的响应是零输入响应 $u_{Czi}$,如图 7.4.1(b)所示,其对应的电路方程为

$$RC\frac{\mathrm{d}u_{Czi}}{\mathrm{d}t} + u_{Czi} = 0 \tag{7.4.2}$$

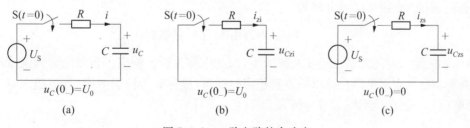

图 7.4.1 一阶电路的全响应

再假设图 7.4.1(a)电路中,电路原始状态 $u_C(0_-)=0$,仅由理想电压源 $U_S$ 引起的响应是零状态响应 $u_{Czs}$,如图 7.4.1(c)所示,其对应的电路方程为

$$RC\frac{\mathrm{d}u_{Czs}}{\mathrm{d}t} + u_{Czs} = U_S \tag{7.4.3}$$

将方程(7.4.2)和方程(7.4.3)两边相加,则有

$$RC \frac{\mathrm{d}(u_{Czi} + u_{Czs})}{\mathrm{d}t} + (u_{Czi} + u_{Czs}) = U_S \tag{7.4.4}$$

根据微分方程解的唯一性充分条件,比较方程(7.4.4)和方程(7.4.1)就可得到

$$u_C = u_{Czi} + u_{Czs} \tag{7.4.5}$$

式(7.4.5)表明,图 7.4.1(a)所示 $RC$ 并联电路的全响应 $u_C$ 等于其零输入响应 $u_{Czi}$ 与零状态响应 $u_{Czs}$ 之和。

上述结论对所有线性动态电路都是成立的,即

全响应＝零输入响应＋零状态响应

由此可写出 $u_C$ 的全响应为

$$u_C = u_{Czi} + u_{Czs} = \underbrace{U_0 \mathrm{e}^{-t/(RC)}}_{\text{零输入响应}(u_{Czi})} + \underbrace{U_S(1 - \mathrm{e}^{-t/(RC)})}_{\text{零状态响应}(u_{Czs})} (t \geqslant 0_+) \tag{7.4.6}$$

电流 $i$ 的全响应为

$$i = i_{zi} + i_{zs} = \underbrace{-\frac{U_0}{R} \mathrm{e}^{-t/(RC)}}_{\text{零输入响应}(i_{zi})} + \underbrace{\frac{U_S}{R} \mathrm{e}^{-t/(RC)}}_{\text{零状态响应}(i_{zs})} (t \geqslant 0_+) \tag{7.4.7}$$

全响应等于零输入响应和零状态响应之和,体现了线性动态电路的叠加性,因此这一结论称为线性动态电路的叠加定理。

根据线性常系数微分方程解的特性,其解等于齐次解与特解之和。因此,$u_C$ 的全响应也可表示为

$$u_C = u_{Ch} + u_{Cp} = \underbrace{(U_0 - U_S)\mathrm{e}^{-t/(RC)}}_{\substack{\text{齐次解}(u_{Ch}) \\ \text{自由响应} \\ \text{瞬态响应}}} + \underbrace{U_S}_{\substack{\text{特解}(u_{Cp}) \\ \text{强制响应} \\ \text{稳态响应}}} (t \geqslant 0_+) \tag{7.4.8}$$

齐次解一般按指数规律衰减,且衰减规律仅与电路自身的结构和元件参数有关,所以称为自由响应。特解与输入激励有关,或者说受输入激励的制约,与外施激励形式相同,故称其为强制响应。因此,全响应又可分解为

全响应＝自由响应＋强制响应

自由响应随着时间的增长逐步衰减为零,因此也称为瞬态响应。当激励为直流或周期函数时,强制响应代表了电路换路以后重新稳定时的解,故称其为稳态响应(直流稳态响应或周期稳态响应)。这样,全响应又可分解为

全响应＝暂态响应＋稳态响应

当激励是非直流或非周期函数,比如是一个衰减的指数函数时,强制响应将是以相同规律衰减的指数函数,这时强制响应就不能称为稳态响应了。因此稳态响应仅存在于直流稳态和周期稳态两种情况之中。

从式(7.4.8)可看出,当 $U_0 = U_S$ 时,则自由响应或瞬态响应为零。因此,动态电路在换路后不一定都出现过渡过程。

将全响应分解成零输入响应和零状态响应,或者分解成自由响应和强制响应,是对同一响

应的两种不同的分解方法。前者着眼于电路的叠加性,体现了响应与激励的因果关系,后者着眼于电路的工作状态,并由此得出瞬态和稳态的概念。零输入响应仅与电路的原始状态以及电路的参数和拓扑结构有关,因此,这一响应有助于考察电路参数及拓扑结构对电路响应产生的影响;而零状态响应,因电路原始状态为零,则有助于分析电路在不同输入下的输出。在直流或周期电源激励的情况下,将全响应分解成瞬态响应和稳态响应,则随着时间的推移瞬态响应逐渐衰减为零,全响应将趋于稳态响应。

**例 7.4.1** 如图 7.4.2(a)所示电路,开关 S 闭合前已达稳态,在 $t=0$ 时开关 S 闭合,试求 $t \geqslant 0_+$ 时的电容电压 $u_C$。

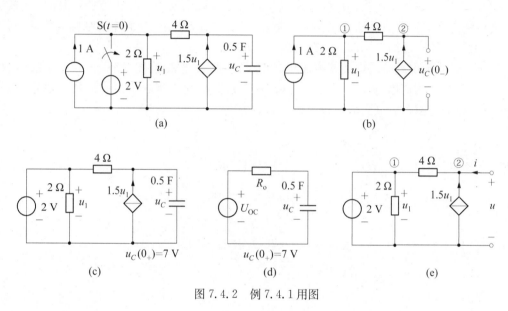

图 7.4.2 例 7.4.1 用图

**解** (1) 求初始条件。作出 $t=0_-$ 时的电路如图 7.4.2(b)所示,列写节点方程,得

$$\begin{cases} (1/2+1/4)u_1-(1/4)u_C(0_-)=1 \\ (-1/4)u_1+(1/4)u_C(0_-)=1.5u_1 \end{cases}$$

解得

$$u_C(0_-)=-7 \text{ V}$$

根据换路定律,有

$$u_C(0_+)=u_C(0_-)=-7 \text{ V}$$

(2) 作出 $t \geqslant 0_+$ 时的电路如图 7.4.2(c)所示,并将该电路等效为如图 7.4.2(d)所示的戴维南等效电路。为求戴维南电路的开路电压和等效电阻,由图 7.4.2(e)所示电路,列写节点方程,得

$$\begin{cases} u_1=2 \\ (1/4)u-(1/4)u_1=1.5u_1+i \end{cases}$$

消去 $u_1$,得

$$u=4i+14$$

因此

$$U_{OC}=14 \text{ V}, \quad R_o=4 \text{ Ω}, \quad \tau=R_oC=4 \times 0.5 \text{ s}=2 \text{ s}$$

(3) 由图 7.4.2(d)所示电路,可求得

$$u_{Czi}(t) = u_C(0_+)e^{-t/\tau} = -7e^{-t/2} \text{ V}(t \geqslant 0_+)$$

$$u_{Czs}(t) = U_{OC}(1 - e^{-t/\tau}) = 14(1 - e^{-t/2}) \text{ V}(t \geqslant 0_+)$$

由线性动态电路的叠加定理,求得

$$u_C(t) = u_{Czi}(t) + u_{Czs}(t) = (\underbrace{14}_{\text{稳态响应}} \underbrace{-21e^{-t/2}}_{\text{瞬态响应}}) \text{ V}(t \geqslant 0_+)$$

### 7.4.2 三要素法

对于给定的一阶直流电路,可以跳过建立电路微分方程的过程,直接求出电路的三个要素,并写出响应的数学表达式。这种方法称一阶直流电路的三要素分析方法,简称三要素法。有些文献称为视察法或直觉法。三要素法是在总结了一阶电路响应解析式结构规律的基础上得出的,由于三要素法简单、方便,因此得到广泛应用。

假设一阶直流电路中的电压或电流响应用 $y(t)$ 表示,根据前述各节,$y(t)$ 都是按指数规律变化的,都有它的初始值 $y(0_+)$ 和稳态值 $y(\infty)$,其变化过程唯一由时间常数决定。基于此,可以一般地写出一阶电路的响应形式:

$$y(t) = ke^{-t/\tau} + b \tag{7.4.9}$$

由于 $y(t)|_{t=0_+} = y(0_+)$、$y(t)|_{t=\infty} = y(\infty)$,因此可得

$$\begin{cases} y(0_+) = k + b \\ y(\infty) = b \end{cases} \tag{7.4.10}$$

解得 $k = y(0_+) - y(\infty)$,$b = y(\infty)$,代入式(7.4.9),得到

$$y(t) = [y(0_+) - y(\infty)]e^{-t/\tau} + y(\infty) \tag{7.4.11}$$

上式表明,只要求得 $y(0_+)$、$y(\infty)$ 和 $\tau$ 三个量,即响应 $y(t)$ 的三要素,代入上式即可求得响应 $y(t)$。

三要素法简便、易行,便于对一阶直流电路的响应迅速做出估计和计算,应重点掌握。

**例7.4.2** 如图7.4.3(a)所示电路,开关 S 断开前已达稳态,在 $t=0$ 时开关 S 打开,试求 $t \geqslant 0_+$ 时的电容电压 $u_C$ 和电流 $i_C$。已知 $R_1 = R_2 = R_3 = 10 \ \Omega$,$C = 1 \text{ F}$,$I_0 = 3 \text{ A}$。

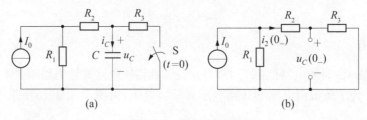

图 7.4.3 例 7.4.2 用图

**解** 利用三要素法求解。作出 $t = 0_-$ 时的电路如图7.4.3(b)所示,求初始值 $u_C(0_+)$。由分流公式,得

$$i_2(0_-) = \frac{R_1}{R_1 + R_2 + R_3}I_0 = 1 \text{ A}$$

因此

$$u_C(0_+) = u_C(0_-) = R_3 i_2(0_-) = 10 \text{ V}$$

当 $t = \infty$ 时，电容支路等效为开路，$u_C$ 的稳态值为

$$u_C(\infty) = R_1 I_0 = 30 \text{ V}$$

时间常数
$$\tau = (R_1 + R_2)C = 20 \text{ s}$$

由三要素法，直接写出

$$u_C(t) = u_C(\infty) + [u_C(0_+) - u_C(\infty)]e^{-t/\tau} = (30 - 20e^{-t/20}) \text{ V}(t \geqslant 0_+)$$

$$i_C(t) = C\frac{du_C(t)}{dt} = e^{-t/20} \text{ V}(t \geqslant 0_+)$$

$i_C$ 也可利用三要素法来求得。请读者自行分析。

## 7.5 阶跃响应和冲激响应

本节研究两种典型激励——阶跃激励和冲激激励作用下的响应问题。

### 7.5.1 阶跃响应

电路在单位阶跃电源激励下的零状态响应称为**单位阶跃响应**（unit step response），记为 $s(t)$。响应可以是电压，也可以是电流。

首先介绍单位阶跃函数，其定义为

$$\varepsilon(t) = \begin{cases} 0, & t \leqslant 0_- \\ 1, & t \geqslant 0_+ \end{cases} \tag{7.5.1}$$

$\varepsilon(t)$ 是奇异函数，$t = 0$ 时无定义，一般可取 0、1 或 1/2。单位阶跃波形如图 7.5.1(a) 所示。

图 7.5.1(b) 表示的是在 $t = t_0$ 处由 0 跃变到 1 的单位阶跃波形，称为延迟单位阶跃波函数，其表达式为

$$\varepsilon(t - t_0) = \begin{cases} 0, & t \leqslant t_{0-} \\ 1, & t \geqslant t_{0+} \end{cases} \tag{7.5.2}$$

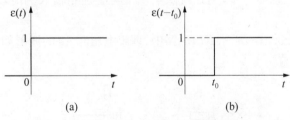

图 7.5.1 单位阶跃波形和延迟单位阶跃波形

单位阶跃函数具有信号起始作用，可以用来规定任意波形的起始点。任何一个函数 $f(t)$ 乘以单位阶跃函数后，其乘积在单位阶跃跳变之前为零，而在单位阶跃跳变之后则为 $f(t)$，即

$$f(t)\varepsilon(t) = \begin{cases} 0, & t \leqslant 0_- \\ f(t), & t \geqslant 0_+ \end{cases} \tag{7.5.3}$$

$$f(t)\varepsilon(t-t_0)=\begin{cases}0, & t\leqslant t_{0-}\\ f(t), & t\geqslant t_{0+}\end{cases} \tag{7.5.4}$$

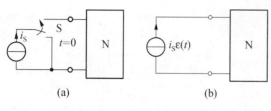

(a)　　　　　　(b)

图 7.5.2　单位阶跃函数的开关功能表示

利用上述性质可以简化电路的表示。图 7.5.2(a)所示电路中的理想电流源在 $t=0$ 时施加于电路,引入阶跃函数后,同一问题可用图 7.5.2(b)来表示。因此,单位阶跃函数也称为开关函数。

单位阶跃函数还可以用来表示其他的波形或函数。例如,对图 7.5.3(a)所示的脉冲波形,可以用单位阶跃函数表示为

$$f(t)=A[\varepsilon(t)-\varepsilon(t-t_0)] \tag{7.5.5}$$

对图 7.5.3(b)所示的只在 $t>0$ 取值的正弦波形,可以用单位阶跃函数表示为

$$f(t)=A_{\mathrm{m}}\sin\omega t\cdot\varepsilon(t) \tag{7.5.6}$$

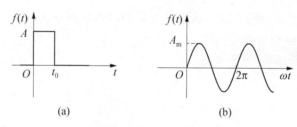

(a)　　　　　　(b)

图 7.5.3　分　段　信　号

单位阶跃响应的求解与直流激励下的零状态响应的求解方法相同,参见第 7.3 节。如果电路的激励是幅度为 $A$ 的阶跃信号,则根据零状态响应齐次性可知 $As(t)$ 即为该电路的阶跃响应。由于非时变电路的参数不随时间变化,因此,若单位阶跃信号作用下的响应为 $s(t)$,则在延迟单位阶跃信号作用下的响应为 $s(t-t_0)$。这一性质称为非时变性。

如果电路的初始状态不为零,则在阶跃响应上再叠加零输入响应,就可以求得电路的全响应。

**例7.5.1**　在图 7.5.4(a)所示 $RL$ 电路中,理想电压源 $u_{\mathrm{S}}$ 的波形如图 7.5.4(b)所示。试求电压 $u_{\mathrm{o}}$ 的零状态响应。

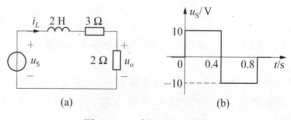

(a)　　　　　　(b)

图 7.5.4　例 7.5.1 用图

**解**　图 7.5.4(b)所示脉冲电压可用阶跃函数表示为

$$u_S = 10\varepsilon(t) - 20\varepsilon(t-0.4) + 10\varepsilon(t-0.8)$$

在单位阶跃 $\varepsilon(t)$ 激励下所产生的电感电流为

$$s(t) = \frac{1}{R}(1 - e^{-(R/L)t})\varepsilon(t) = \frac{1}{5}(1 - e^{-5t/2})\varepsilon(t) \text{ A}$$

根据线性非时变电路零状态响应的齐次性和非时变特性,可求得在理想电压源 $u_S$ 激励下所产生的电感电流为

$$i_L = \left\{ \frac{10}{5}(1 - e^{-5t/2})\varepsilon(t) - \frac{20}{5}[1 - e^{-5(t-0.4)/2}]\varepsilon(t-0.4) + \frac{10}{5}[1 - e^{-5(t-0.8)/2}]\varepsilon(t-0.8) \right\} \text{ A}$$
$$= \{2(1 - e^{-5t/2})\varepsilon(t) - 4[1 - e^{-5(t-0.4)/2}]\varepsilon(t-0.4) + 2[1 - e^{-5(t-0.8)/2}]\varepsilon(t-0.8)\} \text{ A}$$

最后求得零状态响应为

$$u_o = 2i_L = \{4(1 - e^{-5t/2})\varepsilon(t) - 8[1 - e^{-5(t-0.4)/2}]\varepsilon(t-0.4)$$
$$+ 4[1 - e^{-5(t-0.8)/2}]\varepsilon(t-0.8)\} \text{ V}$$

上述响应表达式中的 $\varepsilon(t)$ 表示响应的时间域仅适用于 $t \geqslant 0_+$。

**例 7.5.2**   在图 7.5.5(a)所示电路中,$R = 2\ \Omega$,$L_1 = 1\ \text{H}$,$L_2 = 5\ \text{H}$,$M = 2\ \text{H}$,$u_S = 10\varepsilon(t)\ \text{V}$,试求阶跃响应 $i_0$、$u_0$、$i_1$ 和 $i_2$。

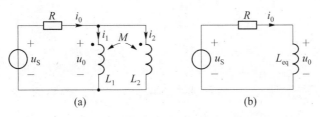

图 7.5.5   例 7.5.2 用图

**解**   根据题意,阶跃理想电压源接入电路时,电路处于零状态,即初始值 $i_0(0_+) = i_0(0_-) = 0$。图 7.5.5(a)电路中的耦合电感元件可以用等效电感 $L_{eq}$ 替代,由式(3.3.25)可得

$$L_{eq} = \frac{L_1 L_2 - M^2}{L_1 + L_2 - 2M} = 0.5 \text{ H}$$

于是,图 7.5.5(a)电路可简化成图 7.5.5(b)所示电路。

由三要素法,$i_0(0_+) = 0$,$i_0(\infty) = (10/2)\ \text{A} = 5\ \text{A}$,$\tau = L_{eq}/R = 0.25\ \text{s}$,因此

$$i_0 = 5(1 - e^{-4t})\varepsilon(t) \text{ A}$$

根据 KVL,可求得

$$u_0 = u_S - Ri_0 = 10e^{-4t}\varepsilon(t) \text{ V}$$

为求 $i_1$ 和 $i_2$,由图 7.5.5(a)所示电路有

$$L_1 \frac{di_1}{dt} + M \frac{di_2}{dt} = M \frac{di_1}{dt} + L_2 \frac{di_2}{dt}$$

即
$$\frac{\mathrm{d}i_1}{\mathrm{d}t} = -3\frac{\mathrm{d}i_2}{\mathrm{d}t}$$

又由 KCL，$i_0 = i_1 + i_2$，则有

$$\frac{\mathrm{d}i_0}{\mathrm{d}t} = \frac{\mathrm{d}i_1}{\mathrm{d}t} + \frac{\mathrm{d}i_2}{\mathrm{d}t}$$

所以
$$20\mathrm{e}^{-4t} = -2\frac{\mathrm{d}i_2}{\mathrm{d}t}$$

由于 $i_2(0) = 0$，有

$$i_2 = \int_0^t -10\mathrm{e}^{-4t}\mathrm{d}t = -2.5(1-\mathrm{e}^{-4t})\varepsilon(t)\ \mathrm{A}$$

$$i_1 = i_0 - i_2 = 7.5(1-\mathrm{e}^{-4t})\varepsilon(t)\ \mathrm{A}$$

### 7.5.2 冲激响应

下面研究电路在另一种典型激励下的响应，即单位冲激激励下的零状态响应。这一响应定义为**单位冲激响应**（unit impulse response），记为 $h(t)$。响应可以是电压，也可以是电流。

首先介绍单位冲激函数 $\delta(t)$，又称狄拉克（Dirac）函数，其定义为

$$\begin{cases} \delta(t) = 0 \ (t \neq 0) \\ \int_{-\infty}^{\infty} \delta(t)\mathrm{d}t = 1 \end{cases} \tag{7.5.7}$$

单位冲激函数的图形如图 7.5.6 所示，箭标旁注的数值 1 表示式(7.5.7)中的积分值，称为冲激函数的强度。式中积分上、下限也可写作 $+\sigma$、$-\sigma(\sigma > 0)$，或 $0_+$、$0_-$。

单位冲激函数可看作图 7.5.6 所示脉冲函数 $p_\Delta(t)$ 在 $\Delta \to 0$ 时的极限，即

$$\lim_{\Delta \to 0} p_\Delta(t) = \delta(t) \tag{7.5.8}$$

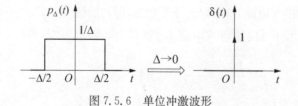
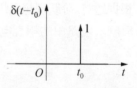

图 7.5.6　单位冲激波形　　　　　图 7.5.7　延迟单位冲激波形

$K\delta(t)$ 表示发生在 $t=0$ 处、强度为 $K$ 的冲激函数。如果用冲激函数表示理想电流源，则 $K\delta(t)$ 的单位为 A，$K$ 的单位为 A·s，即 C(库仑)；如果用冲激函数表示电压源，则 $K\delta(t)$ 的单位为 V，$K$ 的单位为 V·s，即 Web(韦伯)。

同样，$\delta(t-t_0)$ 表示在 $t=t_0$ 处的单位冲激函数，称为延迟单位冲激函数。其图形如图 7.5.7 所示。

冲激函数具有一些重要性质。

(1) 筛分性质。对任一在 $t=0$ 处连续的函数 $f(t)$ 满足

$$\int_{-\infty}^{\infty} f(t)\delta(t)\mathrm{d}t = f(0) \tag{7.5.9}$$

类似地,还可得到

$$\int_{-\infty}^{\infty} f(t)\delta(t-t_0)\mathrm{d}t = f(t_0) \tag{7.5.10}$$

上述两式表明,用一单位冲激函数去乘某一函数并进行积分,其结果等于被乘函数在单位冲激函数所在处的数值。这称为冲激函数的筛分性质(或抽样性质)。

(2) 冲激函数可以用来表示一个任意函数。对任意的函数 $f(t)$,有

$$f(t) = \int_{-\infty}^{t} f(\tau)\delta(t-\tau)\mathrm{d}\tau \tag{7.5.11}$$

即任意函数可表示成由无限多个强度各异并依次连续出现的冲激波形(冲激序列)所组成。上式可由式(7.5.10)推出。将式(7.5.10)中的 $t$ 换为 $\tau$、$t_0$ 换为 $t$,并注意到 $\delta(\tau-t)=\delta(t-\tau)$,得

$$f(t) = \int_{-\infty}^{\infty} f(\tau)\delta(\tau-t)\mathrm{d}\tau = \int_{-\infty}^{t} f(\tau)\delta(t-\tau)\mathrm{d}\tau$$

(3) 冲激函数是阶跃函数的导数,阶跃函数是冲激函数的积分。证明如下:根据冲激函数的定义可得

$$\int_{-\infty}^{t} \delta(\tau)\mathrm{d}\tau = \begin{cases} 0, & t \leqslant 0_- \\ 1, & t \geqslant 0_+ \end{cases} \tag{7.5.12}$$

因此有

$$\int_{-\infty}^{t} \delta(\tau)\mathrm{d}\tau = \varepsilon(t) \tag{7.5.13}$$

上式两边求导,即得

$$\frac{\mathrm{d}}{\mathrm{d}t}\varepsilon(t) = \delta(t) \tag{7.5.14}$$

根据线性非时变电路的微分、积分特性,即如果激励 $w$ 产生响应 $y$,那么激励 $\dfrac{\mathrm{d}w}{\mathrm{d}t}$ 产生的响应为 $\dfrac{\mathrm{d}y}{\mathrm{d}t}$;激励 $\displaystyle\int_0^t w\mathrm{d}t$ 产生的响应为 $\displaystyle\int_0^t y\mathrm{d}t$,考虑到式(7.5.13)和式(7.5.14)所示的关系,可得出下述结论

$$h(t) = \frac{\mathrm{d}s(t)}{\mathrm{d}t} \tag{7.5.15}$$

$$s(t) = \int_{-\infty}^{t} h(\tau)\mathrm{d}\tau \tag{7.5.16}$$

根据冲激响应与阶跃响应之间的相互关系,在已知电路阶跃响应的情况下,可对其求导来获得冲激响应;在已知电路冲激响应的情况下,可对其积分来求得阶跃响应。

**例 7.5.3**　如图 7.5.8(a)所示 $RC$ 并联电路,试求冲激电流源 $\delta(t)$ 作用下电压 $u_C$ 的单位冲激响应。

**解**　电路中 $u_C$ 的阶跃响应为

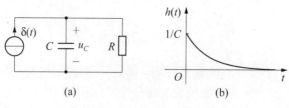

图 7.5.8　例 7.5.3 用图

$$s_{uC}(t) = R[1 - e^{-t/(RC)}]\varepsilon(t)$$

因此电压 $u_C$ 的冲激响应为

$$h_{uC}(t) = \frac{ds_{uC}(t)}{dt} = \frac{d\{R[1-e^{-t/(RC)}]\varepsilon(t)\}}{dt} = R\left[\delta(t) - \delta(t)e^{-t/(RC)} + \frac{1}{RC}e^{-t/(RC)}\varepsilon(t)\right]$$

$$= R\left[\delta(t) - \delta(t) + \frac{1}{RC}e^{-t/(RC)}\varepsilon(t)\right] = \frac{1}{C}e^{-t/(RC)}\varepsilon(t)$$

单位冲激响应的波形如图 7.5.8(b)所示。注意到本例中 $u_C(0_-)=0$，而 $u_C(0_+)=1/C$，亦即电容电压在 $t=0$ 时刻发生了跃变。这是因为此时电容有冲激电流流过，不满足电容电压连续性的条件。

冲激激励只在 $t=0$ 时刻作用于电路，为电路建立了初始状态。当 $t \geqslant 0_+$ 时电路的激励为零，电路中只存在零输入响应，它与由其他任何方式产生的同一初始状态所形成的零输入响应没有区别。这就提供了计算冲激响应的另一种方法：先计算由冲激信号产生的在 $t=0_+$ 时刻的初始状态，然后计算由这一初始状态产生的零输入响应，即为所要求的冲激响应 $h(t)$。

**例 7.5.4**　采用上述方法求解例 7.5.3。

**解**　$t=0$ 时刻单位冲激电流源作用于电路时，电容相当于短路，电容流经的电流为冲激电流 $\delta(t)$。由电容的 VCR，可得

$$u_C(0_+) = u_C(0_-) + \frac{1}{C}\int_{0_-}^{0_+}\delta(\tau)d\tau = \frac{1}{C}$$

当 $t \geqslant 0_+$ 时电路只存在零输入响应，由 7.2 节所述方法不难求得电压 $u_C$ 的冲激响应为

$$h_{uC}(t) = \frac{1}{C}e^{-t/\tau} \ (t \geqslant 0_+)$$

式中，$\tau = RC$。上式也可写为

$$h_{uC}(t) = \frac{1}{C}e^{-t/(RC)}\varepsilon(t)$$

## ※7.6　卷积积分

线性非时变电路对输入为任意激励 $x(t)$ 的零状态响应 $y(t)$，总可借助电路的单位冲激响应 $h(t)$，采用卷积积分的方法求取。

由线性非时变电路的齐次性、可加性和非时变特性可知，如果激励 $\delta(t)$ 对应的零状态响

应即单位冲激响应为 $h(t)$，则 $x(\tau)\delta(t-\tau)$ 对应的零状态响应为 $x(\tau)h(t-\tau)$，从而 $\int_0^t x(\tau)\delta(t-\tau)\mathrm{d}\tau$ 对应的零状态响应为 $\int_0^t x(\tau)h(t-\tau)\mathrm{d}\tau$。由式 (7.5.11) 可知，$\int_0^t x(\tau)\delta(t-\tau)\mathrm{d}\tau$ 等于激励 $x(t)$，因此零状态响应 $y(t)$ 为

$$y(t)=\int_0^t x(\tau)h(t-\tau)\mathrm{d}\tau \tag{7.6.1}$$

式 (7.6.1) 所表示的积分称为**卷积积分**(convolution integral)，简称**卷积**(convolution)。

用卷积公式 (7.6.1) 进行积分时，积分下限是电路处于零状态的时刻（如 $\tau=0$），上限为指定时间 $\tau=t$，即需要计算响应值的时刻。值得指出的是，卷积积分定义的积分限一般为 $(-\infty,+\infty)$，而式 (7.6.1) 中的积分限为 $(0,t)$，这是因为激励 $x(t)$ 在 $t=0$ 后才接入电路，从而当 $\tau<0$ 时 $x(\tau)=0$，故下限可设为 0；又因当 $t<0$ 时，$h(t)=0$，从而当 $\tau>t$ 时，$h(t-\tau)=0$，故上限可设为 $t$。

卷积积分可简写成

$$y(t)=x(t)*h(t) \tag{7.6.2}$$

输入函数 $x(t)$ 和单位冲激响应 $h(t)$ 在卷积积分中的位置次序是可以交换的，或者说，它们在卷积积分中具有对称的性质。设 $\xi=t-\tau$，则 $\tau=t-\xi$，式 (7.6.1) 可表示成

$$y(t)=\int_t^0 x(t-\xi)h(\xi)\mathrm{d}(-\xi)=\int_0^t h(\xi)x(t-\xi)\mathrm{d}(\xi) \tag{7.6.3}$$

再将 $\xi$ 改为 $\tau$，有

$$y(t)=\int_0^t h(\tau)x(t-\tau)\mathrm{d}(\tau)=h(t)*x(t) \tag{7.6.4}$$

利用卷积积分的上述性质可以使卷积运算简化。

卷积积分也是分析线性非时变动态电路的有效工具。当已知某一电路的单位冲激响应时，即可用卷积公式求出该电路对任意输入的零状态响应。

**例 7.6.1**　线性非时变电路的激励 $i_S$ 和冲激响应 $h(t)$ 如图 7.6.1 所示，试求零状态响应 $y(t)$。

**解**　应用卷积方法由式 (7.6.1) 求零状态响应 $y(t)$。卷积图解过程如图 7.6.2 所示。

(1) 当 $t<0$ 时，参见图 7.6.2(a)：$y(t)=i_S(t)*h(t)=0$

(2) 当 $0\leqslant t\leqslant 1$ 时，参见图 7.6.2(b)：$y(t)=\int_0^t 10\tau\mathrm{d}\tau=5t^2$

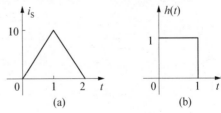

图 7.6.1　例 7.6.1 用图

(3) 当 $1\leqslant t\leqslant 2$ 时，参见图 7.6.2(c)：

$$y(t)=\int_{t-1}^1 10\tau\mathrm{d}\tau+\int_1^t 10(2-\tau)\mathrm{d}\tau=\frac{10\tau^2}{2}\bigg|_{t-1}^1+20(t-1)-\frac{10\tau^2}{2}\bigg|_1^t=-10t^2+30t-15$$

(4) 当 $2\leqslant t\leqslant 3$ 时，参见图 7.6.2(d)：

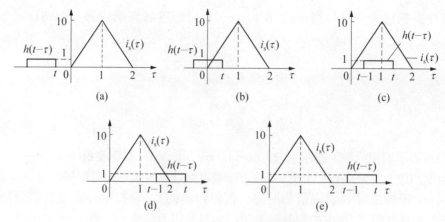

图 7.6.2　例 7.6.1 卷积图解

$$y(t)=\int_{t-1}^{2}10(2-\tau)\mathrm{d}\tau=20(3-\tau)-5\tau^2\Big|_{t-1}^{2}=5t^2-30t+45$$

（5）当 $t\geqslant 3$ 时，参见图 7.6.2(e)：$y(t)=0$

零状态响应 $y(t)$ 为

$$y=\begin{cases}0, & t<0\\5t^2, & 0\leqslant t\leqslant1\\-10t^2+30t-15, & 1\leqslant t\leqslant2\\5t^2-30t+45, & 2\leqslant t\leqslant3\\0, & t\geqslant3\end{cases}$$

## 7.7　正弦电源激励下的过渡过程和稳态

本章前面几节主要讨论直流激励下的过渡过程和稳态。本节研究动态电路在正弦电源激励下的响应过程，亦即正弦响应。正弦响应也包括瞬态和稳态两种工作状态，其中正弦稳态响应是按正弦方式周期性地变化，因此正弦稳态是周期稳态的一种最简单形式。

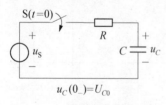

图 7.7.1　一阶 RC 电路在正弦电源激励下的响应

图 7.7.1 所示电路为正弦电源激励下的 RC 电路，$u_C(0_-)=U_{C0}$。开关 S 在 $t=0$ 时闭合，正弦电压源 $u_S$ 接入电路，此时 $u_C(0_+)=u_C(0_-)=U_{C0}$。设换路瞬间正弦电压源电压为

$$u_S=U_{Sm}\cos(\omega t+\varphi) \tag{7.7.1}$$

式中，$U_{Sm}$ 称为电压的振幅或最大值，它是一个常量；$\omega$ 称为角频率（单位是 rad/s），它与正弦频率 $f$ 或周期 $T$ 的关系为 $\omega=2\pi f=2\pi/T$；$\varphi$ 称为初相位角，简称初相（接入相位角）。在以后的讨论中，也常把 $\omega$ 称为频率。

电路换路后以电容电压 $u_C$ 为正弦响应的电路方程为

$$RC\frac{\mathrm{d}u_C}{\mathrm{d}t}+u_C=U_{Sm}\cos(\omega t+\varphi) \tag{7.7.2}$$

式(7.7.2)也是一阶常系数线性非齐次微分方程,其解由对应的齐次方程通解 $u_{Ch}$ 与特解 $u_{Cp}$ 组成。显然,通解 $u_{Ch}$ 已如式(7.2.5)所示,即

$$u_{Ch} = K e^{-t/(RC)} \tag{7.7.3}$$

特解 $u_{Cp}$ 是一个与激励具有相同频率的正弦时间函数,即

$$u_{Cp} = U_{Cm}\cos(\omega t + \psi) \tag{7.7.4}$$

式中,$U_{Cm}$ 和 $\psi$ 都是待定的常数。为了确定它们的值,可将式(7.7.4)代入电路方程(7.7.2)得

$$-RCU_{Cm}\omega\sin(\omega t + \psi) + U_{Cm}\cos(\omega t + \psi) = U_{Sm}\cos(\omega t + \varphi) \tag{7.7.5}$$

将上式等号左边的三角函数展开、合并,得

$$\sqrt{R^2 C^2 U_{Cm}^2 \omega^2 + U_{Cm}^2}\cos[\omega t + \psi + \arctan(\omega CR)] = U_{Sm}\cos(\omega t + \varphi) \tag{7.7.6}$$

由待定系数法,即得出

$$\begin{cases} \sqrt{R^2 C^2 U_{Cm}^2 \omega^2 + U_{Cm}^2} = U_{Sm} \\ \psi + \arctan(\omega CR) = \varphi \end{cases} \tag{7.7.7}$$

解得 $U_{Cm}$ 和 $\psi$ 分别为

$$\begin{cases} U_{Cm} = \dfrac{U_{Sm}}{\sqrt{1 + R^2 \omega^2 C^2}} \\ \psi = \varphi - \arctan(\omega CR) \end{cases} \tag{7.7.8}$$

因此,方程(7.7.2)的解是

$$u_C = K e^{-t/(RC)} + U_{Cm}\cos(\omega t + \psi) \tag{7.7.9}$$

将初始值代入上式用以确定待定系数 $K$。即

$$u_C(0_+) = U_{C0} = K + U_{Cm}\cos\psi = 0 \tag{7.7.10}$$

求得 $K$ 为

$$K = U_{C0} - U_{Cm}\cos\psi \tag{7.7.11}$$

最后得到正弦响应为

$$u_C = \underbrace{[U_{C0} - U_{Cm}\cos\psi]e^{-t/(RC)}}_{\substack{\text{齐次解}(u_{Ch}) \\ \text{自由响应} \\ \text{瞬态响应}}} + \underbrace{U_{Cm}\cos(\omega t + \psi)}_{\substack{\text{特解}(u_{Cp}) \\ \text{强制响应} \\ \text{稳态响应}}} \quad (t \geqslant 0_+) \tag{7.7.12}$$

式(7.7.12)表明,瞬态响应随时间 $t$ 的增长逐步趋于零,一般可认为经历 $4\tau \sim 5\tau$ 的时间,电路的瞬态过程结束,电路进入正弦稳态。通常将工作在正弦稳态下的电路称为正弦稳态电路,这时电路的响应只剩下强制响应,强制响应是与外施激励同频率的正弦函数,故又称为正

弦稳态响应。

如果电容电压的初始值满足 $U_{C0} = U_{Cm}\cos\psi$，则瞬态响应为零，电路无瞬态过程，换路后电路直接进入正弦稳态。在零状态条件下，$U_{C0} = 0$，如果此时有 $\psi = \pm\pi/2$，电路亦无瞬态过程，换路后电路直接进入正弦稳态。由式(7.7.8)可知，如 $\psi = \pm\pi/2$，则 $\varphi = \pm\pi/2 + \arctan(\omega CR)$，也就是说，电路在换路的时刻，正弦激励的初相 $\varphi$ 刚好等于这一数值，电路将立即进入稳态。

电路在过渡状态下还可能出现过电压现象，亦即电压瞬时值超过稳态电压最大值的情况。以电路的零状态为例，假设换路时 $\psi = 0$，则有

$$u_C = -U_{Cm}e^{-t/(RC)} + U_{Cm}\cos\omega t \tag{7.7.13}$$

如果电路的时间常数 $\tau = RC$ 远大于输入信号的周期，则从换路起，经过半个周期左右的时间，电容电压的瞬态分量的衰减极为有限，瞬态分量与稳态分量的叠加结果为

$$u_C(\pi) \approx -U_{Cm} + U_{Cm}\cos\pi = -2U_{Cm} \tag{7.7.14}$$

这说明换路后电容电压的最大瞬时绝对值接近于稳态电压振幅的 2 倍，如图 7.7.2 所示。

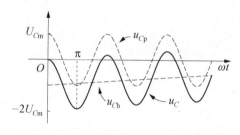

图 7.7.2 $\psi = 0$ 时电源接入 $RC$ 并联电路的零状态响应

对于 $RL$ 电路在正弦激励下的响应，可采用类似的方法推导而得。请读者自行完成。

最后讨论求解一阶电路在正弦激励下响应的三要素法。观察式(7.7.12)可知，该响应亦取决于三个要素：初始值、时间常数和正弦稳态响应。因此可将式(7.7.12)写成如下通式，即

$$y(t) = \left[y(0_+) - y_{稳态}(0_+)\right]e^{-t/\tau} + y_{稳态}(t) \tag{7.7.15}$$

式中，$y(t)$ 表示电路在正弦激励下的响应，$y_{稳态}(t)$ 表示电路的正弦稳态响应，$\tau$ 为时间常数。式(7.7.15)称为正弦激励下全响应的三要素法，它对求解电路非状态变量的响应也是成立的。

# 习题 7

### 动态电路的方程及其初始条件

**7.1** 如题图 7.1 所示电路，开关 S 在 $t = 0$ 时动作，试求 $u(0_+)$ 和 $i(0_+)$。

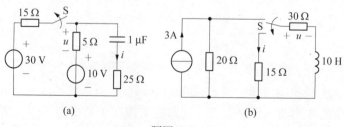

(a)  (b)

题图 7.1

**7.2** 如题图 7.2 所示电路，开关 S 在 $t = 0$ 时动作，试求 $u(0_+)$ 和 $i(0_+)$。

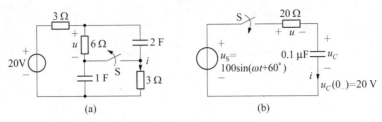

题图 7.2

**7.3** 如题图 7.3 所示电路在开关 S 闭合前已达稳态。$t = 0$ 时 S 闭合，试求初始值 $u_{ab}(0_+)$。

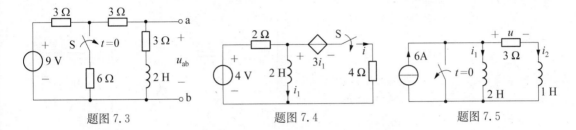

题图 7.3　　　　　　题图 7.4　　　　　　题图 7.5

**7.4** 如题图 7.4 所示电路原已处于稳态。在 $t = 0$ 时，开关 S 闭合，试求 $i(0_+)$。

**7.5** 电路如题图 7.5 所示，$t = 0$ 时开关断开，已知 $i_1(0_-) = i_2(0_-) = 0$，试求 $i_1(0_+)$、$i_2(0_+)$ 和 $u(0_+)$。

**零输入响应**

**7.6** 如题图 7.6 所示 $RC$ 电路，$u_C(0_-) = 10\,\text{V}$。计算当 $t \geqslant 0_+$ 时的 $u_C$ 和 $i_C$。

**7.7** 如题图 7.7 所示，高压设备检修时，一个 $40\,\mu\text{F}$ 的电容器从高压电网上切除，切除瞬间电容两端的电压为 $4.5\,\text{kV}$。切除后，电容经本身的漏电电阻 $R_S$ 放电。现测得 $R_S = 175\,\text{M}\Omega$，试求电容电压下降到 $1\,\text{kV}$ 所需要的时间。

**7.8** 如题图 7.8 所示电路，开关 S 在 $t = 0$ 时打开，开关打开前电路在直流电压源 $U_S$ 作用下已稳定。已知 $U_S = 220\,\text{V}$，$L = 0.1\,\text{H}$，$R_1 = 50\,\text{k}\Omega$，$R_2 = 5\,\Omega$，试求开关打开瞬间其两端的电压 $u_K(0_+)$ 以及 $R_1$ 上的电压 $u_{R1}$。

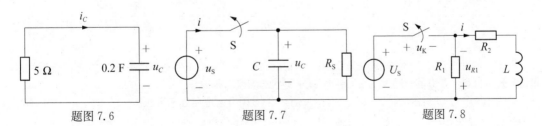

题图 7.6　　　　　　题图 7.7　　　　　　题图 7.8

**7.9** 如题图 7.9 所示电路，已知开关 S 在位置 1 已久，$t = 0$ 时合向位置 2，$R_1 = 6\,\Omega$，$R_2 = 1\,\Omega$，$R_3 = 4\,\Omega$，$L = 1\,\text{H}$，$u_S = 10\,\text{V}$。试求换路后的 $i$ 和 $u_L$。

**7.10** 如题图 7.10 所示电路，$R_1 = 90\,\Omega$，$R_2 = 70\,\Omega$，$C = 1\,\text{F}$。设 $u_C(0_+)$ 已知，试计算 $t \geqslant 0_+$ 时的 $u_C$ 和 $i_x$。

**7.11** 如题图 7.11 所示电路，已知电路在 $t = 0$ 时换路，

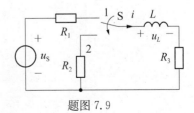

题图 7.9

$u_C(0.012) = 100\mathrm{e}^{-1}$ V，$u_C(0.024) = 100\mathrm{e}^{-2}$ V，试计算 $R$ 的值和原始值 $u_C(0_-)$。

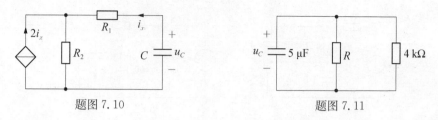

题图 7.10　　　　　　　　　题图 7.11

**7.12**　含理想运算放大器的电路如题图 7.12(a)所示，已知 $u_C(0_-) = 0$，$u_1$ 的波形如题图 7.12(b)所示，试求输出电压 $u_2$。

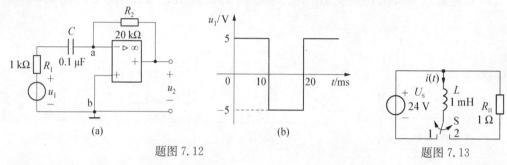

题图 7.12　　　　　　　　　题图 7.13

**7.13　采用开关电感的电加热器电路**　如题图 7.13 所示为一种采用开关电感的电加热器电路，开关 S 周期性地在位置 1 和 2 切换，从而将能量传输到电热元件 $R_H$。为使加热器具有温度调节功能，$R_H$ 吸收的平均功率范围为 100～400 W。假定开关 S 周期性接通位置 2 的时间为 $t_2 = 6$ ms，试确定开关 S 周期性接通位置 1 的时间。

**零状态响应**

**7.14**　在题图 7.14 所示电路中，假设开关 S 打开之前电容元件没有充电，直流电流源 $i_S = I$。开关 S 在 $t = 0$ 时打开，S 打开前电路处于稳态，求电路的零状态响应 $u_C$。

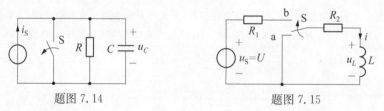

题图 7.14　　　　　　　　　题图 7.15

**7.15**　在题图 7.15 的电路中，开关 S 一直闭合在位置 a 上。一旦电路达到稳态，开关立即闭合到位置 b，假设开关闭合到位置 b 的时间发生在 $t = 0$，试求零状态响应 $i$ 和 $u_L$。

**7.16**　题图 7.16 所示电路，开关 S 在 $t = 0$ 时闭合，S 闭合前电路处于零状态。已知 $u_S = 12$ V，$R_1 = 20\,\text{k}\Omega$，$R_2 = 4\,\text{k}\Omega$，$R_3 = 16\,\text{k}\Omega$，$L = 80\,\text{mH}$。试求 S 闭合后的 $i_L$ 和 $u_L$。

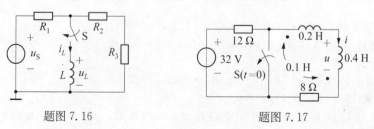

题图 7.16　　　　　　　　　题图 7.17

**7.17** 如题图 7.17 所示电路，$t < 0$ 时处于稳态，$t = 0$ 时开关断开。试求 $t \geqslant 0_+$ 时的电压 $u$。

**7.18** 如题图 7.18 所示电路，试用 $u_i$ 表示 $t > 0$ 时刻的 $u_o$。

**7.19 理想微分电路** 如题图 7.19(a) 所示电路，称为微分电路。已知输入电压 $u_i$ 的波形如题图 7.19(b) 所示，为正弦波形，试求输出电压 $u_o$ 的波形。

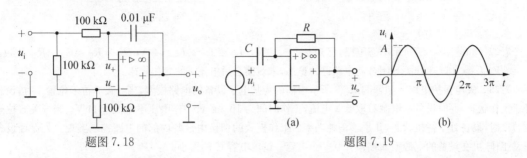

题图 7.18          题图 7.19

**7.20 RC 微分电路和 RL 微分电路** 如题图 7.20 所示电路，试问电路参数满足什么条件时输出电压 $u_o$ 对输入电压 $u_i$ 产生微分运算功能？

**7.21 RC 积分电路和 RL 积分电路** 如题图 7.21 所示电路，试问电路参数满足什么条件时输出电压 $u_o$ 对输入电压 $u_i$ 产生积分运算功能？

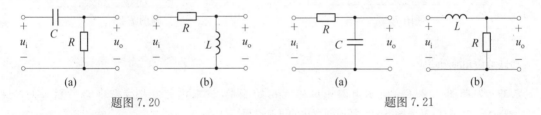

题图 7.20                          题图 7.21

**7.22 RC 延时电路** 如题图 7.22 所示为 RC 延时电路，开关 S 闭合后氖灯将周期性闪烁。其中氖灯的点亮电压为 70 V，氖灯点亮前可看作开路，点亮后可看作短路（导通电阻很小），通过改变 R 的值，可以改变氖灯的闪烁周期。试求 $R = 1.5\ \text{M}\Omega$ 和 $R = 0$ 时氖灯的闪烁周期。

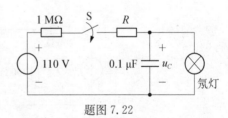

题图 7.22

**全响应**

**7.23** 如题图 7.23 所示电路，在 $t = 0$ 时开关 S 闭合，闭合前电路已达到稳态，试求 $u_C$ 和 $i$。

**7.24** 如题图 7.24 所示电路中的开关动作前电路处于稳态，试求 $i_C$ 和 $u_C$。

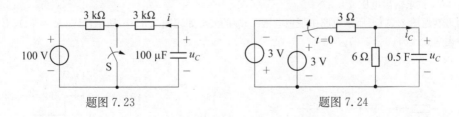

题图 7.23                          题图 7.24

**7.25** 题图 7.25 所示电路已达稳态，在 $t = 0$ 时将开关 S 闭合。试求 $t \geqslant 0_+$ 时的 $u_C$ 和 $i_1$。

**7.26** 题图 7.26 所示电路中开关 S 在 $t = 0$ 时闭合，闭合前电路已处于稳态。已知 $R_1 = R_2 = R_3 = 4\ \Omega$，$L = 0.5\ \text{H}$，$U_S = 32\ \text{V}$，试求开关闭合后的电压 $u$。

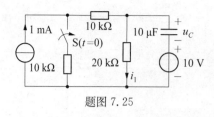

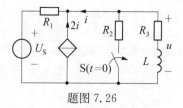

题图 7.25 　　　　　　　　　 题图 7.26

**7.27**　如题图 7.27 所示动态电路,已知 $u_{S1} = 10\,\text{V}$, $u_{S2} = 6\,\text{V}$, $I_S = 4\,\text{A}$, $R_1 = R_2 = 2\,\Omega$, $R_3 = 6\,\Omega$, $C = 5\,\text{F}$, $L = 6\,\text{H}$。开关 S 闭合前电路已达稳态,求 S 闭合后电流 $i$ 的变化规律。

**7.28**　**失电保护电路**　如题图 7.28 所示虚框内为某电子设备的电路模型,当开关 S 位于位置 1 时,设备处于工作状态,此时设备从电源吸取 2 A 电流,工作时间为 10 ms,且工作电压不得低于 11 V。当开关 S 位于位置 2 时,设备处于待机状态,几乎不消耗功率。工作模式的切换由设备内部的电路控制实现。为保证设备正常工作,可在设备的电源输入端口并联一个电容。试求电容 $C$ 的大小。

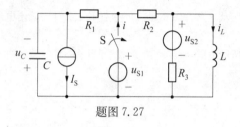

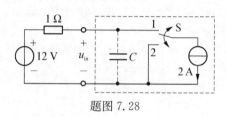

题图 7.27 　　　　　　　　　 题图 7.28

### 阶跃响应和冲激响应

**7.29**　如题图 7.29(a) 所示电路中电感无初始能量,试求电路在图 7.29(b) 所示 $u_S(t) = [\varepsilon(t) - \varepsilon(t - 0.003)]\,\text{V}$ 激励下 $i(t)$ 随时间变化的过渡过程。

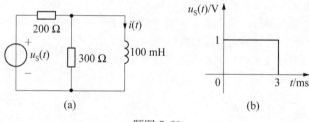

题图 7.29

**7.30**　在题图 7.30 所示电路中,已知 $R_1 = 6\,\Omega$, $R_2 = 3\,\Omega$, $R_3 = 15\,\Omega$, $C = 2\,\mu\text{F}$, $U_S = 3\varepsilon(t)\,\text{V}$, $u_C(0) = 4\,\text{V}$,试求输出电压 $u_o$。

**7.31**　在题图 7.31(a) 所示电路中理想电压源 $u_S$ 的波形如题图 7.31(b) 所示,已知 $R = 1\,\Omega$, $L = 1\,\text{H}$,试求 $i$ 的表达式,设 $i(0_-) = 0$。

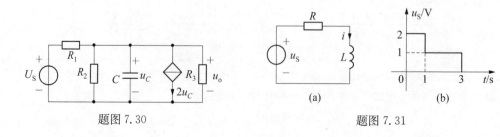

题图 7.30 　　　　　　　　　 题图 7.31

**7.32**　在题图 7.32 所示电路中含有理想运算放大器,试求零状态响应 $u_C$,已知 $R_1 = 1\,\text{k}\Omega$, $R_2 = 2\,\text{k}\Omega$, $R_3 = 3\,\text{k}\Omega$, $C = 1\,\text{F}$, $u_S = 5\varepsilon(t)\,\text{V}$。

**7.33**　如题图 7.33 所示电路,已知 $R = 1\,\Omega$, $C = 1\,\text{F}$,试求电压 $u$ 的阶跃响应和冲激响应。

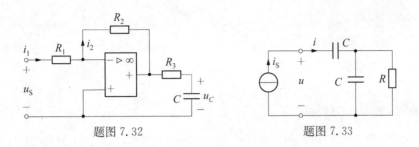

题图 7.32　　　　　　　题图 7.33

**7.34**　在题图 7.34 所示电路中的电容原始值为零, $R_1 = 8\,\text{k}\Omega$, $R_2 = 20\,\text{k}\Omega$, $R_3 = 12\,\text{k}\Omega$, $C = 5\,\mu\text{F}$,试求(1) $i_S = 25\varepsilon(t)\,\text{mA}$;(2) $i_S = 25\delta(t)\,\text{mA}$ 两种情况下的 $u_C$ 和 $i_C$。

**7.35**　如题图 7.35 所示一阶动态电路,N 为线性无源电阻网络。当 $t = 0$ 时开关闭合,若 $u_S(t) = 10\,\text{V}$,求得电容电压 $u_C(t) = 12 - 4\text{e}^{-0.1t}\,\text{V}$。(1) 若 $u_S(t) = 20\,\text{V}$,电容电压的初始值不变,试求电容电压 $u_C(t)$ 的零输入响应,零状态响应和全响应;(2) 若输入电压 $u_S(t) = \delta(t)\,\text{V}$,试求单位冲激响应 $u_C(t)$。

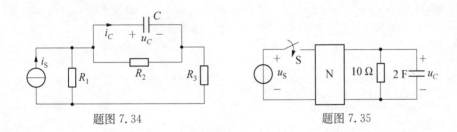

题图 7.34　　　　　　　题图 7.35

**卷积积分**

**7.36**　如题图 7.36(a)所示电路,已知 $R = 5\,\Omega$, $L = 1\,\text{H}$,电流源 $i_S$ 波形如题图 7.36(b) 所示,试用卷积求零状态响应 $i_L$。

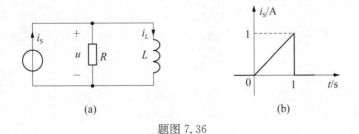

(a)　　　　　　　　(b)

题图 7.36

**7.37**　已知 RC 串联电路的激励为 $u(t) = \sin t$, $t \in (0, \pi/2)$,试求电容电压 $u_C$。已知该电路的时间常数为 $1\,\text{s}$,电路为零状态。

**7.38**　线性非时变电路的激励 $i_S$ 和冲激响应 $h(t)$ 如题图 7.38 所示,试求零状态响应 $y$。

**7.39**　在题图 7.39(a)电路中, $R = 1\,\Omega$, $L = 1\,\text{H}$,理想电压源 $u_S$ 波形如题图 7.39(b)所示,试用卷积求零状态响应 $i_L$。

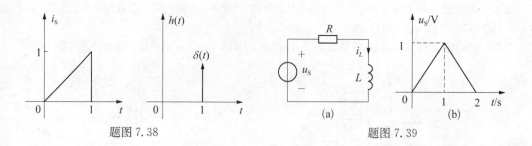

题图 7.38　　　　　　　　　　　　　　　　题图 7.39

### 正弦电源激励下的过渡过程和稳态

**7.40**　已知 $RL$ 串联电路的激励为 $u_S(t) = 10\cos t \cdot \varepsilon(t)$ V，试求 $t \geqslant 0_+$ 时回路电流 $i(t)$。已知该电路的时间常数为 1 s，电路为零状态。

**7.41**　已知 $RC$ 串联电路 $R = 2$ kΩ，$C = 1$ μF，外施激励为 $u_S(t) = 30\cos(2\pi \times 10^3 t) \cdot \varepsilon(t)$ V，$u_C(0_+) = 1$ V。试求 $t \geqslant 0_+$ 时回路电流 $i(t)$。

### 综合

**7.42**　在题图 7.42 所示电路中，$N_R$ 为一线性非时变电阻电路，直流电压源 $u_S$ 加在其端子 aa′ 上，一个 2 F 的电容(初始电压为零)接在其端子 bb′ 上。测得其输出电压为 $u_{OC} = (0.5 + 0.125\mathrm{e}^{-t/4})\varepsilon(t)$ V。如果把电容换成一个 2 H 的电感接到 bb′，且电感的初始电流为零，试求输出电压 $u_{OC}$。

**7.43**　如题图 7.43 所示电路，当电路为零初始状态，$u_S = 4\varepsilon(t)$ V 时，$i_L = (2 - 2\mathrm{e}^{-t})\varepsilon(t)$ A。试求当 $u_S = 2\varepsilon(t)$ V，且 $i_L(0_-) = 2$ A 时的 $i_L$。

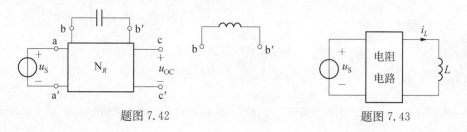

题图 7.42　　　　　　　　　　　　　　　题图 7.43

**7.44**　如题图 7.44 所示电路，电容的初始储能不为零。若 $u_S = (1 + 2\cos t)\varepsilon(t)$ V 时，$u_C = [1 - \mathrm{e}^{-t} + \sqrt{2}\cos(t - \pi/4)]\varepsilon(t)$ V。若 $u_S = (\cos t)\varepsilon(t)$ V，且电容初始储能不变，试求 $t \geqslant 0$ 时的 $u_C$。

**7.45**　如题图 7.45(a) 所示电路，输入电压波形如题图 7.45(b) 所示，试证明稳态电容电压的最大值和最小值分别为 $U_{C\max} = \dfrac{U_S}{(1 + \mathrm{e}^{-T/\tau})}$ 和 $U_{C\min} = \dfrac{U_S\mathrm{e}^{-T/\tau}}{(1 + \mathrm{e}^{-T/\tau})}$，其中 $\tau = RC$。

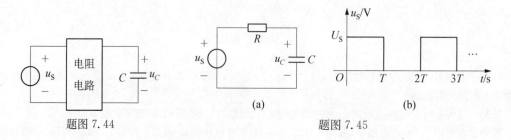

题图 7.44　　　　　　　　　　　　　　　题图 7.45

**7.46**　如题图 7.46 所示含耦合电感电路，互感 $M = 30$ H，$t = 0$ 时 S 闭合，试求 $t \geqslant 0_+$ 时的初级电流 $i_1$

和次级电流 $i_2$。

**7.47** 如题图 7.47 所示电路,设电容 $C$ 未经充电,在 $t=0$ 时开关 S 闭合与理想电压源 $U$ 连接,则电容电压应为 $U_C = U\varepsilon(t)$,流经电容的电流应为

$$i = C\frac{\mathrm{d}U_C}{\mathrm{d}t} = CU\delta(t)$$

显然,电容的最终储能为 $CU^2/2$,此能量应由电源供给。但是电源提供的能量为

$$\int_{-\infty}^{\infty} Ui\,\mathrm{d}t = U^2\int_{-\infty}^{\infty} C\delta(t)\mathrm{d}t = CU^2$$

试解释另一半能量的去向。

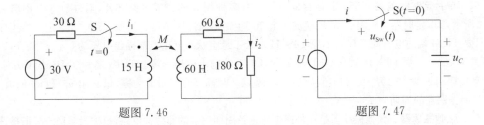

题图 7.46　　　　　　　　　　题图 7.47

**7.48** 试解释题图 7.48 所示电路在 $t>0$ 时能量变化关系。已知 $u_{C1}(0_+) = 3\,\mathrm{V}$,$u_{C2}(0_+) = 0\,\mathrm{V}$,$C_1 = 1\,\mathrm{F}$,$C_2 = 2\,\mathrm{F}$。

**7.49** **"蛙式蹬腿"实验电路** 如题图 7.49 所示电路用于研究"蛙式蹬腿"的实验,其中青蛙可等效为一个电阻。实验时,先合上开关 S,等待电路达到稳态,然后打开开关 S,观察青蛙的蹬腿动作。当流经青蛙的电流超过 10 mA 时,青蛙会快速地蹬腿,现观察到当开关 S 打开后青蛙快速蹬腿的时间为 5 s,试求青蛙的等效电阻。

**7.50** **微处理器复位电路** 计算机系统的核心器件——微处理器芯片在进入工作状态之前必须复位。所谓复位,是指芯片中的电路进入规定的初始工作状态。如题图 7.50 所示电路为某微处理器芯片的上电(指系统开机后加载工作电源)复位电路,芯片的供电电压为 $U_{DD} = 3.3\,\mathrm{V}$。该芯片的使用手册复位要求指出:当芯片复位引脚 $\overline{\mathrm{RST}}$ 的电压低于 3.0 V 时进入复位状态,上电时,要求 $\overline{\mathrm{RST}}$ 从 0 V 到 3 V 升速时间不能大于 10 ms,从 2 V 到 3 V 的升速时间不能大于 6 ms,最小复位时间为 2 μs。现取 $R = 10\,\mathrm{k\Omega}$,$C = 10\,\mathrm{nF}$,试问该电路是否能够可靠地上电复位?

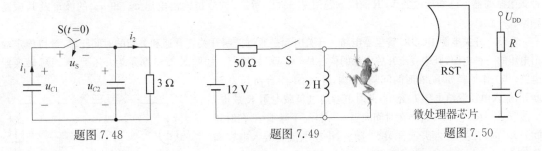

题图 7.48　　　　　　题图 7.49　　　　　　题图 7.50

**7.51** **心脏起搏器电路** 如题图 7.51(a) 所示为心脏起搏电路,图中 SCR 称为可控硅整流器,其工作特性如下:当 SCR 两端电压逐渐增加但不超过 5 V 时,SCR 等效于开路;当 SCR 两端电压达到 5 V 时,SCR 等效为一个电流源,如题图 7.51(b) 所示,此时,只要 SCR 两端电压保持在 0.2 V 以上,SCR 始终可等效为一个电流源,一旦 SCR 两端电压下降到 0.2 V 以下,则 SCR 又等效于开路。试求电容两端电压 $u_o(t)$ 的振荡周期。

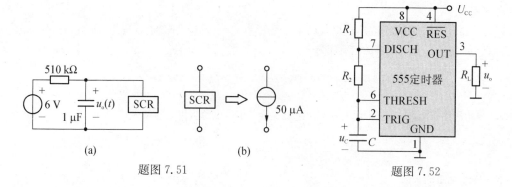

题图 7.51

题图 7.52

**7.52 单片定时器电路** 555 定时器是一款具有多种用途的集成电路芯片,对外有 8 个引脚。如题图 7.52 所示,555 定时器与电阻、电容连接成一个能产生矩形波的振荡器。在该电路中 555 定时器工作原理如下:只要 TRIG 端的电压低于 $U_{CC}/3$,则 DISCH 端处于悬空状态,OUT 端输出电压为 $U_{CC}$;只要 THRESH 端电压高于 $2U_{CC}/3$,则 DISCH 端与 GND 端连通,OUT 端输出电压为零。TRIG 端和 THRESH 端对 GND 端的等效电阻可近似为无穷大。(1)假设加上电源 $U_{CC}$ 时,$u_C$ 的初始值为零,试画出 $u_C$ 和 $u_o$ 的波形图。(2)试证明振荡器的周期为 $T = (R_1 + 2R_2)C\ln 2$。

**7.53 张弛振荡器** 张弛振荡器是一种产生非正弦周期信号的非线性电路,也称为非稳态多谐振荡器或自振荡多谐振荡器。如题图 7.53(a)所示为一种张弛振荡器电路,运放的 VCR 曲线如题图 7.53(b)所示,试分析该电路的输出波形及其振荡频率。

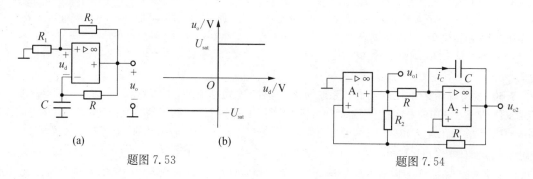

题图 7.53

题图 7.54

**7.54 方波、三角波产生电路** 如题图 7.54 所示为一种能够产生方波、三角波的振荡电路,它也是一种张弛振荡器。已知运放的 VCR 曲线如题图 7.53(b)所示,试分析输出电压 $u_{o1}$ 和 $u_{o2}$ 的波形及其振荡频率。

**7.55 开关电源 DC/DC 转换器电路** 开关电源是通过控制开关管开通和关断的时间比率,维持稳定输出电压的一种电源,其中直流开关电源的核心是 DC/DC 转换器。如题图 7.55 所示为升压型 DC/DC 转换器电路,其工作原理如下:在时间间隔 $t_{on}$ 内,开关 S1 闭合而开关 S2 断开,输入电压源给电感 $L$ 充电,此时电容通过负载电阻 $R$ 放电,一般取 $\tau = RC \gg t_{on}$,这样在时间间隔 $t_{on}$ 内 $U_o$ 下降很小;在时间间隔 $t_{off}$ 内,开关 S1 断开而开关 S2 闭合,电感电流将流入电容和负载,亦即对电容充电。通过周期性地重复上述过程,维持输出电压 $U_o$ 不变。试求输出电压 $U_o$ 的大小。已知 $D = t_{on}/(t_{on} + t_{off})$。

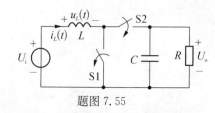

题图 7.55

**7.56 示波器探头补偿电路** 如题图 7.56(a)所示为示波器探头补偿电路示意图,被测信号 $u_S$ 经示波器探头电路和输入端电路,在示波器上观测到的信号为 $u_i$。将被测信号接入示波器时,示波器就成为被测信号的一个负载,从而使得示波器观测到的波形和被测信号的实际波形有稍许差异。特别地,当被测信号频率很高时,示波器探头电缆电容就不容忽略,探头的容性负载效应非常明显,有可能导致观测波形和实际表现完全不同。为此可在示波器探头中增加一个 $RC$ 并联电路,以减小探头的容性负载效应。已知 $u_S$ 的波形如图 7.56(b)所示,其中 $T$ 远大于电路的时间常数,试求响应 $u_i$。

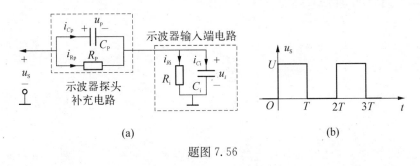

(a)                                    (b)

题图 7.56

**7.57  继电器电路**  磁力控制的开关称为继电器,如图 7.57(a)所示为电磁继电器的结构和工作原理图。只要在线圈两端加上一定的电压,线圈中就会流过一定的电流,从而产生电磁效应,衔铁就会在电磁力吸引的作用下克服复位弹簧的弹力吸向铁心,从而带动动触点与静触点(常开触点)吸合。当线圈断电后,电磁的吸力也随之消失,衔铁就会在弹簧的弹力作用下返回原来的位置,使动触点与原来的静触点(常闭触点)吸合。这样吸合、释放,从而达到电路导通、切断的目的。继电器一般与三极管和电压源组合使用,如图 7.57(b)所示。在三极管的基极 b 加上控制电压可以控制三极管集电极 c 和发射极 e 之间的通断。当控制电压 $u_b$ 小于死区电压(对 NPN 型硅三极管约为 0.5 V)时,三极管处于截止区,ce 之间可以近似为开路,当控制电压 $u_b$ 足够大,使得通过基极的电流大于基极临界饱和电流时,三极管处于饱和区,ce 之间近似短路。其等效电路如图 7.57(c)所示。假设继电器可等效为一个 1 H 的电感与一个 500 Ω 电阻的串联,其吸合电流(能够产生吸合动作的最小电流)为 16 mA,三极管饱和时 ce 间的电阻为 100 Ω,三极管截止时 ce 间的电阻为 100 kΩ,试分析继电器的工作原理。

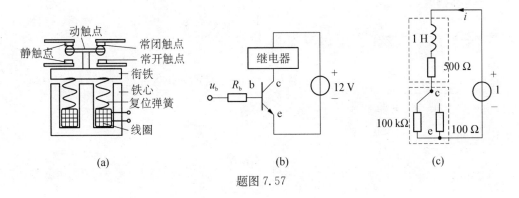

(a)                        (b)                        (c)

题图 7.57

# 8 二阶电路的时域分析

用二阶微分方程描述的电路称为二阶电路。二阶电路一般含有两个独立储能元件。*RLC* 串联电路和 *RLC* 并联电路是最简单的二阶电路。本章主要以 *RLC* 电路为例说明二阶电路的时域分析方法。

学习本章应注意理解电路方程特征根的重要意义、电路微分方程解答的物理含义以及状态变量分析的概念等内容。

## 8.1  *RLC* 电路的零输入响应

用二阶微分方程描述的电路称为二阶电路。二阶电路一般含有两个独立储能元件。*RLC* 串联电路和 *RLC* 并联电路是最简单的二阶电路。下面以 *RLC* 串联电路为例讨论二阶电路的零输入响应。

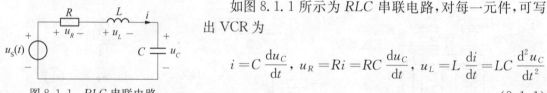

图 8.1.1  *RLC* 串联电路

如图 8.1.1 所示为 *RLC* 串联电路,对每一元件,可写出 VCR 为

$$i = C\frac{\mathrm{d}u_C}{\mathrm{d}t},\ u_R = Ri = RC\frac{\mathrm{d}u_C}{\mathrm{d}t},\ u_L = L\frac{\mathrm{d}i}{\mathrm{d}t} = LC\frac{\mathrm{d}^2 u_C}{\mathrm{d}t^2} \tag{8.1.1}$$

根据 KVL 可得

$$LC\frac{\mathrm{d}^2 u_C}{\mathrm{d}t^2} + RC\frac{\mathrm{d}u_C}{\mathrm{d}t} + u_C = u_S(t) \tag{8.1.2}$$

式(8.1.2)是一个线性二阶常系数微分方程,未知量为 $u_C(t)$。为求出解答,必须给定两个初始条件,即 $u_C(0_+)$ 和 $\left.\dfrac{\mathrm{d}u_C}{\mathrm{d}t}\right|_{0_+}$。$u_C(0_+)$ 为电容的初始状态,$\left.\dfrac{\mathrm{d}u_C}{\mathrm{d}t}\right|_{0_+}$ 可由式(8.1.1)中的第一式求出,即

$$\left.\frac{\mathrm{d}u_C}{\mathrm{d}t}\right|_{0_+} = \left.\frac{i(t)}{C}\right|_{0_+} = \frac{i(0_+)}{C} \tag{8.1.3}$$

知道了 $i(0_+)$ 就能确定第二个初始条件,而 $i(0_+)$ 就是 $i_L(0_+)$,即电感的初始状态。这说明:由电路的初始状态 $u_C(0_+)$、$i_L(0_+)$ 以及 $t \geqslant 0_+$ 时电路的激励,就完全可以确定 $t \geqslant 0_+$ 时的响应 $u_C(t)$。

本节仅研究图 8.1.1 电路的零输入响应，也就是 $u_S(t) = 0$ 时电路的响应。为此，令式(8.1.2)中 $u_S(t) = 0$，整理得到齐次方程

$$\frac{\mathrm{d}^2 u_C}{\mathrm{d}t^2} + \frac{R}{L}\frac{\mathrm{d}u_C}{\mathrm{d}t} + \frac{1}{LC}u_C = 0 \tag{8.1.4}$$

求解上述方程，就可得到响应 $u_C(t)$。由常系数线性微分方程的解可知，上述齐次方程解的形式由特征方程根的性质决定。式(8.1.4)的特征方程为

$$s^2 + \frac{R}{L}s + \frac{1}{LC} = 0 \tag{8.1.5}$$

其特征根为

$$s_{1,2} = -\frac{R}{2L} \pm \sqrt{\left(\frac{R}{2L}\right)^2 - \frac{1}{LC}} = -\alpha \pm \sqrt{\alpha^2 - \omega_0^2} \tag{8.1.6}$$

式中，特征根 $s_1$ 和 $s_2$ 即电路的固有频率；$\alpha = R/(2L)$，称为电路的**衰减因子**(damping factor)，单位为 $s^{-1}$；$\omega_0 = 1/\sqrt{LC}$，称为电路的**无阻尼固有频率**(undamped natural frequency) 或**无阻尼谐振频率**(undamped resonance frequency)，单位为 rad/s。

当特征根相异时，微分方程(8.1.4)的通解为

$$u_C = K_1 \mathrm{e}^{s_1 t} + K_2 \mathrm{e}^{s_2 t} \tag{8.1.7}$$

式中，$K_1$ 和 $K_2$ 为待定常数，由初始条件来确定。对式(8.1.7)两边求导，有

$$\frac{\mathrm{d}u_C}{\mathrm{d}t} = K_1 s_1 \mathrm{e}^{s_1 t} + K_2 s_2 \mathrm{e}^{s_2 t} \tag{8.1.8}$$

由初始条件，可得

$$\begin{cases} u_C(0_+) = K_1 + K_2 \\ \left.\dfrac{\mathrm{d}u_C}{\mathrm{d}t}\right|_{0+} = \dfrac{i(0_+)}{C} = K_1 s_1 + K_2 s_2 \end{cases} \tag{8.1.9}$$

联立求解上述方程组，解得

$$\begin{cases} K_1 = \dfrac{C s_2 u_C(0_+) - i(0_+)}{C(s_2 - s_1)} \\ K_2 = \dfrac{C s_1 u_C(0_+) - i(0_+)}{C(s_1 - s_2)} \end{cases} \tag{8.1.10}$$

根据 $R$、$L$ 和 $C$ 取值不同，$s_1$ 和 $s_2$ 可以是两个不相等的负实根、两个相等的负实根、一对共轭复根和一对共轭虚根等四种情况。与此相对应，$RLC$ 串联电路的零输入响应有**过阻尼**(overdamped)、**临界阻尼**(critically damped)、**欠阻尼**(underdamped)和**无阻尼**(non-damped)等四种情况。在下面的讨论中令 $i(0_+) = 0$ 以简化分析。

1) 过阻尼情况($\alpha > \omega_0$，即电路参数满足 $R > 2\sqrt{L/C}$)

在这种情况下，特征根 $s_1$ 和 $s_2$ 是两个不相等的负实根。当 $i(0_+) = 0$ 时，电容电压为

$$u_C = K_1 \mathrm{e}^{s_1 t} + K_2 \mathrm{e}^{s_2 t} = \frac{u_C(0_+)}{s_2 - s_1}(s_2 \mathrm{e}^{s_1 t} - s_1 \mathrm{e}^{s_2 t}) \tag{8.1.11}$$

电流为

$$i = C\frac{\mathrm{d}u_C}{\mathrm{d}t} = \frac{Cu_C(0_+)s_1s_2}{s_2-s_1}(\mathrm{e}^{s_1t} - \mathrm{e}^{s_2t}) = \frac{u_C(0_+)}{L(s_2-s_1)}(\mathrm{e}^{s_1t} - \mathrm{e}^{s_2t}) \quad (8.1.12)$$

电感电压为

$$u_L = L\frac{\mathrm{d}i}{\mathrm{d}t} = \frac{u_C(0_+)}{s_2-s_1}(s_1\mathrm{e}^{s_1t} - s_2\mathrm{e}^{s_2t}) \quad (8.1.13)$$

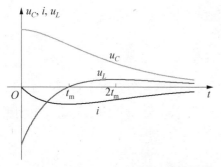

图 8.1.2 画出了 $u_C$、$i$ 和 $u_L$ 随时间变化的曲线。根据波形可知,电容电压从 $u_C(0_+)$ 单调衰减为零,说明电容一直释放原来存储的电场能量。电流 $i$ 在变化过程中具有一个极值,设出现在 $t=t_m$ 时刻,显然此时有 $\mathrm{d}i/\mathrm{d}t=0$,亦即电感电压 $u_L=0$,由式(8.1.13)可得

$$s_1\mathrm{e}^{s_1t} - s_2\mathrm{e}^{s_2t} = 0 \quad (8.1.14)$$

解得

$$t_m = \frac{\ln(s_2/s_1)}{s_1-s_2} \quad (8.1.15)$$

图 8.1.2  $RLC$ 串联电路过阻尼响应曲线

因此,在 $0 \sim t_m$ 时间内,电感吸收能量储存在磁场中,而在 $t_m$ 以后又将磁场能量释放出来。而电感电压在随时间的变化过程中也存在一个极值,令 $\mathrm{d}u_L/\mathrm{d}t=0$,可以求出这个极值出现的时刻为

$$t = \frac{2\ln(s_2/s_1)}{s_1-s_2} = 2t_m \quad (8.1.16)$$

而 $\mathrm{d}u_L/\mathrm{d}t=0$ 又对应 $\mathrm{d}^2i_L/\mathrm{d}t^2 = \mathrm{d}^2i/\mathrm{d}t^2 = 0$,因此 $t=2t_m$ 也正是电流曲线的拐点位置。

因此,过阻尼情况下,$RLC$ 串联电路的放电过程可分为如下两个阶段。

(1) $0_+ < t < t_m$ 阶段。电容从初始值开始放电,一部分电场能转变成电阻的热能而消耗,而另一部分电场能转变成电感中的磁场能,并在 $t=t_m$ 时使电感电流达到最大值,电感中的磁场能也达到最大值。

(2) $t > t_m$ 阶段。这阶段电容继续释放电场能,同时电感开始释放磁场能,随着磁场能不断减少,电感电流不断减小。电场能和磁场能均通过电阻转变成热能而消耗,直至整个电路的能量为零。

在整个能量转换(充放电)过程中,电容始终放电,电感只有一次充电过程,并没有出现反复的充放电过程。

以上结果是在 $u_C(0_+) > 0$ 和 $i(0_+)=0$ 情况下得到的。更一般地,若 $u_C(0_+)$ 和 $i(0_+)$ 均任意取值,则 $u_C$ 和 $i$ 响应曲线均可能改变方向,但方向至多只改变一次,即至多只穿过一次时间轴。相应地,电容、电感所存储的能量也只经历发出、吸收—发出、发出—吸收—发出这三种模式之一,最终趋于零。这种情况称为非振荡情况或过阻尼情况。

2) 临界阻尼情况($\alpha=\omega_0$,即电路参数满足 $R=2\sqrt{L/C}$)

在这种情况下,特征根 $s_1$ 和 $s_2$ 是两个相等的负实根,$s_1=s_2=-\alpha$。当 $i(0_+)=0$ 时,可利

用过阻尼情况下的响应来求得临界阻尼情况下的响应。以 $u_C$ 为例,式(8.1.11)中令 $s_1 \rightarrow s_2 = -\alpha$ 取极限,得

$$u_C = \lim_{s_1 \to s_2 = -\alpha} \frac{u_C(0_+)}{s_2 - s_1}(s_2 e^{s_1 t} - s_1 e^{s_2 t}) = u_C(0_+) \lim_{s_1 \to -\alpha} \frac{-\alpha e^{s_1 t} - s_1 e^{-\alpha t}}{-\alpha - s_1}$$

$$= u_C(0_+) \lim_{s_1 \to -\alpha} \frac{\mathrm{d}(-\alpha e^{s_1 t} - s_1 e^{-\alpha t})/\mathrm{d}s_1}{\mathrm{d}(-\alpha - s_1)/\mathrm{d}s_1} = u_C(0_+)(1 + \alpha t)e^{-\alpha t} \tag{8.1.17}$$

于是有

$$i = C\frac{\mathrm{d}u_C}{\mathrm{d}t} = -\frac{u_C(0_+)}{L}t e^{-\alpha t} \tag{8.1.18}$$

$$u_L = L\frac{\mathrm{d}i}{\mathrm{d}t} = -u_C(0_+)(1 - \alpha t)e^{-\alpha t} \tag{8.1.19}$$

由于 $\alpha = \omega_0$ 时正好处于振荡与非振荡两种情况之间,所以称为临界阻尼情况。这种情况下电容电压 $u_C$ 和电感电流 $i_L$ 波形与图 8.1.2 所示波形相似,也是非振荡的。

3) 欠阻尼情况($\alpha < \omega_0$,即电路参数满足 $R < 2\sqrt{L/C}$)

在这种情况下,特征根 $s_1$ 和 $s_2$ 为一对共轭复根,为

$$\begin{cases} s_1 = -\alpha + \mathrm{j}\sqrt{(\omega_0^2 - \alpha^2)} = -\alpha + \mathrm{j}\omega_d \\ s_2 = -\alpha - \mathrm{j}\sqrt{(\omega_0^2 - \alpha^2)} = -\alpha - \mathrm{j}\omega_d \end{cases} \tag{8.1.20}$$

式中,$\omega_d = \sqrt{\omega_0^2 - \alpha^2}$ 称为有阻尼固有频率。$\alpha$、$\omega_0$ 和 $\omega_d$ 满足直角三角形关系,如图 8.1.3 所示,且有如下关系:

$$\alpha = \omega_0 \cos\theta, \quad \omega_d = \omega_0 \sin\theta, \quad \theta = \arctan(\omega_d/\alpha)$$

因此,$s_1$ 和 $s_2$ 可写成复指数形式

$$s_1 = -\omega_0 e^{-\mathrm{j}\theta}, \quad s_2 = -\omega_0 e^{\mathrm{j}\theta}$$

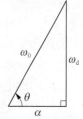

图 8.1.3 $\alpha$、$\omega_0$、$\omega_d$ 之间的关系

这样,电容电压为

$$u_C = \frac{u_C(0_+)}{s_2 - s_1}(s_2 e^{s_1 t} - s_1 e^{s_2 t}) = \frac{u_C(0_+)}{-\mathrm{j}2\omega_d}\left[-\omega_0 e^{\mathrm{j}\theta} e^{(-\alpha+\mathrm{j}\omega_d)t} + \omega_0 e^{-\mathrm{j}\theta} e^{(-\alpha-\mathrm{j}\omega_d)t}\right]$$

$$= \frac{u_C(0_+)\omega_0}{\omega_d}e^{-\alpha t}\left[\frac{e^{\mathrm{j}(\omega_d t + \theta)} - e^{-\mathrm{j}(\omega_d t + \theta)}}{\mathrm{j}2}\right] = \frac{u_C(0_+)\omega_0}{\omega_d}e^{-\alpha t}\sin(\omega_d t + \theta) \tag{8.1.21}$$

由此求得电流和电感电压为

$$i = C\frac{\mathrm{d}u_C}{\mathrm{d}t} = -\frac{u_C(0_+)}{\omega_d L}e^{-\alpha t}\sin\omega_d t \tag{8.1.22}$$

$$u_L = L\frac{\mathrm{d}i}{\mathrm{d}t} = \frac{u_C(0_+)\omega_0}{\omega_d}e^{-\alpha t}\sin(\omega_d t - \theta) \tag{8.1.23}$$

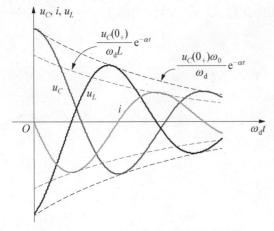

图 8.1.4 $RLC$ 串联电路欠阻尼响应曲线

图 8.1.4 画出了 $u_C$、$i$ 和 $u_L$ 随时间变化的曲线,它们都呈衰减振荡的特性,振荡角频率为 $\omega_d$。它们的振荡幅度都是随时间按指数规律衰减的,衰减的快慢取决于衰减系数 $\alpha$。

4) 无阻尼情况($\alpha = 0$,即电路参数满足 $R = 0$)

这种情况下,特征根 $s_1$ 和 $s_2$ 为一对共轭虚根,$s_1 = \omega_0 e^{j90°}$,$s_2 = -\omega_0 e^{j90°}$。仿照欠阻尼情况的推导,可得电容电压为

$$u_C = u_C(0_+) \cos \omega_0 t \qquad (8.1.24)$$

电流 $i$ 和电感电压 $u_L$ 分别为

$$i = C\frac{\mathrm{d}u_C}{\mathrm{d}t} = -Cu_C(0_+)\omega_0 \sin \omega_0 t = -\sqrt{\frac{C}{L}}u_C(0_+)\sin \omega_0 t \qquad (8.1.25)$$

$$u_L = L\frac{\mathrm{d}i}{\mathrm{d}t} = -u_C(0_+)\cos \omega_0 t \qquad (8.1.26)$$

由以上三式可知,电容电压、电感电流、电感电压均为不衰减的正弦函数,即电容电压和电感电流都是按正弦规律振荡,并不衰减,振荡是无阻尼的,振荡的频率为 $\omega_0$。

**例 8.1.1 汽车气囊点火电路** 在汽车发生冲撞时,安全气囊系统可保护驾乘人员的安全。当安全气囊控制系统检测到冲击力超过设定值时,系统立即接通气囊充气点火电路,点燃电爆管内的点火介质,引燃点火药粉和气体发生剂,产生大量气体,在极短的时间内使气囊急剧充气、膨胀,气囊冲破方向盘上装饰盖板,使驾驶员和乘员的头部和胸部压在充满气体的气囊上,以保护驾驶员和乘员的安全。汽车气囊点火电路可等效为如图 8.1.5 所示的电路模型,其中 12 V 电压源来自汽车蓄电池。已知 $R = 3\ \Omega$,$C = (1/30)$ F,$L = 60$ mH,试求 $t \geqslant 0_+$ 时气囊点火器两端电压 $u$。

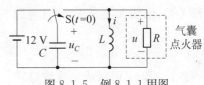

图 8.1.5 例 8.1.1 用图

**解** 所求响应为零输入响应。根据题意,可知 $i(0_-) = 0$,$u_C(0_-) = 12$ V,由换路定律得 $i(0_+) = 0$,$u_C(0_+) = 12$ V。由 $t = 0_+$ 时的等效电路,得

$$\left.\frac{\mathrm{d}i}{\mathrm{d}t}\right|_{0_+} = \frac{u_L(0_+)}{L} = \frac{12}{60 \times 10^{-3}}\ \text{A/s} = 200\ \text{A/s}$$

列写 $t \geqslant 0_+$ 时电路的 KCL 方程

$$LC\frac{\mathrm{d}^2 i}{\mathrm{d}t^2} + \frac{L}{R}\frac{\mathrm{d}i}{\mathrm{d}t} + i = 0$$

代入各元件参数值并整理得

$$\frac{\mathrm{d}^2 i}{\mathrm{d}t^2} + 10\frac{\mathrm{d}i}{\mathrm{d}t} + 500i = 0$$

对应的特征方程的特征根为

$$s_{1,2} = -5 \pm j21.79$$

因此,电流 $i$ 的表达式可设为

$$i(t) = K e^{-5t} \sin(21.79t + \theta)$$

由初始条件得

$$\begin{cases} K \sin\theta = 0 \\ -5K \sin\theta + 21.79 K\cos\theta = 200 \end{cases}$$

解得

$$K = 9.18, \ \theta = 0°$$

因此

$$i(t) = 9.18 e^{-5t} \sin(21.79t) \ \text{A} \ (t \geqslant 0_+)$$

$$u = L\frac{\mathrm{d}i}{\mathrm{d}t} = [12 e^{-5t} \cos(21.79t) - 2.75 e^{-5t}\sin(21.79t)] \ \text{V} \ (t \geqslant 0_+)$$

## 8.2　RLC 电路的零状态响应

本节仅以单位阶跃响应和单位冲激响应为例来分析二阶 RLC 电路的零状态响应。

1) 单位阶跃响应

假设图 8.1.1 所示电路处在零状态的情况下,且由单位阶跃电压源激励,即 $u_S = \varepsilon(t)$,则电路的响应即为单位阶跃响应。此时初始值为 $u_C(0_+) = u_C(0_-) = 0$、$i_L(0_+) = i_L(0_-) = 0$。由此得到 $\dfrac{\mathrm{d}u_C}{\mathrm{d}t}\bigg|_{0_+} = \dfrac{i(0_+)}{C} = 0$。　电路方程可表示为

$$\begin{cases} \dfrac{\mathrm{d}^2 u_C}{\mathrm{d}t^2} + \dfrac{R}{L}\dfrac{\mathrm{d}u_C}{\mathrm{d}t} + \dfrac{1}{LC}u_C = 1 \\ u_C(0_+) = 0; \ \dfrac{\mathrm{d}u_C}{\mathrm{d}t}\bigg|_{0_+} = 0 \end{cases} \tag{8.2.1}$$

式(8.2.1)为二阶常系数线性非齐次微分方程。该方程的解可以分解成稳态分量和瞬态分量之和,即

$$u_C = u_{Ch} + u_{Cp} \tag{8.2.2}$$

在单位阶跃激励下的稳态分量 $u_{Cp} = 1$(即响应的稳态解),于是方程(8.2.1)的全解为

$$u_C = u_{Ch} + u_{Cp} = K_1 e^{s_1 t} + K_2 e^{s_2 t} + 1 \tag{8.2.3}$$

由初始条件,得

$$\begin{cases} u_C(0_+) = K_1 + K_2 + 1 = 0 \\ \dfrac{\mathrm{d}u_C}{\mathrm{d}t}\bigg|_{t=0_+} = K_1 s_1 + K_2 s_2 = 0 \end{cases} \tag{8.2.4}$$

解得

$$K_1 = \frac{s_2}{s_1 - s_2}, \quad K_2 = \frac{s_1}{s_2 - s_1} \tag{8.2.5}$$

代入式(8.2.3)得单位阶跃响应电容电压

$$u_C = \left[ \frac{1}{s_1 - s_2}(s_2 e^{s_1 t} - s_1 e^{s_2 t}) + 1 \right] \varepsilon(t) \tag{8.2.6}$$

类似于前面所讨论的 $RLC$ 电路的零输入响应,根据 $\alpha$ 和 $\omega_0$ 的相对大小,此时阶跃响应也可以区分为过阻尼 $\alpha > \omega_0$(即电路参数满足 $R > 2\sqrt{L/C}$)、临界阻尼 $\alpha = \omega_0$(即 $R = 2\sqrt{L/C}$)、欠阻尼 $\alpha < \omega_0$(即 $R < 2\sqrt{L/C}$)和无阻尼 $\alpha = 0(R = 0)$ 等四种情况。下面仅讨论过阻尼和欠阻尼两种不同情况的阶跃响应。

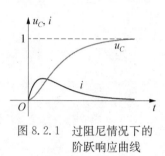

图 8.2.1 过阻尼情况下的
阶跃响应曲线

(1) **过阻尼情况。** $\alpha > \omega_0$,固有频率 $s_1$ 和 $s_2$ 是两个不相等的负实数,由式(8.2.6)的电容电压可求得过阻尼情况下的单位阶跃响应电感电流

$$i = C \frac{\mathrm{d}u_C}{\mathrm{d}t} = \frac{C s_1 s_2}{s_1 - s_2}(e^{s_1 t} - e^{s_2 t})\varepsilon(t)$$

$$= \frac{1}{L(s_1 - s_2)}(e^{s_1 t} - e^{s_2 t})\varepsilon(t) \tag{8.2.7}$$

上述阶跃响应波形如图 8.2.1 所示。

(2) **欠阻尼情况。** $\alpha < \omega_0$,固有频率 $s_1$ 和 $s_2$ 为一对共轭复数,电路呈现振荡性,电容电压可表示为

$$u_C = K e^{-\alpha t}\sin(\omega_d t + \theta) + 1 \tag{8.2.8}$$

由初始条件,得

$$\begin{cases} u_C(0_+) = K\sin\theta + 1 = 0 \\ \dfrac{\mathrm{d}u_C}{\mathrm{d}t}\bigg|_{t=0_+} = -\alpha K\sin\theta + \omega_d K\cos\theta = 0 \end{cases} \tag{8.2.9}$$

解得

$$K = -\frac{\omega_0}{\omega_d}, \quad \theta = \arctan\frac{\omega_d}{\alpha} \tag{8.2.10}$$

得到单位阶跃响应电容电压为

$$u_C = \left[ 1 - \frac{\omega_0}{\omega_d}e^{-\alpha t}\sin\left(\omega_d t + \arctan\frac{\omega_d}{\alpha}\right) \right]\varepsilon(t) \tag{8.2.11}$$

电流 $i$ 为

$$i = C \frac{\mathrm{d}u_C}{\mathrm{d}t} = \left( \frac{1}{\omega_d L}e^{-\alpha t}\sin\omega_d t \right)\varepsilon(t) \tag{8.2.12}$$

$u_C$ 和 $i$ 的阶跃响应曲线如图 8.2.2 所示。从波形中可见,电容电压和电感电流都做衰减振

荡。电容电压在电源电压值的附近做衰减振荡,而不超过电源电压值的两倍。电感电流,即回路电流则围绕着零值做衰减振荡。电容电压在瞬态过程中的数值可能超过电压源的电压值,这种现象称为过电压效应。在实际应用中考虑电路元件的耐压时,应该充分注意过电压效应。

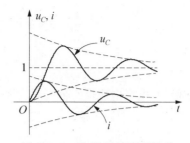

图 8.2.2 欠阻尼情况下的阶跃响应曲线

**例 8.2.1 电火花加工电路** 电火花加工又称放电加工,是通过工具电极和工件之间不断产生脉冲性的火花放电,靠放电时产生局部瞬时高温把金属蚀除下来的一种加工方法。图 8.2.3(a)所示为电火花加工的原理电路,工具电极和工件间绝缘介质的电阻是非线性的,当它没有被击穿时电阻近似为无穷大,但一旦电离击穿后其电阻降到零,使电容上存储的电能瞬时放电,电容两端的电压便降低到零,工具电极和工件间绝缘介质迅速恢复绝缘性能而把放电电流切断。以后电容再次充电重复上述过程。已知电路的参数如下:$U_S=250\varepsilon(t)$ V, $R=60\ \Omega$, $L=60$ mH, $C=1\ \mu F$。假设电路处于零初始状态,工具电极和工件间的放电电压为电容的最高充电电压。试求:(1) 电容的最高充电电压;(2) 加工频率。

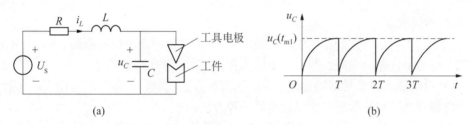

图 8.2.3 例 8.2.1 用图

**解** 由电路参数有 $2\sqrt{L/C} = 489\ \Omega > R$, 所以电路处于欠阻尼状况,特征根为共轭复根,为

$$s_{1,2}=-\frac{R}{2L}\pm\sqrt{\left(\frac{R}{2L}\right)^2-\frac{1}{LC}}=-500\pm j4\ 052=-\alpha\pm j\omega_d$$

因此电容电压可设为

$$u_C=Ke^{-\alpha t}\sin(\omega_d t+\theta)+250$$

上式亦可写为

$$u_C=e^{-\alpha t}(K_1\cos\omega_d t+K_2\sin\omega_d t)+250$$

由初始条件得

$$u_C(0)=K_1+250=0,\ \frac{du_C}{dt}\bigg|_{0+}=-\alpha K_1+\omega_d K_2=\frac{i_L(0)}{C}=0$$

解得 $$K_1=-250,\ K_2=-250\alpha/\omega_d$$

因此 $$u_C=\{-250e^{-\alpha t}[\cos\omega_d t+(\alpha/\omega_d)\sin\omega_d t]+250\}\varepsilon(t)\ V$$

(1) 为求电容的最高充电电压,可先求 $u_C(t)$ 对 $t$ 的导数,并令其等于零,得到

$$\frac{\mathrm{d}u_C}{\mathrm{d}t} = 250\mathrm{e}^{-\alpha t}\,\frac{\sqrt{\alpha^2 + \omega_\mathrm{d}^2}}{\omega_\mathrm{d}}\sin\omega_\mathrm{d}t = 0$$

即

$$\sin\omega_\mathrm{d}t = 0$$

可知,电容电压最大值发生在 $t_\mathrm{m} = \pi/\omega_\mathrm{d}$, $3\pi/\omega_\mathrm{d}$, $5\pi/\omega_\mathrm{d}$, … 时刻。

第一个最大值发生时刻为 $t_\mathrm{m} = \pi/\omega_\mathrm{d} = 7.75 \times 10^{-4}$ s,将其代入 $u_C$,得到

$$u_C(t_\mathrm{m1}) = 250(1 + \mathrm{e}^{-500 \times 7.75 \times 10^{-4}})\ \mathrm{V} = 419.66\ \mathrm{V}$$

(2) 电容电压达到最大值时,流过电感的电流为零,同时工具电极和工件间产生放电,并在瞬间完成,电路恢复到零初始状态。再经历 $7.75 \times 10^{-4}$ s 后,电容又将被充电到最大值,再度放电。上述过程不断重复,如图 8.2.3(b)所示,加工周期为

$$T = t_\mathrm{m1} = 7.75 \times 10^{-4}\ \mathrm{s}$$

即加工频率为

$$f = \frac{1}{T} = 1\,289.7\ \mathrm{Hz}$$

**2) 单位冲激响应**

假设图 8.1.1 所示电路处在零状态的情况下,且由单位冲激电压源激励,即 $u_\mathrm{S} = \delta(t)$,则电路的响应即为单位冲激响应。与一阶电路类似,冲激响应有两种求法。第一种方法就是先求阶跃响应,对阶跃响应求导即得冲激响应。第二种方法就是将冲激响应看作零输入响应,冲激激励为电路建立了初始状态。这里讨论后一种方法。

在 $t = 0_- \sim 0_+$ 时间内,图 8.1.1 电路中电容等效为短路,电感等效为开路,因此电感电压为 $\delta(t)$,电容电压和电感电流的初始值分别为

$$\begin{cases} u_C(0_+) = u_C(0_-) = 0 \\ i(0_+) = i(0_-) + \dfrac{1}{L}\displaystyle\int_{0_-}^{0_+}\delta(\tau)\mathrm{d}\tau = \dfrac{1}{L} \end{cases} \tag{8.2.13}$$

当 $t \geqslant 0_+$ 时,$\delta(t) = 0$,电路的输入为零,因此可按求解零输入响应的方法来求电路的响应。电路的方程为

$$\begin{cases} \dfrac{\mathrm{d}^2 u_C}{\mathrm{d}t^2} + \dfrac{R}{L}\dfrac{\mathrm{d}u_C}{\mathrm{d}t} + \dfrac{1}{LC}u_C = 0 \\ u_C(0_+) = 0;\ \left.\dfrac{\mathrm{d}u_C}{\mathrm{d}t}\right|_{0_+} = \dfrac{1}{LC} \end{cases} \tag{8.2.14}$$

具体求解方法与 8.1 节中的零输入响应求法相同,这里不再重复。

**例 8.2.2** 如图 8.2.4 所示为含理想运放的二阶电路。试求输出电压 $u_\mathrm{o}$ 的冲激响应。已知 $R_1 = R_2 = 10\ \mathrm{k}\Omega$, $C_1 = 20\ \mu\mathrm{F}$, $C_2 = 100\ \mu\mathrm{F}$。

**解** (1) 求初始条件。根据题意,由理想运放

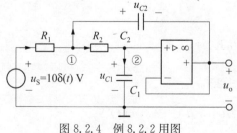

图 8.2.4 例 8.2.2 用图

的"虚短""虚断"特性以及 $u_{C1} = u_{\circ}$，列写 KVL 方程得

$$
\begin{cases}
10\delta(t) = R_1 i_{R1} + R_2 i_{R2} + u_{C1} = R_1\left(C_1 \dfrac{du_{C1}}{dt} + C_2 \dfrac{du_{C2}}{dt}\right) + R_2 C_1 \dfrac{du_{C1}}{dt} + u_{C1} \\
10\delta(t) = R_1 i_{R1} + u_{C2} + u_{\circ} = R_1\left(C_1 \dfrac{du_{C1}}{dt} + C_2 \dfrac{du_{C2}}{dt}\right) + u_{C2} + u_{C1}
\end{cases} \tag{a}
$$

注意到 $u_{C1}(0_-) = u_{C2}(0_-) = 0$，对上式两边在 $t = 0_- \sim 0_+$ 内积分，得

$$
10 = R_1 C_1 u_{C1}(0_+) + R_1 C_2 u_{C2}(0_+) + R_2 C_1 u_{C1}(0_+)
$$

$$
10 = R_1 C_1 u_{C1}(0_+) + R_1 C_2 u_{C2}(0_+)
$$

代入元件参数，解得

$$
u_{C1}(0_+) = 0, \quad u_{C2}(0_+) = 10/(R_1 C_2) = 10 \text{ V}
$$

列写 KCL 方程

$$
\frac{u_{n1} - u_{n2}}{R_2} = \frac{u_{C2} + u_{\circ} - u_{C1}}{R_2} = \frac{u_{C2}}{R_2} = C_1 \frac{du_{C1}}{dt}
$$

得到

$$
\left.\frac{du_{C1}}{dt}\right|_{0+} = \frac{u_{C2}(0_+)}{R_2 C_1} = \frac{10}{R_1 R_2 C_1 C_2} = 50 \text{ V/s}
$$

（2）列写 $t \geqslant 0_+$ 时电路方程并求解。由式（a）消去 $u_{C2}$，得

$$
\frac{d^2 u_{C1}}{dt^2} + \left(\frac{1}{R_1 C_2} + \frac{1}{R_2 C_2}\right)\frac{du_{C1}}{dt} + \frac{u_{C1}}{R_1 R_2 C_1 C_2} = 0
$$

代入元件参数，得

$$
\frac{d^2 u_{C1}}{dt^2} + 2\frac{du_{C1}}{dt} + 5u_{C1} = 0
$$

特征方程的根为

$$
s_{1,2} = -1 \pm j2
$$

电压 $u_{C1}$ 的响应为

$$
u_{C1}(t) = K e^{-t} \sin(2t + \theta)
$$

由初始条件得

$$
\begin{cases}
K\sin\theta = 0 \\
2K\cos\theta - K\sin\theta = 50
\end{cases}
$$

解得

$$
K = 25, \quad \theta = 0°
$$

因此

$$
u_{\circ}(t) = u_{C1}(t) = 25 e^{-t} \sin 2t \varepsilon(t) \text{ V}
$$

## 8.3 *RLC* 电路的全响应

电路由输入激励和原始状态共同引起的响应称为全响应。全响应等于其零输入响应与零状态响应之和,也等于瞬态响应与稳态响应之和。作为例子,假设在图 8.1.1 所示电路中,原始状态为 $u_C(0_-)=U_0$, $i(0_-)=0$,电路的激励为 $u_S=U_S\varepsilon(t)$。下面分析过阻尼情况下的全响应 $u_C$。

由式(8.1.11)的零输入响应和式(8.2.6)的零状态响应,得到全响应为

$$
\begin{aligned}
u_C &= \frac{U_0}{s_2-s_1}(s_2\mathrm{e}^{s_1 t}-s_1\mathrm{e}^{s_2 t}) + \frac{U_S}{s_1-s_2}(s_2\mathrm{e}^{s_1 t}-s_1\mathrm{e}^{s_2 t}) + U_S \\
&= \frac{U_S-U_0}{s_1-s_2}(s_2\mathrm{e}^{s_1 t}-s_1\mathrm{e}^{s_2 t}) + U_S
\end{aligned}
\tag{8.3.1}
$$

再由瞬态响应与稳态响应求全响应。$u_C$ 的稳态响应为

$$
u_C' = U_S \tag{8.3.2}
$$

瞬态响应为

$$
u_C'' = K_1\mathrm{e}^{s_1 t} + K_2\mathrm{e}^{s_2 t} \tag{8.3.3}
$$

全响应为

$$
u_C = u_C' + u_C'' = U_S + K_1\mathrm{e}^{s_1 t} + K_2\mathrm{e}^{s_2 t} \tag{8.3.4}
$$

将初始条件 $u_C(0_+)=U_0$, $\left.\dfrac{\mathrm{d}u_C}{\mathrm{d}t}\right|_{0+}=\dfrac{i(0_+)}{C}=0$ 代入,可求得

$$
K_1 = \frac{(U_S-U_0)s_2}{s_1-s_2}, \; K_2 = -\frac{(U_S-U_0)s_1}{s_1-s_2} \tag{8.3.5}
$$

将式(8.3.5)代入式(8.3.4),其结果与式(8.3.1)相同。

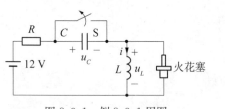

图 8.3.1　例 8.3.1 用图

**例 8.3.1　汽车点火电路**　如图 8.3.1 所示为汽车点火系统中的电压发生电路,其中 12 V 电压源来自汽车蓄电池,系统导线的电阻 $R=4\;\Omega$,点火线圈用一个 $L=8\;\mathrm{mH}$ 的电感表示,与开关(电子点火开关)并联的汽车电容用 $C=1\;\mu\mathrm{F}$ 的电容表示。点火线圈两端的电压通过变压器升压后可以点燃火花塞来启动汽车发动机。开关 S 闭合时电路处于稳态,$t=0$ 时开关 S 断开,试求 $t\geqslant 0_+$ 时的电感电压 $u_L$ 以及电感电压取最大值的时间、电感电压最大值。

**解**　根据题意,可知 $i(0_-)=12/4\;\mathrm{A}=3\;\mathrm{A}$, $u_C(0_-)=0$,由换路定律得 $i(0_+)=3\;\mathrm{A}$, $u_C(0_+)=0$。由 $t=0_+$ 时的等效电路,得

$$
\left.\frac{\mathrm{d}u_C}{\mathrm{d}t}\right|_{0+} = \frac{i(0_+)}{C} = 3\times 10^6\;\mathrm{V/s}
$$

列写电路的 KVL 方程

$$\frac{\mathrm{d}^2 u_C}{\mathrm{d}t^2} + \frac{R}{L}\frac{\mathrm{d}u_C}{\mathrm{d}t} + \frac{1}{LC}u_C = 12$$

代入各元件参数值并整理得

$$\frac{\mathrm{d}^2 u_C}{\mathrm{d}t^2} + 500\frac{\mathrm{d}u_C}{\mathrm{d}t} + 1.25\times10^8 u_C = 12$$

特征方程的特征根为

$$s_{1,2} = -250 \pm \mathrm{j}11\,180$$

电压 $u_C$ 的表达式为

$$u_C(t) = 12 + K\mathrm{e}^{-250t}\sin(11\,180t + \theta)$$

由初始条件得

$$\begin{cases} 12 + K\sin\theta = 0 \\ -250K\sin\theta + 11\,180K\cos\theta = 3\times10^6 \end{cases}$$

解得

$$K = 268.3,\ \theta = -2.56°$$

因此

$$u_C(t) = [12 + 268.3\mathrm{e}^{-250t}\sin(11\,180t - 2.56°)]\varepsilon(t)\ \mathrm{V}$$

$$i(t) = C\frac{\mathrm{d}u_C}{\mathrm{d}t} = 123\mathrm{e}^{-250t}\sin(11\,180t + 88.72°)\varepsilon(t)\ \mathrm{A}$$

$$u_L = L\frac{\mathrm{d}i}{\mathrm{d}t} = -268\mathrm{e}^{-250t}\sin 11\,180t\,\varepsilon(t)\ \mathrm{V}$$

当 $\sin(11\,180t) = 1$，即 $t = 140.5\ \mu\mathrm{s}$ 时，电压 $u_L$ 的幅值达到最大，此时

$$u_L(140.5\ \mu\mathrm{s}) = -268\mathrm{e}^{-250\times140.5\times10^{-6}} = -259\ \mathrm{V}$$

## ※8.4　动态电路的状态变量分析

采用经典法分析二阶电路时，总是选取电路的一个状态变量（电容电压或电感电流）列写二阶微分方程，然后从方程中求解这些变量。二阶或高阶电路也可用状态方程来描述。对如图 8.4.1 所示的 $RLC$ 并联电路，如果以电感电流 $i_L$ 和电容电压 $u_C$ 作为变量分别列写电路方程，则有

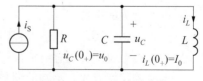

图 8.4.1　$RLC$ 并联电路

$$L\frac{\mathrm{d}i_L}{\mathrm{d}t} = u_C,\ C\frac{\mathrm{d}u_C}{\mathrm{d}t} = -i_L - \frac{u_C}{R} + i_S$$

表示成矩阵形式为

$$
\begin{bmatrix} \dfrac{\mathrm{d}i_L}{\mathrm{d}t} \\[2mm] \dfrac{\mathrm{d}u_C}{\mathrm{d}t} \end{bmatrix} = \begin{bmatrix} 0 & \dfrac{1}{L} \\[2mm] -\dfrac{1}{C} & -\dfrac{1}{RC} \end{bmatrix} \begin{bmatrix} i_L \\[2mm] u_C \end{bmatrix} + \begin{bmatrix} 0 \\[2mm] \dfrac{1}{C} \end{bmatrix} i_S \tag{8.4.1}
$$

这是以 $i_L$ 和 $u_C$ 为变量的一阶微分方程组。它们的初始值 $i_L(0_+)=I_0$、$u_C(0_+)=U_0$,也可表示成

$$
\begin{bmatrix} i_L(0_+) \\ u_C(0_+) \end{bmatrix} = \begin{bmatrix} I_0 \\ U_0 \end{bmatrix} \tag{8.4.2}
$$

$i_L(0_+)$ 和 $u_C(0_+)$ 提供了确定待定系数的初始条件。称这一阶微分方程组为描述图 8.4.1 所示 $RLC$ 并联电路动态过程的**状态方程**(state equations),并可简写成

$$
\dot{\boldsymbol{x}} = \boldsymbol{A}\boldsymbol{x} + \boldsymbol{B}\boldsymbol{u} \tag{8.4.3}
$$

式中,$\boldsymbol{x} = \begin{bmatrix} i_L & u_C \end{bmatrix}^{\mathrm{T}}$ 称为电路的状态;$\boldsymbol{x}$ 中的元素 $i_L$ 和 $u_C$ 称为状态变量;$\boldsymbol{A}$ 和 $\boldsymbol{B}$ 为系数矩阵,取决于电路拓扑结构和元件参数;$\boldsymbol{u}$ 为输入向量。

$i_L$ 和 $u_C$ 的初始值向量 $\boldsymbol{x}(0_+)=\begin{bmatrix} I_0 & U_0 \end{bmatrix}^{\mathrm{T}}$,称为电路的初始状态。同样,$i_L$ 和 $u_C$ 的原始值也可表示成 $\boldsymbol{x}(0_-)=\boldsymbol{x}_0$,称为电路的原始状态。根据换路定律有

$$
\boldsymbol{x}(0_+) = \boldsymbol{x}(0_-) = \boldsymbol{x}_0 \tag{8.4.4}
$$

当 $\boldsymbol{u}=\boldsymbol{0}$, $\boldsymbol{x}_0 \neq \boldsymbol{0}$ 时,状态方程描述零输入响应;当 $\boldsymbol{u} \neq \boldsymbol{0}$, $\boldsymbol{x}_0 = \boldsymbol{0}$ 时,状态方程描述零状态响应;当 $\boldsymbol{u} \neq \boldsymbol{0}$, $\boldsymbol{x}_0 \neq \boldsymbol{0}$ 时,状态方程描述全响应。

由上面的分析可以看出,状态方程具有如下三个特征:①方程中的变量由状态变量和输入变量共同组成;②状态方程是一阶微分方程组,每个方程中有且只有一个状态变量的一阶导数项;③方程的个数等于电路中独立储能元件的个数。

由状态方程和 $t_0$ 时刻的初始状态可解出各状态变量在任一时刻 $t \geqslant t_0$ 的值。然后根据 KCL、KVL 和支路 VCR 可求出电路的任意输出变量集 $\boldsymbol{y}(t)$,并用状态向量 $\boldsymbol{x}(t)$ 和输入向量 $\boldsymbol{u}(t)$ 表示出来,这就是输出方程。输出方程可表示成矩阵形式

$$
\boldsymbol{y} = \boldsymbol{C}\boldsymbol{x} + \boldsymbol{D}\boldsymbol{u} \tag{8.4.5}
$$

式中,$\boldsymbol{y} = \begin{bmatrix} y_1, & y_2, & \cdots, & y_r \end{bmatrix}^{\mathrm{T}}$ 称为输出向量,$r$ 为输出变量的个数;$\boldsymbol{C}$ 和 $\boldsymbol{D}$ 为与电路拓扑结构和元件值有关的系数矩阵。

输出方程之所以是代数方程组,是因为此时的状态变量均为已知量。根据替代定理,如果分别用理想电压源和理想电流源替代电容和电感元件,则动态电路便成为电阻电路。

电路的状态方程有不同的列写方法。一种直观的列写方法就是利用替代定理将动态电路等效为电阻电路,然后列写电路方程,其具体步骤如下:

(1) 利用替代定理,将电路中的电感 $L$ 用电流等于电感电流 $i_L$ 的理想电流源替代,电容 $C$ 用电压等于电容电压 $u_C$ 的理想电压源替代,使替代后的电路成为一个电阻电路。

(2) 将"电压源"$u_C$ 中的电流 $i_C = C\mathrm{d}u_C/\mathrm{d}t$ 用状态变量 $i_L$、$u_C$ 和输入激励表示;将"电流

源"$i_L$ 两端的电压 $u_L = L\,\mathrm{d}i_L/\mathrm{d}t$ 用状态变量 $i_L$、$u_C$ 和输入激励表示。这样得到一组以 $i_L$、$u_C$ 为变量的一阶微分方程组。

（3）对一阶微分方程组进行整理,得到如式(8.4.3)所示的标准状态方程形式。

（4）列写输出方程。

**例 8.4.1** 试列写图 8.4.2(a)所示电路的状态方程以及关于节点电压 $u_a$ 和 $u_b$ 的输出方程。

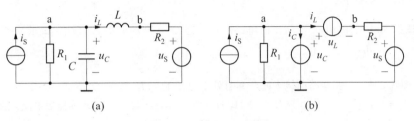

图 8.4.2　例 8.4.1 用图

**解** （1）利用替代定理,将电路中的电感 $L$ 用理想电流源 $i_L$ 替代,电容 $C$ 用理想电压源 $u_C$ 替代,得到如图 8.4.2(b)所示电路。

（2）对图 8.4.2(b)所示电路中的节点 a 列写 KCL 方程,右边网孔列写 KVL 方程,得

$$
\begin{cases}
-i_S + \dfrac{u_C}{R_1} + C\dfrac{\mathrm{d}u_C}{\mathrm{d}t} + i_L = 0 \\[2mm]
-u_C + L\dfrac{\mathrm{d}i_L}{\mathrm{d}t} + R_2 i_L + u_S = 0
\end{cases}
$$

（3）对上述方程组加以整理,得

$$
\begin{cases}
\dfrac{\mathrm{d}u_C}{\mathrm{d}t} = -\dfrac{u_C}{R_1 C} - \dfrac{1}{C}i_L + \dfrac{1}{C}i_S \\[2mm]
\dfrac{\mathrm{d}i_L}{\mathrm{d}t} = \dfrac{1}{L}u_C - \dfrac{R_2}{L}i_L - \dfrac{1}{L}u_S
\end{cases}
$$

写成矩阵形式为

$$
\begin{bmatrix} \dfrac{\mathrm{d}u_C}{\mathrm{d}t} \\[3mm] \dfrac{\mathrm{d}i_L}{\mathrm{d}t} \end{bmatrix}
=
\begin{bmatrix} -\dfrac{1}{R_1 C} & -\dfrac{1}{C} \\[3mm] \dfrac{1}{L} & -\dfrac{R_2}{L} \end{bmatrix}
\begin{bmatrix} u_C \\[2mm] i_L \end{bmatrix}
+
\begin{bmatrix} 0 & \dfrac{1}{C} \\[3mm] -\dfrac{1}{L} & 0 \end{bmatrix}
\begin{bmatrix} u_S \\[2mm] i_S \end{bmatrix}
$$

（4）列写输出方程。节点电压 $u_a$ 和 $u_b$ 可表示为

$$
u_a = u_C, \quad u_b = R_2 i_L + u_S
$$

整理并写成矩阵形式为

$$
\begin{bmatrix} u_a \\ u_b \end{bmatrix}
=
\begin{bmatrix} 1 & 0 \\ 0 & R_2 \end{bmatrix}
\begin{bmatrix} u_C \\ i_L \end{bmatrix}
+
\begin{bmatrix} 0 & 0 \\ 1 & 0 \end{bmatrix}
\begin{bmatrix} u_S \\ i_S \end{bmatrix}
$$

列出电路的状态方程之后,还需对其进行求解。求解状态方程的主要方法有时域法和变换域法,但要涉及矩阵卷积和矩阵变换的运算,有兴趣的读者可参阅相关文献。

## 习题 8

**RLC 电路的零输入响应**

**8.1** 如题图 8.1 所示,开关 S 动作前电路已达稳态,$t = 0$ 时开关 S 打开。试求 $u_C(0_+)$、$i_L(0_+)$、$i_R(0_+)$、$\dfrac{\mathrm{d}u_C}{\mathrm{d}t}\Big|_{t=0_+}$、$\dfrac{\mathrm{d}i_L}{\mathrm{d}t}\Big|_{t=0_+}$、$\dfrac{\mathrm{d}i_R}{\mathrm{d}t}\Big|_{t=0_+}$。

**8.2** 题图 8.2 所示电路换路前接于触点 1,且处于稳态,已知 $R_1 = 60\,\Omega$,$R_2 = 15\,\Omega$,$R_3 = R_4 = 10\,\Omega$,$R_5 = 20\,\Omega$,$R_6 = 30\,\Omega$,$C = 0.5\,\mu\mathrm{F}$,$L = 1\,\mathrm{H}$,$i_S = 3\,\mathrm{A}$,$u_S = 10\,\mathrm{V}$。试求换路后电流 $i$ 的初值 $i(0_+)$。

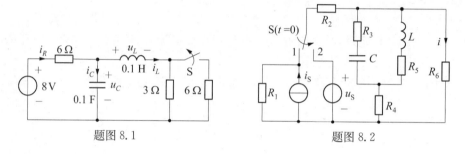

题图 8.1                 题图 8.2

**8.3** 如题图 8.3 所示电路,开关未动作前电路已达到稳态,$t = 0$ 时开关 S 打开。已知 $R_1 = R_2 = 6\,\Omega$,$R_3 = 3\,\Omega$,$C = (1/24)\,\mathrm{F}$,$L = 0.1\,\mathrm{H}$,$u_S = 24\,\mathrm{V}$,试求 $\dfrac{\mathrm{d}u_C}{\mathrm{d}t}\Big|_{t=0_+}$、$\dfrac{\mathrm{d}i_L}{\mathrm{d}t}\Big|_{t=0_+}$、$\dfrac{\mathrm{d}i_R}{\mathrm{d}t}\Big|_{t=0_+}$。

**8.4** 如题图 8.4 所示电路,$t = 0$ 时开关 S 闭合,设 $u_C(0_-) = 4\,\mathrm{V}$,$i_L(0_-) = 0\,\mathrm{A}$,$L = 1\,\mathrm{H}$,$C = 0.25\,\mathrm{F}$。试求电阻 $R$ 分别为 $2\,\Omega$、$4\,\Omega$ 和 $5\,\Omega$ 时电路中的电流 $i_L$ 和电压 $u_C$。

**8.5** 如题图 8.5 所示电路在开关打开前已处于稳态,试求开关打开后的电感电流 $i_L$ 和电容电压 $u_C$。

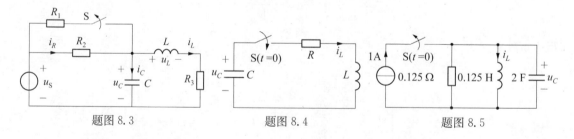

题图 8.3                 题图 8.4                 题图 8.5

**8.6** 如题图 8.6 所示电路,试求:

(1) 以 $u_1$ 为变量,列出电路方程。

(2) 若 $R_1 = R_3 = 1\,\Omega$,$C_1 = C_2 = 1\,\mathrm{F}$,$u_1(0_-) = 1\,\mathrm{V}$,$u_2(0_-) = 1\,\mathrm{V}$,试用时域分析方法求 $t \geqslant 0_+$ 的响应 $u_1$。

(3) 指出(2)中 $u_1$ 的零状态响应分量和零输入响应分量,并指出它的暂态分量和稳态分量。

**8.7** 题图 8.7 所示电路在开关 S 打开之前已达到稳态。$t = 0$ 时,开关 S 打开,$R_1 = R_3 = 5\,\Omega$,$R_2 = 20\,\Omega$,$C = 100\,\mu\mathrm{F}$,$L = 0.5\,\mathrm{H}$,$u_S = 100\,\mathrm{V}$,试求 $t \geqslant 0_+$ 时的 $u_C$。

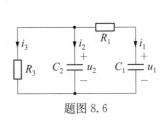

题图 8.6

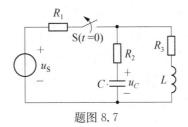

题图 8.7

### *RLC* 电路的零状态响应

**8.8**  在题图 8.8 所示电路中，$L = 0.5\,\text{H}$，$C = 2\,\text{F}$，$I_S = 10\,\text{A}$，开关 S 长时间断开，电路处于零状态。$t = 0$ 时 S 闭合，为了使 $i_L$ 的值在任何时候都不超过它的终值，试问电阻 $R$ 最大可取什么值，在这种情况下，$i_L$ 何时达到其终值的 $80\%$。

**8.9**  试求如题图 8.9 所示电路的冲激响应 $i_L$。

**8.10**  如题图 8.10 所示电路，已知 $R = 0.025\,\Omega$，$L = 5\,\text{mH}$，$C = 2\,\text{F}$，试求 $u_C$ 的阶跃响应与冲激响应。

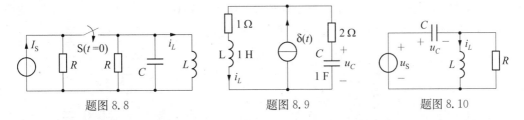

题图 8.8        题图 8.9        题图 8.10

**8.11**  为使题图 8.11 所示电路产生振荡性的响应，试求电路中元件参数应满足的条件。

**8.12**  如题图 8.12 所示电路在 $t = 0$ 时开关 S 闭合，$R_1 = R_2 = R_3 = 1\,\Omega$，$L_1 = 1\,\text{H}$，$L_2 = 2\,\text{H}$，$U_S = 10\,\text{V}$，试求 $t \geqslant 0_+$ 时的 $i$。

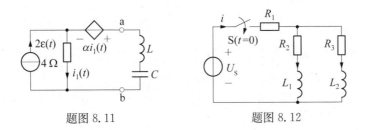

题图 8.11        题图 8.12

**8.13**  如题图 8.13 所示电路，开关 S 接通前处于稳态，已知 $u_S = 1\,\text{V}$，$R_1 = R_2 = 1\,\Omega$，$L_1 = L_2 = 0.1\,\text{H}$，$M = 0.05\,\text{H}$。试求 S 接通后的响应 $i_1$ 和 $i_2$。

**8.14**  如题图 8.14 所示电路，已知 $u_i = \varepsilon(t)$，$R_1 = R_2 = 10\,\text{k}\Omega$，$C_1 = C_2 = 100\,\mu\text{F}$，试求 $u_o$。

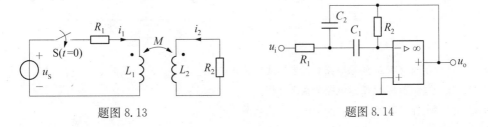

题图 8.13        题图 8.14

**RLC 电路的全响应**

**8.15** 电路如题图 8.15 所示,在开关 S 闭合前已达稳态,$R = 0.1\,\Omega$, $L = 0.1\,H$, $C = 1\,F$, $u_{S1} = 10\,V$, $u_{S2} = 5\,V$。试求 S 在 $t = 0$ 瞬时闭合后,电感支路上的电压 $u_L$。

**8.16** 如题图 8.16 所示电路,已知 $u_S = 12\varepsilon(t)\,V$, $u_C(0) = 1\,V$, $i_L(0) = 2\,A$,试求 $u_C$,并写出 $u_C$ 的自由分量和强制分量。

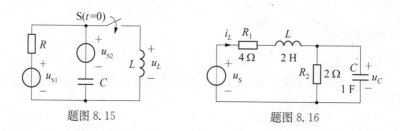

题图 8.15                题图 8.16

**8.17** 如题图 8.17 所示电路在开关 S 动作前已达稳态,试求 $t \geqslant 0_+$ 时 $u_C$ 和 $u_L$。

**8.18** 如题图 8.18 所示电路,已知 $R_1 = 3\,\Omega$, $R_2 = 1\,\Omega$, $L = 1\,H$, $C = 1\,F$,开关 S 原在位置 1,电路处于稳态。$t = 0$ 时开关打向位置 2,试求 $t \geqslant 0_+$ 时的电流 $i_L$。

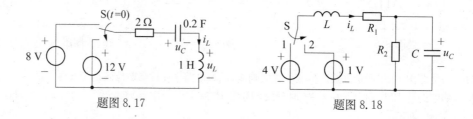

题图 8.17                题图 8.18

**动态电路的状态变量分析**

**8.19** 如题图 8.19 所示电路,已知 $R_1 = 5\,\Omega$, $R_2 = 1\,\Omega$, $L = 1\,H$, $C = 1\,F$,若以 $u_C$ 和 $i_L$ 为状态变量,$u_1$ 和 $i_2$ 为输出量,试列写标准形式的状态方程和输出方程。

**8.20** 试列写题图 8.20 所示电路的标准形式状态方程和以 $i_1$、$u_2$ 为输出的标准形式输出方程。已知 $R_1 = R_2 = 1\,\Omega$, $L = 1\,H$, $C = 1\,F$。

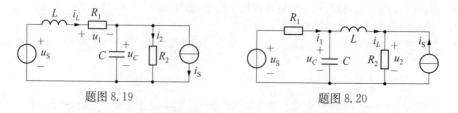

题图 8.19                题图 8.20

**8.21** 试写出题图 8.21 所示电路的标准形式状态方程。

**8.22** 试列写题图 8.22 所示电路的状态方程。

**8.23** 试写出题图 8.23 所示电路的标准形式状态方程。

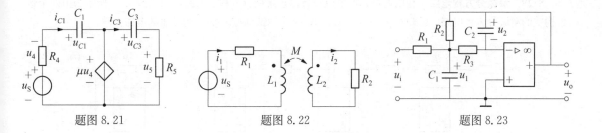

| 题图 8.21 | 题图 8.22 | 题图 8.23 |

### 综合

**8.24** 如题图 8.24 所示电路,若 $i_S = 1\,A$,当 $22'$ 端短路时,$33'$ 端的开路电压为零;当 $22'$ 端开路时,$33'$ 端的开路电压为 $0.5\,V$,且输出电阻为 $2\,\Omega$。又知此电路的零输入响应形式为 $i_L = Ae^{-t} + Be^{-2t}$,试求当 $i_S = \varepsilon(t)\,A$ 时的零状态响应 $i_L$。

**8.25** 如题图 8.25 所示电路,已知 $R_1/R_2 = C_2/C_1 = K$。为使此电路有等幅振荡响应,试求受控源的转移电流比 $\alpha$。

**8.26** 如题图 8.26 所示电路,开关 S 原位于 1,处于稳定状态。$t = 0$ 时,S 从端子 1 接到端子 2;在 $t = 1\,s$ 时,S 又从端子 2 接到端子 1。试求电压 $u_{C1}$,并绘出其波形图。

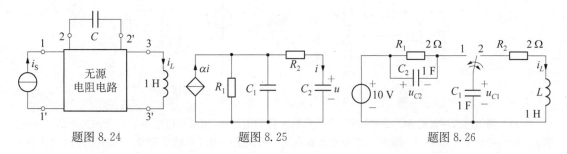

| 题图 8.24 | 题图 8.25 | 题图 8.26 |

**8.27** 如题图 8.27 所示电路,已知二端口电路的 $r$ 参数方程为
$$\begin{cases} u_1 = \dfrac{2}{3} i_1 + \dfrac{1}{3} i_2 + \dfrac{1}{3} \\ u_2 = \dfrac{1}{3} i_1 + \dfrac{2}{3} i_2 - \dfrac{1}{3} \end{cases}$$
试列写电路的标准形式状态方程。

**8.28** 已知题图 8.28 所示电路的标准形式状态方程为

$$\begin{bmatrix} \dfrac{\mathrm{d}u_{C1}}{\mathrm{d}t} \\ \dfrac{\mathrm{d}u_{C2}}{\mathrm{d}t} \end{bmatrix} = \begin{bmatrix} -1 & -1 \\ -0.5 & -1.5 \end{bmatrix} \begin{bmatrix} u_{C1} \\ u_{C2} \end{bmatrix} + \begin{bmatrix} 1 \\ 0.5 \end{bmatrix} u_S$$

其中 $R_1 = 1\,\Omega$,$C_1 = 1\,F$,$C_2 = 2\,F$。试确定电路中的电阻 $R_2$。

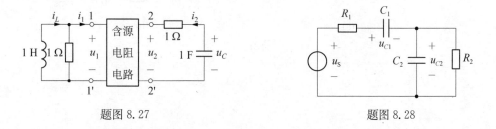

| 题图 8.27 | 题图 8.28 |

**8.29　解微分方程电路**　利用电路元件可以设计出求解微分方程的电路。如题图 8.29 所示为由四个运放构成的解微分方程电路。已知 $C_1 = C_2 = C$，$RC = 1$。试列写以 $y(t)$ 为变量的电路方程。

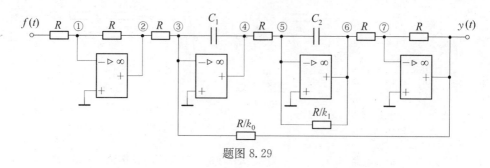

题图 8.29

**8.30　LC 振荡电路**　LC 振荡电路是一种利用 LC 并联电路构成的正弦波振荡电路，如题图 8.30 所示。试求电路产生等幅正弦波振荡的条件及振荡频率。

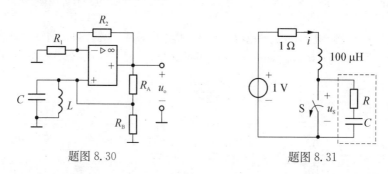

题图 8.30　　　　　　　　题图 8.31

**8.31　降低感应冲击的 RC 缓冲电路**　在含电感元件的电路中，如果与电感串联的开关突然断开，由电感电流的连续性质可知，开关两端将出现非常大的电压，导致电路不能工作或者烧毁。如题图 8.31 所示即为一种常见的降低电感冲击的解决方案，其中的 RC 串联支路称为缓冲电路。取 $C = 10\ \text{nF}$，为使开关 S 断开后电路的响应不存在振荡，试求：(1)电阻 $R$ 的值；(2)缓冲电路接入前后 $u_S$ 的峰值。

**8.32　除颤器电路**　电除颤是以一定量的电流冲击心脏从而使心室纤颤终止的方法。直流除颤器于1962 年由 Bernard Lown 发明，其电路模型如题图 8.32(a)所示，其中除颤电极间的人体电阻为 $R = 50\ \Omega$。开关 S 从位置 1 拨向位置 2 后的电压 $u_o$ 响应波形如题图 8.32(b)所示，试设计 $L$ 和 $C$ 的参数值。

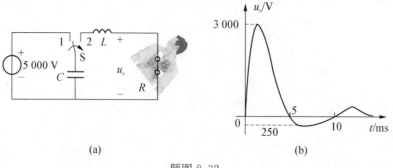

(a)　　　　　　　　(b)

题图 8.32

# 9 正弦稳态电路

线性非时变电路在正弦电源激励下，若其响应（电压、电流等）都是与输入同频率的正弦量，则称该电路处于**正弦稳态**（sinusoidal steady-state）。处于正弦稳态的电路称为**正弦稳态电路**（sinusoidal steady-state circuit）。在工程上，正弦稳态电路常称为交流电路，它在电子工程、电气工程、控制工程等领域具有重要的理论意义和工程应用价值。对正弦稳态电路的分析一般采用相量分析法。本章介绍分析正弦稳态电路的相量法。

谐振是正弦电路中特有的现象，本章将通过相量分析引入谐振的概念。本章还讨论正弦稳态电路的功率，包括瞬时功率、有功（平均）功率、无功功率、视在功率、复功率等。以电路端口为线索，介绍了一端口电路的最大功率传输定理。

## 9.1 相量及其基本性质

### 9.1.1 正弦量及其描述

1）正弦量

按照正弦规律变化的物理量都称为**正弦量**（sinusoid）。具有正弦函数形式或余弦函数形式变化规律的物理量，由于仅存在 90°相位差，所以它们都是正弦量。本书中以余弦函数形式表达正弦量。在电路理论中，正弦量一般指按正弦规律变化的电压或电流。

在第 7.7 节已经指出，一个正弦量，如电压 $u$ 的表达式为

$$u = U_m\cos(\omega t + \varphi) \tag{9.1.1}$$

式中，$U_m$、$\omega$ 和 $\varphi$ 分别为正弦电压的振幅（也称最大值）、角频率和初相位，它们合称为正弦量的三要素。

由于 $\omega = 2\pi/T$ 及 $f = 1/T$，式(9.1.1)也可写为

$$u = U_m\cos\left(\frac{2\pi}{T}t + \varphi\right) = U_m\cos(2\pi ft + \varphi) \tag{9.1.2}$$

式中，$T$ 为正弦电压的周期，SI 单位为 s；$f$ 为正弦电压的频率，SI 单位为 Hz。

2）正弦量的有效值

正弦量是周期变化的量，周期量（电流、电压等）的瞬时值是随时间（周期）变化的。在实际应用中往往并不需要知道周期量在每一个瞬间的大小，这样就需要为它们规定一个表征大小的特征值，为此引入有效值的概念。在电路理论中将正弦量或周期量在一个周期内的做功能力换算成具有相同做功能力的直流量，该直流量的大小称为**有效值**（effective value),并用相应的大写字母表示。

当周期电流 $i$ 流过电阻 $R$ 时,在一个周期 $T$ 内所做的功为

$$w = \int_0^T R i^2 \mathrm{d}t \tag{9.1.3}$$

同理,若有直流电流 $I$ 流过电阻 $R$ 时,则在 $T$ 这段时间内所做的功应为 $RI^2T$。假设这两个电流在电阻 $R$ 上做功的大小相同,则有

$$RI^2T = \int_0^T R i^2 \mathrm{d}t \tag{9.1.4}$$

因此

$$I = \sqrt{\frac{1}{T} \int_0^T i^2 \mathrm{d}t} \tag{9.1.5}$$

式(9.1.5)就是周期电流 $i$ 有效值的定义式,它表明周期量的有效值等于瞬时值的平方在一个周期内积分的平均值的平方根,因此又称为**方均根值**(root-mean-square value,简写为 rms)。

将正弦电流 $i = I_\mathrm{m}\cos(\omega t + \varphi)$ 代入式(9.1.5),得

$$I = \sqrt{\frac{1}{T} \int_0^T I_\mathrm{m}^2 \cos^2(\omega t + \varphi) \mathrm{d}t} = \frac{I_\mathrm{m}}{\sqrt{2}} = 0.707 I_\mathrm{m} \tag{9.1.6}$$

式(9.1.6)即为正弦电流有效值与其振幅之间的关系。同样,正弦电压 $u(t) = U_\mathrm{m}\cos(\omega t + \varphi)$ 的有效值为

$$U = \sqrt{\frac{1}{T} \int_0^T u^2 \mathrm{d}t} = \frac{U_\mathrm{m}}{\sqrt{2}} = 0.707 U_\mathrm{m} \tag{9.1.7}$$

可见,正弦量的振幅与有效值之比为 $\sqrt{2}$,且与正弦量的频率和初相位无关。

引入了有效值后,正弦电流和电压又可写为

$$u = \sqrt{2}U\cos(\omega t + \varphi_u), \quad i = \sqrt{2}I\cos(\omega t + \varphi_i) \tag{9.1.8}$$

工程中所用的交流电压表和电流表,其表面标尺的刻度通常都是电压和电流的有效值。交流电机等电器的铭牌上所标明的额定电压和电流一般也是指有效值。

3) 正弦量的相位差

对于两个同频率的正弦量,常常需要确定它们之间的相位关系。设正弦电压 $u = U_\mathrm{m}\cos(\omega t + \varphi_u)$ 和正弦电流 $i = I_\mathrm{m}\cos(\omega t + \varphi_i)$,则它们的**相位差**(phase difference)为

$$(\omega t + \varphi_u) - (\omega t + \varphi_i) = \varphi_u - \varphi_i \tag{9.1.9}$$

可见,虽然各正弦量的相位 $(\omega t + \varphi_u)$ 和 $(\omega t + \varphi_i)$ 都是时间的函数,但由于两正弦量的角频率相同,所以相位差是一常量,等于它们的初相位之差。

由式(9.1.9)可以得出同频率的两正弦量之间的相位关系:若 $\varphi_u - \varphi_i > 0$,如图 9.1.1 所示,则称 $u$ **超前**(lead)于 $i$,也就是 $u$ 的波形比 $i$ 的波形先达到最大值或先达到零值。反之,若 $\varphi_u -$

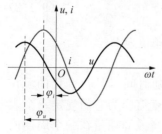

图 9.1.1　$u$ 超前于 $i$ 的波形

$\varphi_i < 0$，则称 $u$ **滞后**（lag）于 $i$。超前或滞后的相位差通常以 $180°$ 为限，如两个正弦量的相位差为 0，则称它们**同相**（in phase）；如为 $90°$，则称它们相位**正交**（phase quadrature）；如为 $180°$，则称它们**反相**（phase inversion）。

必须指出的是，在比较两个正弦量的相位时，应将两个正弦量均用正弦函数或余弦函数表示。

在写出正弦量的函数或绘制正弦量的波形时，需要设定时间坐标的原点，即 $t = 0$ 点。如果将图 9.1.1 中的时间原点取为正弦电流 $i$ 达到最大值的时间点，如图 9.1.2 所示，则 $i$ 的初相位 $\varphi_i = 0$，其表达式可写为

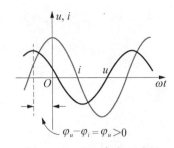

图 9.1.2　$i$ 为参考正弦量
的波形

$$i = I_\mathrm{m}\cos\omega t \tag{9.1.10}$$

称这个初相位为零的正弦量为参考正弦量。$u$ 的表达式可写为

$$u = U_\mathrm{m}\cos(\omega t + \varphi_u) \tag{9.1.11}$$

显然，参考正弦量可以任意选取，它并不影响正弦量之间的相位差。

**例 9.1.1**　如图 9.1.3 所示为三个正弦电压的波形，其角频率为 $\omega = 314\ \mathrm{rad/s}$，试以 $u_3$ 为参考正弦量写出各电压的表达式。

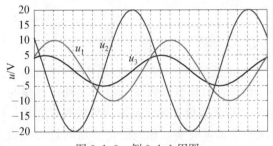

图 9.1.3　例 9.1.1 用图

**解**　由图 9.1.3 所示的电压波形可知，$u_1$、$u_2$ 和 $u_3$ 的振幅分别为 10 V、20 V 和 5 V。以 $u_3$ 为参考正弦量，其表达式为

$$u_3 = 5\cos 314t\ \mathrm{V}$$

正弦波形的一个周期的相位为 $360°$，在图 9.1.3 中时间轴上占 12 格，因此时间轴上每一格代表 $30°$。由图 9.1.3 所示波形可知，$u_1$ 滞后 $u_3\ 30°$，$u_2$ 超前 $u_3\ 90°$，于是得到

$$u_1 = 10\cos(314t - 30°)\ \mathrm{V}$$
$$u_2 = 20\cos(314t + 90°)\ \mathrm{V}$$

### 9.1.2　相量的基本概念

第 7.7 节讨论了一阶电路在正弦电源激励下的响应，其分析过程是十分复杂的。当只需求解正弦稳态响应时，此时电路中各个电压、电流响应都为与激励同频率的正弦量。因此在已知频率的情况下，可以只关注正弦稳态电路中电路变量的振幅和初相位。为此引入用于表示正弦量振幅和初相位、且与时间无关的复数——**相量**（phasor）。用复数（相量）的运算代替正弦量的运算，可以简化正弦稳态电路的分析与计算。

设正弦量为

$$f(t) = A_\mathrm{m}\cos(\omega t + \varphi) \tag{9.1.12}$$

由欧拉公式 $\mathrm{e}^{j\theta} = \cos\theta + j\sin\theta$ 可知，如果令 $\theta = \omega t$，则有

$$\cos\omega t = \mathrm{Re}(\mathrm{e}^{j\omega t})，\quad \sin\omega t = \mathrm{Im}(\mathrm{e}^{j\omega t}) \tag{9.1.13}$$

于是式(9.1.12)可表示为

$$f(t) = \mathrm{Re}(A_{\mathrm{m}}\mathrm{e}^{\mathrm{j}(\omega t+\varphi)}) = \mathrm{Re}(A_{\mathrm{m}}\mathrm{e}^{\mathrm{j}\varphi}\mathrm{e}^{\mathrm{j}\omega t}) = \mathrm{Re}(\dot{A}_{\mathrm{m}}\mathrm{e}^{\mathrm{j}\omega t}) = \mathrm{Re}\left[(A_{\mathrm{m}}\angle\varphi)\mathrm{e}^{\mathrm{j}\omega t}\right]$$

$$(9.1.14)$$

其中

$$\dot{A}_{\mathrm{m}} = A_{\mathrm{m}}\mathrm{e}^{\mathrm{j}\varphi} = A_{\mathrm{m}}\angle\varphi \tag{9.1.15}$$

式中,$\dot{A}_{\mathrm{m}}$ 是一个复数,其模 $A_{\mathrm{m}}$ 和辐角 $\varphi$ 分别为正弦量 $f(t)$ 的振幅和初相位。把这个含有正弦量 $f(t)$ 三要素中的振幅和初相位两个要素信息的复数称为振幅相量。

由于正弦量的有效值是振幅的 $1/\sqrt{2}$,因此有

$$\dot{A}_{\mathrm{m}} = A_{\mathrm{m}}\angle\varphi = \sqrt{2}A\angle\varphi \tag{9.1.16}$$

称 $A\angle\varphi$ 为有效值相量,记为 $\dot{A}$,即

$$\dot{A} = A\angle\varphi \tag{9.1.17}$$

显然,有效值相量也是一个复数,它的模和辐角分别为正弦量的有效值和初相位。显然,振幅相量和有效值相量之间的关系为

$$\dot{A}_{\mathrm{m}} = \sqrt{2}\dot{A} \tag{9.1.18}$$

振幅相量一般附加下标 m,如 $\dot{I}_{\mathrm{m}}$ 和 $\dot{U}_{\mathrm{m}}$,有效值相量则无下标 m,如 $\dot{I}$ 和 $\dot{U}$。

正弦量是时间 $t$ 的函数,属于时域表示;相量是与正弦量相对应的复数,属于复数域,给定频率的正弦量和相量(复数)之间存在一一对应关系。因此,相量从数学上看是一种正弦量与复数之间的变换,称为**相量变换**(phasor transform)。将正弦量变换成有效值相量或振幅相量的过程称为相量的正变换;将已知的有效值相量或振幅相量变换成相应的正弦量的过程称为相量反变换。

由式(9.1.14)可知,当已知正弦量时,可以写出对应的相量,反之亦然。正弦量与相量的对应关系为

正弦量              相量

$$f(t) = A_{\mathrm{m}}\cos(\omega t+\varphi) = \sqrt{2}A\cos(\omega t+\varphi) \quad\Leftrightarrow\quad \dot{A}_{\mathrm{m}} = A_{\mathrm{m}}\angle\varphi \quad \text{或} \quad \dot{A} = A\angle\varphi$$

这里在表示相量与正弦量关系时,采用了符号"⇔",是为了表明相量与相应的正弦量之间的一一对应关系。应该注意,相量并不等于正弦量。

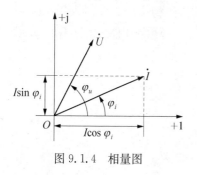

图 9.1.4 相量图

作为复数,相量在复平面上可以用有向线段表示,其中有向线段的长度代表正弦量的有效值或振幅,有向线段与实轴之间的夹角代表正弦量的初相位。图 9.1.4 给出了分别表示电压相量 $\dot{U} = U\angle\varphi_u$ 和电流相量 $\dot{I} = I\angle\varphi_i$ 的有向线段。这种表示相量的图形称为**相量图**(phasor diagram)。利用相量图可以将电路中的各电压、电流相量表示在一个相量图中,各电压或电流相量之间的关系可以通过相量图直观地反映出来。

在式(9.1.14)中的另一复数 $e^{j\omega t}$ 在复平面上是一个以角速度 $\omega$ 逆时针方向旋转的单位长度矢量,称为**旋转因子**(rotating factor)。振幅相量与旋转因子的乘积 $\dot{A}_m e^{j\omega t} = \sqrt{2}\dot{A}e^{j\omega t}$ 表示长度为 $A_m = \sqrt{2}A$ 的矢量在复平面上以角速度 $\omega$ 逆时针方向旋转,它随时间 $t$ 的不同在复平面上旋转到不同的位置,如图9.1.5所示,因此也称 $\dot{A}_m e^{j\omega t}$ 为**旋转相量**(rotating phasor)。从几何意义上讲,用余弦形式表示的正弦量等于对应的旋转相量在实轴上的投影,将所得投影作为纵坐标,对应的时间作为横坐标,即得正弦量 $f(t)$ 的波形。

当任意一相量 $\dot{A} = A\angle\varphi$ 与旋转因子 $e^{j\theta}$ 相乘时,有

$$\dot{A}e^{j\theta} = \dot{A} \times 1\angle\theta = A\angle\varphi \times 1\angle\theta = A\angle(\varphi+\theta) \qquad (9.1.19)$$

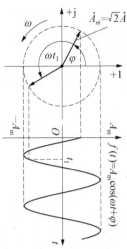

图 9.1.5 旋转相量和正弦量

上式表明,相量 $\dot{A}$ 与 $e^{j\theta}$ 的乘积,其结果是使相量 $\dot{A}$ 沿逆时针方向旋转 $\theta$ 角度,而其模的大小不变。特别地,当 $\theta = \pm 90°$ 时,$e^{\pm j90°} = \pm j$。一个相量乘以 $+j$,则该相量向逆时针方向旋转 $90°$,模的大小不变;若乘以 $-j$,则该相量向顺时针方向旋转 $90°$,模的大小不变,如图9.1.6所示,称 $\pm j$ 为 $\pm 90°$ 旋转因子。

**例 9.1.2** 已知 $u = 10\sqrt{2}\cos(\omega t + 30°)$ V, $i = 20\sqrt{2}\sin(\omega t + 60°)$ A,试写出对应的有效值相量,并绘出相量图。

**解** (1)按照相量与正弦量的对应关系有

$$u = 10\sqrt{2}\cos(\omega t + 30°) \text{ V} \iff \dot{U} = 10\angle 30° \text{ V}$$

(2) $i = 20\sqrt{2}\sin(\omega t + 60°)$ A $= 20\sqrt{2}\cos(\omega t - 30°)$ A

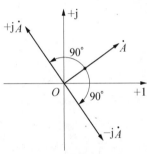

图 9.1.6 旋转因子 $+j$ 与 $-j$

由上式可直接写出表示 $i$ 的相量为 $\dot{I} = 20\angle -30°$ A。

相量图如图9.1.7所示,从图中可以了解这两个电压的相位关系。

**例 9.1.3** 试将 $\dot{I} = 20\angle 65°$ A 变换成正弦量 $i$,设角频率为 $\omega$。

**解** 由正弦量与相量的对应关系直接写出

$$i = 20\sqrt{2}\cos(\omega t + 65°) \text{ A}$$

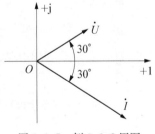

图 9.1.7 例 9.1.2 用图

### 9.1.3 相量变换的基本性质

为了应用相量来分析正弦稳态电路,还需研究相量变换的若干性质。

**线性性质** 设 $k_1$ 和 $k_2$ 是两个实常数,如果正弦量 $f_1(t) = \text{Re}(\sqrt{2}\dot{A}_1\angle\omega t)$、$f_2(t) = \text{Re}(\sqrt{2}\dot{A}_2\angle\omega t)$,亦即正弦量 $f_1(t)$ 和 $f_2(t)$ 对应的相量分别是 $\dot{A}_1$ 和 $\dot{A}_2$,则正弦量 $k_1 f_1(t) \pm k_2 f_2(t)$ 对应的相量为 $k_1\dot{A}_1 \pm k_2\dot{A}_2$。

**证明**

$$k_1 f_1(t) \pm k_2 f_2(t) = \text{Re}(\sqrt{2}k_1\dot{A}_1\angle\omega t) \pm \text{Re}(\sqrt{2}k_2\dot{A}_2\angle\omega t) = \text{Re}[\sqrt{2}(k_1\dot{A}_1 \pm$$

$k_2\dot{A}_2)\angle\omega t]$ 亦即 $k_1 f_1(t) \pm k_2 f_2(t)$ 可用相量 $k_1\dot{A}_1 \pm k_2\dot{A}_2$ 表示。

相量的线性性质说明相量变换满足齐次性和可加性,即若干同频率正弦量的线性组合的相量,等于各个正弦量的相量的线性组合。

**例9.1.4** 已知 $f(t) = K_1 \cos \omega t + K_2 \sin \omega t$,且 $\dot{A} \Leftrightarrow f(t)$,试证明:$\dot{A} = K_1 - jK_2$。

**证明** 由相量的定义,可得

$$K_1 \cos \omega t \Leftrightarrow K_1 \angle 0°, \quad K_2 \sin \omega t = K_2 \cos(\omega t - 90°) \Leftrightarrow K_2 \angle -90°$$

因此,由相量变换的线性性质可得

$$\dot{A} = K_1 \angle 0° + K_2 \angle -90° = K_1 - jK_2$$

本例也可用三角函数的和差化公式来证明,但较为复杂。证明过程如下:

$$f(t) = K_1 \cos \omega t + K_2 \sin \omega t = \sqrt{K_1^2 + K_2^2} \cos[\omega t - \tan^{-1}(K_2/K_1)]$$

$$\Rightarrow \dot{A} = \sqrt{K_1^2 + K_2^2} \angle [-\tan^{-1}(K_2/K_1)] = K_1 - jK_2$$

**微分性质** 如果正弦量 $f(t)$ 对应的相量为 $\dot{A}$,则正弦量 $\dfrac{df(t)}{dt}$ 对应的相量为 $j\omega\dot{A}$。

**证明**

$$\frac{df(t)}{dt} = \frac{d[\text{Re}(\sqrt{2}\dot{A}e^{j\omega t})]}{dt} = \text{Re}\left(\sqrt{2}\dot{A}\frac{de^{j\omega t}}{dt}\right) = \text{Re}[\sqrt{2}\dot{A}(j\omega e^{j\omega t})] = \text{Re}[\sqrt{2}(j\omega\dot{A})e^{j\omega t}]$$

因此

$$\frac{df(t)}{dt} \Leftrightarrow j\omega\dot{A}$$

上述结果可推广到 $n$ 阶微分的情况,即如果正弦量 $f(t)$ 对应的相量是 $\dot{A}$,则 $d^n f(t)/dt^n$ 对应的相量为 $(j\omega)^n\dot{A}$。

**积分性质** 如果正弦量 $f(t)$ 对应的相量是 $\dot{A}$,则 $\displaystyle\int f(t)dt$ 对应的相量为 $\dfrac{1}{j\omega}\dot{A}$。

此性质的证法类似于微分性质的证法。

对于 $n$ 阶积分的情况,则 $\displaystyle\underbrace{\int\cdots\int}_{n} f(t)dt^n$ 对应的相量为 $\dfrac{1}{(j\omega)^n}\dot{A}$。

**例9.1.5** 试利用相量的微分性质和积分性质证明例9.1.4。

**证明** $f(t) = K_1 \cos \omega t + K_2 \sin \omega t = K_1 \cos \omega t - \dfrac{1}{\omega}\dfrac{d}{dt}(K_2 \cos \omega t)$

利用相量的微分性质,可得

$$\dot{A} = K_1 \angle 0° - \frac{1}{\omega}j\omega K_2 \angle 0° = K_1 - jK_2$$

又因为 $f(t) = K_1 \cos \omega t + K_2 \sin \omega t = K_1 \cos \omega t + \omega K_2 \displaystyle\int \cos \omega t \, dt$

因此,由相量变换的积分性质,可得

$$\dot{A} = K_1 \angle 0° + \frac{1}{j\omega}\omega K_2 \angle 0° = K_1 - jK_2$$

相量的微分性质和积分性质表明,采用相量变换,可以将正弦量对时间的微分和积分运算,变换为相量中的复数代数运算,这对计算动态电路在正弦激励下的稳态响应带来极大的方便。

以二阶微分方程为例,若二阶线性非时变电路在正弦输入激励下的电路方程为

$$a_0 \frac{d^2 y}{dt^2} + a_1 \frac{dy}{dt} + a_2 y = A_m \cos(\omega t + \varphi) \tag{9.1.20}$$

式中,$a_0$、$a_1$、$a_2$ 以及 $A$、$\omega$、$\varphi$ 均为常数。

假设 $j\omega$ 不是特征方程的根,则电路的稳态响应就是上述微分方程的特解,它是与激励同频率的正弦量,即

$$y = Y_m \cos(\omega t + \psi) \tag{9.1.21}$$

对式(9.1.20)两边求相量正变换,得

$$a_0 \frac{d^2}{dt^2} \text{Re}(\dot{Y}_m e^{j\omega t}) + a_1 \frac{d}{dt} \text{Re}(\dot{Y}_m e^{j\omega t}) + a_2 \text{Re}(\dot{Y}_m e^{j\omega t}) = \text{Re}(\dot{A}_m e^{j\omega t}) \tag{9.1.22}$$

式中,$\dot{A}_m = A_m e^{j\varphi}$ 为正弦激励所对应的振幅相量,$\dot{Y}_m = Y_m e^{j\psi}$ 为正弦稳态响应所对应的振幅相量。根据相量的线性性质和微分性质,可得

$$\text{Re}[a_0 (j\omega)^2 \dot{Y}_m e^{j\omega t}] + \text{Re}[a_1 (j\omega) \dot{Y}_m e^{j\omega t}] + \text{Re}(a_2 \dot{Y}_m e^{j\omega t}) = \text{Re}(\dot{A}_m e^{j\omega t}) \tag{9.1.23}$$

上式又可写为

$$\text{Re}[a_0 (j\omega)^2 \dot{Y}_m e^{j\omega t} + a_1 (j\omega) \dot{Y}_m e^{j\omega t} + a_2 \dot{Y}_m e^{j\omega t}] = \text{Re}(\dot{A}_m e^{j\omega t}) \tag{9.1.24}$$

即

$$[a_0 (j\omega)^2 + a_1 (j\omega) + a_2] \dot{Y}_m = \dot{A}_m \tag{9.1.25}$$

由式(9.1.25)可见,微分方程的特解所对应的相量 $\dot{Y}_m$ 满足一个复数代数方程。由式(9.1.25)解得

$$\dot{Y}_m = \frac{\dot{A}_m}{a_0 (j\omega)^2 + a_1 (j\omega) + a_2} = \frac{\dot{A}_m}{a_2 - a_0 \omega^2 + ja_1 \omega} \tag{9.1.26}$$

由此可得相量 $\dot{Y}_m$ 的模为

$$Y_m = \frac{A_m}{\sqrt{(a_2 - a_0 \omega^2)^2 + a_1^2 \omega^2}} \tag{9.1.27}$$

相量 $\dot{Y}_m$ 的辐角为

$$\psi = \varphi - \arg(a_2 - a_0 \omega^2 + ja_1 \omega) \tag{9.1.28}$$

式中,arg 指复数的辐角。于是得到微分方程的特解为

$$y(t) = \frac{A_{\mathrm{m}}}{\sqrt{(a_2 - a_0\omega^2)^2 + a_1^2\omega^2}} \cos\left[\omega t + \varphi - \arg(a_2 - a_0\omega^2 + \mathrm{j}a_1\omega)\right]$$

$$(9.1.29)$$

上述方法不难推广到 $n$ 阶电路求解正弦稳态解的情况。通过上面的讨论，得到了一种求解正弦稳态响应的方法，即先列写电路的微分方程，再利用相量变换求解微分方程的特解。与时域求解正弦稳态解的方法相比，这里的方法在方程求解上显得非常方便，但仍存在列写电路微分方程的不便。本章接下来将进一步讨论更加简化的方法。

## 9.2　基尔霍夫定律的相量形式

正弦稳态电路中的各支路电流和各支路电压都是相同频率的正弦量，可以用相量将 KCL 和 KVL 方程的时域形式变换为相对应的相量形式。

在任意时刻，对于正弦稳态电路中的任意节点，KCL 可表示为

$$\sum_{k=1}^{n} i_k = \sum_{k=1}^{n} \mathrm{Re}(\sqrt{2}\,\dot{I}_k \mathrm{e}^{\mathrm{j}\omega t}) = 0 \qquad (9.2.1)$$

式中，$\dot{I}_k = I_k \mathrm{e}^{\mathrm{j}\varphi_k}$ 为流出该节点的第 $k$ 条支路正弦电流 $i_k$ 的有效值相量，$n$ 为连接该节点的支路数。根据相量的线性性质，有

$$\sum_{k=1}^{n} \dot{I}_k = 0 \qquad (9.2.2)$$

式(9.2.2)就是 KCL 方程的相量形式，它表明：对处于正弦稳态下的任一集中参数电路中的任一节点，流出(或流入)该节点的所有支路电流相量的代数和等于零。

同理，对于正弦稳态电路中的任意回路，KVL 可表示为

$$\sum_{k=1}^{n} \dot{U}_k = 0 \qquad (9.2.3)$$

式中，$n$ 为该回路中的支路数；$\dot{U}_k$ 表示回路中第 $k$ 条支路电压的有效值相量。式(9.2.3)就是 KVL 方程的相量形式，它表明：对处于正弦稳态条件下的任一集中参数电路中的任一回路，沿该回路的所有支路电压相量的代数和等于零。

显然，如果采用振幅相量，也可得到与式(9.2.2)和式(9.2.3)类似的 KCL 和 KVL 的相量形式。

**例 9.2.1**　图 9.2.1 所示为电路中的一个节点，已知 $i_1 = 20\cos(2\pi t + 45°)$ A，$i_2 = 30\sin(2\pi t - 60°)$ A，试求 $i_3$。

**解**　首先写出已知电流 $i_1$ 和 $i_2$ 的振幅相量为

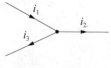

$$\dot{I}_{1\mathrm{m}} = 20\angle 45° \text{ A}, \quad \dot{I}_{2\mathrm{m}} = 30\angle -150° \text{ A}$$

设 $i_3$ 的振幅相量为 $\dot{I}_{3\mathrm{m}}$，则由 KCL 的相量形式可知

图 9.2.1　例 9.2.1
用图

$$-\dot{I}_{1\mathrm{m}} + \dot{I}_{2\mathrm{m}} + \dot{I}_{3\mathrm{m}} = 0$$

即 $\dot{I}_{3m}=\dot{I}_{1m}-\dot{I}_{2m}=20\angle 45^\circ-30\angle-150^\circ=40.12+j29.14=49.6\angle 36.0^\circ$ A

根据相量 $\dot{I}_{3m}$ 写出电流 $i_3$ 为

$$i_3(t)=49.6\cos(2\pi t+36.0^\circ)\ \text{A}$$

**例 9.2.2** 图 9.2.2 所示为电路中的一个回路，已知 $u_1=10\sqrt{2}\cos(2t+60^\circ)$ V，$u_2=20\sqrt{2}\sin(2t-90^\circ)$ V，$u_3=30\sqrt{2}\cos(2t-90^\circ)$ V，试求 $u_4$。

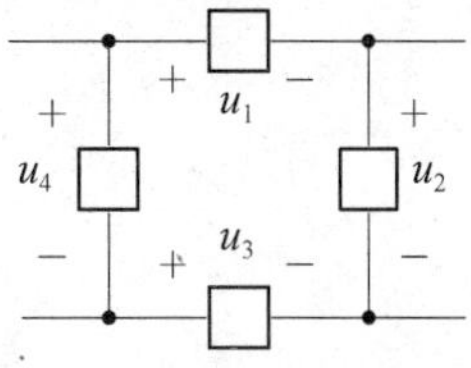


图 9.2.2 例 9.2.2 用图

**解** 由 KVL 的相量形式可得

$$\dot{U}_1+\dot{U}_2-\dot{U}_3-\dot{U}_4=0$$

式中，$\dot{U}_1=10\angle 60^\circ\ \text{V}=(5+j8.66)\ \text{V}$

$\dot{U}_2=20\angle 180^\circ\ \text{V}=-20\ \text{V}$，$\dot{U}_3=30\angle-90^\circ\ \text{V}=-j30\ \text{V}$

于是可得

$$\begin{aligned}\dot{U}_4&=\dot{U}_1+\dot{U}_2-\dot{U}_3=(5+j8.66-20+j30)\ \text{V}\\&=(-15+j38.66)\ \text{V}=41.47\angle 111.2^\circ\ \text{V}\end{aligned}$$

根据相量 $\dot{U}_4$ 写出电压为

$$u_4=41.47\sqrt{2}\cos(2t+111.21^\circ)=58.7\cos(2t+111.2^\circ)\ \text{V}$$

## 9.3 电路元件 VCR 的相量形式

### 9.3.1 二端电路元件 VCR 的相量形式

在关联参考方向下，线性非时变二端电路元件电阻、电容和电感的 VCR 分别为

$$u=Ri,\ i=C\frac{du}{dt},\ u=L\frac{di}{dt} \tag{9.3.1}$$

在正弦稳态电路中，这些元件的电压、电流都是同频率的正弦量。设电压、电流正弦量及其有效值相量分别为

$$i=\sqrt{2}I\cos(\omega t+\varphi_i)\quad\Leftrightarrow\quad\dot{I}=I\angle\varphi_i \tag{9.3.2}$$

$$u=\sqrt{2}U\cos(\omega t+\varphi_u)\quad\Leftrightarrow\quad\dot{U}=U\angle\varphi_u \tag{9.3.3}$$

下面推导三种二端电路元件 VCR 的相量形式。

设有电阻支路与正弦稳态电路相连接，如图 9.3.1(a)所示，则由式(9.3.1)可知

$$\sqrt{2}U\cos(\omega t+\varphi_u)=R\times\sqrt{2}I\cos(\omega t+\varphi_i) \tag{9.3.4}$$

式(9.3.4)可表示为

$$\text{Re}(\sqrt{2}\dot{U}e^{j\omega t})=R\times\text{Re}(\sqrt{2}\dot{I}e^{j\omega t})=\text{Re}(\sqrt{2}R\dot{I}e^{j\omega t}) \tag{9.3.5}$$

因此

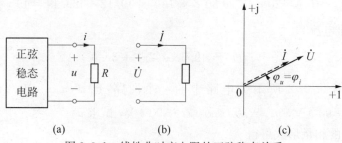

图 9.3.1　线性非时变电阻的正弦稳态关系

(a) 时域模型　(b) 相量模型　(c) 相量图

$$\dot{U}=R\dot{I} \quad 或 \quad U\angle\varphi_u=RI\angle\varphi_i \qquad (9.3.6)$$

式(9.3.6)称为电阻 VCR 的相量形式。根据两个复数相等的规则,可得电阻的端电压与端电流的有效值与相位关系为

$$\begin{cases} U=RI \quad 或 \quad I=GU \\ \varphi_u=\varphi_i \end{cases} \qquad (9.3.7)$$

由此可见,电阻电压有效值(或振幅)与电流有效值(或振幅)之间的关系服从欧姆定律,电压和电流具有相同的初相位。

　　根据式(9.3.6)可建立电阻元件的相量模型如图 9.3.1(b)所示,图 9.3.1(c)为对应的相量图,其中,相量 $\dot{U}$ 和 $\dot{I}$ 的长度(由所选的比例尺确定)表示各自的有效值,它们与实轴之间的夹角 $\varphi_u$ 和 $\varphi_i$ 分别是各自的初相位,两者相等。

　　为研究电容 VCR 的相量形式,设有电容支路与正弦稳态电路相连接,如图 9.3.2(a)所示,则由式(9.3.1)可知

$$\mathrm{Re}(\sqrt{2}\,\dot{I}\mathrm{e}^{\mathrm{j}\omega t})=C\frac{\mathrm{d}}{\mathrm{d}t}\mathrm{Re}(\sqrt{2}\dot{U}\mathrm{e}^{\mathrm{j}\omega t})=\mathrm{Re}(\mathrm{j}\omega C\sqrt{2}\dot{U}\mathrm{e}^{\mathrm{j}\omega t}) \qquad (9.3.8)$$

因此有

$$\sqrt{2}\,\dot{I}\mathrm{e}^{\mathrm{j}\omega t}=\mathrm{j}\omega C\sqrt{2}\dot{U}\mathrm{e}^{\mathrm{j}\omega t} \qquad (9.3.9)$$

即

$$\dot{I}=\mathrm{j}\omega C\dot{U} \quad 或 \quad \dot{U}=\frac{\dot{I}}{\mathrm{j}\omega C} \qquad (9.3.10)$$

式(9.3.10)称为电容 VCR 的相量形式。由式(9.3.10)可得电容电压与电容电流有效值及相位关系为

$$\begin{cases} I=\omega CU \quad 或 \quad U=\frac{1}{\omega C}I \\ \varphi_u=\varphi_i-90° \end{cases} \qquad (9.3.11)$$

电容元件的相量模型如图 9.3.2(b)所示,图 9.3.2(c)为相应的相量图,其中,相量 $\dot{U}$ 和 $\dot{I}$

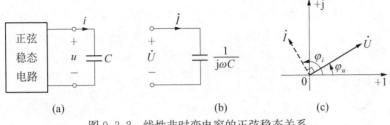

图 9.3.2　线性非时变电容的正弦稳态关系

(a) 时域模型　(b) 相量模型　(c) 相量图

的长度表示各自的有效值,它们与实轴之间夹角 $\varphi_u$ 和 $\varphi_i$ 分别是各自的初相位,两者之差为 $-90°$,即电容电压滞后电容电流 $90°$。

对电感元件来说,如图 9.3.3(a)所示,由于电感 VCR 与电容 VCR 存在对偶关系,因此,可根据已得到的电容 VCR 的相量形式得到电感 VCR 的相量形式为

$$\dot{U} = j\omega L\dot{I} \quad 或 \quad \dot{I} = \frac{1}{j\omega L}\dot{U} \tag{9.3.12}$$

式(9.3.12)称为电感 VCR 的相量形式。由式(9.3.12)可得电感电压与电感电流有效值及相位关系为

$$\begin{cases} U = \omega LI \quad 或 \quad I = \dfrac{1}{\omega L}U \\ \varphi_u = \varphi_i + 90° \end{cases} \tag{9.3.13}$$

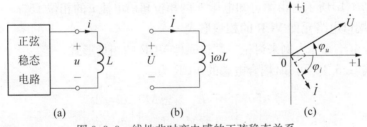

图 9.3.3　线性非时变电感的正弦稳态关系

(a) 时域模型　(b) 相量模型　(c) 相量图

电感元件的相量模型如图 9.3.3(b)所示,图 9.3.3(c)为相应的相量图,其中,相量 $\dot{U}$ 和 $\dot{I}$ 的长度表示各自的有效值,它们与实轴之间夹角 $\varphi_u$ 和 $\varphi_i$ 分别是各自的初相位,两者之差为 $90°$,即电感电压超前电感电流 $90°$。

**例 9.3.1**　电路如图 9.3.4(a)所示,已知 $i = \sqrt{2}\cos(1\,000t + 60°)$ A, $R = 10\ \Omega$, $L = 20$ mH, $C = 100\ \mu\text{F}$,试求 $u$。

**解**　(1) 理想电流源电流相量为 $\dot{I} = 1\angle 60°$ A。

(2) 由 KCL 可知,流经电阻、电感、电容元件的电流相量均为 $\dot{I}$,因此电阻、电感、电容元件两端的电压相量分别为

$$\dot{U}_R = R\dot{I} = 10\angle 60° \text{ V} = (5 + j8.66) \text{ V}$$

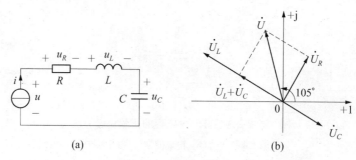

图 9.3.4　例 9.3.1 用图

$$\dot{U}_L = \mathrm{j}\omega L \dot{I} = 1\,000 \times 20 \times 10^{-3} \times 1 \angle (60° + 90°)\ \mathrm{V} = 20 \angle 150°\ \mathrm{V} = (-17.32 + \mathrm{j}10)\ \mathrm{V}$$

$$\dot{U}_C = \frac{\dot{I}}{\mathrm{j}\omega C} = \frac{1 \angle 60°}{1\,000 \times 100 \times 10^{-6} \angle 90°}\ \mathrm{V} = 10 \angle -30°\ \mathrm{V} = (8.66 - \mathrm{j}5)\ \mathrm{V}$$

由 KVL 得

$$\dot{U} = \dot{U}_R + \dot{U}_L + \dot{U}_C = 5 + \mathrm{j}8.66 - 17.32 + \mathrm{j}10 + 8.66 - \mathrm{j}5$$
$$= -3.66 + \mathrm{j}13.66 = 14.14 \angle 105°\ \mathrm{V}$$

（3）由相量反变换求得 $u$ 为

$$u(t) = 14.14\sqrt{2}\cos(1\,000t + 105°) = 20\cos(1\,000t + 105°)\ \mathrm{V}$$

相量图如图 9.3.4(b)所示。由图可知电压 $u$ 的相位超前电流 $i$ 的相位 45°。

### 9.3.2　二端口电路元件 VCR 的相量形式

下面以耦合电感元件为例来讨论二端口元件 VCR 的相量形式。

由第 1 章式(1.5.12)可知,耦合电感的 VCR 为

$$\begin{bmatrix} u_1 \\ u_2 \end{bmatrix} = \begin{bmatrix} L_1 & \pm M \\ \pm M & L_2 \end{bmatrix} \begin{bmatrix} \mathrm{d}i_1/\mathrm{d}t \\ \mathrm{d}i_2/\mathrm{d}t \end{bmatrix} \tag{9.3.14}$$

对上式两边进行相量正变换,根据相量的微分性质,可得

$$\begin{bmatrix} \dot{U}_1 \\ \dot{U}_2 \end{bmatrix} = \begin{bmatrix} L_1 & \pm M \\ \pm M & L_2 \end{bmatrix} \begin{bmatrix} \mathrm{j}\omega \dot{I}_1 \\ \mathrm{j}\omega \dot{I}_2 \end{bmatrix} \tag{9.3.15}$$

即

$$\begin{bmatrix} \dot{U}_1 \\ \dot{U}_2 \end{bmatrix} = \begin{bmatrix} \mathrm{j}\omega L_1 & \pm \mathrm{j}\omega M \\ \pm \mathrm{j}\omega M & \mathrm{j}\omega L_2 \end{bmatrix} \begin{bmatrix} \dot{I}_1 \\ \dot{I}_2 \end{bmatrix} \tag{9.3.16}$$

式(9.3.14)即为耦合电感 VCR 的相量形式。

对于其他二端口电路元件,如受控源、理想变压器等,利用相量的性质同样可以推出相应 VCR 的相量形式,这里不再一一叙述。

## 9.4 阻抗与导纳

### 9.4.1 阻抗与导纳的定义

上一节讨论了三种基本二端电路元件 VCR 的相量形式,在电压、电流取关联参考方向的情况下,有

$$\dot{U} = R\dot{I}, \ \dot{U} = \frac{\dot{I}}{\mathrm{j}\omega C}, \ \dot{U} = \mathrm{j}\omega L\dot{I}$$

可以看出,上述关系均为复数代数方程,且电压、电流相量之间成比例关系。如果把电路元件在正弦稳态时电压相量与电流相量之比定义为该元件的**阻抗**(impedance),记为 $Z$,即

$$Z = \frac{\dot{U}}{\dot{I}} \tag{9.4.1}$$

那么三种基本元件的相量关系可统一为如下表达式:

$$\dot{U} = Z\dot{I} \tag{9.4.2}$$

其中电阻、电容、电感的阻抗分别为

$$Z_R = R \tag{9.4.3}$$

$$Z_C = \frac{1}{\mathrm{j}\omega C} = -\mathrm{j}\frac{1}{\omega C} \tag{9.4.4}$$

$$Z_L = \mathrm{j}\omega L \tag{9.4.5}$$

式(9.4.2)称为欧姆定律的相量形式。阻抗的 SI 单位为欧姆($\Omega$)。

由式(9.4.4)和式(9.4.5)可知,电容或电感的阻抗均为虚数,它们的阻抗可表示为 $Z = \mathrm{j}X$,$X$ 称为**电抗**(reactance),即

$$X = \mathrm{Im}[Z] \tag{9.4.6}$$

对电容而言

$$X_C = \mathrm{Im}[Z_C] = -\frac{1}{\omega C} \tag{9.4.7}$$

称为电容的电抗,简称**容抗**(capacitive reactance)。当 $C$ 值一定时,容抗与频率 $\omega$ 成反比。当 $\omega = 0$ 时,$|X_C| = \infty$,表明电容可等效为开路,所以电容具有隔离直流的性质;随着 $\omega$ 增大,$|X_C|$ 则减少;当 $\omega \to \infty$ 时,$|X_C| \to 0$,此时电容可等效为短路,因此电容具有通过交流的性质。

对电感而言

$$X_L = \mathrm{Im}[Z_L] = \omega L \tag{9.4.8}$$

称为电感的电抗,简称**感抗**(inductive reactance)。当 $L$ 值一定时,感抗与频率成正比。当 $\omega = 0$ 时,$X_L = 0$,电感可等效为短路,所以电感具有通过直流的性质;随着 $\omega$ 增大,$X_L$ 则增大,当 $\omega \to \infty$ 时,$X_L \to \infty$,电感可等效为开路,因此电感具有阻碍交流通过的

性质。

阻抗的倒数定义为**导纳**(admittance),记为 $Y$,即

$$Z = \frac{1}{Y} \tag{9.4.9}$$

或

$$Y = \frac{\dot{I}}{\dot{U}} \tag{9.4.10}$$

导纳的 SI 单位为西门子(S)。电阻、电容和电感元件的导纳分别为

$$Y_R = G \tag{9.4.11}$$
$$Y_C = j\omega C \tag{9.4.12}$$
$$Y_L = \frac{1}{j\omega L} = -j\frac{1}{\omega L} \tag{9.4.13}$$

于是,三种基本电路元件电压-电流相量关系也可以统一为

$$\dot{I} = Y\dot{U} \tag{9.4.14}$$

上式也称为欧姆定律的相量形式。

由式(9.4.12)和式(9.4.13)可知,电容或电感的导纳也均为虚数,它们的导纳可表示为 $Y = jB$,$B$ 称为**电纳**(susceptance)。即

$$B = \text{Im}[Y] \tag{9.4.15}$$

对电容而言

$$B_C = \text{Im}[Y_C] = \omega C \tag{9.4.16}$$

称为电容的电纳,简称**容纳**(capacitive susceptance)。

对电感而言

$$B_L = \text{Im}[Y_L] = -\frac{1}{\omega L} \tag{9.4.17}$$

称为电感元件的电纳,简称**感纳**(inductive susceptance)。

### 9.4.2  相量模型

运用复数(相量)分析正弦稳态电路,只有在引入阻抗和导纳的概念后方能体现其优越性。由上面的讨论可知,如用相量表示正弦稳态电路中的各电压、电流,那么,这些相量就必须服从基尔霍夫定律的相量形式和元件 VCR 的相量形式。而这些约束的相量形式与电阻电路中同一约束的形式完全相同,其差别仅在于这里不直接用电压和电流,而用代表电压和电流的相量;不用电阻和电导,而用阻抗和导纳。为了能够在正弦稳态电路分析中直接仿照电阻电路的分析方法,还必须将电路的时域模型变换为适合于相量分析的模型——**相量模型**(phasor model)。

相量模型是一种运用相量能方便地对正弦稳态电路进行分析和计算的假想模型,它与原电路具有相同的拓扑结构,而且两个电路中的元件一一对应。从原电路可按下列方法得到该

电路的相量模型：把正弦稳态电路中的电压和电流用相量表示，参考方向保持不变；理想电压源和理想电流源分别变换为相量；电路中各元件的参数值用相应的阻抗或导纳替换，例如，把电容元件的电容值 $C$ 替换为 $\dfrac{1}{\mathrm{j}\omega C}$ 或 $\mathrm{j}\omega C$，电感元件的电感值 $L$ 替换为 $\mathrm{j}\omega L$ 或 $\dfrac{1}{\mathrm{j}\omega L}$，耦合电感元件的互感 $M$ 替换为 $\mathrm{j}\omega M$，而电阻元件的参数值保持不变，等等。

由于没有一个实际的电压和电流是复数，也没有一个元件的参数是虚数，所以，相量模型是一种假想模型，是对正弦稳态电路进行分析的工具。在相量模型中，各支路电压相量和电流相量既要服从于基尔霍夫定律相量形式的约束，又要服从于元件 VCR 相量形式的约束，而这两种约束正是电路时域模型中相应的两类约束在相量变换下的形式。因此，时域模型的电路方程在相量变换下的复数代数方程可以直接由相量模型依据两类约束的相量形式列写，从而避免了列写电路的微分方程。

**例 9.4.1** 电路如图 9.4.1(a)所示，已知 $u_{\mathrm{S}}=10\sqrt{2}\cos(10^{6}t+60°)$ V，$i_{\mathrm{S}}=5\sqrt{2}\sin(10^{6}t+60°)$ A，试画出相量模型。

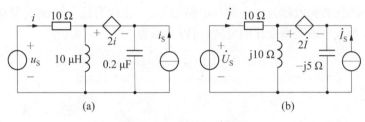

图 9.4.1 例 9.4.1 用图

**解** 采用有效值相量，理想电压源电压相量为 $\dot{U}_{\mathrm{S}}=10\angle 60°$ V，而 $i_{\mathrm{S}}=5\sqrt{2}\sin(10^{6}t+60°)$ A $=5\sqrt{2}\cos(10^{6}t-30°)$ A，因此理想电流源电流相量为 $\dot{I}_{\mathrm{S}}=5\angle-30°$ V。电感和电容的阻抗分别为

$$\mathrm{j}\omega L=\mathrm{j}10^{6}\times 10\times 10^{-6}\ \Omega=\mathrm{j}10\ \Omega,\quad \frac{1}{\mathrm{j}\omega C}=-\mathrm{j}\,\frac{1}{10^{6}\times 0.2\times 10^{-6}}\ \Omega=-\mathrm{j}5\ \Omega$$

根据相量模型的绘制规则，可得如图 9.4.1(b)所示的相量模型。

### 9.4.3 一端口电路的阻抗与导纳

1）一端口电路的阻抗

阻抗的概念亦可运用于任意线性不含独立源的正弦稳态一端口电路。如图 9.4.2 所示的线性不含独立源的正弦稳态一端口电路，在给定频率 $\omega$ 的情况下，其阻抗 $Z$ 定义为端口电压相量 $\dot{U}$ 与电流相量 $\dot{I}$ 之比。

为反映阻抗与频率相关的特点，阻抗也可以表示为

$$Z(\mathrm{j}\omega)=|Z(\mathrm{j}\omega)|\angle\varphi_{Z}(\omega) \tag{9.4.18}$$

式中，$Z(\mathrm{j}\omega)$ 的模为

$$|Z(\mathrm{j}\omega)|=\frac{|\dot{U}|}{|\dot{I}|}=\frac{U}{I} \tag{9.4.19}$$

图 9.4.2 正弦稳态一端口电路

$Z(j\omega)$的辐角 $\varphi_Z(\omega)$ 称为**阻抗角**(impedance angle),且

$$\varphi_Z(\omega) = \varphi_u - \varphi_i \tag{9.4.20}$$

阻抗也可用它的实部和虚部表示,即

$$Z(j\omega) = \text{Re}[Z(j\omega)] + j\text{Im}[Z(j\omega)] = R(\omega) + jX(\omega) \tag{9.4.21}$$

式中,$R(\omega)$ 是 $Z(j\omega)$ 的实部,称为电阻分量;$X(\omega)$ 是 $Z(j\omega)$ 的虚部,称为电抗分量。一般来说,电阻分量和电抗分量都是由电路的拓扑结构、各元件参数和频率共同决定的。

$X(\omega)$ 的取值决定了电抗的性质。显然,电阻的电抗分量为零,电容的电抗分量为负值,电感的电抗分量为正值。当 $X(\omega) > 0$ 时,电抗呈电感性,称一端口电路为**感性电路**(inductive circuit);当 $X(\omega) < 0$ 时,电抗呈电容性,称一端口电路为**容性电路**(capacitive circuit);当 $X(\omega) = 0$ 时,阻抗为一电阻,一端口电路为电阻电路。对正值电阻分量的阻抗,阻抗角的主值范围为 $|\varphi_Z(\omega)| \leqslant 90°$。

2) 一端口电路的导纳

一端口电路阻抗的倒数称为该一端口电路的导纳,亦称为输入导纳或策动点导纳。一端口电路的导纳也是一个随频率变化的复数,可以表示为

$$Y(j\omega) = |Y(j\omega)| \angle \varphi_Y(\omega) \tag{9.4.22}$$

式中,$Y(j\omega)$ 的模为

$$|Y(j\omega)| = \frac{|\dot{I}|}{|\dot{U}|} = \frac{I}{U} \tag{9.4.23}$$

$Y(j\omega)$ 的辐角 $\varphi_Y(\omega)$ 称为**导纳角**(admittance angle),且

$$\varphi_Y(\omega) = \varphi_i - \varphi_u \tag{9.4.24}$$

导纳也可用它的实部和虚部表示,即

$$Y(j\omega) = \text{Re}[Y(j\omega)] + j\text{Im}[Y(j\omega)] = G(\omega) + jB(\omega) \tag{9.4.25}$$

式中,$G(\omega)$ 是 $Y(j\omega)$ 的实部,称为电导分量;$B(\omega)$ 是 $Y(j\omega)$ 的虚部,称为电纳分量。一般来说,电导分量或电纳分量也不能简单理解为仅由电阻或电容、电感所确定,而分别由电路的拓扑结构、电路中的元件参数和频率共同确定。

同样 $B(\omega)$ 的取值决定了电纳的性质。电阻的电纳分量为零,电容的电纳分量为正值,电感的电纳分量为负值。当 $B(\omega) > 0$ 时,电纳呈电容性,一端口电路为容性电路;当 $B(\omega) < 0$ 时,电纳呈电感性,一端口电路为感性电路;当 $B(\omega) = 0$ 时,导纳为一电导,一端口电路为电阻电路。对正值电导分量的导纳,导纳角的主值范围为 $|\varphi_Y(\omega)| \leqslant 90°$。

3) 一端口电路的等效相量模型

图 9.4.2 所示一端口电路的 VCR 可表示为

$$\dot{U} = Z\dot{I} \tag{9.4.26}$$

式中,$Z$ 为一端口电路的输入阻抗,即等效阻抗,可表示为

$$Z = \text{Re}[Z] + j\text{Im}[Z] = R + jX \tag{9.4.27}$$

这样,图 9.4.2 所示一端口电路就可等效为一由电阻分量 $R$ 和电抗分量 $X$ 串联的相量模型,如图 9.4.3(a)所示。

一端口电路的 VCR 也可表示为

$$\dot{I} = Y\dot{U} \qquad (9.4.28)$$

式中,$Y$ 为一端口电路的输入导纳,即等效导纳,可表示为

$$Y = \text{Re}[Y] + j\text{Im}[Y] = G + jB \qquad (9.4.29)$$

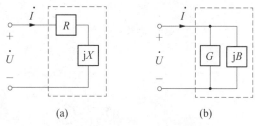

(a)    (b)

图 9.4.3  不含独立源一端口电路的两种等效相量模型

同样,图 9.4.2 所示一端口电路就可等效为一由电导分量 $G$ 和电纳分量 $B$ 并联的相量模型,如图 9.4.3(b)所示。

图 9.4.3 所示两种相量模型之间的变换公式可由等效电路的定义求得。由于式(9.4.26)和式(9.4.28)所表示的端口 VCR 相同,因此有

$$Y = \frac{1}{Z} \text{ 或 } Z = \frac{1}{Y} \qquad (9.4.30)$$

如果已知 $Z = R + jX$,则由式(9.4.30)可得

$$Y = \frac{1}{R + jX} = \frac{R - jX}{(R + jX)(R - jX)} = \frac{R}{R^2 + X^2} + j\frac{-X}{R^2 + X^2} = G + jB \qquad (9.4.31)$$

因此并联相量模型的电导和电纳分别为

$$G = \frac{R}{R^2 + X^2}, \ B = -\frac{X}{R^2 + X^2} \qquad (9.4.32)$$

由式(9.4.32)可知,一般情况下 $G$ 并非是 $R$ 的倒数,而 $B$ 则不可能是 $X$ 的倒数。

如果已知 $Y = G + jB$,同样可得

$$Z = \frac{1}{G + jB} = \frac{G - jB}{(G + jB)(G - jB)} = \frac{G}{G^2 + B^2} + j\frac{-B}{G^2 + B^2} = R + jX \qquad (9.4.33)$$

因此串联相量模型的电阻和电抗分别为

$$R = \frac{G}{G^2 + B^2}, \ X = -\frac{B}{G^2 + B^2} \qquad (9.4.34)$$

同样,一般情况下 $R$ 并非是 $G$ 的倒数,而 $X$ 则不可能是 $B$ 的倒数。

值得指出的是,以上讨论中的 $R$、$G$、$X$ 和 $B$ 都是角频率 $\omega$ 的函数,只有在某一指定频率时才能确定 $R$、$G$、$X$ 和 $B$ 的大小。而等效相量模型只能用来计算在该频率下的正弦稳态响应。

**例 9.4.2**  $RLC$ 串联电路如图 9.4.4(a)所示,已知 $u_S = 10\sqrt{2}\cos 2t$ V,$R = 2\ \Omega$,$L = 2$ H,$C = 0.25$ F,试画出相量模型及等效的相量模型。

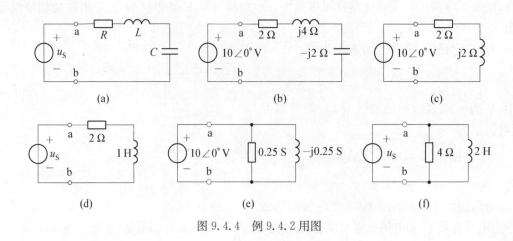

(a)　　　　　　　　(b)　　　　　　　　(c)

(d)　　　　　　　　(e)　　　　　　　　(f)

图 9.4.4　例 9.4.2 用图

**解**　写出理想电压源电压的相量 $\dot{U}_S = 10\angle 0° \text{ V}$

因为 $\omega = 2 \text{ rad/s}$，所以

$$Z_L = j\omega L = j2 \times 2 \text{ Ω} = j4 \text{ Ω}$$

$$Z_C = \frac{1}{j\omega C} = -j\frac{1}{2 \times 0.25} \text{ Ω} = -j2 \text{ Ω}$$

于是可作出时域电路的相量模型，如图 9.4.4(b)所示。由该相量模型可求得输入阻抗为

$$Z_{ab}(j2) = Z_R + Z_L + Z_C = (2 + j4 - j2) \text{ Ω} = (2 + j2) \text{ Ω}$$

得到等效的串联相量模型如图 9.4.4(c)所示。与该相量模型对应的时域模型如图 9.4.4(d)所示，它只在 $\omega = 2 \text{ rad/s}$ 时才有意义。

另一种等效的相量模型可求得如下：

$$Y_{ab}(j2) = \frac{1}{Z_{ab}(j2)} = \frac{1}{2 + j2} \text{ S} = (0.25 - j0.25) \text{ S}$$

得到等效的并联相量模型如图 9.4.4(e)所示。与该相量模型对应的时域模型如图 9.4.4(f)所示，其中并联的电阻元件参数用电阻值表示，大小为 $(1/0.25) \text{ Ω} = 4 \text{ Ω}$，电感元件的电感值满足

$$B_L = -\frac{1}{\omega L} = -0.25 \text{ S}$$

解得 $L = 2 \text{ H}$。显然，图 9.4.4(f)所示的时域模型只在 $\omega = 2 \text{ rad/s}$ 时才有意义。

### 9.4.4　二端口电路的参数矩阵

有了阻抗与导纳的概念以后，第 3 章中讨论的二端口电路开路电阻矩阵 $\boldsymbol{R}$ 和短路电导矩阵 $\boldsymbol{G}$ 推广到正弦稳态电路时，相应地变成开路阻抗矩阵 $\boldsymbol{Z}$ 和短路导纳矩阵 $\boldsymbol{Y}$。如图 9.4.5 所示的相量模型，不难列写如下 KVL 方程：

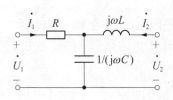

图 9.4.5　二端口电路的相量模型

$$\begin{cases} \dot{U}_1 = R\dot{I}_1 + \dfrac{1}{\mathrm{j}\omega C}(\dot{I}_1 + \dot{I}_2) = \left(R + \dfrac{1}{\mathrm{j}\omega C}\right)\dot{I}_1 + \dfrac{1}{\mathrm{j}\omega C}\dot{I}_2 \\[4mm] \dot{U}_2 = \mathrm{j}\omega L\dot{I}_2 + \dfrac{1}{\mathrm{j}\omega C}(\dot{I}_1 + \dot{I}_2) = \dfrac{1}{\mathrm{j}\omega C}\dot{I}_1 + \left(\mathrm{j}\omega L + \dfrac{1}{\mathrm{j}\omega C}\right)\dot{I}_2 \end{cases} \tag{9.4.35}$$

得到 $z$ 参数矩阵为

$$\boldsymbol{Z} = \begin{bmatrix} R + \dfrac{1}{\mathrm{j}\omega C} & \dfrac{1}{\mathrm{j}\omega C} \\[4mm] \dfrac{1}{\mathrm{j}\omega C} & \mathrm{j}\omega L + \dfrac{1}{\mathrm{j}\omega C} \end{bmatrix} \tag{9.4.36}$$

## 9.5  正弦稳态电路的分析

### 9.5.1  相量分析法

在对正弦稳态电路进行分析时,若电路中的所有元件都用元件相量模型表示,电路中的所有电压和电流都用相量表示,所得电路的相量模型都服从相量形式的基尔霍夫定律和欧姆定律,则列出的电路方程都是线性复数代数方程(称相量方程),与电阻电路中相应方程相类似。因此,关于电阻电路的分析方法、定理、公式可推广到正弦稳态电路的相量运算之中。这种基于相量模型对正弦稳态进行分析的方法称为**相量分析法**(phase analysis)。相量分析法的主要步骤如图 9.5.1 中的实线所示,即

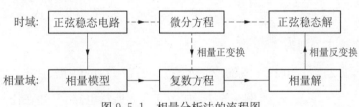

图 9.5.1  相量分析法的流程图

(1)作出时域电路的相量模型。必须注意,在相量模型中,正弦量激励用相应的相量形式表示,其他电路元件用相应的元件相量模型表示。

(2)根据基尔霍夫定律和元件 VCR 的相量形式,列写待求相量所满足的复数(相量)方程。

(3)求解相量解。

(4)由所得到的相量解,用相量反变换得出解的时域表达式。

图 9.5.1 中的虚线部分表示了另外两种求正弦稳态解的方法,即求解微分方程的时域法和求解微分方程的相量变换法,它们都不如相量分析法来得简便。

### 9.5.2  相量分析法的应用

下面举例说明相量分析法在正弦稳态电路分析中的应用。

**例 9.5.1**  已知如图 9.5.2(a)所示含受控电压源的电路,正弦激励为 $u_\mathrm{S} = 10\sqrt{2}\cos 10^3 t$ V,试用节点分析法求解正弦稳态电流 $i_1$ 和 $i_2$。

**解**  作出相量模型如图 9.5.2(b)所示,对节点①列写节点方程,有

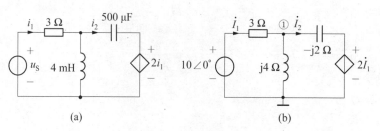

图 9.5.2　例 9.5.1 用图

$$\left(\frac{1}{3}+\frac{1}{-j2}+\frac{1}{j4}\right)\dot{U}_{n1}=\frac{10\angle0°}{3}+\frac{2\dot{I}_1}{-j2}$$

用节点电压表示受控源的控制电流 $\dot{I}_1$，即

$$\dot{I}_1=\frac{10\angle0°-\dot{U}_{n1}}{3}$$

将上式代入节点方程并求解得节点电压相量为

$$\dot{U}_{n1}=(6.769-j1.846)\ \text{V}$$

从而求出

$$\dot{I}_1=\frac{10\angle0°-\dot{U}_{n1}}{3}=1.077+j0.615=1.24\angle29.7°\ \text{A}$$

$$\dot{I}_2=\frac{\dot{U}_{n1}-2\dot{I}_1}{-j2}=1.539+j2.308=2.77\angle56.3°\ \text{A}$$

$i_1$ 和 $i_2$ 的时域表达式分别为

$$i_1=1.24\sqrt{2}\cos(10^3t+29.7°)\ \text{A},\ i_2=2.77\sqrt{2}\cos(10^3t+56.3°)\ \text{A}$$

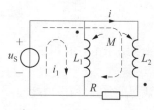

图 9.5.3　例 9.5.2 用图

**例 9.5.2**　如图 9.5.3 所示电路，已知在任意频率下，电流 $i$ 与输入电压 $u_S$ 始终同相。试求各参数应满足的关系及电流 $i$ 的有效值表达式。

**解**　应用回路分析法，列写回路方程得

$$\begin{cases}-j\omega M\dot{I}+j\omega L_1\dot{I}_1=\dot{U}_S\\-j\omega M\dot{I}_1+j\omega L_2\dot{I}+R\dot{I}=\dot{U}_S\end{cases}$$

解得电流 $\dot{I}$ 与输入电压 $\dot{U}_S$ 的关系为

$$\dot{I}=\frac{(L_1+M)\dot{U}_S}{RL_1+j\omega(L_1L_2-M^2)}$$

由上式可见：当 $M=\sqrt{L_1L_2}$ 即互感为全耦合时，$\dot{I}=\frac{L_1+M}{RL_1}\dot{U}_S$，$\dot{I}$ 与 $\dot{U}_S$ 同相且与频率无关。此时 $i$ 的有效值为 $I=U_S(L_1+M)/(RL_1)$。

**例 9.5.3　文氏振荡电路**　振荡电路是一种不需要外接激励就能将直流能量转换成具有

一定频率和幅值,并按一定波形输出交流能量的电路,按振荡波形可分为正弦波振荡电路和非正弦波振荡电路。正弦波振荡电路是电子技术中的一种基本电路,它在测量、通信、无线电技术、自动控制和热加工等许多领域有着广泛的应用。如图 9.5.4(a)所示电路为文氏桥式振荡电路的原理图。与以前所学的电路不同,该电路不存在激励,但在元件参数满足一定条件的情况下,电路中仍能存在正弦电压、电流,试求这一条件。

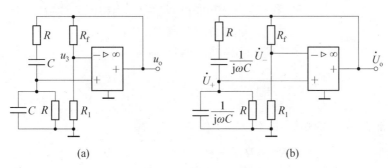

图 9.5.4　例 9.5.3 用图

**解**　作出相量模型如图 9.5.4(b)所示。运用理想运算放大器的"虚断"特性,得分压公式的反相输入端电压为

$$\dot{U}_- = \frac{R_1}{R_1 + R_f}\dot{U}_\circ$$

类似地,同相输入端电压为

$$\dot{U}_+ = \frac{R /\!/ \left(\dfrac{1}{j\omega C}\right)}{R + \dfrac{1}{j\omega C} + R /\!/ \left(\dfrac{1}{j\omega C}\right)}\dot{U}_\circ = \frac{j\omega RC}{1 - (\omega RC)^2 + j3\omega RC}\dot{U}_\circ$$

由理想运算放大器的"虚短"特性,$\dot{U}_+ = \dot{U}_-$, 得

$$\frac{R_1}{R_1 + R_f}\dot{U}_\circ = \frac{j\omega RC}{1 - (\omega RC)^2 + j3\omega RC}\dot{U}_\circ$$

可以看出上述方程有解的条件为方程两边 $\dot{U}_\circ$ 的系数(或其倒数)相等,即

$$\frac{R_1 + R_f}{R_1} = \frac{1 - (\omega RC)^2 + j3\omega RC}{j\omega RC}$$

化简得

$$\left(2 - \frac{R_f}{R_1}\right) + j\left(\omega RC - \frac{1}{\omega RC}\right) = 0$$

令实部、虚部分别等于零,可得

$$\begin{cases} R_f = 2R_1 \\ \omega = 1/(RC) \end{cases}$$

**例 9.5.4　交流电桥电路**　电路桥臂由阻抗组成,且由交流(正弦)电源供电的电桥就称

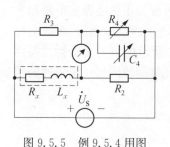

图 9.5.5　例 9.5.4 用图

为交流电桥。交流电桥主要用于测量元件参数($R$、$L$ 和 $C$ 等)、电路参数(如时间常数)等。交流电桥平衡时需满足两个条件,因此其在调平衡时至少要调节两个可变参数,而且在逼近平衡点的过程中常需要反复调节。如图 9.5.5 所示电路称为 Maxwell 电桥电路,其中待测电感线圈可等效为电阻 $R_x$ 和电感 $L_x$ 的串联,$R_4$ 和 $C_4$ 为已知的可调参数。当检流计读数为零时,交流电桥达到平衡。试求待测参数 $R_x$ 和 $L_x$。

**解**　当电桥平衡时,有

$$R_2 R_3 = (R_x + j\omega L_x)\frac{R_4 \cdot 1/(j\omega C_4)}{R_4 + 1/(j\omega C_4)}$$

令上式两边实部、虚部分别相等,则有

$$R_x = R_2 R_3 / R_4, \quad L_x = R_2 R_3 C_4$$

**例 9.5.5　电感线圈测试电路**　如图 9.5.6(a)所示为测试电感线圈参数的电路。已知正弦激励电压的有效值为 130 V,用电压表测得 35 Ω 电阻两端的电压为 70 V,电感线圈两端的电压为 100 V。已知 $f = 50$ Hz,试求 $R$ 和 $L$ 的值。

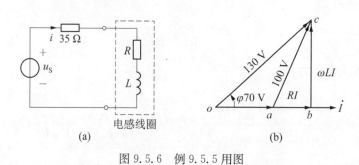

图 9.5.6　例 9.5.5 用图

**解**　此题用相量图分析比较方便。在作相量图时,一般要选择一个相量作为参考相量(辐角为零的相量),以便于作图和求解。本题以电流 $\dot{I}$ 为参考相量,$I$ 为电流 $i$ 的有效值,其大小为 $(70/35)$ A = 2 A。

如图 9.5.6(b)所示,与 $\dot{I}$ 同相作有向线段 $oa$,此即为 35 Ω 电阻的电压相量,其长度对应 70 V,分别以 $o$ 点为圆心、对应 130 V 的长度为半径和以 $a$ 点为圆心、对应 100 V 的长度为半径作圆,其交点为 $c$,则有向线段 $oc$ 代表激励电压相量,$ac$ 代表电感线圈两端电压相量。由 $c$ 点向相量 $\dot{I}$ 作垂线交于 $b$ 点,则 $ab$ 代表线圈电阻电压相量,$bc$ 代表线圈电感电压相量。

对 △$oac$,由余弦定理得

$$100^2 = 130^2 + 70^2 - 2 \times 130 \times 70 \cos\varphi$$

解得

$$\varphi = 49.6°$$

由 △$obc$,可得

$$\begin{cases} \omega L I = 130 \sin\varphi \\ ob = 70 + R I = 130 \cos\varphi \end{cases}$$

代入已知参数得

$$\begin{cases} 2 \times 3.14 \times 50L \times 2 = 130\sin 49.6° \\ 70 + R \times 2 = 130\cos 49.6° \end{cases}$$

解得
$$R = 7.14\ \Omega,\ L = 157.6\ \text{mH}$$

**例9.5.6　回转器电路**　如图 9.5.7 所示电路中二端口电路 N 的 $z$ 参数为 $\boldsymbol{Z} = \begin{bmatrix} 0 & R \\ -R & 0 \end{bmatrix}$，试求 11′ 端口的输入阻抗。

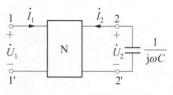

图 9.5.7　例 9.5.6 用图

**解**　写出二端口电路 N 和电容的 VCR，有

$$\begin{bmatrix} \dot{U}_1 \\ \dot{U}_2 \end{bmatrix} = \begin{bmatrix} 0 & R \\ -R & 0 \end{bmatrix} \begin{bmatrix} \dot{I}_1 \\ \dot{I}_2 \end{bmatrix},\ \dot{U}_2 = -\frac{1}{\text{j}\omega C}\dot{I}_2$$

因此

$$\dot{U}_1 = R\dot{I}_2 = R(-\text{j}\omega C\dot{U}_2) = R[-\text{j}\omega C(-R\dot{I}_1)] = \text{j}\omega CR^2\dot{I}_1$$

输入阻抗为

$$Z_i = \dot{U}_1 / \dot{I}_1 = \text{j}\omega CR^2$$

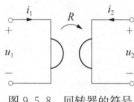

图 9.5.8　回转器的符号

由上式可见，输入阻抗为一感抗。因此，上述电路将一个负载电容"回转"成为一个电感，其等效电感值为 $CR^2$。当 $R = 1\ \text{k}\Omega$，$C = 1\ \mu\text{F}$ 时，得到的等效电感为 1 H！如此大的电感用分立元件是很难制造的。将具有这种功能的二端口电路称为回转器。回转器的电路符号如图 9.5.8 所示。

在集成电路设计中，电容较易集成，而电感较难集成，因此利用回转器和电容可获得所需要的电感。一种利用运放实现回转器功能的电路如图 9.5.9 所示。由理想运放的"虚短""虚断"特性，可得

$$\frac{u_a - u_1}{R} = \frac{u_1}{R} \Rightarrow u_a = 2u_1$$

$$u_b = u_2$$

$$\frac{u_a - u_b}{R} = \frac{u_b - u_c}{R} \Rightarrow u_c = 2(u_2 - u_1)$$

建立二端口 VCR

$$\begin{cases} i_1 = \dfrac{u_1 - u_a}{R} + \dfrac{u_1 - u_2}{R} = -\dfrac{1}{R}u_2 \\ i_2 = \dfrac{u_2 - u_c}{R} + \dfrac{u_2 - u_1}{R} = \dfrac{1}{R}u_1 \end{cases}$$

得到

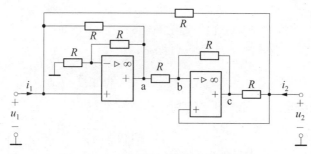

图 9.5.9 利用运放实现的回转器电路

$$\begin{bmatrix} u_1 \\ u_2 \end{bmatrix} = \begin{bmatrix} 0 & R \\ -R & 0 \end{bmatrix} \begin{bmatrix} i_1 \\ i_2 \end{bmatrix}$$

可见,图 9.5.9 电路可实现回转器的功能。回转器是非互易的,它是一种非能元件,即既不吸收能量,也不发出能量。回转器的其他实现电路参见习题 9.28。

## 9.6 频率响应与谐振电路

### 9.6.1 正弦稳态网络函数与频率特性

网络函数是电路理论中一个非常重要的概念。对于相量模型,在单一激励的情况下,网络函数定义为

$$H(j\omega) = \frac{响应相量}{激励相量} = \frac{\dot{Y}(j\omega)}{\dot{X}(j\omega)} \tag{9.6.1}$$

式中,$\dot{X}(j\omega)$ 为激励相量;$\dot{Y}(j\omega)$ 为响应相量。

网络函数由电路的拓扑结构和电路元件参数决定,可以反映电路固有的特性。由于网络函数泛指单一激励电路中(零状态)响应与激励的相互关系,并未指明响应和激励究竟是电流还是电压,以及响应在电路中的具体位置,所以根据响应和激励是否在电路的同一端口,网络函数有策动点函数和转移函数之分。当激励是理想电流源电流,响应是同一端口的电压时,网络函数称为策动点阻抗(或入端阻抗);当激励是理想电压源电压,响应是流入电路同一端口的电流时,网络函数称为策动点导纳(或入端导纳)。策动点阻抗和策动点导纳统称**策动点函数**(driving point function)。对同一电路的同一端口,策动点阻抗和策动点导纳互为倒数。

如果响应和激励不在电路的同一端口,则称为**转移函数**(transfer function),也称为传输函数。当激励是理想电压源电压,响应是另一端口的电压(除理想电压源所在支路外其他支路上的电压)时,网络函数称为转移电压比;在不同端口的响应电流与理想电流源电流之比称为转移电流比。同样,不同端口的响应电压与理想电流源电流之比,网络函数称为转移阻抗;不同端口的响应电流与理想电压源电压之比则称为转移导纳。

对于任意一个线性非时变正弦稳态电路,当激励改变时,电路的响应也将改变,其变化的规律与网络函数 $H(j\omega)$ 的变化规律一致。网络函数 $H(j\omega)$ 或响应随频率的变化规律称为**频率响应**(frequency response)。

将网络函数写成极坐标的形式

$$H(\mathrm{j}\omega) = \mid H(\mathrm{j}\omega) \mid \angle \varphi(\omega) \tag{9.6.2}$$

式中，$\mid H(\mathrm{j}\omega) \mid$ 为网络函数的模，$\mid H(\mathrm{j}\omega) \mid$ 与频率之间的关系特性称为电路的**幅频特性**（amplitude-frequency characteristic），它反映响应和激励振幅（或有效值）的比值与频率之间的关系，描述幅频特性的曲线称为幅频特性曲线；$\varphi(\omega)$ 为网络函数的辐角，$\varphi(\omega)$ 与频率之间的关系特性称为电路的**相频特性**（phase-frequency characteristic），它反映响应超前于激励的相位差与频率之间的关系，描述相频特性的曲线称为相频特性曲线。电路的幅频特性和相频特性总称为**频率特性**（frequency characteristic）。

对给定的电路，频率特性既可以通过对电路进行正弦稳态分析得到网络函数，再根据式(9.6.2)分别求得幅频特性和相频特性，也可以用实验方法加以确定。采用实验方法确定频率特性时，改变外施正弦激励的频率，测出不同频率下输出与输入的比值以及输出对输入的相位差角，即可得到电路的频率特性曲线。

**一阶 $RC$ 低通电路**　如图 9.6.1 所示为一阶 $RC$ 串联电路，若以 $\dot{U}_1$ 为激励相量，$\dot{U}_2$ 为响应相量，则网络函数为一转移电压比，即

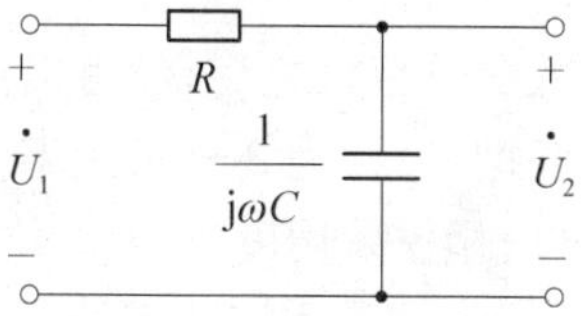

$$H(\mathrm{j}\omega) = \frac{\dot{U}_2}{\dot{U}_1} = \frac{1/\mathrm{j}\omega C}{R + 1/\mathrm{j}\omega C} = \frac{\omega_0}{\mathrm{j}\omega + \omega_0} \tag{9.6.3}$$

图 9.6.1　一阶 $RC$ 低通电路

式中，$\omega_0 = 1/RC$ 为电路的固有频率。

由式(9.6.3)得到描述 $RC$ 串联电路的频率特性，即

$$\begin{cases} \mid H(\mathrm{j}\omega) \mid = \dfrac{\omega_0}{\sqrt{\omega_0^2 + \omega^2}} \\[4mm] \varphi(\omega) = \angle -\arctan \dfrac{\omega}{\omega_0} \end{cases} \tag{9.6.4}$$

由上式可以绘制出频率特性曲线，如图 9.6.2 所示。

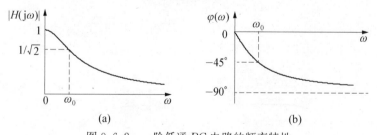

图 9.6.2　一阶低通 $RC$ 电路的频率特性

(a) 幅频特性曲线　(b) 相频特性曲线

从图 9.6.2 中可以看出，当 $\omega = \omega_0 = 1/RC$ 时，$\mid H(\mathrm{j}\omega) \mid = 1/\sqrt{2} = 0.707$，即 $U_2/U_1 = 0.707$，且 $\mid H(\mathrm{j}\omega) \mid$ 随着 $\omega$ 的增长而下降。这说明以电容上电压作为输出的一阶 $RC$ 串联电路传输正弦电压时，输入电压的频率越高，输出电压振幅的衰减就越大，电路具有允许低频率输入电压通过和阻止高频率输入电压通过的性能。这种允许低频输入通过的一阶电路称为一

**阶低通电路**(first order low pass circuit)。

通常将网络函数的模等于其最大值的 $1/\sqrt{2}$ 所对应的频率称为**截止频率**(cutoff frequency)或半功率点频率,记为 $\omega_c$。由图 9.6.2 所示的频率特性可知,一阶低通 $RC$ 电路的截止频率为

$$\omega_c = \omega_0 = \frac{1}{RC} \tag{9.6.5}$$

对低通电路,当频率低于截止频率时,输出的幅度大于输入幅度的 0.707 倍,称频率范围 $0 \sim \omega_c$ 为**通带**(pass band)。而频率高于截止频率时,输出的幅度小于输入幅度的 0.707 倍,称频率范围 $\omega_c \sim \infty$ 为**阻带**(stop band)。

在工程中,通常采用**分贝**(decibel)(记为 dB)作为单位来度量 $|H(j\omega)|$,$|H(j\omega)|$ 所具有的分贝数被规定为 $20\lg|H(j\omega)|$。例如,若已知 $|H(j\omega)| = 100$,则对应的分贝数为 $20\lg|H(j\omega)| = 20\lg 100 = 40$。在 $\omega_0 = 1/RC$ 时,$|H(j\omega)| \approx 0.707$,所以其分贝数为 $20\lg|H(j\omega)| = 20\lg 0.707 = -3$。引入分贝单位之后,就可以把输出电压振幅下降至输入电压振幅的 $1/\sqrt{2}$ 改说成下降了 3 分贝,并把 $\omega_c$ 称为 **3 分贝频率**(3 dB frequency)。在绘制频率特性曲线时,幅值采用分贝(dB)为单位,相位采用度(°)为单位,同时频率轴采用对数坐标,所绘制的半对数曲线称为**波特图**(Bode plots)。采用波特图绘制频率特性曲线在工程上是一种标准的做法。

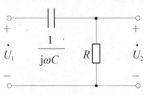

图 9.6.3 一阶高通 $RC$ 电路

**一阶高通 $RC$ 电路**　如果将 $RC$ 元件接成如图 9.6.3 所示形式,以 $\dot{U}_1$ 为激励相量,$\dot{U}_2$ 为响应相量,则有转移电压比为

$$H(j\omega) = \frac{\dot{U}_2}{\dot{U}_1} = \frac{R}{R + 1/j\omega C} = \frac{j\omega}{j\omega + \omega_0} \tag{9.6.6}$$

式中,$\omega_0 = 1/RC$,为电路的固有频率。

由式(9.6.6)得到描述 $RC$ 串联电路的频率特性,即

$$\begin{cases} |H(j\omega)| = \dfrac{\omega}{\sqrt{\omega_0^2 + \omega^2}} \\ \varphi(\omega) = \arg H(j\omega) \end{cases} \tag{9.6.7}$$

其频率特性的波特图如图 9.6.4 所示。从图中可以看出,当 $\omega = \omega_0 = 1/RC$ 时,$20\lg|H(j\omega)| = -3$ dB,电路的截止频率为 $\omega_c = \omega_0 = 1/RC$。当频率为 $0 \sim \omega_c$ 范围时,输

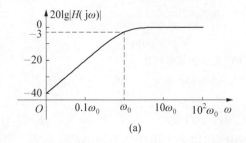

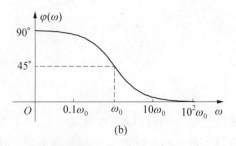

图 9.6.4　一阶高通 $RC$ 电路的波特图

(a) 幅频特性曲线　(b) 相频特性曲线

出电压的幅度小于输入电压幅度的 0.707,因而 $0\sim\omega_c$ 为电路的阻带;当频率为 $\omega_c\sim\infty$ 范围时,输出电压的幅度大于输入电压幅度的 0.707,因而 $\omega_c\sim\infty$ 为电路的通带。这说明当以电阻电压作为输出的一阶 $RC$ 串联电路传输正弦电压时,输入电压的频率越高,输出电压振幅的衰减就越小,电路具有允许高频输入电压通过和阻止低频输入电压通过的性能。与一阶低通电路相对应,此时的一阶电路称为**一阶高通电路**(first order high pass circuit)。

### 9.6.2 *RLC* 串联电路的频率特性

对于二阶电路,可根据网络函数 $H(j\omega)$ 的表达形式确定其幅频特性与相频特性。下面以图 9.6.5 所示的 $RLC$ 串联电路为例讨论二阶电路的频率特性,激励为电压 $\dot{U}$,响应分别取电阻电压、电容电压、电感电压以及电容电压与电感电压的和。

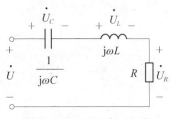

图 9.6.5 *RLC* 串联电路

1) 带通电路

在 $RLC$ 串联电路中,若以电阻电压为响应,则网络函数(转移电压比)为

$$H_R(j\omega) = \frac{\dot{U}_R}{\dot{U}} = \frac{R}{R + j(\omega L - 1/\omega C)} \tag{9.6.8}$$

式中,$\omega L$ 与 $1/(\omega C)$ 相减,当 $\omega L = 1/(\omega C)$ 时,网络函数式(9.6.8)的模达到最大值,此时有

$$\omega_0 = 1/\sqrt{LC} \tag{9.6.9}$$

称 $\omega_0$ 为 $RLC$ 串联电路的**谐振频率**(resonant frequency)。在谐振频率处,$RLC$ 串联电路具有一系列特别的性质,将在下一节做详细讨论。

为便于描述 $RLC$ 串联电路的频率特性,定义

$$Q = \frac{\omega_0 L}{R} = \frac{1}{R\omega_0 C} = \frac{1}{R}\sqrt{\frac{L}{C}} \tag{9.6.10}$$

称为 $RLC$ 串联电路的**品质因数**(quality factor)。利用谐振频率和品质因数,式(9.6.8)又可写为

$$H_R(j\omega) = \frac{1}{1 + jQ\left(\dfrac{\omega}{\omega_0} - \dfrac{\omega_0}{\omega}\right)} \tag{9.6.11}$$

由式(9.6.11)得到幅频特性和相频特性关系式为

$$\begin{cases} |H_R(j\omega)| = \dfrac{1}{\sqrt{1 + Q^2\left(\dfrac{\omega}{\omega_0} - \dfrac{\omega_0}{\omega}\right)^2}} \\ \varphi_R(\omega) = \arg H_R(j\omega) \end{cases} \tag{9.6.12}$$

图 9.6.6 画出了 $Q$ 等于 0.7、2 和 10 时的幅频特性和相频特性波特图。由式(9.6.12)和图 9.6.6 可知,当 $\omega/\omega_0 = 0$ 时,$|H_R(j\omega)| = 0$,$\varphi_R(\omega) = 90°$;当 $\omega/\omega_0 = 1$ 时,$|H_R(j\omega)| = 1$,达到最大,$\varphi_R(\omega) = 0°$;当 $\omega/\omega_0 = \infty$ 时,$|H_R(j\omega)| = 0$,$\varphi_R(\omega) = -90°$。可见 $RLC$ 串联电路对低频率电压和高频率电压都有较大衰减,从而构成**带通电路**(band pass circuit)。

由图 9.6.6 所示的幅频特性可知,$RLC$ 带通电路的截止频率 $\omega_c$ 满足

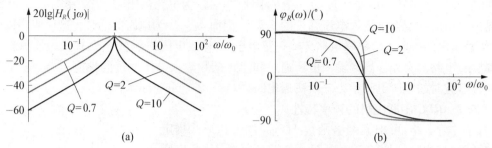

(a)

图 9.6.6 RLC 带通电路及其频率特性

(a) 幅频特性曲线 (b) 相频特性曲线

$$\frac{1}{\sqrt{1+Q^2\left(\dfrac{\omega_c}{\omega_0}-\dfrac{\omega_0}{\omega_c}\right)^2}}=\frac{1}{\sqrt{2}} \tag{9.6.13}$$

解得两个截止频率分别为

$$\omega_{c1}=\left(-\frac{1}{2Q}+\sqrt{1+\frac{1}{4Q^2}}\right)\omega_0,\ \omega_{c2}=\left(\frac{1}{2Q}+\sqrt{1+\frac{1}{4Q^2}}\right)\omega_0 \tag{9.6.14}$$

它们的差称为**通带宽度**(pass band width),用 $\Delta\omega$ 表示,即

$$\Delta\omega=\omega_{c2}-\omega_{c1}=\omega_0/Q \tag{9.6.15}$$

可见 RLC 带通滤波电路的通带宽度与品质因数成反比。品质因数 $Q$ 越低,通带宽度就越宽,如图 9.6.6(a)所示。相应地,$0\sim\omega_{c1}$ 和 $\omega_{c2}\sim\infty$ 为带通电路的阻带。

2) 低通电路

如图 9.6.5 所示的 RLC 串联电路中,若以电容电压为响应,则转移电压比为

$$H_C(j\omega)=\frac{\dot{U}_C}{\dot{U}}=\frac{1/j\omega C}{R+j(\omega L-1/\omega C)}=\frac{1}{\left[1-\left(\dfrac{\omega}{\omega_0}\right)^2\right]+\dfrac{j\omega}{Q\omega_0}} \tag{9.6.16}$$

由式(9.6.16)得到幅频特性和相频特性关系式为

$$\begin{cases}|H_C(j\omega)|=\dfrac{1}{\sqrt{\left[1-\left(\dfrac{\omega}{\omega_0}\right)^2\right]^2+\dfrac{1}{Q^2}\left(\dfrac{\omega}{\omega_0}\right)^2}}\\[4mm]\varphi_C(\omega)=\arg H_C(j\omega)\end{cases} \tag{9.6.17}$$

图 9.6.7 画出了 $Q$ 等于 0.7、2 和 10 时的幅频特性和相频特性曲线。由式(9.6.17)和图 9.6.7 可知,当 $\omega/\omega_0=0$ 时,$|H_C(j\omega)|=1$, $\varphi_C(\omega)=0°$;当 $\omega/\omega_0=1$ 时,$|H_C(j\omega)|=Q$, $\varphi_C(\omega)=-90°$;当 $\omega/\omega_0=\infty$ 时,$|H_C(j\omega)|=0$, $\varphi_C(\omega)=-180°$。可见 RLC 串联电路对高频率电压有较大衰减,从而构成低通电路。

由图 9.6.7 所示的幅频特性可知,RLC 低通滤波电路的截止频率 $\omega_c$ 满足 $|H_C(j\omega_c)|=1/\sqrt{2}$,可求得

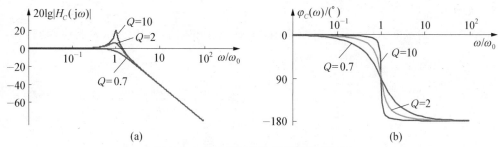

图 9.6.7　*RLC* 低通电路及其频率特性

（a）幅频特性　（b）相频特性

$$\omega_c = \frac{\omega_0 \sqrt{2Q^2 + \sqrt{8Q^4 - 4Q^2 + 1} - 1}}{\sqrt{2}\,Q} \tag{9.6.18}$$

3）高通电路

在图 9.6.5 所示的 *RLC* 串联电路中，以电感电压为响应，则转移电压比为

$$H_L(\mathrm{j}\omega) = \frac{\dot{U}_L}{\dot{U}} = \frac{\mathrm{j}\omega L}{R + \mathrm{j}(\omega L - 1/\omega C)} = \frac{1}{\left[1 - \left(\dfrac{\omega_0}{\omega}\right)^2\right] - \mathrm{j}\dfrac{1}{Q}\left(\dfrac{\omega_0}{\omega}\right)}$$

$$= \frac{1}{\sqrt{\left[1 - \left(\dfrac{\omega_0}{\omega}\right)^2\right]^2 + \dfrac{1}{Q^2}\left(\dfrac{\omega_0}{\omega}\right)^2}} \angle \arg H_L(\mathrm{j}\omega) \tag{9.6.19}$$

图 9.6.8 画出了 $Q$ 等于 0.7、2 和 10 时的幅频特性和相频特性曲线。由式（9.6.19）和图 9.6.8 可知，当 $\omega/\omega_0 = 0$ 时，$|H_L(\mathrm{j}\omega)| = 0$，$\varphi_L(\omega) = 180°$；当 $\omega/\omega_0 = 1$ 时，$|H_L(\mathrm{j}\omega)| = Q$，$\varphi_L(\omega) = 90°$；当 $\omega/\omega_0 = \infty$ 时，$|H_L(\mathrm{j}\omega)| = 1$，$\varphi_L(\omega) = 0°$。可见 *RLC* 串联电路对低频率电压有较大衰减，从而构成高通电路。

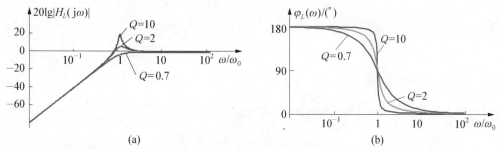

图 9.6.8　*RLC* 高通电路及其频率特性

（a）幅频特性　（b）相频特性

由图 9.6.8 所示的幅频特性可知，*RLC* 高通滤波电路的截止频率 $\omega_c$ 满足 $|H_L(\mathrm{j}\omega_c)| = 1/\sqrt{2}$，可求得

$$\omega_c = \frac{\sqrt{2}\,Q\omega_0}{\sqrt{2Q^2 + \sqrt{8Q^4 - 4Q^2 + 1} - 1}} \tag{9.6.20}$$

4) 带阻电路

如图 9.6.5 所示的 $RLC$ 串联电路中,以电感电压和电容电压之和为响应,则转移电压比为

$$H_{LC}(\mathrm{j}\omega) = \frac{\dot{U}_L + \dot{U}_C}{\dot{U}} = 1 - H_R(\mathrm{j}\omega) = \frac{\omega_0^2 - \omega^2}{(\omega_0^2 - \omega^2) + \mathrm{j}\omega_0\omega/Q} \qquad (9.6.21)$$

$$= \frac{|\omega_0^2 - \omega^2|}{\sqrt{(\omega_0^2 - \omega^2)^2 + \omega_0^2\omega^2/Q^2}} \angle \arg H_{LC}(\mathrm{j}\omega)$$

图 9.6.9 分别给出了 $Q$ 等于 0.7、2 和 10 时的幅频特性和相频特性波特图。由式(9.6.21)和图 9.6.9 可知,当 $\omega/\omega_0 = 0$ 时,$|H_{LC}(\mathrm{j}\omega)| = 1$,$\varphi_{LC}(\omega) = 0°$;当 $\omega/\omega_0 = 1$ 时,$|H_{LC}(\mathrm{j}\omega)| = 0$,达到最小;当 $\omega/\omega_0 = \infty$ 时,$|H_{LC}(\mathrm{j}\omega)| = 1$,$\varphi_{LC}(\omega) = 0°$。可见 $RLC$ 串联电路对 $\omega_0$ 频率附近电压有较大衰减,从而构成**带阻电路**(band stop circuit)。

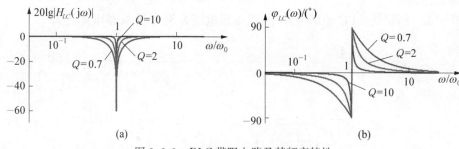

图 9.6.9 $RLC$ 带阻电路及其频率特性

(a) 幅频特性  (b) 相频特性

由图 9.6.9 所示的幅频特性可知,$RLC$ 带阻滤波电路的截止频率 $\omega_c$ 满足

$$\frac{|\omega_0^2 - \omega_c^2|}{\sqrt{(\omega_0^2 - \omega_c^2)^2 + \omega_0^2\omega_c^2/Q^2}} = \frac{1}{\sqrt{2}} \qquad (9.6.22)$$

解得两个截止频率为

$$\omega_{c1} = \left(-\frac{1}{2Q} + \sqrt{1 + \frac{1}{4Q^2}}\right)\omega_0, \quad \omega_{c2} = \left(\frac{1}{2Q} + \sqrt{1 + \frac{1}{4Q^2}}\right)\omega_0 \qquad (9.6.23)$$

它们的差称为**阻带宽度**(stop band width),用 $\Delta\omega$ 表示,即

$$\Delta\omega = \omega_{c2} - \omega_{c1} = \omega_0/Q \qquad (9.6.24)$$

可见 $RLC$ 带阻滤波电路的通带宽度与品质因数成反比。电路中电阻 $R$ 越大,品质因数 $Q$ 越低,阻带宽度就越宽,如图 9.6.9 所示。

### 9.6.3 谐振电路

电路**谐振**(resonance)是在特定条件下出现在电路中的一种现象。对一个正弦稳态电路,若出现了其端口电压与端口电流同相的现象,则说明此电路发生了谐振。发生谐振的电路称为**谐振电路**(resonance circuit),而发生谐振的条件称为谐振条件。电路谐振广泛应用在无线电、通信工程中。在电力系统中,电路谐振通常会造成设备损坏,因此必须加以避免。

**1）$RLC$ 串联谐振电路**

如图 9.6.5 所示的 $RLC$ 串联电路，其输入阻抗为

$$Z(\mathrm{j}\omega) = R + \mathrm{j}X = R + \mathrm{j}\left(\omega L - \frac{1}{\omega C}\right) \tag{9.6.25}$$

当电路发生谐振时，式(9.6.25)的虚部为零，即

$$X = X_L + X_C = \omega L - \frac{1}{\omega C} = 0 \tag{9.6.26}$$

式(9.6.26)表明谐振条件与输入频率以及电路的参数 $L$ 和 $C$ 相关。当 $L$ 和 $C$ 一定时，要实现电路谐振，必须调节输入频率，使其满足 $\omega = \omega_0 = 1/\sqrt{LC}$。当输入频率一定时，也可改变 $L$ 或 $C$ 的数值来达到谐振条件。

在 $RLC$ 串联电路中出现的谐振称为**串联谐振**（series resonance）。电路串联谐振时电感和电容上的电压分别为

$$\dot{U}_L = \mathrm{j}\omega_0 L \dot{I} = \omega_0 L \dot{I}\angle 90° \tag{9.6.27}$$

$$\dot{U}_C = -\mathrm{j}\frac{1}{\omega_0 C}\dot{I} = \frac{1}{\omega_0 C}\dot{I}\angle -90° \tag{9.6.28}$$

可见，这两个电压彼此大小相等，相位相反。串联谐振又称为**电压谐振**（voltage resonance）。串联谐振时的相量图如图 9.6.10 所示。

由式(9.6.27)和式(9.6.28)可得

$$\frac{U_L}{U} = \frac{U_C}{U} = \frac{\omega_0 L I}{RI} = \frac{I}{\omega_0 C R I} = \frac{\omega_0 L}{R} = \frac{1}{\omega_0 C R} = Q \tag{9.6.29}$$

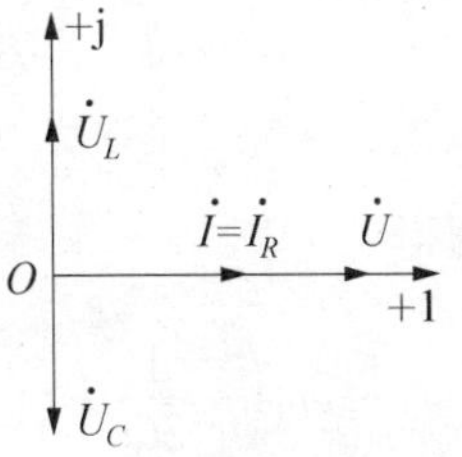

或

$$U_L = U_C = QU \tag{9.6.30}$$

图 9.6.10  串联谐振相量图

因此，当 $\omega_0 L = 1/(\omega_0 C) \gg R$，或者 $Q$ 很大时，将有 $U_L = U_C \gg U$ 的现象出现。这种现象在电力系统中，往往导致电感的绝缘介质和电容中的电介质被击穿，造成损失；而在一些无线电设备中，却常利用谐振的这一特性，提高微弱信号的幅值。

谐振电路的输出电压可取自电阻、电容或电感。当取自电阻时，输出电压随频率变化的情况与电流随频率变化的情况相似。谐振电路中电压、电流与频率关系的图形称为**谐振曲线**（resonance curve）。$RLC$ 串联谐振电路电流的有效值为

$$I = \frac{U}{\sqrt{R^2 + \left(\omega L - \dfrac{1}{\omega C}\right)^2}} = \frac{I_0}{\sqrt{1 + \dfrac{1}{R^2}\left(\omega L - \dfrac{1}{\omega C}\right)^2}} \tag{9.6.31}$$

式中，$I_0 = U/R$ 是电路谐振时电流的有效值。由于 $Q = \omega_0 L/R = 1/(\omega_0 C R)$，式(9.6.31)可改写为

$$I = \frac{I_0}{\sqrt{1 + Q^2\left(\dfrac{\omega}{\omega_0} - \dfrac{\omega_0}{\omega}\right)^2}} \tag{9.6.32}$$

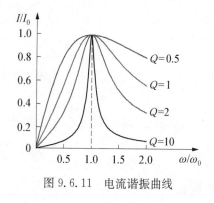

图 9.6.11　电流谐振曲线

取 $I/I_0$ 为纵坐标，$\omega/\omega_0$ 为横坐标，$Q$ 为参变量，由式(9.6.32)可作出电流谐振曲线如图 9.6.11 所示，称为**电流谐振曲线**(current resonant curve)。

由图 9.6.11 可见，品质因数 $Q$ 对电流谐振曲线的形状有很大的影响，$Q$ 大则曲线变化陡峭；$Q$ 小则曲线变化平坦，只有频率与谐振频率 $\omega_0$ 相同和与 $\omega_0$ 相差不多的电流可以通过电路，其他的则受到衰减。把电路具有这种选择谐振频率附近的电流的性质称为电路的选择性。显然，电路的 $Q$ 值越大，电路的选择性越好。

谐振电路的这种只允许一定范围频率的电流通过的性质也称为滤波性质，$RLC$ 串联谐振电路对电流来说是一个带通滤波电路。显然通带宽度满足

$$\Delta\omega = \omega_2 - \omega_1 \tag{9.6.33}$$

式中，$\omega_1$ 和 $\omega_2$ 分别为谐振曲线上纵坐标为 $I_0/\sqrt{2}$ 的两点的横坐标(见图 9.6.12)。由式(9.6.32)可知，$\omega_1$ 和 $\omega_2$ 满足

$$\frac{I}{I_0} = \frac{1}{\sqrt{2}} = \frac{1}{\sqrt{1 + Q^2\left(\dfrac{\omega}{\omega_0} - \dfrac{\omega_0}{\omega}\right)^2}} \tag{9.6.34}$$

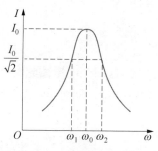

图 9.6.12　通频带宽度

解得

$$\omega_1 = \omega_0\left(-\frac{1}{2Q} + \sqrt{1 + \frac{1}{4Q^2}}\right), \quad \omega_2 = \omega_0\left(\frac{1}{2Q} + \sqrt{1 + \frac{1}{4Q^2}}\right) \tag{9.6.35}$$

当 $Q$ 很大($Q \gg 1$)时，$\omega_1$ 和 $\omega_2$ 可近似为

$$\omega_1 = \omega_0\left(1 - \frac{1}{2Q}\right), \quad \omega_2 = \omega_0\left(1 + \frac{1}{2Q}\right) \tag{9.6.36}$$

可得通带宽度为

$$\Delta\omega = \omega_2 - \omega_1 = \omega_0/Q \tag{9.6.37}$$

上式表明，$Q$ 大则通频带窄，$Q$ 小则通频带宽。

$RLC$ 串联谐振电路中电容的电压为

$$U_C = \frac{1}{\omega C}I = \frac{U}{\omega C\sqrt{R^2 + \left(\omega L - \dfrac{1}{\omega C}\right)^2}} \tag{9.6.38}$$

电感的电压

$$U_L = \omega LI = \frac{\omega LU}{\sqrt{R^2 + \left(\omega L - \dfrac{1}{\omega C}\right)^2}} \tag{9.6.39}$$

按式(9.6.38)和式(9.6.39)画出的 $U_C(\omega)\sim\omega$ 和 $U_L(\omega)\sim\omega$ 曲线如图 9.6.13 所示,称为**电压谐振曲线**(voltage resonant curve)。

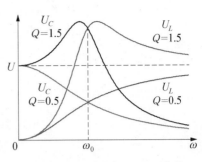

图 9.6.13 $U_L(\omega)$ 和 $U_C(\omega)$ 曲线

对 $U_C(\omega)\sim\omega$ 曲线来说, $\omega=0$ 时 $U_C=U$,此时如果 $Q$ 很小 $(Q<1/\sqrt{2})$,则因 $1/\omega C$ 随着 $\omega$ 的上升而下降的速度大于电流的上升速度, $U_C$ 将一直下降,到 $\omega\to\infty$ 时而趋近于零。但如果 $Q$ 值较大 $(Q>1/\sqrt{2})$,则因此时电流的上升速度快于 $X_C$ 的下降速度,在 $\omega$ 到达 $\omega_0$ 之前 $U_C$ 将一直上升而达到最大值 $U_{C\max}$,过此值后电流上升的速度变慢, $U_C$ 开始下降,直到随着 $\omega\to\infty$ 而趋近于零。

对 $U_L(\omega)\sim\omega$ 曲线来说,当 $\omega=0$ 时 $U_L=0$。当 $\omega$ 由 0 增大到 $\omega_0$ 时, $X_L$ 和 $I$ 都在增大,所以 $U_L$ 也在增大。刚过 $\omega_0$ 点时,因 $X_L$ 随 $\omega$ 直线上升,电流虽在下降,但下降不多,结果 $U_L$ 仍继续上升。在这以后,如果 $Q$ 值较小 $(Q<1/\sqrt{2})$,随着 $\omega$ 的增加,因为 $I$ 下降的速度比 $X_L$ 上升的速度慢, $U_L$ 将一直上升,到 $\omega\to\infty$ 时趋近于电源电压值;如果 $Q$ 值较大 $(Q>1/\sqrt{2})$,则随着 $\omega$ 的增加,因为 $I$ 下降的速度会渐渐超过 $X_L$ 上升的速度, $U_L$ 将在达到最大值 $U_{L\max}$ 后,再下降而趋近于电源电压值。

**例 9.6.1 收音机输入调谐电路** 采用内置天线的收音机调谐电路如图 9.6.14 所示。磁棒和绕在其上的谐振线圈 $L$ 构成内置天线。天空中有不同电台发出的不同频率的无线电波,它们都会在天线上感应出电压(感生电动势)。通过调节可变电容 $C$,只有在电路中产生谐振的电波信号才能在电感 $L$ 上产生较大的电压,该电压通过耦合电感传输到电感 $L_1$ 上进行检波、放大处理。

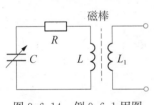

图 9.6.14 例 9.6.1 用图

已知 $R=0.6\ \Omega$, $L=0.1\ \mu H$,现将收音机调谐在中央人民广播电台第一套节目的调频波段 106.1 MHz。试求:(1) 电容 $C$ 和品质因数 $Q$;(2) 106.1 MHz 与 107 MHz 信号电压在电感两端产生的电压之比,设两者的信号电压幅值相同。

**解** (1) $C=\dfrac{1}{\omega_0^2 L}=\dfrac{1}{(2\pi\times 106.1\times 10^6)^2\times 0.1\times 10^{-6}}\ \text{F}=22.5\ \text{pF}$

$$Q=\frac{\omega_0 L}{R}=\frac{2\pi\times 106.1\times 10^6\times 0.1\times 10^{-6}}{0.6}=111.1$$

(2) 设信号电压幅值为 $U$,则谐振时信号电压在电感两端产生的电压幅值为 $U_0=QU=111.1U$;在 107 MHz,信号电压在电感两端产生的电压幅值为

$$U_1=\frac{U\omega L}{\sqrt{R^2+[\omega L-1/(\omega C)]^2}}$$

$$=\frac{2\pi\times 107\times 10^6\times 0.1\times 10^{-6}U}{\sqrt{0.6^2+[2\pi\times 107\times 10^6\times 0.1\times 10^{-6}-1/(2\pi\times 107\times 10^6\times 22.5\times 10^{-12})]^2}}$$

$$=52.84U$$

两者之比

$$\frac{U_1}{U_0}=\frac{52.84U}{111.1U}=0.476$$

**例 9.6.2** 试求 $RLC$ 串联电路中电容电压和电感电压分别为最大值时所对应的频率。

**解** (1) 由式(9.6.38)可得

$$U_C = \frac{U}{\omega C \sqrt{R^2 + \left(\omega L - \dfrac{1}{\omega C}\right)^2}} = \frac{\omega_0 Q U}{\sqrt{\omega^2 + Q^2 \left(\dfrac{\omega^2}{\omega_0} - \omega_0\right)^2}}$$

为求 $U_C$ 为最大值所对应的频率,需求上式分母为最小值所对应的频率。令 $x = \omega^2$,则由

$$\frac{\mathrm{d}\left[x + Q^2 \left(\dfrac{x}{\omega_0} - \omega_0\right)^2\right]}{\mathrm{d}x} = 1 + \frac{2}{\omega_0} Q^2 \left(\frac{x}{\omega_0} - \omega_0\right) = 0$$

可得

$$x = \omega_0^2 \left(1 - \frac{1}{2Q^2}\right)$$

得到 $U_C$ 为最大值所对应的频率为

$$\omega_C = \omega_0 \sqrt{1 - \frac{1}{2Q^2}}$$

由上式可知,电容电压存在极值的条件是 $Q > \sqrt{2}/2$。

(2) 由式(9.6.39)可得

$$U_L = \frac{\omega L U}{\sqrt{R^2 + \left(\omega L - \dfrac{1}{\omega C}\right)^2}} = \frac{Q U}{\omega_0 \sqrt{\dfrac{1}{\omega^2} + Q^2 \left(\dfrac{1}{\omega_0} - \dfrac{\omega_0}{\omega^2}\right)^2}}$$

类似地,令 $y = 1/\omega^2$,则由

$$\frac{\mathrm{d}\left[y + Q^2 \left(\dfrac{1}{\omega_0} - \omega_0 y\right)^2\right]}{\mathrm{d}y} = 1 - 2\omega_0 Q^2 \left(\frac{1}{\omega_0} - \omega_0 y\right) = 0$$

可得

$$y = \frac{1}{\omega_0^2}\left(1 - \frac{1}{2Q^2}\right)$$

得到 $U_L$ 为最大值所对应的频率为

$$\omega_L = \frac{\omega_0}{\sqrt{1 - \dfrac{1}{2Q^2}}}$$

同样,电感电压存在极值的条件是 $Q > \sqrt{2}/2$。

由上面计算可知,$U_C$ 和 $U_L$ 为最大值时的频率并不等于谐振频率。$Q$ 越大,$U_C$ 和 $U_L$ 为最大值时的频率越靠近谐振频率 $\omega_0$。$U_L$ 和 $U_C$ 的最大值为

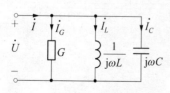

$$U_{C\max} = U_{L\max} = \frac{QU}{\sqrt{1 - \dfrac{1}{4Q^2}}}$$

图 9.6.15 $GCL$ 并联谐振电路

**2) $GCL$ 并联谐振电路**

如图 9.6.15 所示为 $GCL$ 并联电路。$GCL$ 并联电路与

$RLC$ 串联电路互为对偶电路,有关 $GCL$ 并联电路的谐振现象不再详细讨论,仅将有关结果列举出来供读者参考。

$GCL$ 并联电路的谐振既称**并联谐振**(parallel resonance),又称**电流谐振**(current resonance)。谐振条件为

$$B = B_C + B_L = \omega C - \frac{1}{\omega L} = 0 \tag{9.6.40}$$

谐振频率为

$$\omega_0 = 1/\sqrt{LC} \tag{9.6.41}$$

相量图如图 9.6.16 所示。

$GCL$ 并联电路谐振时有

$$\begin{cases} \dot{I} = G\dot{U} \\ \dot{I}_L = -\mathrm{j}\dfrac{1}{\omega_0 L}\dot{U} \\ \dot{I}_C = \mathrm{j}\omega_0 C\dot{U} \end{cases} \tag{9.6.42}$$

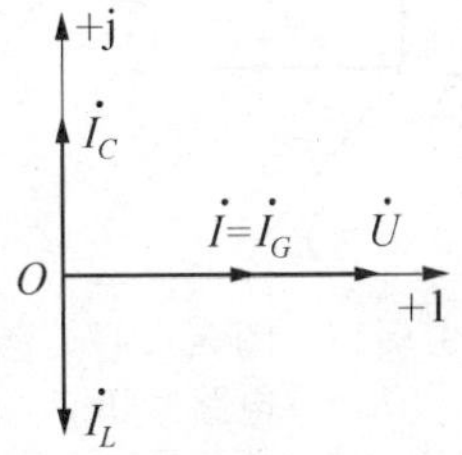

图 9.6.16　并联谐振相量图

此时若 $\omega_0 C = 1/(\omega_0 L) \gg G$,则有 $I_L = I_C \gg I$。品质因数为

$$Q = \frac{\omega_0 C}{G} = \frac{1}{G\omega_0 L} = \frac{1}{G}\sqrt{\frac{C}{L}} \tag{9.6.43}$$

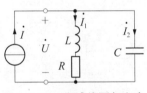

图 9.6.17　电感线圈与电容
并联的谐振电路

**电感线圈与电容并联谐振电路**　在工程中常遇到电感线圈与电容并联的谐振电路,如图 9.6.17 所示,其中电感线圈用 $R$ 与 $L$ 的串联组合来表示。端口导纳为

$$Y = \frac{1}{R + \mathrm{j}\omega L} + \mathrm{j}\omega C = \frac{R}{R^2 + \omega^2 L^2} + \mathrm{j}\left(\frac{-\omega L}{R^2 + \omega^2 L^2} + \omega C\right)$$
$$= G_{eq} + \mathrm{j}B_{eq} \tag{9.6.44}$$

电路发生并联谐振时,有

$$B_{eq} = \frac{-\omega L}{R^2 + \omega^2 L^2} + \omega C = 0 \tag{9.6.45}$$

由上式求得谐振频率

$$\omega_0 = \sqrt{\frac{L - CR^2}{L^2 C}} = \frac{1}{\sqrt{LC}}\sqrt{1 - \frac{CR^2}{L}} \tag{9.6.46}$$

可见,电路的谐振频率决定于电路的参数,而且仅当 $1 - CR^2/L > 0$,即 $R < \sqrt{L/C}$ 时,$\omega_0$ 才是实数,电路才发生谐振。

电路谐振时,电路端口等效为一个电导,即

$$Y = G_{eq} = \frac{R}{R^2 + \omega_0^2 L^2} = \frac{CR}{L} \tag{9.6.47}$$

端口电压为

$$\dot{U}(\omega_0) = \frac{\dot{I}}{Y(\omega_0)} = \frac{L}{CR}\dot{I} \tag{9.6.48}$$

各支路电流为

$$\dot{I}_1 = \frac{\dot{U}(\omega_0)}{R + j\omega_0 L} = \frac{L}{CR\sqrt{R^2 + \omega_0^2 L^2}}\dot{I} \angle -\arctan\frac{\omega_0 L}{R} \tag{9.6.49}$$

$$\dot{I}_2 = \dot{U}(\omega_0)j\omega_0 C = \frac{\omega_0 L}{R}\dot{I} \angle 90° \tag{9.6.50}$$

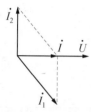

图 9.6.18　图 9.6.17
电路并联谐
振相量图

各支路电流及电压的相量如图 9.6.18 所示,可见 $\dot{I}_1$ 的虚部与 $\dot{I}_2$ 抵消,因此此并联谐振也称为电流谐振。

当 $R$ 很小,即 $R \ll \sqrt{L/C}$ 时,由式(9.6.46)可得

$$\omega_0 \approx \frac{1}{\sqrt{LC}} \tag{9.6.51}$$

此时可类似地定义品质因数 $Q$ 为电容电流与理想电流源电流的幅值之比,即

$$Q = \frac{\omega_0 L}{R} \approx \frac{1}{\omega_0 CR} \tag{9.6.52}$$

由于 $R$ 和 $L$ 均为电感线圈的参数,因此有时也将此时的 $Q$ 值称为电感线圈的 $Q$ 值。但要注意,如果电流源具有内阻,则整个电路的 $Q$ 值会小于电感线圈的 $Q$ 值。

图 9.6.17 所示电路可等效为如图 9.6.19 所示的 $GCL$ 并联电路,由式(9.6.44)不难得到

$$R_{eq} = \frac{R^2 + \omega^2 L^2}{R}, \quad L_{eq} = \frac{R^2 + \omega^2 L^2}{\omega^2 L} \tag{9.6.53}$$

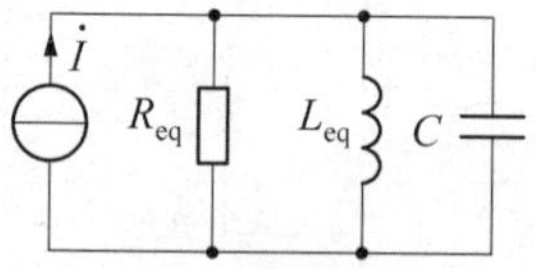

图 9.6.19　图 9.6.17 电路
的等效电路

当 $R$ 很小 $(R \ll \sqrt{L/C})$,即电感线圈 $Q$ 值较高时,在谐振频率附近(通常称为小失谐情况),有 $\omega \approx \omega_0$,此时可得到

$$\begin{cases} R_{eq} = \dfrac{R^2 + \omega^2 L^2}{R} \approx \dfrac{\omega_0^2 L^2}{R} \approx \dfrac{L^2/(LC)}{R} = \dfrac{L}{CR} \\[2mm] L_{eq} = \dfrac{R^2 + \omega^2 L^2}{\omega^2 L} \approx \dfrac{\omega^2 L^2}{\omega^2 L} = L \end{cases} \tag{9.6.54}$$

这样处理可使分析简化。

**例 9.6.3　收音机输入调谐电路**　采用外置天线的收音机调谐电路如图 9.6.20(a)所示。通过天线接收到的信号可等效为一个理想电流源,如图 9.6.20(b)所示,其中 $R$ 为回路损耗的等效电阻。已知 $R = 0.6\,\Omega$,$L = 0.1\,\mu H$,现将收音机调谐在上海人民广播电台新闻频率调频波段 93.4 MHz。试求:(1)电容 $C$ 和品质因数 $Q$;(2)90 MHz 信号电流产生的输出电压与谐振时的输出电压之比,设两者的信号电流幅值相同。

**解**　(1) $C = \dfrac{1}{\omega_0^2 L} = \dfrac{1}{(2\pi \times 93.4 \times 10^6)^2 \times 0.1 \times 10^{-6}}\ F = 29\ pF$

图 9.6.20(b)电路可等效为如图 9.6.20(c)所示的 $GCL$ 并联电路,其中

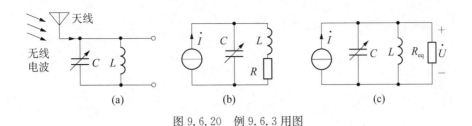

图 9.6.20 例 9.6.3 用图

$$R_{eq} = \frac{L}{CR} = \frac{0.1 \times 10^{-6}}{29 \times 10^{-12} \times 0.6} \, \Omega = 5.75 \, \text{k}\Omega$$

由式(9.6.43)可得

$$Q = \frac{R_{eq}}{\omega_0 L} = \frac{5.75 \times 10^3}{2\pi \times 93.4 \times 10^6 \times 0.1 \times 10^{-6}} = 98$$

（2）设信号电流幅值为 $I$，谐振时的电压幅值为

$$U_0 = R_{eq} I = 5\,750 I$$

在 90 MHz，信号电流产生的输出电压幅值为

$$U_1 = \frac{I}{\sqrt{G^2 + [\omega C - 1/(\omega L)]^2}}$$

$$= \frac{I}{\sqrt{[1/(5.75 \times 10^3)]^2 + [2\pi \times 90 \times 10^6 \times 29 \times 10^{-12} - 1/(2\pi \times 90 \times 10^6 \times 10^{-7})]^2}}$$

$$= 771.3 I$$

两者之比

$$\frac{U_1}{U_0} = \frac{771.3 I}{5\,750 I} = 0.134$$

**例 9.6.4 石英晶体谐振电路** 石英晶体具有非常稳定的机械和压电特性，常用来作为基本的时钟器件。在电路中石英晶体主要起选频、鉴频和稳频的作用，应用非常广泛。如图 9.6.21 所示电路为石英晶体的电路模型，试求出其谐振频率。

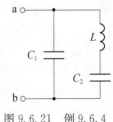

图 9.6.21 例 9.6.4 用图

**解** 输入阻抗为

$$Z_{ab} = \frac{\left(j\omega L + \frac{1}{j\omega C_2}\right)\frac{1}{j\omega C_1}}{j\omega L + \frac{1}{j\omega C_2} + \frac{1}{j\omega C_1}} = \frac{1 - \omega^2 L C_2}{j[\omega(C_1 + C_2) - \omega^3 L C_1 C_2]}$$

当 $Z_{ab}$ 的分子为零时，$LC_2$ 支路的阻抗为零，该支路产生谐振，亦即串联谐振，此时有

$$1 - \omega^2 L C_2 = 0$$

解得

$$\omega_s = \sqrt{\frac{1}{LC_2}}$$

当 $Z_{ab}$ 的分母为零时，$LC_2$ 支路和 $C_1$ 支路并联的导纳为零，发生并联谐振，此时有

$$C_1 + C_2 = \omega^2 L C_1 C_2$$

解得
$$\omega_p = \sqrt{\frac{C_1 + C_2}{L C_1 C_2}}$$

所以本电路有两个谐振频率,且 $\omega_s < \omega_p$。

## 9.7 正弦稳态电路的功率

### 9.7.1 正弦稳态一端口电路的功率

1) 瞬时功率

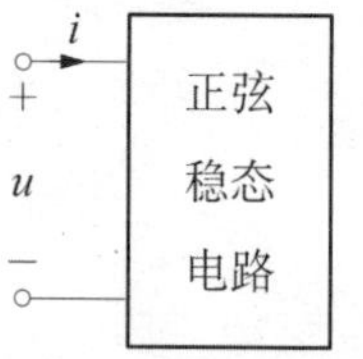

对于如图 9.7.1 所示正弦稳态一端口电路,设其端口电压和端口电流分别为

$$u = \sqrt{2}U\cos(\omega t + \varphi_u), \; i = \sqrt{2}I\cos(\omega t + \varphi_i) \tag{9.7.1}$$

图 9.7.1　正弦稳态一端口电路

则该一端口电路吸收的功率为

$$p = ui = 2UI\cos(\omega t + \varphi_u)\cos(\omega t + \varphi_i)$$
$$= UI\cos(\varphi_u - \varphi_i) + UI\cos(2\omega t + \varphi_u + \varphi_i) \tag{9.7.2}$$

该功率是一个随时间变化的量,为瞬时功率。瞬时功率 $p$ 包括两项,一项为常量,另一项为正弦量,其频率是电压(电流)频率的 2 倍。图 9.7.2 给出了 $p$ 的一般变化规律。从图中可以看出 $p$ 有时为正,有时为负。$p > 0$ 表示一端口电路吸收功率,$p < 0$ 表示一端口电路发出功率,这表明一端口电路与外电路之间有能量往返交换。另外,图 9.7.2 中 $p$ 为正时的波形所覆盖的面积大于 $p$ 为负时波形所覆盖的面积,这说明一端口电路吸收的功率多于其向外电路发出的功率,也就是说一端口电路吸收的能量多于发出的能量,在其内部有能量消耗。

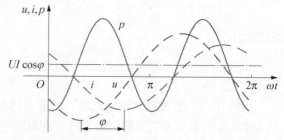

图 9.7.2　正弦稳态一端口电路的瞬时功率

2) 平均功率和无功功率

瞬时功率随时间是变化的,不适合用来表示正弦稳态功率的大小。将瞬时功率在一个周期内的平均值定义为**平均功率**(average power),简称功率,即

$$P = \frac{1}{T}\int_0^T p\,\mathrm{d}t \tag{9.7.3}$$

平均功率的 SI 单位为瓦(W)。平均功率亦称为**有功功率**(active power),是电路中实际消耗的功率。

将式(9.7.2)代入式(9.7.3),得到一端口电路吸收的平均功率为

$$P = UI\cos(\varphi_u - \varphi_i) = UI\cos\varphi = UI\lambda \tag{9.7.4}$$

式中

$$\lambda = \frac{P}{UI} = \cos\varphi \qquad (9.7.5)$$

称为**功率因数**(power factor)。$\varphi = \varphi_u - \varphi_i$ 表示电压超前电流的相位角,也称为功率因数角。

式(9.7.4)表明,一端口电路吸收的平均功率一般并不等于端口电压、电流有效值的乘积,要乘以功率因数 $\lambda(\lambda \leqslant 1)$,而 $\lambda$ 取决于端口电压与端口电流的相位差。下面分几种情况加以讨论。

(1) 设图 9.7.1 所示的一端口电路只由一个电阻 $R$ 构成,则端口电压、电流就是电阻 $R$ 上的电压、电流,两者同相位,$\varphi = 0$,从而 $\lambda = 1$。由式(9.7.2)和式(9.7.4)可得电阻吸收的瞬时功率和平均功率分别为

$$p_R = UI + UI\cos 2(\omega t + \varphi_u) \qquad (9.7.6)$$

$$P_R = UI = RI^2 = GU^2 \qquad (9.7.7)$$

由式(9.7.6)可知,$p_R \geqslant 0$,电路中的正电阻总是吸收功率。如果用端口电压、电流有效值来计算电阻的平均功率,则其计算公式与电阻电路中的对应公式(1.2.4)完全一致。

(2) 设图 9.7.1 所示的一端口电路只由一个电感 $L$ 构成,由于电感 $L$ 上的电压超前电流 $90°$,即 $\varphi = 90°$,从而 $\lambda = 0$。由式(9.7.2)和式(9.7.4)可得电感吸收的瞬时功率和平均功率分别为

$$p_L = UI\cos 90° + UI\cos(2\omega t + \varphi_u + \varphi_u - 90°) = UI\sin 2(\omega t + \varphi_u) \qquad (9.7.8)$$

$$P_L = UI\lambda = 0 \qquad (9.7.9)$$

从以上两式中可以看出,对电感元件,在正弦稳态下吸收的瞬时功率以 $2\omega$ 的频率波动,平均值为零。

电感元件吸收的瞬时功率可正可负,而消耗的有功功率为零,表明电感元件与外电路存在能量往返交换的现象,但不消耗能量,能量交换的大小由端口电压、电流有效值的乘积所确定。在电路理论中,把式(9.7.8)中的振幅定义为电感元件的**无功功率**(reactive power),记为 $Q_L$,即

$$Q_L = UI \qquad (9.7.10)$$

$Q_L$ 用以表征电感元件与外电路之间能量往返交换的最大速率。

电感元件的瞬时能量为

$$w_L = \frac{1}{2}Li^2 = LI^2\cos^2(\omega t + \varphi_i) = \frac{1}{2}LI^2[1 + \cos(2\omega t + 2\varphi_i)] \qquad (9.7.11)$$

上式表明电感储存的能量以 $2\omega$ 的频率在其平均值上下波动,但在任意时刻,$w_L \geqslant 0$。电感储能平均值为

$$W_L = \frac{1}{2}LI^2 \qquad (9.7.12)$$

由于对电感元件有

$$\dot{U} = Z_L\dot{I} = j\omega L\dot{I} \qquad (9.7.13)$$

即 $U = \omega LI$,从而得出

$$Q_L = UI = \omega L I^2 = 2\omega W_L \tag{9.7.14}$$

由式(9.7.14)可知,如果电感的平均储能越多,与外电路能量往返的频率越高,那么其无功功率就越大。

(3) 设图 9.7.1 所示的一端口电路只由一个电容 $C$ 构成,由于电容 $C$ 上的电压滞后电流 $90°$,即 $\varphi = -90°$,从而 $\lambda = 0$。与上面讨论类似,电容吸收的瞬时功率和平均功率分别为

$$p_C = UI\cos(-90°) + UI\cos(2\omega t + \varphi_u + \varphi_u + 90°) = -UI\sin 2(\omega t + \varphi_u) \tag{9.7.15}$$

$$P_C = UI\lambda = 0 \tag{9.7.16}$$

因此,电容元件在正弦稳态下吸收的瞬时功率以 $2\omega$ 的频率波动,平均值也为零。与电感元件类似,电容元件不消耗能量,但是与外电路存在能量往返交换的现象,能量交换的大小也是由端口电压、电流有效值的乘积所确定。在电路理论中,把式(9.7.15)中的振幅定义为电容元件的无功功率,记为 $Q_C$,即

$$Q_C = -UI \tag{9.7.17}$$

$Q_C$ 用以表征电容元件与外电路之间能量往返交换的最大速率。这里约定电容的无功功率恒为负值,以表明与电感无功功率的区别。

电容元件的瞬时能量为

$$w_C = \frac{1}{2}Cu^2 = CU^2\cos^2(\omega t + \varphi_u) = \frac{1}{2}CU^2[1 + \cos(2\omega t + 2\varphi_u)] \tag{9.7.18}$$

式(9.7.18)表明电容储存的能量以 $2\omega$ 的频率在其平均值上下波动,但在任意时刻,$w_C \geqslant 0$。电容储能平均值为

$$W_C = \frac{1}{2}CU^2 \tag{9.7.19}$$

电容元件的无功功率与平均储能之间的关系为

$$Q_C = -UI = -\omega CU^2 = -2\omega W_C \tag{9.7.20}$$

由式(9.7.20)可知,电容的无功功率为负,其大小为电容平均储能的 $2\omega$ 倍。

上面讨论了正弦稳态一端口电路分别是电阻、电感和电容等元件时的功率情况,可以看出:对正弦稳态电路,同相位的电压与电流产生有功功率,其大小为有效值之积[见式(9.7.7)];而相位正交的电压与电流不产生平均功率,其有效值之积为无功功率[见式(9.7.10)和式(9.7.17)]。

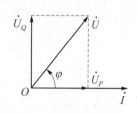

图 9.7.3  正弦稳态一端口电路的相量图

对于一般的正弦稳态一端口电路,其端口电压与端口电流的相位差 $\varphi = \varphi_u - \varphi_i$,且端口等效阻抗的电阻分量非负时,$|\varphi| \leqslant 90°$。若 $\varphi > 0$,则电路呈现电感性质(简称感性);若 $\varphi < 0$,则电路呈现电容性质(简称容性);若 $\varphi = 0$,则电路是阻性的。图 9.7.3 所示为感性一端口电路的相量图。由式(9.7.4)可知,一端口电路吸收的平均功率为

$$P = UI\cos\varphi = U_P I \tag{9.7.21}$$

式中，$U_P = U\cos\varphi$。由相量图可知，$\dot{U}_P$ 是与电流 $\dot{I}$ 同相位的电压分量，两者有效值之积得到有功功率，因此 $U\cos\varphi$ 称为电压的有功分量或有功电压。相量图中的 $\dot{U}_Q$ 是与电流 $\dot{I}$ 正交的电压分量，两者有效值之积得到无功功率，即

$$Q = UI\sin\varphi = U_Q I \tag{9.7.22}$$

式中，$U_Q = U\sin\varphi$，称为电压的无功分量或无功电压。

无功功率具有功率的量纲，其 SI 单位为乏（var），它表征一端口电路与外电路之间能量往返的规模，其本身并不是做功的功率，因为从平均的意义上说，其值为零。

若设一端口电路是 $RLC$ 串联电路，则其输入阻抗为 $Z(j\omega) = R + j(X_L + X_C)$，且

$$\sin\varphi = \frac{X_L + X_C}{\sqrt{R^2 + (X_L + X_C)^2}} \tag{9.7.23}$$

将上式代入式（9.7.22），可得

$$Q = UI\frac{X_L + X_C}{\sqrt{R^2 + (X_L + X_C)^2}} = I^2 X_L + I^2 X_C = Q_L + Q_C \tag{9.7.24}$$

式（9.7.24）表明电路中电感的无功功率与电容的无功功率相互补偿（即两者之间有能量交换）。因此 $Q = 0$ 并不一定意味着 $Q_L$ 和 $Q_C$ 为零（电阻电路除外），而只是表明电路中电感与电容之间出现能量的等量交换。

实际电路中的平均功率可用功率表来测量，功率表的符号如图 9.7.4（a）所示。功率表有两对连接端子，其中一对端子与表内的电流线圈相连，使用时需与负载串联，用于测量负载电流；另一对端子与表内的电压线圈相连，使用时需与负载并联，用于测量负载电压。在电流线圈和电压线圈的一端标有"*"或"±"，用以表明电流、电压的参考方向，称为同名端。测量一端口正弦稳态电路的平均功率，功率表可采用图 9.7.4（b）和（c）所示的接法。图 9.7.4（b）所示的接法中电压、电流的参考方向与功率表的同名端一致，其示数为

$$P = \frac{1}{T}\int_0^T ui\,\mathrm{d}t = UI\cos(\varphi_u - \varphi_i) \tag{9.7.25}$$

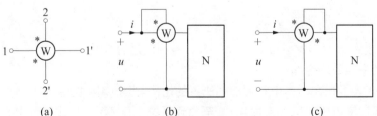

图 9.7.4　功率表的符号及其连接

在图 9.7.4（c）所示的接法中，电压的参考方向与功率表的同名端一致，而电流的参考方向与功率表的同名端不一致，因此其示数为

$$P = \frac{1}{T}\int_0^T -ui\,\mathrm{d}t = -UI\cos(\varphi_u - \varphi_i) \tag{9.7.26}$$

3) 视在功率

有功功率和无功功率的计算都涉及电压、电流有效值之积 $UI$。在电路理论中,把这一乘积定义为**视在功率**(apparent power)或表观功率,记为 $S$,即

$$S = UI \tag{9.7.27}$$

引入视在功率后,有功功率和无功功率又可分别表示为

$$P = S\cos\varphi, \quad Q = S\sin\varphi \tag{9.7.28}$$

因此 $P$、$Q$、$S$ 之间的关系为

$$S = \sqrt{P^2 + Q^2} \tag{9.7.29}$$

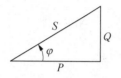

图 9.7.5 功率三角形

这一关系可由图 9.7.5 所示的功率三角形表明,角 $\varphi$ 即为功率因数角。

视在功率的 SI 单位是伏安(VA)。有些电气设备就是用它来表示其本身的容量,例如,一台容量为 1 250 kVA 的变压器,就是指这台变压器的视在功率为 1 250 kVA。

**例9.7.1** 图 9.7.6 中的 3 个负载 $Z_1$、$Z_2$ 和 $Z_3$ 并联接到 220 V 正弦电源上,各负载吸收的功率和电流分别为 $P_1 = 4.4 \text{ kW}$,$I_1 = 40 \text{ A}$(容性);$P_2 = 8.8 \text{ kW}$,$I_2 = 50 \text{ A}$(感性);$P_3 = 6.6 \text{ kW}$,$I_3 = 60 \text{ A}$(容性)。试求电源供给的总电流和电路的功率因数。

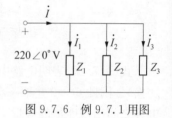

图 9.7.6 例 9.7.1 用图

**解** 设电源电压 $220\angle 0° \text{ V}$,各负载分别为

$$Z_1 = |Z_1| \angle\varphi_1, \quad Z_2 = |Z_2| \angle\varphi_2, \quad Z_3 = |Z_3| \angle\varphi_3$$

根据 $P = UI\cos\varphi$,可得

$$\cos\varphi_1 = \frac{P_1}{UI_1} = 0.5, \quad \cos\varphi_2 = \frac{P_2}{UI_2} = 0.8, \quad \cos\varphi_3 = \frac{P_3}{UI_3} = 0.5$$

即 $\varphi_1 = -60°$,$\varphi_2 = 36.9°$,$\varphi_3 = -60°$。

因此各支路电流相量为

$$\dot{I}_1 = 40\angle 60° \text{ A}, \quad \dot{I}_2 = 50\angle -36.9° \text{ A}, \quad \dot{I}_3 = 60\angle 60° \text{ A}$$

总电流为 $\quad \dot{I} = \dot{I}_1 + \dot{I}_2 + \dot{I}_3 = 106\angle 32.2° \text{ A}$

电路的功率因数为 $\quad \cos\varphi = \cos 32.2° = 0.847 \text{(容性)}$

### 9.7.2 功率因数的提高

功率因数代表了视在功率中有功功率所占的比例,当功率因数较低时,往往会降低供电设备的利用率、增加输电线路的功率损耗,甚至导致系统电压不稳定。因此,提高功率因数会带来显著的经济效益。

工程中的负载大多为感性,这使得负载电流的相位滞后于电压。为了提高功率因数,最简单的办法就是在感性负载两端并联电容,如图 9.7.7(a)所示。提高功率因数从物理意义上讲,就是用电容的无功功率去补偿感性负载的无功功率,以使电源输出的无功功率减少,功率因数角 $\varphi$ 也变小。

下面讨论感性负载在已知其端电压和平均功率分别为 $U$ 和 $P$ 的情况下,若要将功率因数

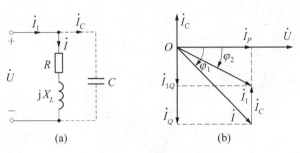

图 9.7.7 功率因数的提高

从 $\lambda_1$ 提高到 $\lambda_2$（功率因数角从 $\varphi_1$ 减小到 $\varphi_2$）需要并联电容的大小。

由图 9.7.7(b)所示的相量图可知,在并联电容之前端口电流的有功分量为 $I_P$,有功功率为

$$P = UI_P = UI\lambda_1 = UI\cos\varphi_1 \tag{9.7.30}$$

式中,$\varphi_1$ 为并联电容之前的功率因数角。

并联电容之后,负载上的电压、电流没有发生任何变化,而端口电流的无功分量却因并联电容而减小到

$$I_{1Q} = I_Q - I_C = I\sin\varphi_1 - \omega CU \tag{9.7.31}$$

上式两边同乘以端口电压有效值,得

$$Q_1 = UI_{1Q} = UI_Q - UI_C = Q + Q_C \tag{9.7.32}$$

式中,$Q_1$ 表示并联电容之后端口的无功功率;$Q$ 表示感性负载的无功功率;$Q_C = -\omega CU$ 表示电容的容性无功功率,为负值,因此并联电容之后使端口的无功功率 $Q_1$ 减小,从而达到了提高功率因数的目的。这种利用容性无功功率抵消部分感性无功功率以提高功率因数的方法称为**无功补偿**(reactive power compensation)。

设并联电容之后功率因数达到 $\lambda_2 = \cos\varphi_2$,则由图 9.7.7(b)可知

$$\tan\varphi_2 = \frac{I_{1Q}}{I_P} = \frac{I\sin\varphi_1 - \omega CU}{I\cos\varphi_1} \tag{9.7.33}$$

而 $I = P/(U\cos\varphi_1)$,代入上式,得并联电容 $C$ 的大小为

$$C = \frac{P}{\omega U^2}(\tan\varphi_1 - \tan\varphi_2) \tag{9.7.34}$$

**例 9.7.2** 已知一功率为 $P = 10\text{ kW}$、$\cos\varphi_1 = 0.6$ 的感性负载接在电压为 220 V、频率为 50 Hz 的电源上。试求:(1) 将功率因数提高到 $\cos\varphi_2 = 0.9$ 时所需并联电容的大小;(2) 并联电容前后电源提供的电流;(3) 如果将功率因数提高到 1,并联电容还需增加多少?

**解** (1) 将已知的数据代入式(9.7.34),得出所需并联的电容为

$$C = \frac{10\,000}{2\pi \times 50 \times 220^2}\big[\tan(\arccos 0.6) - \tan(\arccos 0.9)\big]$$

$$= \frac{10\,000}{314 \times 220^2}(\tan 53.1° - \tan 25.8°) = 558 \times 10^{-6}\text{F} = 558\ \mu\text{F}$$

（2）电容并联之前电源提供的电流为

$$I = \frac{10\ 000}{220 \times 0.6}\ \mathrm{A} = 75.8\ \mathrm{A}$$

电容并联之后电源提供的电流为

$$I_1 = \frac{10\ 000}{220 \times 0.9}\ \mathrm{A} = 50.5\ \mathrm{A}$$

可见，在负载所吸收功率保持不变的情况下，提高功率因数之后电源提供的电流减小。

（3）$C = \dfrac{10\ 000}{2\pi \times 50 \times 220^2}\big[\tan(\arccos 0.6) - \tan(\arccos 1)\big]$

$$= \frac{10\ 000}{314 \times 220^2}(\tan 53.2° - 0) = 876.7 \times 10^{-6}\ \mathrm{F} = 877\ \mu\mathrm{F}$$

因此需增加的电容量为

$$\Delta C = (877 - 558)\mu\mathrm{F} = 319\ \mu\mathrm{F}$$

可见，当功率因数较低时，并联 558 $\mu$F 的电容将功率因数从 0.6 提高到 0.9；而在功率因数比较高的情况下，再继续提高功率因数，则需增加较大的电容量。因此，通常并不把功率因数提高到 $\cos\varphi = 1$。

### 9.7.3　复功率与复功率守恒

在正弦稳态下，为了能用电压相量和电流相量来计算功率，将有功功率 $P$ 和无功功率 $Q$ 分别作为实部和虚部构成一个复数变量，即

$$\tilde{S} = P + \mathrm{j}Q = UI\cos\varphi + \mathrm{j}UI\sin\varphi = UI\angle\varphi = U\angle\varphi_u I\angle -\varphi_i = \dot{U}\dot{I}^* \tag{9.7.35}$$

式中，$\dot{I}^*$ 是电流相量 $\dot{I}$ 的共轭复数。复数变量 $\tilde{S}$ 称为**复功率**(complex power)。复功率只是用于计算的复数变量，不能视为相量。复功率的 SI 单位名称为伏安(VA)。

如果将复功率表示成极坐标形式，则其模就是视在功率，而辐角就是功率因数角，即

$$\begin{cases} |\tilde{S}| = \sqrt{P^2 + Q^2} = S \\ \arg\tilde{S} = \arctan\left(\dfrac{Q}{P}\right) = \arctan\left(\dfrac{UI\sin\varphi}{UI\cos\varphi}\right) = \varphi \end{cases} \tag{9.7.36}$$

由式(9.7.35)和式(9.7.36)可以看出，正弦稳态电路中的平均功率 $P$、无功功率 $Q$、视在功率 $S$、功率因数 $\lambda$ 都统一在复功率 $\tilde{S}$ 中，引入复功率 $\tilde{S}$ 有助于正弦稳态功率的计算与分析。

在正弦稳态下，任意电路的复功率具有守恒性，即电路中各支路吸收的复功率之代数和为零。下面给出证明。

对正弦稳态电路的支路电压相量和支路电流相量，由相量形式的 KCL 和 KVL 得

$$\sum \dot{I}_k = 0, \quad \sum \dot{U}_k = 0 \tag{9.7.37}$$

由复数相等的定义，可得

$$\sum \dot{I}_k^* = 0 \tag{9.7.38}$$

上式表明对于支路电流的共轭相量 $\dot I_k^*$，仍然满足 KCL 方程。因此，对含 $b$ 条支路的正弦稳态电路，其支路电压相量满足 KVL，支路电流相量满足式(9.7.38)，由特勒根定理可得

$$\sum_{k=1}^{b} \dot U_k \dot I_k^* = 0 \qquad (9.7.39)$$

即

$$\sum_{k=1}^{b} \widetilde S_k = 0 \qquad (9.7.40)$$

复功率守恒得到了证明。由式(9.7.40)可得

$$\sum_{k=1}^{b} (P_k + \mathrm{j}Q_k) = 0 \qquad (9.7.41)$$

即

$$\sum_{k=1}^{b} P_k = 0, \quad \sum_{k=1}^{b} Q_k = 0 \qquad (9.7.42)$$

式(9.7.42)表明在正弦稳态下，电路中的平均功率和无功功率也分别守恒。

**例 9.7.3**　如图 9.7.8 所示电路中，已知 $\dot U = 100\angle 0°$ V，试计算理想电压源提供的复功率。

**解1**　利用复功率的定义计算。从电压源两端看去的等效阻抗为

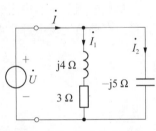

图 9.7.8　例 9.7.3 用图

$$Z = (3 + \mathrm{j}4)//(-\mathrm{j}5)\ \Omega = (7.5 - \mathrm{j}2.5)\ \Omega$$
$$= 7.91\angle -18.43°\ \Omega$$

$$\dot I = \frac{\dot U}{Z} = \frac{100\angle 0°}{7.91\angle -18.43°}\ \mathrm{A} = (12 + \mathrm{j}4)\ \mathrm{A}$$

理想电压源提供的复功率为

$$\widetilde S = \dot U \dot I^* = 100\angle 0° \times (12 - \mathrm{j}4)\ \mathrm{VA} = (1\,200 - \mathrm{j}400)\ \mathrm{VA}$$

**解2**　利用复功率守恒计算。由图 9.7.8 所示电路知

$$\dot I_1 = \frac{100\angle 0°}{3 + \mathrm{j}4}\ \mathrm{A} = 20\angle -53.1°\ \mathrm{A}$$

$$\dot I_2 = \frac{100\angle 0°}{-\mathrm{j}5}\ \mathrm{A} = 20\angle 90°\ \mathrm{A}$$

由于电路中电阻只产生平均功率，因此

$$P = I_1^2 R = 20^2 \times 3\ \mathrm{W} = 1\,200\ \mathrm{W}$$

或者由平均功率的定义得

$$P = U I_1 \cos(0° + 53.1°) = 100 \times 20\cos(53.1°)\ \mathrm{W} = 1\,200\ \mathrm{W}$$

而电路中动态元件只产生无功功率，因此电感元件的无功功率为

$$Q_L = I_1^2 X_L = 20^2 \times 4 \text{ var} = 1\ 600 \text{ var}$$

或者由无功功率的定义得

$$Q_L = U I_2 \sin(0° + 53.1°) = 100 \times 20\sin(53.1°) \text{ var} = 1\ 600 \text{ var}$$

电容元件的无功功率为

$$Q_C = I_1^2 X_C = 20^2 \times (-5) \text{ var} = -2\ 000 \text{ var}$$

或

$$Q_C = \frac{U^2}{X_C} = \frac{100^2}{-5} \text{ var} = -2\ 000 \text{ var}$$

由无功功率守恒,可得

$$Q = Q_L + Q_C = (1\ 600 - 2\ 000) \text{ var} = -400 \text{ var}$$

最后由复功率守恒得到理想电压源提供的复功率为

$$\widetilde{S} = P + jQ = (1\ 200 - j400) \text{ VA}$$

### 9.7.4 正弦稳态最大功率传输定理

负载电阻从具有内阻的直流电源获取最大功率的问题已在第 4 章中讨论过。本节讨论正弦稳态电路负载从电源获得最大功率的条件。

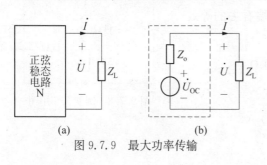

(a)          (b)

图 9.7.9　最大功率传输

如图 9.7.9(a)所示正弦稳态电路,负载 $Z_L = R_L + jX_L$ 连接在一端口电路 N 上。当一端口电路 N 应用戴维南定理后,可等效为图 9.7.9(b)所示的电路,其中开路电压为 $\dot{U}_{OC}$,等效阻抗为 $Z_o = R_o + jX_o$。电路中流过的电流相量为

$$\dot{I} = \frac{1}{Z_o + Z_L} \dot{U}_{OC} \tag{9.7.43}$$

电流有效值为

$$I = \frac{U_{OC}}{|Z_o + Z_L|} = \frac{U_{OC}}{\sqrt{(R_o + R_L)^2 + (X_o + X_L)^2}} \tag{9.7.44}$$

因此,负载 $Z_L$ 吸收的平均功率为

$$P_L = R_L I^2 = \frac{R_L U_{OC}^2}{(R_o + R_L)^2 + (X_o + X_L)^2} \tag{9.7.45}$$

根据负载阻抗的不同,分三种情况进行讨论。

(1) 只有负载阻抗的虚部可变。显然,当 $X_o + X_L = 0$ 时,负载从给定电源中获得最大功率,为

$$P_{Lmax} = \frac{R_L U_{OC}^2}{(R_o + R_L)^2} \tag{9.7.46}$$

（2）负载阻抗的实部、虚部均可改变。此时，负载从给定电源中获得最大功率的条件为

$$\begin{cases} X_o + X_L = 0 \\ \dfrac{\mathrm{d}}{\mathrm{d}R_L}\left[\dfrac{R_L U_{OC}^2}{(R_o + R_L)^2}\right] = 0 \end{cases} \tag{9.7.47}$$

解得

$$R_L = R_o, \ X_L = -X_o \tag{9.7.48}$$

此时，$Z_L = Z_o^*$，即负载阻抗和电源等效阻抗互为共轭复数，称负载阻抗和电源等效阻抗为最大功率匹配或**共轭匹配**（conjugate matching）。此时负载从电源取得最大功率

$$P_{Lmax} = \frac{U_{OC}^2}{4R_o} \tag{9.7.49}$$

此时，有功功率的传输效率为 50%。

（3）负载阻抗的模可变、但阻抗角保持不变。此时，可设负载阻抗为

$$Z_L = R_L + jX_L = |Z_L| \angle \varphi_L = |Z_L| \cos\varphi_L + j|Z_L| \sin\varphi_L \tag{9.7.50}$$

则负载吸收的平均功率为

$$P_L = I^2 R_L = \frac{U_{OC}^2 |Z_L| \cos\varphi_L}{(R_o + |Z_L| \cos\varphi_L)^2 + (X_o + |Z_L| \sin\varphi_L)^2} \tag{9.7.51}$$

当 $\dfrac{\mathrm{d}P_L}{\mathrm{d}|Z_L|} = 0$ 时，负载从给定电源中获得极大功率，解得

$$|Z_L| = \sqrt{R_o^2 + X_o^2} \tag{9.7.52}$$

即当负载阻抗的模与电源等效阻抗的模相等时，负载从给定电源中获得极大功率，称为模匹配。显然，在这种情况下所得到的极大功率并非为可能获得的最大功率。

**例 9.7.4** 已知图 9.7.10（a）所示电路中 $\dot{U}_S = 10\angle 0°$ V，试问电路的负载 $Z_L$ 为何值时吸收的功率最大？并求最大功率。

**解** 运用戴维南定理求从负载 $Z_L$ 向左看进去的等效电路如图 9.7.10（b）所示。其中

$$\dot{U}_{OC} = \frac{j}{1+j} \times 10\angle 0° \text{ V} = 7.07\angle 45° \text{ V}$$

$$Z_S = \frac{j}{1+j} \Omega = (0.5 + j0.5) \Omega$$

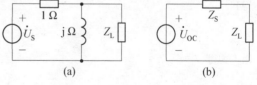

（a）　　　　（b）

图 9.7.10　例 9.7.4 用图

因此当 $Z_L = Z_S^* = (0.5 - j0.5) \Omega$ 时，负载 $Z_L$ 吸收的功率最大，最大功率为

$$P_{Lmax} = \frac{(7.07)^2}{4 \times 0.5} \text{ W} = 25 \text{ W}$$

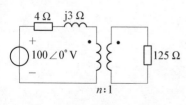

图 9.7.11　例 9.7.5 用图

**例 9.7.5** 已知图 9.7.11 所示电路，为使 125 Ω 电阻获得极大功率，试问变比 $n$ 应取多少？此时极大功率等于多少？如 125 Ω 电阻直接与电源相接，再求获得的功率。

**解** 电源内阻抗的模为

$$\sqrt{4^2 + 3^2} = 5 \ \Omega$$

则
$$n^2 \times 125 = 5$$

解得
$$n = 1/5 = 0.2$$

获得的极大功率为

$$P_{Lmax} = \frac{100^2 \times 5}{(4+5)^2 + 3^2} \ \text{W} = 556 \ \text{W}$$

如负载电阻直接与电源相接,则获得的功率为

$$P_L = \frac{100^2 \times 125}{(4+125)^2 + 3^2} \ \text{W} = 75.1 \ \text{W}$$

可见用变压器实现模匹配可使负载获得模匹配情况下的极大功率。

**最大传输功率的实现** 在实际电路中,往往电源内电阻和负载阻抗都是给定的,此时要使负载阻抗获得最大功率,一种解决办法是在电源和负载之间接入理想变压器,利用理想变压器的阻抗变换性质,使负载阻抗和电源内阻抗实现模匹配。除此之外,还可以用合适的动态网络代替理想变压器,使电源和负载达到最佳匹配。下面举例说明。

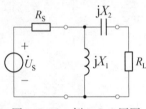

图 9.7.12 例 9.7.6 用图

**例 9.7.6** 已知图 9.7.12 所示电路中 $\omega = 10^3$ rad/s,为使负载 $R_L = 10 \ \Omega$ 与等效电阻为 $R_S = 100 \ \Omega$ 的电源实现共轭匹配,在负载与电源之间接入一个由 $LC$ 构成的 $\Gamma$ 形二端口电路,试确定 $L$ 和 $C$ 的大小。

**解** 从电源向右看进去的等效阻抗为

$$Z_L = \frac{(R_L + jX_2)jX_1}{R_L + jX_2 + jX_1}$$

当 $Z_L = R_S$ 时,电路实现共轭匹配,于是

$$\frac{(R_L + jX_2)jX_1}{R_L + jX_2 + jX_1} = R_S$$

得到

$$jR_L X_1 - X_1 X_2 = R_L R_S + jR_S X_2 + jR_S X_1$$

由上式得

$$\begin{cases} -X_1 X_2 = R_L R_S \\ R_L X_1 = R_S X_2 + R_S X_1 \end{cases}$$

解得

$$X_1 = \pm R_S \sqrt{\frac{R_L}{R_S - R_L}}$$

由于 $X_1$ 为电感,上述解取正值,代入数据得

$$X_1 = 100 \sqrt{\frac{10}{100 - 10}} = 33.3 \ \Omega$$

又由 $X_1 = \omega L$ 得到电感值为

$$L = \frac{X_1}{\omega} = \frac{33.3}{1\,000} \text{ H} = 3.33 \times 10^{-2} \text{ H}$$

将 $X_1$ 代入 $-X_1 X_2 = R_L R_S$，解得 $X_2$ 为

$$X_2 = -\frac{R_L R_S}{X_1} = -\frac{10 \times 100}{33.3} \ \Omega = -30 \ \Omega$$

又由 $X_2 = -1/(\omega C)$ 得到电容值为

$$C = -\frac{1}{\omega X_2} = -\frac{1}{1\,000 \times (-30)} \text{ F} = 3.33 \times 10^{-5} \text{ F}$$

本例题也可以先求出从负载 $R_L$ 向左看去的等效电阻，当该等效电阻与 $R_L$ 相等时，电路实现共轭匹配。两种解法结果相同。

## 习题 9

**相量及其基本性质**

**9.1** 试用有效值相量表示下列正弦量。

(1) $50\sqrt{2}\sin(\omega t + 60°)$            (2) $10\cos(2t + 30°) + 5\sin 2t$

(3) $\sin(3t - 90°) + \cos(3t + 45°)$     (4) $\cos t + \cos(t + 30°) + \cos(t + 60°)$

**9.2** 设下列复数代表有效值相量，试求其对应的正弦量，假设频率为 $100$ rad/s。

(1) $3 - j4$     (2) $-4 + j3$     (3) $j3$     (4) $220\angle 60°$

**9.3** 已知 $u_1 = 30\sqrt{2}\cos\omega t$ V，$u_2 = 40\sqrt{2}\sin(\omega t - 60°)$ V，试用相量法求 $u = u_1 + u_2$ 及两者的相位差。

**9.4** 试求 $6\angle 15° - 4\angle 40° + 7\angle -60° = ?$   (a)用复数计算；(b)用相量图计算。

**基尔霍夫定律的相量形式**

**9.5** 在题图 9.5 所示电路中，$i_1 = 2\cos(\omega t + 110°)$ A，$i_2 = -4\cos(\omega t + 200°)$ A，$i_3 = 5\sin(\omega t + 20°)$ A，$u_1 = 10\cos(\omega t + 20°)$ V，$u_2 = 10\sin(\omega t + 20°)$ V，$u_3 = 20\cos(\omega t + 120°)$ V。试求 $i$ 和 $u$。

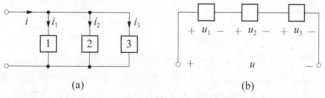

(a)                 (b)

题图 9.5

**9.6** 对题图 9.6(a)所示电路，试说明 $U = U_1 + U_2 + U_3$ 成立的条件。对题图 9.6(b) 所示电路，试说明 $I = I_1 + I_2 + I_3$ 成立的条件。

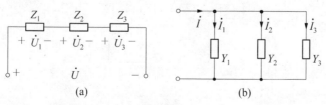

(a)                 (b)

题图 9.6

**电路元件 VCR 的相量形式**

**9.7** 如题图 9.7 所示电路,电压表的读数 $V_1$、$V_2$ 和 $V_3$ 分别为 15 V、80 V 和 100 V,试求图中正弦电压 $u_S$ 的有效值。

**9.8** 如题图 9.8 所示电路,$\dot{U}$ 为定值,当 $\omega = \omega_1$ 时,电流表 $A_1$、$A_2$ 和 $A_3$ 的示数分别为 6 A、3 A 和 3.5 A。则 $\omega = 2\omega_1$ 时,试求电流表 A 的示数。

**9.9** 在题图 9.9 所示电路中,已知 $R = 200\ \Omega$,$L = 100$ mH,$C = 5\ \mu F$,$i_R = 2\sqrt{2}\cos\omega t$ A,$\omega = 2\times 10^3$ rad/s。试求各元件的电压、电流及电源电压 $u$,并作各电压、电流相量图。

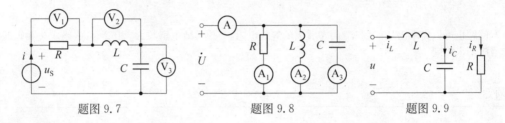

题图 9.7          题图 9.8          题图 9.9

**阻抗与导纳**

**9.10** 试写出题图 9.10 所示电路的输入阻抗 $Z$ 与角频率 $\omega$ 的关系,并求 $\omega = 0$ 时的输入阻抗值。已知 $R_1 = 2\ \Omega$,$R_2 = 1\ \Omega$,$L = 2$ H,$C = 1$ F。

**9.11** 试求题图 9.11 所示一端口电路的输入阻抗 $Z_{ab}$。

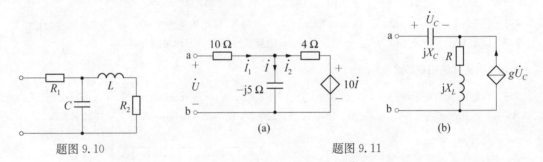

(a)                    (b)

题图 9.10                   题图 9.11

**9.12** 试求题图 9.12 所示一端口电路的输入阻抗 $Z_{ab}$。

**9.13** **通用阻抗转换器** 如题图 9.13 所示电路为通用阻抗转换器,它可以用来实现电感元件或与频率有关的电阻。(1) 试求端口等效阻抗 $Z$;(2) 假设 $Z_2$(或 $Z_4$)为电容,其余阻抗为电阻,试问端口阻抗等效为何种元件?(3) 假设 $Z_1$ 和 $Z_5$ 为电容,其余阻抗为电阻,试问端口特性是什么?

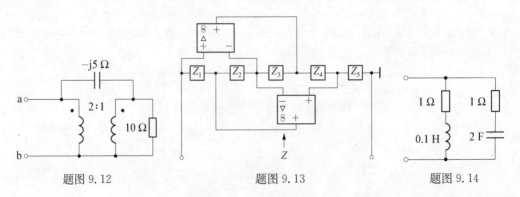

题图 9.12                   题图 9.13                   题图 9.14

**9.14** 如题图 9.14 所示电路,试求 $\omega$ 分别为 1 rad/s、$2\sqrt{5}$ rad/s 和 10 rad/s时的串联等效时域模型的参数。

### 正弦稳态电路的分析

**9.15** 如题图 9.15 所示电路,试列出其相量形式的网孔方程和节点方程。

**9.16** 试列出题图 9.16 所示电路的回路方程和节点方程。已知 $R_1 = R_2 = R_3 = R_4 = 1\ \Omega$, $L = 4$ H, $C = 4$ F, $u_S = 14.14\cos 2t$ V, $i_S = 1.414\cos(2t + 30°)$ A。

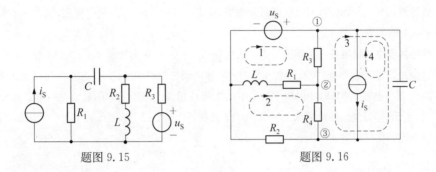

题图 9.15　　　　　　题图 9.16

**9.17** 如题图 9.17 所示电路,其中 $u_S = 9\sqrt{2}\cos 5t$ V,试求 $u$。

**9.18** 如题图 9.18 所示的 RC 电路中,理想电压源为 $u_S = 14.14\cos 10t$ V,稳态响应为 $u_C = 10\cos(10t - 45°)$ V。试计算满足条件的电容 C 的值。

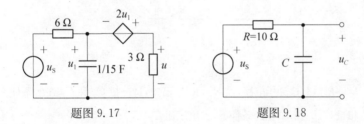

题图 9.17　　　　　　题图 9.18

**9.19** 试求题图 9.19 所示一端口电路的戴维南(或诺顿)电路。已知题图 9.19 中 $\dot{U}_S = 20\angle 0°$ V, $Z_1 = $ j10 $\Omega$, $Z_2 = -$j10 $\Omega$。

**9.20** 试求题图 9.20 所示一端口电路的戴维南电路。

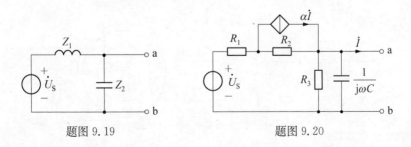

题图 9.19　　　　　　题图 9.20

**9.21** 如题图 9.21 所示正弦稳态电路,已知 $R = 10\ \Omega$, $\omega L = (1/\omega C) = 10\sqrt{3}\ \Omega$, $I_2 = 5$ A,试计算 $U_2$、$I_3$、$I_1$ 和 $U$。

**9.22** 如题图 9.22 所示电路中理想变压器的变比 $n = 2$,试计算 $\dot{I}_1$ 和 $\dot{I}_2$。

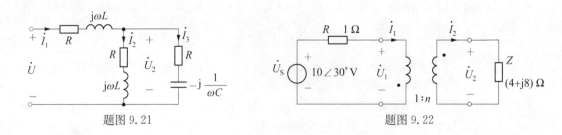

题图 9.21　　　　　　　　　　　　　题图 9.22

**9.23**　如题图 9.23 所示电路,要求在任意频率下,电流 $i$ 与输入电压 $u_S$ 始终同相,试求各参数应满足的关系及电流 $i$ 的有效值表达式。

**9.24**　**单相异步电动机电路**　单相异步电动机电路常用于功率不大的电动工具(如电钻)和家用电器(如洗衣机、电风扇)。如题图 9.24(a)所示为电容分相式异步电动机的原理图,工作绕组 A 与启动绕组 B 在空间上相隔 90°,绕组 B 与电容 C 串联,使得两个绕组中的电流在相位上相差约 90°,这就是分相。电动机的电路如题图 9.24(b)所示,假设绕组的电阻为 $R = 2\,120\ \Omega$,感抗 $X_L = 2\,120\ \Omega$,工作频率 $f = 50\ \text{Hz}$,试问电容取何值使两绕组电流的相位相差 90°?

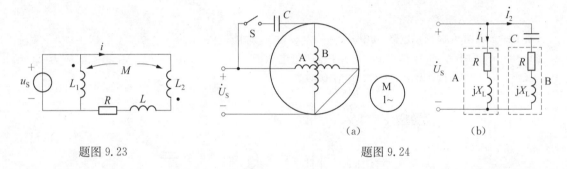

题图 9.23　　　　　　　　　　　　　题图 9.24

**9.25**　如题图 9.25 所示补偿分压电路,设 $R_1$ 和 $R_2$ 已知,试分析 $C_1$ 和 $C_2$ 在何条件下使输出电压相量 $\dot{U}_2$ 总是与输入电压相量 $\dot{U}_1$ 同相位,在此条件下,求电压比 $\dot{U}_2/\dot{U}_1$。

**9.26**　**分解器移相电路**　如题图 9.26 所示为雷达中所用的分解器移相电路,其中定子绕组外接频率为 $\omega$ 的正弦电压 $u_S$,转子由两个相互垂直且绝缘的绕组 11′ 和 22′ 组成。转子可以旋转,它们感应的电压分别为 $u_1 = u_S \sin\theta$ 和 $u_2 = u_S \cos\theta$,$\theta$ 为转子旋转的角度。假设 $\omega RC = 1$,试证明输出电压 $u_o$ 对 $u_S$ 的相位差角 $\varphi$ 随 $\theta$ 线性变化,其有效值为一定值,与 $\theta$ 无关。

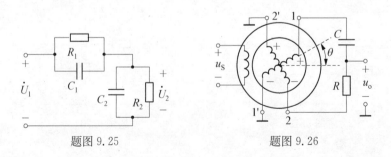

题图 9.25　　　　　　　　　　　　　题图 9.26

**9.27**　如题图 9.27 所示正弦稳态电路,试问导纳 $Y_1$、$Y_2$、$Y_3$ 和 $Y_4$ 满足什么关系时,(1) $\dot{U}_2 = \dot{U}_1$;
(2) $\dot{U}_2 = 0$。

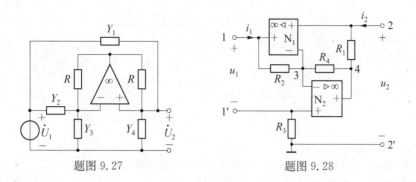

题图 9.27　　　　　　　　　　　　题图 9.28

**9.28　利用运放实现回转器**　一种利用运放实现回转器功能的电路如题图 9.28 所示。试推导电路的 $Y$ 参数矩阵,并说明满足回转器功能的条件。

**频率响应与谐振电路**

**9.29**　试求题图 9.29 所示电路的转移电压比 $\dot{U}_\text{o}/\dot{U}_\text{i}$。设电路的工作频率为 $\omega$。

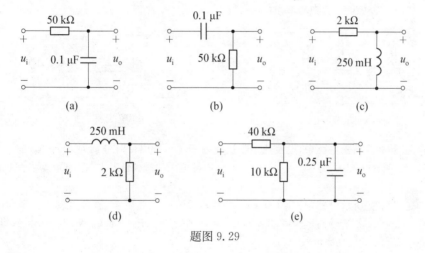

题图 9.29

**9.30**　如题图 9.30 所示电路,$R = 1\,\Omega$,$L_1 = 0.54\,\text{H}$,$L_2 = 0.46\,\text{H}$,$M = 0.2\,\text{H}$,$C = 6 \times 10^{-5}\,\text{F}$,试求电路的品质因数 $Q$。

**9.31　低通滤波电路**　试求题图 9.31 所示电路的转移电压比 $\dot{U}_2/\dot{U}_1$,并说明电路具有低通性质。

**9.32**　试求题图 9.32 所示电路的谐振角频率,已知 $R_1 = 20\,\Omega$,$R_2 = 500\,\Omega$,$L = 200\,\text{mH}$,$C = 4\,\mu\text{F}$。若 $\dot{U} = 100\angle 0°$,则求谐振时的 $\dot{U}_2$,并作出电路的相量图。

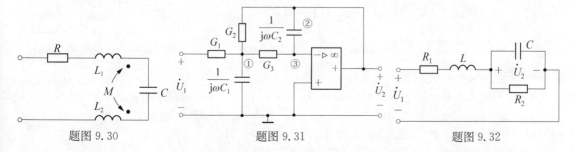

题图 9.30　　　　　　　　　题图 9.31　　　　　　　　　题图 9.32

**9.33**　题图 9.33 所示电路能否发生谐振? 如能发生谐振,试求出其谐振频率。

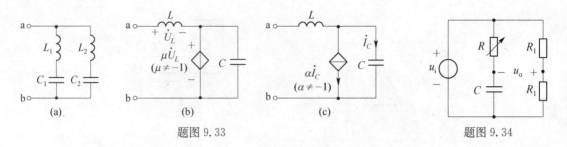

题图 9.33　　　　　　　　　　　　　　题图 9.34

**9.34　移相电路**　如题图 9.34 所示移相电路常用于闸流晶体管触发电路中。试求网络函数 $\dot{U}_o/\dot{U}_i$，当 $R$ 取何值时，输出电压 $u_o$ 超前输入电压 $u_i$ 90°？

**正弦稳态电路的功率**

**9.35**　题图 9.35 所示电路，已知 $u_S = 100\sin t$ V，$R = 3\ \Omega$，$L = 4$ H，$C = 0.2$ F，试求此电路的瞬时功率 $p$、平均功率 $P$、无功功率 $Q$ 和功率因数 $\cos\varphi$。

**9.36**　题图 9.36 所示电路，设 $\dot{U} = 50\angle0°$ V，$Z_1 = 30\ \Omega$，$Z_2 = 10\ \Omega$，$Z_3 = -\text{j}20\ \Omega$，$Z_4 = \text{j}10\ \Omega$，试求电路 N 的平均功率、无功功率、视在功率和功率因数。

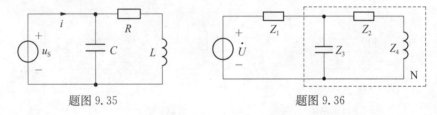

题图 9.35　　　　　　　　　　　　题图 9.36

**9.37**　在题图 9.37 所示电路中，设定各个阻抗在频率 $f = 50$ Hz 时分别为 $Z_1 = (8+\text{j}36)\ \Omega$，$Z_2 = (30-\text{j}40)\ \Omega$，$Z_3 = (10+\text{j}10)\ \Omega$，$Z_4 = (10+\text{j}5)\ \Omega$。电源电压(有效值)为 220 V，试计算各阻抗的有功功率和无功功率。

**9.38**　如题图 9.38 所示电路，将 3 个负载并联接到 220 V 正弦电源上，各负载的功率和电流分别为 $P_1 = 4.4$ kW，$I_1 = 40$ A(容性)；$P_2 = 8.8$ kW，$I_2 = 50$ A(感性)；$P_3 = 6.6$ kW，$I_3 = 60$ A(容性)。试求电源供给的总电流和电路的功率因数。

**9.39**　如题图 9.39 所示电路，功率为 40 W、功率因数为 0.5 的日光灯(感性负载)75 只与功率为 50 W 的白炽灯 100 只并联在 220 V 的正弦电源上($f = 50$ Hz)。如果要把电路的功率因数提高到 0.92(感性)，试求并联电容的大小。

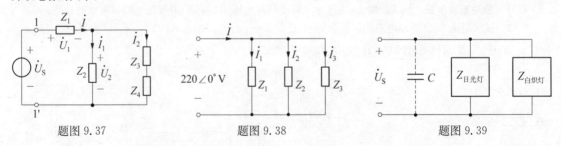

题图 9.37　　　　　　　　　题图 9.38　　　　　　　　　题图 9.39

**9.40**　在题图 9.40 所示电路中，$I_1 = 10$ A，$I_2 = 20$ A，负载 $Z_1$ 和 $Z_2$ 的功率因数分别为 $\lambda_1 = \cos\varphi_1 = 0.8(\varphi_1 < 0)$，$\lambda_2 = \cos\varphi_2 = 0.5(\varphi_2 > 0)$，端电压 $U = 50$ V，$\omega = 1\ 000$ rad/s。

(1) 试求题图 9.40 中电流表、功率表的读数和电路的功率因数。

(2) 若电源的额定电流为 30 A，试问还能并联多大的电阻？求并联电阻后功率表的读数和电路的功率因数。

（3）如使原电路的功率因数提高到 $\lambda = 0.9$，试求应并联的电容值。

**9.41**　在题图 9.41 所示电路中，$U = 200\,\text{V}$，试求功率表的示数。

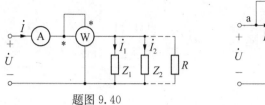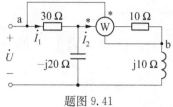

题图 9.40　　　　　　　　题图 9.41

**9.42**　在题图 9.42 所示电路中，$U_L = 100\,\text{V}$，$Z_L$ 吸收的平均功率 $P_1 = 200\,\text{W}$，功率因数 $\lambda_1 = 0.8$（感性）。试求电压有效值 $U$ 和电流有效值 $I$。

**9.43**　如题图 9.43 所示正弦稳态电路，已知 $u_S = 4\sqrt{2}\sin 10^4 t\,\text{V}$，$R = 2\,\Omega$，$C = 100\,\mu\text{F}$，$L_1 = 0.2\,\text{mH}$，$M = 0.1\,\text{mH}$，试求：（1）$u_{ab}$；（2）电源的复功率。

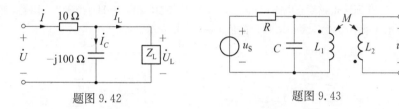

题图 9.42　　　　　　　　题图 9.43

**9.44**　如题图 9.44 所示正弦稳态电路，$R = 8\,\Omega$，若电流 $i$、$i_1$ 和 $i_2$ 的有效值 $I = I_1 = I_2 = 10\,\text{A}$，试求电路的无功功率 $Q$。

**9.45**　如题图 9.45 所示电路，$\dot{U}_S = 10\angle -0°\,\text{V}$，为使负载获得最大功率，试求负载 $Z_L$ 及此时的最大功率。

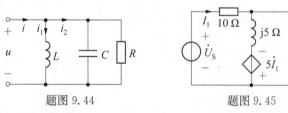

题图 9.44　　　　　　　　题图 9.45

**9.46**　在题图 9.46 所示电路中，已知 $Z_0 = (1+\text{j}1)\,\Omega$，$\dot{U}_{S1} = 22\angle 0°\,\text{V}$，$\dot{U}_{S2} = 22\angle 10°\,\text{V}$。试问负载吸收最大功率时的 $Z_L$ 以及此最大功率。

**9.47**　如题图 9.47 所示电路，$\dot{U}_S = 10\angle -45°\,\text{V}$，$\omega = 10^3\,\text{rad/s}$，$R_1 = 1\,\Omega$，$R_2 = 2\,\Omega$，$L = 0.4\,\text{mH}$，$C = 10^3\,\mu\text{F}$。试求 $Z_L$（可任意变动）能获得的最大功率。

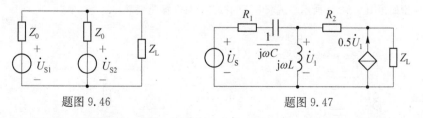

题图 9.46　　　　　　　　题图 9.47

**9.48**　如题图 9.48 所示正弦稳态电路，其中电源电压有效值 $U_S = 1\,\text{V}$，角频率 $\omega = 1\,\text{rad/s}$，试求负载获得最大功率时的负载值 $Z_L$ 和获得的最大功率 $P_{\text{max}}$。

**9.49**　如题图 9.49 所示电路，负载 $Z = 20+\text{j}X\,\Omega$。若要使负载获得最大功率，试求此时理想变压器的

变比 $n$ 和负载的电抗 $X$。

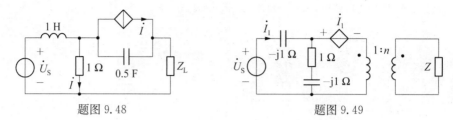

题图 9.48　　　　　　　　　题图 9.49

**综合**

**9.50**　如题图 9.50 所示正弦稳态电路,11′端加以正弦电压 $\dot{U}_S = 100\angle 0°$ V。22′端开路时,图中电压表 $V_1$ 和 $V_2$ 的示数均为 50 V;当 22′端接一个 $\omega L = 50$ Ω 电感时,电压表 $V_1$ 示数为 150 V,电压表 $V_2$ 为 50 V。试求阻抗 $Z_1$ 和 $Z_2$。

**9.51**　如题图 9.51 所示正弦稳态电路,$U = 20$ V,$R_3 = 5$ Ω,$f = 50$ Hz,当调节变阻器,使 $R_1 : R_2 = 2 : 3$ 时,电压表的示数最小为 6 V,试求 $R$ 和 $L$ 的值。

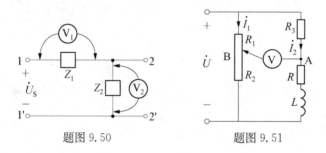

题图 9.50　　　　　　　　　题图 9.51

**9.52**　如题图 9.52 所示电路,参数 $L_1$、$L_2$、$M$ 和 $C$ 都已知,欲使 $\dot{I}_1$ 和 $\dot{I}_2$:(1)同时为零;(2)同时为无穷大,试求电源频率 $f$。

**9.53**　如题图 9.53 所示电路,$u_S = 10\sin 10^4 t$ V。若改变 $R$ 值,电流 $i$ 不变,试求电容值 $C$。

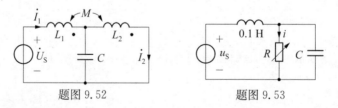

题图 9.52　　　　　　　　　题图 9.53

**9.54　电容三点式振荡电路(考比兹振荡器)**　如题图 9.54(a)所示电路为电容三点式振荡电路,其中三极管的电路模型如题图 9.54(b)所示。试求电路的振荡条件和振荡频率。

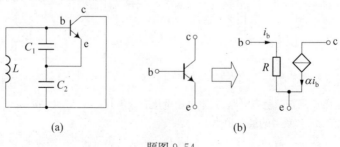

(a)　　　　　　　　　　(b)

题图 9.54

**9.55　压电传感器电路**　压电式传感器是以某些材料受力后在其表面产生电荷的压电效应为转换原理的传感器。如题图 9.55 所示电路为压电传感器的测量电路,它由压电传感器(等效为电荷源 $Q$、电阻 $R_a$、电容 $C_a$)、连接电缆(等效为电容 $C_c$)以及处理电路(电荷放大器)组成。假设压电传感器在承受沿其敏感轴向的外力作用时,产生的电荷 $Q$ 是角频率为 $\omega$ 的交变电荷,试求电路的网络函数 $H(j\omega) = \dot{U}_o/\dot{Q}$。

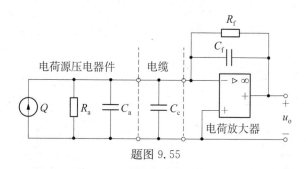

题图 9.55

**9.56　滤波电路设计**　如题图 9.56 所示电路为一滤波电路。(1)指出该滤波电路的类型;(2)试求电路的直流放大倍数;(3)如果要求将电路的电压传输特性修改为:转移电压比幅值减低为原来的 $1/2$,相频特性不变,给出修改方案。

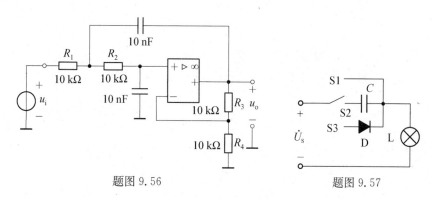

题图 9.56　　　　　题图 9.57

**9.57　白炽灯调光电路**　如题图 9.57 所示为一种白炽灯调光电路,通过切换开关 S1、S2 或 S3 调节灯泡 L 的亮度。已知 $\dot{U}_S = 220\angle 0° \text{ V}$,电源频率为 $f = 50 \text{ Hz}$,$C = 4\ \mu\text{F}$,D 为理想二极管,L 为额定电压为 220 V、额定功率 $P = 100 \text{ W}$ 的白炽灯。试求 S1、S2 和 S3 分别合上时 L 吸收的平均功率。

**9.58　双 T 陷波滤波器电路**　陷波滤波器是一种带阻滤波电路,它可以在某一个频率点迅速衰减输入信号,从而阻碍此频率信号通过。如题图 9.58 所示为双 T 陷波滤波器电路,试求转移电压比 $\dot{U}_o/\dot{U}_i$。取 $R = 67.7 \text{ k}\Omega$,$C = 47 \text{ nF}$,再求陷波中心频率。

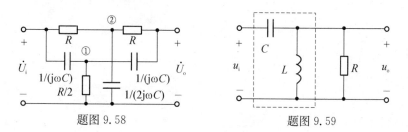

题图 9.58　　　　　题图 9.59

**9.59　无源放大电路**　利用运放可以方便地构成有源放大电路。在特定的情况下,可仅用无源元件构成放大电路。如题图 9.59 所示,要求对 1 kHz 的输入电压信号放大 10 倍,已知负载电阻为 $R = 100\ \Omega$,试选择

$L$ 和 $C$ 的参数值。

**9.60　由运放 OP07 构成的放大电路**　实际运放的开环频率特性可表示为 $A_{\text{open}} = \dfrac{\dot{U}_o}{\dot{U}_d} = \dfrac{a_0}{1+\mathrm{j}f/f_b}$，其

中 $a_0$ 表示开环直流增益，$f_0$ 表示主极点频率（也称 $-3$ dB 频率、开环带宽）。如题图 9.60 所示为由运放
OP07 构成的同相放大电路，查阅 OP07 的数据表，可知 $a_0 = 4 \times 10^5$，$f_0 = 1.5$ Hz。已知 $R_1 = 1$ kΩ，$R_2 =$
$10$ kΩ，试求电路的闭环频率特性 $A_{\text{close}} = \dot{U}_o/\dot{U}_i$，并绘制开环、闭环幅频特性波特图。

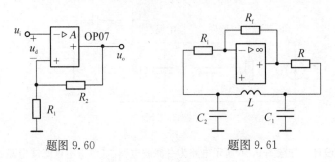

题图 9.60　　　　　　　　题图 9.61

**9.61　由运放构成的考比兹振荡器**　由运放构成的考比兹振荡器如题图 9.61 所示，试证明电路的振荡
频率为 $\omega_0 = 1/\sqrt{LC_1C_2/(C_1+C_2)}$。假设 $R_i \gg 1/(\omega_0 C_2)$。

# $\boldsymbol{10}$ 三 相 电 路

三相制(三相系统)是电力生产、变送和应用的主要形式。所谓三相制,是指由三个频率相同、相位不同的电源构成的供电系统。目前世界各国的电力系统主要是采用三相制。根据电路理论,采用三相制的电力系统,由于其特定的连接方式以及三相对称的正弦稳态激励、负载连接等,使得这类电路都可按三相电路进行分析。三相电路实际上是一类特殊的正弦稳态电路,因此可采用相量法分析三相电路。本章主要介绍三相电路的基本概念,并讨论对称三相电路和非对称三相电路的计算及其功率的测量。

## 10.1　三相电路的基本原理

**三相电路**(three-phase circuit)是由**三相电源**(three-phase source)、三相负载和三相传输线路组成的电路。三相电路在发电、输电、配电以及大功率用电设备等电力系统中应用广泛。由三相电源供电的体系称为**三相制**(three-phase system)。一般情况下,三相发电机产生三个频率与振幅相同、相位依次相差 120° 的正弦电压,称为**对称三相电压**(symmetric three-phase voltage),分别用 $u_a$、$u_b$ 和 $u_c$ 表示,如图 10.1.1 所示。在图 10.1.1(a)中,发电机的定子上嵌有三个绕组 $U_1U_2$、$V_1V_2$ 及 $W_1W_2$,分别称为 U 相、V 相及 W 相绕组。各绕组的形状及匝数相同,在定子上彼此相隔 120°。发电机的转子是一对磁极,当它按图示顺时针方向以角速度 $\omega$ 旋转时,能在各个绕组中感应出正弦波形的电压 $u_a$、$u_b$ 和 $u_c$,如图 10.1.1(b)所示。由于匀

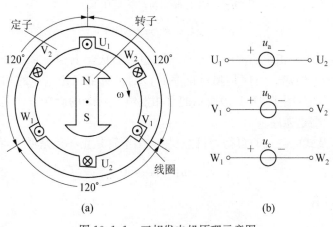

(a)             (b)

图 10.1.1　三相发电机原理示意图

速旋转的转子任一磁极经过 $U_1$、$V_1$ 和 $W_1$ 处的时间依次相差 1/3 周期,所以三相电压 $u_a$、$u_b$ 和 $u_c$ 的相位依次相差 120°,且振幅相同。

假设 $u_a$ 的初始相位为零,则 $u_a$、$u_b$ 和 $u_c$ 的表达式为

$$\begin{cases} u_a = \sqrt{2}\,U\cos\omega t \\ u_b = \sqrt{2}\,U\cos(\omega t - 120°) \\ u_c = \sqrt{2}\,U\cos(\omega t + 120°) \end{cases} \tag{10.1.1}$$

对称三相电压波形如图 10.1.2(a)所示。对应的相量表达式为

$$\begin{cases} \dot{U}_a = U\angle 0° \\ \dot{U}_b = U\angle -120° \\ \dot{U}_c = U\angle 120° \end{cases} \tag{10.1.2}$$

相量图如图 10.1.2(b)所示。

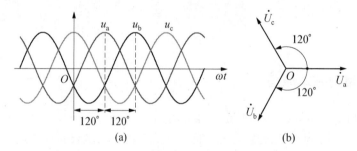

图 10.1.2　对称三相电压波形及其相量图

三相电压 $u_a$、$u_b$ 和 $u_c$ 中的每一相电压达到任意指定相位值的先后次序称为**相序**(phase sequence)。式(10.1.1)中三相电压相位达到同一相位(如 0°)的次序为 a－b－c(也可看成 b－c－a 或 c－a－b),称为**正序**(positive sequence)或**顺序**。如果三相电压的表达式为

$$\begin{cases} u_a = \sqrt{2}\,U\cos\omega t \\ u_b = \sqrt{2}\,U\cos(\omega t + 120°) \\ u_c = \sqrt{2}\,U\cos(\omega t - 120°) \end{cases} \tag{10.1.3}$$

则三相电压相位达到同一相位的次序为 a－c－b(也可看成是 c－b－a 或 b－a－c),称为**负序**(negative sequence)或**逆序**。负序是相对正序而言的。对于三相电压的相序,以后如不加说明,就认为是正序。如果图 10.1.1(a)所示的三相发电机转子的旋转方向是逆时针方向,与图中标明的方向相反,则是逆序。

由式(10.1.1)及式(10.1.3)可得,对称三相电压不管是正序还是逆序,都满足

$$u_a + u_b + u_c = 0 \tag{10.1.4}$$

由相量的线性性质,有

$$\dot{U}_a + \dot{U}_b + \dot{U}_c = 0 \tag{10.1.5}$$

可见,如果三相电压是对称的,则各相电压的瞬时值之和等于零,各相电压对应的相量之和也必然等于零。

由三相对称电压通过一定的连接方式可构成**对称三相电源**(symmetric three-phase source)。如果把三相发电机三个定子绕组的末端连在一个公共点 n 上,就构成了一个对称星形(Y 形)联结三相电源,如图 10.1.3(a)所示。公共点 n 称为**中点**(neutral terminal)。a、b 和 c 三端与输电线相接,将能量输送给负载,这三根输电线称为**端线**(terminal line)或火线,有时从中点 n 还引出一根导线,称为**中线**(neutral line),亦称为零线。图中每个电源的电压称为**相电压**(phase voltage),如 $u_a$、$u_b$ 和 $u_c$。端线之间的电压称为**线电压**(line voltage),如 $u_{ab}$、$u_{bc}$ 和 $u_{ca}$。流过每个电源的电流称为**相电流**(phase current),流过各端线的电流称为**线电流**(line current),流过中线的电流称为**中线电流**(neutral line current)。在三相电路中,如不加说明,电压都是指线电压,且为有效值,如 110 kV 的输电线,即指其线电压的有效值为 110 kV。

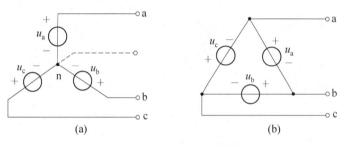

图 10.1.3  对称三相电源的接法

如果把三相发电机三个定子绕组的始、末端顺次相连,再从 a、b 和 c 三端引出端线,就构成了一个对称三角形(△形)联结三相电源,如图 10.1.3(b)所示。由式(10.1.4)可知,三角形回路中三个相电压之和为零。如果任何一相电源反接,则三个相电压之和不再为零,从而在三角形回路中产生极大的短路电流,造成严重后果。

三角形联结三相电源的线电压、相电压、相电流的概念与星形三相电源相同。采用三角形联结的三相电源,中线不存在。

在三相电路中,负载一般也是三相的,即由三个部分所组成,每一部分称为负载的一个相。如果三相负载的各相阻抗值相同,则称为**对称三相负载**(symmetric three-phase load)。例如,三相电动机就是一种对称三相负载。三相负载也可由三个不同的单相负载(如电灯或电炉等)组成,构成**非对称三相负载**。三相负载也可以接成星形(Y 形)或三角形(△形),如图 10.1.4 所示。三相电源中的相电压、线电压、相电流、线电流等概念也适用于三相负载。

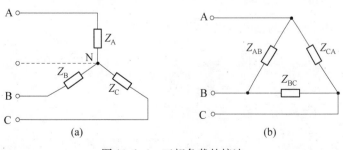

图 10.1.4  三相负载的接法

## 10.2 三相电路的基本接法

三相电源及三相负载都有星形和三角形两种连接方式,当三相电源和三相负载通过输电线(其阻抗为 $Z_L$)连接构成三相电路时,可形成五种连接方式,分别称为 $Y_0 - Y_0$ 联结(有中线)、$Y - Y$ 联结(无中线)、$Y - \triangle$ 联结、$\triangle - Y$ 联结和 $\triangle - \triangle$ 联结,分别如图 10.2.1 所示,其中图 10.2.1(a)中存在两个中点,中点之间可连接输电线(中线,其阻抗为 $Z_N$),称为三相四线制方式,图 10.2.1(b)~(d)中只有三根输电线,不存在中线,称为三相三线制方式。下面分析三相电路中线电压(电流)与相电压(电流)之间的关系。

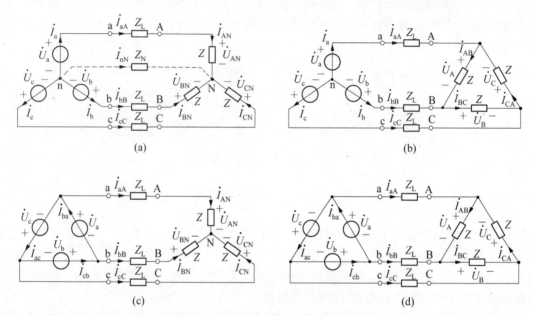

图 10.2.1　对称三相电路的基本接法

1) 星形联结

设对称三相电源和对称三相负载的各相电压相量、电流相量以及三相电路的线电流相量如图 10.2.1 所示。对于对称星形电源[见图 10.2.1(a)和(b)],线电流等于相应的相电流,即

$$\dot{I}_{aA} = \dot{I}_a, \ \dot{I}_{bB} = \dot{I}_b, \ \dot{I}_{cC} = \dot{I}_c \tag{10.2.1}$$

电源侧线电压等于两个相应的相电压之差,即

$$\begin{cases} \dot{U}_{ab} = \dot{U}_a - \dot{U}_b = U\angle 0° - U\angle -120° = \sqrt{3}\angle 30°\dot{U}_a \\ \dot{U}_{bc} = \dot{U}_b - \dot{U}_c = \sqrt{3}\angle 30°\dot{U}_b \\ \dot{U}_{ca} = \dot{U}_c - \dot{U}_a = \sqrt{3}\angle 30°\dot{U}_c \end{cases} \tag{10.2.2}$$

上式所表达的线电压与相电压之间的关系亦可从图 10.2.2 所示的线电压与相电压的相量图中得出。

由式(10.2.2)及图10.2.2所示的相量图可见,如果相电压是三相对称的,则线电压也是三相对称的。用 $U_L$ 和 $U_P$ 分别表示线电压和相电压的有效值,则有

$$U_L = \sqrt{3}\, U_P \qquad (10.2.3)$$

对于对称星形负载[见图10.2.1(a)和(c)],可得到类似的分析结果,即

$$\dot{I}_{aA} = \dot{I}_{AN},\ \dot{I}_{bB} = \dot{I}_{BN},\ \dot{I}_{cC} = \dot{I}_{CN} \qquad (10.2.4)$$

$$\begin{cases} \dot{U}_{AB} = \sqrt{3}\angle 30°\dot{U}_{AN} \\ \dot{U}_{BC} = \sqrt{3}\angle 30°\dot{U}_{BN} \\ \dot{U}_{CA} = \sqrt{3}\angle 30°\dot{U}_{CN} \end{cases} \qquad (10.2.5)$$

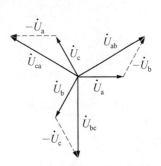

图 10.2.2　星形对称三相电源线电压和相电压的相量图

2) 三角形联结

对于对称三角形负载[见图10.2.1(b)和(d)],线电压等于相应的相电压,即

$$\dot{U}_{AB} = \dot{U}_A,\ \dot{U}_{BC} = \dot{U}_B,\ \dot{U}_{CA} = \dot{U}_C \qquad (10.2.6)$$

线电流等于两个相应的相电流之差,即

$$\begin{cases} \dot{I}_{aA} = \dot{I}_{AB} - \dot{I}_{CA} \\ \dot{I}_{bB} = \dot{I}_{BC} - \dot{I}_{AB} \\ \dot{I}_{cC} = \dot{I}_{CA} - \dot{I}_{BC} \end{cases} \qquad (10.2.7)$$

由于负载相电压三相对称,且负载阻抗相等,因此负载相电流是三相对称的,有

$$\begin{cases} \dot{I}_{aA} = \dot{I}_{AB} - \dot{I}_{CA} = \dot{I}_{AB} - \dot{I}_{AB} \times 1\angle 120° = \sqrt{3}\angle -30°\dot{I}_{AB} \\ \dot{I}_{bB} = \dot{I}_{BC} - \dot{I}_{AB} = \sqrt{3}\angle -30°\dot{I}_{BC} \\ \dot{I}_{cC} = \dot{I}_{CA} - \dot{I}_{BC} = \sqrt{3}\angle -30°\dot{I}_{CA} \end{cases} \qquad (10.2.8)$$

上式所表达的线电流与相电流之间的关系亦可从如图10.2.3所示的线电流与相电流的相量图中得出。

由式(10.2.8)及图10.2.3所示的相量图可见,如果相电流是三相对称的,则线电流也是三相对称的。用 $I_L$ 和 $I_P$ 分别表示线电流和相电流的有效值,则有

$$I_L = \sqrt{3}\, I_P \qquad (10.2.9)$$

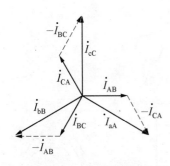

图 10.2.3　对称三角形联结三相负载线电流和相电流的相量图

对于对称三角形联结三相电源[见图10.2.1(c)和(d)],可得到类似的分析结果,请读者自行推导。表10.2.1给出了三相电路的各种接法线电压(电流)与相电压(电流)之间的关系,以供分析三相电路时查阅。

**表 10.2.1　三相电路的各种接法线电压(电流)与相电压(电流)之间的关系**

| | 线电压与相电压之间的关系 | | 线电流与相电流之间的关系 | |
|---|---|---|---|---|
| | 电源端 | 负载端 | 电源端 | 负载端 |
| Y-Y | $\begin{cases}\dot{U}_{ab}=\sqrt{3}\angle30°\dot{U}_a\\\dot{U}_{bc}=\sqrt{3}\angle30°\dot{U}_b\\\dot{U}_{ca}=\sqrt{3}\angle30°\dot{U}_c\end{cases}$ | $\begin{cases}\dot{U}_{AB}=\sqrt{3}\angle30°\dot{U}_{AN}\\\dot{U}_{BC}=\sqrt{3}\angle30°\dot{U}_{BN}\\\dot{U}_{CA}=\sqrt{3}\angle30°\dot{U}_{CN}\end{cases}$ | $\begin{cases}\dot{I}_{aA}=\dot{I}_a\\\dot{I}_{bB}=\dot{I}_b\\\dot{I}_{cC}=\dot{I}_c\end{cases}$ | $\begin{cases}\dot{I}_{aA}=\dot{I}_{AN}\\\dot{I}_{bB}=\dot{I}_{BN}\\\dot{I}_{cC}=\dot{I}_{CN}\end{cases}$ |
| Y-Δ | $\begin{cases}\dot{U}_{ab}=\sqrt{3}\angle30°\dot{U}_a\\\dot{U}_{bc}=\sqrt{3}\angle30°\dot{U}_b\\\dot{U}_{ca}=\sqrt{3}\angle30°\dot{U}_c\end{cases}$ | $\begin{cases}\dot{U}_{AB}=\dot{U}_A\\\dot{U}_{BC}=\dot{U}_B\\\dot{U}_{CA}=\dot{U}_C\end{cases}$ | $\begin{cases}\dot{I}_{aA}=\dot{I}_a\\\dot{I}_{bB}=\dot{I}_b\\\dot{I}_{cC}=\dot{I}_c\end{cases}$ | $\begin{cases}\dot{I}_{aA}=\sqrt{3}\angle-30°\dot{I}_{AB}\\\dot{I}_{bB}=\sqrt{3}\angle-30°\dot{I}_{BC}\\\dot{I}_{cC}=\sqrt{3}\angle-30°\dot{I}_{CA}\end{cases}$ |
| Δ-Y | $\begin{cases}\dot{U}_{ab}=\dot{U}_a\\\dot{U}_{bc}=\dot{U}_b\\\dot{U}_{ca}=\dot{U}_c\end{cases}$ | $\begin{cases}\dot{U}_{AB}=\sqrt{3}\angle30°\dot{U}_{AN}\\\dot{U}_{BC}=\sqrt{3}\angle30°\dot{U}_{BN}\\\dot{U}_{CA}=\sqrt{3}\angle30°\dot{U}_{CN}\end{cases}$ | $\begin{cases}\dot{I}_{aA}=\sqrt{3}\angle-30°\dot{I}_{ba}\\\dot{I}_{bB}=\sqrt{3}\angle-30°\dot{I}_{cb}\\\dot{I}_{cC}=\sqrt{3}\angle-30°\dot{I}_{ac}\end{cases}$ | $\begin{cases}\dot{I}_{aA}=\dot{I}_{AN}\\\dot{I}_{bB}=\dot{I}_{BN}\\\dot{I}_{cC}=\dot{I}_{CN}\end{cases}$ |
| Δ-Δ | $\begin{cases}\dot{U}_{ab}=\dot{U}_a\\\dot{U}_{bc}=\dot{U}_b\\\dot{U}_{ca}=\dot{U}_c\end{cases}$ | $\begin{cases}\dot{U}_{AB}=\dot{U}_A\\\dot{U}_{BC}=\dot{U}_B\\\dot{U}_{CA}=\dot{U}_C\end{cases}$ | $\begin{cases}\dot{I}_{aA}=\sqrt{3}\angle-30°\dot{I}_{ba}\\\dot{I}_{bB}=\sqrt{3}\angle-30°\dot{I}_{cb}\\\dot{I}_{cC}=\sqrt{3}\angle-30°\dot{I}_{ac}\end{cases}$ | $\begin{cases}\dot{I}_{aA}=\sqrt{3}\angle-30°\dot{I}_{AB}\\\dot{I}_{bB}=\sqrt{3}\angle-30°\dot{I}_{BC}\\\dot{I}_{cC}=\sqrt{3}\angle-30°\dot{I}_{CA}\end{cases}$ |

星形联结：$U_L=\sqrt{3}U_P$，$I_L=I_P$；三角形联结：$U_L=U_P$，$I_L=\sqrt{3}I_P$

如果 $Z_L=0$，则有 $\dot{U}_{ab}=\dot{U}_{AB}$，$\dot{U}_{bc}=\dot{U}_{BC}$，$\dot{U}_{ca}=\dot{U}_{CA}$

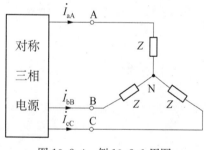

图 10.2.4　例 10.2.1 用图

**例 10.2.1**　如图 10.2.4 所示，设逆序对称三相三线制的输电线的阻抗为零，线电压为 380 V，星形联结对称负载的每相阻抗为 $Z=10\angle-10°\ \Omega$，试求线电流。

**解**　设 A 相负载电压初相为零，则

$$\dot{U}_{AN}=\frac{380}{\sqrt{3}}\angle0°\ \text{V}=220\angle0°\ \text{V}$$

A 相线电流为

$$\dot{I}_{aA}=\frac{\dot{U}_{AN}}{Z}=\frac{220\angle0°}{10\angle-10°}\ \text{A}=22\angle10°\ \text{A}$$

注意到三相电路是逆相序，由对称性，B 和 C 相线电流分别为

$$\dot{I}_{bB}=11\angle(10°+120°)\ \text{A}=22\angle130°\ \text{A}$$

$$\dot{I}_{cC}=11\angle(10°-120°)\ \text{A}=22\angle-110°\ \text{A}$$

**例 10.2.2**　如图 10.2.5 所示，已知正序三相电路的负载为对称三角形联结，线电压 $\dot{U}_{AB}=500\angle0°$ V，负载阻抗 $Z=20\angle45°\ \Omega$，试求负载相电流和线电流。

**解**　A 相负载相电流为

$$\dot{I}_{AB}=\dot{U}_{AB}/Z=500\angle0°/20\angle45°\ \text{A}=25\angle-45°\ \text{A}$$

根据对称性，直接写出其他两相相电流为

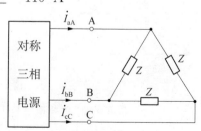

图 10.2.5　例 10.2.2 用图

$$\dot{I}_{BC} = 25\angle(-45° - 120°)\,A = 25\angle - 165°\,A$$

$$\dot{I}_{CA} = 25\angle(-45° + 120°)\,A = 25\angle75°\,A$$

根据三角形负载的线电流与相电流的关系,可知线电流为

$$\dot{I}_{aA} = \sqrt{3}\angle - 30°\dot{I}_{AB} = 43.30\angle - 75°\,A$$

$$\dot{I}_{bB} = \sqrt{3}\angle - 30°\dot{I}_{BC} = 43.30\angle - 195°\,A$$

$$\dot{I}_{cC} = \sqrt{3}\angle - 30°\dot{I}_{CA} = 43.30\angle45°\,A$$

## 10.3 对称三相电路的分析

对称三相电路的线电压(电流)、相电压(电流)具有对称性,对其进行分析时往往利用这一特点来简化分析过程。

对图 10.2.1(a)所示的 $Y_0 - Y_0$ 联结的三相四线制对称三相电路,以中点 n 为参考节点,列写节点方程得

$$\left(\frac{3}{Z_L + Z} + \frac{1}{Z_N}\right)\dot{U}_{Nn} = \frac{\dot{U}_a}{Z_L + Z} + \frac{\dot{U}_b}{Z_L + Z} + \frac{\dot{U}_c}{Z_L + Z} \tag{10.3.1}$$

即

$$\dot{U}_{Nn} = \frac{\dfrac{1}{Z_L + Z}(\dot{U}_a + \dot{U}_b + \dot{U}_c)}{\dfrac{3}{Z_L + Z} + \dfrac{1}{Z_N}} \tag{10.3.2}$$

由于电源是三相对称的,由式(10.1.5)可知,$\dot{U}_a + \dot{U}_b + \dot{U}_c = 0$,因此,$\dot{U}_{Nn} = 0$,中点 n 和 N 之间等效于短路,各相可独立计算。于是,对称三相电路的计算可以采用一相计算法,即就其中的一相电路进行计算,如图 10.3.1 所示为 A 相的计算电路,由图可知,A 相的相电流等于线电流,即

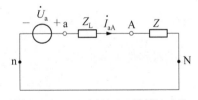

图 10.3.1　一相(A 相)计算法电路

$$\dot{I}_{aA} = \frac{\dot{U}_a}{Z_L + Z} \tag{10.3.3}$$

相电压为

$$\dot{U}_{AN} = Z\dot{I}_{aA} \tag{10.3.4}$$

中线电流为

$$\dot{I}_{nN} = \frac{\dot{U}_{Nn}}{Z_N} = 0 \tag{10.3.5}$$

由对称性,可求得正序时的 B 和 C 相的相电流(等于线电流)和相电压分别为

$$
\begin{cases}
\dot{I}_{bB}=\dfrac{\dot{U}_{b}}{Z_{L}+Z}=\dot{I}_{aA}\angle-120° \\[4mm]
\dot{I}_{cC}=\dfrac{\dot{U}_{c}}{Z_{L}+Z}=\dot{I}_{aA}\angle120°
\end{cases}
\tag{10.3.6}
$$

$$
\begin{cases}
\dot{U}_{BN}=Z\dot{I}_{bB}=\dot{U}_{AN}\angle-120° \\[4mm]
\dot{U}_{CN}=Z\dot{I}_{cC}=\dot{U}_{AN}\angle120°
\end{cases}
\tag{10.3.7}
$$

如果三相电路是逆序连接,则应将式(10.3.6)和式(10.3.7)中120°前的符号反号。

值得指出的是,由于 $\dot{I}_{nN}=0$,因此中线存在与否,以及中线阻抗的大小对于对称三相电路的一相计算法计算是没有影响的。

**例 10.3.1**　如图 10.3.2(a)所示正序三相电路,已知 $U_{a}=220\text{ V}$,$\omega=314\text{ rad/s}$,$Z_{L}=100\ \Omega$,$L=0.618\text{ H}$,试求线电流相量。

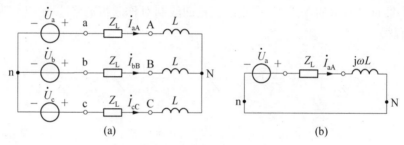

图 10.3.2　例 10.3.1 用图

**解**　采用一相计算法计算。为计算方便可选合适的参考相量,本例选择 a 相电压相量为参考相量,设 $\dot{U}_{a}=220\angle0°\text{ V}$,由一相计算法,如图 10.3.2(b)所示,有

$$
\dot{I}_{aA}=\frac{\dot{U}_{a}}{Z_{L}+j\omega L}=\frac{220\angle0°}{100+j314\times0.618}\text{ A}=1.01\angle-62.7°\text{ A}
$$

根据对称性可写出

$$
\dot{I}_{bB}=1.01\angle-182.7°\text{ A},\quad \dot{I}_{cC}=1.01\angle57.3°\text{ A}
$$

对于其他连接方式的对称三相电路,可将电路中的三角形联结等效变换为星形联结,将电路转化为 Y-Y 联结的对称三相电路,再按照一相电路的计算方法进行分析。如果三角形联结的对称负载每相阻抗为 $Z$,则星形联结接的等效负载每相阻抗为 $Z'=Z/3$。如果三角形联结的对称电源各相电压为 $\dot{U}_{a}$、$\dot{U}_{b}$ 和 $\dot{U}_{c}$,如图 10.3.3(a)所示,则等效的星形联结对称三相电源的各相电压[见图 10.3.3(b)]满足

$$
\begin{cases}
\dot{U}_{an}=\dfrac{1}{\sqrt{3}}\angle-30°\dot{U}_{a} \\[4mm]
\dot{U}_{bn}=\dfrac{1}{\sqrt{3}}\angle-30°\dot{U}_{b} \\[4mm]
\dot{U}_{cn}=\dfrac{1}{\sqrt{3}}\angle-30°\dot{U}_{c}
\end{cases}
\tag{10.3.8}
$$

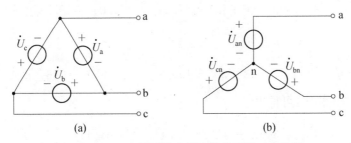

图 10.3.3　三角形对称电源变换为星形对称电源

如果已知对称三相电源的线电压为 $\dot{U}_{ab}$、$\dot{U}_{bc}$ 和 $\dot{U}_{ca}$，电源内部阻抗可忽略不计，则不论此电源连接方式如何，都可以用图 10.3.3(b) 所示的星形连接对称三相电源表示。各相电压为

$$\begin{cases} \dot{U}_{an} = \dfrac{1}{\sqrt{3}} \angle -30° \dot{U}_{ab} \\[2mm] \dot{U}_{bn} = \dfrac{1}{\sqrt{3}} \angle -30° \dot{U}_{bc} \\[2mm] \dot{U}_{cn} = \dfrac{1}{\sqrt{3}} \angle -30° \dot{U}_{ca} \end{cases} \qquad (10.3.9)$$

**例 10.3.2**　如图 10.3.4(a) 所示为 $\triangle-\triangle$ 联结的对称三相电路，正序，已知 $\dot{U}_a = 380 \angle 0°$ V，$Z_L = (0.5 + j0.5)$ Ω，$Z = (18 + j6)$ Ω。试求负载线电压和负载相电流。

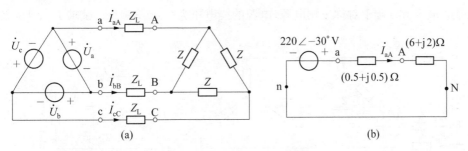

图 10.3.4　例 10.3.2 用图

**解**　将三角形负载等效变换为星形负载，星形负载的阻抗为

$$Z' = Z/3 = (18 + j6) \ \Omega/3 = (6 + j2) \ \Omega$$

将三角形电源等效变换为星形电源，星形电源相电压为

$$\dot{U}_{an} = \frac{1}{\sqrt{3}} \angle -30° \dot{U}_a = \frac{1}{\sqrt{3}} \angle -30° \times 380 \angle 0° \ \text{V} = 220 \angle -30° \ \text{V}$$

作出 A 相的一相计算电路如图 10.3.4(b) 所示，于是可求出 A 相负载的线电流为

$$\dot{I}_{aA} = \frac{220 \angle -30°}{0.5 + j0.5 + 6 + j2} \ \text{A} = 31.59 \angle -51.04° \ \text{A}$$

由于负载是三角形连接方式，其线电压即为相电压。先求出 $\dot{U}_{AN}$ 为

$$\dot{U}_{AN} = (6 + j2) \times \dot{I}_{aA} = (6 + j2) \times 31.59\angle{-51.04°} = 199.8\angle{-32.6°} \text{ V}$$

于是得到 $\dot{U}_{AB}$ 为

$$\dot{U}_{AB} = \sqrt{3}\angle{30°}\dot{U}_{AN} = \sqrt{3}\angle{30°} \times 199.8\angle{-32.6°} \text{ V} = 346\angle{-2.6°} \text{ V}$$

注意到三相电源是正相序,可得出

$$\dot{U}_{BC} = 346\angle{-122.6°} \text{ V}, \quad \dot{U}_{CA} = 346\angle{117.4°} \text{ V}$$

相电流可根据线电流来计算,由于 $\dot{I}_{aA} = \sqrt{3}\angle{-30°}\dot{I}_{AB}$,于是

$$\dot{I}_{AB} = \frac{1}{\sqrt{3}}\angle{30°}\dot{I}_{aA} = \frac{1}{\sqrt{3}}\angle{30°} \times 31.59\angle{-51.04°} \text{ A} = 18.2\angle{-21.0°} \text{ A}$$

根据对称性,直接写出其他两相电流为

$$\dot{I}_{BC} = 18.2\angle{-141.0°} \text{ A}, \quad \dot{I}_{CA} = 18.2\angle{99.0°} \text{ A}$$

相电流也可根据相电压来计算,有

$$\dot{I}_{AB} = \frac{\dot{U}_{AB}}{Z} = \frac{346\angle{-2.6°}}{18 + j6} \text{ A} = 18.2\angle{-21.0°} \text{ A}$$

两种计算方法结果一致。

**例 10.3.3** 在图 10.3.5(a)所示电路中,已知 $Z_1 = (12 + j16)\ \Omega$,$Z_2 = 30\ \Omega$,$Z_L = (1 + j2)\ \Omega$,端点 a、b 和 c 接于对称三相电源,电源的线电压为 $U_{ab} = 380$ V。试求 $\dot{I}_{A1}$、$\dot{I}_{A2}$ 及 $\dot{I}_{aA}$。

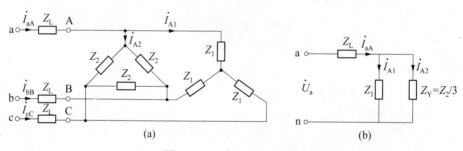

图 10.3.5 例 10.3.3 用图

**解** 应用一相计算法,先求出 A 相计算电路,如图 10.3.5(b)所示,对称三角形负载变换成星形负载,有

$$Z_Y = Z_2/3 = 10\ \Omega$$

设 $\dot{U}_A$ 为参考相量。由线电压为 380 V,可得 $\dot{U}_A = 220\angle{0°}$ V,从一相计算电路可知,电路的总阻抗为

$$Z_A = Z_L + \frac{Z_Y Z_1}{Z_Y + Z_1} = 1 + j2 + \frac{10(12 + j16)}{10 + (12 + j16)}\ \Omega = (8.03 + j4.16)\ \Omega$$

于是可以求得

$$\dot{I}_{aA} = \frac{\dot{U}_a}{Z_A} = \frac{220\angle 0°}{8.03 + j4.16}\ \text{A} = 24.3\angle -27.4°\ \text{A}$$

$$\dot{I}_{A1} = \frac{Z_Y}{Z_Y + Z_1}\dot{I}_{aA} = \frac{10}{22 + j16} \times 24.3\angle -27.4°\ \text{A} = 8.94\angle -63.4°\ \text{A}$$

$$\dot{I}_{A2} = \frac{Z_1}{Z_Y + Z_1}\dot{I}_{aA} = 17.9\angle -10.3°\ \text{A}$$

**例 10.3.4  变相器(phase converter)电路**  变相器是指利用单相电路产生多相电路的装置。功率较小的三相电路就可采用变相器电路,从单相电源获得对称的三相电压。图 10.3.6 所示是一种简单的变相器电路,已知负载 $R = 60\ \Omega$,电源频率为 50 Hz,为使负载获得对称的三相电压,试求 $L$ 与 $C$ 之值。

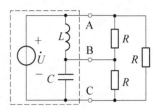

图 10.3.6  例 10.3.4 用图

**解**  设 $\dot{U}_{AB} = U\angle 0°$,由于 $RL$ 并联支路电压超前电流、$RC$ 并联支路电压滞后电流,可见电压 $\dot{U}_{BC}$ 一定滞后电压 $\dot{U}_{AB}$。因此可令 $\dot{U}_{BC} = U\angle -120°$,从而得到 $\dot{U}_{CA} = U\angle 120°$。 对节点 B,由 KCL 得

$$\frac{\dot{U}_{AB}}{j\omega L} + \frac{\dot{U}_{AB}}{R} = j\omega C\dot{U}_{BC} + \frac{\dot{U}_{BC}}{R}$$

将 $\dot{U}_{AB}$ 和 $\dot{U}_{BC}$ 代入,整理得

$$\left(\frac{1}{2}\omega^2 R^2 LC + \frac{\sqrt{3}}{2}\omega RL - R^2\right) + j\left(\frac{\sqrt{3}}{2}\omega^2 R^2 LC - \frac{3}{2}\omega RL\right) = 0$$

令上式左边的实部、虚部分别为零,解得

$$L = \frac{\sqrt{3}R}{3\omega},\ C = \frac{\sqrt{3}}{\omega R}$$

代入具体参数,得

$$L = 0.11\ \text{H},\ C = 91.9\ \mu\text{F}$$

## ※10.4  非对称三相电路的分析

在三相电路中,只要电源、负载及输电线中至少有一个部分非对称就构成非对称三相电路。通常,在非对称三相电路中,只是负载是非对称的,而电源仍是对称的。在电力系统中,除电动机等对称三相负载外,还包含着许多由单相负载(如电灯、电视机等)组成的三相负载,因此也常常形成不对称三相电路。当三相电路发生故障(如发电机某相绕组短路,输电线断裂等)时,非对称情况可能更为严重。

非对称三相电路是一种具有三相电源的复杂正弦稳态电路,对其分析不能像对称三相电路那样用一相计算法进行计算,应该作为一般的正弦稳态电路进行分析。

如图 10.4.1(a)所示为 $Y_0 - Y_0$ 联结非对称三相电路,应用节点分析法可得

$$\dot{U}_{Nn} = \frac{\dot{U}_a/Z_A + \dot{U}_b/Z_B + \dot{U}_c/Z_C}{1/Z_A + 1/Z_B + 1/Z_C + 1/Z_N} \tag{10.4.1}$$

负载各相电压为

$$\begin{cases} \dot{U}_{aN} = \dot{U}_a - \dot{U}_{Nn} \\ \dot{U}_{bN} = \dot{U}_b - \dot{U}_{Nn} \\ \dot{U}_{cN} = \dot{U}_c - \dot{U}_{Nn} \end{cases} \tag{10.4.2}$$

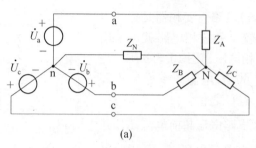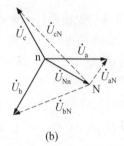

图 10.4.1　非对称三相电路

由于三相电源是对称的,在三相负载非对称的情况下,如果中线阻抗 $Z_N \neq 0$,则由式(10.4.1)可知 $\dot{U}_{Nn} \neq 0$,而式(10.4.2)表明各相电压非对称的程度与中点电压 $\dot{U}_{Nn}$ 有关。这种负载中点与电源中点的电位不重合的现象称为负载**中点位移**(neutral-point displacement)。各相电压相量图如图 10.4.1(b)所示。

由式(10.4.2)和图 10.4.1(b)可以看出,如果三相负载非对称的程度越大,则中点位移越大,负载相电压非对称越严重,此时负载相电压的振幅有的大于电源相电压的振幅,有的小于电源相电压的振幅。这种现象往往使负载设备不能正常工作,甚至损坏。解决这一问题的有效方法是加接中线并减小中线阻抗,当中线阻抗很小,甚至可以忽略 ($Z_N \approx 0$) 时,$\dot{U}_{Nn}$ 的幅值很小,甚至接近于零。这样,负载各相电压与电源各相电压相差很小,使得负载能够正常运行。在低压(如额定的相电压有效值为 220 V)供电系统中广泛采用三相四线制,并且规定中线(零线)上不准装保险丝,使中线不会断开,就是为了减小 $\dot{U}_{Nn}$ 的幅值,使负载相电压接近对称。

当 $Z_N = 0$ 时,由式(10.4.1)可知 $\dot{U}_{Nn} = 0$,此时尽管负载阻抗非对称,但由于三相电源对称,由式(10.4.2)可知,负载相电压也对称。但由于三相负载非对称,在采用 10.3 节介绍的一相电路分析方法时应对每相电路单独计算。

通常三相电路在工作时应尽量避免出现非对称的情况,但有的电路则是利用三相电路非对称特性工作的,相序指示器就是一例。

**例 10.4.1**　在图 10.4.2(a)所示的非对称三相电路中,电源为逆序三相对称,相电压为 240 V,电源阻抗为 $Z_S = (0.1 + j0.8)\,\Omega$;输电线阻抗为 $Z_L = (0.4 + j3.2)\,\Omega$;负载阻抗分别为 $Z_A = (59.5 + j76)\,\Omega$,$Z_B = (39.5 + j26)\,\Omega$,$Z_C = (19.5 + j11)\,\Omega$。试求当中线阻抗 $Z_N$ 分别为 0 Ω 和 10 Ω 时的中线电流。

**解**　(1) 当 $Z_N = 0\,\Omega$ 时,每相电路可单独计算。设电源 A 相电压为参考相量,则三相电源可表示为

$$\dot{U}_a = 240\angle 0°\text{ V}, \ \dot{U}_b = 240\angle 120°\text{ V}, \ \dot{U}_c = 240\angle -120°\text{ V}$$

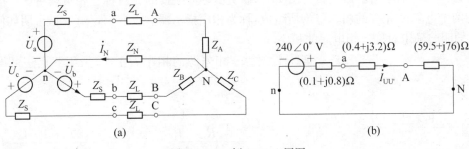

图 10.4.2 例 10.4.1 用图

作出 A 相计算电路如图 10.4.2(b)所示，A 相回路阻抗之和为

$$Z_{LA} = (0.1 + j0.8 + 0.4 + j3.2 + 59.5 + j76)\ \Omega = (60 + j80)\ \Omega$$

则 A 相线电流为

$$\dot{I}_{aA} = \frac{240\angle 0°}{Z_{LA}} = \frac{240\angle 0°}{60 + j80}\ A = 2.40\angle -53.13°\ A$$

类似地，其他两相回路阻抗之和分别为

$$Z_{LB} = (0.1 + j0.8 + 0.4 + j3.2 + 39.5 + j26)\ \Omega = (40 + j30)\ \Omega$$
$$Z_{LC} = (0.1 + j0.8 + 0.4 + j3.2 + 19.5 + j11)\ \Omega = (20 + j15)\ \Omega$$

可求出其他两相线电流为

$$\dot{I}_{bB} = \frac{240\angle 120°}{Z_{LB}} = \frac{240\angle 120°}{40 + j30}\ A = 4.80\angle 83.13°\ A$$

$$\dot{I}_{cC} = \frac{240\angle -120°}{Z_{LC}} = \frac{240\angle -120°}{20 + j15}\ A = 9.60\angle -156.87°\ A$$

求得中线电流为

$$\dot{I}_N = \dot{I}_{aA} + \dot{I}_{bB} + \dot{I}_{cC}$$
$$= 2.40\angle -53.13°\ A + 4.80\angle 83.13°\ A + 9.60\angle -156.87°\ A = 6.88\angle -172.3°\ A$$

(2) 当 $Z_N = 10\ \Omega$ 时，可用节点电压法求中点之间的电压 $\dot{U}_{Nn}$，由式(10.4.1)可得

$$\dot{U}_{Nn} = \frac{\dot{U}_a/Z_{LA} + \dot{U}_b/Z_{LB} + \dot{U}_c/Z_{LC}}{1/Z_{LA} + 1/Z_{LB} + 1/Z_{LC} + 1/Z_N}$$
$$= \frac{240\angle 0°/(60 + j80) + 240\angle 120°/(40 + j30) + 240\angle -120°/(20 + j15)}{1/(60 + j80) + 1/(40 + j30) + 1/(20 + j15) + 1/10}\ V$$
$$= 42.94\angle -156.3°\ V$$

求得中线电流为

$$\dot{I}_N = \frac{\dot{U}_{Nn}}{Z_N} = \frac{42.94\angle -156.3°}{10}\ A = 4.29\angle -156.3°\ A$$

**例 10.4.2 相序指示器电路** 图 10.4.3 所示星形连接的非对称三相负载由一个电容元件 $C$ 和两个电阻 $R$ 相等的白炽灯泡所组成，称为相序指示器。设 $R=1/\omega C$，试说明如何根据两灯泡的明暗确定对称三相电源的相序。

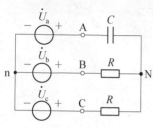

图 10.4.3　例 10.4.2 用图

**解** 设对称三相电源的相序为正序，采用节点法可得中点电压为

$$\dot U_{\mathrm{Nn}}=\frac{j\omega C\dot U_{\mathrm a}+\dfrac{\dot U_{\mathrm b}}{R}+\dfrac{\dot U_{\mathrm c}}{R}}{j\omega C+\dfrac{1}{R}+\dfrac{1}{R}}=\frac{j+1\angle-120°+1\angle120°}{j+1+1}\dot U_{\mathrm a}$$

$$=(-0.2+j0.6)\dot U_{\mathrm a}$$

B 相和 C 相白炽灯泡上的电压分别为

$$\dot U_{\mathrm{BN}}=\dot U_{\mathrm b}-\dot U_{\mathrm{Nn}}=\dot U_{\mathrm a}\angle-120°-(-0.2+j0.6)\dot U_{\mathrm a}\approx1.5\angle-101.5°\dot U_{\mathrm a}$$

$$\dot U_{\mathrm{CN}}=\dot U_{\mathrm c}-\dot U_{\mathrm{Nn}}=\dot U_{\mathrm a}\angle120°-(-0.2+j0.6)\dot U_{\mathrm a}\approx0.4\angle138°\dot U_{\mathrm a}$$

因此，有 $U_{\mathrm{BN}}=1.5U_{\mathrm a}$，$U_{\mathrm{CN}}=0.4U_{\mathrm a}$，所以，如果把与电容元件连接的一相作为 A 相，则白炽灯泡较亮的一相为 B 相，较暗的一相为 C 相。

测量三相电源的相序有多种方法，参见习题 10.19 和 10.20。

## 10.5 三相电路的功率

### 10.5.1 三相电路的功率

1) 三相电路的瞬时功率

三相电源或三相负载的瞬时功率等于各相瞬时功率之和，即

$$p=p_{\mathrm A}+p_{\mathrm B}+p_{\mathrm C} \tag{10.5.1}$$

设对称三相电路中各相的电压和电流取一致参考方向，以 A 相的相电压为参考正弦量，即

$$u_{\mathrm{pA}}=\sqrt2 U_{\mathrm p}\cos\omega t,\ i_{\mathrm{pA}}=\sqrt2 I_{\mathrm p}\cos(\omega t-\varphi) \tag{10.5.2}$$

则三相电源或三相负载的各相瞬时功率分别为

$$\begin{cases}p_{\mathrm A}=u_{\mathrm{pA}}i_{\mathrm{pA}}=\sqrt2 U_{\mathrm p}\cos\omega t\times\sqrt2 I_{\mathrm p}\cos(\omega t-\varphi)\\ \quad=U_{\mathrm p}I_{\mathrm p}[\cos\varphi-\cos(2\omega t-\varphi)]\\ p_{\mathrm B}=u_{\mathrm{pB}}i_{\mathrm{pB}}=\sqrt2 U_{\mathrm p}\cos(\omega t-120°)\times\sqrt2 I_{\mathrm p}\cos(\omega t-120°-\varphi)\\ \quad=U_{\mathrm p}I_{\mathrm p}[\cos\varphi-\cos(2\omega t-240°-\varphi)]\\ p_{\mathrm C}=u_{\mathrm{pC}}i_{\mathrm{pC}}=\sqrt2 U_{\mathrm p}\cos(\omega t+120°)\times\sqrt2 I_{\mathrm p}\cos(\omega t+120°-\varphi)\\ \quad=U_{\mathrm p}I_{\mathrm p}[\cos\varphi-\cos(2\omega t+240°-\varphi)]\end{cases} \tag{10.5.3}$$

将上式代入式(10.5.1)，有

$$p = 3U_\text{p}I_\text{p}\cos\varphi \tag{10.5.4}$$

当电源或负载为星形连接时,有 $U_\text{p} = U_\text{L}/\sqrt{3}$, $I_\text{p} = I_\text{L}$;当电源或负载为三角形连接时,$U_\text{p} = U_\text{L}$, $I_\text{p} = I_\text{L}/\sqrt{3}$。 将这些关系代入式(10.5.4),可得

$$p = \sqrt{3}U_\text{L}I_\text{L}\cos\varphi \tag{10.5.5}$$

上面两式表明,在对称三相电路中,三相电源或三相负载的瞬时功率 $p$ 是不随时间变化的常量,其值在任一瞬间都等于一个恒定量。这种性质称为**"瞬时功率平衡"**。对于三相电动机而言,瞬时功率不随时间变化意味着电动机可从电网中均匀地吸收能量,产生稳定的机械转矩,从而减少在运转时产生振动。这是三相制的重要优点之一,也是工业生产中广泛采用三相电动机的原因。

2) 三相电路的复功率

在三相电路中,由复功率守恒可知三相负载的复功率是其各相负载的复功率之和,即

$$\tilde{S} = \tilde{S}_\text{A} + \tilde{S}_\text{B} + \tilde{S}_\text{C} \tag{10.5.6}$$

在对称三相电路中,设 A 相负载的电压、电流相量为

$$\dot{U}_\text{A} = U_\text{p}\angle\varphi_u, \quad \dot{I}_\text{A} = I_\text{p}\angle\varphi_i \tag{10.5.7}$$

则 A 相负载的复功率为

$$\begin{aligned}\tilde{S}_\text{A} &= \dot{U}_\text{A}\dot{I}_\text{A}^* = U_\text{p}\angle\varphi_u \cdot I_\text{p}\angle-\varphi_i = U_\text{p}I_\text{p}\angle(\varphi_u - \varphi_i)\\ &= U_\text{p}I_\text{p}\cos\varphi_Z + jU_\text{p}I_\text{p}\sin\varphi_Z = P_\text{A} + jQ_\text{A}\end{aligned} \tag{10.5.8}$$

式中,$\varphi_Z = \varphi_u - \varphi_i$ 为对称三相负载的阻抗角。

由式(10.5.8)得到 A 相负载的视在功率为

$$S_\text{A} = U_\text{p}I_\text{p} \tag{10.5.9}$$

功率因数为

$$\lambda_\text{A} = P_\text{A}/S_\text{A} = \cos\varphi_Z \tag{10.5.10}$$

对 B 相和 C 相负载,其复功率与 A 相相同,这样对称三相负载总的复功率为

$$\begin{aligned}\tilde{S} &= \tilde{S}_\text{A} + \tilde{S}_\text{B} + \tilde{S}_\text{C} = 3\tilde{S}_\text{A} = 3P_\text{A} + j3Q_\text{A}\\ &= 3U_\text{p}I_\text{p}\cos\varphi_Z + j3U_\text{p}I_\text{p}\sin\varphi_Z = P + jQ\end{aligned} \tag{10.5.11}$$

对对称三相电路,三相电源或三相负载总的视在功率 $S = 3S_\text{A} = 3U_\text{p}I_\text{p}$,三相负载总的功率因数 $\lambda = P/S = \cos\varphi_Z$,其中 $\varphi_Z$ 为对称三相负载的阻抗角。对非对称三相电路,三相电源或三相负载总的视在功率 $S = |\tilde{S}| = \sqrt{P^2 + Q^2}$,总的功率因数 $\lambda = P/S$。 应该指出的是,因视在功率不守恒,一般不可以通过对元件或端口视在功率求和的方式来计算电路的总视在功率。

**例 10.5.1** 图 10.5.1 所示对称三相电路,已知电

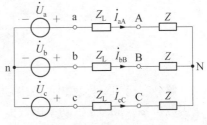

图 10.5.1 例 10.5.1 用图

源相电压为 $\dot U_a = 100\angle 0^\circ$ V,线路阻抗为 $Z_L = (1+j)$ Ω,星形连接的每相负载阻抗 $Z = (5+j7)$ Ω。试计算负载及电源的 $P$、$Q$、$S$ 与 $\lambda$ 的大小。

**解** 运用一相法计算。a 相线电流为

$$\dot I_{aA} = \frac{\dot U_a}{Z_L + Z} = \frac{100\angle 0^\circ}{1+j+5+j7}\ \text{A} = (6-j8)\ \text{A}$$

a 相电源提供的复功率为

$$\widetilde S_a = \dot U_a \dot I_{aA}^* = 100\angle 0^\circ \times (6+j8)\ \text{VA} = (600+j800)\ \text{VA}$$

三相电源提供的总复功率为

$$\widetilde S = 3\widetilde S_a = 1\,800 + j2\,400\ \text{VA} = 3\,000\angle 53.1^\circ\ \text{VA}$$

电源的 $P$、$Q$、$S$ 与 $\lambda$ 的大小分别为

$$P = 1\,800\ \text{W},\ Q = 2\,400\ \text{var},\ S = 3\,000\ \text{VA},\ \lambda = P/S = 1\,800/3\,000 = 0.6$$

对 A 相负载,相电压为 $\dot U_{AN} = Z\dot I_{aA}$,A 相负载吸收的复功率为

$$\widetilde S_A = \dot U_{AN} \dot I_{aA}^* = Z\dot I_{aA}\dot I_{aA}^* = Z\mid \dot I_{aA}\mid^2$$
$$= (5+j7)\times\mid 6-j8\mid^2 = (500+j700)\ \text{VA}$$

三相负载吸收的总复功率为

$$\widetilde S' = 3\widetilde S_A = 1\,500 + j2\,100 = 2.58\times 10^3\angle 54.5^\circ\ \text{VA}$$

负载的 $P'$、$Q'$、$S'$ 与 $\lambda'$ 的大小分别为

$$P' = 1\,500\ \text{W},\ Q' = 2\,100\ \text{var},\ S' = 2.58\times 10^3\ \text{VA},$$
$$\lambda' = P'/S' = 1\,500/(2.58\times 10^3) = 0.58$$

**例 10.5.2** 图 10.5.2(a)所示对称三相电路,已知电源频率为 50 Hz,三角形连接的每相负载阻抗 $Z = (18+j24)$ Ω。在负载端口处接入星形连接的电容元件组后,在保持电路功率不变的情况下,为使功率因数提高到 0.9,试求接入的每相电容 $C$ 的值。

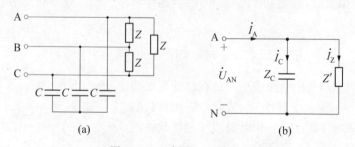

图 10.5.2 例 10.5.2 用图

**解** 在已知对称三相负载中,当每相负载阻抗为 $Z = (18+j24)$ Ω 时,有 $\cos\varphi = 0.6$,即功率因数角 $\varphi = 53.13^\circ$。功率因数提高到 0.9 后,则有 $\cos\varphi' = 0.9$,得到 $\varphi' = 25.84^\circ$。

把负载阻抗的三角形联结等效变换为星形联结,作出一相计算电路如图 10.5.2(b)所示,

其中 $Z' = Z/3 = (6 + j8)\ \Omega$，$Z_C = 1/(j\omega C)$。由图 10.5.2(b)可知 A 相负载的有功功率为

$$P_A = U_{AN} I_Z \cos\varphi = U_{AN} \frac{U_{AN}}{|Z'|} \cos\varphi = \frac{U_{AN}^2}{|Z'|} \cos\varphi$$

由式(9.7.34)可得电容为

$$C = \frac{P_A}{\omega U_{AN}^2}(\tan\varphi - \tan\varphi') = \frac{\cos\varphi}{\omega |Z'|}(\tan\varphi - \tan\varphi')$$

$$= \frac{0.6}{2\pi \times 50 \times 10} \times (\tan 53.13° - \tan 25.84°)\ \text{F} = 1.62 \times 10^{-4}\ \text{F}$$

### 10.5.2 三相电路功率的测量

三相电路有三相四线制和三相三线制之分，还有对称与非对称之分。下面根据不同情况来讨论这些三相电路的平均功率测量问题。

**1) 三相四线制电路功率的测量**

在三相四线制情况下，如果电路是三相对称的，由上面讨论可知，每一相的平均功率是相同的，因此可用一功率表法，即用一个功率表进行三相电路功率的测量，如图 10.5.3 所示。此时功率表的示数为

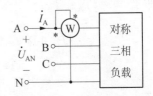

图 10.5.3 测量对称三相四线制电路功率

$$P_A = U_{AN} I_A \cos(\varphi_{uAN} - \varphi_{iA}) \tag{10.5.12}$$

三相总功率为

$$P = 3P_A \tag{10.5.13}$$

在三相四线制电路中，如果电路是三相非对称的，则三相的功率是不相等的，此时功率测量可用三个功率表，其连接方式如图 10.5.4 所示。此时功率表的示数为

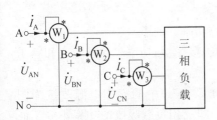

图 10.5.4 三功率表测量三相四线制电路平均功率

$$\begin{cases} P_1 = U_{AN} I_A \cos(\varphi_{uAN} - \varphi_{iA}) \\ P_2 = U_{BN} I_B \cos(\varphi_{uBN} - \varphi_{iB}) \\ P_3 = U_{CN} I_C \cos(\varphi_{uCN} - \varphi_{iC}) \end{cases} \tag{10.5.14}$$

三相总功率为

$$P = P_1 + P_2 + P_3 \tag{10.5.15}$$

**2) 三相三线制电路功率的测量**

在测量三相三线制电路的平均功率时，不论负载对称与否，都可以采用两功率表法，即用两个功率表进行三相电路功率的测量。如图 10.5.5(a)所示的对称或非对称三相电路中，三相负载可以是星形连接的，也可以是三角形连接的。功率表 $W_1$ 及 $W_2$ 测得的平均功率分别为

$$\begin{cases} P_1 = \text{Re}[\dot{U}_{AC} \dot{I}_A^*] = U_{AC} I_A \cos\varphi_1 \\ P_2 = \text{Re}[\dot{U}_{BC} \dot{I}_B^*] = U_{BC} I_B \cos\varphi_2 \end{cases} \tag{10.5.16}$$

式中，$\varphi_1$ 为 $\dot{U}_{AC}$ 与 $\dot{I}_A$ 之间的相位差；$\varphi_2$ 为 $\dot{U}_{BC}$ 与 $\dot{I}_B$ 之间的相位差。下面证明三相负载的平均功率：

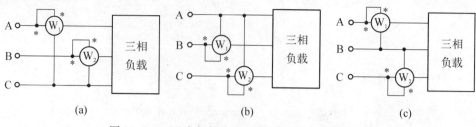

图 10.5.5　两功率表测量三相三线制电路平均功率

$$P = P_1 + P_2 \tag{10.5.17}$$

设三相负载为星形连接,中点为 N(对于三角形连接的负载,可以等效变换为星形连接的负载),则 $\dot{U}_{AC} = \dot{U}_{AN} - \dot{U}_{CN}$,$\dot{U}_{BC} = \dot{U}_{BN} - \dot{U}_{CN}$。同时,在三相三线制电路中 $\dot{I}_A + \dot{I}_B + \dot{I}_C = 0$,即 $\dot{I}_C = -(\dot{I}_A + \dot{I}_B)$。 于是

$$
\begin{aligned}
P_1 + P_2 &= \operatorname{Re}[\dot{U}_{AC}\dot{I}_A^*] + \operatorname{Re}[\dot{U}_{BC}\dot{I}_B^*] = \operatorname{Re}[\dot{U}_{AC}\dot{I}_A^* + \dot{U}_{BC}\dot{I}_B^*] \\
&= \operatorname{Re}[(\dot{U}_{AN} - \dot{U}_{CN})\dot{I}_A^* + (\dot{U}_{BN} - \dot{U}_{CN})\dot{I}_B^*] \\
&= \operatorname{Re}[\dot{U}_{AN}\dot{I}_A^* + \dot{U}_{BN}\dot{I}_B^* - \dot{U}_{CN}(\dot{I}_A^* + \dot{I}_B^*)] \\
&= \operatorname{Re}[\dot{U}_{AN}\dot{I}_A^* + \dot{U}_{BN}\dot{I}_B^* + \dot{U}_{CN}\dot{I}_C^*] \\
&= U_{AN}I_A\cos\varphi_A + U_{BN}I_B\cos\varphi_B + U_{CN}I_C\cos\varphi_C \\
&= P_A + P_B + P_C = P
\end{aligned}
\tag{10.5.18}
$$

上式中 $P_A$、$P_B$ 和 $P_C$ 分别是负载 A 相、B 相和 C 相的平均功率。证毕。

两功率表法也可按照图 10.5.5(a)和(b)所示的两种接法接线,两功率表的示数之和等于三相负载的平均功率。请读者自行分析。

两功率表法可利用图 10.5.6 得到解释。如果将图 10.5.6(a)中的三相电源改接为图 10.5.6(b)虚框中的两个电源,则三相负载的线电压不变,亦即三相负载吸收的功率不变。而图 10.5.5(a)中两个功率表的读数分别对应图 10.5.6(b)中两个电源发出的功率,其和自然就是三相负载吸收的功率。依此类推,可以用 $n-1$ 个功率表测量 $n$ 端电路总功率。

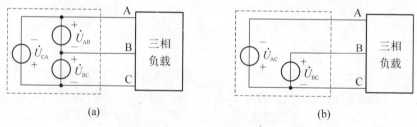

图 10.5.6　两功率表法的直观解释

**例 10.5.3**　如图 10.5.7 所示电路,已知 $R = \omega L = 1/\omega C = 100\ \Omega$,非对称三相负载接于线电压为 400 V 的正序对称三相电源,试求功率表 $W_1$ 和 $W_2$ 的示数。

**解**　设 $\dot{U}_{AB} = 400\angle 0°\ \text{V}$,则 $\dot{U}_{BC} = 400\angle -120°\ \text{V}$,$\dot{U}_{CA} = 400\angle 120°\ \text{V}$,于是有

$$\dot{I}_A = \frac{\dot{U}_{AB}}{R} - \frac{\dot{U}_{CA}}{j\omega L} = \frac{400}{100}(1 - 1\angle 120° \angle -90°) \text{ A}$$

$$= 2.07\angle -75° \text{ A}$$

$$\dot{I}_C = \frac{\dot{U}_{CA}}{j\omega L} - j\omega C \dot{U}_{BC}$$

$$= \frac{400}{100}[1\angle(120° - 90°) - 1\angle(-120° + 90°)] \text{ A}$$

$$= 4\angle 90° \text{ A}$$

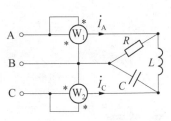

图 10.5.7 例 10.5.3 用图

功率表示数为

$$P_1 = \text{Re}[\dot{U}_{AB}\dot{I}_A^*] = \text{Re}(400 \times 2.07\angle 75°) = 214 \text{ W}$$

$$P_2 = \text{Re}[\dot{U}_{CB}\dot{I}_C^*] = \text{Re}(-400\angle -120° \times 4\angle -90°) = 1.39 \times 10^3 \text{ W}$$

**例 10.5.4** 在如图 10.5.8(a) 所示电路中，线电压为 380 V，接有两组对称三相负载，已知星形负载的每组负载阻抗为 $Z = (30 + j40) \ \Omega$，电动机负载的功率为 $P_M = 1\,700$ W，功率因数为 0.8(感性)。试求三个功率表的示数。

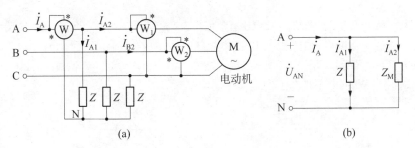

图 10.5.8 例 10.5.4 用图

**解** 图 10.5.8(a) 电路中电动机可用对称星形连接的负载等效，设每相负载阻抗为 $Z_M$。作出一相等效电路如图 10.5.8(b) 所示，由于线电压为 380 V，可设 $\dot{U}_{AN} = 220\angle 0°$ V，则星形负载的线电流为

$$\dot{I}_{A1} = \frac{\dot{U}_{AN}}{Z} = \frac{220\angle 0°}{30 + j40} \text{ A} = 4.4\angle -53.1° \text{ A}$$

对电动机，由

$$P_M = \sqrt{3} U_L I_{A2} \cos\varphi$$

得

$$I_{A2} = \frac{P_M}{\sqrt{3} U_L \cos\varphi} = \frac{1\,700}{\sqrt{3} \times 380 \times 0.8} \text{ A} = 3.23 \text{ A}$$

又由 $\cos\varphi = 0.8$(感性)，得

$$\varphi = 36.9°$$

因此

$$\dot{I}_{A2} = 3.23\angle -36.9° \text{ A}$$

于是 $\dot{I}_A = \dot{I}_{A1} + \dot{I}_{A2} = (4.4\angle -53.1° + 3.23\angle -36.9°) \text{ A} = 7.56\angle -46.25° \text{ A}$

功率表 W 的示数为

$$P = \mathrm{Re}[\dot{U}_{AN} \dot{I}_A^*] = \mathrm{Re}[220\angle 0° \times 7.56\angle 46.25°]\,\mathrm{W} = 1.15 \times 10^3\,\mathrm{W}$$

$W_1$ 的示数为

$$P_1 = U_{AC}I_{A2}\cos[-30° - (-36.9°)] = 380 \times 3.23\cos(36.9° - 30°)\,\mathrm{W} = 1\,218\,\mathrm{W}$$

$W_2$ 的示数为

$$P_2 = U_{BC}I_{B2}\cos[(-120° + 30°) - (-36.9° - 120°)] = 380 \times 3.23\cos 66.9°\,\mathrm{W} = 482\,\mathrm{W}$$

可见两功率的示数之和为

$$P = P_1 + P_2 = (1\,218 + 482)\,\mathrm{W} = 1\,700\,\mathrm{W}$$

其值等于电动机的功率。

## 习题 10

**三相电的基本原理**

**10.1** 对称三相电源为星形联结,每相电压有效值均为 220 V,但其中 $V_1$ 与 $V_2$ 相位接反,如题图 10.1 所示。试画出三相电源线电压的相量图,并求出 $U_1$ 与 $V_2$ 间的电压有效值。

**10.2** 对称三相电压源按题图 10.2 所示连接,每相电压有效值均为 220 V,试画出三相电压源线电压的相量图,并求出 $U_1$ 与 $W_1$ 间电压有效值 $U_{U_1 W_1}$。

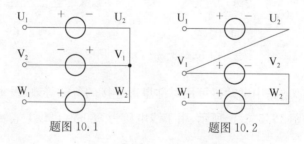

题图 10.1    题图 10.2

**三相电路的基本接法**

**10.3** 设逆序对称三相三线制的输电线的阻抗为 $Z_L = (1 + j0.2)\,\Omega$,星形联结对称负载的每相阻抗为 $Z = 10\angle -10°\,\Omega$,相电流为 10 A,试求线电流以及电源端线电压。

**10.4** 已知正序三相电路的负载为对称三角形联结,$\dot{U}_A = 400\angle 0°\,\mathrm{V}$,$Z = 10\angle 45°\,\Omega$,试求负载相电流和线电流。

**对称三相电路的分析**

**10.5** 已知对称三相电路的星形负载阻抗 $Z = (178 + j86)\,\Omega$,端线阻抗 $Z_L = (2 + j1.18)\,\Omega$,中线阻抗 $Z_N = (3 + j2)\,\Omega$,电源侧线电压 $U_L = 380\,\mathrm{V}$,试求负载端的电流和线电压。

**10.6** 在题图 10.6 所示对称三相电路中,$\dot{U}_a = 220\angle 0°\,\mathrm{V}$,电源为正序,$Z = (15 + j12)\,\Omega$,$Z_L = (1 + j1)\,\Omega$。试求负载一侧的线电压、线电流、相电压与相电流。

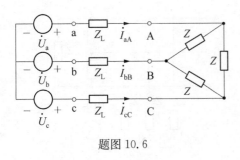

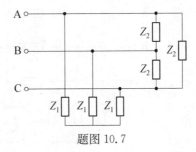

题图 10.6　　　　　　　　　　　题图 10.7

**10.7**　如题图 10.7 所示对称三相电路，$U_1 = 380$ V，$Z_1 = 80$ Ω，$Z_2 = (30 + \mathrm{j}40)$ Ω，试求端线中电流的大小。

**10.8**　如题图 10.8 所示对称三相电路，已知 $U_1 = 380$ V，$Z_1 = (0.14 + \mathrm{j}0.14)$ Ω，$Z_2 = (30 + \mathrm{j}40)$ Ω，$Z_3 = (1 + \mathrm{j})$ Ω，$Z_4 = (117 + \mathrm{j}87)$ Ω，试求 $\dot{I}_{aA}$、$\dot{I}_{bB}$、$\dot{I}_{cC}$。

**10.9**　如题图 10.9 所示对称三相电路，已知 $\dot{I}_{aA} = 2\angle 0°$ A，$\dot{I}_{bB} = 2\angle -120°$ A，$\dot{I}_{cC} = 2\angle 120°$ A，$R = 6$ Ω，$X_C = -8$ Ω。试求：(1) 每相负载两端的电压 $\dot{U}_{AN}$、$\dot{U}_{BN}$ 和 $\dot{U}_{CN}$；(2) 线电压 $\dot{U}_a$、$\dot{U}_b$ 和 $\dot{U}_c$。

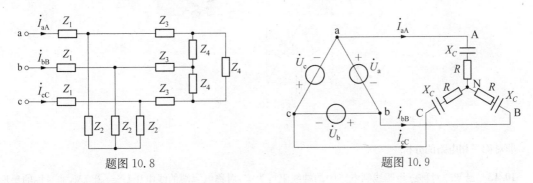

题图 10.8　　　　　　　　　　　题图 10.9

**10.10**　如题图 10.10 所示对称三相电路，已知电源线电压为 380 V。图中电压表内阻可视为无穷大，试求电压表示数。

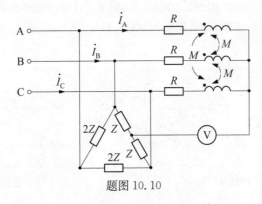

题图 10.10

**10.11**　在题图 10.11 所示三相电路中，已知三相对称电源的线电压 $U_1 = 380$ V，单相电阻负载 $R = 220$ Ω。试比较两电路中电流表的示数。

**10.12**　在题图 10.12 所示对称三相电路中，已知电源线电压 $U_1 = 380$ V，$R = 8$ Ω，$\omega L = 7$ Ω，$\omega M = 1$ Ω，$1/\omega C = 30$ Ω，试求线电流有效值。

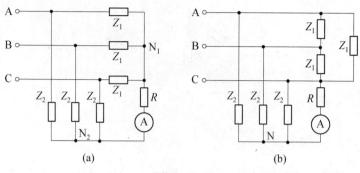

题图 10.11

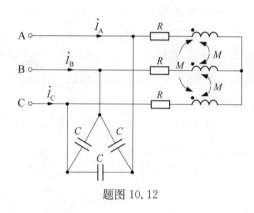

题图 10.12

**非对称三相电路的分析**

**10.13** 已知非对称三相四线制电路中的端线阻抗为零,对称电源端的线电压 $U_1 = 380$ V,非对称的星形连接负载分别是 $Z_A = (3+j2)$ Ω, $Z_B = (4+j4)$ Ω, $Z_C = (2+j)$ Ω,如题图 10.13 所示。试求:(1)当中线阻抗 $Z_N = (4+j3)$ Ω 时的中点电压、线电流;(2)A 相开路时中线阻抗分别为 $Z_N = 0$ 和 $Z_N = \infty$ 的线电流。

**10.14** 如题图 10.14 所示电路,电源线电压 $U_L = 380$ V。(1)如果图中各相负载的阻抗模都等于 10 Ω,是否可以说负载是对称的?(2)试求各相电流及中性线电流。

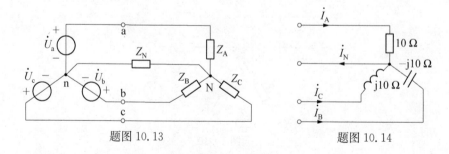

题图 10.13                     题图 10.14

**10.15** 如果测得三角形联结负载的三个线电流均为 3 A,能否说线电流和相电流都是对称的? 若已知负载对称,试求相电流。

**10.16** 在题图 10.16 所示对称星形-星形联结三相电路中,已知各相电流均为 5 A,负载 Z 的电流滞后其端电压(两者取一致参考方向)$60°$。若图中 m 处发生断路,试问此时 B 相负载中电流有效值 $I_{BN}$ 为多少? 若对称三相电压源的连接方式改为三角形联结,对结果有无影响?

**10.17** 在题图 10.17 所示三相电路中,电源三相对称,$\dot{U}_a = 10\angle 0°$ V,$Z_A = -j$ Ω,$Z_B = Z_C =$ j2.5 Ω。试求 $\dot{U}_{Nn}$ 及各负载相电压。当在中点 N 和 n 接入阻抗为 0.1 Ω 的中线时,再求 $\dot{U}_{Nn}$ 及各负载相电压。

**10.18** 在题图 10.18 所示对称三相电路中,$\dot{U}_a = 220\angle 0°$ V,负载阻抗 $Z = (200+j100)$ Ω。试求以下两种情况下各相负载的电压,并画出三相负载的线电压和相电压的相量图。(1)当 a 相负载发生短路时;(2)当 a 相负载断开时。

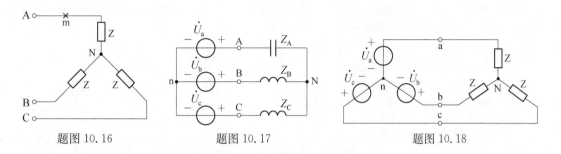

题图 10.16     题图 10.17     题图 10.18

**10.19 相序指示器电路** 如题图 10.19 所示为一种实用的相序指示器电路,已知三相电源的线电压为 $U$,氖灯的启辉(发光)电压为 $0.5U$。假设 $\omega RC = \sqrt{3}$,试说明如何根据氖灯的亮、灭确定对称三相电源的相序。

**10.20 相序指示器电路** 如题图 10.20 所示为另一种实用的相序指示器电路,已知三相电源的相电压为 $U$,氖灯的启辉(发光)电压为 $0.5U$。假设 $\omega RC = \sqrt{3}$,试说明如何根据氖灯的亮、灭确定对称三相电源的相序。

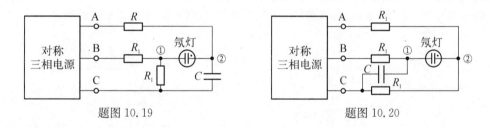

题图 10.19     题图 10.20

### 三相电路的功率

**10.21** 在题图 10.21 所示三相电路中,$\dot{U}_{AB} = 200\angle 0°$ V,$\dot{U}_{BC} = 200\angle 120°$ V,$Z = (30+j15)$ Ω。试计算电源发出的总平均功率和无功功率。

**10.22** 对称三相电路的线电压 $U_L = 380$ V,负载阻抗 $Z = (8+j6)$ Ω,试求:(1)负载为星形联结时的线电流及吸收的功率;(2)负载为三角形联结时的线电流、相电流和吸收的总功率;(3)比较星形和三角形的计算结果能得到什么结论?

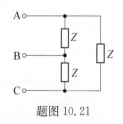

题图 10.21

**10.23** 在题图 10.23 所示三相电路中,$\dot{U}_{AB} = 200\angle 0°$ V,$\dot{U}_{BC} = 200\angle -120°$ V,$Z = (10+j5)$ Ω。试计算电源的总平均功率和无功功率。

**10.24** 在电源线电压为 380 V 的对称三相电路中,三角形联结的负载每相阻抗 $Z = (42+j54)$ Ω,端阻抗 $Z_L = (1+j2)$ Ω,试求负载的相电流和相电压,三相负载吸收的平均功率、无功功率及功率因数。

**10.25** 已知对称三相电路负载端线电压为 380 V,负载从电源吸收的功率为 2.2 kW,功率因数为 $\lambda = 0.85$(滞后),端线的阻抗 $Z_L = (1+j)$ Ω。试求电源端的线电压和功率因数 $\lambda'$。

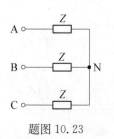

题图 10.23

**10.26** 在题图 10.26 所示对称三相电路中,已知线电压为 380 V,其中方框内是一组对称三相感性负载,其功率因数为 0.866,单相功率 $P_1 = 5.7$ kW。对称星形负载每相阻抗 $Z = (19 - j11)\,\Omega$。试求此时的电源输出线电流 $\dot{I}_A$ 及电源侧的功率因数。

**10.27** 如题图 10.27 所示电路,已知对称三相电源的线电压为 380 V,$R = \omega L = (1/\omega C) = 100\,\Omega$。试求:(1)功率表 $W_1$ 和 $W_2$ 的示数及 $R$、$L$ 和 $C$ 三元件各吸收的平均功率和无功功率;(2)当电源为星形联结时,试求各相电源所发出的复功率。

**10.28** 在题图 10.28 所示对称三相电路中,电源线电压的有效值 $U = 380$ V,负载阻抗 $Z = (100\sqrt{3} + j100)\,\Omega$。试求三相负载吸收的功率及两个功率表的示数。

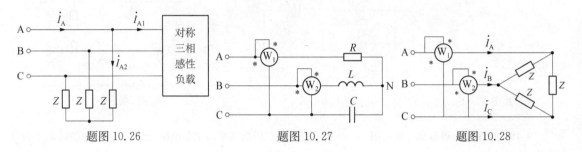

题图 10.26　　　　　题图 10.27　　　　　题图 10.28

**综合**

**10.29** 在题图 10.29 所示三相电路中,已知三相对称电源的 a 相电压为 $u_a = 10\sqrt{2}\cos t$ V,若电流表示数为零,试问电路参数 $R$、$L$ 和 $C$ 应满足什么关系?

**10.30** 在题图 10.30 所示对称三相电路中,已知开关 S 闭合前电流表 $A_1$ 示数为 10 A,开关 S 闭合后电流表 $A_1$ 和 $A_2$ 示数均为 10 A。星形对称负载 $Z = (1 + j2)\,\Omega$。试计算 S 闭合接入的元件 $Z_L$ 的值。

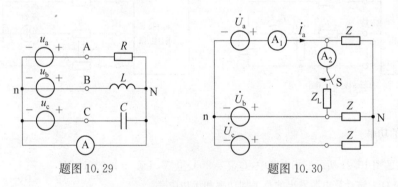

题图 10.29　　　　　　　　　题图 10.30

**10.31** 试证明如题图 10.31 所示三个功率表的读数之和等于三相负载的功率。

**10.32** 题图 10.32 为测量对称三相电路平均功率的电路,两功率表的示数分别为 $P_1$ 和 $P_2$,试证明三相电路的平均功率为 $P = 2P_1 - P_2$。

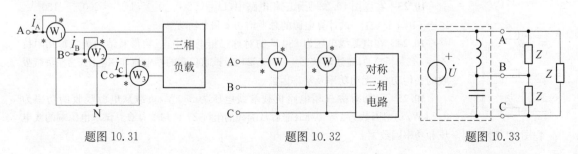

题图 10.31　　　　　　　题图 10.32　　　　　　　题图 10.33

**10.33　变相器电路**　如题图 10.33 所示的变相器电路,已知负载 $Z = R + jX = (40 + j40)\,\Omega$,电源频率为 50 Hz,为使负载获得对称的三相电压,试求 $L$ 与 $C$ 之值。

**10.34　电力系统故障分析**　在电力系统故障中,单相接地短路故障率最高,约占 65%。如题图 10.34 所示的三相电路中,$Z_n$ 为中点接地阻抗,$Z_L$ 为传输线阻抗,$Z_g$ 为传输线对地等效阻抗,$Z_f$ 为单相接地短路阻抗。试求流经单相接地的电流 $\dot{I}_f$。

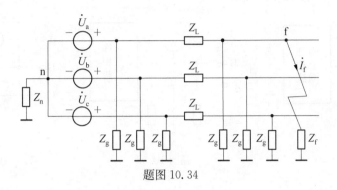

题图 10.34

**10.35　低压三相电路**　对高压三相电气设备进行控制的电路往往工作在非常低的电压范围。例如,一个 10 kW 的三相设备其线电压一般为 380 V,但控制其运行的控制电路的工作电压可能为 $\pm5$ V。这其中既有安全的因素,又有低压控制电路便于实现的因素。如题图 10.35 所示为一种低压三相电路,以供控制电路进行测试之用,其中相电压的有效值可在 $1\sim4$ V 之间调节。试确定电路中电阻、电容元件参数应满足的关系,假设电路工作频率为 50 Hz。

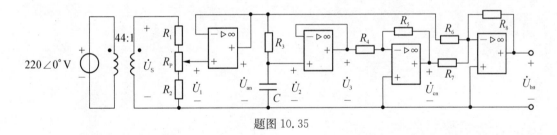

题图 10.35

**10.36　三相电路的负载设计**　如题图 10.36 所示,♯1 和 ♯2 工厂的电力由 50 Hz 对称三相电源供给,其线电压为 13.8 kV,线电流的额定有效值为 170 A。现新建的 ♯3 工厂希望也由此三相电源供电,试确定传输线的额定电流值是否允许 ♯3 工厂接入此三相电力系统。如允许,欲将三个工厂组成的负载的功率因数提高到 0.92(滞后),试求采用 Y 形接法的电容的大小。

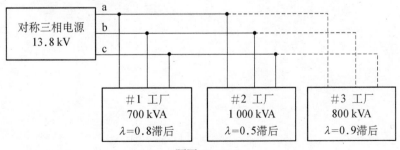

题图 10.36

**10.37 两功率表法测量对称三相负载无功功率和负载阻抗脚** 如题图10.37所示,假定三相电源的相序为正序,负载对称,两功率表的示数为 $P_1$ 和 $P_2$。试求每相负载的无功功率和负载阻抗角。

**10.38 一功率表法测量对称三相负载有功功率** 如题图10.38所示,假设功率表电压线圈的内阻为 $R$,三相电源的相序为正序,功率表的示数 $P$。试求对称三相负载的平均功率。

**10.39 一功率表法测量对称三相负载无功功率** 如题图10.39所示,假设三相电源的相序为正序,功率表的示数 $P$。试求对称三相负载的无功功率。

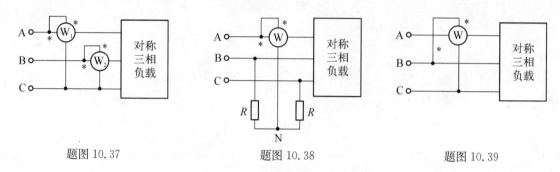

题图10.37          题图10.38          题图10.39

# 11 非正弦周期稳态电路

对于周期变化的非正弦信号,可以用傅里叶级数将其分解为一系列不同频率的简谐分量(正弦量),这些简谐分量各有一定的频率、振幅和初相位,它们的振幅和初相位随频率变化的关系就构成了振幅频谱和相位频谱,即所谓的信号频谱(图)。

线性电路在非正弦周期激励作用下,其稳态响应可看成组成激励的直流量和各简谐分量分别作用于电路时所产生的响应的叠加。每一简谐分量都是正弦量,针对每一简谐分量作用于电路的稳态响应的求解,都可分别采用相量分析法。因此,叠加定理和相量分析法分别构成非正弦周期稳态电路分析的理论基础和基本方法。通常,将建立在这样的理论基础之上的分析方法称为谐波分析法。

谐波分析法的思想还可延伸至非周期激励作用下线性电路的分析,此时,可借助傅里叶变换将激励看成是由无穷多个频率连续变化的简谐分量的叠加,再按叠加关系进行计算。

## 11.1 非正弦周期量的傅里叶级数展开

第9章讨论了正弦电源激励下电路的响应,其中的电压和电流均为正弦量。在科学研究和工程技术领域,还经常遇到按非正弦周期规律变化的电压和电流,即所谓的非正弦周期量。例如,在电子技术中常见的方波、半波整流波形、全波整流波形、三角波等都是非正弦周期量,如图 11.1.1 所示。

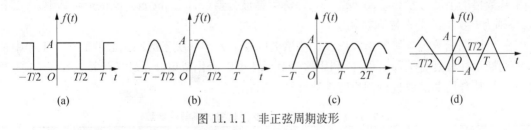

图 11.1.1　非正弦周期波形

（a）方波　（b）半波整流波形　（c）全波整流波形　（d）三角波

### 11.1.1　非正弦周期量的分解

非正弦周期量可用一个周期函数表示,即

$$f(t) = f(t + kT), \quad k = 0, \pm 1, \pm 2, \cdots \tag{11.1.1}$$

式中,$T$ 为周期量的周期。只要 $f(t)$ 满足狄里赫利条件,即 $f(t)$ 满足:① $f(t)$ 是单值函数;

②在每个周期上连续或者具有有限个第一类间断点；③在每个周期上具有有限个极大值和极小值；④对任意 $t_0$，$\int_{t_0}^{T+t_0} \mid f(t)\mathrm{d}t \mid < \infty$，则 $f(t)$ 可展开成一个收敛的**傅里叶级数**(Fourier series)，即

$$f(t) = A_0 + \sum_{k=1}^{\infty}(a_k\cos k\omega t + b_k\sin k\omega t) = A_0 + \sum_{k=1}^{\infty}A_{mk}\cos(k\omega t + \varphi_k) \quad (11.1.2)$$

上述级数也称为傅里叶级数的三角形式。级数中诸项的系数称为傅里叶系数，利用三角函数的**正交性**(orthogonality)可以导出这些系数的公式为

$$A_0 = \frac{1}{T}\int_0^T f(t)\mathrm{d}t \quad (11.1.3)$$

$$a_k = \frac{2}{T}\int_0^T f(t)\cos k\omega t\,\mathrm{d}t \quad (k = 1,\ 2,\ \cdots) \quad (11.1.4)$$

$$b_k = \frac{2}{T}\int_0^T f(t)\sin k\omega t\,\mathrm{d}t \quad (k = 1,\ 2,\ \cdots) \quad (11.1.5)$$

式中，$\omega = 2\pi/T$ 为周期函数 $f(t)$ 的(角)频率。

若定义复数

$$\widetilde{A}_{mk} = a_k - \mathrm{j}b_k \quad (11.1.6)$$

由三角函数或相量法知识易知，式(11.1.2)中的系数 $A_{mk}$、$a_k$、$b_k$ 之间满足以下关系

$$A_{mk} = \mid \widetilde{A}_{mk} \mid = \mid a_k - \mathrm{j}b_k \mid = \sqrt{a_k^2 + b_k^2} \quad (11.1.7)$$

而 $\varphi_k$ 则等于 $\widetilde{A}_{mk}$ 的辐角，即

$$\varphi_k = \arg \widetilde{A}_{mk} \quad (11.1.8)$$

在电路理论中，习惯于把级数中的常数项 $A_0$ 称为**直流分量**(dc component)(或恒定分量)，频率等于原波形频率的谐波分量 $A_{m1}\cos(\omega t + \varphi_1)$ 称为基波分量(或基波)，频率为基波频率整数倍的谐波分量 $A_{mk}\cos(k\omega t + \varphi_k)$ 称为**谐波分量**(harmonic component)，其中，$A_{mk}$ 和 $\varphi_k$ 分别为 $k$ 次谐波的振幅和初相位。

一个周期函数包含哪些谐波以及这些谐波的幅值大小取决于周期函数的形式。工程中常见的周期量往往具有某种对称性，利用这些对称性可以简化傅里叶系数的计算。表 11.1.1 总结了几种特殊周期函数进行傅里叶系数计算的简化方法。

表 11.1.1　对称函数的定义及傅里叶系数的计算

| 周期函数 $f(t)$ | | 对称性 | 傅里叶系数 | | |
|---|---|---|---|---|---|
| | | | $A_0$ | $a_k$ | $b_k$ |
| 整周期对称 | 奇函数 | $f(t) = -f(-t)$ | 0 | 0 | $\frac{4}{T}\int_0^{T/2}f(t)\sin k\omega t\,\mathrm{d}t$ |
| | 偶函数 | $f(t) = f(-t)$ | $\frac{2}{T}\int_0^{T/2}f(t)\mathrm{d}t$ | $\frac{4}{T}\int_0^{T/2}f(t)\cos k\omega t\,\mathrm{d}t$ | 0 |

（续表）

| 周期函数 $f(t)$ | | 对称性 | 傅里叶系数 | | |
|---|---|---|---|---|---|
| | | | $A_0$ | $a_k$ | $b_k$ |
| 半周期对称 | 奇谐函数 | $f(t)=-f\left(t-\dfrac{T}{2}\right)$ | 0 | $\dfrac{4}{T}\displaystyle\int_0^{T/2}f(t)\cos k\omega t\,\mathrm{d}t$ （$k$ 取奇数） | $\dfrac{4}{T}\displaystyle\int_0^{T/2}f(t)\sin k\omega t\,\mathrm{d}t$ （$k$ 取奇数） |
| | 偶谐函数 | $f(t)=f\left(t-\dfrac{T}{2}\right)$ | $\dfrac{2}{T}\displaystyle\int_0^{T/2}f(t)\,\mathrm{d}t$ | $\dfrac{4}{T}\displaystyle\int_0^{T/2}f(t)\cos k\omega t\,\mathrm{d}t$ （$k$ 取偶数） | $\dfrac{4}{T}\displaystyle\int_0^{T/2}f(t)\sin k\omega t\,\mathrm{d}t$ （$k$ 取偶数） |

　　为直观地了解非正弦周期量分解为傅里叶级数后各谐波分量的幅值和相位,可将谐波振幅和初相位 $A_{mk}$、$\varphi_k$ 随频率变化的关系用图形加以表示,将各次谐波的振幅大小 $A_{mk}$ 按其频率依次排列的分布图称为**振幅频谱**(amplitude spectrum),各次谐波的相位大小 $\varphi_k$ 按其频率依次排列的分布图称为**相位频谱**(phase spectrum)。在 $k\omega$ 处代表振幅、相位大小的线段分别称为振幅谱线和相位谱线,这种谱线间具有一定频率间隔的频谱称为**离散频谱**(discrete spectrum)。

　　**例 11.1.1**　如图 11.1.2(a)所示为全波整流波形,试求该波形的傅里叶级数展开式并画出振幅频谱和相位频谱。

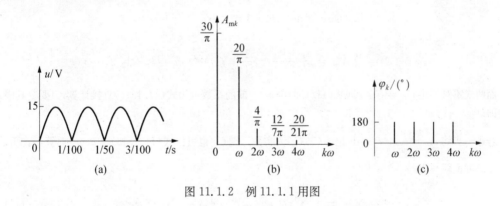

图 11.1.2　例 11.1.1 用图

　　**解**　图示波形的表达式为

$$u_S=|15\sin 314t|\ \mathrm{V}$$

显然,该波形的周期为 $T=0.01\,\mathrm{s}$, $\omega=2\pi/T=200\pi\,\mathrm{rad/s}$。 由式(11.1.3)～式(11.1.5)可得

$$A_0=\frac{1}{T}\int_0^T f(t)\,\mathrm{d}t=100\int_0^{0.01}15\sin 314t\ \mathrm{d}t=\frac{30}{\pi}$$

$$a_k=\frac{2}{T}\int_0^T f(t)\cos k\omega t\,\mathrm{d}t=200\int_0^{0.01}15\sin 314t\cos 200\pi kt\,\mathrm{d}t=\frac{60}{\pi(1-4k^2)}$$

$$b_k=\frac{2}{T}\int_0^T f(t)\sin k\omega t\,\mathrm{d}t=0（图示波形为偶函数）$$

$$A_{mk}=\sqrt{a_k^2+b_k^2}=\frac{60}{\pi(4k^2-1)}$$

$$\varphi_k = \arctan \frac{-b_k}{a_k} = 180°$$

得到该波形的傅里叶级数展开式为

$$u_S = \frac{30}{\pi} - \frac{60}{\pi}\left(\frac{1}{3}\cos\omega t + \frac{1}{15}\cos 2\omega t + \frac{1}{35}\cos 3\omega t + \frac{1}{63}\cos 4\omega t + \cdots\right)$$

振幅频谱和相位频谱分别如图 11.1.2(b)、(c)所示。

**傅里叶级数的复指数形式** 利用欧拉公式,还可以将式(11.1.2)表示为指数形式。在式(11.1.2)中,第 $k$ 次谐波可通过欧拉公式表示为

$$
\begin{aligned}
A_{mk}\cos(k\omega t + \varphi_k) &= \frac{1}{2}A_{mk}(\mathrm{e}^{\mathrm{j}(k\omega t+\varphi_k)} + \mathrm{e}^{-\mathrm{j}(k\omega t+\varphi_k)}) \\
&= \frac{1}{2}A_{mk}\mathrm{e}^{\mathrm{j}\varphi_k}\mathrm{e}^{\mathrm{j}k\omega t} + \frac{1}{2}A_{mk}\mathrm{e}^{-\mathrm{j}\varphi_k}\mathrm{e}^{-\mathrm{j}k\omega t} \\
&= \frac{1}{2}\widetilde{A}_{mk}\mathrm{e}^{\mathrm{j}k\omega t} + \frac{1}{2}\widetilde{A}_{mk}^{*}\mathrm{e}^{-\mathrm{j}k\omega t}
\end{aligned} \tag{11.1.9}
$$

由上式可知,从复平面的旋转相量的观点来看,第 $k$ 次谐波可看作两个旋转方向相反的旋转相量的叠加,这两个旋转相量在实轴上的投影之和就等于第 $k$ 次谐波。若记 $C_k = \widetilde{A}_{mk}/2$,则有

$$
\begin{aligned}
C_k &= \frac{1}{2}\widetilde{A}_{mk} = \frac{a_k - \mathrm{j}b_k}{2} = \frac{1}{T}\int_0^T f(t)(\cos k\omega t - \mathrm{j}\sin k\omega t)\mathrm{d}t \\
&= \frac{1}{T}\int_0^T f(t)\mathrm{e}^{-\mathrm{j}k\omega t}\mathrm{d}t \quad (k = 1, 2, \cdots)
\end{aligned} \tag{11.1.10}
$$

$$C_k^{*} = \frac{1}{2}\widetilde{A}_{mk}^{*} = \frac{a_k + \mathrm{j}b_k}{2} = \frac{1}{T}\int_0^T f(t)\mathrm{e}^{\mathrm{j}k\omega t}\mathrm{d}t \quad (k = 1, 2, \cdots) \tag{11.1.11}$$

从上面两式不难看出 $C_k^{*} = C_{-k}$,即式(11.1.9)中 $\mathrm{e}^{-\mathrm{j}k\omega t}$ 前的系数可用式(11.1.10)直接计算,只要令其中 $k$ 取负值即可。

若进一步将 $A_0 = \frac{1}{T}\int_0^T f(t)\mathrm{d}t$ 记为 $C_0$($C_0$ 为实数),则 $C_0$ 也可由式(11.1.10)令 $k = 0$ 时算出。于是,式(11.1.2)可重新写为

$$f(t) = A_0 + \sum_{k=1}^{\infty}(C_k\mathrm{e}^{\mathrm{j}k\omega t} + C_k^{*}\mathrm{e}^{\mathrm{j}k\omega t}) = \sum_{k=-\infty}^{\infty} C_k\mathrm{e}^{\mathrm{j}k\omega t} \tag{11.1.12}$$

上式即为傅里叶级数的指数形式,其系数为

$$C_k = \frac{1}{T}\int_0^T f(t)\mathrm{e}^{-\mathrm{j}k\omega t}\mathrm{d}t \quad (k = 0, \pm 1, \pm 2, \cdots) \tag{11.1.13}$$

利用傅里叶级数的指数形式也可以绘制频谱,由式(11.1.13)可知,频谱中出现了"负频率"分量,频谱变成了在正、负频率轴上均有定义的双边频谱。由于 $|C_k| = |C_{-k}| = 0.5A_{mk}$,故按照傅里叶级数的指数形式绘制频谱时,其振幅频谱是对称于纵轴(偶对称)的,且谱线高度是傅里叶级数频谱高度的一半。又因 $C_k$ 和 $C_{-k}$ 共轭,所以有 $\varphi_{-k} = -\varphi_k$,即相位频谱是关于原点中心对称(奇对称)的。指数形式的傅里叶级数在线性系统分析中具有重要作用。

### 11.1.2　非正弦周期量的有效值和平均值

将非正弦周期波形展开为傅里叶级数之后,就可以计算该周期波形的有效值。按照周期量有效值的定义

$$F = \sqrt{\frac{1}{T} \int_0^T f^2(t) \, \mathrm{d}t} \qquad (11.1.14)$$

将 $f(t) = A_0 + \sum_{k=1}^{\infty} A_{mk} \cos(k\omega t + \varphi_k)$ 代入上式,得

$$F = \sqrt{\frac{1}{T} \int_0^T \left[ A_0 + \sum_{k=1}^{\infty} A_{mk} \cos(k\omega t + \varphi_k) \right]^2 \mathrm{d}t} \qquad (11.1.15)$$

式(11.1.15)中括号展开后得到下列 4 种积分形式,即

$$\frac{1}{T} \int_0^T A_0^2 \, \mathrm{d}t = A_0^2 \qquad (11.1.16)$$

$$\frac{1}{T} \int_0^T \sum_{k=1}^{\infty} A_{mk}^2 \cos^2(k\omega t + \varphi_k) \, \mathrm{d}t = \sum_{k=1}^{\infty} \frac{1}{2} A_{mk}^2 \qquad (11.1.17)$$

$$\frac{1}{T} \int_0^T A_0 \sum_{k=1}^{\infty} A_{mk} \cos(k\omega t + \varphi_k) \, \mathrm{d}t = 0 \qquad (11.1.18)$$

$$\frac{1}{T} \int_0^T \sum_{k=1}^{\infty} \sum_{k'=1}^{\infty} A_{mk} A_{mk'} \cos(k\omega t + \varphi_k) \cos(k'\omega t + \varphi_{k'}) \, \mathrm{d}t = 0 (k \neq k') \qquad (11.1.19)$$

将上述结果代入式(11.1.15),得

$$F = \sqrt{\frac{1}{T} \int_0^T f^2(t) \, \mathrm{d}t} = \sqrt{A_0^2 + \sum_{k=1}^{\infty} \frac{1}{2} A_{mk}^2} = \sqrt{A_0^2 + A_1^2 + A_2^2 + \cdots} \qquad (11.1.20)$$

式中,$A_k = A_{mk}/\sqrt{2} \ (k=1, 2, \cdots)$ 分别为基波、二次谐波……的有效值。

当 $f(t)$ 为非正弦周期电压或电流时,有

$$U = \sqrt{U_0^2 + U_1^2 + U_2^2 + \cdots + U_k^2 + \cdots} \qquad (11.1.21)$$

$$I = \sqrt{I_0^2 + I_1^2 + I_2^2 + \cdots + I_k^2 + \cdots} \qquad (11.1.22)$$

与正弦量一样,非正弦周期量的有效值可直接用电工仪表(如电磁式、电动式或热电式等仪表)进行测量。

非正弦周期量的平均值,以 $F_{av}$ 记之,其定义为

$$F_{av} = \frac{1}{T} \int_0^T f(t) \, \mathrm{d}t \qquad (11.1.23)$$

显然,按照上式计算任一非正弦周期量 $f(t)$ 的平均值时,由于各次谐波均是频率不同的正弦波,因此计算结果为 $f(t)$ 中的直流分量 $A_0$。

如果要计算包含各次谐波分量的平均值,则必须采用绝对值的平均值即所谓"均绝值"进行计算,以 $F_{aa}$ 记之,其定义为

$$F_{aa} = \frac{1}{T} \int_0^T |f(t)| \, \mathrm{d}t \qquad (11.1.24)$$

由于各次谐波关于横轴对称,因此计算 $F_{aa}$ 可只计及半个周期,即

$$F_{\mathrm{aa}} = \frac{2}{T} \int_0^{T/2} | f(t) | \, \mathrm{d}t \qquad (11.1.25)$$

均绝值可用具有全波整流的磁电式仪表来测量,无整流作用的磁电式仪表的示数是直流分量,为平均值。

**例 11.1.2** 如图 11.1.3(a)所示电路,$u(t)$ 为矩形方波,波形如图 11.1.3(b)所示,试求端口电流 $i(t)$ 的有效值、平均值和均绝值。

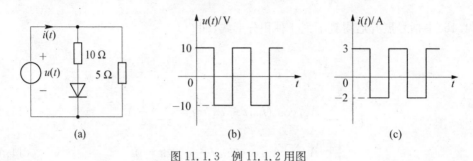

图 11.1.3 例 11.1.2 用图

**解** 当 $u(t) = 10$ V 时,二极管导通,求得 $i(t) = 3$ A;当 $u(t) = -10$ V 时,二极管截止,求得 $i(t) = -2$ A,得到 $i(t)$ 的波形如图 11.1.3(c)所示。由此可得

$$\text{有效值 } I = \sqrt{\frac{1}{T} \int_0^T i^2(t) \, \mathrm{d}t} = \sqrt{\frac{1}{T} \left( 9 \times \frac{T}{2} + 4 \times \frac{T}{2} \right)} = 2.55 \text{ A}$$

$$\text{平均值 } I_0 = \frac{1}{T} \int_0^T i(t) \, \mathrm{d}t = \frac{1}{T} \left( 3 \times \frac{T}{2} - 2 \times \frac{T}{2} \right) = 0.5 \text{ A}$$

$$\text{均绝值 } I_{\mathrm{aa}} = \frac{1}{T} \int_0^T | i(t) | \, \mathrm{d}t = \frac{1}{T} \left( 3 \times \frac{T}{2} + 2 \times \frac{T}{2} \right) = 2.5 \text{ A}$$

## 11.2 非正弦周期稳态电路的分析

当电路中的电压、电流波形为非正弦周期波形时,这样的电路称为非正弦周期稳态电路。对线性非时变非正弦周期稳态电路的分析仍可采用相量法。常见的非正弦周期稳态电路可分为两类:一类为电路中存在多个频率不同的正弦稳态激励,因此电路的响应为非正弦周期量,对这类电路采用叠加定理和相量法进行分析,即运用相量法求出每一个正弦激励单独作用时的电路时域响应,再运用叠加定理得到所有激励作用时电路总的响应。另一类为电路中仅存在单个激励,但该激励为非正弦周期量,对这类电路同样采用叠加定理和相量法进行分析,即首先将非正弦周期激励分解成诸谐波分量(包括直流分量)之和,电路在非正弦周期电源激励下的响应等于非正弦周期电源诸谐波分量单独作用时电路响应的代数和。对包含多个非正弦周期激励的电路,则可综合运用上述方法进行分析。

在应用相量法和叠加定理分析非正弦周期稳态电路的响应时,应注意以下两点:

(1)直流激励作用时,电路中的电感相当于短路,电容相当于开路;在其他频率正弦激励时,电感和电容的电抗值都要随频率发生变化。

(2)用相量法求得一系列稳态响应相量,由于其对应的频率各不相同,不能直接相加,而必须表示为相应的时域响应后再进行叠加。

**例 11.2.1**  在如图 11.2.1(a)所示电路中,已知 $u_S = (2 + 5\cos 100t)$ V, $i_S = 2\sin t$ A,试求稳态电压 $u_o$。

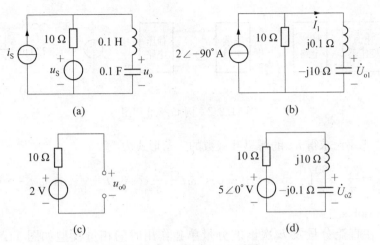

图 11.2.1  例 11.2.1 用图

**解**  图 11.2.1(a)所示电路包含两个激励。先求理想电流源单独作用时的稳态响应,画出如图 11.2.1(b)所示的相量模型,由分流公式可得

$$\dot{I}_1 = \frac{10}{10 + j0.1 - j10} \times 2\angle -90° \text{ A} = 1.42\angle -45.3° \text{ A}$$

于是得到

$$\dot{U}_{o1} = -j10 \times \dot{I}_1 = -j10 \times 1.42\angle -45.3° \text{ V} = 14.2\angle -135.3° \text{ V}$$

对应的时域响应表达式为

$$u_{o1} = 14.2\cos(t - 135.3°) \text{ V}$$

再求理想电压源单独作用时的稳态响应。理想电压源包含两个频率分量,直流分量单独作用时的电路模型如图 11.2.1(c)所示, $\omega = 100$ rad/s 的分量单独作用时的相量模型如图 11.2.1(d)所示。由图 11.2.1(c)可知

$$u_{o0} = 2 \text{ V}$$

由图 11.2.1(d)可知

$$\dot{U}_{o2} = \frac{50\angle 0°}{10 + j10 - j0.1} \times (-j0.1) \text{ V} = 0.036\angle -134.7° \text{ V}$$

对应的时域响应表达式为

$$u_{o2} = 0.036\cos(100t - 134.7°) \text{ V}$$

最后,由叠加定理可得两个电源都作用时的稳态电压为

$$u_o = u_{o0} + u_{o1} + u_{o2} = [2 + 14.2\cos(t - 135.3°) + 0.036\cos(100t - 134.7°)] \text{ V}$$

**例 11.2.2  直流稳压电源滤波电路**  单相小功率直流稳压电源是常用的小型电子设备,它

的电路结构主要包括电源变压器、整流电路、滤波电路和稳压电路 4 个基本部分,如图 11.2.2(a) 所示。一种滤波电路如图 11.2.2(b)所示,假设 $u_S$ 的波形如图 11.1.2(a)所示,求稳态电压 $u_o$。

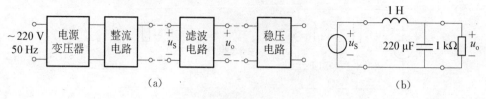

图 11.2.2　例 11.2.2 用图

**解**　例 11.1.1 已求得 $u_S$ 的傅里叶级数的三角形式为

$$u_S = \frac{30}{\pi} - \frac{60}{\pi}\left(\frac{1}{3}\cos\omega t + \frac{1}{15}\cos 2\omega t + \frac{1}{35}\cos 3\omega t + \frac{1}{63}\cos 4\omega t + \cdots\right)$$

式中,$\omega = 200\pi$ rad/s。

作出电路在直流分量及 $k$ 次谐波分量单独作用时的相量模型如图 11.2.3 所示。由图 11.2.3(a)可知

$$\dot{U}_{o0} = (30/\pi)\text{ V}$$

因此直流分量单独作用时输出电压为

$$u_{o0} = (30/\pi)\text{ V} = 9.55\text{ V}$$

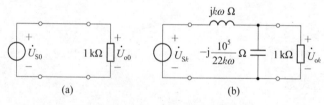

图 11.2.3　例 11.2.2 的相量模型

对图 11.2.3(b)所示的相量模型,$\dot{U}_{Sk} = \dfrac{60}{\pi(1-4k^2)}$,运用分压公式,可得

$$\dot{U}_{ok} = \frac{\left(-j\dfrac{10^5}{22k\omega}\right)//1\,000}{\left(-j\dfrac{10^5}{22k\omega}\right)//1\,000 + jk\omega}\dot{U}_{Sk} = \frac{1\,000}{(1\,000 - 0.22\times k^2\omega^2) + jk\omega}\frac{60/\pi}{1-4k^2}$$

计算 $k = 1, 2, 3, 4$ 时的输出电压相量,分别为

$$\begin{cases}\dot{U}_{o1} = 7.42\times 10^{-2}\angle 0.42°\text{ V}\\[2mm]\dot{U}_{o2} = 3.68\times 10^{-3}\angle 0.21°\text{ V}\\[2mm]\dot{U}_{o3} = 6.99\times 10^{-4}\angle 0.14°\text{ V}\\[2mm]\dot{U}_{o4} = 2.18\times 10^{-4}\angle 0.10°\text{ V}\end{cases}$$

对应于时域的输出电压为

$$
\begin{cases}
u_{o1} = 7.42 \times 10^{-2} \cos(\omega t + 0.42°) \text{ V} \\
u_{o2} = 3.68 \times 10^{-3} \cos(2\omega t + 0.21°) \text{ V} \\
u_{o3} = 6.99 \times 10^{-4} \cos(3\omega t + 0.14°) \text{ V} \\
u_{o4} = 2.18 \times 10^{-4} \cos(4\omega t + 0.10°) \text{ V}
\end{cases}
$$

由叠加定理,得到电阻两端的电压为

$$
\begin{aligned}
u_o = [&9.55 + 7.42 \times 10^{-2} \cos(\omega t + 0.42°) + 3.68 \times 10^{-3} \cos(2\omega t + 0.21°) + \\
&6.99 \times 10^{-4} \cos(3\omega t + 0.14°) + 2.18 \times 10^{-4} \cos(4\omega t + 0.10°) + \cdots] \text{ V}
\end{aligned}
$$

由于二次及二次以上谐波分量的幅值很小,可以略去,因此输出电压近似为

$$
u_o = [9.55 + 7.42 \times 10^{-2} \cos(\omega t + 0.42°)] \text{ V}
$$

可见,输出电压中以直流分量为主,这也是直流稳压电源的功能所期望的。

## 11.3　非正弦周期稳态电路的功率

对非正弦周期稳态电路,根据平均功率的定义,可计算非正弦周期稳态电路的有功功率。对非正弦周期稳态一端口电路,如果端口电压 $u$ 和端口电流 $i$ 取关联参考方向,其表达式分别为

$$
\begin{cases}
u = U_0 + \displaystyle\sum_{k=1}^{\infty} \sqrt{2} U_k \cos(k\omega t + \varphi_{uk}) \\
i = I_0 + \displaystyle\sum_{k=1}^{\infty} \sqrt{2} I_k \cos(k\omega t + \varphi_{ik})
\end{cases}
\tag{11.3.1}
$$

则该一端口电路所吸收的瞬时功率为

$$
p = ui = \left[ U_0 + \sum_{k=1}^{\infty} \sqrt{2} U_k \cos(k\omega t + \varphi_{uk}) \right] \left[ I_0 + \sum_{k=1}^{\infty} \sqrt{2} I_k \cos(k\omega t + \varphi_{ik}) \right]
\tag{11.3.2}
$$

一端口电路所吸收的平均功率为

$$
\begin{aligned}
P = \frac{1}{T}\int_0^T p\,dt = &\frac{1}{T}\int_0^T U_0 I_0\,dt + \frac{1}{T}\int_0^T \sum_{k=1}^{\infty} \sqrt{2}U_k\cos(k\omega t+\varphi_{uk}) \cdot \sqrt{2}I_k\cos(k\omega t+\varphi_{ik})\,dt + \\
&\frac{1}{T}\int_0^T I_0\sum_{k=1}^{\infty}\sqrt{2}U_k\cos(k\omega t+\varphi_{uk})\,dt + \frac{1}{T}\int_0^T U_0\sum_{k=1}^{\infty}\sqrt{2}I_k\cos(k\omega t+\varphi_{ik})\,dt + \\
&\frac{1}{T}\int_0^T \sum_{k=1(k\neq k')}^{\infty}\sum_{k'=1}^{\infty}\sqrt{2}U_k\cos(k\omega t+\varphi_{uk})\sqrt{2}I_{k'}\cos(k'\omega t+\varphi_{ik'})\,dt
\end{aligned}
\tag{11.3.3}
$$

上式等号右边的第一项积分为

$$
P_0 = U_0 I_0
\tag{11.3.4}
$$

第二项积分中两个相同频率余弦函数的乘积为

$$\sqrt{2}U_k\cos(k\omega t+\varphi_{uk})\sqrt{2}I_k\cos(k\omega t+\varphi_{ik})=U_kI_k[\cos(\varphi_{uk}-\varphi_{ik})+\cos(2k\omega t+\varphi_{uk}+\varphi_{ik})] \tag{11.3.5}$$

其积分在一个周期内的平均值为

$$P_k=U_kI_k\cos(\varphi_{uk}-\varphi_{ik})=U_kI_k\cos\varphi_k \tag{11.3.6}$$

根据三角函数的正交性,式(11.3.3)等号右边第三项、第四项和第五项积分都为零。因此,最后得到的平均功率为

$$P=U_0I_0+\sum_{k=1}^{\infty}P_k=U_0I_0+\sum_{k=1}^{\infty}U_kI_k\cos\varphi_k \tag{11.3.7}$$

由上式可见,非正弦周期电路的平均功率等于直流分量和各次谐波分量分别产生的平均功率之和,而非相同频率的电压谐波和电流谐波只形成瞬时功率,并不产生平均功率。

仿照正弦稳态电路,可以定义非正弦周期电路的无功功率、视在功率、功率因数等概念。非正弦周期电路的电压有效值与电流有效值之乘积定义为视在功率,即

$$S=UI=\sqrt{\sum_{k=0}^{\infty}U_k^2}\sqrt{\sum_{k=0}^{\infty}I_k^2} \tag{11.3.8}$$

无功功率定义为

$$Q=\sum_{k=1}^{\infty}U_kI_k\sin\varphi_k \tag{11.3.9}$$

功率因数为

$$\cos\varphi=P/S \tag{11.3.10}$$

由式(11.3.7)~式(11.3.9)可知,视在功率 $S$ 一般大于平均功率 $P$ 和无功功率 $Q$ 平方和的平方根,即

$$S>\sqrt{P^2+Q^2} \tag{11.3.11}$$

出现这种现象的原因是由于电压波形和电流波形不是正弦波形,而是非正弦波形,而且两者的波形有差别。为此定义

$$T=\sqrt{S^2-(P^2+Q^2)} \tag{11.3.12}$$

为**畸变功率**(distortion power)。在电力系统中,畸变功率的出现标志着其内部的电压和电流已由正弦波畸变为非正弦波,并且电压和电流两者的波形也不相同。

**例 11.3.1** 已知一端口电路的电压和电流分别为

$$u=(-10+10\cos10t+10\cos30t+10\cos50t)\text{ V}$$
$$i=[1+1.94\cos(10t-14°)+1.7\cos(50t+32°)]\text{ A}$$

试求其平均功率、无功功率、视在功率和畸变功率。

**解** 一端口电路吸收的平均功率为

$$P = -10 \times 1 + \frac{10}{\sqrt{2}} \times \frac{1.94}{\sqrt{2}} \cos 14° + \frac{10}{\sqrt{2}} \times \frac{1.7}{\sqrt{2}} \cos(-32°)$$

$$= (-10 + 9.412 + 7.208) \text{ W} = 6.62 \text{ W}$$

无功功率为

$$Q = \frac{10}{\sqrt{2}} \times \frac{1.94}{\sqrt{2}} \sin 14° + \frac{10}{\sqrt{2}} \times \frac{1.7}{\sqrt{2}} \sin(-32°)$$

$$= (2.347 - 4.504) \text{ var} = -2.16 \text{ var}$$

视在功率为

$$S = UI = \sqrt{10^2 + \left(\frac{10}{\sqrt{2}}\right)^2 + \left(\frac{10}{\sqrt{2}}\right)^2 + \left(\frac{10}{\sqrt{2}}\right)^2} \sqrt{1^2 + \left(\frac{1.94}{\sqrt{2}}\right)^2 + \left(\frac{1.7}{\sqrt{2}}\right)^2}$$

$$= \sqrt{250} \times \sqrt{4.3268} \text{ VA} = 32.9 \text{ VA}$$

畸变功率为

$$T = \sqrt{S^2 - P^2 - Q^2} = 32.1 \text{ W}$$

## ※11.4　傅里叶变换简介

利用傅里叶级数展开和相量法可计算非正弦周期激励下线性非时变电路的稳态响应。如果将非周期激励看作周期为无穷大的周期函数，则可用傅里叶级数的极限形式来表达非周期激励，这样就可按照分析非正弦周期稳态电路的方法来对非周期激励下的线性非时变电路进行分析。

将式(11.1.12)和式(11.1.13)重写为

$$f(t) = \sum_{k=-\infty}^{\infty} C_k e^{jk\omega t} \tag{11.4.1}$$

$$C_k = \frac{1}{T} \int_0^T f(t) e^{-jk\omega t} dt \quad (k = 0, \pm 1, \pm 2, \cdots) \tag{11.4.2}$$

随着波形周期的增大，相邻谐波频率的间隔 $\Delta\omega = \omega = 2\pi/T$ 越来越小。如果 $f(t)$ 为非周期函数，则可将周期看作 $T \to \infty$，此时对式(11.4.2)中的变量和符号进行如下替换，即

$$\omega \to d\omega, \ \frac{1}{T} \to \frac{d\omega}{2\pi}, \ k\omega \to \omega, \ C_k \to C(j\omega), \ \int_0^T \to \int_{-\infty}^{\infty}$$

则式(11.4.2)可写为

$$C(j\omega) = \frac{d\omega}{2\pi} \int_{-\infty}^{\infty} f(t) e^{-j\omega t} dt \tag{11.4.3}$$

称式(11.4.3)中的积分

$$F(j\omega) = \int_{-\infty}^{\infty} f(t) e^{-j\omega t} dt \tag{11.4.4}$$

为**傅里叶积分**(Fourier integral)。

同样,当 $T \to \infty$ 时,式(11.4.1)中的求和将转化为求积分,将式(11.4.3)代入可得

$$f(t) = \lim_{T \to \infty} \left[ \sum_{k=-\infty}^{\infty} C_k \mathrm{e}^{\mathrm{j}k\omega t} \right] = \int_{-\infty}^{\infty} \left[ \frac{\mathrm{d}\omega}{2\pi} \int_{-\infty}^{\infty} f(t) \mathrm{e}^{-\mathrm{j}\omega t} \mathrm{d}t \right] \mathrm{e}^{\mathrm{j}\omega t} = \frac{1}{2\pi} \int_{-\infty}^{\infty} F(\mathrm{j}\omega) \mathrm{e}^{\mathrm{j}\omega t} \mathrm{d}\omega$$

$$(11.4.5)$$

由式(11.4.5)可知,非周期函数 $f(t)$ 可展开为从 $-\infty$ 到 $\infty$ 频率连续的谐波分量,谐波振幅分量 $\frac{1}{2\pi} F(\mathrm{j}\omega) \mathrm{d}\omega$ 为无穷小,其中 $F(\mathrm{j}\omega)$ 可看作各谐波振幅相量的相对值,称为频谱密度函数,简称**频谱函数**(frequency spectrum function)。 $F(\mathrm{j}\omega)$ 的模 $|F(\mathrm{j}\omega)|$ 和辐角 $\arg[F(\mathrm{j}\omega)]$ 都是 $\omega$ 的函数,分别称为非周期函数 $f(t)$ 的幅值频谱和相位频谱。

式(11.4.4)和式(11.4.5)可以相互表示,$F(\mathrm{j}\omega)$ 称为 $f(t)$ 的**傅里叶变换**(Fourier transform);$f(t)$ 称为 $F(\mathrm{j}\omega)$ 的**傅里叶反变换**(inverse Fourier transform),上述关系简记为

$$F(\mathrm{j}\omega) = \mathscr{F}[f(t)] \tag{11.4.6}$$

$$f(t) = \mathscr{F}^{-1}[F(\mathrm{j}\omega)] \tag{11.4.7}$$

值得指出:并非所有非周期函数都存在傅里叶变换,根据傅里叶变换理论,$f(t)$ 可进行傅里叶变换的充分条件为 $f(t)$ 绝对可积,即 $\int_{-\infty}^{\infty} |f(t)| \mathrm{d}t < \infty$。

通过傅里叶变换可将时域函数 $f(t)$ 变换为**频率域**(frequency domain)中的函数 $F(\mathrm{j}\omega)$。如果电路中的电压、电流可用式(11.4.6)变换为相应的频谱函数,则在频率域中可用叠加定理对电路进行分析。例如,对图 11.4.1(a)所示电路,所加理想电流源激励为非周期函数 $i(t)$,现在要求端口两端的电压 $u(t)$。为此,首先将激励 $i(t)$ 进行傅里叶变换,得到其频谱函数,即

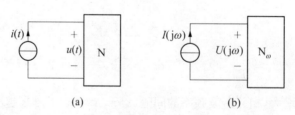

(a)          (b)

图 11.4.1

$$I(\mathrm{j}\omega) = \int_{-\infty}^{\infty} i(t) \mathrm{e}^{-\mathrm{j}\omega t} \mathrm{d}t \tag{11.4.8}$$

显然,激励 $i(t)$ 用其频谱函数可表示为

$$i(t) = \frac{1}{2\pi} \int_{-\infty}^{\infty} I(\mathrm{j}\omega) \mathrm{e}^{\mathrm{j}\omega t} \mathrm{d}\omega \tag{11.4.9}$$

式中,$\frac{1}{2\pi} I(\mathrm{j}\omega) \mathrm{d}\omega$ 可看作激励 $i(t)$ 中频率为 $\omega$ 的谐波所对应的电流相量。

再画出时域电路在频率域的电路模型,如图 11.4.1(b)所示,该模型与相量模型的区别在于频率域模型中的所有电压、电流均为频谱函数,而相量模型中的电压、电流均为相量。设图 11.4.1(b)所示电路的端口阻抗为 $Z(\mathrm{j}\omega)$,则由激励 $I(\mathrm{j}\omega)$ 产生的端口电压频谱函数为

$$U(\mathrm{j}\omega)=Z(\mathrm{j}\omega)I(\mathrm{j}\omega) \tag{11.4.10}$$

端口电压由傅里叶反变换求出得

$$u(t)=\frac{1}{2\pi}\int_{-\infty}^{\infty}Z(\mathrm{j}\omega)I(\mathrm{j}\omega)\mathrm{e}^{\mathrm{j}\omega t}\mathrm{d}\omega \tag{11.4.11}$$

由式(11.4.9)可知,激励 $i(t)$ 由频率为 $\omega$ 的电流相量 $\dfrac{1}{2\pi}I(\mathrm{j}\omega)\mathrm{d}\omega$ 叠加而成,$\dfrac{1}{2\pi}I(\mathrm{j}\omega)\mathrm{d}\omega$ 所产生的端口电压相量为 $Z(\mathrm{j}\omega)\cdot\dfrac{1}{2\pi}I(\mathrm{j}\omega)\mathrm{d}\omega$,把所有频率的端口电压相量叠加起来就是所求的端口电压,此即式(11.4.11)。

**例 11.4.1**　在如图 11.4.2(a)所示电路中,已知 $u=U\mathrm{e}^{-\alpha t}(t>0)$,其中 $\alpha>0$,试用傅里叶变换求输出电压 $u_{\circ}$。

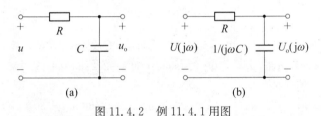

图 11.4.2　例 11.4.1 用图

**解**　非周期电压 $u$ 的傅里叶变换为

$$U(\mathrm{j}\omega)=\int_{0}^{\infty}U\mathrm{e}^{-\alpha t}\mathrm{e}^{-\mathrm{j}\omega t}\mathrm{d}t=U\int_{0}^{\infty}\mathrm{e}^{-(\alpha+\mathrm{j}\omega)t}\mathrm{d}t=\frac{U}{\alpha+\mathrm{j}\omega}$$

图 11.4.2(a)所示电路的频率域模型如图 11.4.2(b)所示,由分压公式可得输出电压的频谱函数为

$$\begin{aligned}U_{\circ}(\mathrm{j}\omega)&=\frac{1/(\mathrm{j}\omega C)}{R+1/(\mathrm{j}\omega C)}U(\mathrm{j}\omega)=\frac{U}{(1+\mathrm{j}\omega RC)(\alpha+\mathrm{j}\omega)}\\&=\frac{U}{RC\alpha-1}\left(\frac{1}{1/RC+\mathrm{j}\omega}-\frac{1}{\alpha+\mathrm{j}\omega}\right)\end{aligned}$$

对上式求傅里叶反变换,得到

$$u_{\circ}=\frac{U}{RC\alpha-1}(\mathrm{e}^{-\frac{t}{RC}}-\mathrm{e}^{-\alpha t})(t>0)$$

# 习题 11

**非正弦周期量的傅里叶级数展开**

**11.1**　试将题图 11.1 中所示的两种方波分解成傅里叶级数。

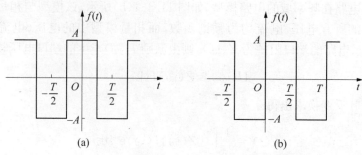

题图 11.1

**11.2** 试求题图 11.2 所示半波整流周期波形的傅里叶级数。

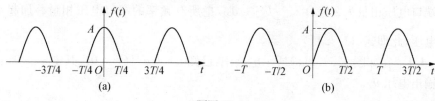

题图 11.2

**11.3** 已知 $u = (10 + 10\sin\omega t + 10\cos 5\omega t)$ V，试求电压有效值和平均值。

**11.4** 如题图 11.4 所示电路，$u_S = [10 + 6\sqrt{2}\sin(t+30°) + 2\sqrt{2}\sin(3t+45°)]$ V，$L_1 = 2$ H，$L_2 = 4$ H，$M = 1$ H。试求电压 $u_2$ 的有效值。

**11.5** 如题图 11.5 所示电路，$u_S = [8 + 40\sqrt{2}\sin\omega t + 30\sqrt{2}\sin(3\omega t - 30°)]$ V，$\omega L_1 = 2$ Ω，$\omega L_2 = 1/\omega C_2 = 12$ Ω，$1/\omega C_1 = 18$ Ω，$R = 2$ Ω，试求电压表和电流表的示数(有效值)。

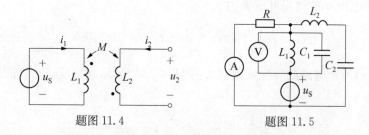

题图 11.4　　　　題图 11.5

**11.6** 如题图 11.6 所示电路处于稳态，其中 $i_S = [10 + 5\cos(2\omega_1 t + 30°)]$ A，$\omega_1 L = 50$ Ω，$\dfrac{1}{\omega_1 C} = 200$ Ω。试求 $u_R$ 和有效值 $U_R$。

**11.7** 如题图 11.7(a)和(b)所示电路，$u_{S0} = 5$ V，$u_{S1} = 5\sin t$ V，$R = 10$ Ω，D 为理想二极管。试求电流 $i$ 的有效值。

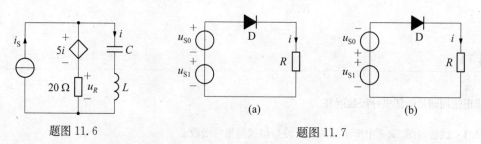

题图 11.6　　　　　　題图 11.7

**非正弦周期稳态电路的分析**

**11.8** 题图 11.8 所示电路中，$R = 1\,\Omega$，$C = 1\,\text{F}$，已知对所有的 $t$，$i_S = (1 + 2\cos 2t)\,\text{A}$，试求稳态电压 $u$。

**11.9** 如题图 11.9 所示电路，已知理想电压源 $u_S = (10\sin 100t + 3\sin 500t)\,\text{V}$，$L = 1\,\text{H}$，$C = 100\,\mu\text{F}$，试求 $i_L$ 和 $i_C$。

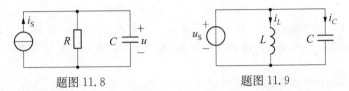

题图 11.8　　　　　　　题图 11.9

**11.10** 如题图 11.10(a) 所示电路，$R_L = 100\,\Omega$，$L = 200\,\text{mH}$，$C = 200\,\mu\text{F}$，端口 $11'$ 间加上波形如题图 11.10(b) 所示的电压 $f(t)$，并知 $F_m = 100\,\text{V}$，$\omega = 314\,\text{rad/s}$，试求负载 $R_L$ 两端的电压 $u$。

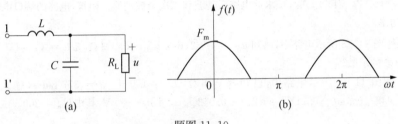

(a)　　　　　　　(b)

题图 11.10

**11.11** 在题图 11.11 所示电路中，N 中不含独立源。当 $u_S = 5\cos(1\,000t + 40°)\,\text{V}$ 和 $i_S = 0.1\cos(500t - 20°)\,\text{A}$ 时，$u_{ab} = [2\cos(1\,000t - 10°) + 3\cos(500t - 30°)]\,\text{V}$；当 $u_S = 5\cos(500t + 40°)\,\text{V}$ 和 $i_S = 0.1\cos(1\,000t - 20°)\,\text{A}$ 时，$u_{ab} = [3\cos(1\,000t - 20°) + 2\cos(500t - 10°)]\,\text{V}$。若 $u_S = (20\cos 1\,000t + 10\cos 500t)\,\text{V}$ 和 $i_S = (0.3\cos 1\,000t - 0.2\cos 500t)\,\text{A}$，试求 $u_{ab}$。

**11.12** 在题图 11.12 所示电路中，已知 $R = 1\,\Omega$，$L = 0.5\,\text{H}$，$C = 0.25\,\text{F}$，$u_1 = (2 + \cos t)\,\text{V}$，$u_2 = 3\sin 2t\,\text{V}$，试求稳态电压 $u_0$。

**11.13** 在题图 11.13 所示电路中，已知 $u_1 = (1 + \sin 10^4 t + \sin 10^5 t + \sin 10^6 t)\,\text{V}$，$L_1 = 2\,\text{mH}$，$L_2 = 1\,\text{mH}$，$M = 1\,\text{mH}$，$C = 10\,\mu\text{F}$，$R_1 = 300\,\Omega$，$R_2 = 50\,\Omega$，试求 $u_2$。

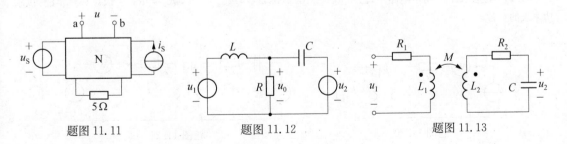

题图 11.11　　　　　题图 11.12　　　　　题图 11.13

**非正弦周期稳态电路的功率**

**11.14** 如题图 11.14 所示电路，$u_{S1} = [1.5 + 5\sqrt{2}\sin(2t + 90°)]\,\text{V}$，$i_{S2} = 2\sin 1.5t\,\text{A}$，$R = 1\,\Omega$，$L = 2\,\text{H}$，$C = 2/3\,\text{F}$。试求 $u_R$ 及 $u_{S1}$ 发出的功率。

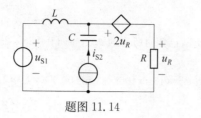

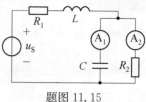

题图 11.14　　　　　　　　　　　题图 11.15

**11.15**　在题图 11.15 所示电路中，$u_S = U_0 + U_{1m} \cos \omega t$ V，$R_1 = 50\ \Omega$，$R_2 = 100\ \Omega$，$\omega L = 70\ \Omega$，$(1/\omega C) = 100\ \Omega$，在稳态下，电流表的读数分别是 $A_1$ 为 1 A，$A_2$ 为 1.5 A，试求理想电压源发出的有功功率。

**11.16**　已知某一端口电路的电压和电流分别为 $u = (10 + 10\sin 10t + 10\sin 30t + 10\sin 50t)$ V 和 $i = [2 + 1.94\sin(10t - 14°) + 1.7\sin(50t + 32°)]$ A，试求其吸收的平均功率、无功功率和视在功率。

**11.17**　在题图 11.17 所示电路中，$u = [2\sqrt{2}\cos(t - 60°) + \sqrt{2}\cos(2t + 45°) + \frac{\sqrt{2}}{2}\cos(3t - 60°)]$ V，$i = [10\sqrt{2}\cos t + 5\sqrt{2}\cos(2t - 45°)]$ A。试求此电路对基波和二次谐波的输入阻抗，电路的端口电压有效值 $U$ 及其吸收的有功功率。

**11.18**　在题图 11.18 所示电路中，已知 $u_{S1} = 10\sqrt{2}\cos \omega t$ V，$R = 3\ \Omega$，$\omega L = (1/\omega C) = 4\ \Omega$，$u_{S2} = 10$ V，试求各电表的示数。

**11.19**　在题图 11.19 所示电路中，已知 $R = 6\ \Omega$，$L = 0.1$ H，$\omega = 377$ rad/s，输入电压为 $u_S = (0.318U_m + 0.500U_m \cos \omega t - 0.212U_m \sin 2\omega t - 0.042U_m \cos 4\omega t + \cdots)$ V，其中 $U_m = 200$。试求电路的总平均功率。

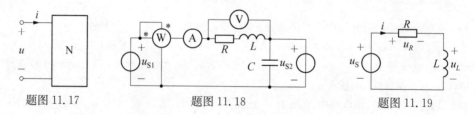

题图 11.17　　　　　　　　题图 11.18　　　　　　　　题图 11.19

**11.20**　在题图 11.20 所示电路中，$R_1 = R_2 = 2\ \Omega$，$i_S = (5\sqrt{2}\sin 2t + 3\sqrt{2}\cos t)$ A。试求功率表的示数。

**11.21**　题图 11.21 所示电路中，已知 $u_{S1} = 10\sqrt{2}\cos 2t$ V，$u_{S2} = 5$ V，$R_1 = R_2 = 1\ \Omega$，$C = 1$ F。试求功率表的示数。

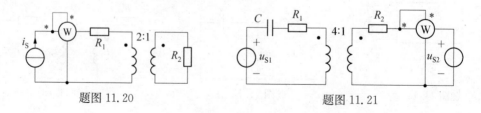

题图 11.20　　　　　　　　　　　题图 11.21

**傅里叶变换简介**

**11.22**　试用傅里叶变换求题图 11.22(a)所示电路中的电流 $i$。其中理想电流源电流的波形如题图 11.22(b)所示。

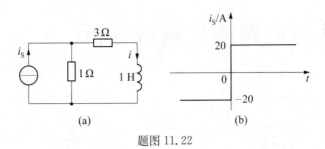

题图 11.22

**11.23**　在题图 11.22(a)所示电路中,设 $i_S = 50\cos 3t$ A,试用傅里叶变换求电流 $i$。

**综合**

**11.24**　已知 RLC 串联电路端口电压为 $u_S = (40\cos 2t + 40\cos 4t)$ V,电流为 $i = [10\cos 2t + 8\cos(4t-\varphi)]$ A,试求 $\varphi$ 的大小。

**11.25**　如题图 11.25 所示电路,$u$、$i$ 均为非正弦周期波,要求电路对各次电压、电流谐波均同相,试求电路参数应满足的关系。

**11.26**　**电源抗干扰电路**　为了去除或减少干扰对电路的影响,可在电路中接入合适的抗干扰电路。如题图 11.26 所示就是一种非常实用的直流电源抗干扰电路,它可对混入电路中的高频干扰进行抑制,从而保证电路中器件正常地工作。假设 $U_S = 15$ V,电源内阻 $R_S = 50\,\Omega$,$L_1 = L_2 = 0.1$ H,$C_1 = C_2 = 10^{-4}$ F,试画出转移电压比 $\dot{U}_o/\dot{U}_S$ 的频率响应曲线。假设在电源中混入角频率 $10^4$ rad/s,振幅为 $300$ mV 的干扰电压,试求输出电压。

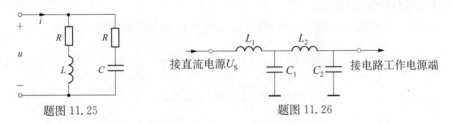

题图 11.25　　　　　　　　题图 11.26

**11.27**　**谐振陷波滤波器电路**　陷波滤波器电路是指能够滤除信号中某些频率分量的电路。假设电路中信号混有 10 kHz、20 kHz 和 30 kHz 的干扰信号,可采用如题图 11.27 所示的陷波滤波器电路加以滤除,已知 $L = 10\,\mu$H,试求各电容的参数值。

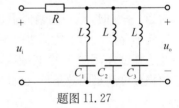

题图 11.27

# $12$ 动态电路的复频域分析

> 本章介绍的拉普拉斯变换方法是研究线性非时变动态电路的基本工具。它能将时域中的微分及积分运算分别变换为复频域($s$ 域)中的乘法及除法运算,从而将时域中的微分方程变换为复频域中的代数方程,并且在方程中自动计入电路的原始状态,使电路的分析计算变得简单而有效。
>
> 在线性非时变动态电路分析中,采用拉普拉斯变换的分析方法,称为复频域分析,即 $s$ 域分析。

## 12.1 拉普拉斯变换及其性质

### 12.1.1 拉普拉斯变换的定义

第 11.4 节给出了时域函数 $f(t)$ 的傅里叶变换及其反变换的定义式,即

$$F(j\omega) = \int_{-\infty}^{\infty} f(t) e^{-j\omega t} dt \tag{12.1.1}$$

$$f(t) = \frac{1}{2\pi} \int_{-\infty}^{\infty} F(j\omega) e^{j\omega t} d\omega \tag{12.1.2}$$

在实际应用中,有不少函数无法直接由定义式(12.1.1)求得其傅里叶变换。这通常是因为当 $t \to \infty$ 时,$f(t)$ 的幅值不衰减,导致积分不收敛的缘故。例如,函数 $e^{\alpha t}$($\alpha > 0$)的傅里叶变换就不存在。为了使傅里叶变换广泛适用于一般函数,必须对其进行推广。为简化变换形式及运算过程,引入一个衰减因子 $e^{-\sigma t}$,并将其与 $f(t)$ 相乘,当 $\sigma$ 在适当范围内取值时,$e^{-\sigma t} f(t)$ 的积分可满足收敛条件,据此写出 $e^{-\sigma t} f(t)$ 的傅里叶变换为

$$\mathscr{F}\left[e^{-\sigma t} f(t)\right] = \int_{-\infty}^{\infty} e^{-\sigma t} f(t) e^{-j\omega t} dt = \int_{-\infty}^{\infty} f(t) e^{-(\sigma + j\omega)t} dt = F(\sigma + j\omega) \tag{12.1.3}$$

令 $s = \sigma + j\omega$,称为**复频率**(complex frequency),则上式可表示为

$$F(s) = \int_{-\infty}^{\infty} f(t) e^{-st} dt \tag{12.1.4}$$

式(12.1.4)是傅里叶变换的推广,称为双边拉普拉斯变换。

考虑到在电路分析中,通常将换路的时刻取为 $t = 0$,即只需要研究 $f(t)$ 在 $t$ 为 $[0, \infty)$ 区间的情况,又考虑到 $t = 0$ 时的 $f(t)$ 中可能包含冲激函数,因此将双边拉普拉斯变换的积分下限取为 $t = 0_-$。这样,式(12.1.4) 可写成

$$F(s) = \int_{0_-}^{\infty} f(t) e^{-st} dt \tag{12.1.5}$$

式(12.1.5)称为单边拉普拉斯变换,简称为拉普拉斯变换(Laplace transform)(或拉氏变换),称 $F(s)$ 为 $f(t)$ 的**象函数**(image function),简记成

$$F(s) = \mathscr{L}[f(t)] \tag{12.1.6}$$

由已知象函数 $F(s)$ 求对应**原函数**(original function) $f(t)$ 的变换,称拉普拉斯反变换(inverse Laplace transform)(简称拉氏反变换)。由傅里叶反变换式(12.1.2),可得

$$e^{-\sigma t} f(t) = \frac{1}{2\pi} \int_{-\infty}^{\infty} F(\sigma + j\omega) e^{j\omega t} d\omega \tag{12.1.7}$$

即

$$f(t) = \frac{1}{2\pi} \int_{-\infty}^{\infty} F(\sigma + j\omega) e^{(\sigma + j\omega)t} d\omega = \frac{1}{2\pi j} \int_{\sigma - j\infty}^{\sigma + j\infty} F(s) e^{st} ds \tag{12.1.8}$$

式(12.1.8)称为 $F(s)$ 的拉普拉斯反变换,记为

$$f(t) = \mathscr{L}^{-1}[F(s)] = \frac{1}{2\pi j} \int_{\sigma - j\infty}^{\sigma + j\infty} F(s) e^{st} ds \tag{12.1.9}$$

下面举例求取几个常用函数的拉氏变换。

**例 12.1.1**　试求单位冲激函数 $\delta(t)$ 的拉氏变换。

**解**　$\mathscr{L}[\delta(t)] = \int_{0_-}^{\infty} \delta(t) e^{-st} dt = e^{-st} \Big|_{t=0} = 1$

**例 12.1.2**　试求单位阶跃函数 $\varepsilon(t)$ 的拉氏变换。

**解**　$\mathscr{L}[\varepsilon(t)] = \int_{0_-}^{\infty} \varepsilon(t) e^{-st} dt = \int_{0_-}^{\infty} e^{-st} dt = -\frac{1}{s} e^{-st} \Big|_{0_-}^{\infty} = \frac{1}{s}$

**例 12.1.3**　试求指数函数 $e^{\alpha t}$ 的拉氏变换,其中 $\alpha$ 为任一实数或复数。

**解**　$\mathscr{L}[e^{\alpha t}] = \int_{0_-}^{\infty} e^{\alpha t} e^{-st} dt = \int_{0_-}^{\infty} e^{-(s-\alpha)t} dt = \frac{1}{-(s-\alpha)} e^{-(s-\alpha)t} \Big|_{0_-}^{\infty}$

当 $\mathrm{Re}[s] > \mathrm{Re}[\alpha]$ 时,极限 $\lim_{t \to \infty} e^{-(s-\alpha)t} = 0$,上式积分收敛于 $1/(s-\alpha)$。于是得

$$\mathscr{L}[e^{\alpha t}] = \frac{1}{s-\alpha}$$

表12.1.1中列出了一些常用时间函数的拉氏变换,以供查阅使用。注意,当 $t < 0$ 时,表中所有函数 $f(t)$ 都假设为零,可认为与 $\varepsilon(t)$ 相乘。

**表 12.1.1　常用函数的拉氏变换简表**

| 序号 | 原函数 $f(t)(t \geqslant 0)$ | 象函数 $F(s)$ |
|---|---|---|
| 1 | $\delta(t)$ | 1 |
| 2 | $\delta^{(n)}(t)(n = 1, 2, \cdots)$ | $s^n$ |
| 3 | 1 | $\dfrac{1}{s}$ |
| 4 | $t^n (n = 1, 2, \cdots)$ | $\dfrac{n!}{s^{n+1}}$ |

| 序号 | 原函数 $f(t)(t \geqslant 0)$ | 象函数 $F(s)$ |
|---|---|---|
| 5 | $t^n e^{-\alpha t}(n = 0, 1, 2, \cdots)$ | $\dfrac{n!}{(s+\alpha)^{n+1}}$ |
| 6 | $\sin \omega t$ | $\dfrac{\omega}{s^2 + \omega^2}$ |
| 7 | $\cos \omega t$ | $\dfrac{s}{s^2 + \omega^2}$ |
| 8 | $e^{-\alpha t} \sin \omega t$ | $\dfrac{\omega}{(s+\alpha)^2 + \omega^2}$ |
| 9 | $e^{-\alpha t} \cos \omega t$ | $\dfrac{s+\alpha}{(s+\alpha)^2 + \omega^2}$ |
| 10 | $a e^{-\alpha t} \cos \omega t + \dfrac{(b-a\alpha)}{\omega} e^{-\alpha t} \sin \omega t$ | $\dfrac{as+b}{(s+\alpha)^2 + \omega^2}$ |
| 11 | $2\|K\| e^{-\alpha t} \cos(\omega t + \varphi_K)(K = \|K\| e^{j\varphi_K})$ | $\dfrac{K}{s+\alpha-j\omega} + \dfrac{K^*}{s+\alpha+j\omega}$ |

应当指出,并不是所有的时间函数都可以进行拉氏变换,数学上认为 $f(t)$ 存在拉氏变换的充分条件是 $f(t)$ 乘以 $e^{-\sigma t}$ 后绝对可积。工程上遇到的大多数信号都满足此条件。

### 12.1.2　拉普拉斯变换的性质

采用拉氏变换分析动态电路是基于它的一些性质,这里仅介绍与电路分析有关的拉普拉斯变换的基本性质。

1) 线性性质

若 $\mathcal{L}[f_1(t)] = F_1(s)$,$\mathcal{L}[f_2(t)] = F_2(s)$,则对任意常数 $a_1$ 及 $a_2$ (实数或复数) 有

$$\mathcal{L}[a_1 f_1(t) + a_2 f_2(t)] = a_1 F_1(s) + a_2 F_2(s) \tag{12.1.10}$$

**证明**　可直接由拉氏变换的定义推得

$$\mathcal{L}[a_1 f_1(t) + a_2 f_2(t)] = \int_{0_-}^{\infty} [a_1 f_1(t) + a_2 f_2(t)] e^{-st} dt$$

$$= a_1 \int_{0_-}^{\infty} f_1(t) e^{-st} dt + a_2 \int_{0_-}^{\infty} f_2(t) e^{-st} dt$$

$$= a_1 F_1(s) + a_2 F_2(s)$$

拉氏变换的线性性质表明,原函数线性组合的象函数等于各原函数的象函数的线性组合,即拉氏变换满足齐次性和可加性。

**例 12.1.4**　试求函数 $\cos \omega t$ 的拉氏变换。

**解**　$\mathcal{L}[\cos(\omega t)] = \mathcal{L}\left[\dfrac{1}{2}(e^{j\omega t} + e^{-j\omega t})\right] = \dfrac{1}{2}\left(\dfrac{1}{s-j\omega} + \dfrac{1}{s+j\omega}\right) = \dfrac{s}{s^2 + \omega^2}$

2) 微分性质

若 $\mathcal{L}[f(t)] = F(s)$,则

$$\mathcal{L}\left[\dfrac{d}{dt} f(t)\right] = sF(s) - f(0_-) \tag{12.1.11}$$

**证明**　由拉氏变换的定义和应用分部积分法,有

$$\mathscr{L}\left[\frac{\mathrm{d}}{\mathrm{d}t}f(t)\right]=\int_{0_-}^{\infty}\frac{\mathrm{d}}{\mathrm{d}t}f(t)\mathrm{e}^{-st}\mathrm{d}t=\mathrm{e}^{-st}f(t)\mid_{0_-}^{\infty}-\int_{0_-}^{\infty}f(t)(-s\mathrm{e}^{-st})\mathrm{d}t$$

$$=0-f(0_-)+s\int_{0_-}^{\infty}f(t)\mathrm{e}^{-st}\mathrm{d}t=sF(s)-f(0_-)$$

拉氏变换的微分性质表明,时域中的求导运算对应于复频域中乘以 $s$ 的运算,并以 $f(0_-)$ 计入原始值。

重复运用拉氏变换的微分性质,可求原函数 $f(t)$ 的 $n$ 阶导数 $f^{(n)}(t)$ 的拉氏变换为

$$\mathscr{L}[f^{(n)}(t)]=s^nF(s)-s^{n-1}f(0_-)-s^{n-2}f^{(1)}(0_-)-\cdots-f^{(n-1)}(0_-)$$

$$=s^nF(s)-\sum_{k=0}^{n-1}s^kf^{(n-1-k)}(0_-)$$

**例 12. 1. 5** 已知 $\mathscr{L}(\cos\omega t)=\dfrac{s}{s^2+\omega^2}$,试利用拉氏变换的微分性质求 $\mathscr{L}(\sin\omega t)$。

**解** $\mathscr{L}(\sin\omega t)=\mathscr{L}\left[-\dfrac{1}{\omega}\dfrac{\mathrm{d}(\cos\omega t)}{\mathrm{d}t}\right]=-\dfrac{1}{\omega}\left(s\cdot\dfrac{s}{s^2+\omega^2}-\cos\omega t\mid_{t=0}\right)$

$$=-\frac{1}{\omega}\left(\frac{s^2}{s^2+\omega^2}-1\right)=-\frac{1}{\omega}\left(\frac{-\omega^2}{s^2+\omega^2}\right)=\frac{\omega}{s^2+\omega^2}$$

3) 积分性质

若 $\mathscr{L}[f(t)]=F(s)$,则

$$\mathscr{L}\left[\int_{0_-}^{t}f(\tau)\mathrm{d}\tau\right]=\frac{F(s)}{s} \tag{12.1.12}$$

**证明** 由拉氏变换的定义和应用分部积分法,有

$$\mathscr{L}\left[\int_{0_-}^{t}f(\tau)\mathrm{d}\tau\right]=\int_{0_-}^{\infty}\left[\int_{0_-}^{t}f(\tau)\mathrm{d}\tau\right]\mathrm{e}^{-st}\mathrm{d}t=\left[\int_{0_-}^{t}f(\tau)\mathrm{d}\tau\right]\left(-\frac{1}{s}\mathrm{e}^{-st}\right)\Big|_{0_-}^{\infty}-\int_{0_-}^{\infty}\frac{\mathrm{e}^{-st}}{-s}f(t)\mathrm{d}t$$

$$=0-0+\frac{1}{s}\int_{0_-}^{\infty}f(t)\mathrm{e}^{-st}\mathrm{d}t=\frac{1}{s}F(s)$$

拉氏变换的积分性质表明,时域中由 $0$ 到 $t$ 的积分运算对应于复频域中除以 $s$ 的运算。

**例 12. 1. 6** 试利用拉氏变换的积分性质求 $\mathscr{L}(\sin\omega t)$。

**解** $\mathscr{L}(\sin\omega t)=\mathscr{L}\left(\omega\int_{0}^{t}\cos\omega t\,\mathrm{d}t\right)=\omega\,\dfrac{1}{s}\,\dfrac{s}{s^2+\omega^2}=\dfrac{\omega}{s^2+\omega^2}$

4) 时移性质

若 $\mathscr{L}[f(t)]=F(s)$,则

$$\mathscr{L}[f(t-\tau)]=\mathrm{e}^{-s\tau}F(s) \tag{12.1.13}$$

**证明** 根据拉氏变换的定义有

$$\mathscr{L}[f(t-\tau)]=\int_{0_-}^{\infty}[f(t-\tau)]\mathrm{e}^{-st}\mathrm{d}t=\int_{\tau_-}^{\infty}f(t-\tau)\mathrm{e}^{-st}\mathrm{d}t$$

令 $\xi=t-\tau$,则 $t=\xi+\tau$, $\mathrm{d}t=\mathrm{d}\xi$, 代入上式得

$$\mathscr{L}[f(t-\tau)]=\int_{0_-}^{\infty}f(\xi)\mathrm{e}^{-s(\xi+\tau)}\mathrm{d}\xi=\mathrm{e}^{-s\tau}\int_{0_-}^{\infty}f(\xi)\mathrm{e}^{-s\xi}\mathrm{d}\xi=\mathrm{e}^{-s\tau}F(s)$$

拉氏变换的时移性质表明,若原函数在时间上推迟 $\tau$(即其图形沿时间轴向右移动 $\tau$),则其象函数应乘以延时因子 $e^{-s\tau}$。

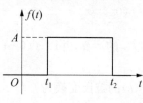

图 12.1.1 例 12.1.7 图

**例 12.1.7** 试求图 12.1.1 所示单个矩形脉冲波形 $f(t)$ 的拉氏变换 $F(s)$。

**解** 矩形脉冲 $f(t)$ 可表示为

$$f(t) = A\left[\varepsilon(t - t_1) - \varepsilon(t - t_2)\right]$$

根据时移性质,有

$$F(s) = \mathscr{L}\left[f(t)\right] = A\mathscr{L}\left[\varepsilon(t - t_1) - \varepsilon(t - t_2)\right] = \frac{A}{s}(e^{-t_1 s} - e^{-t_2 s})$$

5) 频移性质

若 $\mathscr{L}\left[f(t)\right] = F(s)$,则

$$\mathscr{L}\left[e^{\alpha t}f(t)\right] = F(s - \alpha) \tag{12.1.14}$$

**证明** 根据拉氏变换的定义得

$$\mathscr{L}\left[e^{\alpha t}f(t)\right] = \int_{0_-}^{\infty}\left[e^{\alpha t}f(t)\right]e^{-st}\,\mathrm{d}t = \int_{0_-}^{\infty}f(t)e^{-(s-\alpha)t}\,\mathrm{d}t = F(s - \alpha)$$

拉氏变换的频移性质表明,若原函数乘以指数因子 $e^{\alpha t}$,则其象函数应位移 $\alpha$(即其图形沿实轴向右移动 $\alpha$)。

**例 12.1.8** 试求 $e^{-\alpha t}\sin\omega t$ 及 $e^{-\alpha t}\cos\omega t$ 的拉氏变换。

**解** 已知 $\mathscr{L}\left[\sin\omega t\right] = \dfrac{\omega}{s^2 + \omega^2}$,$\mathscr{L}\left[\cos\omega t\right] = \dfrac{s}{s^2 + \omega^2}$。根据频移性质可求得

$$\mathscr{L}\left[e^{-\alpha t}\sin\omega t\right] = \frac{\omega}{(s + \alpha)^2 + \omega^2}$$

$$\mathscr{L}\left[e^{-\alpha t}\cos\omega t\right] = \frac{s + \alpha}{(s + \alpha)^2 + \omega^2}$$

6) 初值定理

若 $\mathscr{L}\left[f(t)\right] = F(s)$,且 $\lim\limits_{s\to\infty}sF(s)$ 存在,则

$$f(0_+) = \lim_{s\to\infty}sF(s) \tag{12.1.15}$$

**证明** 由微分性质,有

$$\mathscr{L}\left[\frac{\mathrm{d}}{\mathrm{d}t}f(t)\right] = sF(s) - f(0_-) = \int_{0_-}^{\infty}\frac{\mathrm{d}}{\mathrm{d}t}f(t)e^{-st}\,\mathrm{d}t = \int_{0_-}^{0_+}\frac{\mathrm{d}}{\mathrm{d}t}f(t)e^{-st}\,\mathrm{d}t + \int_{0_+}^{\infty}\frac{\mathrm{d}}{\mathrm{d}t}f(t)e^{-st}\,\mathrm{d}t$$

$$= f(0_+) - f(0_-) + \int_{0_+}^{\infty}\frac{\mathrm{d}}{\mathrm{d}t}f(t)e^{-st}\,\mathrm{d}t$$

可得

$$sF(s) = f(0_+) + \int_{0_+}^{\infty}\frac{\mathrm{d}}{\mathrm{d}t}f(t)e^{-st}\,\mathrm{d}t$$

当 $s \to \infty$ 时

$$\lim_{s \to \infty} sF(s) = f(0_+) + \lim_{s \to \infty} \int_{0_+}^{\infty} \frac{\mathrm{d}}{\mathrm{d}t} f(t) \mathrm{e}^{-st} \mathrm{d}t$$

其中

$$\lim_{s \to \infty} \int_{0_+}^{\infty} \frac{\mathrm{d}}{\mathrm{d}t} f(t) \mathrm{e}^{-st} \mathrm{d}t = \int_{0_+}^{\infty} \frac{\mathrm{d}}{\mathrm{d}t} f(t) (\lim_{s \to \infty} \mathrm{e}^{-st}) \mathrm{d}t = 0$$

故得

$$\lim_{s \to \infty} sF(s) = f(0_+)$$

7) 终值定理

若 $\mathscr{L}[f(t)] = F(s)$，且 $\lim\limits_{t \to \infty} f(t)$ 存在，则

$$f(\infty) = \lim_{s \to 0} sF(s) \tag{12.1.16}$$

**证明** 同样由微分规则，可得

$$\mathscr{L}\left[\frac{\mathrm{d}}{\mathrm{d}t} f(t)\right] = sF(s) - f(0_-) = \int_{0_-}^{\infty} \frac{\mathrm{d}}{\mathrm{d}t} f(t) \mathrm{e}^{-st} \mathrm{d}t$$

取 $s \to 0$ 时的极限，得

$$\lim_{s \to 0} [sF(s) - f(0_-)] = \lim_{s \to 0} \int_{0_-}^{\infty} \frac{\mathrm{d}}{\mathrm{d}t} f(t) \mathrm{e}^{-st} \mathrm{d}t = f(\infty) - f(0_-)$$

所以

$$\lim_{s \to 0} sF(s) = f(\infty)$$

利用初值定理和终值定理，可以不经过反变换而直接由象函数 $F(s)$ 来确定原函数 $f(t)$ 的初值和终值。

8) 卷积定理

若 $\mathscr{L}[f_1(t)] = F_1(s)$，$\mathscr{L}[f_2(t)] = F_2(s)$，且 $t < 0$ 时 $f_1(t) = f_2(t) = 0$，则

$$\mathscr{L}[f_1(t) * f_2(t)] = F_1(s)F_2(s) \tag{12.1.17}$$

**证明** 由拉氏变换的定义有

$$\mathscr{L}[f_1(t) * f_2(t)] = \int_{0_-}^{\infty} \left[\int_0^t f_1(\tau) f_2(t-\tau) \mathrm{d}\tau\right] \mathrm{e}^{-st} \mathrm{d}t$$

当 $\tau > t$，即 $t - \tau < 0$ 时，$f_2(t-\tau) = 0$，因此将卷积的上限延伸至 $\infty$，下限也与拉氏变换一致为 $0_-$，于是

$$\mathscr{L}[f_1(t) * f_2(t)] = \int_{0_-}^{\infty} \left[\int_{0_-}^{\infty} f_1(\tau) f_2(t-\tau) \mathrm{d}\tau\right] \mathrm{e}^{-st} \mathrm{d}t = \int_{0_-}^{\infty} f_1(\tau) \left[\int_{0_-}^{\infty} f_2(t-\tau) \mathrm{e}^{-st} \mathrm{d}t\right] \mathrm{d}\tau$$

由时移性质，$\int_{0_-}^{\infty} f_2(t-\tau) \mathrm{e}^{-st} \mathrm{d}t = F_2(s) \mathrm{e}^{-s\tau}$，因此

$$\mathscr{L}[f_1(t) * f_2(t)] = \int_{0_-}^{\infty} f_1(\tau) F_2(s) \mathrm{e}^{-s\tau} \mathrm{d}\tau = F_2(s) \int_{0_-}^{\infty} f_1(\tau) \mathrm{e}^{-s\tau} \mathrm{d}\tau = F_1(s)F_2(s)$$

卷积定理表明,时域中两原函数的卷积对应于复频域中两象函数的乘积。卷积定理在线性非时变动态电路的分析中具有重要地位。

## 12.2 拉普拉斯反变换

在拉氏变换中,原函数和象函数是一一对应的。如果已知象函数,则可通过拉氏反变换得到原函数。可以引用拉普拉斯反变换公式(12.1.9)来求解原函数,但需计算复变函数积分,会很繁琐。在线性非时变动态电路分析中所遇到的象函数都具有实系数有理分式的形式,并可展开成部分分式之和,而每个部分分式的原函数较容易求得,因此根据拉氏变换的线性性质不难求得整个原函数。下面讨论这种常用的拉普拉斯反变换方法——**部分分式展开法**(partial fraction expansion)。

假设象函数 $F(s)$ 可表示为实有理函数

$$F(s) = \frac{P(s)}{Q(s)} = \frac{b_m s^m + b_{m-1} s^{m-1} + \cdots + b_1 s + b_0}{a_n s^n + a_{n-1} s^{n-1} + \cdots + a_1 s + a_0} \tag{12.2.1}$$

式中,$m$ 和 $n$ 分别为分子和分母多项式的阶次。如果 $m \geqslant n$,称 $F(s)$ 为假分式;如果 $m < n$,则称 $F(s)$ 为真分式。当 $m \geqslant n$ 时,可将式(12.2.1)表示为一个 $s$ 多项式和一个真分式之和,即

$$F(s) = \frac{P(s)}{Q(s)} = A(s) + \frac{B(s)}{Q(s)} \tag{12.2.2}$$

式中,$A(s)$ 是 $P(s)$ 被 $Q(s)$ 所除而得的商式,多项式 $A(s)$ 所对应的时间函数是 $\delta(t)$,$\delta^{(1)}(t)$,$\cdots$,$\delta^{(m-n)}(t)$ 等函数的线性组合;$B(s)$ 是 $P(s)$ 被 $Q(s)$ 所除而得的余式,$B(s)$ 的阶次总是低于 $Q(s)$ 的阶次,因此 $B(s)/Q(s)$ 为真分式。由假分式分解为一个 $s$ 多项式和一个真分式之和的过程,称有理函数真分式化。

为了讨论有理函数的部分分式展开式,设象函数 $F(s)$ 为真分式,并将分母多项式 $Q(s)$ 用因式连乘的形式来表示,也就是将其写成

$$F(s) = \frac{P(s)}{Q(s)} = \frac{b_m s^m + b_{m-1} s^{m-1} + \cdots + b_1 s + b_0}{a_n s^n + a_{n-1} s^{n-1} + \cdots + a_1 s + a_0} = \frac{1}{a_n} \frac{P(s)}{\prod\limits_{k=1}^{n}(s - p_k)} \tag{12.2.3}$$

式中,$p_k(k = 1, 2, \cdots, n)$ 为方程 $Q(s) = 0$ 的根,即分母多项式 $Q(s)$ 的**零点**(zero)。因为 $s \rightarrow p_k$ 时,$F(s) \rightarrow \infty$,所以 $p_k$ 也称为 $F(s)$ 的**极点**(pole)。

1) 单极点有理函数的拉氏反变换

当式(12.2.3)中所有极点均为单极点时,$F(s)$ 的部分分式展开式为

$$F(s) = \frac{P(s)}{Q(s)} = \frac{K_1}{s - p_1} + \frac{K_2}{s - p_2} + \cdots + \frac{K_n}{s - p_n} = \sum_{k=1}^{n} \frac{K_k}{s - p_k} \tag{12.2.4}$$

式中,$K_k(k = 1, 2, \cdots, n)$ 为待定常数。为了确定任一常数 $K_k$,可在式(12.2.4)两端分别乘以 $(s - p_k)$,得到

$$(s - p_k)F(s) = \frac{K_1(s - p_k)}{s - p_1} + \frac{K_2(s - p_k)}{s - p_2} + \cdots + K_k + \cdots + \frac{K_n(s - p_k)}{s - p_n}$$

$$\tag{12.2.5}$$

令 $s = p_k$，式(12.2.5)等号右端只剩下常数 $K_k$，其余各项全为零；而等式左端不为零，因为分子分母中的公因式 $(s - p_k)$ 可约分。于是

$$K_k = (s - p_k)F(s)\ |_{s=p_k} \tag{12.2.6}$$

确定了各部分分式的系数 $K_k(j=1,\ 2,\ \cdots,\ n)$ 后，即可根据拉氏反变换求得

$$f(t) = \mathscr{L}^{-1}[F(s)] = \mathscr{L}^{-1}\left[\sum_{k=1}^{n}\frac{K_k}{s-p_k}\right] = \sum_{k=1}^{n}K_k e^{p_k t} \tag{12.2.7}$$

**例 12. 2. 1**　试求 $F(s) = \dfrac{2s^2 + 7s + 7}{s^3 + 6s^2 + 11s + 6}$ 的原函数 $f(t)$。

**解**　$Q(s) = s^3 + 6s^2 + 11s + 6 = (s+1)(s+2)(s+3) = 0$，所以 $F(s)$ 的极点分别为 $p_1 = -1$，$p_2 = -2$，$p_3 = -3$。$F(s)$ 展开成部分分式为

$$F(s) = \frac{2s^2 + 7s + 7}{(s+1)(s+2)(s+3)} = \frac{K_1}{s+1} + \frac{K_2}{s+2} + \frac{K_3}{s+3}$$

由式(12.2.6)分别求得

$$K_1 = (s+1)F(s)\Big|_{s=p_1} = \frac{2s^2 + 7s + 7}{(s+2)(s+3)}\Big|_{s=-1} = 1$$

$$K_2 = (s+2)F(s)\Big|_{s=p_2} = \frac{2s^2 + 7s + 7}{(s+1)(s+3)}\Big|_{s=-2} = -1$$

$$K_3 = (s+3)F(s)\Big|_{s=p_3} = \frac{2s^2 + 7s + 7}{(s+1)(s+2)}\Big|_{s=-3} = 2$$

由式(12.2.7)得

$$f(t) = \mathscr{L}^{-1}[F(s)] = \mathscr{L}^{-1}\left(\frac{1}{s+1} + \frac{-1}{s+2} + \frac{2}{s+3}\right) = (e^{-t} - e^{-2t} + 2e^{-3t})\varepsilon(t)$$

当某些极点为复数时，由于 $F(s)$ 的分母 $Q(s)$ 是实系数多项式，故复数极点必以共轭复数的形式成对出现。若 $F(s)$ 有单极点 $p_1 = \alpha + j\omega$，则必有单极点 $p_2 = p_1^* = \alpha - j\omega$。在 $F(s)$ 的部分分式展开式中将包含以下两项

$$\frac{K_1}{s - (\alpha + j\omega)} + \frac{K_2}{s - (\alpha - j\omega)} \tag{12.2.8}$$

应用式(12.2.6)可得

$$K_1 = [s - (\alpha + j\omega)]F(s)\ |_{s=\alpha+j\omega} \tag{12.2.9}$$

$$K_2 = [s - (\alpha - j\omega)]F(s)\ |_{s=\alpha-j\omega} \tag{12.2.10}$$

$K_1$ 和 $K_2$ 必为共轭复数，即：如果 $K_1 = |K_1|\, e^{j\varphi_K}$，则 $K_2 = K_1^* = |K_1|\, e^{-j\varphi_K}$。这样式(12.2.8)的拉氏反变换为

$$\begin{aligned} K_1 e^{(\alpha+j\omega)t} + K_2 e^{(\alpha-j\omega)t} &= |K_1|\, e^{\alpha t}\left[e^{j(\omega t + \varphi_K)} + e^{-j(\omega t + \varphi_K)}\right] \\ &= 2|K_1|\, e^{\alpha t}\cos(\omega t + \varphi_K) \end{aligned} \tag{12.2.11}$$

由此可知，对式(12.2.8)求取原函数，只需确定 $K_1$ 就能写出其对应式(12.2.11)所示的原

函数。

**例 12.2.2** 试求 $F(s) = \dfrac{3s^2 + 10s + 27}{(s^2 + 4s + 13)(s + 1)}$ 的原函数 $f(t)$。

**解 1** $Q(s) = (s^2 + 4s + 13)(s + 1) = 0$，解得 $F(s)$ 的各极点分别为 $p_1 = -2 + \mathrm{j}3$, $p_2 = -2 - \mathrm{j}3$, $p_3 = -1$。 $F(s)$ 的部分分式展开式为

$$F(s) = \frac{K_1}{s - (-2 + \mathrm{j}3)} + \frac{K_1^*}{s - (-2 - \mathrm{j}3)} + \frac{K_3}{s + 1}$$

由式(12.2.6)确定各待定常数为

$$K_1 = \frac{3s^2 + 10s + 27}{[s - (-2 - \mathrm{j}3)](s + 1)}\bigg|_{s = -2 + \mathrm{j}3} = \frac{8 + \mathrm{j}6}{18 + \mathrm{j}6} = 0.527\mathrm{e}^{-\mathrm{j}18.4^\circ}$$

$$K_3 = \frac{3s^2 + 10s + 27}{s^2 + 4s + 13}\bigg|_{s = -1} = 2$$

直接利用式(12.2.11)，可得到

$$f(t) = \mathscr{L}^{-1}[F(s)] = [1.054\mathrm{e}^{-2t}\cos(3t - 18.4^\circ) + 2\mathrm{e}^{-t}]\varepsilon(t)$$

**解 2** 本例题也可用"待定系数法"求解。将 $F(s)$ 表示为

$$F(s) = \frac{3s^2 + 10s + 27}{(s^2 + 4s + 13)(s + 1)} = \frac{As + B}{(s + 2)^2 + 9} + \frac{C}{s + 1}$$

则有

$$(As + B)(s + 1) + C[(s + 2)^2 + 9] = 3s^2 + 10s + 27$$

比较两端对应项的系数，可求得"待定系数" $A$、$B$、$C$ 的值为

$$A = 1, \ B = 1, \ C = 2$$

于是

$$F(s) = \frac{s + 1}{(s + 2)^2 + 9} + \frac{2}{s + 1} = \frac{(s + 2) - \dfrac{1}{3} \times 3}{(s + 2)^2 + 3^2} + \frac{2}{s + 1}$$

查表可得

$$f(t) = \mathscr{L}^{-1}[F(s)] = [\mathrm{e}^{-2t}\cos(3t) - \frac{1}{3}\mathrm{e}^{-2t}\sin(3t) + 2\mathrm{e}^{-t}]\varepsilon(t)$$

$$= [1.054\mathrm{e}^{-2t}\cos(3t - 18.4^\circ) + 2\mathrm{e}^{-t}]\varepsilon(t)$$

可见用两种方法计算的结果是一致的。

2) 重极点有理函数的拉氏反变换

若 $F(s)$ 的分母 $Q(s)$ 有一个 $r$ 重根 $p_1$，即 $F(s)$ 有一个 $r$ 阶极点 $p_1$，其他为单极点，则 $F(s)$ 的部分分式展开式为

$$F(s) = \frac{K_{11}}{s - p_1} + \frac{K_{12}}{(s - p_1)^2} + \cdots + \frac{K_{1r}}{(s - p_1)^r} + \frac{K_{r+1}}{s - p_{r+1}} + \cdots + \frac{K_n}{s - p_n} \quad (12.2.12)$$

具有单极点的分式的待定常数 $K_{r+1}$, $\cdots$, $K_n$ 仍可按式(12.2.6)求取,例如,为求得 $K_{r+1}$,可将上式两端分别乘以 $(s-p_{r+1})$,再令 $s=p_{r+1}$,便得到

$$K_{r+1} = (s-p_{r+1})F(s) \mid_{s=p_{r+1}} \tag{12.2.13}$$

为了确定与 $r$ 阶极点相关分式的待定常数 $K_{11}$, $\cdots$, $K_{1r}$,可将式(12.2.12)两端分别乘以 $(s-p_1)^r$,得到

$$(s-p_1)^r F(s) = (s-p_1)^{r-1}K_{11} + (s-p_1)^{r-2}K_{12} + \cdots + K_{1r}$$
$$+ (s-p_1)r\left(\frac{K_{r+1}}{s-p_{r+1}} + \cdots + \frac{K_n}{s-p_n}\right) \tag{12.2.14}$$

于是令 $s=p_1$,可得

$$K_{1r} = (s-p_1)^r F(s) \mid_{s=p_1} \tag{12.2.15}$$

然后,将式(12.2.14)对 $s$ 求导后再令 $s=p_1$,可得

$$K_{1(r-1)} = \frac{\mathrm{d}}{\mathrm{d}s}[(s-p_1)^r F(s)]_{s=p_1} \tag{12.2.16}$$

依此类推,可求得

$$K_{1(r-2)} = \frac{1}{2!} \frac{\mathrm{d}^2}{\mathrm{d}s^2}[(s-p_1)^r F(s)]_{s=p_1} \tag{12.2.17}$$
$$\vdots$$
$$K_{11} = \frac{1}{(r-1)!} \frac{\mathrm{d}^{r-1}}{\mathrm{d}s^{r-1}}[(s-p_1)^r F(s)]_{s=p_1} \tag{12.2.18}$$

确定了式(12.2.12)中各部分分式的系数以后,可求得象函数 $F(s)$ 的原函数为

$$f(t) = \mathcal{L}^{-1}[F(s)]$$
$$= \mathcal{L}^{-1}\left[\frac{K_{11}}{s-p_1} + \frac{K_{12}}{(s-p_1)^2} + \cdots + \frac{K_{1r}}{(s-p_1)^r} + \frac{K_{r+1}}{s-p_{r+1}} + \cdots + \frac{K_n}{s-p_n}\right]$$
$$= \left\{\left[K_{11} + K_{12}t + \cdots + \frac{1}{(r-1)!}K_{1r}t^{r-1}\right]e^{p_1 t} + (K_{r+1}e^{p_{r+1}t} + \cdots + K_n e^{p_n t})\right\}\varepsilon(t)$$
$$\tag{12.2.19}$$

**例 12.2.3** 试求 $F(s) = \dfrac{2s^3+10s^2+10s+4}{s(s+1)(s+2)^2}$ 的原函数 $f(t)$。

**解** $Q(s) = s(s+1)(s+2)^2 = 0$,解得 $F(s)$ 的极点分别为 $p_1=0$, $p_2=-1$, $p_3=-2$(2重)。故 $F(s)$ 的部分分式展开式为

$$F(s) = \frac{K_1}{s} + \frac{K_2}{s+1} + \frac{K_{31}}{s+2} + \frac{K_{32}}{(s+2)^2}$$

其中:

$$K_1 = sF(s)\mid_{s=0} = \frac{2s^3+10s^2+10s+4}{(s+1)(s+2)^2}\bigg|_{s=0} = 1$$

$$K_2 = (s+1)F(s)\big|_{s=-1} = \frac{2s^3 + 10s^2 + 10s + 4}{s(s+2)^2}\bigg|_{s=-1} = -2$$

$$K_{32} = (s+2)^2 F(s)\big|_{s=-2} = \frac{2s^3 + 10s^2 + 10s + 4}{s(s+1)}\bigg|_{s=-2} = 4$$

$$K_{31} = \frac{\mathrm{d}}{\mathrm{d}s}\left[(s+2)^2 F(s)\right]_{s=-2} = \frac{\mathrm{d}}{\mathrm{d}s}\left[\frac{2s^3 + 10s^2 + 10s + 4}{s^2 + s}\right]_{s=-2}$$

$$= \frac{(6s^2 + 20s + 10)(s^2 + s) - (2s^3 + 10s^2 + 10s + 4)(2s+1)}{(s^2+s)^2}\bigg|_{s=-2} = 3$$

故

$$f(t) = \mathscr{L}^{-1}\left[F(s)\right] = (1 - 2\mathrm{e}^{-t} + 3\mathrm{e}^{-2t} + 4t\mathrm{e}^{-2t})\varepsilon(t)$$

## 12.3 基尔霍夫定律及电路元件 VCR 的复频域形式

由拉氏变换的性质可知,通过拉氏变换可以将线性常系数微分方程变换为复频域中的代数方程,从而简化动态电路方程的求解。但是这种方法仍然需要先列出电路的微分方程。本书所称的复频域分析方法,是指在复频域内求得电路的模型,进而对电路进行求解,不再要求列写电路的微分方程。为此,必须研究 KCL、KVL 以及元件 VCR 在复频域中的表现形式。

### 12.3.1 基尔霍夫定律的复频域形式

对集中参数电路的任一节点,在任一时刻,流出(或流入)该节点的所有支路电流的代数和等于零,即

$$\sum_{k=1}^{b} i_k = 0$$

令 $I_k(s) = \mathscr{L}[i_k(t)]$,则由拉氏变换的线性性质可得

$$\sum_{k=1}^{b} I_k(s) = 0 \tag{12.3.1}$$

此即 KCL 的复频域形式。

类似地,还可得到 KVL 的复频域形式为

$$\sum_{k=1}^{b} U_k(s) = 0 \tag{12.3.2}$$

式中,$U_k(s) = \mathscr{L}[u_k(t)]$。

### 12.3.2 电路元件 VCR 的复频域形式

借助于拉氏变换,由电路元件的时域 VCR,可得到电路元件 VCR 的复频域形式。用以表示电路元件这种复频域关系的模型,称为电路元件的复频域模型。

1) 电阻元件的复频域模型

在时域电路中,电阻元件的模型如图 12.3.1(a)所示,其 VCR 为

$$u(t) = Ri(t)$$

对上式两边取拉氏变换,并利用拉氏变换的线性性质,得到电阻元件 VCR 的复频域形式

$$U(s) = RI(s) \tag{12.3.3}$$

由上式得到电阻元件的复频域模型如图 12.3.1(b) 所示。

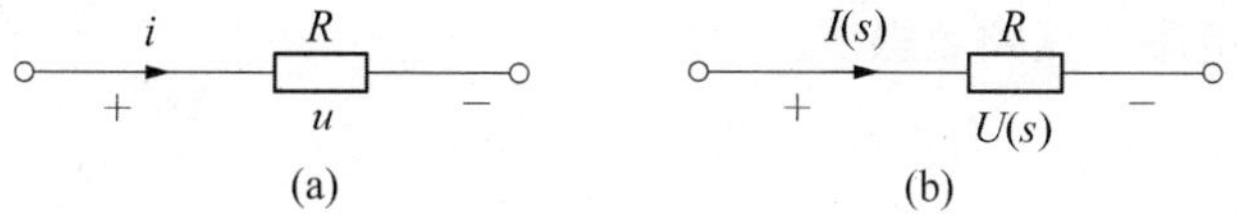

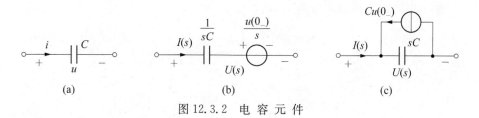

图 12.3.1　电 阻 元 件

2）电容元件的复频域模型

电容元件的时域模型如图 12.3.2(a) 所示，其 VCR 为

$$i(t) = C \frac{\mathrm{d}u(t)}{\mathrm{d}t}$$

对上式两边取拉氏变换，并利用拉氏变换的线性性质及微分性质，得到电容元件 VCR 的复频域形式

$$I(s) = sCU(s) - Cu(0_-) \tag{12.3.4}$$

或

$$U(s) = \frac{u(0_-)}{s} + \frac{1}{sC} I(s) \tag{12.3.5}$$

由上述两式分别得到电容元件的复频域戴维南模型、诺顿模型如图 12.3.2(b) 和 (c) 所示。在图 12.3.2(b) 中，$\frac{1}{sC}$ 具有电阻的量纲，称为电容的复频域容抗；在图 12.3.2(c) 中，$sC$ 具有电导的量纲，称为电容的复频域容纳。

图 12.3.2　电 容 元 件

3）电感元件的复频域模型

电感元件的时域模型如图 12.3.3(a) 所示，其 VCR 为

$$u(t) = L \frac{\mathrm{d}i(t)}{\mathrm{d}t}$$

与电容元件 VCR 复频域形式推导过程类似，可得到电感元件 VCR 的复频域形式为

$$U(s) = sLI(s) - Li(0_-) \tag{12.3.6}$$

或

$$I(s) = \frac{i(0_-)}{s} + \frac{1}{sL} U(s) \tag{12.3.7}$$

由上述两式分别得到电感元件的复频域戴维南模型、诺顿模型如图 12.3.3(b)和(c)所示。在图 12.3.3(b)中，$sL$ 具有电阻的量纲，称为电感的复频域感抗；在图 12.3.3(c)中，$\dfrac{1}{sL}$ 具有电导的量纲，称为电感的复频域感纳。

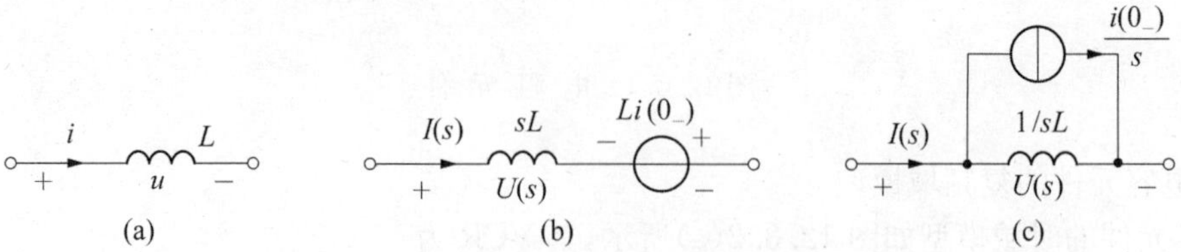

图 12.3.3　电 感 元 件

4）耦合电感元件的复频域模型

耦合电感元件的时域模型如图 12.3.4(a)所示，其 VCR 为

$$\begin{cases} u_1 = L_1\dfrac{\mathrm{d}i_1}{\mathrm{d}t} + M\dfrac{\mathrm{d}i_2}{\mathrm{d}t} \\ u_2 = M\dfrac{\mathrm{d}i_1}{\mathrm{d}t} + L_2\dfrac{\mathrm{d}i_2}{\mathrm{d}t} \end{cases}$$

对上式两边取拉氏变换，并利用拉氏变换的线性性质及微分性质，得到耦合电感 VCR 的复频域形式

$$\begin{cases} U_1(s) = sL_1 I_1(s) + sMI_2(s) - L_1 i_1(0_-) - M i_2(0_-) \\ U_2(s) = sMI_1(s) + sL_2 I_2(s) - M i_1(0_-) - L_2 i_2(0_-) \end{cases} \tag{12.3.8}$$

由上式得到耦合电感的复频域模型如图 12.3.4(b)所示。

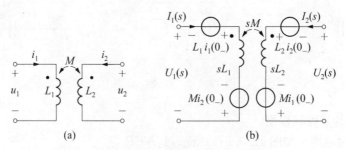

图 12.3.4　耦合电感元件

## 12.4　线性非时变动态电路的复频域分析

### 12.4.1　广义阻抗与广义导纳

如果元件的原始值为零，则电阻、电容和电感 VCR 的复频域形式简化为

$$U(s) = RI(s) \tag{12.4.1}$$

$$U(s) = \frac{1}{sC}I(s) \tag{12.4.2}$$

$$U(s) = sLI(s) \tag{12.4.3}$$

将零状态元件两端电压 $U(s)$ 与电流 $I(s)$ 之比定义为**广义阻抗**[①]（generalized impedance），记为 $Z(s)$，即

$$Z(s) = \frac{U(s)}{I(s)} \tag{12.4.4}$$

这样，三种元件可统一表达为

$$U(s) = Z(s)I(s) \tag{12.4.5}$$

式(12.4.5)和时域中的欧姆定律具有相似的形式，称为欧姆定律的复频域形式，其中各元件的广义阻抗分别为

电阻元件

$$Z(s) = R \tag{12.4.6}$$

电容元件

$$Z(s) = \frac{1}{sC} \tag{12.4.7}$$

电感元件

$$Z(s) = sL \tag{12.4.8}$$

零状态元件两端电流 $I(s)$ 与电压 $U(s)$ 之比定义为**广义导纳**（generalized admittance），记为 $Y(s)$，即

$$Y(s) = \frac{I(s)}{U(s)} \tag{12.4.9}$$

显然

$$Y(s) = \frac{1}{Z(s)} \tag{12.4.10}$$

广义阻抗和广义导纳分别具有电阻、电导的量纲，其单位分别沿用欧姆（Ω）、西门子（S）。式(12.4.4)和式(12.4.9)所分别定义的阻抗和导纳，也可应用于原始状态为零的无独立源一端口电路。

比较复频域的阻抗、导纳概念和相量分析法中引入的阻抗、导纳概念，不难看出，广义阻抗或广义导纳为复变量 $s$ 的函数而不是纯虚数 $j\omega$ 的函数，从而更具有普遍性，它将元件或一端口电路的零状态响应与任意激励的拉氏变换联系起来，而不只是将正弦稳态的响应相量与激

---

[①] 也称拉普拉斯阻抗、复频域阻抗，或沿用运算法的名词称为运算阻抗。

励相量联系起来。

### 12.4.2 线性非时变动态电路的分析步骤

复频域中的 KCL、KVL 以及欧姆定律在形式上与相量形式的 KCL、KVL 以及欧姆定律完全相同,因此,仿照相量分析法,可归纳出复频域分析法的一般步骤如下:

(1) 由给定的时域电路确定电路的原始状态 $u_C(0_-)$ 和 $i_L(0_-)$。

(2) 作出时域电路的复频域模型。必须注意,在复频域模型中,激励用相应的拉氏变换(象函数)表示,各电路元件用相应的元件复频域模型表示。

(3) 根据基尔霍夫定律和元件 VCR 的复频域形式,列写待求响应象函数所满足的方程,并解出响应象函数。

(4) 对响应象函数进行拉氏反变换,得到全响应解的时域表达式。

**例 12.4.1** 如图 12.4.1(a)所示电路,已知 $C=0.5\,\text{F}$, $R_1=R_2=2\,\Omega$, $L=2\,\text{H}$, $u_C(0_-)=1\,\text{V}$, $i_L(0_-)=-1.5\,\text{A}$, $i_S=\varepsilon(t)\,\text{A}$。试求 $u_C$。

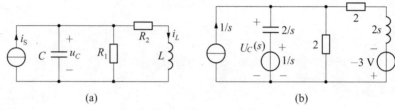

图 12.4.1 例 12.4.1 用图

**解** 由图 12.4.1(a)电路作出复频域模型如图 12.4.1(b)所示,列写电路节点方程得

$$\left(\frac{s}{2}+\frac{1}{2}+\frac{1}{2s+2}\right)U_C(s)-\frac{1/s}{2/1}-\frac{-3}{2s+2}=\frac{1}{s}+\frac{1/s}{2/s}+\frac{3}{2s+2}$$

解得

$$U_C(s)=\frac{s^2+6s+2}{(s^2+2s+2)s}=\frac{1}{s}+\frac{4}{s^2+2s+2}=\frac{1}{s}+\frac{4}{(s+1)^2+1}$$

对上式两边求拉氏反变换得

$$u_C=\mathscr{L}^{-1}\left[\frac{1}{s}+\frac{4}{(s+1)^2+1}\right]=(1+4e^{-t}\sin t)\varepsilon(t)\,\text{V}$$

**例 12.4.2** 在图 12.4.2(a)所示电路中,已知 $R_1=2\,\Omega$, $R_2=0.5\,\Omega$, $L=2\,\text{H}$, $C=0.5\,\text{F}$, $r_m=-0.5\,\Omega$, $u_C(0_-)=1\,\text{V}$, $i_L(0_-)=-1\,\text{A}$,试求 $i_L$。

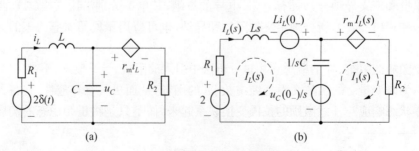

图 12.4.2 例 12.4.2 用图

**解**　图 12.4.2(a)所示电路的复频域模型如图 12.4.2(b)所示,列写网孔方程得

$$
\begin{cases}
\left(R_1 + Ls + \dfrac{1}{sC}\right)I_L(s) - \dfrac{1}{sC}I_1(s) = 2 + Li_L(0_-) - \dfrac{u_C(0_-)}{s} \\[3mm]
-\dfrac{1}{sC}I_L(s) + \left(\dfrac{1}{sC} + R_2\right)I_1(s) = \dfrac{u_C(0_-)}{s} - r_m I_L(s)
\end{cases}
$$

将已知参数代入得

$$
\begin{cases}
\left(2 + 2s + \dfrac{2}{s}\right)I_L(s) - \dfrac{2}{s}I_1(s) = 2 - \dfrac{1}{s} - 2 \\[3mm]
-\dfrac{2}{s}I_L(s) + \left(\dfrac{2}{s} + 0.5\right)I_1(s) = -0.5I_L(s) + \dfrac{1}{s}
\end{cases}
$$

解得

$$
I_L(s) = -\frac{1}{2s^2 + 10s + 12} = \frac{-1/2}{s+2} + \frac{1/2}{s+3}
$$

求拉氏逆变换得

$$
i_L = \left(-\frac{1}{6}e^{-2t} + \frac{1}{6}e^{-3t}\right)\varepsilon(t)\ \text{A}
$$

**例 12.4.3**　在图 12.4.3(a)所示含耦合电感电路中,已知 $u_S = 12\cos t$ V, $R = 2\ \Omega$, $L_1 = L_2 = 4$ H, $M = 2$ H,且电路已达稳态。当 $t = 0$ 时将开关 S 打开,试求 $t \geqslant 0_+$ 时的 $i_{L1}$。

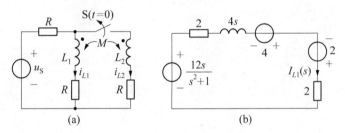

图 12.4.3　例 12.4.3 用图

**解**　首先求电感电流的原始值。列出 $t \leqslant 0_-$ 时电路方程为

$$
\begin{cases}
u_S = R(i_{L1} + i_{L2}) + L_1\dfrac{di_{L1}}{dt} + M\dfrac{di_{L2}}{dt} + Ri_{L1} \\[3mm]
Ri_{L1} + L_1\dfrac{di_{L1}}{dt} + M\dfrac{di_{L2}}{dt} = Ri_{L2} + L_2\dfrac{di_{L2}}{dt} + M\dfrac{di_{L1}}{dt}
\end{cases}
$$

将参数代入,解得 $i_{L1}$ 和 $i_{L2}$ 满足的方程为

$$
\frac{di_{L1}}{dt} + i_{L1} = 2\cos t, \quad \frac{di_{L2}}{dt} + i_{L2} = 2\cos t
$$

由于电路此时已达稳态,设方程稳态解为 $i_{L1} = A\cos(t + \varphi)$,代入上式,得

$$
2\cos t = A\cos(t + \varphi) - A\sin(t + \varphi)
$$

即

$$
2\cos t = \sqrt{2}A\cos(t + \varphi + 45°)
$$

得到

$$
A = \sqrt{2},\quad \varphi = -45°
$$

$$i_{L1} = \sqrt{2}\cos(t - 45°)\ \text{A}$$

于是有原始值 $i_{L1}(0_-) = 1\ \text{A}$。同理可得 $i_{L2}(0_-) = 1\ \text{A}$。

再作出开关断开后的复频域模型如图 12.4.3(b)所示,得到 $I_{L1}(s)$ 为

$$I_{L1}(s) = \frac{\dfrac{12s}{s^2+1} + 4 + 2}{4(s+1)} = \frac{12s + 6(s^2+1)}{4(s+1)(s^2+1)} = \frac{3}{2} \times \frac{s+1}{s^2+1}$$

求拉氏逆变换得

$$i_{L1} = \frac{3}{2}(\cos t + \sin t)\varepsilon(t) = \frac{3}{\sqrt{2}}\cos\left(t - \frac{\pi}{4}\right)\varepsilon(t)\ \text{A}$$

本例中求电流原始值 $i_{L1}(0_-)$ 和 $i_{L2}(0_-)$ 也可采用相量分析求解,即先求得 $i_{L1}$ 和 $i_{L2}$ 的稳态响应,然后令 $t=0$ 可得。请读者自行分析。

**例 12.4.4 电气设备的接入与断开** 各种电气与电子设备根据使用的需要接入电源或从电源拔出。如图 12.4.4(a)所示电路是电器接入电源和从电源断开的原理电路。假设 $u_S = 320\cos(314t)\text{V}$,供电电源及线路的等效电感为 $L_0 = 3\ \text{mH}$。电器 1 为 $R_1 = 12\ \Omega$ 电阻与 $L_1 = 0.13\ \text{H}$ 纯电感并联而成的负载;电器 2 为 $R_2 = 8\ \Omega$ 的电阻负载。电器 1 在 $t=0$ 时刻接入电源,经过一段时间后达到稳态。当 $u_o$ 到达最大值时电器 2 接入电源,试求电器 2 接入前后的电压 $u_o$ 并绘出其变化波形。

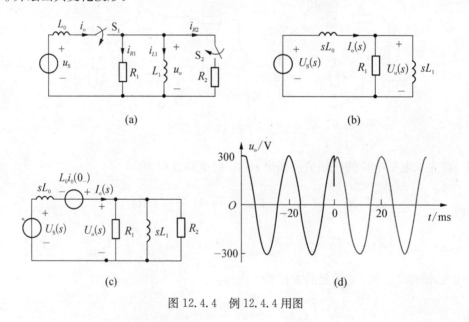

图 12.4.4 例 12.4.4 用图

**解** 电器 2 未接入时的 $s$ 域模型如图 12.4.4(b)所示,得到电器 1 两端的电压为

$$U_o(s) = \frac{R_1 /\!/ sL_1}{sL_0 + R_1 /\!/ sL_1}U_s(s) = \frac{R_1 L_1}{L_0 L_1 s + R_1(L_0 + L_1)}U_s(s)$$

$$= \frac{1.56}{3.9 \times 10^{-4}s + 1.596} \times \frac{320s}{s^2 + 314^2}$$

$$= \frac{-310.95}{s+4\,092.3} + \frac{155.48-j11.93}{s-j314} + \frac{155.48+j11.93}{s+j314}$$

对上式进行拉氏反变换,得到

$$u_o = [-310.95e^{-4\,092.3t} + 311.86\cos(314t - 4.39°)]\ V$$

电路达到稳态后,有

$$u_o = 311.86\cos(314t - 4.39°)\ V$$

$R_1$ 和 $L_1$ 上的电流分别为

$$\begin{cases} i_{R1} = \dfrac{311.86\cos(314t-4.39°)}{12} = 25.99\cos(314t-4.39°)\ A \\ i_{L1} = \dfrac{311.86\sin(314t-4.39°)}{314 \times 0.13} = 7.64\sin(314t-4.39°)\ A \end{cases}$$

电器 2 在 $u_o$ 达到最大时接入,则 $(314t - 4.39°) = 0$,将该时刻定义为零时刻,于是有

$$\begin{cases} u_S = 320\cos(314t + 4.39°)\ V \\ u_o = 311.86\cos(314t)\ V \\ i_{R1} = 25.99\cos(314t)\ A \\ i_{L1} = 7.64\cos(314t - 90°)\ A \end{cases}$$

由上式不难得到原始值

$$u_o(0_-) = 311.86\ V,\ i_{R1}(0_-) = 25.99\ A,\ i_{L1}(0_-) = 0,$$
$$i_0(0_-) = i_{R1}(0_-) + i_{L1}(0_-) = 25.99\ A$$

电器 2 接入时的 $s$ 域模型如图 12.4.4(c)所示。可求得得到电器 1 两端的电压为

$$U_o(s) = \frac{(R_1//R_2)L_1}{L_0L_1s + (R_1//R_2)(L_0+L_1)}[U_S(s) + L_0i_0(0_-)]$$

$$= \frac{0.624}{3.9 \times 10^{-4}s + 0.638\,4} \times \left( \frac{320\cos 4.39°s}{s^2+314^2} - \frac{320\sin 4.39° \times 314}{s^2+314^2} + 0.078 \right)$$

$$= \frac{-180.42}{s+1\,639.9} + \frac{152.61-j17.30}{s-j314} + \frac{152.61+j17.30}{s+j314}$$

对上式求拉氏反变换,得到

$$u_o = [-180.42e^{-1\,639.9t} + 307.18\cos(314t - 6.47°)]\ V$$

不难得出

$$u_o(0_+) = -180.42 + 307.18\cos(-6.47°) = 124.80\ V$$

可见,电器两端电压发生了跳变(欠电压),这将对电器的正常运行产生不良影响。$u_o$ 的波形变化如图 12.4.4(d)所示。

如果电器 2 接入电路,进入稳态后在某个时刻将电器 2 断开,与上面分析类似,电器两端电压有可能发生跃变,产生过电压现象,从而对电器的安全运行产生不良影响。详情请参见习题 12.25。

## 12.5 网络函数

### 12.5.1 网络函数的定义

在第 4 章和第 9 章中已就电阻电路和正弦稳态电路分别给出了网络函数[①]的定义。可以在复频域就线性非时变电路给出网络函数的一般定义。一个零状态的电路,输入激励的象函数为 $X(s)$,零状态响应的象函数为 $Y(s)$,则网络函数 $H(s)$ 定义为零状态响应象函数 $Y(s)$ 与激励象函数 $X(s)$ 之比,即

$$H(s) = \frac{\mathscr{L}[零状态响应]}{\mathscr{L}[激励]} = \frac{\mathscr{L}[y(t)]}{\mathscr{L}[x(t)]} = \frac{Y(s)}{X(s)} \tag{12.5.1}$$

与正弦稳态网络函数的定义类似,网络函数 $H(s)$ 也是泛指单一激励电路中任一零状态响应象函数与激励象函数的相互关系,并未指明响应和激励究竟是电流还是电压,以及响应在电路中的具体位置。因此,网络函数有驱动点函数和转移函数之分。

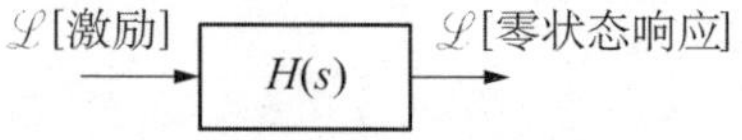

网络函数是电路理论中的一个非常重要的概念,它揭示了电路的响应与激励之间的关系,如图 12.5.1 所示。显然,如已知 $H(s)$、$Y(s)$、$X(s)$ 中的任意两者,则可求得第三者。若已知 $H(s)$ 和 $X(s)$,则可求得 $Y(s)$ 为

图 12.5.1 复频域模型响应与激励的关系

$$Y(s) = H(s)X(s) = \frac{N(s)}{D(s)} \cdot \frac{P(s)}{Q(s)} \tag{12.5.2}$$

式中, $H(s) = N(s)/D(s)$, $X(s) = P(s)/Q(s)$。对应于 $D(s)$ 的每一个根和 $Q(s)$ 的每一个根,在 $\mathscr{L}[零状态响应]$ 的部分分式展开式中都占有一项,即

$$\mathscr{L}[零状态响应] = [源于 D(s) 的根的项] + [源于 Q(s) 的根的项] \tag{12.5.3}$$

$D(s)$ 和 $Q(s)$ 的根称为 $Y(s)$ 的极点,它们决定着零状态响应中各分量随时间变化的方式。其中网络函数 $H(s)$ 的分母 $D(s)$ 为电路的特征多项式,它的根为特征根或固有频率,决定着固有响应随时间变化的方式;$X(s)$ 的分母 $Q(s)$ 的根决定着强制响应随时间变化的方式。

**例 12.5.1** 试求图 12.5.2 所示电路的网络函数 $U_o(s)/I_S(s)$。

**解 1** 由分流公式,有

$$I_o(s) = \frac{s+4}{s+4+2+1/(2s)} I_S(s)$$

由欧姆定律

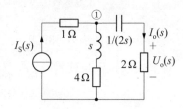

图 12.5.2 例 12.5.1 用图

$$U_o(s) = 2I_o(s) = \frac{2(s+4)}{s+6+1/(2s)} I_S(s)$$

因此

---

① 网络函数是在单一激励下定义的,由于电路的初始状态也是电路的激励,因此定义中规定电路的初始状态为零。在有多个激励的电路中,网络函数应针对每一个激励单独定义。在系统理论中,网络函数称为系统函数(system function)。

$$\frac{U_o(s)}{I_S(s)} = \frac{4s(s+4)}{2s^2+12s+1}$$

**解 2** 采用倒推法求解。假设 $U_o(s) = 1$ V，则由欧姆定律，有

$$I_o(s) = \frac{U_o(s)}{2} = \frac{1}{2} \text{ A}$$

节点①的电压为

$$U_1(s) = \left(2 + \frac{1}{2s}\right)I_o(s) = \frac{4s+1}{4s}$$

由 KCL，得

$$I_S(s) = \frac{U_1(s)}{s+4} + \frac{1}{2} = \frac{2s^2+12s+1}{4s(s+4)}$$

因此

$$\frac{U_o(s)}{I_S(s)} = \frac{4s(s+4)}{2s^2+12s+1}$$

**例 12.5.2　PID 调节器电路**　如图 12.5.3(a)所示电路，称为 PID 调节器，它能实现比例、积分和微分运算，在自动控制中有广泛的应用。试求网络函数 $H(s) = U_o(s)/U_i(s)$。

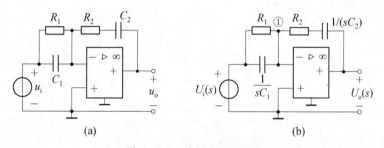

图 12.5.3　例 12.5.2 用图

**解**　作出给定时域电路处于零状态时的复频域模型如图 12.5.3(b)所示，对节点①列写电流方程为

$$\left(\frac{1}{R_1} + sC_1\right)U_i(s) + \frac{1}{R_2 + 1/(sC_2)}U_o(s) = 0$$

整理上式，得

$$H(s) = \frac{U_o(s)}{U_i(s)} = -\left(\frac{1}{R_1} + sC_1\right)\left(R_2 + \frac{1}{sC_2}\right) = -\left[\left(\frac{R_2}{R_1} + \frac{C_1}{C_2}\right) + \frac{1}{R_1 C_2}\frac{1}{s} + R_2 C_1 s\right]$$

从 $H(s)$ 的表达式可以看出，输出电压对输入电压实现比例、积分和微分运算，因此称为 PID 调节器。当 $R_2 = 0$ 时，电路只有比例和积分运算部分，称为 PI 调节器；当 $R_1 = \infty$ 时，电路只有比例和微分运算部分，称为 PD 调节器。

### 12.5.2 网络函数的极点与零点

网络函数可以表示成 $s$ 的实系数有理函数,即

$$H(s) = \frac{N(s)}{D(s)} = \frac{b_m s^m + b_{m-1} s^{m-1} + \cdots + b_1 s + b_0}{a_n s^n + a_{n-1} s^{n-1} + \cdots + a_1 s + a_0} \tag{12.5.4}$$

也可以将式(12.5.4)的分子、分母写成因式连乘形式

$$H(s) = K \frac{(s-z_1)(s-z_2)\cdots(s-z_m)}{(s-p_1)(s-p_2)\cdots(s-p_n)} = K \frac{\prod\limits_{i=1}^{m}(s-z_i)}{\prod\limits_{j=1}^{n}(s-p_j)} \tag{12.5.5}$$

式中, $K = b_m/a_n$ 称为实比例因子,可正可负; $z_i (i=1, 2, \cdots, m)$ 是分子多项式的零点,当 $s = z_i$ 时,网络函数为零,所以称为网络函数的零点; $p_j (j=1, 2, \cdots, n)$ 是分母多项式的零点,当 $s = p_j$ 时,网络函数为无穷大,所以称为网络函数的极点。如果给出全部零点、极点和实比例因子,则该网络函数就可唯一地确定。

网络函数的零点和极点都是实数或复数,可表示在 $s$ 平面上。通常用"○"表示零点,用"×"表示极点,从而得到网络函数的零点、极点分布图,简称极零点图。例如,网络函数为

$$H(s) = \frac{(s+1)(s+2+j1)(s+2-j1)}{s^3(s+3)(s+5)} \tag{12.5.6}$$

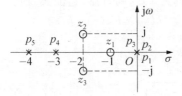

图 12.5.4 网络函数的极零点图

$H(s)$ 的零点为 $z_1 = -1$, $z_2 = -2+j1$, $z_3 = -2-j1$;极点为 $p_1 = p_2 = p_3 = 0$, $p_4 = -3$, $p_5 = -5$。其极零图如图 12.5.4 所示,其中原点处为 3 阶极点。

网络函数零点、极点的位置可在 $s$ 平面的有限处,也可在原点或无穷处,由式(12.5.5)可以看出:当 $m > n$ 时,在无穷远处有 $m - n$ 阶极点;当 $m < n$ 时,在无穷远处有 $n - m$ 阶零点;当 $m = n$ 时,在无穷远处既无极点,也无零点。 由式(12.5.6) 可知,当 $s \to \infty$ 时, $H(s) \to 1/s^2$,因此,网络函数包含 2 阶无穷零点。对任何有理网络函数,如果将原点、无穷远处的零、极点包括在内,则零点的总数等于极点的总数。

**例 12.5.3 全通电路** 全通电路的幅频特性为常数,主要用于改变输入信号的相位,因此又称移相电路。如图 12.5.5(a)所示一全通电路,试求转移电压比 $U_2(s)/U_1(s)$,并画出极零点图。

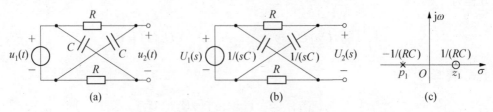

图 12.5.5 例 12.5.3 用图

**解** 图 12.5.5(a)电路的复频域模型如图 12.5.5(b)所示。由分压公式可得

$$U_2(s) = \frac{U_1(s)}{R+1/(sC)} \cdot \frac{1}{sC} - \frac{U_1(s)}{R+1/(sC)} \cdot R = -\frac{s-1/(RC)}{s+1/(RC)} U_1(s)$$

于是

$$H(s) = \frac{U_2(s)}{U_1(s)} = -\frac{s - 1/(RC)}{s + 1/(RC)}$$

因此，$H(s)$ 有一个零点 $z_1 = 1/(RC)$，一个极点 $p_1 = -1/(RC)$，其分布如图 12.5.5(c) 所示。全通电路的极点位于 $s$ 平面的左半平面，零点位于 $s$ 平面的右半平面，且零、极点关于 $j\omega$ 轴镜像对称。更多的例子请参见习题 12.15。

### 12.5.3　网络函数与冲激响应

网络函数与电路的时域响应和正弦稳态响应有着密切的关系，本节先讨论网络函数与冲激响应的关系。

当电路的激励为单位冲激 $x(t) = \delta(t)$ 时，电路的零状态响应即为冲激响应。此时，激励象函数 $X(s) = 1$，由式(12.5.2)可知，电路的零状态响应象函数为

$$Y(s) = H(s)W(s) = H(s) \times 1 = H(s) \tag{12.5.7}$$

因此，网络函数就是冲激响应的象函数，或者说网络函数的拉氏反变换就是冲激响应，即

$$Y(s) = \mathscr{L}[h(t)] = H(s) \quad \text{或} \quad h(t) = \mathscr{L}^{-1}[H(s)] \tag{12.5.8}$$

1) $H(s)$ 无重极点的情况

若 $H(s)$ 为真分式且极点均为一阶极点，则电路的冲激响应为

$$h(t) = \mathscr{L}^{-1}\left[\sum_{j=1}^{n} \frac{K_j}{s - p_j}\right] = \sum_{j=1}^{n} K_j e^{p_j t} \varepsilon(t) \tag{12.5.9}$$

式中，$p_j (j = 1, 2, \cdots, n)$ 为 $H(s)$ 的极点。由式(12.5.9)可以看出：

(1) 当 $p_j = 0$ 时，该极点位于 $s$ 平面的坐标原点，对应的冲激响应项为阶跃函数 $K_j \varepsilon(t)$，如图 12.5.6 中的曲线 $h_1$ 所示。

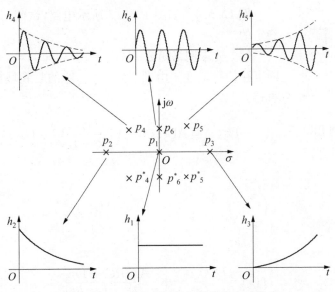

图 12.5.6　$H(s)$ 的极点与冲激响应的关系

(2) 当 $p_j$ 为负实数时,对应的冲激响应项 $K_j \mathrm{e}^{p_j t}$ 为随时间衰减的指数函数,如图 12.5.6 中的曲线 $h_2$ 所示;当 $p_j$ 为正实数时,$K_j \mathrm{e}^{p_j t}$ 为随时间增长的指数函数,如图 12.5.6 中的曲线 $h_3$ 所示;而且 $|p_j|$ 越大,$K_j \mathrm{e}^{p_j t}$ 随时间衰减或增长的速度越快。这说明如果 $H(s)$ 的极点都位于负实轴上,则 $h(t)$ 随时间是衰减的;如果有一个极点位于正实轴上,则 $h(t)$ 随时间是增大的。

(3) 当极点中包含一对共轭复数 $-\sigma \pm \mathrm{j}\omega$ 时,则对应的冲激响应项为以指数曲线为包络线的正弦函数 $K \mathrm{e}^{-\sigma t} \cos(\omega t + \varphi)$。若共轭复数实部为负,则正弦项幅值随时间衰减,如图 12.5.6 中的曲线 $h_4$ 所示;若共轭复数实部为正,则正弦项幅值随时间增大,如图 12.5.6 中的曲线 $h_5$ 所示。

(4) 当极点中包含一对共轭虚数 $\pm \mathrm{j}\omega$ 时,则对应的冲激响应项为等幅振荡的正弦函数 $K \cos(\omega t + \varphi)$,如图 12.5.6 中的曲线 $h_6$ 所示。

2) $H(s)$ 包含重极点的情况

在这种情况下,网络函数部分分式展开式的分母将包含 $(s - p_j)$ 的高次幂,幂次由极点的阶次决定。几种典型的情况讨论如下:

(1) 位于 $s$ 平面坐标原点的 2 阶或 3 阶极点所对应的冲激响应项的函数形式为 $t$ 或 $t^2$。

(2) 实轴上的 2 阶极点所对应的冲激响应项的函数形式为 $t \mathrm{e}^{p_j t}$。

(3) 2 阶共轭复数极点所对应的冲激响应项的函数形式为 $t \mathrm{e}^{-\sigma t} \cos(\omega t + \varphi)$。

(4) 2 阶共轭虚数极点所对应的冲激响应项的函数形式为 $t \cos(\omega t + \varphi)$。

如果电路的冲激响应随时间的增长其幅值逐渐衰减为零,称这种电路是渐近稳定的;如果冲激响应幅值随时间保持恒定或呈周期变化,称这种电路是临界稳定的;如果冲激响应幅值随时间的增长其幅值逐渐增大,称这种电路是不稳定的。综合上述讨论,对一个渐近稳定电路来说,它的网络函数的极点都必须位于 $s$ 平面的开左半平面上;对于一个稳定电路(包括临界稳定电路)来说,它的网络函数的极点都不得位于 $s$ 平面的开右半平面上,在虚轴上的极点必须是一阶的(无重极点)。

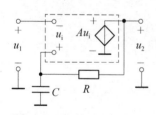

图 12.5.7  例 12.5.4 用图

**例 12.5.4**  如图 12.5.7 所示电路,试问 $A$ 为何值时电路是稳定的?

**解**  先求网络函数 $H(s) = U_2(s)/U_1(s)$,再根据 $H(s)$ 来判断电路的稳定性。由图 12.5.7 电路的复频域模型(此处从略),可得

$$U_2(s) = AU_\mathrm{i}(s) = A\left[\frac{1/(sC)}{R + 1/(sC)}U_2(s) - U_1(s)\right]$$

由上式得

$$\left(1 - \frac{A}{sRC + 1}\right)U_2(s) = -AU_1(s)$$

从而得到 $H(s)$ 为

$$H(s) = \frac{U_2(s)}{U_1(s)} = -\frac{A(sRC + 1)}{RC\left(s + \dfrac{1 - A}{RC}\right)}$$

因此，当 $\dfrac{1-A}{RC} > 0$ 时，即 $A < 1$ 时，电路是稳定的。

### ※12.5.4  网络函数与正弦稳态响应

在第 9 章讨论了采用相量分析法求解电路的正弦稳态响应。现从网络函数的角度来考虑电路的正弦稳态响应，从而给出另一种求解正弦稳态响应的求解方法。

假设正弦激励为

$$x(t) = X_m \cos(\omega t + \phi) \tag{12.5.10}$$

激励 $x(t)$ 的拉氏变换为

$$
\begin{aligned}
\mathscr{L}[x(t)] &= \mathscr{L}[X_m \cos(\omega t + \phi)] = \mathscr{L}[X_m \cos \omega t \cos \phi - X_m \sin \omega t \sin \phi] \\
&= \frac{X_m(s \cos \phi - \omega \sin \phi)}{s^2 + \omega^2}
\end{aligned}
\tag{12.5.11}
$$

设网络函数 $H(s)$ 可表示为

$$H(s) = K \frac{(s-z_1)(s-z_2)\cdots(s-z_m)}{(s-p_1)(s-p_2)\cdots(s-p_n)} = K \frac{\prod\limits_{i=1}^{m}(s-z_i)}{\prod\limits_{j=1}^{n}(s-p_j)} \tag{12.5.12}$$

则响应 $Y(s)$ 可表示为

$$Y(s) = H(s)X(s) = \frac{K_{\omega 1}}{s - \mathrm{j}\omega} + \frac{K_{\omega 1}^*}{s + \mathrm{j}\omega} + \left( \sum_{j=1}^{n} \frac{K_j}{s - p_j} \right) \tag{12.5.13}$$

上式右边前两项是由正弦激励源的共轭极点产生的，为了区分，在待定系数下标中添加了 $\omega$，分别用 $K_{\omega 1}$ 和 $K_{\omega 1}^*$ 表示。第三项求和级数项对应响应中的瞬态响应，其中，$p_j$ 是由网络函数的极点，即电路的固有频率。式（12.5.13）如满足下述条件，则电路的正弦稳态响应就存在[①]：

（1）网络函数的虚极点为单极点，且 $p_j \neq \mathrm{j}\omega(j=1,2,\cdots,n)$。该条件保证式（12.5.13）右边不会出现 $\dfrac{1}{(s-\mathrm{j}\omega)^2}$ 形式的项，从而时域响应中不会出现 $t\cos(\omega t + \varphi)$ 形式的项。

（2）网络函数的非虚极点的实部为负。该条件保证式（12.5.13）右边第三项求和级数项对应响应中的瞬态响应均为指数衰减项，当时间趋于无穷时，瞬态响应为零。

系数 $K_{\omega 1}$ 可由下式求出

$$K_{\omega 1} = \left[ H(s) \frac{X_m(s \cos \phi - \omega \sin \phi)}{s^2 + \omega^2}(s - \mathrm{j}\omega) \right]_{s=\mathrm{j}\omega} \tag{12.5.14}$$

化简上式可得

---

① 在第 9 章中讨论相量分析法时并未涉及电路正弦稳态响应的存在性，此处给出存在性条件。

$$K_{\omega 1} = H(j\omega) \frac{X_{\mathrm{m}}(j\omega \cos\phi - \omega \sin\phi)}{2j\omega} \tag{12.5.15}$$

$$= H(j\omega) \frac{X_{\mathrm{m}}(\cos\phi + j\sin\phi)}{2} = \frac{1}{2} H(j\omega) X_{\mathrm{m}} e^{j\phi}$$

由于 $H(j\omega)$ 是一个复数,可以写成极坐标形式,即

$$H(j\omega) = |H(j\omega)| e^{j\varphi(\omega)} \tag{12.5.16}$$

于是有

$$K_{\omega 1} = \frac{1}{2} H(j\omega) X_{\mathrm{m}} e^{j\phi} = \frac{X_{\mathrm{m}}}{2} |H(j\omega)| e^{j[\varphi(\omega)+\phi]} \tag{12.5.17}$$

对 $Y(s)$ 进行反变换,忽略由 $H(s)$ 固有频率产生的项,可以得到正弦稳态响应为

$$y_{\mathrm{ss}}(t) = X_{\mathrm{m}} |H(j\omega)| \cos[\omega t + \phi + \varphi(\omega)] \tag{12.5.18}$$

上式表明,正弦稳态响应的振幅等于激励的振幅乘以网络函数 $H(s)|_{s=j\omega}$ 的幅值,相角等于激励的相角加上 $H(s)|_{s=j\omega}$ 的相角。

因此,网络函数 $H(s)$ 和正弦稳态网络函数 $H(j\omega)$ 之间具有如下的对应关系

$$H(s) = H(j\omega)|_{j\omega=s} \quad \text{或} \quad H(j\omega) = H(s)|_{s=j\omega} \tag{12.5.19}$$

可见,如果得到了 $H(s)$,也就得到了 $H(j\omega)$;反之亦然。但 $H(s)$ 的含义更具有普遍性,可将 $H(j\omega)$ 看作 $H(s)$ 的特殊表现形式。

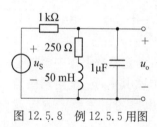

图 12.5.8 例 12.5.5 用图

**例 12.5.5** 如图 12.5.8 所示电路,已知 $u_{\mathrm{S}} = 120\cos(5\,000t + 30°)$ V,试求稳态响应 $u_{\mathrm{o}}$。

**解** 先求电路的网络函数。由图 12.5.8 电路的复频域模型(从略),有

$$H(s) = \frac{U_{\mathrm{o}}(s)}{U_{\mathrm{S}}(s)} = \frac{(250 + 0.05s)//(10^6/s)}{1\,000 + (250 + 0.05s)//(10^6/s)}$$

$$= \frac{1\,000(s + 5\,000)}{s^2 + 6\,000s + 2.5 \times 10^7}$$

激励的频率为 $5\,000$ rad/s,因此

$$H(j5\,000) = \frac{1\,000(j5\,000 + 5\,000)}{-2.5 \times 10^7 + 6\,000 \times j5\,000 + 2.5 \times 10^7} = \frac{1+j}{j6} = \frac{\sqrt{2}}{6} \angle -45°$$

由式 (12.5.18),得稳态响应为

$$u_{\mathrm{o}} = 120 \times \frac{\sqrt{2}}{6} \cos(5\,000t + 30° - 45°) \text{ V} = 20\sqrt{2} \cos(5\,000t - 15°) \text{ V}$$

**例 12.5.6 电感三点式振荡电路(哈特雷振荡器)** 试求图 12.5.9(a) 所示 Hartley 振荡器的振荡条件和振荡频率。三极管的电路模型如图 12.5.9(b) 所示。

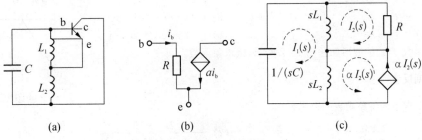

图 12.5.9 例 12.5.6 用图

**解** 作出复频域模型如图 12.5.9(c)所示。列写网孔方程,有

$$\begin{cases} \left(sL_1 + sL_2 + \dfrac{1}{sC}\right)I_1(s) - sL_1 I_2(s) + sL_2\alpha I_2(s) = 0 \\ -sL_1 I_1(s) + (R + sL_1)I_2(s) = 0 \end{cases}$$

电路有解的条件为系数行列式为零,即

$$\Delta = \begin{vmatrix} sL_1 + sL_2 + \dfrac{1}{sC} & sL_2\alpha - sL_1 \\ -sL_1 & R + sL_1 \end{vmatrix}$$

$$= s^2 L_1 L_2 (\alpha + 1) + sR(L_1 + L_2) + \dfrac{L_1}{C} + \dfrac{R}{sC} = 0$$

即

$$s^3 L_1 L_2 (\alpha + 1) + s^2 R(L_1 + L_2) + s\dfrac{L_1}{C} + \dfrac{R}{C} = 0$$

令 $s = j\omega$ 并整理得

$$\dfrac{R}{C} - \omega^2 R(L_1 + L_2) + j\omega\left[\dfrac{L_1}{C} - \omega^2 L_1 L_2 (\alpha + 1)\right] = 0$$

令上式实部、虚部分别为零,得

$$L_1 = \alpha L_2 \text{(振荡条件)}$$

$$\omega = \sqrt{\dfrac{1}{(L_1 + L_2)C}} \text{(振荡频率)}$$

其他形式的哈特雷振荡器电路请参见习题 12.26。

## 习题 12

**拉普拉斯变换及其性质**

**12.1** 试求下列各函数的象函数。

(1) $f(t) = 1 - e^{-2t}$            (2) $f(t) = \sin(2t + 45°)$

(3) $f(t) = \mathrm{e}^{-t}(1-2t)$      (4) $f(t) = 1-2t$

(5) $f(t) = t^2$      (6) $f(t) = t+2+3\delta(t)$

(7) $f(t) = t\cos 2t$      (8) $f(t) = \mathrm{e}^{-t}+2t-1$

**12.2** 函数 $f(t)$ 的波形如题图 12.2 所示,试求象函数。

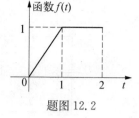

题图 12.2

### 拉普拉斯反变换

**12.3** 试求下列各象函数的原函数。

(1) $\dfrac{(s+1)(s+3)}{s(s+2)(s+4)}$      (2) $\dfrac{2s^2+16}{(s^2+5s+6)(s+12)}$

(3) $\dfrac{2s^2+9s+9}{s^2+3s+2}$      (4) $\dfrac{s^3}{(s^2+3s+2)s}$

(5) $\dfrac{4s^2+7s+1}{s(s+1)^2}$      (6) $\dfrac{s+2}{s^3+2s^2+2s}$

### 基尔霍夫定律及电路元件 VCR 的复频域形式

**12.4** 如题图 12.4 所示电路,开关 S 在 $t=0$ 时打开,S 打开前电路处于稳定状态。已知 $C=0.1\,\mathrm{F}$, $G=100\,\mathrm{S}$, $i_\mathrm{S}=4\cos 1\,000t\,\mathrm{A}$,试作出复频域模型。

**12.5** 在题图 12.5 所示电路中,开关 S 在 $t=0$ 时断开,S 断开前电路处稳定状态。已知 $R_1=30\,\Omega$, $R_2=5\,\Omega$, $L=0.2\,\mathrm{H}$, $C=0.1\,\mathrm{F}$, $u_\mathrm{S}=70\,\mathrm{V}$。试作出复频域模型。

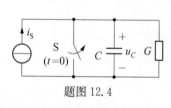 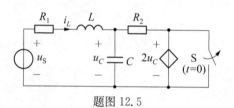

题图 12.4      题图 12.5

### 线性非时变动态电路的复频域分析

**12.6** 已知题图 12.6(a) 中 $R_1=1\,\Omega$, $R_2=4\,\Omega$, $L=2\,\mathrm{H}$, $C=3\,\mathrm{F}$;题图 12.6(b) 中 $R=1\,\Omega$, $L=0.5\,\mathrm{H}$, $C=1\,\mathrm{F}$。试分别求输入端等效阻抗或等效导纳。

**12.7** 试用阻抗(或导纳)串联或并联的方法求题图 12.7 所示电路的驱动点阻抗 $Z(s)$ 和驱动点导纳 $Y(s)$。

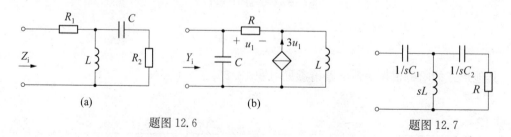

题图 12.6      题图 12.7

**12.8** 题图 12.8 所示电路, $R_1=30\,\Omega$, $R_2=R_3=5\,\Omega$, $C=10^{-3}\,\mathrm{F}$, $L=0.1\,\mathrm{H}$, $U_\mathrm{S}=140\,\mathrm{V}$,在开关 S 动作前电路已达稳态。当 $t=0$ 时 S 断开,试求电压 $u_C$。

**12.9** 题图 12.9 所示电路在 $t=0$ 时开关 S 闭合, $R_1=R_2=R_3=1\,\Omega$, $L_1=1\,\mathrm{H}$, $L_2=2\,\mathrm{H}$, $U_\mathrm{S}=10\,\mathrm{V}$,试用节点分析求法求 $i$。

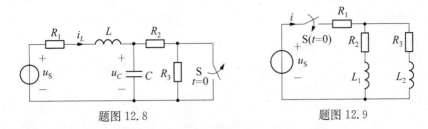

题图 12.8                    题图 12.9

**12.10** 如题图 12.10 所示电路,开关 S 接通前处于稳态,已知 $u_S = 1\,\text{V}$, $R_1 = R_2 = 1\,\Omega$, $L_1 = L_2 = 0.1\,\text{H}$, $M = 0.05\,\text{H}$。试求 S 接通后的响应 $i_1$ 和 $i_2$。

**12.11** **电容倍增器** 如题图 12.11 所示的电容倍增器电路,可以利用小的电容来获得等效的大电容。试求从电路端口看进去的等效电容 $C_{\text{eq}}$。

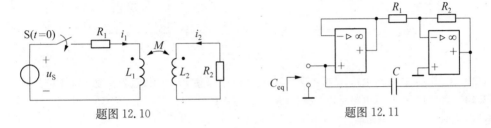

题图 12.10                    题图 12.11

**网络函数**

**12.12** 某线性电路的冲激响应为 $h(t) = (e^{-t} + 2e^{-2t})\varepsilon(t)$。试求:(1)网络函数 $H(s)$;(2)绘制零极点图;(3)电路的单位阶跃响应。

**12.13** 已知某网络函数 $H(s)$ 的零极点分布如题图 12.13 所示,且 $|H(j2)| = 3.29$。试求网络函数。

**12.14** 已知如题图 12.14(a)所示电路的驱动点阻抗 $Z(s)$ 的零极点分布如题图 12.14(b)所示,且 $Z(0) = 3\,\Omega$。试求参数 $R$、$L$、$C$ 的值。

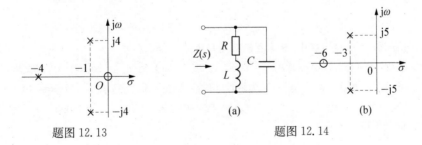

题图 12.13                    题图 12.14

**12.15** **含运放全通电路** 如题图 12.15 所示为全通电路,试求它们的网络函数 $H(s) = U_o(s)/U_i(s)$,比较两者的相频特性。

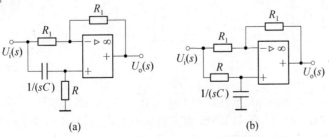

题图 12.15

**12.16** 已知电路的网络函数 $H(s) = K \dfrac{s+3}{s^2+3s+2}$，电路单位阶跃响应的终值为1。试求电路的零状态响应为 $(3 - 4e^{-t} - e^{-2t})\varepsilon(t)$ 时的激励。

**12.17** 试求题图12.17所示电路的网络函数 $H(s) = U(s)/U_S(s)$ 及其单位冲激响应 $h(t)$。已知 $R_1 = R_2 = R_3 = 5\,\Omega$，$C_1 = C_2 = 0.1\,\text{F}$。

**12.18** 题图12.18所示电路，已知当 $R = 2\,\Omega$，$C = 0.5\,\text{F}$，$u_S = e^{-3t}\varepsilon(t)\,\text{V}$ 时的零状态响应 $u = (-0.1e^{-0.5t} + 0.6e^{-3t})\varepsilon(t)\,\text{V}$。现将 $R$ 换成 $1\,\Omega$ 电阻，将 $C$ 换成 $0.5\,\text{H}$ 电感，$u_S$ 换成冲激电压源 $u_S = 2\delta(t)\,\text{V}$，试求零状态响应 $u$。

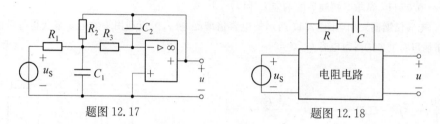

题图 12.17　　　　　　　　题图 12.18

**12.19** 题图12.19所示电路，试求驱动点阻抗 $Z(s)$，以及使 $Z(s)$ 的极点为复数时的 $A$ 值范围。

**12.20** 题图12.20所示电路原处于稳态，$R = 0.5\,\Omega$，$L = 2\,\text{H}$，$C = 0.5\,\text{F}$，$U_S = 10\,\text{V}$，试求开关 S 接通后电压 $u_C$ 的象函数，并判断响应是否振荡。

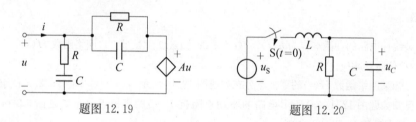

题图 12.19　　　　　　　　题图 12.20

**综合**

**12.21** 在题图12.21所示电路中，N 为互易二端口电路。若 $I_1(s)$、$I_2(s)$、$\hat{U}_1(s)$、$\hat{U}_2(s)$ 分别为 $i_1$、$i_2$、$\hat{u}_1$、$\hat{u}_2$ 的象函数，已知 $i_1 = 3\delta(t)\,\text{A}$，$i_2 = (3e^{-4t} - 3e^{-5t})\varepsilon(t)\,\text{A}$，$\hat{u}_2 = \cos t\,\varepsilon(t)\,\text{V}$。试求 $\hat{u}_1$。

**12.22** 如题图12.22所示二端口电路，N 为线性非时变含独立源二端口电路，当 $i_S = (1 - e^{-2t})\varepsilon(t)\,\text{A}$ 时，电压 $u = (1 - e^{-t})\varepsilon(t)\,\text{V}$；当 $i_S = e^{-2t}\varepsilon(t)\,\text{A}$ 时，电压 $u = 2(e^{-t} - e^{-2t})\varepsilon(t)\,\text{V}$。试求当 $i_S = (1 + e^{-2t})\varepsilon(t)\,\text{A}$ 时的电压 $u$。

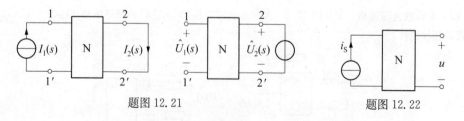

题图 12.21　　　　　　　　　　　　　题图 12.22

**12.23** 题图12.23所示电路原处于稳态，在 $t = 0$ 时将开关 S 接通，已知 $U_S = 10\,\text{V}$，$R_1 = 1\,\Omega$，$R_2 = R_3 = 4\,\Omega$，$L = 1\,\text{H}$，$C_1 = 0.2\,\text{F}$，$C_2 = 0.8\,\text{F}$。试求电压 $u_2$ 的象函数 $U_2(s)$，判断此电路的暂态过程是否振荡，利用拉普拉斯变换的初值和终值定理求 $u_2$ 的初始值和稳态值。

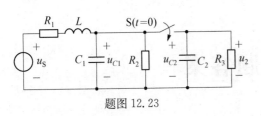

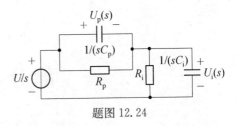

题图 12.23                                         题图 12.24

**12.24　补偿分压器电路**　如题图 12.24 所示为补偿分压器电路,示波器探头补偿电路就是其应用之一。试用复频域分析法求解 $u_i(t)$, $t \geqslant 0_+$。假设 $u_p(0_-) = u_i(0_-) = 0$。

**12.25　电气设备的接入与断开**　在例 12.4.4 中已经算得电器 2 接入后的稳态响应 $u_0 = 307.18\cos(314t - 6.47°)$ V,假设电器 2 在 $314t - 6.47° = 0$ 所对应的时刻断开。试求电器 1 两端的电压,并画出接入时刻前后 20 ms 的电压波形。你能得出什么结论?

**12.26　由运放构成的哈特雷振荡器**　由运放构成的哈特雷振荡器如题图 12.26 所示,试证明电路的振荡频率为 $\omega_o = 1/\sqrt{(L_1 + L_2)C}$。假设 $R_i \gg \omega_0 L_2$。

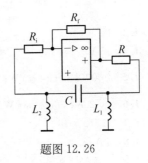

题图 12.26

# 部分习题答案

## 1

**1.2** 能

**1.4** 15 V

**1.5** $2\,000(1+\cos 4\pi t)$ W; $2\,000\left(t+\dfrac{1}{4\pi}\sin 4\pi t\right)$ J

**1.6** $-12$ W; $30\cos^2 \omega t$ W; $-0.2$ W; $10^{-4}$ W

**1.7** $1.512\times 10^7$ J

**1.8** 3 A

**1.9** $-3$ A; $-6$ A

**1.10** $(1+2e^{-t}-4\sin t)$ V

**1.11** (1) 3 A; 2 A; 1.2 A  (2) 6.2 A
(3) $-74.4$ W; 74.4 W  (4) 5

**1.12** $u_1=-5$ V; $u_2=3$ V; $u_3=5$ V

**1.13** $i_1=-1$ A; $i_2=-3$ A; $i_3=-10$ A; $i_4=6$ A

**1.14** $i_1=-2$ A; $i_2=-6$ A; $i_3=12$ A; $u_4=-2$ V; $u_5=8$ V; $u_6=-14$ V; 0

**1.15** $-1\,\mathrm{k\Omega}$; $1\,\mathrm{k\Omega}$

**1.16** 11 A; 7 A

**1.17** $-6$ A; 4 A

**1.18** (1) 1.44 W; 8.64 W; 1.44 W; 2.88 W
(2) 0; 2 W; 1 W

**1.19** 8 A; 6 W; 24 W

**1.20** (1) $i_4=2$ A;  (2) $i_1=(-1/3)$ A, $i_2=(11/3)$ A, $i_3=(10/3)$ A

**1.22** $6e^{-t}$ A

**1.23** $[1/3-(100/3)e^{-100t}]$ A

**1.24** 3 A

**1.25** 72 W

**1.26** 10A

**1.27** 6 A; 2A

**1.28** 5 V; 2.5A

**1.29** $(2e^{-t}+\cos t)$ V; $(e^{-t}+2\cos t)$ V

**1.30** $(-8te^{-20t}-0.816e^{-10t})$ V

**1.31** $(2\cos te^{-t}-2\sin te^{-t})$ V; $(\cos te^{-t}-\sin te^{-t})$ V

**1.32** 1 或 1/4

**1.33** 2 A; 4 A

**1.34** 1.4 V

**1.35** $-24$ V 或 0

**1.36** $te^{-t}$ V; $(t-2)e^{-t}$ V; 1 s; $6.77\times 10^{-2}$ J

**1.37**
$$\begin{cases} u_1=L_1\dfrac{di_1}{dt}+M_{12}\dfrac{di_2}{dt}-M_{31}\dfrac{di_3}{dt} \\[2mm] u_2=M_{12}\dfrac{di_1}{dt}+L_2\dfrac{di_2}{dt}+M_{23}\dfrac{di_3}{dt} \\[2mm] u_2=-M_{31}\dfrac{di_1}{dt}+M_{23}\dfrac{di_2}{dt}+L_3\dfrac{di_3}{dt} \end{cases}$$

**1.39** $\dfrac{u}{u_0}R_0$

**1.40** $22\,\mu\mathrm{A}$; 1.76 mA; 0.7 V; 6.20 V

**1.41** $\dfrac{\Delta R}{2(2R+\Delta R)}U_S$; $\dfrac{\Delta R}{2R}U_S$; $\dfrac{\Delta R}{R}U_S$

**1.42** $0.2\sim 1.4\,\Omega$; $\dfrac{1}{R_A+1}$

**1.43** $R_1$、$R_2$:$90\sim 159\,\Omega$, $R_3$:$260\sim 341\,\Omega$

**1.44** $u_1/5$

**1.45** 15 ms; 1.65 V; 1.35 V

## 2

**2.1** 2 A; $-1$ A; 3 A; 2 A; 1 A; 2 V; $-1$ V; 6 V

**2.3** $(12/7)$ A; 2 A; $(-2/7)$ A

**2.4** 12 V; 4 V

**2.5** 12 V; 2 A

**2.6** $\begin{bmatrix} R_1+R_2 & -R_2 \\ -R_2-r & R_2+R_3+r \end{bmatrix}\begin{bmatrix} i_{m1} \\ i_{m2} \end{bmatrix}=\begin{bmatrix} u_S \\ 0 \end{bmatrix}$

**2.7** $8.5\,\Omega$

**2.8** 4 V

**2.9** 0; 4 A; 3 A

**2.12** 2 A; 2 A; 1 A

**2.13** $\begin{bmatrix} G_1+G_2 & -G_1 \\ -\mu & 1+\mu \end{bmatrix}\begin{bmatrix} u_{n1} \\ u_{n2} \end{bmatrix}=\begin{bmatrix} i_S \\ 0 \end{bmatrix}$

**2.14** $\dfrac{\sqrt{G_1}-\sqrt{G_2}}{\sqrt{G_1}+\sqrt{G_2}}$; $\dfrac{1}{G}$

**2.15** 4.91 mA; 4.36 mA; 5.45 mA; 0.546 mA; $-$1.09 mA

**2.18** $-R_2/R_L$

**2.19** $\dfrac{U_o}{U_S-U_o}R_S$

**2.20** 5 V; 5 mA

**2.21** $-\dfrac{R_2R_4}{R_1R_2+R_2R_3+R_3R_1}$

**2.22** $u_o=\dfrac{R_2u_{S1}+R_1u_{S2}}{R_2-R_1}$

**2.23** $-Ri_S$

**2.24** $u_o=1\times10^8 i_S$

**2.25** $i_o=(1+R_1/R_2)i_S$

**2.26** 9 kΩ; 90 kΩ; 900 kΩ; 9 MΩ

**2.27** 1.5 Ω; 13.5 Ω; 135 Ω

**2.28** $u_o=2^3\times d_3+2^2\times d_2+2^1\times d_1+2^0\times d_0$

**2.29** $\dfrac{G_1-G_2}{G_3-G_4}$

**2.30** $-\dfrac{R_2R_3(R_4+R_5)}{R_1(R_2R_4+R_2R_5+R_3R_4)}$

**2.32** $u_o=\left(1+\dfrac{2R_1}{R_g}\right)(u_2-u_1)$

**2.34** $-5\sim5$ V

# 3

**3.1** $u=2i+12$

**3.2** $u=u_S/2+(R/2)i$; $u=2Ri+Ri_S$

**3.3** $u=4i$

**3.4** $u=(R_1+R_2)i$

**3.6** $-\dfrac{R_3}{R_2}R_1$

**3.7** 10 Ω

**3.8** 14 Ω

**3.10** 3.236 Ω

**3.11** 1 A

**3.12** 14 V

**3.13** 8 μF; 480 μC; 2.4 V; 9.6 V; 48 V

**3.14** 2 060 μF; 38.4 mC; 2.88 mC; 57.6 mC; 98.88 mC

**3.15** $\dfrac{1}{2}u_S$; $\dfrac{1}{3}u_S$

**3.16** 2 mH; 3.5 μF

**3.17** 60 mF; $\dfrac{1}{12}\sin2t$ V

**3.18** 1.01 H

**3.19** $\sin t$ A$(t\geqslant0)$; $\sin2t$ W$(t\geqslant0)$

**3.20** $(10+8\sin\pi t)$ V$(t\geqslant0)$; $\dfrac{1-\cos2\pi t}{2}$ J$(t\geqslant0)$

**3.21** 40 V; 0.04 Ω; 5 A; 800 Ω

**3.23** 1 A

**3.24** 3/10

**3.26** $G_1+\dfrac{2}{3}(G_2+G_3+G_4)$

**3.27** 3.5 Ω

**3.28** 0.4 Ω

**3.29** 2 V

**3.30** 12R/7

**3.32** $\begin{cases}C_{12}=C_1C_2/(C_1+C_2+C_3)\\ C_{23}=C_2C_3/(C_1+C_2+C_3)\\ C_{31}=C_3C_1/(C_1+C_2+C_3)\end{cases}$ 或 $\begin{cases}C_1=C_{12}+C_{31}+C_{12}C_{31}/C_{23}\\ C_2=C_{23}+C_{12}+C_{23}C_{12}/C_{31}\\ C_3=C_{31}+C_{23}+C_{31}C_{23}/C_{12}\end{cases}$

**3.33** $\begin{cases}L_{12}=L_1+L_2+L_1L_2/L_3\\ L_{23}=L_2+L_3+L_2L_3/L_1\\ L_{31}=L_3+L_1+L_3L_1/L_2\end{cases}$ 或 $\begin{cases}L_1=L_{31}L_{12}/(L_{12}+L_{23}+L_{31})\\ L_2=L_{12}L_{23}/(L_{12}+L_{23}+L_{31})\\ L_3=L_{23}L_{31}/(L_{12}+L_{23}+L_{31})\end{cases}$

**3.35** (8/3) H

**3.36** $G=\begin{bmatrix}1/R & -1/R\\ -1/R & 1/R\end{bmatrix}$, r 参数矩阵不存在;

$R=\begin{bmatrix}R & R\\ R & R\end{bmatrix}$, g 参数矩阵不存在

**3.37** $\begin{bmatrix}\dfrac{5}{12} & -\dfrac{1}{12}\\[2mm] -\dfrac{1}{4} & \dfrac{1}{4}\end{bmatrix}$; $\begin{bmatrix}\dfrac{3}{2} & -\dfrac{1}{2}\\[2mm] -5 & 3\end{bmatrix}$

**3.38** $\begin{bmatrix}R_b & \mu\\ \beta & 1/R_c\end{bmatrix}$

**3.39** $\begin{bmatrix}40 & 0\\ 105 & 40\end{bmatrix}$ Ω

**3.40** $\begin{bmatrix}1 & R\\ 0 & 1\end{bmatrix}$; $\begin{bmatrix}1 & -R\\ 0 & 1\end{bmatrix}$

**3.41** $G=\begin{bmatrix}1/30 & -1/60\\ -1/30 & 1/15\end{bmatrix}$ S,

$$\boldsymbol{H} = \begin{bmatrix} 30\ \Omega & 0.5 \\ -1 & 0.05\ \mathrm{S} \end{bmatrix},$$

$$\boldsymbol{H}' = \begin{bmatrix} 0.025\ \mathrm{S} & -0.25 \\ 0.5 & 15\ \Omega \end{bmatrix},$$

$$\boldsymbol{A} = \begin{bmatrix} 2 & 30\ \Omega \\ 0.05\ \mathrm{S} & 1 \end{bmatrix},$$

$$\boldsymbol{A}' = \begin{bmatrix} 2 & 60\ \Omega \\ 0.1\ \mathrm{S} & 4 \end{bmatrix}$$

**3.42** $1/39$

**3.43** $-0.495\ \mathrm{V}$

**3.44** $\begin{bmatrix} 3 & 2 \\ 2 & 5 \end{bmatrix}\ \Omega$; $\begin{bmatrix} 1\frac{1}{2} & 5\frac{1}{2}\ \Omega \\ \frac{1}{2}\ \mathrm{S} & 2\frac{1}{2} \end{bmatrix}$

**3.45**

$$\begin{bmatrix} \dfrac{1}{R_1} + \dfrac{R_3 + R_5}{R_3 R_4 + R_3 R_5 + R_4 R_5} & -\dfrac{R_3}{R_3 R_4 + R_3 R_5 + R_4 R_5} \\ -\dfrac{R_3}{R_3 R_4 + R_3 R_5 + R_4 R_5} & \dfrac{1}{R_2} + \dfrac{R_3 + R_4}{R_3 R_4 + R_3 R_5 + R_4 R_5} \end{bmatrix}$$

**3.46** $\begin{bmatrix} \dfrac{11}{2} & \dfrac{5}{4}\ \Omega \\ \dfrac{5}{2}\ \mathrm{S} & \dfrac{3}{4} \end{bmatrix}$

**3.47** $\begin{bmatrix} 6R & 2R \\ 2R & 6R \end{bmatrix}$

**3.48** $\dfrac{A}{1 + A\beta}$

**3.51** $0.5\ \mathrm{W}$

**3.52** $3\ \Omega$

**3.53** $\dfrac{R_1 R_2}{R_2 - R_1}$

**3.55** $\dfrac{1}{C f_{\mathrm{c}}}$

# 4

**4.1** $2\ \mathrm{V}$

**4.2** $u_{\mathrm{S}}/8$; $8 u_{\mathrm{S}}$

**4.3** $(2/3)\ \mathrm{A}$

**4.4** $16\ \mathrm{V}$

**4.5** $(7/12)\ \mathrm{A}$

**4.6** $96\ \mathrm{W}$

**4.7** $3.63\ \mathrm{A}$

**4.8** $17\ \mathrm{V}$

**4.9** $\dfrac{R_{\mathrm{f}}}{R}(u_2 - u_1)$

**4.10** $\left(1 + \dfrac{2R_1}{R_{\mathrm{g}}}\right)(u_2 - u_1)$

**4.11** $u_{\mathrm{o}} = -5 u_1 - 2 u_2 + 4 u_3$

**4.12** $19\ \mathrm{A}$

**4.13** $29.5\ \mathrm{A}$

**4.14** $0.5\ \mathrm{A}$

**4.15** $48\ \mathrm{k\Omega}$; $9.6\ \mathrm{k\Omega}$

**4.16** $4.6\ \Omega$

**4.17** $-5\ \mathrm{A}$; $4\ \mathrm{A}$; $5\ \mathrm{A}$; $-1\ \mathrm{A}$

**4.18** $(5/3)\ \mathrm{V}$

**4.19** $5\ \mathrm{A}$

**4.25** $9.68\ \mathrm{V}$

**4.26** $4\ \mathrm{V}$

**4.28** $-5\ \mathrm{V}$

**4.29** $2\ \mathrm{A}$

**4.31** $u_{\mathrm{o}} = \dfrac{R_1}{R} \times \dfrac{u_{\mathrm{S}}}{2^4} \times (2^3 \times d_3 + 2^2 \times d_2 + 2^1 \times d_0$ $+ 2^0 \times d_0)$

**4.34** $10\ \Omega$; $35.16\ \mathrm{W}$

**4.35** $1.25\ \mathrm{W}$

**4.36** $4\ \mathrm{A}$

**4.37** $1.6\ \mathrm{A}$

**4.38** $10.8\ \mathrm{A}$

**4.39** $-5\ \mathrm{W}$; $30\ \mathrm{W}$

**4.40** $54\ \mathrm{V}$

**4.41** $3\ \mathrm{V}$

**4.42** $-3\ \Omega$

**4.43** $12\ \mathrm{V}$

**4.44** $\gamma = 2\beta$

**4.47** $4\ \mathrm{mA}$

**4.48** $1.8$

**4.49** $2.46\ \Omega$

**4.50** $24\ \mathrm{V}$; $8\ \mathrm{V}$

**4.52** $(1\,000/3)\ \Omega$; $250\ \Omega$; $(500/3)\ \Omega$

**4.53** $20.83\ \Omega$; $33.33\ \Omega$

**4.55** $0.75\ \mathrm{A}$

# 5

**5.6**
$$\boldsymbol{A} = \begin{array}{c} \text{①} \\ \text{②} \\ \text{③} \\ \text{④} \end{array} \begin{bmatrix} -1 & -1 & 0 & 0 & 0 & 0 & 0 & -1 & 1 & 0 \\ 1 & 0 & 1 & 0 & 0 & 1 & -1 & 0 & 0 & 0 \\ 0 & 1 & 0 & 0 & 1 & -1 & 0 & 0 & 0 & 1 \\ 0 & 0 & -1 & 1 & 0 & 0 & 0 & 1 & 0 & -1 \end{bmatrix}$$
（列号 1 2 3 4 5 6 7 8 9 10）

**5.9** $[10, 6, -3, 4, 7, 3]^{\mathrm{T}}\ \mathrm{V}$; $[5, 1, -1]^{\mathrm{T}}\ \mathrm{A}$

**5.10** $\{1, 3, 8\}, \{4, 8, 9\}, \{2, 5, 9\}, \{1, 2, 6\},$
$\{1, 7, 9\}, \{2, 8, 10\}$

**5.12** $[0.2, 1.2, -2.4, -1, 1.2, 1.4]^{\mathrm{T}}$ A

**5.15** $[17, -55, 57, 5, 40]^{\mathrm{T}}$ V

**5.16**
$$\begin{bmatrix} 1 & 0 & 0 & 1 & 0 & -1 \\ 0 & 1 & 0 & 0 & -1 & 1 \\ 0 & 0 & 1 & -1 & 1 & 0 \end{bmatrix}$$

**5.17**
$$\begin{bmatrix} 1 & -1 & 0 & 1 & 0 & 0 \\ -1 & 1 & -1 & 0 & 1 & 0 \\ 1 & 0 & 1 & 0 & 0 & 1 \end{bmatrix}$$

**5.18**
$$\begin{bmatrix} 1 & 0 & 0 & 0 & 1 & -1 \\ 0 & 1 & 0 & 1 & -1 & 1 \\ 0 & 0 & 1 & -1 & 1 & 0 \end{bmatrix};$$
$$\begin{bmatrix} 0 & -1 & 1 & 1 & 0 & 0 \\ -1 & 1 & -1 & 0 & 1 & 0 \\ 1 & -1 & 0 & 0 & 0 & 1 \end{bmatrix}$$

**5.19**
$$\begin{bmatrix} i_1 \\ i_2 \\ i_3 \\ i_4 \end{bmatrix} = \begin{bmatrix} G_1 & 0 & 0 & 0 \\ 0 & G_2 & 0 & 0 \\ 0 & 0 & G_3 & 0 \\ 0 & 0 & 0 & G_4 \end{bmatrix} \begin{bmatrix} u_1 \\ u_2 \\ u_3 \\ u_4 \end{bmatrix} -$$
$$\begin{bmatrix} G_1 & 0 & 0 & 0 \\ 0 & G_2 & 0 & 0 \\ 0 & 0 & G_3 & 0 \\ 0 & 0 & 0 & G_4 \end{bmatrix} \begin{bmatrix} -u_S \\ 0 \\ 0 \\ 0 \end{bmatrix} + \begin{bmatrix} 0 \\ 0 \\ 0 \\ i_S \end{bmatrix}$$

**5.20**
$$\begin{bmatrix} G_1 + G_3 & -G_1 & 0 \\ -G_1 & G_1 + G_2 + G_4 & -G_2 \\ 0 & -G_2 & G_2 + G_5 \end{bmatrix} \begin{bmatrix} u_{n1} \\ u_{n2} \\ u_{n3} \end{bmatrix}$$
$$= \begin{bmatrix} -G_3 u_{S3} \\ 0 \\ i_{S5} \end{bmatrix}$$

**5.21**
$$\begin{bmatrix} G_1 + G_2 & -G_2 & 0 \\ -G_2 + g & G_2 + G_3 + G_5 - g & -G_3 \\ 0 & -G_3 & G_3 + G_4 \end{bmatrix} \begin{bmatrix} u_{n1} \\ u_{n2} \\ u_{n3} \end{bmatrix}$$
$$= \begin{bmatrix} G_1 u_{S1} \\ 0 \\ i_{S4} \end{bmatrix}$$

**5.22**
$$\begin{bmatrix} G_1 + G_3 + G_4 & -G_3 - G_4 + g \\ -G_3 - G_4 & G_2 + G_3 + G_4 \end{bmatrix} \begin{bmatrix} u_{n1} \\ u_{n2} \end{bmatrix} =$$
$$\begin{bmatrix} -G_4 u_S \\ G_4 u_S + i_S \end{bmatrix}$$

**5.23** $\begin{bmatrix} 3 & 2 \\ 2 & 5 \end{bmatrix} \begin{bmatrix} i_{l1} \\ i_{l2} \end{bmatrix} = \begin{bmatrix} -1 \\ -19 \end{bmatrix};$ $[3, -5, 2, -5]^{\mathrm{T}}$ A;
$[4, -5, 4, 9]^{\mathrm{T}}$ V

**5.24**
$$\begin{bmatrix} 3R & -2R & R & R \\ -2R & 5R & -2R & -3R \\ R & -2R & 3R & 2R \\ R & -3R & 2R & 4R \end{bmatrix} \begin{bmatrix} i_1 \\ i_2 \\ i_3 \\ i_4 \end{bmatrix} =$$
$$\begin{bmatrix} 0 \\ -Ri_S \\ Ri_S - U_S \\ Ri_S \end{bmatrix}$$

**5.25**
$$\begin{bmatrix} \dfrac{3}{R} & \dfrac{2}{R} & \dfrac{2}{R} & -\dfrac{1}{R} \\ \dfrac{2}{R} & \dfrac{4}{R} & \dfrac{3}{R} & -\dfrac{1}{R} \\ \dfrac{2}{R} & \dfrac{3}{R} & \dfrac{5}{R} & -\dfrac{2}{R} \\ -\dfrac{1}{R} & -\dfrac{1}{R} & -\dfrac{2}{R} & \dfrac{3}{R} \end{bmatrix} \begin{bmatrix} U_1 \\ U_2 \\ U_3 \\ U_4 \end{bmatrix} =$$
$$\begin{bmatrix} 0 \\ i_S + \dfrac{U_S}{R} \\ \dfrac{U_S}{R} \\ 0 \end{bmatrix}$$

**5.26**
$$\begin{bmatrix} 1 & 0 & 0 & 0 & -1 & -1 \\ 0 & 1 & 0 & -1 & -1 & 0 \\ 0 & 0 & 1 & 1 & 1 & 1 \end{bmatrix} \begin{bmatrix} u_1 \\ u_2 \\ u_3 \\ u_4 \\ u_5 \\ u_6 \end{bmatrix} = \begin{bmatrix} 0 \\ 0 \\ 0 \end{bmatrix};$$

$$\begin{bmatrix} 0 & 1 & -1 & 1 & 0 & 0 \\ 1 & 1 & -1 & 0 & 1 & 0 \\ 1 & 0 & -1 & 0 & 0 & 1 \end{bmatrix} \begin{bmatrix} i_1 \\ i_2 \\ i_3 \\ i_4 \\ i_5 \\ i_6 \end{bmatrix} = \begin{bmatrix} 0 \\ 0 \\ 0 \end{bmatrix}$$

# 6

**6.2** $4 \ \Omega; 20 \ \Omega$

**6.3** (1) $40 \ \Omega; 40 \ \Omega$ (2) $25 \ \Omega; 10 \ \Omega$

**6.6** $5\sin t = u_{\mathrm{d}} + 2I_{\mathrm{S}}(e^{u_{\mathrm{d}}/U_{\mathrm{T}}} - 1)$

**6.10** (1) 3 V, 2 A; 1.5 A, 3.5 A

**6.11** 3 A

**6.12** 15 V; 23 V

**6.13** 5 V; 7 A

**6.14** 12.73 V

**6.17** $-15\sim15.7$ V

**6.18** $(0.39\ \text{V},\ 1.36\ \text{mA})$

**6.19** $20\ \text{V}\leqslant U\leqslant60\ \text{V}$

**6.20** $\left(2+\dfrac{1}{14}\sin\omega t\right)$ A

**6.21** $(2+0.11\cos t)$ V, $(8+0.89\cos t)$ A

**6.22** $0.223$ A; $19.95$ V

**6.23** $u_2=-0.025\ln(10^4u_1)$; $u_2=-10^{-4}\mathrm{e}^{40u_1}$

**6.24** $1.38$ A; $7.62$ A; $7.62$ A

**6.25** $i=2u-1$; $1$ A; $1$ V

**6.26** $2.5$ A; $4.167$ A

**6.27** $-0.75$ A

**6.29** $u_\mathrm{o}=\dfrac{R_4}{R_3+R_4}\,|\,u_\mathrm{i}\,|$

**6.30** $X=A+B+C$; $X=ABC$

**6.31** (1) $C_1:U_\mathrm{m}$, $C_2:2U_\mathrm{m}$, $C_3:2U_\mathrm{m}$, $C_4:2U_\mathrm{m}$, $C_5:2U_\mathrm{m}$; (2) $5U_\mathrm{m}$

# 7

**7.1** (a) $15$ V; $(5/6)$ A  (b) $36$ V; $-1.2$ A

**7.2** (a) $8$ V; $1$ A  (b) $66.6$ V; $3.33$ A

**7.3** $1$ V

**7.4** $-1$ A

**7.5** $2$ A; $4$ A; $12$ V

**7.6** $10\mathrm{e}^{-t}\varepsilon(t)$ V; $-5\mathrm{e}^{-t}\varepsilon(t)$ A

**7.7** $10\,500$ s

**7.8** $2.2\times10^6$ V; $2.2\times10^6\mathrm{e}^{-5\times10^5t}$ V$(t\geqslant0_+)$

**7.9** $\mathrm{e}^{-5t}\varepsilon(t)$ A; $-5\mathrm{e}^{-5t}\varepsilon(t)$ V

**7.10** $u_C(0_+)\mathrm{e}^{-\frac{t}{300}}\varepsilon(t)$ V; $\dfrac{u_C(0_+)}{300}\mathrm{e}^{-\frac{t}{300}}\varepsilon(t)$ A

**7.11** $6\ \text{k}\Omega$; $100$ V

**7.12** $[-100\mathrm{e}^{-10^4t}\varepsilon(t)+200\mathrm{e}^{-10^4(t-10)}\varepsilon(t-10)-200\mathrm{e}^{-10^4(t-20)}\varepsilon(t-20)]$ V

**7.13** $3.7$ ms

**7.14** $RI(1-\mathrm{e}^{-t/\tau})\varepsilon(t)$

**7.15** $\dfrac{U}{R_1+R_2}(1-\mathrm{e}^{-\frac{R_1+R_2}{L}t})\varepsilon(t)$; $U\mathrm{e}^{-\frac{R_1+R_2}{L}t}\varepsilon(t)$

**7.16** $0.6[1-\mathrm{e}^{-t/(8\times10^{-6})}]\varepsilon(t)$ mA; $6\mathrm{e}^{-t/(8\times10^{-6})}\varepsilon(t)$ V

**7.17** $24\mathrm{e}^{-50t}\varepsilon(t)$ V

**7.18** $0.5u_\mathrm{i}-\displaystyle\int_0^t500u_\mathrm{i}\mathrm{d}t$

**7.19** $-RCA\cos t$

**7.22** $0.25$ s; $0.1$ s

**7.23** $100\mathrm{e}^{-3.33t}$ V$(t\geqslant0_+)$; $33.3\mathrm{e}^{-3.33t}$ mA$(t\geqslant0_+)$

**7.24** $-2\mathrm{e}^{-t}$ A$(t\geqslant0_+)$; $(-2+4\mathrm{e}^{-t})$ V$(t\geqslant0_+)$

**7.25** $(-5+15\mathrm{e}^{-10t})$ V$(t\geqslant0_+)$; $(0.25+0.75\mathrm{e}^{-10t})$ mA$(t\geqslant0_+)$

**7.26** $(4.57-2.57\mathrm{e}^{-14t})$ V$(t\geqslant0_+)$

**7.27** $(9+9\mathrm{e}^{-0.1t}-6.75\mathrm{e}^{-0.25t})$ A

**7.28** $14.4$ mF

**7.29** $\{5\times10^{-3}[1-\mathrm{e}^{-1.2\times10^3t}]\varepsilon(t)+5\times10^{-3}[1-\mathrm{e}^{-1.2\times10^3(t-0.003)}]\varepsilon(t-0.003)\}$ A

**7.30** $\left(\dfrac{15}{77}+\dfrac{293}{77}\mathrm{e}^{-77\times10^6t/60}\right)\varepsilon(t)$ V

**7.31** $\{2(1-\mathrm{e}^{-t})\varepsilon(t)-[1-\mathrm{e}^{-(t-1)}]\varepsilon(t-1)-[1-\mathrm{e}^{-(t-3)}]\varepsilon(t-3)\}$ A

**7.32** $-10(1-\mathrm{e}^{-t/3\,000})\varepsilon(t)$ V

**7.33** $(1+t-\mathrm{e}^{-t})\varepsilon(t)$ V; $(1+\mathrm{e}^{-t})\varepsilon(t)$ V

**7.34** (1) $100(1-\mathrm{e}^{-20t})\varepsilon(t)$ V; $10\mathrm{e}^{-20t}\varepsilon(t)$ mA
(2) $2\,000\mathrm{e}^{-20t}\varepsilon(t)$ V; $[-200\mathrm{e}^{-20t}\varepsilon(t)+10\delta(t)]$ mA

**7.35** (1) 全响应: $(24-16\mathrm{e}^{-0.1t})$ V$(t\geqslant0_+)$
(2) $0.12\mathrm{e}^{-0.1t}\varepsilon(t)$ V

**7.36** $[(-0.2+t+0.2\mathrm{e}^{-5t})\varepsilon(t)+(0.2-t+0.8\mathrm{e}^{-5(t-1)})\varepsilon(t-1)]$ A

**7.37** $\begin{cases}0,&t\in(-\infty,0)\\(\mathrm{e}^{-t}+\sin t-\cos t)/2,&t\in[0,\pi/2)\\\mathrm{e}^{-t}(\mathrm{e}^{\pi/2}+1)/2,&t\in[\pi/2,\infty)\end{cases}$

**7.38** $\begin{cases}0,&t<1\\t-1,&1\leqslant t\leqslant2\\0,&t\geqslant2\end{cases}$

**7.39** $[(\mathrm{e}^{-t}+t-1)\varepsilon(t)-(\mathrm{e}^{1-t}+t-2)\varepsilon(t-1)+(\mathrm{e}^{2-t}+t-3)\varepsilon(t-2)]$ A

**7.40** $4(-\mathrm{e}^{-t}+\sin t+\cos t)\varepsilon(t)$ A

**7.41** $[-4.06\times10^{-4}\mathrm{e}^{-500t}+1.495\times10^{-2}\cos(2\pi\times10^3t-85.45°)]\varepsilon(t)$ A

**7.42** $\left(\dfrac{5}{8}-\dfrac{1}{8}\mathrm{e}^{-t}\right)\varepsilon(t)$ V

**7.43** $(1+\mathrm{e}^{-t})$ A

**7.44** $\left[\dfrac{1}{2}\mathrm{e}^{-t}+\dfrac{\sqrt2}{2}\cos\left(t-\dfrac{\pi}{4}\right)\right]\varepsilon(t)$ V

**7.46** $\left(1-\dfrac{2}{3}\mathrm{e}^{-\frac{4}{3}t}\right)\varepsilon(t)$ A; $\dfrac{1}{6}\mathrm{e}^{-\frac{4}{3}t}\varepsilon(t)$ A

**7.49** $1.27\ \Omega$

**7.51** $1.008$ s

**7.53** $\dfrac{1}{2RC\ln(1+2R_1/R_2)}$

**7.54** $\dfrac{1}{4RCR_1/R_2}$

**7.55** $\dfrac{1}{1-D}U_i$

**7.56** $u_i = \dfrac{R_i}{R_p+R_i}U + \left(\dfrac{C_p}{C_p+C_i} - \dfrac{R_i}{R_p+R_i}\right)Ue^{-\frac{t}{\tau}}$

$(0_+ \leqslant t < T)$, $\tau = \dfrac{R_pR_i}{R_p+R_i}(C_p+C_i)$

# 8

**8.1** $2\,\mathrm{V}$; $1\,\mathrm{A}$; $1\,\mathrm{A}$; $-10\,\mathrm{A/s}$; $0$; $0$

**8.2** $0.26\,\mathrm{A}$

**8.3** $-48\,\mathrm{V/s}$; $0$; $8\,\mathrm{A/s}$

**8.4** $\dfrac{4\sqrt{3}}{3}e^{-t}\sin\sqrt{3}t\,\mathrm{A}$, $\dfrac{8\sqrt{3}}{3}e^{-t}\sin(\sqrt{3}t+60°)\,\mathrm{V}$;

$4(1+2t)e^{-2t}\,\mathrm{V}$, $4te^{-2t}\,\mathrm{A}$; $\dfrac{4}{3}(4e^{-t}-e^{-4t})\,\mathrm{V}$,

$\dfrac{4}{3}(e^{-t}-e^{-4t})\,\mathrm{A}$

**8.5** $(2t+1)e^{-2t}\,\mathrm{A}(t\geqslant 0_+)$; $-0.5te^{-2t}\,\mathrm{V}(t\geqslant 0_+)$

**8.6** $u_1 = (1.17e^{-0.382t} - 0.17e^{-2.62t})\,\mathrm{V}(t\geqslant 0)$

**8.7** $-710.81e^{-25t}\sin(139.19t-4.03°)\,\mathrm{V}(t\geqslant 0_+)$

**8.8** $0.5\,\Omega$; $3.0\,\mathrm{s}$

**8.9** $(0.107e^{-0.38t} + 1.893e^{-2.62t})\varepsilon(t)\,\mathrm{A}$

**8.10** $s(t) = (-e^{-10t}+10te^{-10t}+1)\varepsilon(t)\,\mathrm{V}$

**8.11** $\alpha+4 < 2\sqrt{L/C}$

**8.12** $(6.667+0.447e^{-0.634t}-6.221e^{-2.366t})\varepsilon(t)\,\mathrm{A}$

**8.13** $(1-0.5e^{-20t/3}-0.5e^{-20t})\varepsilon(t)\,\mathrm{A}$; $(-0.5e^{-20t/3}$

$+0.5e^{-20t})\varepsilon(t)\,\mathrm{A}$

**8.14** $-te^{-t}\varepsilon(t)\,\mathrm{V}$

**8.15** $(11.49e^{-1.13t}-1.489e^{-8.87t})\,\mathrm{V}\ (t\geqslant 0_+)$

**8.16** $u_C = (4-6e^{-t}+3e^{-1.5t})\varepsilon(t)\,\mathrm{V}$

**8.17** $[12-(4\cos 2t+2\sin 2t)e^{-t}]\varepsilon(t)\,\mathrm{V}$; $e^{-t}(4\cos$

$2t-2\sin 2t)\varepsilon(t)\,\mathrm{V}$

**8.18** $(0.25-1.5te^{-2t}+0.75e^{-2t})\varepsilon(t)\,\mathrm{A}$

**8.19** $\begin{bmatrix}\dfrac{du_C}{dt}\\[2mm]\dfrac{di_L}{dt}\end{bmatrix}=\begin{bmatrix}-1 & 1\\ -1 & -5\end{bmatrix}\begin{bmatrix}u_C\\ i_L\end{bmatrix}+\begin{bmatrix}-i_S\\ u_S\end{bmatrix}$;

$\begin{bmatrix}u_1\\ i_2\end{bmatrix}=\begin{bmatrix}0 & 5\\ 1 & 0\end{bmatrix}\begin{bmatrix}u_C\\ i_L\end{bmatrix}$

**8.20** $\begin{bmatrix}\dfrac{du_C}{dt}\\[2mm]\dfrac{di_L}{dt}\end{bmatrix}=\begin{bmatrix}-\dfrac{1}{CR_1} & -\dfrac{1}{C}\\[2mm] \dfrac{1}{L} & -\dfrac{R_2}{L}\end{bmatrix}\begin{bmatrix}u_C\\ i_L\end{bmatrix}+$

$\begin{bmatrix}-\dfrac{1}{CR_1} & 0\\[2mm] 0 & -\dfrac{R_2}{L}\end{bmatrix}\begin{bmatrix}u_S\\ i_S\end{bmatrix}$; $\begin{bmatrix}i_1\\ u_2\end{bmatrix}=$

$\begin{bmatrix}-\dfrac{1}{R_1} & 0\\[2mm] 0 & R_2\end{bmatrix}\begin{bmatrix}u_C\\ i_L\end{bmatrix}+\begin{bmatrix}\dfrac{1}{R_1} & 0\\[2mm] 0 & R_2\end{bmatrix}\begin{bmatrix}u_S\\ i_S\end{bmatrix}$

**8.21** $\begin{bmatrix}\dfrac{du_{C1}}{dt}\\[2mm]\dfrac{du_{C3}}{dt}\end{bmatrix}=\begin{bmatrix}-\dfrac{1}{C_1R_4(1+\mu)} & 0\\[3mm] -\dfrac{\mu}{C_3R_5(1+\mu)} & -\dfrac{1}{C_3R_5}\end{bmatrix}$

$\begin{bmatrix}u_{C1}\\ u_{C3}\end{bmatrix}+\begin{bmatrix}\dfrac{1}{C_1R_4(1+\mu)}\\[3mm] \dfrac{\mu}{C_3R_5(1+\mu)}\end{bmatrix}u_S$; 当 $\mu=-1$:

$\dfrac{du_{C3}}{dt}=\dfrac{R_4C_1}{R_5C_3}\dfrac{du}{dt}-\dfrac{1}{R_5C_3}u_{C3}$

**8.22** $\begin{bmatrix}\dfrac{di_1}{dt}\\[2mm]\dfrac{di_2}{dt}\end{bmatrix}=\begin{bmatrix}\dfrac{-R_1L_2}{L_1L_2-M^2} & \dfrac{-R_2M}{L_1L_2-M^2}\\[3mm] \dfrac{-R_1M}{L_1L_2-M^2} & \dfrac{-R_2L_1}{L_1L_2-M^2}\end{bmatrix}\begin{bmatrix}i_1\\ i_2\end{bmatrix}+$

$\begin{bmatrix}\dfrac{L_2}{L_1L_2-M^2}\\[3mm] \dfrac{M}{L_1L_2-M^2}\end{bmatrix}u_S$

**8.23** $\begin{bmatrix}\dfrac{du_1}{dt}\\[2mm]\dfrac{du_2}{dt}\end{bmatrix}=\begin{bmatrix}-\dfrac{1}{C_1}\left(\dfrac{1}{R_1}+\dfrac{1}{R_2}+\dfrac{1}{R_3}\right) & \dfrac{1}{C_1R_2}\\[3mm] -\dfrac{1}{C_2R_3} & 0\end{bmatrix}$

$\begin{bmatrix}u_1\\ u_2\end{bmatrix}+\begin{bmatrix}\dfrac{1}{C_1R_1}\\[3mm] 0\end{bmatrix}u_i$

**8.24** $(-0.5e^{-t}+0.25e^{-2t}+0.25)\varepsilon(t)\,\mathrm{A}$

**8.25** $1+2/K$

**8.26** $\{(10+10t)e^{-t}[\varepsilon(t)-\varepsilon(t-1)]+[10+$

$(10e^{-1}-5)e^{\frac{t-1}{4}}]\varepsilon(t-1)\}\,\mathrm{V}$

**8.27** $\begin{bmatrix}\dfrac{du_C}{dt}\\[2mm]\dfrac{di_L}{dt}\end{bmatrix}=\begin{bmatrix}-5/8 & 1/8\\ -1/8 & -3/8\end{bmatrix}\begin{bmatrix}u_C\\ i_L\end{bmatrix}+\begin{bmatrix}-1/4\\ -1/4\end{bmatrix}$

**8.28** $0.5\,\Omega$

**8.29** $\dfrac{d^2y(t)}{dt^2}+k_1\dfrac{dy(t)}{dt}+k_0y(t)=f(t)$

**8.30** $R_1R_A-R_2R_B=0$; $\dfrac{1}{2\pi\sqrt{LC}}$

**8.31** $199\,\Omega$; $\infty$; $199\,\mathrm{V}$

**8.32** 50.3 mH; 31 $\mu$F

# 9

**9.1** $50\angle-30°$; $2.5\sqrt{6}\angle0°$; $0.541\angle112.5°$; $1.92$ $\angle29.95°$

**9.3** $150°$

**9.4** $9.43\angle-48.6°$

**9.5** $i = 5.0\cos(\omega t - 16.9°)$ A, $u = 11.69\cos(\omega t + 76°)$ V

**9.7** 25 V

**9.8** 8.14 A

**9.9** $i_C = 4\sqrt{2}\cos(\omega t + 90°)$ A, $i_L = 2\sqrt{10}\cos(\omega t + 63.43°)$ A, $u_R = u_C = 400\sqrt{2}\cos\omega t$ V, $u_L = 400\sqrt{10}\cos(\omega t + 153.43°)$ V, $u = 800\cos(\omega t + 135°)$ V

**9.10** 3 Ω

**9.11** $(11.6+j1.97)$ Ω; $(R-gX_CX_L)+j(X_C+X_L+gRX_C)$

**9.12** $(8-j16)$ Ω

**9.13** $\dfrac{Z_1Z_3Z_5}{Z_2Z_4}$

**9.15**
$$\begin{cases} \dot{I}_1 = \dot{I}_S \\ -R_1\dot{I}_1 + \left(R_1+R_2+j\omega L+\dfrac{1}{j\omega C}\right)\dot{I}_2 - \\ \qquad\qquad\qquad (R_2+j\omega L)\dot{I}_3 = 0; \\ -(R_2+j\omega L)\dot{I}_2 + (R_2+R_3+ \\ \qquad\qquad\qquad j\omega L)\dot{I}_3 = -\dot{U}_S \end{cases}$$

$$\begin{cases} \left(\dfrac{1}{R_1}+j\omega C\right)\dot{U}_{n1}-j\omega C\dot{U}_{n2} = \dot{I}_S \\ -j\omega C\dot{U}_{n1}+\left(R_3+j\omega C+ \right. \\ \qquad\qquad\qquad \left. \dfrac{1}{R_2+j\omega L}\right)\dot{U}_{n2} = \dfrac{\dot{U}_S}{R_3} \end{cases}$$

**9.16**
$$\begin{bmatrix} 1 & 0 & 0 \\ -1 & 2+\dfrac{1}{1+j8} & -1 \\ -j8 & -1 & 2+j8 \end{bmatrix}\begin{bmatrix} \dot{U}_{n1} \\ \dot{U}_{n2} \\ \dot{U}_{n3} \end{bmatrix} = \begin{bmatrix} 10\angle0° \\ 0 \\ 1\angle30° \end{bmatrix};$$

$$\begin{bmatrix} 2+j8 & -1-j8 & -1 & 0 \\ -1-j8 & 3+j8 & -1 & 0 \\ -1 & -1 & 2-j0.125 & -j0.125 \\ 0 & 0 & 0 & 1 \end{bmatrix}\begin{bmatrix} \dot{I}_1 \\ \dot{I}_2 \\ \dot{I}_3 \\ \dot{I}_4 \end{bmatrix}$$

$$= \begin{bmatrix} 10\angle0° \\ 0 \\ 0 \\ -1\angle30° \end{bmatrix}$$

**9.17** $3.71\sqrt{2}\cos(5t - 15.95°)$ V

**9.18** 0.01 F

**9.21** 100 V; 5 A; 5 A; $100\sqrt{3}$ V

**9.22** $\dfrac{5\sqrt{2}}{2}\angle-15°$ A; $-\dfrac{5\sqrt{2}}{4}\angle-15°$ A

**9.23** $L=0$，且 $M=\sqrt{L_1L_2}$; $U_S(L_1+M)/(RL_1)$

**9.24** 0.44 $\mu$F

**9.25** $R_1C_1 = R_2C_2$

**9.26** 15 V

**9.27** $Y_3 = Y_4$; $Y_1 = Y_2$

**9.28** $\begin{bmatrix} 0 & -1/R_3 \\ 1/R_3 & 0 \end{bmatrix}$

**9.29** $\dfrac{200}{j\omega+200}$; $\dfrac{j\omega}{j\omega+200}$; $\dfrac{j\omega}{j\omega+8\,000}$; $\dfrac{8\,000}{j\omega+8\,000}$; $\dfrac{100}{j\omega+500}$

**9.30** 100

**9.31** $\dfrac{-G_1G_3}{G_2G_3-\omega^2C_1C_2+j\omega C_2(G_1+G_2+G_3)}$

**9.32** $186.3\angle-63.45°$ V

**9.33** $\sqrt{\dfrac{1}{L_1C_1}}$，$\sqrt{\dfrac{1}{L_2C_2}}$，$\sqrt{\dfrac{C_1+C_2}{(L_1+L_2)C_1C_2}}$；无法谐振；$\sqrt{\dfrac{1}{LC(1+\alpha)}}$

**9.34** $\dfrac{1}{2}\angle[180°-2\arctan(\omega RC)]$

**9.35** 0.948；599 W；−201 var

**9.36** 20 W；0；20 VA；1

**9.37** $P_1 = 154.9$ W，$Q_1 = 697$ var；$P_2 = 116.4$ W，$Q_2 = -155.2$ var；$P_3 = 154.4$ W，$Q_3 = 154.4$ var；$P_4 = 154.4$ W，$Q_4 = 77.2$ var

**9.38** $106.32\angle32.17°$A；0.847(容性)

**9.39** 117.7 $\mu$F

**9.40** 21.264 A，900 W，0.847；5.11 Ω，1 389 W，0.926；5.15 $\mu$F

**9.41** 800 W

**9.42** 120.1 V；2.06 A

**9.43** $2\sin(10^4 t + 135°)$ V；$4\sqrt{2}\angle-45°$ VA

**9.44** 346.4 var

**9.45** $(5-j5)$ Ω；5 W

**9.46** $(0.5-j0.5)\ \Omega$; 239.8 W

**9.47** 6.25 W

**9.48** $(1.5+j2.5)\ \Omega$; 0.416 W

**9.49** 5; 10 $\Omega$

**9.50** $Z_1=Z_2=-j200\ \Omega$

**9.51** 3 $\Omega$; 0.019 H

**9.52** $\dfrac{1}{2\pi}\sqrt{\dfrac{L_2+L_1+2M}{C(L_1L_2-M^2)}}$

**9.53** $10^{-7}$ F

**9.54** $\alpha=\dfrac{C_2}{C_1}$; $\omega=\sqrt{\dfrac{C_1+C_2}{LC_1C_2}}$

**9.55** $-\dfrac{j\omega R_f}{1+j\omega R_f C_f}$

**9.57** 100 W; 27 W; 50 W

**9.58** $\dfrac{1-R^2C^2\omega^2}{1-R^2C^2\omega^2+j4\omega RC}$; 50 Hz

**9.59** 15.7 $\mu$F; 1.59 mH

**9.60** $\dfrac{11}{1+jf/5.45\times10^4}$

# 10

**10.1** 220 V

**10.2** 440 V

**10.4** $60\angle-45°$A; $60\angle-165°$A; $60\angle75°$A

**10.5** 1.1°; 376.65 V

**10.6** 312.3 V; 28.17 A; 312.3 V; 16.26 A

**10.7** 15.02 A

**10.8** $\dot I_{aA}=8.64\angle-45°$ A

**10.9** $\dot U_{AN}=20\angle-53.13°$ V; $\dot U_a=34.6\angle-23.13°$ V

**10.10** 110 V

**10.11** 0; 1 A

**10.12** 19.68 A

**10.13** (1) $50.09\angle115.52°$ V; $68.17\angle-44.29°$ A; $44.51\angle-155.52°$ A; $76.07\angle94.76°$ A
(2) 0, $38.89\angle-165°$ A, $98.39\angle93.43°$ A; 0, $48.66\angle-129.81°$ A, $48.66\angle50.19°$ A

**10.14** 22 A; 22 A; 22 A; 60.11 A

**10.15** $\sqrt3$ A

**10.16** 4.33 A

**10.17** $70\angle0°$ V, $60\angle180°$ V, $75.5\angle-173.4°$ V, $75.5\angle173.4°$ V; $1.4\angle88.9°$ V, $10.07\angle-8°$ V, $11.25\angle-11.6°$ V, $75.5\angle124.7°$ V

**10.18** (1) $380\angle-150°$ V; $380\angle150°$ V  (2) $190\angle-90°$ V; $329\angle0°$ V

**10.21** 3 200 W; 1 600 var

**10.22** (1) 22 A; 11 584 W  (1) 66 A; 38°; 34 572 W

**10.23** 3 200 W; 1 600 var

**10.24** 3 251 W; 4 180 var; 0.614

**10.25** 390.4 V; 0.847

**10.26** $36.06\angle-16.10°$ A; 0.96

**10.27** 1 250 W; 194 W; 1 444 W; 388 var; $-388$ var

**10.28** 1 881 W; 1 254 W; 627 W

**10.29** $\sqrt3 RC=1$, $LC=1$

**10.30** $(3.46-j1.73)\ \Omega$

**10.33** 0.348 H; 108.7 $\mu$F

**10.34** $\dfrac{Z_g\dot U_a}{(Z_g+Z_L)\left[\left(Z_n//\dfrac{Z_g}{3}//\dfrac{Z_g+Z_L}{2}+Z_L\right)//Z_g+Z_f\right]}$

**10.36** 14.65 $\mu$F

**10.37** $\sqrt3(P_1-P_2)$; $\arctan\sqrt3\ \dfrac{P_1-P_2}{P_1+P_2}$

**10.38** $3P$

**10.39** $\sqrt3 P$

# 11

**11.1** (a) $\dfrac{4A}{\pi}\left(\cos\omega t-\dfrac13\cos3\omega t+\dfrac15\cos5\omega t-\dfrac17\cos7\omega t+\cdots\right)$

**11.2** (a) $\dfrac{A}{\pi}\left(1+\dfrac{\pi}{2}\cos\omega t+\dfrac23\cos2\omega t-\dfrac{2}{15}\cos4\omega t+\dfrac{2}{35}\cos6\omega t-\cdots\right)$

**11.3** 14.14 V; 10 V

**11.4** $\sqrt{35}$ V

**11.5** 50 V; 4 A

**11.6** $\left[200-\dfrac{100}{3}\cos(2\omega_1 t+30°)\right]$ V; 201.38 V

**11.7** 0.612 A; 0

**11.8** $[1+0.894\cos(2t-63.4°)]$ V

**11.9** $[0.1\sin(100t-90°)+6\times10^{-3}\sin(500t-90°)]$ A
$[0.1\sin(100t+90°)+0.15\sin(500t+90°)]$ A

**11.10** $[31.83+16.61\cos(314t-168°)+1.341\cos(628t-175°)+\cdots]$ V

**11.11** $[15.413\cos(1\,000t+23.43°)+9.422\cos(500t-25.84°)]$ V

**11.12** $[2+0.99\cos(t-29.74°)+1.34\cos(2t+26.56°)]$ V

**11.13** $[3.226\times10^{-2}\sin(10^4t+57°)+2.66\times10^{-2}\sin(10^5t-79.3°)+9.4\times10^{-4}\sin(10^6t-157.9°)]$ V

**11.14** $[0.5+\sqrt{2}\cos(2t-51.13°)+\sqrt{2}\cos(1.5t-45°)]$ V; 3.75 W

**11.15** 388 W

**11.16** 36.62 W; $-2.158$ var; 42.8 VA

**11.17** $(0.1-j0.173\,2)$ Ω; $j0.2$ Ω; 2.29 V; 10 W

**11.18** 3.89 A; 14.14 V; 12 W

**11.19** 695.96 W

**11.20** 340 W

**11.21** 0

**11.22** $[10(1-e^{-4t})\varepsilon(t)-5]$ A

**11.23** $10\cos(3t-36.87°)$ A

**11.24** 36.9°

**11.25** $R=\sqrt{L/C}$

**11.26** $[15+3\times10^{-7}\cos(10^4t+2.87°)]$ V

**11.27** 25.3 μF; 6.34 μF; 2.81 μF

# 12

**12.1** $\dfrac{2}{s(s+2)}$; $\dfrac{s+2}{\sqrt{2}\,(s^2+4)}$; $\dfrac{s-1}{(s+1)^2}$; $\dfrac{s-1}{s^2}$;

$\dfrac{3s^2+2s+1}{s^2}$; $\dfrac{s^2-4}{(s^2+4)^2}$; $\dfrac{s+2}{s^2(s+1)}$

**12.2** $\dfrac{1}{s^2}-\dfrac{1}{s^2}e^{-s}-\dfrac{1}{s}e^{-2s}$

**12.3** $\dfrac{1}{8}(3+2e^{-2t}+3e^{-4t})\varepsilon(t)$; $\left(\dfrac{12}{5}e^{-2t}-\dfrac{34}{9}e^{-3t}+\dfrac{152}{45}e^{-12t}\right)\varepsilon(t)$; $2\delta(t)+(2e^{-t}+e^{-2t})\varepsilon(t)$; $\delta(t)+(e^{-t}-4e^{-2t})\varepsilon(t)$; $(1+$

$3e^{-t}+2te^{-t})\varepsilon(t)$; $(1-e^{-t}\cos t)\varepsilon(t)$

**12.6** $\dfrac{30s^2+14s+1}{6s^2+12s+1}$; $\dfrac{2s^2+s+1}{2s+1}$

**12.7** $\dfrac{s^3C_1C_2L+s^2RC_1C_2+sC_1}{s^3RC_1C_2L+s^2L(C_1+C_2)+sRC_2+1}$

**12.8** $[35-(1\,000t+15)e^{-200t}]\varepsilon(t)$ V

**12.9** $(0.667-0.044\,6e^{-6.34t}-0.622e^{-23.66t})\varepsilon(t)$ A

**12.10** $(1-0.5e^{-6.67t}-0.5e^{-20t})\varepsilon(t)$ A; $(-0.5e^{-6.67t}+0.5e^{-20t})\varepsilon(t)$ A

**12.11** $\dfrac{3s+4}{(s+1)(s+2)}$; $(2-e^{-t}-e^{-2t})\varepsilon(t)$

**12.12** $\dfrac{100s}{(s+4)(s^2+2s+17)}$

**12.13** 3 Ω; 0.5 H; (1/17) F

**12.14** $\dfrac{s-1/(RC)}{s+1/(RC)}$; $-\dfrac{s-1/(RC)}{s+1/(RC)}$

**12.15** $[-3\delta(t)+6e^{-3t}+3]\varepsilon(t)$

**12.16** $\dfrac{0.89}{s+5.24}-\dfrac{0.89}{s+0.76}$; $0.89(e^{-5.24t}-e^{-0.76t})\varepsilon(t)$ V

**12.17** $8e^{-6t}\varepsilon(t)$ V

**12.18** $\dfrac{R(1+RsC)}{(1-A)(RsC)^2+(3-2A)RsC+1-A}$; $A>1.25$

**12.19** $\dfrac{10}{s(s^2+4s+1)}$

**12.20** $\left(-\dfrac{4}{17}e^{-4t}+\dfrac{5}{26}e^{-5t}+\dfrac{19}{442}\cos t+\dfrac{9}{442}\sin t\right)\varepsilon(t)$ V

**12.21** $(1+e^{-t}-2e^{-2t})\varepsilon(t)$ V

**12.22** $\dfrac{1.6s^2+3.6s+10}{s(s^2+1.5s+1.5)}$; 振荡; 1.6 V; (20/3) V

**12.23** $\left[\dfrac{R_i}{R_p+R_i}U+\left(\dfrac{C_p}{C_p+C_i}-\dfrac{R_i}{R_p+R_i}\right)Ue^{-\frac{t}{\tau}}\right]\varepsilon(t)$

**12.25** $[456.34e^{-4\,092.3t}+311.86\cos(314t+2.08°)]\varepsilon(t)$ V

# 参 考 文 献

[ 1 ] 陈洪亮,田社平,吴雪,等. 电路分析基础[M]. 北京:清华大学出版社,2009.

[ 2 ] 陈洪亮,张峰,田社平. 电路基础[M]. 北京:高等教育出版社,2007.

[ 3 ] 陈洪亮,田社平,吴雪. 电路分析基础教学指导书[M]. 北京:清华大学出版社,2010.

[ 4 ] 李瀚荪. 简明电路分析基础[M]. 北京:高等教育出版社,2002.

[ 5 ] 于歆杰,朱桂萍,陆文娟. 电路原理[M]. 北京:清华大学出版社,2007.

[ 6 ] Alexander C K, Sadiku M N O. Fundamental of electric circuits [M]. 5th ed. New York：McGraw-Hill Inc. , 2013.

[ 7 ] Nilsson J W, Riedel S A. Electric circuits [M]. 7th ed. New Jersey：Prentice Hall，2005.

[ 8 ] 陈希有. 电路理论教程[M]. 北京:高等教育出版社,2013.

[ 9 ] 邱关源. 电路[M]. 4 版. 北京:高等教育出版社,1999.

[10] 吴锡龙. 电路分析[M]. 北京:高等教育出版社,2004.

[11] C. A. 狄苏尔,葛守仁. 电路基本理论[M]. 林争辉,译. 北京:人民教育出版社,1979.

[12] 周长源. 电路理论基础[M]. 2 版. 北京:高等教育出版社,1996.

[13] 胡翔骏. 电路分析[M]. 北京:高等教育出版社,2002.

[14] 梁贵书,董华英. 电路理论基础[M]. 3 版. 北京:中国电力出版社,2009.

[15] 潘双来,邢丽冬,龚余才. 电路理论基础[M]. 2 版. 北京:清华大学出版社,2007.

[16] 刘岚,叶庆云. 电路分析基础[M]. 北京:高等教育出版社,2010.

[17] 巨辉,周蓉. 电路分析基础[M]. 北京:高等教育出版社,2012.

[18] 王勇,龙建忠,方勇,等. 电路理论基础[M]. 北京:科学出版社,2005.

[19] Agarwal A, Jeffrey H, Lang J H. 模拟和数字电子电路基础[M]. 于歆杰,朱桂萍,刘秀成,译. 北京:清华大学出版社,2008.

[20] 邹玲,姚齐国. 电路理论[M]. 武汉:华中科技大学出版社,2006.

[21] 孙玉坤,陈晓平. 电路原理[M]. 北京:机械工业出版社,2006.

[22] 李刚,林凌. 电路学习与分析实例解析[M]. 北京:电子工业出版社,2008.

[23] Wing O. Classical circuit theory [M]. New York：Springer, 2008.

[24] Sedra A S, Smith K C. Microelectronic circuits [M]. London：Oxford University Press，2004.

[25] Thompson M T. Intuitive analog circuit design [M]. Burlington：Elsevier, 2006.